مجموعه مصور

ایران شناسی

طبیعت، تاریخ و فرهنگ

منصور قربانی

عکاس: حسن الماسی
مکان: تخت جمشید

ایران‌شناسی مصور:

طبیعت، تاریخ و فرهنگ

پدیدآورنده: دکتر منصور قربانی

(عضو هیئت علمی دانشگاه شهید بهشتی، مدیر مرکز
پژوهشی زمین‌شناسی پارس آرین زمین،
مدیر مسئول مجله سرزمین‌های پارس آرین)

مدیر تولید: نغمه کشاورز

مدیر هنری: محبوبه لعل پور

ویراستار: دکتر علی فرازمند

صفحه آرایی: نرگس تاج الدینی

حروف چینی: مهری صفری

ناشر: انتشارات بین المللی کیدزوکادو

تاریخ انتشار: دسامبر ۲۰۲٤

مشخصات نشر اولیه در ایران:

ناشر: انتشارات آرین زمین

Website: www.arianzamin.com

Email:Info@arianzamin.com

عکس برداری:

علی ثقفی، منصور قربانی، حسن الماسی،
سعید کریمی، پرستو مالکی، سعید حیدری، اکبر نعمتی،
پویان شریعتی، مهدی قربانی، قاسم قادری،
فتانه رحیمی، Marko Horvat، نوید ابداعی،
رضا مدیری، Jun rong loo

Kidsocado International Publishing

خانه انتشارات کیدزوکادو

ونکوور، کانادا

واتس آپ:۷۲۴۸ ۳۳۳ (۲۳۶) ۱+

ایمیل: info@kidsocado.com

وبسایت انتشارات:https://kidsocado.com

شناسنامه اثر:

شابک/ ISBN: ۹۷۸-۷۷۸۹۲-۰۵۳-۰

فرمت کتاب: صحافی مقوایی

سایز: ۲۱/٦ x ۲۸

تعداد صفحات:۳۸۲

موضوع: ایران شناسی

متا دیتا: Encyclopedia, Illistrated Cultral

هرگونه نظر، انتقاد و پیشنهاد خود در مورد این کتاب و سایر آثار انتشارات کیدزوکادو را به این آدرس ارسال نمایید:

info@kidsocado.com

راهنمای خرید کتاب

تهیه کتاب از وبسایت انتشارات:

لینک تهیه سری کتاب‌های ایران‌شناسی

برای تهیه کتاب می توانید کیوآر کد زیر را اسکن کنید

https://www.kidsocado.com/iran

عکاس: سعید کریمی
مکان: فرش فروشی در اصفهان
مدل: مریم گلی

پیش‌نوشتار

در سپیده‌دم زندگی اجتماعی انسان، گروه‌های مختلف انسانی با انتخاب مناطقی از سطح کره خاکی برای اسکان، به‌تدریج با آن مناطق خو گرفته و با تعامل با یکدیگر تحت تأثیر جغرافیای طبیعی و منابع موجود، خانواده‌ها، طایفه‌ها و اقوام سرانجام به شکل ملل گوناگون درآمدند.

موقعیت جغرافیایی و مختصات اقلیمی متأثر از آن همچون شرایط توپوگرافی، دشت و کوه، رود و پتانسیل اقتصادی و به‌طورکلی طبیعت موجود در هر سرزمین، کنش و واکنش انسان‌های ساکن آن سرزمین، طی سازش‌های عرفی- سنتی خلق‌شده در بستر زمان باعث تشکیل ملت، دولت و پیدایش فرهنگ شده است.

در حقیقت فرهنگ یک ملت زائیده طبیعت، سابقه سکونت، تعامل مردم هر سرزمین باهم و سرزمین‌های پیرامون و اثر متقابل این عوامل بر یکدیگر است.

فلات ایران با تنوع گسترده اقلیمی، توپوگرافی، تنوع منابع طبیعی، تاریخ ۵۰۰۰ ساله، کنش واکنش‌های بین این‌ها، مهاجرت گروه‌ها به داخل فلات ایران و منازعات داخلی و خارجی در طی این تاریخ طولانی یک حوزه فرهنگی و تاریخی را در حوزه‌ای بزرگ‌تر از مرزهای فعلی آن پدید آورده است که اگر نگوییم بی‌نظیر، می‌شود گفت نادر است.

محتوای این اثر دربردارنده سه مقوله طبیعت، تاریخ و فرهنگ است. نام کتاب هم بر این سه مقوله تأکید دارد. نگارنده بر این باور است که تاریخ یک کشور بر طبیعت آن نگاشته می‌شود و فرهنگ حاصل وصلت نانوشته این دو است.

بنابراین در این کتاب سه مقوله طبیعت، تاریخ و فرهنگ به‌طور خیلی فشرده توصیف شده‌اند. یک‌فصل از کتاب به طبیعت ایران اختصاص دارد. با توجه به تنوع بسیار طبیعت ایران تلاش شده است که توصیف ویژگی‌های کلی طبیعت آن همچون آینه‌ای باشد که هر خواننده با نگاه به آن بداند با چه تنوع و غنای منابعی سروکار دارد.

در مقوله تاریخ نگارنده مانند یک دوربین، از سرگذشت ۵۰۰۰ ساله فلات ایران و چگونگی زندگی مردمان آن فیلم‌برداری کرده است. آنگاه با بازبینی فیلم سعی کرده است که فیلم‌نامه‌ای بر اساس واقعیت بنگارد که مطالب چند هزارصفحه‌ای را در حدود ۳۰۰ صفحه خلاصه کند، به همان نحو که در کوتاه کردن فیلم ضمن حفظ صحنه‌های اصلی، پیوستگی کلی فیلم نیز به هم نخورد. این فیلم گویی در سه دوران بزرگ نمایش داده‌شده است. دوران پیش‌ازتاریخ، دوران کهن، دوران باستان و دوران بعد از اسلام. طبیعی است که هر دوران به چند دوره و هر دوره به چند گامه یا اشکوب تقسیم می‌شود. طبیعی است که طول زمان این واحدها برابر نیستند. این دوره‌ها و گامه‌ها را می‌توان بر سلسله‌های حکومتی و حاکمان و چگونگی حکومت آن‌ها منطبق کرد که در این کتاب چنین شده است.

این نوع تقسیم‌بندی در طبیعت کره زمین نیز صادق است. هرچند زمان رخداد آن‌ها بسیار طولانی‌تر است. مثلاً زمین‌شناسان شکل‌گیری کره زمین و پیدایش حیات در آن‌ها به چند دوران، دوره و اشکوب تقسیم می‌کنند. یک زمین‌شناس باتجربه توانایی این را دارد که در کتابی چند صدصفحه‌ای چند صد میلیون سال تحولات زمین را به تصویر بکشد. در تدوین این کتاب سعی شده است به این سیاق عمل شود.

همین‌طور تاریخ شعر نیست که بتوان آن را با مبالغه نوشت. روزنامه هم نیست که صرفاً به مسائل روز نظر دارد و گاهی به میل حاکمان نوشته می‌شود. تاریخ یک کشور باید سیر و سلوک، غم و شادی، شکست و پیروزی و چگونگی زندگی یک ملت را نشان دهد تا بتوان با درس گرفتن از آن، به‌عنوان چراغ هدایت آینده از آن بهره جست. پیداست که تاریخ‌نگار بر آنچه می‌نگارد باید اشراف داشته، از بستر طبیعی و فرهنگی آن سرزمین آگاه بوده، در بیان واقعیات نیز آزاد باشد.

در مورد مطالب فرهنگی این کتاب باید گفت دو مقوله نرم‌افزاری و سخت‌افزاری موردتوجه بوده است. در بخش نرم‌افزاری موضوعات فرهنگی همچون زبان، موسیقی و هنر موردتوجه بوده است و در دیگری به بناها و آثار تاریخی باقی‌مانده از گذشته پرداخته‌شده است. سعی شده این آثار همراه با تصاویر باشد. عکس‌ها عموماً توسط نگارنده گرفته‌شده‌اند. در غیر صورت منبع عکس ذکرشده است. طبیعی است که نسبت بناهای بازمانده قدیمی به بناها جدید بسیار کمیاب هستند.

در فصل آخر سعی شده تعدادی از بزرگان علم و فرهنگ که در غنای فرهنگی این سرزمین نقش پررنگی داشته‌اند به‌اختصار معرفی شوند. مجال و هدفی برای معرفی تمام بزرگان فرهنگی، هنری، علمی و اثرگذار نداشتیم چراکه:

آب دریا را اگر نتوان کشید   هم به قدر تشنگی باید چشید

هدف این کتاب ارائه تصویری کلی از طبیعت، گذشته تاریخی و فرهنگ ایران عزیز، بخصوص برای آشنایی جوانان وطن و فرزندان ایرانیان مهاجر در خارج از ایران است. امیدوارم که این نوشته مفید باشد. آنچه محرک اصلی در این نگارش بوده همان وظیفه ملی و وطنی نگارنده است، در این میان اگر نتوانسته است در بیان مطالب به‌قدر کافی کوشا باشد از خوانندگان پوزش می‌طلبد.

در استفاده از منابع سعی شده است تا حد ممکن منابع مرتبط با موضوع، دیده و مطالعه شود. همچنین سعی شده برای هر یک از وقایع تاریخی به سه منبع که باهم همسو و نزدیک هستند توجه شود. برخی از منابع که در متن ارجاع مستقیم داده نشده است ولی از آن در جهت اشراف بیشتر بر موضوع موردبحث بهره‌گیری شده است؛ نیز در پایان هر فصل ذکرشده‌اند.

کار و دقت جناب آقای دکتر علی فرازمند سردبیر فصل‌نامه علوم پایه فرهنگستان علوم و استاد دانشگاه تهران در ویرایش کل کتاب و افزودن نکات سودمند در آن، جای تقدیر و سپاسگزاری فراوان دارد. موسسه فرهنگی پژوهشی زمین‌شناسی پارس آرین زمین تمام هزینه‌های این کتاب را در تولید تا چاپ به عهده داشته است.

منصور قربانی
مدیر موسسه پژوهشی پارس آرین زمین
مدیرمسئول و سردبیر مجله سرزمین‌های پارس آرین

مقدمه ناشر

کتاب «ایران شناسی» اثر استاد منصور قربانی، یک منبع بی‌نظیر و جامع در زمینه فرهنگ، تاریخ و طبیعت ایران است. این اثر مصور که با نگاهی بی‌طرف و علمی تألیف شده، به بررسی وجب به وجب سرزمین عزیزمان پرداخته و تجارب سال‌ها تحقیق و کاوش استاد قربانی را در بر می‌گیرد. ایشان با تسلط بر رشته‌های ایران‌شناسی، باستان‌شناسی، فرهنگ، تاریخ و جغرافیا، به بررسی عمیق و دقیق عناصر مختلف هویت ایرانی پرداخته و مستندات علمی و عملی خود را به‌طور شفاف و مستند ارائه داده است.

استاد منصور قربانی، یکی از چهره‌های برجسته در حوزه ایران‌شناسی و تاریخ است. ایشان با سال‌ها تجربه عملی در زمینه باستان‌شناسی، تاریخ و جغرافیای ایران، به یکی از معتبرترین محققان در این حوزه تبدیل شده‌اند.

آثار ایشان شامل تحقیقاتی عمیق و مستند در مورد فرهنگ، تاریخ و طبیعت ایران است که از جنبه‌های مختلف این سرزمین را مورد بررسی قرار می‌دهد. منصور قربانی با سفر به نقاط مختلف ایران و انجام تحقیقات میدانی، به جمع‌آوری داده‌ها و مستندات علمی پرداخته و این تجربیات را در کتاب‌های خود به اشتراک گذاشته است.

استاد قربانی همچنین به تدریس در دانشگاه‌ها پرداخته و دانشجویان را در زمینه‌های مرتبط با ایران‌شناسی تربیت کرده‌اند. تعهد ایشان به ارتقاء دانش عمومی در مورد فرهنگ و تاریخ ایران، موجب شده که آثارشان نه تنها در میان محققان، بلکه در میان عموم مردم نیز مورد توجه قرار گیرد.

در مجموع، منصور قربانی با آثار و تلاش‌های خود، به ترویج شناخت عمیق‌تر از هویت ایرانی و ارزش‌های فرهنگی این سرزمین کمک کرده و به عنوان یک مرجع معتبر در این حوزه شناخته می‌شود.

تیم انتشارات در طول فرآیند آماده‌سازی این کتاب، هیجان و اشتیاق فراوانی را تجربه کرده است. هر یک از اعضای تیم با علاقه و اشتیاق در این پروژه مشارکت داشتند، چرا که ما به این باور رسیده‌ایم که این اثر نه‌تنها به عنوان یک منبع معتبر علمی، بلکه به عنوان یک پل فرهنگی و ارتباطی بین نسل‌های مختلف ایرانی عمل خواهد کرد. در دنیای امروز، که فاصله‌ها روز به روز بیشتر می‌شود، این کتاب می‌تواند به عنوان ابزاری برای تقویت ارتباط و شناخت عمیق‌تر ایرانیان در داخل و خارج از کشور عمل کند.
برای ایرانیان خارج از کشور، این کتاب فرصتی است برای بازگشت به ریشه‌ها و آشنایی با میراث فرهنگی و تاریخی خود. به ویژه برای کودکان ایرانیان مهاجر، این کتاب می‌تواند ابزاری موثر در حفظ هویت فرهنگی و یادآوری زیبایی‌های کشورشان باشد. با خواندن این کتاب، نسل جدید می‌تواند به راحتی با تاریخ و فرهنگ غنی ایران آشنا شود و از این طریق ارتباطی عمیق با هویت ملی خود برقرار کند.

کتاب «ایران شناصی مصور» در دو ورژن فارسی و انگلیسی منتشر شده است، که این ویژگی آن را به منبعی ضروری برای هر ایرانی در هر نقطه‌ای از جهان تبدیل می‌کند. این دوگانگی زبان به خوانندگان این امکان را می‌دهد که با توجه به تسلط زبانی خود، به راحتی از محتوای غنی کتاب بهره‌مند شوند. با داشتن این کتاب در خانه، شما می‌توانید به راحتی از غنای فرهنگی و تاریخی ایران بهره‌مند شوید و آن را با نسل‌های آینده به اشتراک بگذارید.

تصاویری خیره‌کننده و مطالب جذاب، این اثر را به یک اطلس زنده تبدیل کرده است که می‌تواند الهام‌بخش و آموزشی باشد. با خواندن این کتاب، شما نه‌تنها با تاریخ و فرهنگ ایران آشنا می‌شوید، بلکه می‌توانید زیبایی‌های طبیعی و جغرافیایی این سرزمین را نیز به وضوح مشاهده کنید. این کتاب، به عنوان یک منبع غنی و چندبعدی، امید دارد که به درک بهتر و عمیق‌تری از ایران کمک کند و نسل‌های آینده را با ارزش‌های فرهنگی و تاریخی کشورشان آشنا سازد.

در نهایت، امیدواریم این کتاب به عنوان یک میراث فرهنگی برای همه ایرانیان، چه در داخل و چه در خارج از کشور، مورد استقبال قرار گیرد و در قلب و ذهن خوانندگان جاودانه بماند. داشتن این کتاب در هر خانه ایرانی، نه تنها به غنای دانش شما افزوده، بلکه به ترویج عشق به وطن و تاریخ آن کمک می‌کند. با «ایران در تصویر»، شما نه‌تنها سفری به تاریخ و فرهنگ غنی ایران خواهید داشت، بلکه می‌توانید این سفر را با عزیزان و نسل‌های آینده خود به اشتراک بگذارید و به عنوان یک منبع الهام‌بخش برای درک عمیق‌تر از هویت ایرانی عمل کنید.

آماده سازی و انتشار سری کتاب‌های ایران‌شناسی که شامل کتاب‌های استانی و کتاب مرجع و مصور در دو زبان، و انتشار آن در تمام دنیا زمانی بیشتر از دوسال زمان برد و بیشتر از هزاران ساعت کار به آن اختصاص داده شد که این اثر به زیبایی و کامل در دستان شما قرار بگیرد، ما بعنوان یک انتشارات فارسی زبان به این پروژه بسیار جذاب افتخار می‌کنیم امیدوارم شما نیز لذت ببرید.

نغمه کشاورز
ناشر- انتشارات کیدزوکادو

فهرست

فصل ۱. ایران در یک نگاه

۱-۱ مقدمه ۱
۲-۱ ایران و خاستگاه این نام ۱
۳-۱ موقعیت جغرافیایی و جمعیت ایران ۲
۴-۱ طبیعت ایران ۲
۵-۱ زیرساخت‌ها ۲
۱-۵-۱ تفصیل زیرساخت‌های فیزیکی ۳
۶-۱ منابع انرژی تجدیدناپذیر (نفت، گاز و زغال‌سنگ) ۴
۱-۶-۱ نفت ۴
۲-۶-۱ گاز طبیعی ۴
۷-۱ منابع آب در ایران ۵
۸-۱ اشاره‌ای به وضعیت منابع انسانی ۶
۹-۱ سابقه تمدنی ۶
۱۰-۱ زیر ساخت های فرهنگی در ایران زمین ۶
۱۱-۱ ویژگی‌های طبیعی و تاریخی ایران و برهم‌کنش آن‌ها ۷
۱۲-۱ گردشگری ۸
۱۳-۱ صنایع دستی، موسیقی و سینما در ایران ۹
۱۴-۱ فیلم و سینما ۹
منابع ۱۰

فصل ۲. مروری بر طبیعت فلات ایران
(پتانسیل‌های طبیعی وجاذبه‌های گردشگری آن)

۱-۲ مقدمه ۱۳
۱-۱-۲ ویژگی‌های طبیعی ۱۴
۲-۱-۲ مناطق گردشگری ایران ۱۴
۲-۲ حدود فلات ایران ۱۵
۱-۲-۲ ویژگی‌های طبیعی فلات ایران ۱۵
۲-۲-۲ روند تغییرات سیمای فلات ایران ۱۵
۳-۲-۲ تغییر شرایط طبیعی ۱۶
۳-۲ اقلیم ایران ۱۷
۴-۲ تقسیم‌بندی طبیعت ایران ۱۷
۵-۲ میزان بارندگی و بیلان آب‌های ایران ۱۹
۶-۲ گیاهان ایران ۱۹
۷-۲ پرندگان ایران ۲۲
۸-۲ پستانداران ایران ۲۷
۹-۲ کوه‌های ایران ۳۴
۱-۹-۲ کوه‌های شمالی ایران ۳۵
۲-۹-۲ کوه‌های زاگرس ۳۷
۳-۹-۲ رشته‌کوه‌های میانی ۳۷
۳-۹-۲ رشته‌کوه‌های خاوری ایران ۳۷
۱۰-۲ دریاها، دریاچه‌ها و رودهای ایران ۳۷
۱-۱۰-۲ دریاهای ایران ۳۷
۲-۱۰-۲ دریاچه‌های ایران ۳۹
۳-۱۰-۲ رودخانه‌های ایران ۴۳
۱۱-۲ اشاره‌ای به طبیعت ایران و پتانسیل اقتصادی متأثر از آن ۴۴
۱-۱۱-۲ آبشارهای ایران ۴۴
۲-۱۱-۲ کویر و بیابان‌های ایران ۵۴
منابع ۵۸

فصل ۳. مروری بر دوره‌های تاریخی ایران، تاریخ دوران کهن

۱-۳ مقدمه ۶۱
۲-۳ دوره‌های پیش از تاریخ (تاریخ دوران کهن) ۶۱
۱-۲-۳ دوران سنگی و عصر فلزات ۶۱
۲-۲-۳ آغاز قدرت گرفتن عیلامیان و تمدن کاسیان ۷۰
۳-۲-۳ خلاصه‌ای بر دوره‌های پیش از تاریخ ۷۶
۳-۳ نگاه اجمالی به دوره‌های کهن ایران یا دوره‌های پیش از تاریخ ۷۶
منابع ۷۸

فصل ۴. دوره‌های تاریخ باستان

۱-۴ مقدمه ۸۱
۲-۴ مادها (۷۰۰-۵۵۰ سال پ.م) ۸۱
۱-۲-۴ پادشاهان مادها از ظهور تا سقوط ۸۲
۲-۲-۴ حکومت، صنعت، هنر و فرهنگ در دوره مادها ۸۲
۳-۴ هخامنشیان (۳۳۱- ۵۵۰ پ.م) ۸۳
۱-۳-۴ پادشاهی داریوش اول ۸۸
۲-۳-۴ پادشاهان هخامنشیان از ظهور تا سقوط ۹۲
۳-۳-۴ حکومت، صنعت، هنر و فرهنگ در دوره هخامنشیان ۹۲
۴-۳-۴ کتیبه بیستون ۹۵
۴-۴ سلوکیان (۲۳۸-۳۳۱ پ. م) ۱۰۳
۱-۴-۴ پادشاهان سلوکیان از ظهور تا سقوط ۱۰۴
۲-۴-۴ حکومت، صنعت، هنر و فرهنگ در دوره سلوکیان ۱۰۴
۵-۴ اشکانیان (۲۲۴ م-۲۳۸ پ.م) ۱۰۴
۱-۵-۴ پادشاهان اشکانیان از ظهور تا سقوط ۱۰۶
۲-۵-۴ حکومت، صنعت، هنر و فرهنگ در دوره اشکانیان ۱۰۶
۶-۴ ساسانیان (۶۵۱-۲۲۴ م) ۱۰۷
۴-۶-۴ پادشاهان ساسانیان از ظهور تا سقوط ۱۱۱
۴-۶-۲ حکومت، صنعت، هنر و فرهنگ در دوره ساسانیان ۱۱۱
۷-۴ تحلیل اجمالی تاریخ ایران باستان ۱۱۵
منابع ۱۱۷

فصل ۵. دوره‌های تاریخ ایران بعد از اسلام

۱-۵ مقدمه ۱۲۱
۲-۵ امویان (۷۷۰-۶۴۹ م) ۱۲۱
۳-۵ عباسیان (۱۲۵۸-۷۴۹ م) ۱۲۵
۴-۵ دولت‌های ایران در زمان خلافت اعراب (عباسیان) ۱۲۶
۱-۴-۵ طاهریان (۸۲۱ - ۸۷۳ م) ۱۲۶
۲-۴-۵ صفاریان (۹۰۳ - ۸۶۱ م) ۱۲۶
۳-۴-۵ سامانیان (۸/۱۰۸۸ - ۹۰۰ م) ۱۳۱
۴-۴-۵ غزنویان (۱۱۸۶ - ۹۹۸ م) ۱۳۵
۵-۴-۵علویان(۹۱۰-۸۶۵م)، آل‌زیار(۱۰۵۰-۹۱۰م)و آل‌بویه(۱۰۵۵-۹۳۴م) ۱۳۶
۵-۵ سلجوقیان (۱۲۲۵-۱۰۳۷ م) ۱۳۹
۶-۵ خوارزمشاهیان، اتابکان، امیران محلی ۱۴۱
۷-۵ ایلخانان مغول (۱۳۵۵-۱۲۵۸ م) ۱۴۲
۸-۵ امرای محلی، تیموریان و جانشینان ۱۴۷
۹-۵ ترکمانان قراقویونلوها و آق‌قوینلوها (۱۵۰۱-۱۳۸۰ م) ۱۴۹

۵-۱۰ از ظهور سلجوقیان (۱۰۳۷ م) تا صفویان (۱۵۰۱ م) ۱۴۹
۵-۱۱ حکومت، صنعت، هنر و فرهنگ از دوران اسلامی تا ظهور صفوی ۱۵۰
۵-۱۲ گروه‌های فکری سیای اجتماعی ایران از امویان تا صفویان ۱۵۱
۵-۱۲-۱ اخوان‌الصفا ۱۵۱
۵-۱۲-۲ شعوبیه ۱۵۲
۵-۱۲-۳ جنبش سرخ جامگان ۱۵۲
۵-۱۲-۴معتزله ۱۵۴
۵-۱۲-۵ اشعاره ۱۵۲
۵-۱۲-۶ زندیه ۱۵۲
۵-۱۲-۷ اسماعیلیه ۱۵۵
۵-۱۲-۸ قرامطیان ۱۵۶
۵-۱۳ صفویان (۱۷۳۵-۱۵۰۱ م) ۱۵۵
۵-۱۴ افشاریان (۱۷۹۵-۱۷۳۵ م) ۱۶۳
۵-۱۵ زندیه (۱۷۷۹-۱۷۵۰ م) ۱۶۶
۵-۱۶ قاجاریان (۱۹۲۵-۱۷۷۹ م) ۱۶۹
۵-۱۷ امتیازات داده‌شده به بیگانگان در زمان قاجار ۱۷۳
۵-۱۸ اقدامات دو صدراعظم بزرگ در زمان حکومت قاجاریان ۱۷۴
۵-۱۹ انقلاب مشروطیت ۱۷۸
۵-۲۰ عصر پهلوی(۱۹۷۹-۱۹۲۵م) ۱۸۳
۵-۲۱ نگاه جامعه شناسی به دوره پس از اسلام از امویان تا مشروطه ۱۸۵
منابع ۱۹۰

فصل ۶. زبان، گویش و خط در ایران

۶-۱ مقدمه ۱۹۳
۶-۲ زبان در ایران ۱۹۳
۶-۲-۱ زبان‌های هندی- اروپایی ۱۹۳
۶-۲-۲ زبان فارسی اوستایی ۱۹۴
۶-۲-۳ زبان فارسی باستان ۱۹۴
۶-۲-۴ زبان فارسی میانه یا فارسی پهلوی ۱۹۴
۶-۲-۵ زبان فارسی کنونی ۱۹۷
۶-۳ زبان‌های غیر هندی- اروپایی ۱۹۸
۶-۳-۱ زبان ترکی ۱۹۸
۶-۳-۲ زبان عربی ۱۹۹
۶-۴ زبان ملی ۱۹۹
۶-۵ دبیره (خط) در ایران ۲۰۰
۶-۵-۱ دبیره (خط) در ایران پیش از اسلام ۲۰۳
۶-۵-۲ خط فارسی پس از اسلام ۲۰۶
۶-۶ خط فارسی کنونی ۲۰۶
منابع ۲۱۰

فصل ۷. موسیقی در ایران

۷-۱ مقدمه ۲۱۳
۷-۲ تاریخچه موسیقی در ایران ۲۱۳
۷-۲-۱ موسیقی در دوران باستان ۲۱۳
۷-۲-۲ موسیقی در دوره بعد از اسلام ۲۱۴
۷-۳ انواع سازهای ایرانی و خلاصه تاریخچه آن‌ها ۲۱۵
۷-۳-۱ نی ۲۱۵
۷-۳-۲ بربت (عود) ۲۱۶
۷-۳-۳ قیچک ۲۱۶
۷-۳-۴ رُباب ۲۱۶
۷-۳-۵ دف، دایره، دایره زنگی ۲۱۶
۷-۳-۶ تمبک ۲۱۷
۷-۳-۷ سه‌تار ۲۱۷
۷-۳-۸ کمانچه ۲۱۸
۷-۳-۹ قانون ۲۱۸
۷-۳-۱۰ تار ۲۱۸
۷-۳-۱۱ سنتور ۲۱۸
۷-۴ دستگاه‌های موسیقی ایران ۲۲۰
۷-۵ پراکندگی سازها در اقوام و استان‌های ایران ۲۲۰
۷-۵-۱ دوتار ۲۲۰
۷-۵-۲ تنبور ۲۲۰
۷-۵-۳ تمبوره ۲۲۰
۷-۵-۴ تمبورک ۲۲۰
۷-۵-۵ دیوان ۲۲۱
۷-۵-۶ دَمّام ۲۲۱
۷-۵-۷ نقاره ۲۲۱
۷-۵-۸ سنج ۲۲۱
۷-۵-۹ تشتَک و کوزه ۲۲۱
۷-۶ پراکندگی دستگاه‌ها و شیوه‌های موسیقی اقوام و استان‌های ایران ۲۲۱
۷-۶-۱ موسیقی آذری ۲۲۱
۷-۶-۲ موسیقی کردی ۲۲۲
۷-۶-۳ موسیقی لری ۲۲۲
۷-۶-۴ موسیقی مازندران ۲۲۳
۷-۶-۵ موسیقی خراسان ۲۲۴
۷-۶-۶ موسیقی گیلان ۲۲۴
۷-۶-۷ موسیقی بوشهر ۲۲۵
۷-۶-۸ موسیقی سیستان ۲۲۵
۷-۶-۹ موسیقی بلوچستان و مکران ۲۲۶
منابع ۲۲۸

فصل ۸ . جشن‌های ملی ایران

۸-۱ مقدمه ۲۳۱
۸-۲ ویژگی‌های جشن‌های ایرانی ۲۳۱
۸-۳ گاهشماری جشن‌ها و مناسبت‌های ملی ایران ۲۳۱
۸-۴ جشن‌های بزرگ ۲۳۱
۸-۴-۱ نوروز ۲۳۱
۸-۴-۲ سیزده به در ۲۳۵
۸-۴-۳ چهارشنبه سوری ۲۳۷
۸-۴-۴ جشن یلدا ۲۳۹
۸-۴-۵ جشن سده ۲۴۰
۸-۴-۶ جشن مهرگان ۲۴۰
۸-۴-۷ جشن تیرگان ۲۴۰
۸-۴-۸ دیگر جشن‌های ایرانی ۲۴۱
منابع ۲۴۴

فصل ۹. هنرها و صنایع دستی در ایران

۹-۱ مقدمه ۲۴۷
۹-۲ سفالگری ۲۴۷
۹-۳ هنر بافتن (پارچه، فرش و ...) ۲۵۰
۹-۳-۱ فرش بافی ۲۵۳
۹-۴ گلیم و جاجیم‌بافی ۲۵۸
۹-۵ سوزن‌دوزی ۲۵۹

۹-۶ سنگ‌تراشی ۲۶۲
۹-۷ میناکاری ۲۶۴
۹-۸ خاتم‌کاری ۲۶۵
۹-۹ شیشه‌گری ۲۶۶
۹-۱۰ فلزکاری ۲۶۸
۹-۱۱ قلم‌زنی ۲۶۹
۹-۱۲ منبت‌کاری ۲۷۳
۹-۱۳ حصیربافی ۲۷۴
منابع ۲۷۵

فصل ۱۰. اماکن، بناهای تاریخی عمومی و خصوصی در ایران

۱۰-۱ مقدمه ۲۷۹
۱۰-۲ کاروانسراها ۲۷۹
۱۰-۲-۱ مروری بر تاریخچه کاروانسراها ۲۸۲
۱۰-۲-۲ عوامل ایجاد کاروانسراها ۲۸۳
۱۰-۲-۳ عملکرد کاروانسراها در تاریخ باستانی و دوره اسلامی ۲۸۳
۱۰-۳ قلعه‌ها و دژها ۲۸۶
۱۰-۳-۱ شهر زیرزمینی ۲۹۰
۱۰-۴ خانه‌های سنتی و اعیانی ۲۹۱
۱۰-۴-۱ باغ شاهزاده ۲۹۱
۱۰-۴-۲ باغ فتح‌آباد ۲۹۲
۱۰-۴-۳ خانه حاج آقاعلی قاسمیه ۲۹۳
۱۰-۴-۴ خانه طباطبایی ۲۹۴
۱۰-۴-۵ خانه تاریخی عباسیان ۲۹۵
۱۰-۴-۶ خانه آقازاده ۲۹۶
۱۰-۴-۷ خانه و حسینیه امینی‌ها ۲۹۷
۱۰-۵ آب‌انبارها ۲۹۸
۱۰-۶ کاریز (قنات) ۳۰۱
۱۰-۶-۱ تاریخچه کاریز در ایران ۳۰۱
منابع ۳۰۵

فصل ۱۱. معرفی برخی از چهره‌های تاریخی تاثیرگذار علمی و فرهنگی ایران

۱۱-۱ مقدمه ۳۰۹
۱۱-۲ زرتشت ۳۱۱
۱۱-۲-۱ تاریخ زاد روز زرتشت ۳۱۱
۱۱-۲-۲ زندگی زرتشت ۳۱۱
۱۱-۲-۳ دوران حیات زرتشت ۳۱۲
۱۱-۲-۴ خلاصه‌ای از سیر و سلوک آیین زرتشت ۳۱۲
۱۱-۲-۵ اوستا ۳۱۴
۱۱-۳ کوروش کبیر ۳۱۵
۱۱-۳-۱ تشکیل پادشاهی کوروش و شخصیت او ۳۱۵
۱۱-۴ حکیم ابوالقاسم فردوسی- میراث‌دار هویت ملی ایران ۳۱۹
۱۱-۴-۱ زندگی‌نامه فردوسی ۳۱۹
۱۱-۴-۲ منابع شاهنامه فردوسی ۳۲۱
۱۱-۵ ابونصر محمد بن محمد فارابی ۳۲۴
۱۱-۵-۱ زندگی ۳۲۴
۱۱-۵-۲ فلسفه فارابی ۳۲۵
۱۱-۵-۳ شاهکار فارابی ۳۲۵
۱۱-۵-۴ فارابی و موسیقی ۳۲۶
۱۱-۵-۵ فارابی و آرمان‌شهر دینی- اجتماعی ۳۲۷
۱۱-۶ ابوریحان بیرونی ۳۲۷
۱۱-۶-۱ زندگی ۳۲۷
۱۱-۶-۲ فعالیت‌های علمی و آثار ۳۲۹
۱۱-۷ پورسینا ۳۳۱
۱۱-۷-۱ زندگی ۳۳۲
۱۱-۷-۲ آثار پور سینا ۳۳۳
۱۱-۸ محمد بن زکریای رازی ۳۳۵
۱۱-۸-۱ زندگی ۳۳۶
۱۱-۸-۲ اوضاع تاریخی و سیاسی زمان رازی ۳۳۶
۱۱-۸-۳ شخصیت انسانی- اجتماعی رازی ۳۳۷
۱۱-۸-۴ آثار رازی ۳۳۷
۱۱-۹ حکیم عمر خیام نیشابوری ۳۳۹
۱۱-۹-۱ زندگی ۳۳۹
۱۱-۹-۲ شرایط تاریخی زمان خیام ۳۴۰
۱۱-۹-۳ فعالیت‌های علمی خیام ۳۴۰
۱۱-۱۰ شهاب الدین سهروردی ۳۴۷
۱۱-۱۰-۱ زندگی ۳۴۷
۱۱-۱۰-۲ روزگار سهروردی ۳۴۷
۱۱-۱۰-۳ اشاره‌ای به نظرات و آثار سهروردی ۳۴۷
۱۱-۱۱ سعدی شیرازی ۳۴۸
۱۱-۱۱-۱ زندگی ۳۴۹
۱۱-۱۱-۲ شرایط تاریخی اجتماعی ایران در زمان سعدی ۳۴۹
۱۱-۱۱-۳ نظم و نثر سعدی ۳۴۹
۱۱-۱۱-۴ جامعه‌شناسی و انسان‌شناسی گرایش سعدی ۳۵۱
۱۱-۱۱-۵ شخصیت سعدی ۳۵۱
۱۱-۱۲ جلال‌الدین محمد بلخی ۳۵۲
۱۱-۱۲-۱ شرحی بر سیر و سلوک مولانا ۳۵۳
۱۱-۱۲-۲ مولانا و تدریس و ارشاد ۳۵۴
۱۱-۱۲-۳ شمس تبریزی ۳۵۴
۱۱-۱۲-۴ اولین دیدار شمس و مولانا و کشیدن جرقه ۳۵۵
۱۱-۱۳ حافظ شیرازی ۳۵۷
۱۱-۱۳-۱ زندگی ۳۵۷
۱۱-۱۳-۲ اوضاع سیاسی- تاریخی شیراز در زمان حافظ ۳۵۸
۱۱-۱۳-۳ دیوان حافظ ۳۵۹
۱۱-۱۳-۴ ژرفا و سیرت دیوان حافظ ۳۵۹
۱۱-۱۳-۵ نگرش حافظ بر دنیا و آخرت ۳۶۰
۱۱-۱۳-۶ فال حافظ ۳۶۰
منابع ۳۶۲

عکاس: پرستو مالکی
مکان: یزد

Baku
SEA
Rasht
ELBURZ
Turkmenbashi
TURKMENISTAN
Ashgabat
Tehran
Babol
MTS.
Mashhad
Mt. Damavand 18,612'
Qom
Dasht-e Kavir
(Desert)
IRAN
Kashmar
Mary
Birjand
Yazd
Dasht-e Lut
(Desert)
PERSEPOLIS
Kerman
Bandar-e
Abbas

فصل اول

ایران در یک نگاه

در ورای نام کشور ایران و حوزه فرهنگی آن اگرچه تفاوت‌ها و گوناگونی‌ها در میان افراد آن ازنظر زبان، گویش و آیین وجود دارد؛ اما خوشبختانه وحدت محکم و پایدار میان افراد، اقوام و جغرافیای این کشور باستانی با ویژگی‌های تاریخی، فرهنگی، عادت‌ها و زبان مشترک ملی دیده می‌شود. این عناصر فرهنگی و آرمانی و تاریخ مشترک است که همه مردم ایران را زیر نام بزرگ ملت ایران قرار می‌دهد. در ایران آرمان آذربایجان، کردستان، بلوچستان، خوزستان، فارس و کل ایران با هر گویش، زبان، آیین، رنگ پوست و چهره‌ای که داشته باشند، روح و هویت مشترک ایرانی دارند و همگی مادر مهربان میهن خود را خوب می‌شناسند و در گستره جغرافیای بزرگ‌تر از مرزهای ایران کنونی ضمن احترام به مرزهای سیاسی و جغرافیای فعلی، جغرافیای دیرینه و فرهنگ مشترک باستانی را خمیرمایه دوستی و حسن هم‌جواری و همسایگی می‌دانند.

مرا مهر وطن هرگز ز سر بیرون نخواهد شد

شعارم عشق ایران است و دیگرگون نخواهد شد

با الهام از حافظ شیرازی

۱-۱ مقدمه

از سرزمین ایران به‌عنوان یک قلمرو باستانی یا کشور امروزی توصیف‌های گوناگونی به‌عمل‌آمده و پژوهشگران خارجی از دیدگاه‌های متفاوتی آن را به ملل خود معرفی کرده‌اند. ایرانیان نیز خود در توصیف و معرفی یکپارچه آن به‌اندازه کافی موفق نبوده‌اند. در آثاری که به معرفی و شناخت ایران می‌پردازند دیدگاه‌ها محدود و متمرکز بر جنبه‌های ویژه‌ای از جذابیت‌های ایران بوده است. هدف این نوشته معرفی کلی و خلاصه از ایران و نمایاندن چهره‌ای از ایران همان‌طور که هست، می‌باشد.

معرفی ایران به‌عنوان کشوری باستانی با تمدنی حداقل ۵ هزارساله فقط یکی از واقعیت‌های بارز ایران است. معرفی ایران به‌مثابه کشوری اساطیری، باز تمام واقعیت ایران نیست- هرچند وجوه اساطیری در فرهنگ ایران واقعیتی انکارناپذیر است.

معرفی آن به‌عنوان یک سرزمین فرهنگی که مهد شاعران، اندیشمندان و دانشمندانی همچون فردوسی، عطار، خیام، سعدی، حافظ، مولوی، فارابی، ابوریحان، پورسینا، شیخ بهایی و صدها شخصیت دیگر می‌باشد نیز همه آنچه ایران فرهنگی به شمار می‌رود نیست. ایران به‌عنوان مهد جشن‌های کهن همچون نوروز، سده، مهرگان، تیرگان، چله (یلدا) و... نیز گوشه دیگری از واقعیت ایران است. معرفی ایران به‌عنوان کشوری دارای نفت و گاز و ذخایر معدنی فراوان و متنوع دیدگاه تازه‌تری از واقعیات ایرانِ سده‌های اخیر است. از جهاتی دیگر ایران به‌عنوان تولیدکننده زعفران، فرش و قالی دست‌بافت و صادرکننده بهترین پسته جهان مشهور است اما این‌ها نیز نماینده تمام ظرفیت‌های بالقوه ایران در تولید و تجارت نیست. معرفی ایران به‌عنوان سرزمینی کویری و ماسه‌های بادی، فضاهای بکر و سرسبز ایران را نادیده می‌گیرد. چراکه در کنار کویرهای بی‌نظیر، ایران دارای قدیمی‌ترین جنگل‌های دنیا (جنگل‌های هیرکانی) و جنگل‌های بلوط خاص کوهستان‌های زاگرس است.

در نظر گرفتن ایران به‌عنوان کشوری کوهستانی کوهستانی شامل دو رشته‌کوه بزرگ البرز و زاگرس نمایش تمام عظمت کوهستان‌های ایران نیست؛ زیرا ایران دارای چهار رشته‌کوه البرز، زاگرس، کوه‌های میانی ایران و کوه‌های خاور ایران است که شامل ۴۰ قله بالای ۴۰۰۰ متر ارتفاع است و آن‌ها نیز گوشه‌ای از طبیعت قابل‌توجه ایران به شمار می‌آیند.

از طرف دیگر ایران به داشتن بلندترین قله خاورمیانه یعنی دماوند و بزرگ‌ترین دریاچه جهان (کاسپین)، شورترین دریاچه جهان (دریاچه ارومیه؛ که شوربختانه در حال خشک شدن است) مشهور است؛ سرزمین ایران را با داشتن بیشترین اختلاف دما در میان نواحی گوناگون در یک‌فصل، یک ماه و حتی یک روز، داشتن چهارفصل هم‌زمان در بخش‌های متفاوت آن (به‌عنوان‌مثال بهار در زمستان در مناطقی همچون خوزستان، هرمزگان و بوشهر. زمستان در فصل بهار در مناطقی همچون اردبیل و بخش‌های از آذربایجان و ارتفاعات بالای ۲۵۰۰ متر شمال و شمال باختر ایران) می‌شناسند.

برخی ایران را بهشت زمین‌شناسی و انواع کانی‌ها و فسیل‌ها می‌دانند و برای آن چندین ژئوپارک معرفی می‌کنند که در این میان یونسکو سه ژئوپارک را به رسمیت شناخته است (قشم، طبس و ارسباران). باآنکه در سطح جهانی و حتی سازمان‌های دولتی ژئوپارک دیگری برای ایران معرفی نشده، هنوز می‌توان چندین ژئوپارک با استاندارد جهانی در آن معرفی کرد (تخت سلیمان، سبلان، ماه‌نشان، انارک، خور و بیابانک و ...). این‌ها نیز اجزایی از طبیعت و دارایی‌های ایران به شمار می‌روند. اگرچه جنبه‌های دیگری که ایران را سرزمینی منحصربه‌فرد می‌سازند در بخش‌های بعدی به‌اختصار معرفی می‌شوند.

طبق شواهد باستان‌شناختی و تاریخی، قلمرو ایران مهد اولیه تمدن بشری است. نخستین متن حقوق بشری، منشور حقوق بشر کوروش، در ایران نوشته و اعلام‌شده است؛ اولین آیین یکتاپرستی، آیین زرتشت، از آنِ ایرانیان بوده است؛ نخستین امپراتوری بزرگ جهانی، هخامنشیان بانام ایران شناخته می‌شود. صنعت متالورژی (بر اساس شواهد موجود در موزه‌های ایران و جهان) قدیمی‌ترین سابقه را در ایران دارد؛ اولین سکه طلا (سکه داریک در زمان داریوش) را ایرانیان ضرب زدند. ابوریحان بیرونی، اولین کسی که گِرد بودن زمین را اعلام و برای اولین بار شعاع کره زمین را اندازه‌گیری کرد، دانشمند نابغه ایرانی است. به‌علاوه او برای اولین بار چگالی چند کانی را تا دو عدد اعشار مشخص کرد. نظریه مولکولی- اینکه مواد از اجزاء ریز ساخته‌شده و رفتار آن‌ها- برای اولین بار قبل از دالتون توسط دانشمندان معتزلی در ایران ارائه شد؛ نخستین انقلاب دموکراسی خواهی منطقه آسیا (انقلاب مشروطیت) در ایران رخ‌داده است.

پس‌ازاین مقدمه، در ادامه اشاراتی کلی در مورد ایران‌شناسی خواهیم داشت.

۱-۲ ایران و خاستگاه این نام

واژه ایران، یا آریان ریشه چند هزارساله دارد. کلمه ایران به نام‌های Aeran, Aryan و واژه کهن Arya در فارسی اوستا Airia تلفظ می‌شود؛ در فارسی باستان Airya و غیره همگی با کلمه آریایی یک ریشه‌دارند که به‌معنی ایرانی‌ها است. در اوستا کلمه ایرانویج به‌معنی سرزمین ایران آمده است (نام مرکز پژوهشی آرین زمین و انتشارات آرین زمین و مجله سرزمین‌های پارس آرین نیز از همین کلمه گرفته‌شده است).

تلفظ واژه ایران در فارسی اوستایی، فارسی باستان و فارسی پهلوی قدری متفاوت ولی همگی به یک معنی و یک نام اشارت دارند. چنانچه در فارسی اوستایی آئیریان و در فارسی باستان ائیریانا و در فارسی میانه اِران بود که معنای آن سرزمین مردمان نجیب است. در زبان سانسکریت نیز با تلفظی متفاوت، معنایی یکسان داشته است.

به ایران کشور پارس، پارسیان و پرشیا هم می‌گفتند. نام پارس، پارسیان و پرشیا[1] عموماً از برداشت‌های یونانی و ایلامی در جهان غرب است. کلمه پارسه، معنای سرزمین پارسیان، به نظر می‌رسد از دولت هخامنشی سرچشمه می‌گیرد چراکه هخامنشیان یکی از اقوام بزرگ آریایی به‌نام پارسیان بودند. کشور ایران از سه قوم بزرگ آریایی یعنی پارسیان، پارتیان و مادها تشکیل می‌شد که هرکدام در زمان باستان در دوره‌ای بر ایران حاکم بوده و دولت فراگیر تشکیل داده‌اند.

مادها اولین دولت ایران در باختر و شمال باختری تا بخش‌هایی از مرکز ایران را تشکیل دادند. هخامنشیان بر تمام ایران بزرگ و سرزمین‌های غیر از ایران (انیرانی)، مانند مصر و بخش‌هایی از هند و چین حکمرانی می‌کردند. پارتیان پس از هخامنشیان و سلوکیان و قبل از ساسانیان بر تمام سرزمین‌های ایران- از فرارودان تا میان‌رودان و نیز برخی از سرزمین‌های انیرانی- حکومت می‌کردند.

چون درگذشته جهان غرب در تعاملات سیاسی بیشتر از کلمه پارس و پرشیا استفاده می‌کردند، در ششم دی‌ماه ۱۳۱۳ در دوران رضاشاه دولت ایران به‌طور رسمی از کشورهای دیگر درخواست کرد که در مکاتبات رسمی فقط از واژه ایران استفاده کنند. در آن روزگار سعید نفیسی از استادان بزرگ ادبیات و تاریخ در دانشگاه تهران، ضمن یک سخنرانی پرشور درباره تاریخ کشور، از کاربرد نام ایران- قدیم‌ترین نام باستانی و تاریخی کشور- دفاع کرد.

واژه ایران از پارسی میانه سرچشمه می‌گیرد. این نام بر کشور شاهنشاهی ایرانیان نخستین بار در سکه‌های اردشیر بابکان و سنگ‌نبشته‌های او در نقش رستم فارس زیر عنوان اردشیر شاهنشاه آریان (ایران) دیده می‌شود و کلمه ایرانشهر را ساسانیان به‌شکل سیاسی آن به کاربردند. دو کلمه ایرانی و ایران هم در زمان ساسانیان و نیز بعد از اسلام در نوشته‌های ایران دیده می‌شود.

کلمه شاهنشاه که به پادشاهان پیش از اسلامِ ایران گفته می‌شد ازآن‌جهت بود که ایران آن دوران شامل مجموعه‌ای از ایالت‌های بزرگ با شاهان محلی بود که اغلب نیز به شکل موروثی انتقال می‌یافتند. از سوی دیگر کشورهای دیگری با اصالت غیر ایرانی- موسوم به انیرانی- تحت حمایت شاه ایران بودند. به همین خاطر شاهنشاه ایران یعنی شاه شاهانی که همه تحت حاکمیت و یا تحت حمایت شاه ایران بودند.

ایران در بیشتر درازای تاریخی خود به‌صورت یک دولت و ملت مستقل و قدرتمند مطرح بوده است اما زمان‌هایی هم بوده که از این قدرت ساقط‌شده ولی دوباره هویت خود را بازیافته است.

۱-۳ موقعیت جغرافیایی و جمعیت ایران

ایران کشوری است که در باختر قاره آسیا و در منطقه خاورمیانه واقع‌شده است. ایران امروزی در نیمکره شمالی و در عرض‌های ۲۵ تا ۴۰ درجه شمالی و طول‌های ۴۴ تا ۶۳ درجه خاوری جای دارد.

وسعت ایران برابر با حدود یک میلیون و ششصد و چهل هزار کیلومترمربع است و بین دریای کاسپین در شمال، خلیج‌فارس و دریای مکران (عمان) در جنوب، کشورهای پاکستان و افغانستان در خاور، کشور ترکمنستان در شمال خاور، کشورهای آذربایجان و ارمنستان در شمال و شمال باختر و ترکیه و عراق در باختر محصور است. ایران دارای ۳۱ استان بوده و پایتخت آن تهران است. ایران حداقل ۱۰ شهر با بیش از دو میلیون جمعیت دارد که تهران، مشهد، اصفهان، تبریز، شیراز، اهواز، همدان، ارومیه، کرمانشاه، کرمان، رشت و ساری از آن جمله‌اند.

زبان رسمی ایران فارسی است. البته زبان‌ها و گویش‌های دیگری همچون آذری، کردی، لری، بلوچی، هر یک با زیبایی و ظرافت خاص خود، در میان اقوام و استان‌های کشور رایج‌اند. فصل ۶ به معرفی زبان‌های ایران اختصاص دارد.

۱-۴ طبیعت ایران

ایران از یک‌سو دارای رشته‌کوه‌های متعدد و از سوی دیگر دارای سرزمین‌های بیابانی و کویری پهناور و سواحل و کرانه‌های طولانی متنوع است. بخش‌هایی از سرزمین‌های ایران دارای پوشش جنگلی (شمال، جنوب باختر و باختر ایران) است.

بارش متوسط سالانه در ایران حدود ۲۵۰ میلی‌متر است. این بارش دارای پراکندگی زمانی و مکانی بسیار متفاوتی است، به‌عنوان‌مثال برخی از نقاط ایران در سال تا ۲۰۰۰ میلی‌متر بارش دارند و در برخی از نقاط دیگر میزان بارش سالیانه به ۵۰ میلی‌متر هم نمی‌رسد.

ایران دارای تنوع زیستی و جانوری قابل‌توجهی است. تاکنون حدود ۸ هزار گونه گیاهی و بیش از ۱۱۴۰ گونه جانوری در آن شناخته‌شده است.

ازنظر توپوگرافی ایران شامل سرزمین‌هایی است که ارتفاعی کمتر از سطح دریاهای آزاد دارند و از سوی دیگر بیش از ۴۰ قله با ارتفاع بالاتر از ۴۰۰۰ متر دارد (نگاه شود به شکل ۲-۲۲).

ایران تنوع آب و هوایی چشمگیری دارد. گرم‌ترین نقطه زمین (گندم بریان در دشت لوت) در ایران واقع‌شده است، در همان حال مناطقی (علم‌کوه) دارد که دارای یخچال طبیعی هستند. در فصل دوم کتاب به توصیف طبیعت ایران به‌طور مفصل پرداخته‌شده است.

۱-۵ زیرساخت‌ها

زیرساخت‌های ایران را می‌توان به دو بخش بزرگ تقسیم کرد:

۱. **زیرساخت‌های فیزیکی عمومی که می‌توانند به دو دسته زیر تقسیم شوند:**

- الف: زیرساخت‌ها و منابع طبیعی مانند منابع انرژی، منابع معدنی، جاذبه‌های گردشگری چون ژئوپارک‌ها، کویرها، تولیدات کشاورزی و صنایع‌دستی که در تولید ثروت ملی نقش اصلی رادارند و یا هر آنچه در طبیعت بی‌جان و جاندار ایران محسوس

---
1. Persia

است.

- ب: زیرساخت‌های دست‌ساخته بشر که در طول تاریخ صنعتی و مدرن شدن کشور به وجود آمده‌اند و عموماً از سال ۱۹۲۰ شروع‌شده و گسترش آن‌ها هم‌اینک نیز ادامه‌دارند. ازجمله شبکه راه‌آهن، جاده‌ها، فرودگاه‌ها، سدها، کانال‌های انتقال آب، خطوط برق و شبکه‌های مخابراتی و ساختمان‌های آموزشی- پژوهشی- ورزشی و ... هرچند که این زیرساخت‌ها تناسبی با جمعیت ۸۵ میلیونی ایران ندارد ولی امکان توسعه آن‌ها فراهم است.

۲. **زیرساخت‌های فرهنگی و منابع انسانی:**

الف. منابع انسانی شامل نیروهای انسانی متخصص و غیرمتخصص و چهره‌های علمی و فرهنگی.

ب. زیرساخت فرهنگی شامل سایت‌های گردشگری مانند موزه‌ها، بناهای تاریخی، آرامگاه‌های چهره‌های ملی و سایر موارد مرتبط با رویدادها و مسائل فرهنگی مانند سالن‌های سینما و تئاتر، گالری‌ها، کلکسیون‌ها، کتابخانه‌ها، مکان‌های موسیقی و مکان‌های فرهنگی تاریخی.

۱-۵-۱ تفصیل زیرساخت‌های فیزیکی

الف. معدن: جایگاه مواد معدنی و صنایع مرتبط و نقش آن‌ها در اقتصاد ایران بسیار حائز اهمیت است؛ بیراه نیست اگر نقش این ذخایر در اقتصاد و تنوع بخشیدن به درآمدهای اقتصادی را تنها راهکار خروج از حاکمیت اقتصاد دولتی و نفتی بدانیم. یکی از بهترین گزینه‌های پیش‌رو صنایع معدن است که خود سبب جذب درآمد و اشتغال‌زایی متنوع و توزیع مناسب تولید در سراسر کشور خواهد شد.

ایران با تولید ۸۰ نوع ماده معدنی خام در شرایط سخت کنونی یکی از شاخص‌ترین کشورهای جهان است. بخش زیادی از این تولیدات به‌صورت خام صادرشده و مابقی در صنایع داخلی مصرف می‌شوند. سهم ایران از ذخایر جهانی حدود ۱۰ درصد (۷۰ میلیارد تن ذخیره شناخته‌شده معدنی) است و از این نظر ایران در زمره ده کشور اول دنیا قرار می‌گیرد. تولیدات معدنی ایران در مقایسه با سهم آن از ذخیره جهانی بسیار پایین‌تر (حدود ۱ درصد) است. این فاصله در صورتی جبران می‌شود که به معدن و صنایع وابسته به آن توجهی ویژه شود و تمام ضروریات آن، اعم از زیرساخت‌های سخت‌افزاری و نرم‌افزاری، برای تولید و بهره‌برداری از این ذخایر فراهم شود.

بر پایه شواهد موجود توسعه معادن و صنایع معدنی یکی از بهترین گزینه‌های بالقوه برای نجات اقتصاد کشور به‌حساب می‌آید که در صورت هدایت صحیح این بخش، می‌توان آینده درخشانی برای اقتصاد پویای معدن و صنایع معدنی ترسیم کرد.

اقتصاد بر پایه مواد معدنی مزیت‌های بسیاری نسبت به سایر منابع درآمدی کشور دارد که ازجمله می‌توان به موارد زیر اشاره کرد:

۱. مزیت اصلی صنایع معدنی ایران تنوع بسیار بالای ذخایر مواد معدنی است و از این منظر تنها ایالات‌متحده امریکا با ایران قابل‌مقایسه است. امروزه ایران از ۸۰ نوع ماده معدنی فلزی، غیرفلزی، مصالح ساختمانی، سنگ‌های تزیینی و ... بهره‌برداری می‌کند. قابل‌توجه اینکه وضعیت حاضر در شرایطی است که تاکنون هیچ توجه زیربنایی به معدن و صنایع معدنی نشده است.

۲. پیش‌بینی می‌شود قیمت حامل‌های انرژی نظیر نفت و گاز در آینده (بعد از سال ۲۰۳۰) رشد چشمگیری نداشته و صادرات آن‌ها توجیه اقتصادی نداشته باشد. در چنین شرایطی کشورهایی که قادر به تأمین انرژی مصرفی صنایع داخلی خود هستند می‌توانند با به‌کارگیری انرژی ارزان (بدون هزینه حمل‌ونقل) بر ارزش‌افزوده تولیدات صنعتی خود بیافزایند و در رقابت‌های جهانی ازنظر تولید موفق باشند.

۳. ایران کشوری است که دسترسی بسیار محدودی به منابع آب دارد که خود یکی از مهم‌ترین موانع توسعه کشور است. قابل‌توجه اینکه صنایع معدنی برخلاف صنایع کشاورزی نیاز چندانی به منابع آب ندارند و توسعه آن‌ها فشار چندانی به منابع آب کشور تحمیل نمی‌کند و درنتیجه نقش صنایع معدنی در آینده کشور می‌تواند پررنگ باشد.

۴. ذخایر معدنی ایران عمدتاً در بخش‌های مرکزی و خاوری کشور جای دارند. به دلیل پوشش گیاهی کم تراکم این مناطق، توسعه صنایع معدنی کمتر با مسائل زیست‌محیطی روبه‌رو است. همان‌طور که می‌دانیم مشکلات زیست‌محیطی، همچنان امروزه، رشد صنعتی کشورها را در آینده تحت‌الشعاع قرار خواهد داد.

۵. توسعه صنایع معدنی در بخش‌های مرکزی و خاوری ایران نیازمند ایجاد زیرساخت‌های بنیادی نظیر احداث و توسعه خطوط راه‌آهن، تأمین آب موردنیاز از طریق شیرین کردن آب دریا و ساخت و ایجاد اسکله‌های عظیم در سواحل دریای مکران (عمان) است. این زیرساخت‌ها، جدا از کاربرد اصلی خود در توسعه اقتصاد کشور، به امنیت ملی کشور نیز کمک می‌کند. از سوی دیگر در خاور و شمال خاور ایران کشورهایی نظیر افغانستان، تاجیکستان، ازبکستان، قزاقستان، ترکمنستان حضور دارند که با داشتن ذخایر معدنی فراوان به دریاهای آزادراه ندارند. احداث خطوط ارتباطی راه‌آهن می‌تواند ایران را به شاهراه تبادلات تجاری منطقه آسیای مرکزی تبدیل کند؛ با افزایش مبادلات تجاری، امنیت منطقه‌ای کشور نیز به میزان قابل‌توجهی افزایش خواهد یافت. رشد معادن و صنایع معدنی در ایران و راه‌های ارتباطی مناسب ذکرشده سبب انتقال صنایع معدنی کشورهای یادشده به ایران خواهد شد. از سوی دیگر ایران دانش فنی مناسب برای کمک به راه‌اندازی صنایع معدنی و معدن در آسیای میانه و کشورهای خاوری آن را داراست.

با توجه به آنچه که ذکر شد، کشور نیازمند جدی کاهش وابستگی به نفت و گاز و کاهش تولیدات محصولات کشاورزی پر نیاز به آب است. در این میان رونق و پیشرفت صنایع معدنی مزایای زیادی دارد که با درنظر گرفتن

آن می‌توان توسعه پایدار کشور را در سایه امنیت ملی و حضوری مقتدر در منطقه شاهد بود. ایران در اجرای برنامه‌های توسعه‌ای که مهمترین هدف آن باید کاهش وابستگی کشور به نفت و گاز باشد، ناچار به توسعه پایدار زیرساخت‌های بخش معدن و صنایع معدنی و گسترش برنامه‌های راه‌سازی بخصوص راه آهن است. توسعه صنعت و معدن به آب فراوان نیاز ندارد و بخصوص ثروت حاصل از آن به‌طور ذاتی نمی‌تواند منحصراً در دست دولت باشد. در نتیجه با یک نظارت درست بدون محدودیت‌ها و لَختی رایج در برنامه‌های دولتی صنعت معدن سریعاً می‌تواند رشد و توسعه یابد. بخصوص که تعداد معادن کوچک و متوسط در کشور بسیار زیاد است و بخش خصوصی متعهد و کارآشنا می‌تواند در این توسعه و بهره‌برداری سهیم شود.

اشاره شد که ایران از نظر جایگاه معدنی و ذخایر آن جزء ده کشور اول دنیاست. البته در مورد چند ماده معدنی، ایران می‌تواند تا سال‌های سال حرفی برای گفتن داشته باشد و بخشی از تولیدات جهانی را به‌خود اختصاص دهد. این مواد عبارت‌اند از:

ذخایر فلزی مس، آهن، طلا، سرب و روی و ذخایر غیر فلزی همچون فسفات، فلوریت، باریت، نمک، مصالح ساختمانی و سنگ‌های ساختمانی که می‌توان گفت سنگ‌های نما و تزئینی از ثروت‌های تمام نشدنی ایران است.

باوجود اینکه ایران جزء ده کشور اول معدنی جهان به‌شمار می‌آید باید دانست که هنوز اکتشافات معدنی ژرف به‌معنای واقعی آن در کشور شروع نشده است. بر پایه شواهد سطحی و معدنکاری تاریخی، در ایران وجود حدود ۱۰۰۰۰ کانسار و اندیس معدنی گزارش شده است. از ویژگی‌های زمین‌شناختی ایران پیداست که ایران ذخایر مس پورفیری و طلای کشف نشده زیادی، بخصوص در مرکز و خاور ایران دارد. برای توسعه این معادن در کشور، همکاری‌های فنی و شراکت بنگاه‌های بزرگ اقتصادی دنیا ضروری به‌نظر می‌رسد.

۶-۱ منابع انرژی تجدیدناپذیر (نفت، گاز و زغال‌سنگ)

۱-۶-۱ نفت

ذخایر متعارف اثبات شده نفت در جهان معادل ۱/۶۵ تریلیون بشکه است. ایران با ذخیره ۱۵۷ میلیارد بشکه (ذخایر اولیه کشف شده تاکنون) و سهم ۹/۵ درصدی از کل ذخایر جهان در رتبه چهارم جهانی قرار دارد [۱].

تولید جهانی نفت در پنج سال اخیر (۲۰۲۳-۲۰۱۷) سالانه بین ۹۰ تا ۱۰۰ میلیون بشکه در نوسان بوده است. ایران جزء ده کشور بزرگ تولیدکننده نفت جهان است و بین سال‌های ۱۳۵۲ تا ۱۳۵۷ اولین صادر کننده نفت هم بوده است. سهم تولید نفت ایران از تولید کل جهان در ۵ سال اخیر بین ۴/۵-۳ میلیون بشکه در روز بوده است که حدود ۲ میلیون بشکه از این مقدار به مصرف داخلی می‌رسد. سهم نفت ایران در تولید، از ۲۰۱۹ تا ۲۰۲۳ به رتبه نهم جهان سقوط کرد که البته به‌دلیل مشکلاتی است که ایران با جهان غرب دارد. در صورت رفع این مشکلات و بازگشت مناسب کشور به تعاملات جهانی، ایران به‌راحتی می‌تواند روزانه ۴/۵ میلیون بشکه نفت تولید کند. در صورت سرمایه‌گذاری بیشتر در صنعت نفت و همکاری شرکت‌های بین‌المللی معتبر ظرف چند سال می‌تواند تولید خود را تا ۶ میلیون بشکه در روز افزایش دهد که البته در اینصورت ممکن است برای فروش مشکل ایجاد شود.

۲-۶-۱ گاز طبیعی

ذخایر قطعی گاز طبیعی در جهان تا آخر سال ۲۰۲۰ معادل ۱۸۸/۱ تریلیون متر مکعب گزارش شده است. بیشترین میزان ذخیره قطعی در جهان مربوط به کشور روسیه با ۳۷/۴ تریلیون متر مکعب است. بعد از آن ایران با ۳۳/۱ تریلیون متر مکعب در رتبه دوم ذخایر قطعی گاز طبیعی و سهم ۱۷/۱ درصدی از کل ذخایر گاز جهان (سال ۲۰۲۳) قرار گرفته است [۲].

۱-۲-۶-۱ تولیدات گاز طبیعی در ایران و جهان

تولید جهانی گاز طبیعی در سال ۲۰۲۰ معادل ۳۸۵۳/۷ میلیارد متر مکعب برآورد شده است. بیشترین میزان مربوط به امریکا با ۹۱۴/۶ میلیارد متر مکعب و سهم ۲۳/۷ درصدی از کل جهان است؛ پس از آن کشور روسیه با ۶۳۸/۵ میلیارد متر مکعب و سهم ۱۶/۶ درصدی از جهان در رتبه دوم قرار دارد. (البته مقدار تولیدی روسیه در زمان جنگ با اوکراین از مقدار گفته شده کمتر است). ایران با تولید ۲۵۰/۸ میلیارد متر مکعب گاز طبیعی در سال ۲۰۲۳-۲۰۲۰ با حدود ۶/۵ درصد از سهم تولید کل جهان در رتبه چهارم جهان قرار دارد که به‌وضوح میزان تولید آن نسبت به ذخایر غنی آن خیلی کمتر است [۳].
واقعیت این است که ایران هنوز اکتشافات نفت و گاز خود را تکمیل نکرده است، هرچند در ۲۰ سال گذشته (۲۰۰۰-۲۰۲۰) فعالیت‌های گذشته اکتشافی چشمگیری داشته است. با توجه به شواهد زمین‌شناسی موجود، منابع نفت ایران تا ۲۰۰ میلیارد بشکه و ذخایر گاز ایران تا ۵۰ تریلیون متر مکعب برآورد می‌شود (Ghorani, 2013).

اما صنعت تولید نفت و گاز ایران به‌دلیل مشکلاتی که طی دهه‌های و امروزه نیز درگیر آن است به تناسب میزان ذخایر آن پیش نرفته است. ایران از لحاظ مصرف انرژی در دنیا (نسبت به جمعیت) بالاترین میزان مصرف سرانه را دارد. به‌طوری‌که میزان گاز و نفت مصرفی روزانه کشور (در صورتی‌که میزان گاز مصرفی را معادل بشکه نفت در نظر بگیریم) تقریباً معادل ۴/۵ میلیون بشکه نفت است. البته در صورتی‌که بهینه‌سازی مصرف انرژی انجام شود و به‌کارگیری انرژی‌های تجدیدپذیر مانند انرژی خورشیدی، زمین‌گرمایی، باد و ... که منابع قابل‌توجهی هم از آنها در کشور وجود دارد، توسعه یابد؛ وضعیت مصرف انرژی کشور

1. Worldometer, 2022
2. Statistical Review of World Energy, 2021.
3. Statistical Review of World Energy, 2021.

شکل معقول‌تری خواهد یافت.

زغال‌سنگ هم یکی دیگر از ذخایر و منابع انرژی‌های تجدید ناپذیر ایران است. ایران با ذخیره قطعی ۱/۳ میلیارد تن زغال‌سنگ در رتبه ۲۹ کشورهای جهان قرار دارد.[۱] هرچند اکتشافات زغال‌سنگ در ایران ادامه دارد. البته ایران برای توسعه صنایع فولاد خود نیاز به اکتشافات بیشتر و فرآوری زغال‌سنگ‌های کک‌شو دارد.

به‌طور کلی ایران باید یک سرمایه‌گذاری بسیار گسترده در بخش انرژی تجدیدپذیر و تجدیدناپذیر اهم از اکتشاف، تولید و بهینه‌سازی انجام دهد که تنها در صورتی ممکن است که با دنیا تعامل سازنده داشته باشد. واقعیت این است به دلایل فنی- اجرایی و زیست محیطی سرمایه‌گذاری در بخش انرژی ایران چه سوخت‌های فسیلی چه انرژی‌های پاک خورشیدی، ژئوترمال و... ایران دارای مزیت‌های نسبی فراوانی می‌باشد.

۷-۱ منابع آب در ایران

در ایران تقریباً ۴۱۱ میلیارد مترمکعب بارش سالانه وجود دارد. بارش متوسط سالانه در کشور ۲۵۰ میلی‌متر است. توزیع این بارش از نظر مکانی و زمانی بسیار نامتوازن است، به‌طوری‌که ۷۰ درصد بارش در ۲۵ درصد گستره ایران و ۳۰ درصد بارش در ۲۵ درصد دیگر از این گستره رخ می‌دهد. به‌طور مثال در بندر انزلی سالانه تا ۲۰۰۰ میلی‌متر بارش باران وجود دارد، در حالی‌که در برخی مناطق از کشور بارش سالانه کمتر از ۵۰ میلی‌متر است. از نظر زمانی بارش‌ها در موارد زیادی در فصل‌های غیر آبی رخ می‌دهند. البته این جای بحث و مطالعه دارد. از ۴۱۱ میلیارد بارش سالانه، ۲۹۶ میلیارد آن به‌وسیله تبخیر و یا عوامل دیگر از دسترس خارج می‌شود و حدود ۹۲ میلیارد مترمکعب به‌صورت روان‌آب قابل کنترل و استفاده می‌شود.

میزان آب مصرفی ایران سالانه معادل ۹۸ میلیارد متر مکعب است که در دو دهه اخیر، حدود ۶۴ میلیارد متر مکعب آن از منابع زیرزمینی برداشت می‌شود. این در شرایطی است که میزان آب‌های زیرزمینی که از بارش سالانه تغذیه می‌شوند حدود ۵۶ میلیارد متر مکعب است؛ یعنی سالانه با مصرف حدود ۸ میلیارد متر مکعب آب مازاد بر منابع زیرزمینی که خود خطر بزرگی برای آینده کشور محسوب می‌شود، هم اینک نیز برخی مشکلات به‌خوبی نمایان شده‌اند. به‌طورکلی ایران حدود ۹۰ درصد از آب‌های قابل دسترس را در کشاورزی، حدود ۳ درصد را در صنعت و ۷ درصد را به‌عنوان منابع آشامیدنی استفاده می‌کند.

استفاده از آب‌های زیرزمینی در چهل سال اخیر همیشه رو به افزایش بوده است، به‌طوری‌که در دهه ۷۰ معادل ۷۰ میلیارد مترمکعب، دردهه ۸۰ معادل ۷۵ میلیارد مترمکعب و در سال ۱۳۹۸ به حدود ۷۹ میلیارد متر مکعب رسیده است؛ یعنی در طول این سال‌ها از ذخایر آب‌های زیرزمینی استفاده شده است که برای مصرف در هر سه بخش کشاورزی، صنعت و شرب بوده است. این ازدیاد مصرف در این چهار دهه و بخصوص سه دهه اخیر عواقبی برای کشور داشته که مهمترین آن‌ها عبارت‌اند از:

۱. خشک شدن دریاچه‌ها و تالاب‌های داخلی که نمونه‌های آن فراوان است.

۲. پایین افتادن سطح آب‌های زیرزمینی در بسیاری از نقاط کشور و به‌عبارتی در تمام استان‌ها (فقط استان‌های مازندارن و گیلان از این کاهش سطح آب دور مانده‌اند).

۳. فرونشست دشت‌های کشور و پیشروی فرونشست‌ها به‌سمت شهرها.

۴. افزایش کانون‌های ریزگردها در داخل کشور؛ و فزونی آن در نتیجه اقدامات کشورهای همسایه باختری و جنوبی (احداث سدها، تغییر زمین‌های کشت و خشکاندن دریاچه‌های کوچک و ...) این وضعیت اسفبار در بسیاری از مناطق کشور در حال گسترش است.

۵. کمک به تغییرات اقلیم و نابسامانی هر چه بیشتر که به‌نوعی جهانی هم هست.

البته با یک برنامه‌ریزی درست و با نظر کارشناسان در سطح ملی می‌توان این مشکلات را در یک برهه ده ساله رفع کرد. از جمله این فعالیت‌ها می‌توان به موارد زیر اشاره کرد:

۱. با استفاده از آب شیرین کن در سواحل دریای مکران (عمان) آب بخش زیادی از کشور (بخصوص بخش‌های جنوب) را می‌توان تأمین کرد و صنایع کشور را به‌سمت جنوب‌خاور ایران یعنی استان سیستان و بلوچستان و خاور استان هرمزگان بخصوص سواحل مکران سوق داد.

۲. ایجاد سدهای مهار سیلاب، البته با مطالعات دقیق که باعث خشک شدن آبگیرهای داخلی نشود.

۳. تغییر کشت و کاشت محصولات با مصرف آب کمتر، به عنوان مثال تغییر باغ‌های سیب آذربایجان باختری به باغ‌های انگور همان‌طور که سابقا معمول بوده است.

۴. بازیابی آب‌های مصرفی بخش صنعت که البته در حال حاضر جریان دارد اما می‌توان آن را بهینه کرد.

۵. آموزش به کشاورزان برای جلوگیری از آبیاری (سیستم‌های بارانی و قطره‌ای) قطع آبیاری در روز- خصوصا در روزهای گرم - و آبیاری در شب برای جلوگیری از تبخیر و نیز استفاده از مواد نگهدارنده آب در خاک.

1. Worldometers, 2022.

۶. بهینه سازی آب مصرفی در بخش کشاورزی و استفاده از آب مجازی؛ یعنی معکوس سازی آب مجازی که از کشور خارج می‌شود.

۷. بررسی مسیر جریانات آب‌های زیرزمینی از طریق گسله‌های منطقه بخصوص اگر آب‌ها از طریق گسل‌ها به مکان‌های دوردست (دریاهای جنوبی کشور) هدایت شوند.

البته برای آنکه برایند و نتیجه کار پایدار باشد باید از تمام موارد یاد شده تواماً کمک گرفت.

۱-۸ اشاره‌ای به وضعیت منابع انسانی

هرچند خود منابع انسانی خارج از مباحث این کتاب است اما به چند موضوع کوچک و مهم در اینجا اشاره می‌شود.

۱. ایران بیش از ۱۵ میلیون نفر تحصیل کرده دانشگاهی- کارشناسی، کارشناسی‌ارشد و دکتری دارد.

۲. وجود قریب ۱۰۰ هزار عضو هیئت علمی شاغل در دانشگاه‌ها و مؤسسات علمی و پژوهشی کشور دارد.

۳. ایران بالاترین رتبه تولید علم (درواقع انتشار مقالات) را در منطقه دارد.

البته تعداد زیاد انتشار مقالات یا آمار بالای اعضای هیئت علمی جای نقد و بازبینی جدی دارد چرا که این افزایش لزوماً با ارتقای کیفی همراه نیست و تولید علم با تولید ثروت و توسعه همراهی نمی‌کند که این نشان می‌دهد بسیاری از آن‌ها جنبه آماری دارند.

ایران در منطقه خاورمیانه بیشترین مراکز علمی و پژوهشی را دارد، هرچند بخشی از آن‌ها استاندارد قابل دفاعی ندارند. البته به‌خاطر پتانسیل بالای جمعیت جوان کشور، با یک برنامه منظم و مدیریت هوشمندانه، کیفیت بسیاری از مؤسسات علمی موجود را در مدت کوتاهی می‌توان به سطح قابل قبول رساند و در چارچوب نیازهای واقعی کشور محتوی و گرایش آن‌ها را تغییر داد و مراکز کم کیفیت را تعطیل کرد.

ایران یک جمعیت بیش از ۶ میلیون مهاجر در کشورهای دیگر دارد که اغلب در آمریکا شمالی (ایالات متحده آمریکا و کانادا) و اروپای غربی زندگی می‌کنند. نکته قابل‌توجه اینکه اکثریت قابل‌توجهی از مهاجران ایرانی خارج کشور از نظر تحصیلی و اقتصادی موقعیتی بالاتر از وضعیت متوسط مردم کشور میزبان دارند. این مهاجران یک ثروت بالقوه از نخبگان برای ایران به‌حساب می‌آیند که در صورت فراهم آوردن شرایط لازم می‌توانند در رشد اقتصاد ملی نقش بسیاری داشته باشند.

۱-۹ سابقه تمدنی

ایران تمدنی با قدمت حداقل ۵۰۰۰ ساله دارد. ایران در طول تاریخ خود دارای تمدن‌های پراکنده و پیشرفته بوده است. تلفیق و درهم آمیختگی این تمدن‌های پراکنده و پیشرفته و همچنین جذب تمدن اقوام مهاجر آریایی و تجمع فرهنگی، صنعتی و علمی این مجموعه‌ها با هم در نهایت باعث ایجاد و شکل‌گیری تمدنی بزرگ شده است. تاریخ تمدن ایران را می‌توان در سه دوره بزرگ خلاصه کرد:

دوره‌های تمدن پیش از تاریخ که شامل تمدن‌های پراکنده ایلامی، مانایی، سیلک، شهر سوخته، جیرفت، شهداد، مارلیک، حسنلو و ... است.

دوره تمدن باستان که از دوران هخامنشی تا ساسانیان ادامه می‌یابد و البته می‌توان دوره حکومت مادها را نیز در این گروه قرار داد.

دوره تمدن اسلامی که از سقوط ساسانیان تا دوره کنونی ادامه دارد.

۱-۱۰ زیرساخت‌های فرهنگی در ایران زمین

ایران کشوری نیست که با یک مذهب، یک زبان، چند گویش و یک قوم معرفی و قابل تعریف باشد. بلکه کشوری است با اقوام گوناگون، گویش‌های مختلف، زبان‌های متفاوت اما با ویژگی‌های مشترک. این ویژگی‌ها به‌طور بارز عناصر فرهنگی بوده، گویی صفات ذاتی هستند که جغرافیای بزرگ‌تری از خاک امروزی کشور ایران را در می‌نوردد. در این کتاب ما از این گستره به‌عنوان ایران فرهنگی یاد می‌کنیم. ایران فرهنگی شامل تمام سرزمین‌هایی می‌شود که در آن‌ها صور گوناگون فرهنگ ایرانی جریان داشته است؛ جغرافیای آن را می‌توان از میان‌رودان تا فرارودان در نظر گرفت که شامل کشورهای ایران امروزی، افغانستان، تاجیکستان، بخش‌هایی از ازبکستان، بخش‌هایی از عراق و خاور ترکیه و بخش‌هایی از هند و پاکستان می‌شود. در اشاره به فرهنگ منظور این است که ضمن احترام به مرزهای سیاسی فعلی و استقلال آن‌ها رابطه مردم این کشورها را از نظر فرهنگی، تفکر و بزرگان تاریخی‌شان و زبان مشترک گذشته و سایر ویژگی‌های مشترک فرهنگی که حالتی ذاتی پیدا کرده‌اند، می‌توان یکپارچه درنظر گرفت.

پاره‌ای از این صفات ذاتی تشکیل‌دهنده هویت فرهنگ ایرانی عبارت‌اند از: مهمان‌نوازی، گویش‌های زیبا که اغلب ریشه در فارسی کهن و فارسی میانه و زیرشاخه‌های آن دارند، همچنین ضرب‌المثل‌های زیبا، دقیق و پر معنا که در میان مردم ترک‌زبان کشور دیده می‌شود همه ریشه در فرهنگ ایرانی دارند؛ تبلور این فرهنگ در اشعار فارسی و ترکی شهریار و صائب تبریزی، جشن‌های مشترک چون نوروز، شب چله، سیزده به‌در و جشن مهرگان و ... دیده می‌شود.

هرچند پاره‌ای از آداب و رسوم و جشن‌های ایران فرهنگی، در نتیجه حاکمیت بیگانگان در طول تاریخ، به‌شکلی که در گذشته رایج بوده است انجام نمی‌شوند، ولی فراموش نشده‌اند.

ویژگی‌های مشترک زبانی چون ضرب‌المثل‌های با مفهوم یگانه در گویش‌های گوناگون، در زبان‌های متفاوتِ رایج در مناطق گوناگون و مراسم مشترک در شادی‌ها و غم‌ها، باوجود فاصله‌های جغرافیایی

چند هزاران کیلومتری همچون روحی مشترک در فرهنگی یکپارچه جلوه می‌کنند. در این آیین‌ها و مراسم مشترک بین اقوام کرد، ترک و آذری، بلوچ، لر، تاجیک، هزاره، بخارایی- هراتی، بلخی، تهرانی، اصفهانی، شیرازی، بندری، کرمانی، یزدی، اهوازی، گیلانی، سمنانی و طبسی تفاوت‌ها همه رنگ می‌بازند.

وجود پاره‌ای از این تفاوت‌ها، درواقع عناصر فرهنگی را غنا بخشیده‌اند. همچنین ویژگی‌های بسیار مشترک - به‌عنوان زمینه تشکیل ملتی بزرگ و واحد - خود در نتیجه کنش و واکنش طبیعت جغرافیایی، مورفولوژی و تأثیر آن‌ها بر زندگی مردمان ایران‌زمین پدید آمده است. بخشی از تنوع در میان مردم ایران‌زمین، از ویژگی‌های طبیعی و اقلیمی ناشی می‌شود که خود در سبک پوشش، تغذیه، قدرت جسمی و هوشی، رنگ پوست و زیبایی و چهره مردم این قلمرو تاریخی- جغرافیایی گسترده نمایان است.

بی شک دو عامل زیر در شکل‌گیری هویت ایرانی نقش بسزایی داشته‌اند:

۱. جغرافیا و مورفولوژی سرزمین ایران، به‌عبارتی فراگیر، طبیعت ایران‌زمین و موقعیت جغرافیایی آن که در فصل پنجم به آن پرداخته شده است.

۲. پیشینه تاریخی و ظهور تمدن‌های بزرگ و حاکمیت با ثبات و گسترده در دنیای باستان و مبارزات هویت‌طلبی در دوران گذشته و نقش آن‌ها در خلق تمدن دوران اسلامی که در فصل پنجم توصیف می‌شود.

به‌طور کلی مردمی که از دیرباز و پیش از تاریخ در این سرزمین می‌زیسته و به‌طور پراکنده تمدن‌های پیشرفته‌ای داشته‌اند با مهاجرت اقوام آریایی در هم آمیخته و ملتی بزرگ با فرهنگی غنی را ساخته‌اند. این مردم در مناطق مختلف ایران در کنار زندگی با گویش، فرهنگ، مذاهب و آداب و رسوم مختلف آثار متنوعی را به‌وجود آورده‌اند.

وقتی صحبت از عناصر فرهنگی می‌شود سزا است که نقدی هم بر دانشمندان جهان غرب داشته باشیم، گرچه به‌خاطر معرفی و شناساندن بزرگان فرهنگی ما، به مردم جهان باید سپاسگزار آن‌ها باشیم؛ اما نقد ما اینجاست که دانشمندان بزرگ ایرانی چون پورسینا، ابوریحان، خیام، مولوی و ... را که دانشمندانی ایرانی‌الاصل هستند و به فرهنگ ایران تعلق دارند دانشمندان عرب بنامند. این ظلمی است به فرهنگ ایران، مردم ایران فرهنگی و به خودِ دانشمندانی که بی‌تردید ایرانی بوده‌اند. شوربختانه این انتساب در برخی از کتاب‌های مرجع و فرهنگ آن‌ها نیز آمده است. امیدواریم نویسندگان امروزه و اندیشمندان آینده هرجا که عملی باشد این اشتباه را جبران کنند. بی‌شک بزرگان و اندیشمندان جهان غرب می‌دانند که ایرانیان به‌عنوان باستانی‌ترین تمدن بشری در طول تاریخ خدمات بزرگی به جامع بشری کرده‌اند و روا نیست بزرگان ایشان را در زمره دانشمندان عرب قید کنند.

۱-۱۱ ویژگی‌های طبیعی و تاریخی ایران و برهم‌کنش آن‌ها

ایران کشوری پهناور است که به‌دلایل گوناگون از جمله ویژگی‌های طبیعی مانند آب و هوا، مورفولوژی، پوشش گیاهی، پدیده‌های زمین‌شناختی، ویژگی‌های باستانی و ابنیه‌های تاریخی جاذبه‌های طبیعی، مردم‌شناسی و باستانی گوناگونی دارد. همچنین طبیعت برخاسته از ساختار و ویژگی‌های زمین‌شناسی ایران پدیده‌های متمایزی از نظر جاذبه توریستی دارد. از سوی دیگر، وجود منابع فلزی و بهره‌برداری از آن‌ها در گذشته، در ظهور تمدن‌های بزرگ نقش داشته است (نگاه شود به کتاب چکیده تاریخ: معدن، آب، نفت و مصالح ساختمانی از عهد باستان تا امروز در ایران، ۱۴۰۱ از نگارنده). برخی عوامل مؤثر در برهم‌کنش طبیعت و تاریخ ایران به قرار زیر است:

قدمت تاریخ و تمدن: سابقه این قدمت به بیش از ۶۰۰۰ سال می‌رسد. در سرزمین ایران، قبل از تشکیل دولت‌ها و امپراطوری‌های بزرگ، جوامع کوچک پراکنده با تمدن‌های پیشرفته سکنی داشتند. اینها اغلب نه کنار رودخانه‌ها، بلکه در دشت‌های بزرگ کشاورزی و کم ارتفاع‌تر شکل گرفته بودند. نواحی‌ای که در ۶-۴ هزار سال پیش نسبت به سرزمین‌های شمالی شمال و جنوب آن یعنی قاره‌های اروپا و افریقا (بجز مصر) اقلیمی مناسب‌تر برای زندگی و تمدن داشتند. به‌ویژه وجود منابع فلزی و رونق فلزکاری و استخراج آن‌ها در عصر انقلاب فلزات در زایش تمدن‌ها و توان اقتصادی آن‌ها مؤثر بوده است.

موقعیت جغرافیایی: سرزمین باستانی ایران در دنیای قدیم قبل از کشف قاره آمریکا و استرالیا در میان تمدن‌های خاور و باختر قرار داشت؛ به‌طور کلی و به مانند پلی بین تمدن‌های قدیم محسوب می‌شد. البته امروز هم می‌تواند تا حدودی نقش خود را باز یابد زیرا که هنوز پل ارتباطی آسیا و اروپا می‌تواند باشد.

در فلات ایران، نور خورشید و تغییرات حاصل از آن در دما و میزان بارش بسیار مهم بوده و هنوز هم هست. وجود چهار فصل سال در فلات ایران در مقایسه با سرزمین‌های شمال و یا جنوبی که یا چهار فصل مشابه فلات ایران و یا جلوه بارز آن را ندارند امتیاز قابل‌توجهی برای ایران به‌شمار می‌رفت. از این رو گرایش به خورشید و روشنایی و گرما و آتش مهم بوده است و اهمیت این‌ها هر دو در کیش مهر و زرتشت می‌تواند از طبیعت ایران سرچشمه گرفته باشد. از سوی دیگر، توجه به خورشید و طلوع و غروب آن هم مهم بود و در رشد و توسعه علم نجوم نقش داشته است؛ چنان‌که در حدود ۵۰۰۰ سال پیش تمام دنیای کهن از خاور چین شروع می‌شد و تا باختر آفریقا ادامه می‌یافت. منطقه شهر زابل امروز، با نام قدیمی نیم‌روز، وسط دنیای کهن به‌حساب می‌آمد و به‌همین سبب نیم‌روز نام گرفته بود. اصطلاح خطوط نصف‌النهار (با معادل فارسی خط نیم‌روزان) از همین مسئله منشأ گرفته است. چنانچه هم‌اکنون در نزدیکی زابل در منطقه سیستان شهری به این نام در ایران است و در افغانستان در همسایه سیستان ایالت نیم‌روز وجود دارد.

سلسله‌های حکومتی حاکم در ایران با گرایش و ایده‌های مختلف: ایران در طول تاریخ تمدن و فرهنگ خود سلسله‌های حکومتی زیادی با گرایش‌های فکری گوناگون به‌خود دیده است. برخی از آن‌ها نقش مخرب داشته و با فرهنگ ایرانی هم‌خوانی نداشتند و پاره‌ای هم انیرانی بوده‌اند. این تغییرات در فرهنگ ایرانی نقش داشته‌اند. دوران حاکمیت حکومت‌های هم‌سو با تمدن و فرهنگ ایران دوران درخشان تمدن ایران بوده و در این برهه‌ها همه ارکان تمدن توسعه می‌یافته است. بالعکس در حاکمیت حکومت‌های انیرانی غیرهمسو با تمدن و فرهنگ ایران، دوره‌های چیرگی رکود و نخوت بر ایران چیره بوده است که تلاش ایرانیان برای مقابله با اینان خود با مبارزات هویت‌طلبی مشخص می‌شود که ابعاد تازه‌ای به تنوع فرهنگی ایران افزوده شده است.

تغییرات مرکز حکومت (پایتخت) سلسله‌های حکومت‌گذار: مرکز حکومت ایران در طول تاریخ بسته به جابجائی حاکمان، دائم در حال تغییر بوده است. چنان‌که در حکومت مادها همدان؛ در دوران هخامنشیان، پاسارگاد، شوش و تخت‌جمشید؛ در حاکمیت اشکانیان صددروازه (دامغان امروزی) و بعد تیسفون؛ در زمان ساسانیان تیسفون؛ پایتخت بوده است. در دوران حاکمان بعدی، در دوران اسلامی از جمله سامانیان (بخارا)؛ صفاریان (سیستان)؛ سلجوقیان (ری و اصفهان)؛ خوارزمشاهیان (خوارزم)؛ ایلخانان (مراغه و تبریز)؛ صفویان (ابتدا تبریز و سپس قزوین و در نهایت اصفهان)؛ افشاریان (مشهد)؛ زند (شیراز)؛ قاجار (تهران)؛ همواره در تغییر بوده است. این تغییرات پایتخت تا حدودی بسته به سلایق حاکمان برپایه طبیعت و اقلیم ایران انتخاب می‌شده است و تا حدودی به مسائل سیاسی و جامعه‌شناسی وقت نیز ارتباط داشت. این تغییر پایتخت، خود در تولید و به‌وجود آمدن بناهای تاریخی نقش قابل‌توجهی داشته است چرا که بسیاری از آثار باستانی در پایتخت‌های سلسله‌های حکومتی بنا شده است، مثلاً انتخاب پایتخت در زمان اشکانیان و ساسانیان از طرفی به مسائل امنیتی- سیاسی بود به‌طوری‌که برای حفظ امنیت سراسر نقاط کشور هدف و مقصود گرایش این بود که برای دفاع از کشور پایتخت نزدیک به دشمن (روم باستان) باشد و از طرف دیگر توانایی‌های کشاورزی در سرزمین‌های بین دجله و فرات و آب و هوای مناسب آن زمان و ثروت نهفته در آن جغرافیا که از زمان بابلیان و آشوریان جمع شده بود مهم تلقی می‌شد.

تنوع مذهب و اعتقادات: امروزه دین غالب ایرانیان، اسلام است. پیروان دین اسلام در ایران عمدتاً به دو گروه مذهبی بزرگ شیعه دوازده‌امامی و سنی تعلق دارند. هیچ‌گاه بین مردم با مذهب‌های مختلف اختلاف و کشمکش جدی وجود نداشته است اما دولت‌های حاکم بر ایران، گاه با توسل به این یا آن مذهب جدی دارد و در بهره‌مندی از این میراث کهن و غنی از مواهب گردشگری به‌عنوان یک ثروت ملی بالقوه و پایدار بی‌نصیب مانده به اختلاف میان مردم دامن زده‌اند.

ایرانیان باستان قبل از پذیرش اسلام به‌دنبال حمله اعراب، جدا از زمان ساسانیان که تقریباً کیش واحدی داشته‌اند (البته در زمان ساسانیان همه مردم زرتشتی نبوده‌اند) ادیان متفاوتی داشتند. به‌طور کلی ادیان ایران‌باستان را به‌ترتیب قدمت می‌توان چنین خلاصه کرد: مهرپرستی یا میترایی، زرتشت، زروانی، مانوی، بوداگری و مزدکی.

آموزه‌های این ادیان در شیوه رفتار و کردار و فرهنگ مردم تأثیر بسیاری داشته است. شواهد تاریخی نشان می‌دهد که تغییر دین و کیش در میان یک قوم به‌سختی انجام می‌گرفته و در صورت تغییر کیش یک قوم یا ملت آن‌ها نیز متقابلاً اثرات خود را بر دین جدید می‌گذاشتند. هر مذهب قدیمی، بسته به توانایی‌ها و مقاومت پیروان آن، به‌شکلی در مذهب جدید رسوخ می‌کرده است. به‌ویژه آنجا که آیین مردم با هویت ملی آنان- مثل آیین‌های مهرپرستی و زرتشت در ایران باستان- همسو بوده و ریشه در آن سرزمین داشته باشد. بنابراین تنوع ادیانی که این سرزمین در طول تاریخ به‌خود دیده است در تنوع ساختارهای فرهنگی و اعتقادی تأثیر داشته‌اند و باورهای امروزه بی‌مایه از آن‌ها نبوده و نیست. آیین‌های زرتشتی، میترایی و مزدک بیشترین تأثیر را در تاریخ بعد از اسلام با درونمایه هویت‌طلبی دینی داشته‌اند و آثار آن‌ها را در دین جدید می‌توان دید.

۱-۱۲ گردشگری

ایران با توجه به قدمت باستانی آن و نیز طبیعت متنوع، مناطق بسیار جذابی برای گردشگری شهری، آثار باستانی، طبیعت‌گردی و ژئوتوریسم دارد. واقعیت دردناک این است که بسیاری از آثار باستانی ایران به‌شکلی قانونی در زمان حکومت قاجار طی قرارداد منعقده بین مظفرالدین‌شاه و دولت فرانسه برای همیشه از کشور خارج شد. همچنین در طول تاریخ آثار بسیاری نیز به‌صورت قاچاق از کشور خارج شده‌اند که امیدواریم حداقل آثاری که به‌شکل غیرقانونی از کشور خارج شده‌اند با یک مدیریت مدبرانه و توانا و فرهنگ‌دوست دوباره به کشور بازگردانده شوند. درد این است که متأسفانه در مورد برخی از آثار خارج شده از ایران حتی گفته نمی‌شود که این آثار ایرانی است؛ به‌عنوان مثال در موزه لوور فرانسه جدا از موزه ایران باستان که بخش مجزایی دارد، آثار تمدن بعد از اسلام ایران زیر عنوان تمدن کشورهای اسلامی آمده است که از این همه آثار تحت‌عنوان تمدن کشورهای اسلامی در موزه لوور، بخش اندکی به زادگاه اسلام یعنی عربستان یا قلمرو عرب زبان مربوط است.

از سوی دیگر تنوع زیادی در انواع غذاها، نان‌ها، میوه‌ها و مواد خوراکی دیگر ایرانی وجود دارد که خود می‌تواند به‌عنوان جاذبه فرهنگی در برنامه‌های صنعت گردشگری گنجانده شود. هرچند متأسفانه چندین دهه است که به‌خاطر درگیری‌های سیاسی و تحریم‌های جدی و رواج ایران‌هراسی در میان مردم کشورهای دیگر، ایران در جذب گردشگران خارجی محدودیت است. با توجه به زیرساخت‌های فیزیکی و منابع انسانی موجود، در صورت یک برنامه‌ریزی درست ایران به‌سرعت می‌تواند به یک کشور توریستی تمام عیار، با منابع مادی بیکران، با یک صنعت گردشگری پرجاذبه تبدیل شود. با توجه به اینکه جمعیت جوان کشور نیز عموماً با زبان انگلیسی آشنایی خوبی دارند رونق صنعت گردشگری می‌تواند موجب کارآفرینی گسترده‌ای در کشور شود.

۱-۱۳ صنایع دستی، موسیقی و سینما در ایران

ایران به‌طور آشکار تنوع گسترده‌ای از صنایع دستی دارد که از جمله می‌توان به قالی‌بافی، گلیم‌بافی، قلم‌زنی، منبت‌کاری، سفالگری، میناکاری، خاتم‌کاری و بسیاری از صنایع دستی دیگر اشاره کرد. در واقع هیچ خطه‌ای از ایران نیست که یک یا چند هنر از میان صنایع دستی گوناگون ایران را به‌شکل حرفه‌ای و خاص به‌نمایش نگذارد. ایران همچنین مهد موسیقی بوده، سبک‌های خاص بسیاری در موسیقی دارد که بسیاری از آن‌ها ریشه در تاریخ این سرزمین داشته و خاص ایران‌اند. فصل‌های ششم، هفتم و نهم کتاب اشاره‌ای به زبان، موسیقی و صنایع دستی در ایران دارد.

۱-۱۴ فیلم و سینما

هرچند صنعت سینما در ایران سابقه زیادی ندارد اما در دهه‌های اخیر، سهم جوایز فیلم‌های ایرانی در جشنواره‌های بین‌المللی درخور توجه بوده است و هنرمندان و کارگردانان متعددی از ایران شهرت جهانی دارند. از سوی دیگر فرهنگ بسیار غنی و متنوع ایران که ریشه در تاریخ چندهزار ساله آن دارد جانمایه‌ای بیکران برای نمایش و فیلمسازی دارد. اگر محدودیت ذوق و اراده و **امکانات در میان نباشد تاریخ کهن و پرتلاطم ایران‌زمین،** در کنار اساطیر آن، مضامین و داستان‌های بسیاری برای طرح و تحلیل، ساختن فیلم و نمایش، سریال‌های داستانی ملی- حماسی دارد. زندگی تک‌تک دانشمندان، شاعران و نویسندگان قدیمی و جریان‌های فکری اجتماعی گذشته ایران قابلیت شگفتی برای ترجمه به آثار نمایشی دارند. چنین آثاری علاوه بر خود ایرانیان قطعاً علاقه‌مندان جهانی نیز خواهد داشت که در صورت ساخت و پرداخت درست، در کنار صنعت عظیم گردشگری، می‌تواند منبع سرمایه‌های مادی و معنوی بیشتری باشند.

فراهم آوردن امکانات لازم برای شناخت و غنای فرهنگی و تمدنی ایران، همراه با تشکیل موزه‌های بزرگ ملی می‌تواند در اقتصاد گردشگری که از اقتصادهای مهم جهان در حال حاضر و آینده است، کمک شایانی نماید.

لحظه فراموش نشدنی جایزه اسکار به اصغر فرهادی

این اسکار برای فیلم "جدایی نادر از سیمین" به کارگردانی اصغر فرهادی در سال ۲۰۱۲ بود و اسکار برای بهترین فیلم غیرانگلیسی زبان شد.

این اولین اسکار سینمای ایران بود.

منابع:

۱. آریامنش، شاهین (۱۳۹۴). ارج ورجاوند: یادنامه استاد دکتر پرویز، ترجمه کامران کشیری، شرکت سهامی انتشارات تهران.

۲. بهار، مهرداد (۱۳۷۵). پژوهشی در اساطیر ایران، موسسه انتشارات آگاه.

۳. پورداود، ابراهیم (۱۳۸۰). یسنا بخشی از کتاب اوستا، انتشارات اساطیر.

۴. جودت، حسین (۱۳۷۰). شاهنامه حکیم استاد فردوسی طوسی که به نثر روز و نظم دیروز در سه بخش و سه جلد، تنطیم.

۵. فوکو، میشل. ایرانی‌ها چه رویائی در سر دارند، چ ۶، ترجمه حسین معصومی همدانی، انتشارات اوقاف.

۶. قربانی، منصور.(۱۳۹۷). مجموعه ایران‌شناسی با دیدگردشگری شهری، طبیعت، زمین‌گردشگری، ج ۱، انتشارات آرین‌زمین.

۷. قربانی، منصور (۱۴۰۱). مجموعه مقالات جایگاه مواد معدنی ایران در جهان نامه علوم پایه شماره ۵ و شماره ۳، انتشارات فرهنگستان علوم.

۸. کبری مفاخر، آرش (۱۳۹۷). درکوی آرشان، انتشارات نشرسخن.

۹. گازرانی، ساقی (۱۳۹۷). کتاب روایت‌های خاندان رستم و تاریخ نگاری ایرانی، ترجمه‌سما سلطانی، انتشارات مرکز.

۱۰. محبی، پرویز (۱۳۸۳). فنون و منابع در ایران: مقدمه‌ای بر تاریخ تکنولوژی و کاربرد مواد در ایران از قرن اول تا سیزدهم هجری، ترجمه آرام قریب، نشر اختران.

عکاس: حسن الماسی
مکان: کویر کاراکال، یزد

فصل دوم

مروری بر طبیعت فلات ایران و پتانسیل‌های طبیعی وجاذبه‌های گردشگری آن

«ایران شبیه به آنچه فکر می‌کردم نیست. برخلاف عقیده عمومی، ایران بی‌نهایت امن است و مردمی مهمان‌نواز دارد که پیش‌از این هرگز مثل آن ندیده بودم. آن‌ها (مردم) تازمانی که مطمئن شوند شرایطم مناسب است و در امنیت هستم همراهی‌ام می‌کردند. ما [آمریکایی‌ها] وقتی به ایران فکر می‌کنیم به احتمال زیاد با افکار منفی مواجه می‌شویم، اما درباره ۸۰ میلیون مردم محلی که در سراسر این کشور زندگی می‌کنند و تاریخی دارد، چه می‌گویید؟ هسته اصلی ایران این است: مهمان‌نوازی و تاریخ.»

از زبان جهانگرد و ماجراجوی آمریکایی Drew Binsky

۲-۱ مقدمه

فلات ایران سرزمین پهناور و مرتفعی است که مرز طبیعی آن با نواحی مجاور به شرح زیر است.

دریای کاسپین در شمال، جلگه‌های رودهای آمودریا، سند و پنجاب در شمال خاوری، جلگه رود کورا در شمال باختری، دریای مکران یا عمان و خلیج‌فارس در جنوب و جلگه رود دجله در باختر آن است.

فلات ایران سرگذشت زمین‌شناسی ویژه‌ای در جهان دارد. این فلات در حقیقت بخشی از سرزمین‌های شمالی گندوانا بوده که از آن جدا گردیده است و درحرکت به سمت اوراسیا و طی چند مرحله سرانجام به آن متصل شده است (شکل ۲-۱). با جدا شدن این فلات و سپس اتصال به اوراسیا و تکامل امروزی آن چندین فاز کوهزایی رخ‌داده است. ذخایر سترگ سوخت‌های فسیلی و تنوع انواع پتانسیل معدنی فلزی و غیرفلزی و همچنین تنوع زیستی و نیز مخاطرات طبیعی مانند زلزله، خشک‌سالی و سیلاب از ویژگی‌های زمین‌شناسی و جغرافیایی و مورفولوژیکی این فلات تأثیر پذیرفته است.

ویژگی‌های زمین‌شناختی که بدان اشاره شد، سبب شده است که این سرزمین پدیده‌های گوناگون و اعجاب‌انگیز و منابع طبیعی

شکل ۲-۱. موقعیت ایران در بین دو ابرقاره گندوانا و اوراسیا.

مختلفی داشته باشد. طبیعت ایران یکی از متنوع‌ترین اکوسیستم‌ها و اقلیم‌هاست. جذابیت دیگر این است که این اقلیم‌ها در هم‌جواری یکدیگر قرارگرفته‌اند و گاه می‌توان با طی نمودن حدود ۳۰ کیلومتر، دو اکوسیستم متفاوت و دمای گوناگون و تنوع زیستی متفاوت را هم‌زمان مشاهده کرد.

وجود دو رشته‌کوه البرز و زاگرس در شمال و جنوب و کوه‌های میانی و خاوری ایران، بالغ‌بر ۵۰ درصد وسعت کشور، بیش از ۴۰ قله بالای ۴ هزار متر، غارها و چشمه‌های آب‌معدنی، آبشارها و دره‌های سرسبز موجود در این کوه‌ها را در میان می‌گیرند. بزرگ‌ترین دریاچه جهان در شمال ایران، بیش از هزار کیلومتر خط ساحلی در جنوب، بیش از ۸۰ دریاچه و تالاب که بیش از ۲۰ تالاب در شمار پهناب‌های به ثبت رسیده در کنوانسیون رامسر از ویژگی‌های قابل‌توجه طبیعی ایران هستند. وجود جنگل‌های هیرکانی در شمال ایران، تنها پوشش گیاهی بازمانده از عصر پالئوژن، کویرهای زیبا و بیابان‌های وسیع (دشت کویر و کویر لوت) وجود گرم‌ترین نقطه حرارتی جهان در بیابان لوت واقع است. همچنین، وجود بالغ بر ۵۰۰ گونه پرنده اعم از مهاجر، نیمه مهاجر و بومی، قریب به ۲۰۰ گونه پستاندار، بیش از ۸ هزار گونه گیاهی کشف‌شده، پدیده کوچ عشایر گوناگون در گرداگرد ایران- که بنا به شرایط جوی به ییلاق و

قشلاق می‌پردازند- از جاذبه‌های دیگر این سرزمین‌اند. این گوناگونی و تنوع طبیعی و اقلیمی چنانچه با ساختارها و سازه‌های باستانی در کنار یکدیگر دیده شوند و شرایط لازم برای صنعت توریسم فراهم شود بی‌شک یک ثروت بی‌پایان برای ایران به‌حساب می‌آید.

۲-۱-۱ ویژگی‌های طبیعی

موقعیت طبیعت و اقلیمی فلات ایران، در مهاجرت‌های گذشته، در خصوصیات ظاهری، در انتخاب شغل (کشاورزی و دامپروری یا صنعتی نظیر معدن‌کاری و...) ساکنان آن و تنوع غذایی، شکل خانه‌سازی و مصالح مورداستفاده در ساختمان، نقش عمده‌ای داشته است.

ایران‌زمین با برخورداری هم‌زمان از آب‌وهوای چهارفصل در وسعت امروزی و نیز ویژگی‌های جغرافیایی، مورفولوژی، شرایط آب و هوایی و زمین‌شناسی اگر نگوییم در دنیا بی‌همتاست قطعاً کم‌نظیر است. مجموعه این عوامل طبیعی، کشور ایران را از دیدگاه گردشگری طبیعی و زمین‌گردشگری به یکی از کشورهای توریستی تبدیل کرده است. البته آنچه در چند دهه اخیر در ایران دیده می‌شود نباید با کل تاریخ و طبیعت ایران همسان دانسته شود. به‌طور خلاصه به خاستگاه و اهمیت این عوامل پرداخته می‌شود.

پدیده‌های زمین‌شناسی: وجود واحدهای ساختاری مختلف زمین‌شناسی ایران و تنوع سنگ‌های آن و همچنین عملکرد گسله‌ها، وجود سنگ‌های آذرین، رسوبی و دگرگونی با ساختارهای متفاوت از حدود ۹۰۰ میلیون سال پیش ازیک‌طرف و به هم رسیدن، جوش خوردن، جدا شدن خردقاره‌ای و پوسته‌های اقیانوسی منتهی به تشکیل رشته‌کوه‌ها، حوضه‌های جدید و از بین رفتن حوضه‌های قدیمی در طول زمان‌های زمین‌شناسی، تنوع گسترده‌ای را در زمین‌شناسی ایران موجب شده است. از طرف دیگر این رویدادها باعث ظهور پدیده‌های گوناگون و بی‌نظیر زمین‌شناسی و نیز باعث تشکیل و انباشت بسیاری از ذخایر طبیعی مانند هیدروکربور و انواع مواد معدنی شده است که بدان‌ها اشاره خواهد شد.

مورفولوژی: فرآیندهای زمین‌شناسی، ویژگی‌های اقلیمی و موقعیت جغرافیایی مورفولوژی بسیار متنوع ایران را پدید آورده است. این کشور در کنار رشته‌کوه‌های گسترده و قله‌های متعدد، دره‌های عمیق و طولانی و کوهپایه‌های زیبا، دارای دشت‌ها، کویرها، فروافتادگی‌ها و ژئوپارک‌های متعدد نیز هست، به‌طوری‌که در ایران حداقل ۱۵ ژئوپارک وجود دارد که تاکنون فقط سه مورد آن به ثبت جهانی رسیده است. غالب آن‌ها در مجموعه کتاب‌های ایران‌شناسی و گردشگری، ۱۳۹۷ نگارنده آمده است.

تنوع آب و هوایی: این تنوع خود از موقعیت جغرافیایی کشور و مورفولوژی آن منشأ می‌گیرد که در جهان کم‌نظیر است. اشاره شد که در ایران هم‌زمان می‌توان شرایط آب و هوایی چهارفصل را در مناطق مختلف آن شاهد بود. مثلاً استان‌هایی در ایران فقط با دو فصل بهار و تابستان و استان‌هایی مثل فارس و کرمان وجود دارند که هم‌زمان حتی شرایط چهارفصل را نشان می‌دهند. در استان کرمان مکان‌هایی (شهر جیرفت و ناحیه دلفارد) وجود دارد که در آن‌ها در فاصله‌ای حدود ۴۰ کیلومتر می‌توان در یک‌زمان شرایط دو فصل را مشاهده کرد. آنجا که یکی تابستان و دیگری بهار است و بالعکس. در استان فارس نیز وقتی در مرکز استان شهر شیراز، بهار است، شهر لار شرایط تابستان دارد و هم‌زمان در شهر سپیدان آب‌وهوا زمستانی است.

با توجه به آنچه گفته شد در یک برنامه سفر چندروزه طبیعت‌گردی، می‌توان از جاذبه‌های گردشگری و باستانی و پدیده‌های زمین‌شناسی بیشترین بهره را برد.

در یک تقسیم‌بندی کلی ایران را می‌توان به چند منطقه گردشگری تقسیم کرد.

۲-۱-۲ مناطق گردشگری ایران

در مجموعه کتاب ایران‌شناسی و گردشگری، ۱۳۹۷، اثر این نگارنده، کشور ایران ازنظر گردشگری شهری، گردشگری طبیعت و نیز سایت‌های باستانی و پدیده‌های ژئوتوریسم[1] (زمین‌گردشگری) تقسیم‌بندی شده است. در این تقسیم‌بندی سعی شده ضمن توجه به هم‌جواری مناطق با ویژگی‌های اقلیمی مشترک، طبیعت و زمین‌شناسی مشترک و نیز تا حدودی فرهنگ و گویش مشترک کنار هم قرار گیرند. این مناطق به شرح زیر هستند (شکل ۲- ۲).

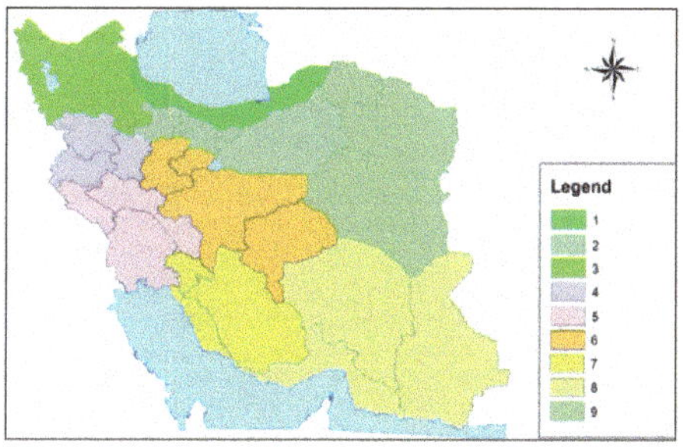

شکل ۲- ۲. نقشه مناطق نه‌گانه ایران از دیدگاه گردشگری

۱. دامنه شمالی البرز و سواحل دریاچه کاسپین شامل استان‌های گیلان، مازندران و گلستان.
۲. دامنه جنوبی البرز شامل استان‌های تهران، البرز، قزوین و سمنان.
۳. شمال باختری ایران شامل استان‌های زنجان، آذربایجان‌خاوری، آذربایجان‌باختری و اردبیل.
۴. باختر ایران شامل بخش‌های باختری کوه‌های زاگرس و استان‌های همدان، کردستان و کرمانشاه.
۵. جنوب‌باختری، کوه‌های زاگرس و دشت‌ها شامل استان‌های لرستان، ایلام، خوزستان و چهارمحال و بختیاری.
۶. مرکز ایران شامل استان‌های اصفهان، یزد، استان مرکزی و قم.
۷. جنوب شامل استان‌های فارس، بوشهر و کهگیلویه و بویراحمد.

1. Geotourism

۸. جنوب‌خاوری شامل استان‌های کرمان، هرمزگان و سیستان و بلوچستان.
۹. شمال‌خاوری و خاور ایران شامل استان‌های خراسان رضوی، خراسان جنوبی و خراسان شمالی.

در مجموعه کتاب‌های ایران‌شناسی و گردشگری، ۱۳۹۷ - جلد اول آن شامل مفاد همین کتاب و جلدهای دیگر آن بسته به موضوع- تمام کشور را از دیدگاه گردشگری شهری و طبیعت و زمین توصیف می‌کند. طبیعی است این تقسیم‌بندی به‌طور عمده برای تسهیل در بهره‌گیری و سیاحت بیشتر در یک مسافرت چندروزه در نظر گرفته‌شده است و بی‌تردید مناطق نزدیک از جهاتی قابل هم‌پوشانی هستند.

۲-۲ حدود فلات ایران

کشور ایران در جنوب باختری قاره آسیا واقع‌شده است. از شمال به جمهوری‌های آذربایجان و ارمنستان، ترکمنستان و دریای کاسپین، از خاور به افغانستان و پاکستان، از جنوب به دریای مکران (عمان) و خلیج‌فارس و از باختر به ترکیه و عراق محدود می‌شود. کشور امروزی ایران بخشی از فلات ایران است.

فلات ایران سرزمینی پهناور و مرتفع است که مرزهای طبیعی آن با نواحی مجاور به شرح زیر است. دریای کاسپین در شمال، جلگه‌های جیحون و سیحون در شمال خاوری، جلگه رود کورا در شمال باختری، جلگه رود سند و پنجاب در جنوب خاوری، دریای عمان و خلیج‌فارس در جنوب و جلگه رود دجله در باختر. کل مساحت این فلات ۲/۶۰۰/۰۰۰ کیلومترمربع است که ۱/۶۴۸/۱۹۵ کیلومترمربع آن مساحت کشور ایران امروزی است. ایران۱/۲۷کل مساحت آسیا و۱/۹۰ کل مساحت خشکی‌های زمین را تشکیل می‌دهد.

فلات ایران، شکل تقریباً سه‌گوشی دارد که بین دو فرورفتگی خلیج‌فارس در جنوب و دریای کاسپین در شمال واقع‌شده است و همچون پلی آسیای مرکزی و آسیای باختری را به هم و جلگه‌های آسیای مرکزی را به فلات‌های آسیای صغیر و اروپا وصل می‌کند. به‌طورکلی می‌توان گفت سرزمین‌های فلات ایران به میان‌رودان تا فرارودان محدود می‌شود که همگی ریشه‌های فرهنگی مشترک دارند.

۱-۲-۲ ویژگی‌های طبیعی فلات ایران

فلات ایران، سرگذشت زمین‌شناختی ویژه‌ای در جهان دارد. این فلات در حقیقت بخشی از سرزمین‌های شمالی گندواناست که از آن جداشده و درحرکت به سمت اوراسیا سرانجام به آن وصل شده است (شکل ۲-۱). جدا شدن و سپس اتصال این فلات تا تکامل امروزی آن و اتصال به اوراسیا طی چندین فاز کوهزایی رخ‌داده است که آخرین آن‌ها فازهای آلپاین[1] جوان در پلیو- کواترنر[2] بوده است. (برای اطلاعات بیشتر نگاه شود به کتاب زمین‌شناسی ایران ، ۲۰۲۱، انتشارات Springer از نگارنده).

۲-۲-۲ روند تغییرات سیمای فلات ایران

به دنبال تغییر شرایط زمین‌شناسی، اقلیمی و آب و هوایی در بخش جنوبی آسیا، فلات ایران نیز دگرگون‌شده است. این دگرگونی از فعالیت‌های کوهزایی آلپی جوان در فلات ایران حاصل‌شده که در آخرین گامه‌های خود سیمای فلات ایران را ترسیم نموده است. از اواخر پلیوسن- آغاز کواترنر هم‌زمان با فاز کوهزایی پاسادنین (۱/۸ میلیون سال پیش، پلیوسن پسین تا پلیستوسن پیشین)- سرزمین ایران با تغییرات بسیار چشمگیر، نمای کنونی را یافت. در حقیقت فاز کوهزایی پاسادنین- متعلق به چرخه کوهزایی آلپ- سیمای کنونی را بدان بخشیده و درنتیجه شرایط طبیعی و اقلیم فلات امروزی را متأثر کرده است. به دنبال این فاز، شرایط خشکی‌ها و دریاها به‌صورت کنونی درآمده، پاره‌ای از دریاچه‌های داخل خشک شدند و معدودی هم در ۳۰ سال اخیر خشک‌شده‌اند که ناشی از عوامل طبیعی نبوده است. در انتهای پلیوسن و ابتدای کواترنر سه پدیده طبیعی مهم زیر در سرزمین ایران فعال بوده‌اند.

- فعالیت‌های آتش‌فشانی؛
- فعالیت‌های لرزه‌ای و زمین‌لرزه‌های بزرگ؛
- طغیان رودخانه و سیلاب‌ها، باران‌های سیل‌آسا.

این سه پدیده، در زمان یادشده پراهمیت و قابل‌توجه بوده‌اند؛ اما پدیده‌های آتش‌فشانی در سرزمین ایران تقریباً خاتمه یافته است و دو پدیده سیلاب‌ها و زمین‌لرزه‌های دوران معاصر، در مقایسه با حوادثی که درگذشته روی‌داده‌اند، قابل‌مقایسه نیستند. عملکرد آتش‌فشان‌ها در پلیو-کواترنر (حدود ۳ میلیون سال گذشته تا چند هزار سال پیش) باعث پیدایش کوه‌هایی چون دماوند (۵۶۱۰ متر)، سهند (چندین قله با ارتفاع بیش از ۳۷۰۰ متر)، سبلان (۴۸۱۱ متر)، تفتان (۳۹۴۱ متر)، بزمان (۳۵۰۳ متر)، هزار (۴۴۶۵ متر) و مزاحم (۳۴۷۳ متر) شده‌اند.

در دوره زمانی اواخر پلیوسن- اوایل کواترنر کوه‌های البرز، زاگرس، کوه‌های خاور ایران و ایران میانی مانند سهند و سبلان بسیار مرتفع‌تر از امروز بوده است. ارتفاع زیاد و شیب توپوگرافی از یک‌سو و ویژگی اقلیمی ابتدای کواترنر از سویی دیگر سبب باران‌های سیل‌آسا و طغیان رودخانه‌ها می‌شده که قابل‌مقایسه با دوران کنونی نبوده است. وجود حجم بسیار بالا و ستبرای زیاد رسوبات و آبرفت‌های این دوره زمانی با دانه‌های درشت و عدم جور شدگی آن‌ها (برای نمونه سازند هزار دره در شمال ایران، دامنه‌های جنوبی البرز و کنگلومرای بختیاری و آبرفت‌های منفصل مشابه در جنوب ایران- دامنه‌های زاگرس) حکایت از چنین فعالیت‌هایی دارند. جابه‌جایی‌ها و به‌هم‌ریختگی، تراست‌های رودخانه‌ای درجاهایی که عمود بر مسیر گسل‌های کواترنر قرارگرفته‌اند و یا عملکرد گسل‌هایی که در محدوده‌های تراورتن‌های جوان وجود دارند، همچنین شکستگی‌ها، ریزش و لغزش سنگ‌های بزرگ چند تنی

1. Alpine Phases
2. Plio-Quaternary

در پاره‌ای از مناطق حکایت از زمین‌لرزه‌های بزرگ و شدید فراوان در ابتدای کواترنر دارند.
بنابراین با توجه به شواهد زمین‌شناسی در اوایل کواترنر تا حدود چند ده هزار سال پیش، سرزمین ایران ازنظر میزان بارش، شدت زلزله، طغیان رودخانه و ارتفاع کوه‌ها با امروز تفاوت فاحشی داشته است. به‌طور مثال کوه‌های البرز مرکزی در شمال تهران مانند قله توچال ارتفاع بیش از ۴۰۰۰ متر داشته است و قله‌های دیگر با ارتفاع بالای ۴۰۰۰ متر فراوان بوده‌اند. رودخانه‌های طغیانی در دامنه‌های جنوبی و شمالی البرز و زاگرس فراوان بوده‌اند. با توجه به اینکه البرز و تمام کوه‌های شمالی ایران و تا حدودی زاگرس در اوایل کواترنر ارتفاعی بیشتر از امروز داشته‌اند.

رودخانه جاجرود که به دریاچه نمک و حوض‌سلطان- که قبلاً یک دریاچه بوده‌اند- می‌ریخته، دبی بسیار بالایی داشته است. رودخانه شور که وارد دریاچه نمک می‌شده، دائمی و پر آب بوده است. همچنین کوه‌های وابسته رشته اصلی زاگرس مانند کویرکوه در ایلام و کینو در شمال خوزستان، ارتفاعی خیلی بیشتر از امروز داشته‌اند.

دریاچه‌های داخلی ایران فراوان بوده‌اند. آنچه را امروزه در لوت، خاور ایران زیر عنوان پلایا[1] (دَق) می‌خوانیم جزء دریاچه‌های داخلی بوده‌اند که درنتیجه تغییر مورفولوژی و کم شدن دبی رودخانه‌ها و میزان بارش خشکیده‌اند. البته این تغییرات طی ده‌ها هزار سال اتفاق افتاده است و با آنچه طی چند دهه اخیر به علت مدیریت ناتوان حاکم بر منابع طبیعی شاهد بوده‌ایم قابل قیاس نیست.

فعالیت‌های آتش‌فشانی آغازشده در اوایل کواترنر مانند دماوند، تفتان و آرارات و بقیه آتش‌فشان‌های اوایل کواترنر که تا چند هزار سال پیش ادامه داشتند از فعالیت افتاده‌اند و مخزن ماگمایی آن‌ها در حال سرد شدن است. فقط پیرامون آن‌ها چشمه‌های آب‌گرم مشاهده می‌شود که تعداد چشمه‌های آب و دمای آن‌ها نسبت به چند هزار سال اخیر بسیار کاهش‌یافته است.

کوهزایی شدیدِ آخر پلیوسن- ابتدای کواترنر، تغییرات شدید مورفولوژی و رسوب‌گذاری سریع و پر شدن حوضه‌های داخلی (بخصوص در کوهپایه‌ها)، همچنین ذوب سریع یخ و برف در ارتفاعات- که همه در تعادل ایزوستازی نقش دارند- با تأثیر بر گسله‌های فعال، موجب زلزله‌های بسیار شدید و پی‌درپی در ایران شده‌اند. این بدان معنا نیست که امروزه امکان وقوع زلزله پایان‌یافته باشد بلکه از شدت و تعداد آن‌ها و فاصله زمانی فعالیت آن‌ها کاسته شده است؛ این مسئله را به‌خوبی می‌توان از تراست‌های رودخانه‌ای عمود بر گسله‌های فعال و نیز سنگ‌های خردشده دردامنه کوه‌ها و حرکات غیرعادی آن‌ها و همچنین جابه‌جایی‌های رخ‌داده در رسوبات نرم استنباط کرد (نگاه شود به جاده زنجان- تبریز، پیرامون تبریز و بسیاری مناطق دیگر، (شکل ۳- ۲).

1. پلایا (Playa): بستر دریاچه خشک حوضه یا فرورفتگی است که آب سطحی راکد در آن با فرآیندهای تبخیری سریع خشک می‌شود.

شکل ۳- ۲. نمایی از گسل‌های فعال در امتداد آزادراه زنجان- تبریز.

لرزه‌خیزی ایران

کشور ایران به دلیل موقعیت زمین‌شناسی خاص که بین ورقه اوراسیا در شمال و ورقه عربی در جنوب و حرکت ورقه عربی به سمت شمال و همچنین وجود پهنه‌های مختلف زمین‌شناسی که اغلب دارای مرز گسله هستند، کشوری است که ازنظر زلزله، لرزه‌خیز و تعداد زیادی از گسله‌های ایران از کواترنر تاکنون دارای حرکات و جابجایی بوده است. لذا باید در هنگام اجرای هر سازه‌ای ملاحظات لرزه‌خیزی هر پهنه را در نظر گرفت و آیین‌نامه ساختمان که معروف به آیین‌نامه ۲۸۰۰ است رعایت نمود. شکل۴- ۲ شدت لرزه‌خیزی ایران را در نقاط مختلف نشان می‌دهد.

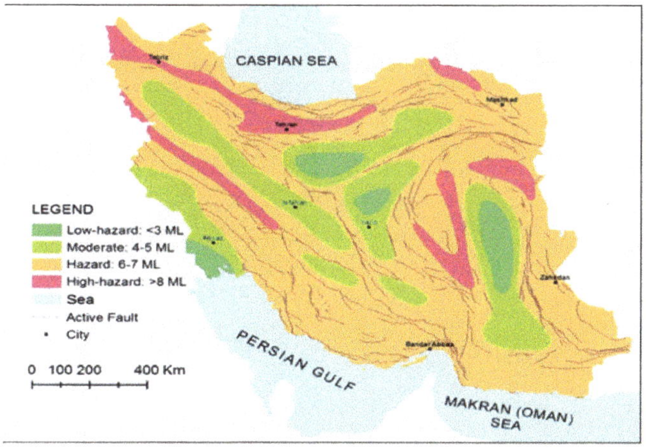

شکل ۴- ۲. نقشه لرزه‌خیزی ایران.

۳-۲-۲ تغییر شرایط طبیعی

تغییرات شرایط زمین‌شناسی و شکل گرفتن سیمای کنونی ایران در زمان زمین‌شناسی پلیو- کواترنر تغییرات اقلیمی را نیز در پی داشته است، به‌طوری‌که در ابتدای کواترنر اقلیم ایران با سرعت نسبتاً زیاد تغییر می‌کند ولی به‌تدریج سیر این تغییرات کند می‌شود.

تغییرات شرایط طبیعی تغییرات دنیای زیستی را نیز به دنبال داشته است. با کاهش وسعت جنگل‌ها بسیاری از جانوران جنگلی منقرض و نابودشده و درختان و بوته‌زارهای جدیدی با شرایط پیش‌آمده پدیدار

شده‌اند. همچنین جانوران سم‌دار و چرنده افزایش‌یافته‌اند. این تغییرات در بخش‌های مرکزی ایران چشمگیرتر بوده است.

۲-۳ اقلیم ایران

با توجه به طبیعت، موقعیت جغرافیایی و همچنین توپوگرافی، انواع اقلیم‌های زیر را می‌توان در ایران دید (شکل ۵- ۲ و شکل ۶-۲).

- آب‌وهوای خیلی سرد و کوهستانی، ارتفاعات بالای ۲۵۰۰ متر در زاگرس و البرز.
- آب‌وهوای معتدل و سرد (معادل آب‌وهوای کوهستانی معتدل).
- آب‌وهوای گرم و خشک، زمین‌های کم‌ارتفاع (بیشتر نواحی خاور و مرکز ایران).
- آب‌وهوای گرم و مرطوب، شامل سواحل جنوب و جنوب خاوری کشور.
- آب‌وهوای معتدل شمالی، شامل شمال ایران که تااندازه‌ای بارانی است.
- آب‌وهوای معتدل مدیترانه‌ای در شمال ایران و در حاشیه دریای کاسپین.
- آب‌وهوای نیمه‌خشک، به‌صورت پراکنده، بیشتر در نواحی میانی ایران.
- آب‌وهوای خیلی گرم و خشک که در قسمت‌های جنوبی دیده می‌شود.

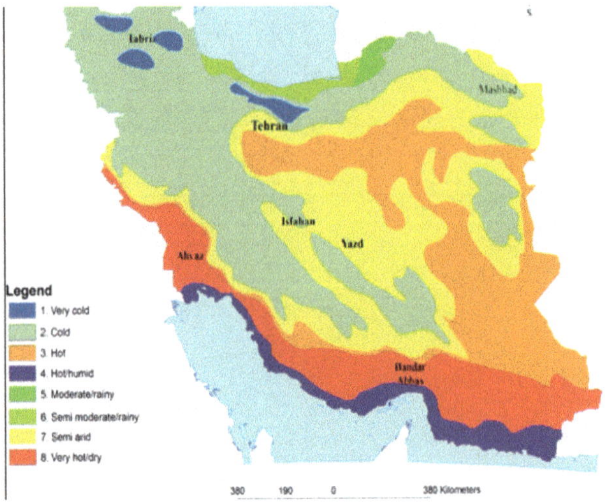

شکل ۵- ۲. نقشه اقلیم‌های ایران.

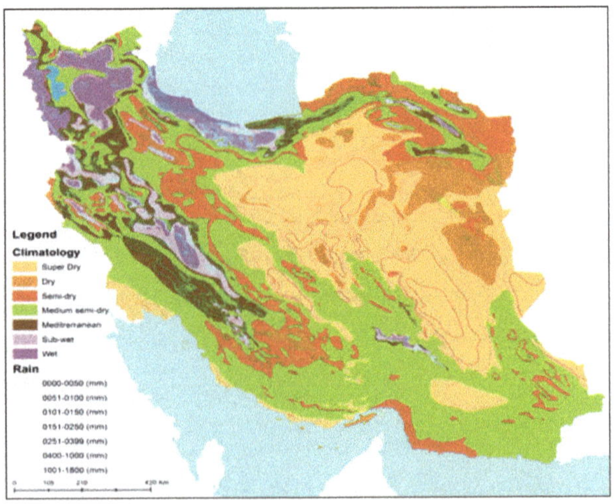

شکل ۶- ۲ نقشه پراکندگی میزان بارش ایران

عوامل اصلی در اقلیم ایران عبارت‌اند از:

- توپوگرافی، شامل کوه‌ها و دشت‌ها که دو رشته‌کوه البرز در شمال و زاگرس در باختر و جنوب باختر و جنوب که نقش محوری در اقلیم ایران دارند.
- دریای مدیترانه، دریای سرخ تا اقیانوس هند و دریای کاسپین.
- موقعیت جغرافیایی بخصوص فاصله از استوا (۴۰-۲۵ درجه) معمولاً بخش‌های بزرگی از ایران در موقعیت ۳۵-۳۰ درجه قرارگرفته که از نقاط کم‌فشار کره زمین محسوب می‌شود و بیشتر صحرایی دنیا در این موقعیت می‌باشند.

۲-۴ تقسیم‌بندی طبیعت ایران

از دیدگاه جغرافیایی، سرزمین ایران را می‌توان به چهار منطقه جغرافیایی کاسپین، زاگرس، فلات مرکزی و دشت‌های ساحلی جنوبی تقسیم کرد. این تقسیم‌بندی با پدیده‌های اقلیمی، مناطق رویش گیاهی، میزان بارندگی، پراکنش جانوری و تا حدود زیادی بر پدیده‌های زمین‌شناسی و مورفولوژیکی منطبق است. این چهار پهنه جغرافیایی به‌شدت تحت‌تأثیر موقعیت جغرافیایی و ویژگی‌های زمین‌ساختی است.

۱. **منطقه کاسپین:** منطقه کاسپین شامل دامنه‌های شمالی کوهستان البرز است که با شروع از جنگل‌های گلستان در استان گلستان تا جنگل‌های آستارا گسترش می‌یابد. تعدادی از جغرافیدان‌ها، خاور و باختر سواحل جنوبی این منطقه را از جنگل‌های گلستان تا آستارا و برخی دیگر این منطقه را از بجنورد تا ارسباران در نظر می‌گیرند. در واقع هم ارسباران و هم بجنورد ادامه تدریجی این جنگل‌ها هستند ولی در حال حاضر پوشش جنگلی آنها با محور گلستان- آستارا تفاوت دارند. این منطقه باریک و بلند پهنایی از ۲۰ تا ۷۰ کیلومتر و درازایی حدود ۸۰۰ کیلومتر دارد.

۲. **منطقه زاگرس:** زاگرس رشته‌کوه پهناور و بسیار طولانی است که از شمال‌باختر استان کرمانشاه به‌سمت جنوب و جنوب‌خاوری و در امتداد خلیج‌فارس تا تنگه هرمز کشیده شده است. رشته‌کوه‌های زاگرس بسیار جوان و آخرین کوه‌هایی هستند که در کشورمان زاده شده‌اند. پهنای زاگرس گاهی به ۳۰۰ کیلومتر و طول حدود ۱۳۰۰ کیلومتر می‌رسد، بین تعریف حدود جغرافیایی کوه‌های زاگرس و زاگرس زمین‌شناختی باید تفاوت قائل شد؛ زیرا که کوه‌های واقع در استان همدان، کردستان یا بروجرد از نظر زمین‌شناسی جزء کوه‌های زاگرس نیستند که در بحث کوه‌ها اشاره می‌شود.

۳. **منطقه فلات مرکزی ایران:** فلات مرکزی ایران بسیار وسیع بوده و بین رشته کوه‌های البرز تا زاگرس و در مرزهای خاور تا افغانستان و پاکستان دامن گسترده است. میانگین ارتفاع این فلات ۱۳۰۰ متر است، هرچند که ارتفاع در داخل دشت کویر به ۷۰۰ متر و در بخش مرکزی لوت به ۳۰۰ متر کاهش پیدا می‌کند.

دشت‌های ساحلی جنوبی: این منطقه بین نواحی کوهستان و آب‌های

شکل ۷- ۲. شکل از کوه‌های مینیاتوری شمال باختر چابهار (موقعیت جغرافیایی ۶۰°۱۰′۲۲″ طول خاوری و ۲۵°۳۷′۲۷″ عرض شمالی).

شکل ۸- ۲. شکل از کوه‌های مینیاتوری خاوری چابهار (موقعیت جغرافیایی ۶۰°۵۶′۲۰″ طول خاوری و ۲۵°۱۴′۱۹″ عرض شمالی).

شکل ۹- ۲. نمایی از کوه‌های مینیاتوری خاوری چابهار (موقعیت جغرافیایی ۶۰°۵۶′۲۰″ طول خاوری و ۲۵°۱۴′۱۹″ عرض شمالی).

شکل ۱۰- ۲. نمایی از کوه‌های مینیاتوری خاوری چابهار (موقعیت جغرافیایی ٦٠°٥٦′٢٠″ طول خاوری و ٢٥°١٤′١٩″ عرض شمالی).

خلیج‌فارس و دریای عمان واقع است. پهنای این منطقه متغیر، و گاه کم و زیاد می‌شود. دشت‌های ساحلی خلیج‌فارس در جاهائی مانند دشت خوزستان نواحی بوشهر تا بندر گناوه و نواحی بندرعباس، فاصله زیادی با کوهستان دارند و در جاهائی مانند بندر دیر، کنگان تا بندر طاهری، دریای خلیج‌فارس درست در جنوب کوهستان قرار می‌گیرند. فاصله دشت‌های شمال دریـای مکـران (دریـای عمان) از دریا بسیار متغیر، گاه این دشت‌ها پهنای کمی دارند و درست به‌صورت پهنه‌های کوچک میان کوه و دریا قرار می‌گیرند، ولی در عوض با کوه‌های با ترکیب سنگ‌شناسی نزدیک هم بسیار زیبا هستند (نگاه شود به سواحل جزایر سیری تا چابهار شکل۷- ۲ تا شکل ۱۰- ۲). گاه به کوه‌های شمالی دریای مکران به سبب زیبایی کوه‌های مریخی گفته می‌شود.

در هر یک از این چهار منطقه، به‌دلیل وجود تغییرات در ارتفاع، مورفولوژی، وسعت و همچنین تأثیرپذیری از محیط پیرامون، از نظر اقلیمی و پوشش گیاهی و پدیده‌های زمین‌شناسی و طبیعی، مناظر و چشم‌اندازهای بسیار جالبی می‌توان دید. در فاصله سواحل مکران از جزایر سیری به بندر گواتر زیباترین سواحل بدون پوشش گیاهی را می‌توان دید.

۵-۲ میزان بارندگی و بیلان آب‌های ایران

در ایران تقریباً ۴۱۱ میلیارد مترمکعب بارش وجود دارد که بارش متوسط سالانه در ایران ۲۵۰ میلی‌متر است هر چند که این مقدار بارش، از نظر زمانی و مکانی، توزیع بسیار پراکنده‌ای در ایران دارد. در حالی‌که در شمال ایران، مثلاً در بندر انزلی، میزان بارش سالانه گاه از مرز ۲۰۰۰ میلی‌متر می‌گذرد و در برخی نواحی مرکزی و خاوری گاه میزان بارش کمتر از ۵۰ میلی‌متر در سال است.

در کل ۷۰ درصد بارش ایران در ۲۵ درصد وسعت ایران رخ می‌دهد و ۳۰ درصد دیگر سهم باقی مناطق است. همچنین بارش‌ها در موارد زیادی در فصل‌های غیر آبی رخ می‌دهد که خود جای بحث و مطالعه دارد. از ۴۱۱ میلیارد مترمکعب بارش سالانه، ۲۹۶ میلیارد آن با تبخیر و یا عوامل دیگر از دسترس خارج می‌شود و حدود ۹۲ میلیارد مترمکعب به‌صورت روان آب قابل کنترل و قابل استفاده در می‌آید. کل آب مصرفی ایران در بخش کشاورزی ۹۰ درصد، در بخش شرب ۷ درصد و در بخش صنعت حدود ۳ درصد است.

میزان بارش در نواحی چهارگانه ایران مطابق با شکل ۶-۲ به شرح زیر است.

۱. **منطقه کاسپین:** این منطقه به‌دلیل شرایط اقلیمی معتدل و گرم و رطوبت فراوان و بارندگی مناسب، از جنگل‌های انبوه پهن‌برگ پوشیده است. دراین ناحیه حداکثر میزان بارندگی سالانه به‌ویژه در انزلی گاهی به بیش از ۲۰۰۰ میلی‌متر می‌رسد، ولی به‌سمت خاور از این میزان کاسته می‌شود و در نواحی گرگان به ۶۰۰ میلی‌متر می‌رسد. دمای هوا نیز از دشت‌های ساحلی تا بلندی کوه‌ها به‌شدت تغییر می‌کند. گوناگونی مختلف گیاهی منطقه کاسپین حاصل این تنوع آب و هوایی است.

۲. **منطقه زاگرس:** ابرهای باران‌زای برخاسته از اقیانوس اطلس با حرکت از فراز مدیترانه به‌سمت خاور در نواحی زاگرس متوقف شده و می‌بارند یا اینکه با صعود به لایه‌های بالای جو به‌سرعت دور می‌شوند و یا از هم می‌پاشند. زاگرس مانع ورود این اقلیم به مرکز ایران می‌شود. میزان دمای هوا و بارندگی در طول زاگرس بسیار متغیر است. میزان بارندگی در نواحی مختلف زاگرس از ۲۰۰ تا بیش از ۱۰۰۰ میلی‌متر تغییر می‌کند. بیشتر این باران‌ها در زمستان می‌بارند. تابستان‌های زاگرس معمولاً خشک است. آب و هوای زاگرس خشک‌تر از بخش باختری ناحیه مدیترانه است ولی در نهایت از خطوط آب و هوایی مدیترانه پیروی می‌کند.

۳. **منطقه فلات مرکزی:** رشته‌کوه‌های بلند البرز در شمال و رشته‌کوه‌های زاگرس در جنوب تا حدود زیادی مانع ورود ابرهای باران‌زای مدیترانه و شمالی به فلات مرکزی ایران می‌شوند. از این‌رو، میزان بارندگی در این فلات کمتر از ۲۰۰ میلی‌متر است. در این ناحیه رودخانه‌ای دائمی جاری نیست و رودخانه‌هایی که از البرز و زاگرس به داخل ایران سرازیر می‌شوند در شوره‌زارها و تالاب‌های شور آن تبخیر می‌شوند. نواحی زیادی از این سرزمین خشک، خصوصیات بیابانی و کویری را دارند.

۴. **منطقه دشت‌های ساحلی جنوبی:** در این منطقه که از قصرشیرین تا بندر گواتر ادامه دارد میزان بارندگی کم و هوا بسیار گرم است. جزایر خلیج‌فارس هم جزئی از این ناحیه‌اند. این دشت‌ها دو خصوصیت کلی دارند: ۱- کمی ارتفاع آن‌ها که باعث گرما و کاهش بارندگی می‌شوند. ۲- جریان باد از جنوب به‌سوی شمال است. در نتیجه رطوبت از این نواحی به‌سمت شمال جریان می‌یابد. هرچند که رطوبت زیاد هم در این نواحی حالت شرجی ایجاد می‌کند.

۶-۲ گیاهان ایران

طبیعت‌شناسان جهان نیمکره شمالی زمین را از نظر ژئوبوتانیک به چهار ناحیه اصلی تقسیم می‌کنند. ایران مانند یک پهنه اتصال در محل تلاقی این چهار ناحیه گیاهی قرار دارد و عوامل بسیاری از هر یک از این نواحی، در پوشش گیاهی ایران تأثیر گذاشته است. چهار ناحیه گیاهی عبارت‌اند از:

- اروپا- سیبری
- مدیترانه‌ای
- ایران- تورانی
- صحرا- سندی

این چهار ناحیه گیاهی، که به‌ترتیب در مجاورت چهار منطقه جغرافیایی ایران، یعنی کاسپین، زاگرس، فلات داخلی و دشت‌های ساحلی جنوبی ایران قرار دارند، تأثیر کاملاً مشخصی بر پوشش گیاهی این مناطق گذاشته‌اند.

مهم‌ترین پوشش گیاهی در کشور شامل جنگل‌ها، مراتع و باغات هستند. طبق شواهد موجود در این زمینه در ایامی نه چندان دور، ایران زیر پوشش وسیع و انبوه درختان جنگلی قرار داشته که وسعت آن حدود ۳۰ میلیون هکتار (معادل ۳۰۰۰۰۰ کیلومتر مربع)- نزدیک به یک‌پنجم خاک کشور - بوده است. متأسفانه به‌علت استفاده بی‌رویه از این منبع حیاتی و مدیریت ناتوان حاکم بر امور منابع طبیعی و سودجویی آنها، از وسعت جنگل‌های کشور کاسته شده رو به نابودی گذاشته است. در حال حاضر وسعت پوشش جنگلی در ایران ۱۳/۸۶ میلیون هکتار و وسعت مراتع آن حدود ۹۰ میلیون هکتار است (از این مقدار مراتع، ۹/۳ میلیون هکتار دارای کیفیت خوب، ۳۷/۳ میلیون هکتار متوسط تا فقیر و ۴۳/۳ میلیون هکتار از آن فقیر است).

پوشش جنگلی کشور به دو بخش قابل تقسیم است:

۱. جنگل‌های مرطوب و صنعتی شمال (با حدود ۲/۱ میلیون هکتار وسعت) که تحت‌عنوان جنگل‌های ناحیه رویشی هیرکانی

(کاسپین) شناخته شده‌اند.

۲. جنگل‌های غیر شمالی که خود در چهار گروه قرار می‌گیرند:

- جنگل‌های ناحیه رویشی زاگرس (حدود ۶ میلیون هکتار)،
- جنگل‌های ناحیه رویشی ارسباران (حدود ۱۶۰ هزار هکتار)،
- جنگل‌های ناحیه رویشی ایران- تورانی (حدود ۴/۵ میلیون هکتار)،
- جنگل‌های ناحیه رویشی خلیجی، شامل جنگل‌های حرا در سواحل هرمزگان و جزیره قشم (حدود ۱/۱ میلیون هکتار)

پراکندگی و انبوهی مناطق جنگلی ایران یکنواخت نیست. بیشتر جنگل‌های کشور در منطقه شمال و دامنه‌های شمالی رشته ارتفاعات البرز و سپس دامنه‌های مرطوب زاگرس و مناطق باختری کشور گسترش دارند.

با آب‌وهوای ایران، در ارتفاعات بالای ۲۵۰۰ متر، در بسیاری از نواحی نوعی کاج ایرانی بانام اوز سازگار است. درگذشته جنگل‌های اوز گسترده‌تری وجود داشته که امروزه وسعت آن‌ها بسیار کاهش‌یافته

عکاس پویان اشتیاقی - ماسال - استان گیلان

است. نمونه‌ای بسیار خوب از این جنگل‌ها در منطقه سربیژن کرمان حدود ۴۵ کیلومتری جیرفت در اطراف جاده راین- جیرفت و کوه‌های پیرامون آن دیده می‌شود. نگارنده این درختان را در بسیاری از مناطق ایران که دارای ارتفاع بیش از ۲۵۰۰ متر هستند مشاهده کرده است ولی اغلب آن‌ها چون مورد بی‌مهری قرارگرفته و اداره منابع طبیعی و جنگل‌ها هیچ مطالعه جدی در مورد آن‌ها انجام نداده است، در حال نابودی هستند. این درختان را باید کاج‌های بومی تاریخ ایران نامید. ما درختان کهن‌سال‌تر ازاین‌گونه، مانند کاج ابرقو در استان فارس و کاج منطقه سنگان بلوچستان را نیز در کشور سراغ داریم. این درختان به نظر نگارنده همان درختانی بوده‌اند که در ساخت تخت جمشید در زمان هخامنشیان از چوب آن‌ها استفاده‌شده است. نقل است که بخشی از این چوب‌ها از کرمانیا آورده شده است. همان‌طور که پیش‌تر گفته شد؛ در ارتفاع بالای ۲۵۰۰ متر بیشتر مناطق ایران، می‌توان این جنگل‌ها را گسترش داد.

مسجد جامع کبیر نی ریز همراه با درخت چند صد ساله ارس - عکاس روح اله یگانه

جنگل حرا - جزیره قشم

درخت ارس منطقه زرد کوه عکس از مینا رضا زاده

درخت ارس سر بیژن

سرو کهن بلوجستان

این سرو تقریباً برای بسیاری ناشناخته است.

۷-۲ پرندگان ایران

ایران زیستگاه انواع بسیار زیادی از پرندگان است. طبق اطلاعات موجود ۵۱۴ نوع پرنده در کشور شناسایی‌شده‌اند که بیش از ۳۵۰ گونه از آن‌ها در ایران زاد و ولد می‌کنند. این تنوع قابل ملاحظه به‌علت موقعیت جغرافیایی خاص ایران و همپوشانی با چند منطقه زیست- جغرافیایی مهم است که هر یک پرندگانی مخصوص به‌خود دارند.

جغد استان همدان (اسد آباد)

پلیکان و شکار ماهی استان همدان

تنجه استان مازندران

خودکا معمولی استان همدان

از ۳۵۰ گونه پرنده‌ای که در کشورمان زاد و ولد می‌کنند، حدود ۲۵۰ گونه متعلق به مناطق جغرافیایی دیگر بوده‌اند که در آن مناطق تکامل یافته‌اند و سپس در قسمت‌هایی از ایران، با شرایط محیطی سازگار با زیستگاه اصلی آنها گسترش یافته‌اند.

حدود ۱۰۰ گونه کاملاً بومی هستند، ۸۰ گونه زمستان‌گذرند، ۳۷ گونه به‌طور اتفاقی دیده می‌شوند. چند گونه محدود از خارج وارد می‌شوند و در طبیعت رها شده‌اند، تمامی این عکس‌ها و اطلاعات مربوطه توسط مهندس علی ثقفی عکاس و هنرمند همدانی ثبت شده است.

کبک استان همدان

این کشیم در فصل زاد و ولد با حرکات زیبا و نمایشی روی سطح آب آمادگی خود را برای آشیانه سازی اعلام می‌کند. بدنی پرجثه و گردنی باریک دارد و انتهای بدنش گرد است وچنان به نظر می‌آید که فاقد دم می باشد. این پرنده اغلب فعالیت‌های خود را بر روی سطح آب انجام می‌دهد و مانند سایر کشیم‌ها با زندگی روی آب کاملاً سازگار

کشیم‌های بزرگ استان کردستان (مریوان)

می‌باشد پاهای این پرنده در انتهای شکم قرار دارد و بدون پرده است ولی درکناره‌های هر کدام از انگشتانش پرده‌ای قرار دارد که این پرنده را قادر می‌سازد تا با مهارت خیلی زیادی در آب غواصی کند و غذای مناسب خود را بدست آورد.

عقاب شاهی استان همدان

کورکور بال سیاه استان همدان (اسدآباد)

لک لک سفید استان همدان

چکاوک کاکلی استان همدان

حواصیل خاکستری استان همدان

چشم دم سرخ استان همدان

دراج نر استان مازندران

کرکس مصری: گونه در معرض انقراض لیست سرخ جهانی

حواصیل شب نر استان گیلان (صومعه سرا)

کفچه نوک استان مازندران

کفچه نوک پرنده‌ای بزرگ آبزی و پا دراز از راستهٔ لک‌لک‌سانان و خانوادهٔ اکراسان می‌باشد که منقاری بزرگ، صاف و کفگیر مانند داشته و در آب‌های کم عمق به جستجوی غذا می‌پردازد. این پرنده آب شیرین را به آب شور ترجیح می‌دهد اما در هر دو محیط آبی دیده می‌شود، بیشتر کفچه‌نوک‌ها آشیانهٔ خود را بر روی درختان و یا نیزارها و معمولاً در کنار لک‌لک‌های گرمسیری و حواصیل‌ها می‌سازند.

چرخ ریسک سرابی استان همدان(نهاوند)

سینه سرخ اروپایی استان همدان(نهاوند)

آقرقره شکم سیاه ماده استان همدان

گاوچرانک استان کرمانشاه

حواصیل شب استان گیلان و یا با زبان گیلکی شال باغ یا واکا

این پرنده مهاجر و در حال انقراض بیشتر در تالاب‌ها، باتلاق‌ها، رودخانه‌ها، شالیزارها، آب‌بندان‌ها و استخرها دیده می‌شود.

هر ساله روی درختان در مناطق قلم‌گوده انزلی، آب بندان‌های خلیفه محله و کرفستان رودسر، تالاب کیاکلایه لنگرود، آب‌بندان‌های ملاسرای فومن، آلالان اسالم و تالاب استیل آستارا در کلونی همراه با دیگر گونه‌ها جوجه آوری می‌کند.

این پرنده در حال استراحت و در پرواز بدنش قوز کرده، سر و گردنش را به داخل بدن جمع می‌کند و در طول روز معمولاً روی درختان به صورت گروهی در حال استراحت دیده می‌شوند و در صبح زود، غروب و در شب تغذیه می‌کنند و صدای پرنده در شب هنگام پرواز به صورت «کوارک» شنیده می‌شود.

حواصیل شب استان گیلان

چوب پا استان همدان

آنقوت استان مازندران (بابلسر)

کلاغ خانگی که به نام‌های کلاغ هندی، یقه خاکستری، سیلان یا کلمبو نیز شناخته می‌شود، پرنده‌ای رایج از خانواده کلاغ‌ها است که اصالتاً آسیایی دارد اما اکنون در بسیاری از نقاط جهان یافت می‌شود و با کمک کشتی به آنجا رسیدند. اندازه آن بین زاغ و کلاغ مردار است اما از هر دو لاغرتر است.

عکاس: اکبر نعمتی - بندرعباس، هرمزگان

هدهد یا شانه به سر، پوپک، بوبو سلیمانی- استان همدان

سار معمولی- استان همدان

۸-۲ پستانداران ایران

پستانداران دارای بیشترین گسترش در بین مهره‌داران هستند و در تمام قاره‌های جهان گونه‌هایی از آنها یافت می‌شود. به‌دلیل وسعت زیاد ایران، اختلاف ارتفاع زیاد و تنوع آب و هوایی و همچنین قرار گرفتن در میان سرزمین‌های عربستان، قفقاز، آناتولی، آسیای میانه، هند و به‌طور کلی ایران محل تلاقی سه پهنه زیست جغرافیایی یعنی دیرینه شمالگان- شرقی و حاره‌ای قدیم جای دارد و مهم‌تر از همه به‌دلیل توانایی خود سرزمین، تنوع گونه‌های جانوری ایران بسیار زیاد است. همه پستانداران دنیا که در ۲۸ راسته رده‌بندی شده‌اند غالب بر ۵۴۱۶ گونه‌اند. پستانداران ایران ۱۲۰ گونه هستند که به ده راسته تعلق دارند که در قیاس با وسعت نسبی ایران بسیار زیاد است. قاره اروپا که هفت برابر ایران وسعت دارد، تعداد انواع پستانداران آن کمتر از ایران است. بزرگترین پستانداران نهنگ آبی است و خرس قهوه‌ای بزرگترین حیوانات خشکی در ایران می‌باشند. در شکل‌های زیر برخی پستاندارن بومی ایران نشان داده شده است، اکثر عکس‌ها توسط علی ثقفی عکاس و هنرمند همدانی گرفته شده است.

شتر وحشی استان اصفهان - کاشان (کویر مرنجاب)

راسو استان همدان

خانواده گور ایرانی استان سمنان (شاهرود)

گاومیش استان خوزستان (دز)

اسب ترکمن استان خراسان شماری (راز و جرگلان)

سنجاب ایرانی (استان همدان)

پلنگ ایرانی بومی غرب

خرس قهوه‌ای ماده مرز استان سمنان و مازندران

گوزن زرد ایرانی استان کردستان بیجار

گراز استان کردستان مریوان

شنگ اورسیایی استان همدان (اسدآباد)

توله روباه معمولی استان همدان

قوچ ارمنی استان کردستان بیجار

خرگوش صحرایی اروپایی استان همدان

جوجه تیغی پیرانشهر

در حوزه حیات وحش جزیره قشم در بخش پستانداران پنج گونه خفاش وجود دارند که ۲ گونه از بزرگترین خفاش‌های ایران شامل خفاش میوه‌خوار و خفاش مقبره‌ای در این جزیره زیست می‌کنند.

خفاش میوه خوار جزیره قشم

در ایران انواع خفاش‌ها از جمله میوه خوار، دُم موشی کوچک، دُم موشی بزرگ، مقبره‌ای معمولی، نعل اسبی کوهستانی و بینی برگه‌ای ایرانی در نقاط مختلف یافت می‌شوند.
خفاش‌ها از نظر رژیم غذایی به سه دسته خفاش‌های خون آشام، میوه‌خوار و حشره‌خوار تقسیم می‌شوند که در منطقه خاورمیانه خفاش خون آشام وجود ندارد، اما خفاش‌های میوه خوار و حشره خوار هر ۲ در خاورمیانه حضور دارند.

چهار گونه از خفاش‌های جزیره قشم رژیم حشره خواری دارند که بعضی از آنها در سقف برکه‌ها و برخی دیگر در کوه‌ها، دشت‌ها و در خورهای قدیمی این جزیره زندگی می‌کنند.
خفاش‌های میوه خوار در فصل میوه خرما و کُنار به قشم مهاجرت می‌کنند.
خفاش‌های ایران حیوانات بسیار مفیدی هستند، آنها با خوردن تعداد زیادی از حشرات مضر، نقش مهمی در کنترل بیولوژیک آفات و بیماری‌ها ایفا می‌کنند و در اکوسیستم طبیعی دارای جایگاه ویژه هستند. از طرف دیگر نباید خفاش‌ها را فقط به عنوان یک راسته از پستانداران با گونه‌های فراوان نگریست. بلکه آنها مجموعه‌ای از اشکال بیولوژیک مختلف برای تحقیقات علمی به شمار می‌آیند.

فک خزری دریای خزر

راگون مالکوان غرب گیلان

حشره خوار کوتوله (کوچکترین پستاندار ایران) استان قزوین (تاکستان)

سگ شاهسون ایرانی استان اردبیل

گاوهای دریایی:

گاو آبی (دوگونگ) خلیج فارس

با نام علمی Dugong پستانداران آبزی و بزرگی هستند که شباهت زیادی به فک‌ها دارند. گاوهای دریایی دارای جثه استوانه‌ای شکل و دارای پوستی صاف و ضخیم هستند و سطح بدن آن‌ها بدون مو و صیقلی است.
گاوهای دریایی آب‌های خلیج فارس و دریای عمان طی سال‌های اخیر بسیار کمیاب شده و با ادامه این روند در معرض نابودی و انقراض قرار می‌گیرند.
کاهش منابع غذایی به دلیل آلودگی آب ها توسط فاضلاب، مواد شوینده، ایجاد تأسیسات نمک زدایی آب دریا و دیگر عوامل آلوده کننده آب، آلودگی بی‌رویه آب‌ها، گسترش بنادر، ایجاد اسکله‌ها، احداث جزایر مصنوعی، تردد شناورها و کشتی‌ها و برخورد آن ها با گاوهای دریایی در هنگام حرکت و به دام افتادن در تورهای صیادان از جمله مهم‌ترین خطراتی هستند که این گونه دریایی را در خلیج فارس و دریایی عمان تهدید می‌کنند.

نهنگ قاتل (اورکا) جزیره جنوبی گناوه

نهنگ‌های قاتل بسیار اجتماعی‌اند؛ بعضی دسته‌های آن‌ها دارای خانواده‌های مادر نهاد هستند که پایدارترین خانواده‌ها در میان همه جانوران را تشکیل می‌دهند.
این گونه جاندار یکی از بزرگترین پستانداران شناخته شده در تمام کره زمین است که اولین نمونه‌های آن در حدود سال‌های ۱۵۰۰ میلادی شناسایی و کشف شده‌اند.

نهنگ قاتل از قدیمی‌ترین آبزیان در کره زمین هستند که قدمت آن‌ها به حدود ۶ میلیون سال قبل باز می‌گردد؛ آن‌ها با صلابت و زیبایی خیره کننده‌ای که دارند چشم هر بیننده‌ای را به خود خیره می‌کنند. این حیوان تقریبا در تمامی آب‌های کره زمین چه مناطق گرمسیری و چه مناطق سردسیری پراکنده شده و نمونه‌هایی از آن شناسایی شده است.
طول عمر حداقل ۲۹ سال و حداکثر ۶۰ سال برای آن‌ها به ثبت رسیده است. وزن نهنگ‌های قاتل به عنوان یکی از بزرگترین پستانداران موجود در زمین به ۹ تن و طول آن‌ها نیز تا ۱۰ متر می‌رسد. نهنگ‌های قاتل از ماهرترین شناگرها هستند به طوری که قادرند تا ۴۸ کیلومتر در ساعت شنا کنند و به همین خاطر است که آنها روزانه به مواد غذایی در حجم بالا نیاز دارند و تا ۲۲۷ کیلوگرم گوشت در روز مصرف می‌کنند. اورکا یا نهنگ قاتل با وجود قدرت زیادی که دارند به هیچ عنوان خطری برای انسان‌ها ندارند؛ تاکنون هیچ گزارشی از حمله این پستانداران به انسان‌ها در حیات وحش ثبت نشده است.

گرگ خاکستری پارک ملی گلستان

توله کفتار سیستان و بلوچستان (سراوان)

کاراکل (سیاه گوش) حاشیه کویر مرکزی ایران

گوزن زرد ایرانی مازندران (ساری)

پازن استان همدان (تویسرکا)

۹-۲ کوه‌های ایران

به‌جز جلگه‌های باریک سواحل دریای کاسپین (که حتی دارای ارتفاعات پایین‌تر از سطح دریاهای آزاد است) و زمین‌های هموار شمال خلیج‌فارس، منطقه خوزستان و دریای مکران (عمان) که دشت کم ارتفاع را می‌سازند؛ ایران سرزمینی مرتفع دارد که میانگین ارتفاع آن بیش از ۱۰۰۰ متر است. پست‌ترین نقطه داخلی فلات ایران در نمک‌زار شمال‌خاوری شهداد، در مجاورت بیابان لوت، ۳۰۰ متر و بلندترین نقطه آن قله دماوند، ۵۶۱۰ متر ارتفاع دارد. سرزمین ایران فلاتی مرکزی و پهناور و با حاشیه‌ای کوهستانی است (شکل۲۱- ۲).

کوه‌های ایران بر حسب زمین‌شناسی و یا موقعیت جغرافیایی خود دسته‌بندی شده‌اند. گاهی در این دسته‌بندی‌ها اختلافاتی دیده می‌شود[1]. واقعیت این است که رشته‌کوه‌های ایران نتیجه پدیده‌های زمین‌شناسی و بخصوص پدیده‌های ساختاری- زمین‌شناسی هستند و از روندهای خاصی پیروی می‌کنند. در حقیقت این رشته‌کوه‌ها که در نتیجه فعالیت‌های کوه‌زایی و آتشفشانی ایجاد شده‌اند خود به چهار منطقه تقسیم می‌شود ، کوه‌های شمالی (البرز)، کوه‌های زاگرس، رشته‌کوه‌های میانی و رشته‌کوه‌های خاوری (شکل ۲۲ -۲).

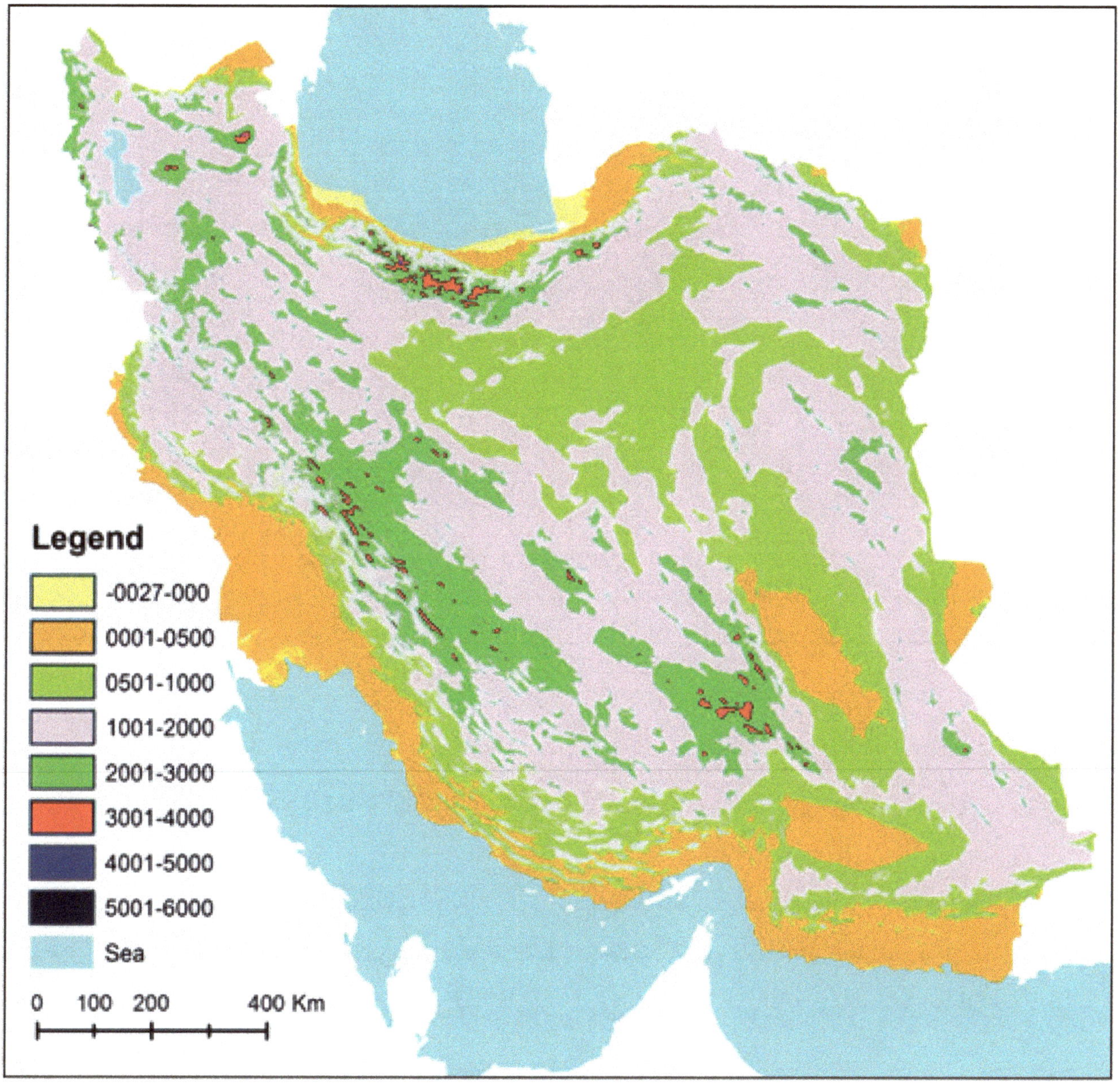

شکل۲۱- ۲. نقشه توپوگرافی ایران.

۱- این تقسیم‌بندی برای نخستین‌بار در این کتاب صورت می‌گیرد که حاصل شناخت روندها، چگونگی ایجاد و نیز موقعیت جغرافیایی آنهاست.

این رشته‌کوه‌ها که مورفولوژی اصلی سرزمین ایران را می‌سازند، اقلیم و بارش آن را زیر تأثیر خود دارند و به پیروی از این تغییرات مورفولوژیک در ایران، اقلیم، بارش و تنوع زیرساخت‌های انسانی و فرهنگی نیز تحت‌تأثیر قرار داده شده است.

شکل ۲۲- ۲. نقشه تقسیم‌بندی کوه‌های ایران.

۱-۹-۲ کوه‌های شمالی ایران

کوه‌های شمالی از شمال‌باختری ایران، جنوب قفقاز و آرارات شروع شده و از شمال‌خاوری ایران خارج می‌شوند. این کوه‌ها به سه دسته زیر قابل تقسیم هستند:

۱. رشته‌کوه‌های شمال آذربایجان (شمال گسله سلطانیه- زنجان- تبریز- میشو) مانند کوه‌های سبلان، بزقوش، ارسباران، میشو و مورو.

۲. رشته‌کوه‌های البرز که از آستارا شروع شده، ضمن عبور از نواحی تالش در جنوب کاسپین ادامه یافته و تا علی‌آباد گرگان ادامه می‌یابد.

۳. رشته‌کوه‌های کپه‌داغ که از شمال‌خاوری کاسپین، ناحیه گنبد کاووس، شروع شده تا سرخس ادامه می‌یابد شامل مناطق عمده خراسان‌شمالی و رضوی است.

۴. رشته‌کوه البرز: رشته‌کوه البرز به مانند کمانی در جنوب دریای کاسپین کشیده شده است. دامنه شمالی رشته‌کوه البرز از علی‌آباد گرگان آغاز و تا آستارا ادامه می‌یابد و طول آن حدود ۹۵۰ کیلومتر است. در شمال این رشته‌کوه دریاچه کاسپین قرار دارد که وسعت آن حدود ۴۳۶۰۰۰ کیلومترمربع است و سطح آن از آب دریای آزاد ۲۷ متر پایین‌تر است (شکل ۲- ۳۲).

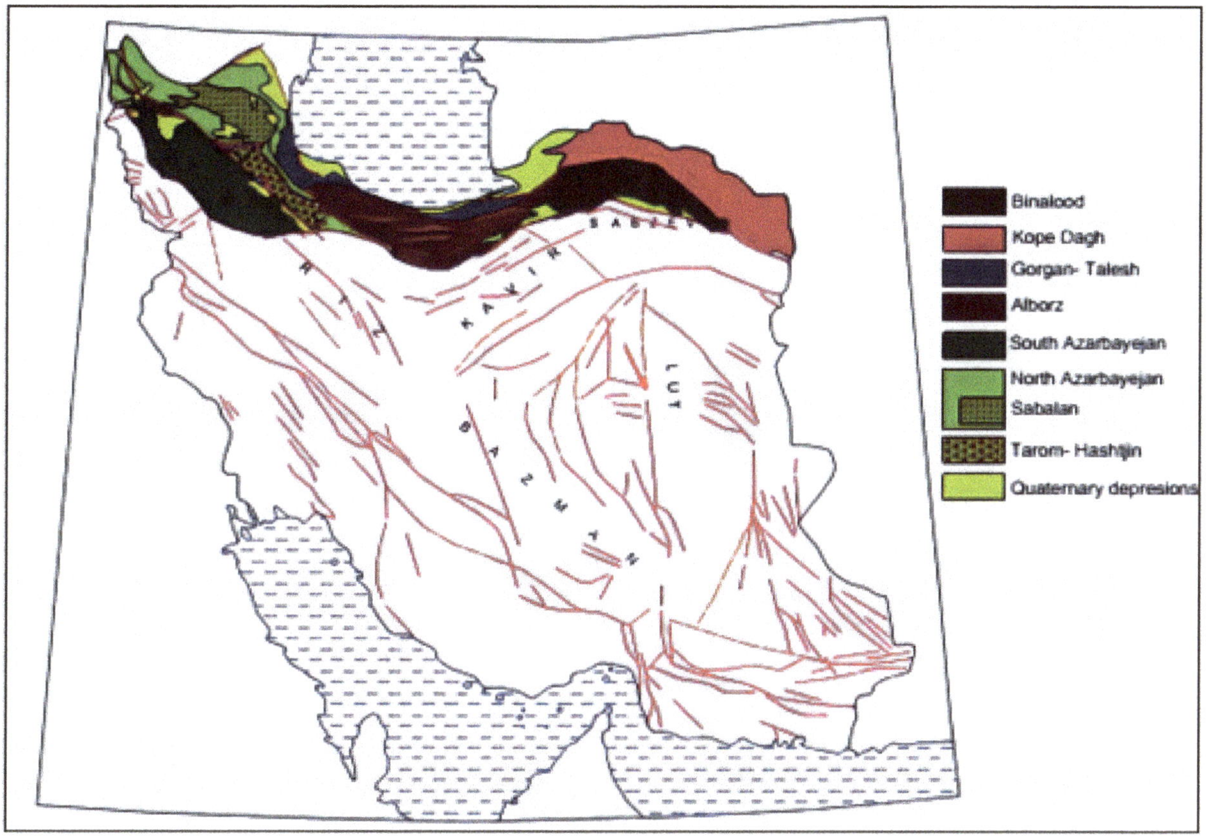

شکل ۳۲- ۲. تقسیمات ساختاری البرز و نواحی مجاور (Ghorbani, ۲۰۲۲).

بسیاری «البرز» را صرفاً نامی منحصر به شمال ایران تصور می‌کنند. این درحالی است که البرز در چند منطقه دیگر ایران و آسیا وجود دارد. فردوسی از البرزکوه در مرز هندوستان یاد کرده است (که در همسایگی ایران آن زمان بوده است). البرزی دیگر در شمال قفقاز در منطقه قبارطه (کاباردا)- بلغار (بالکار) وجود دارد که به زبان روسی آن را البروس (Elbrus) می‌نامند و سه قله بزرگ با ارتفاع بیش از ۵۰۰۰ متر دارد (عنایت‌الله. رضا، ۱۳۸۷). علاوه بر موارد فوق در ایران در ناحیه جهرم فارس نیز کوهی به‌نام البرز وجود دارد که بلندترین قله آن ۲۶۵۱ متر است (جعفری، ۱۳۸۲).

رشته‌کوه البرز چه از نظر جغرافیایی و چه از نظر زمین‌شناسی بخشی از کمربند آلپ- هیمالیا محسوب می‌شود و در میانه این رشته‌کوه چین‌خورده و به‌هم پیوسته، سلسله کوه‌هایی ادامه می‌یابد که از خاور به هندوکش و هیمالیا و از باختر به کوه‌های قفقاز- ترکیه، جنوب دریای سیاه و از آنجا تا اروپا ادامه می‌یابد (رشته کوه جهانی آلپ- هیمالیا). از نظر ما البرز همان البرز زمین‌شناسی تعریف می‌شود که از آستارا شروع و به علی‌آباد گرگان ختم می‌شود.

رشته‌کوه البرز به سه بخش خاوری، میانی (مرکزی) و باختری تقسیم می‌شود. بخش خاوری از گرگان تا فیروزکوه- دماوند (رودخانه لار در نزدیکی پلور)، بخش میانی با پهنایی وسیع‌تر و قله‌های بیشتر و مرتفع‌تر از فیروزکوه و قله دماوند تا لوشان- منجیل ادامه دارد. بخش باختری از منجیل و باختر روخانه سفیدرود تا باختر شهر آستارا را شامل می‌شود و به کوه‌های تالش معروف است. در رشته‌کوه البرز قله‌های زیادی دیده می‌شود که برخی از آنها ارتفاعی بیش از ۴۰۰۰ متر دارند و بلندترین قله ایران یعنی دماوند در مرکز این کوهستان قرار دارد.

دریاچه کاسپین اگر چه در حوضه بسته‌ای قرار دارد، ولی تمام خصوصیات یک دریای آزاد را دارد. عموماً بیشترین آب این دریا در جنوب آن قرار دارد و ژرفای اصلی در جنوب و در قسمت ایران واقع است. دریاچه کاسپین در ایران و کشورهای مختلف با نام‌های مختلف، مانند دریای مازندران، دریای گیلان، دریای تبرستان، دریای دیلم، دریای آبسکون و دریای کاسپین و در منابع یونانی و رومی هیرکانیا و ورکانه و... خوانده شده است.

باختری از منجیل و باختر روخانه سفیدرود تا باختر شهر آستارا را شامل می‌شود و به کوه‌های تالش معروف است. در رشته‌کوه البرز قله‌های زیادی دیده می‌شود که برخی از آنها ارتفاعی بیش از ۴۰۰۰ متر دارند و بلندترین قله ایران یعنی دماوند در مرکز این کوهستان قرار دارد.

دریاچه کاسپین اگر چه در حوضه بسته‌ای قرار دارد، ولی تمام خصوصیات یک دریای آزاد را دارد. عموماً بیشترین آب این دریا در جنوب آن قرار دارد و ژرفای اصلی در جنوب و در قسمت ایران واقع

است. دریاچه کاسپین در ایران و کشورهای مختلف با نام‌های مختلف، مانند دریای مازندران، دریای گیلان، دریای تبرستان، دریای دیلم، دریای آبسکون و دریای کاسپین و در منابع یونانی و رومی هیرکانیا و ورکانه و... خوانده شده است.

۲-۹-۲ کوه‌های زاگرس

کوه‌های باختری ایران، که به اصطلاح قدیم یونانی زاگرس نامیده می‌شود، از استان کرمانشاه وکردستان شروع شده تا لرستان، خوزستان، فارس، استان بوشهر، چهارمحال و بختیاری، کهگیلویه و بویراحمد و کوه‌های سواحل جنوبی بندرعباس ادامه می‌یابند. طول این کوه‌ها تقریباً ۱۲۰۰ کیلومتر و عرض آنها ۳۰۰ کیلومتر است و به‌مراتب از البرز، منبسط‌تر، منظم‌تر و چینه‌های آنها ساده‌تر است.بسیاری از جغرافی‌دانان، زاگرس را رویداد کوهزایی عظیم می‌نامند، بدان معنی که مانند کوه‌های ژورا، تاقدیس‌ها و ناودیس‌ها تقریباً همه‌جا به‌طور منظم اما فشرده دیده می‌شوند.

این رشته‌کوه ویژگی‌های منحصر به‌فردی دارد که از نظر توریستی بسیار جالب هستند. برخی از این ویژگی‌ها عبارت‌اند از:

۱. روند شمال‌باختر- جنوب‌خاور. تمام سنگ‌های آن از آغاز پالئوزوییک تا کواترنر رسوبی هستند.
۲. زاگرس به‌علت موقعیت جغرافیایی خاص و نیز ارتفاعات دیواره مانند بخش شمالی، از منابع آب شیرین بسیاری از مناطق ایران است. بسیاری از رودخانه‌های پرآب ایران از آن منشأ می‌گیرند. در ژرفای این کوهستان و دامنه جنوبی آن یعنی دشت‌های شمال خلیج‌فارس و کف خلیج‌فارس- که از نظر زمین شناسی و چگونگی پیدایش مشابه زاگرس و جزء زاگرس دسته‌بندی می‌شود- بزرگترین منبع گازی و نفت ایران جای دارد.

در زاگرس بیش از ۳۰ قله دارای ارتفاعات بالای ۴۰۰۰ هزار متر است و چند صد تنگه باریک و زیبا دارد که یکی از پیشکسوتان زمین‌شناسی ایران (مهندس نبوی) پیشنهاد کرده است که این کوهستان هزارتنگ نامیده شود.

۲-۹-۳ رشته‌کوه‌های میانی

این رشته‌کوه‌ها در مرکز ایران و از شمال‌باختری (جنوب آذربایجان-کردستان) شروع شده و به جنوب‌خاوری ادامه می‌یابند. این رشته‌کوه‌ها را می‌توان به چند رشته‌کوه کوچک سهند، کوه‌های کردستان، همدان، نواحی تکاب، جنوب زنجان، قافلانکوه، کوه‌های کرکس، شیرکوه، کوهبنان و رشته‌کوه‌های لاله‌زار و جبال‌بارز تقسیم کرد. از ویژگی‌های طبیعی این رشته‌کوه‌ها، می‌توان به بارش کم، تغییرات ناگهانی هوا، وزش بادهای شدید، نادر بودن رودهای دائمی و طغیانی‌بودن رودخانه‌های سرچشمه گرفته از آنها اشاره کرد. بعضی از مهم‌ترین قلل این رشته‌کوه‌ها عبارت‌اند از: کرکس به ارتفاع ۳۸۹۵ متر واقع در جنوب‌خاوری کاشان، شیرکوه به ارتفاع ۴۰۵۵ متر واقع در جنوب یزد، کوهبنان به ارتفاع ۳۷۷۵ متر در شمال کرمان، کوه‌های لاله‌زار به ارتفاع ۴۳۵۱ متر واقع در شمال بافت و کوه هزار به ارتفاع ۴۴۶۵ متر واقع در شمال‌خاوری شهر بافت (شمال دربهشت).

کوه‌های میانی ایران مانند کوه‌های شمال ایران و زاگرس منظم نبوده و روند مشابهی ندارند، اما می‌توان برای آنها چند روند عمومی در نظر گرفت. وسعت پهنای کوه‌های میانی بسیار زیاد است.

۲-۹-۴ رشته‌کوه‌های خاوری ایران

این کوه‌ها از شمال به کوه‌های خواف، تربت‌جام، تربت‌حیدریه، بردسکن تا شمال لوت محدود می‌شوند و از جنوب به دریای عمان، از خاور به کشور افغانستان و پاکستان و از باختر به مرز لوت و کویر مرکزی ایران محدود می‌شوند. این رشته‌کوه‌ها بیش از ۱۵۰ هزار کیلومتر مربع وسعت دارد. رشته‌کوه‌های خاوری را می‌توان به قسمت‌های زیر تقسیم کرد:

۱. رشته‌کوه‌های خراسان‌مرکزی، شامل کوه‌های باخرز و شصت‌دره.
۲. رشته‌کوه‌های خراسان‌جنوبی یا کهستان (قهستان)، شامل کوه‌های مناطق گناباد، فردوس، طبس، بیرجند تا مرز استان‌های خراسان و سیستان و بلوچستان.
۳. رشته‌کوه‌های سیستان و بلوچستان شامل کوه‌های تفتان کوهک، بزمان نصرت‌آباد و چاه‌شاهی.
۴. رشته‌کوه‌های مکران دربردارنده رشته‌کوه‌های سرباز، ایرانشهر، فنوج و شمال دریای مکران (عمان از خاور میناب تا بندر گواتر) در چاه‌بهار.

رشته‌کوه‌های خاوری، تنها سرچشمه خشک‌رودها و یا رودخانه‌های فصلی بوده، مهم‌ترین آنها رودخانه‌های سالار، شاهرود (کال‌شور منطقه بیرجند) و رودخانه باهوکلات هستند. بلندترین نقطه کوه‌های خراسان (مرکزی و جنوبی) کوه چهل‌تن کدکن به ارتفاع ۳۰۱۳ متر واقع در ۴۰ کیلومتری شمال‌باختری تربت‌حیدریه است. در منطقه بلوچستان کوه بزمان به ارتفاع ۳۵۰۲ متر و کوه آتشفشان خاموش تفتان با ارتفاع ۳۹۴۱ متر از بلندترین قلل این رشته‌کوه‌ها به‌حساب می‌آیند.

۲-۱۰ دریاها، دریاچه‌ها و رودهای ایران

۲-۱۰-۱ دریاهای ایران

ایران در جنوب و جنوب‌خاور، از طریق دو دریای مکران و خلیج‌فارس، به دریاهای آزاد ارتباط دارد. در شمال نیز از طریق دریای مازندران (با نام بین‌المللی کاسپین[1]) با کشورهای روسیه، آذربایجان، ترکمنستان و قرقیزستان ارتباط آبی دارد.

۲-۱۰-۱-۱ دریای کاسپین

دریای کاسپین با وسعتی حدود ۴۳۶۰۰۰ کیلومتر مربع، بزرگترین دریاچه روی زمین به‌شمار می‌رود و سطح آن ۲۵ تا ۲۹ متر از سطح

1.Caspian Sea

اقیانوس‌ها پایین‌تر است. طی قرون گذشته این دریا با بیش از ۷۰ نام نامیده شده است که اغلب از نام طوایف ساکن در کرانه‌های آن یا شهرهای واقع در کناره آن گرفته شده است.

دامنه عمق دریای کاسپین از نظر اندازه گسترده است. کمترین عمق آن در قسمت شمالی با حدود ۱۲ تا ۲۰ متر است. در بخش‌های میانی پشت شبه‌جزیره (شمال) آبشرون عمق آن به ۷۸۰ متر و در ژرف‌ترین ناحیه، یعنی در بخش جنوبی- سواحل چالوس- ژرفای آن حتی به ۹۸۰ متر نیز می‌رسد. دریای کاسپین باقی‌مانده دریای پالئوتتیس است. در شکل کنونی آن، پس از آخرین فعالیت‌های کوهزایی آلپ، از دریای سیاه و مدیترانه جدا شده، به‌صورت یک دریاچه بزرگ درآمد. میزان شوری آب آن یک‌سوم شوری آب دریاهای آزاد و اقیانوس‌ها می‌باشد.

دریای کاسپین به سه قسمت جنوبی- میانی و شمالی تقسیم می‌شود. بیش از دو سوم حجم آب دریا به بخش جنوبی آن تعلق دارد که با توجه به بخش جنوبی آن که متعلق به ایران است می‌توان گفت سهم عمده‌ای از آب کاسپین در قلمرو کشور ایران قرار می‌گیرد. بنابر مفاد معاهده‌های ۱۹۲۱ و ۱۹۴۰ بین ایران و اتحادیه جماهیر شوروی میزان حق استفاده از دریای کاسپین بین آن دو کشور برابر است.

منابع تأمین‌کننده آب دریای کاسپین عبارت‌اند از:

رودخانه‌ها و آب‌های سطحی که بیش از ۹۵ تا ۹۷ درصد آنها از طریق رودها سرچشمه می‌گیرد. ولگا اصلی‌ترین رود است، ولی آب رودهای ارس و کورا و چند رودخانه کوچک‌تر نیز در آن می‌ریزند.

بارش‌های سالیانه که می‌تواند حجم آب را ۱۲۵ تا ۱۳۵ سانتی‌متر بالا بیاورد.

آب‌های زیرزمینی و چشمه‌ها نیز بخشی از آب کاسپین را در طول سال تأمین می‌کنند.

دریای کاسپین بیش از ده درجه عرض جغرافیایی گسترش دارد که خود عامل بروز اختلاف دما بین شمال و جنوب آن است. میانگین دمای سالیانه کاسپین از شمال به جنوب افزایش می‌یابد. میانگین دمای سالانه نواحی شمال به حدود ۸ درجه سانتی گراد و در جنوب به ۱۸ درجه سانتی گراد می‌رسد. قسمت شمالی دریای کاسپین که در ناحیه‌ای با زمستان‌های سرد قرار دارد، به‌هنگام سرمای زمستان غالباً یخ بسته است درحالی که در بخش جنوبی (سواحل ایران) یخبندان هرگز رخ نمی‌دهد. دریای کاسپین به‌خاطر موقعیت آن- یعنی واقع‌شدن در میان دو قاره آسیا و اروپا- همواره اهمیت حمل و نقل دریایی قابل توجهی داشته و از این نظر در تمام دوره‌های تاریخی مورد استفاده بوده است.

در این دریا گونه‌های مختلف زیستی از جمله انواع ماهیان خوراکی خاص مانند اوزون‌برون، فوک‌های دریایی، خرچنگ و ... زندگی می‌کنند. در تالاب‌های پیرامون دریا زیستگاه‌های خاص پرندگان مهاجر- از شمال به جنوب- وجود دارد. دریای کاسپین از نظر منابع نفت و گاز نیز یکی از حوضه‌های نفتی غنی دنیاست و بعد از حوضه خلیج‌فارس مهمترین حوضه نفتی و گاز جهان به‌شمار می‌آید.

۲-۱-۱۰-۲ خلیج‌فارس

خلیج‌فارس یک دریای کناره‌ای[1]، با طول ۹۰۰ کیلومتر و پهنای ۲۴۰ کیلومتر است که عمق آن از ۳۵ تا ۱۰۰ متر تغییر می‌کند. این خلیج در جنوب ایران واقع شده و توسط تنگه باریکی با پهنای حدود ۵۵ کیلومتر به دریای مکران و اقیانوس هند وصل می‌شود. خلیج‌فارس حدود ۳۵ میلیون سال قبل پدید آمده است و در گذشته به‌مراتب بزرگتر از وسعت کنونی‌اش بوده است.

خلیج‌فارس و پیرامون آن، آب و هوای خشک و نیمه استوایی دارد که به‌دلیل قرارگیری بین سرزمین‌های دارای آب و هوای قاره‌ای، با تغییرات فصلی زیادی همراه است. در تابستان دمای سرزمین‌های پیرامون تا ۵۰ درجه سانتی گراد می‌رسد و به‌دلیل حاکمیت وزش باد شمال، در سواحل این خلیج همواره بادهای دائمی کویری وجود دارد.

عمیق‌ترین نقطه خلیج‌فارس در مجاورت رأس‌المسندم- ساحل عمان- ۱۸۲ متر و حداقل عمق آن ۳۰ متر است. به‌طور کلی یک‌سوم خلیج‌فارس بیش از ۳۶ متر عمق ندارد. حجم آب آن در حدود ۱۳۰۰۰ میلیارد متر مکعب بوده، جریان آب آن از شمال‌باختری به جنوب‌خاوری است.

شواهد تاریخی نشان می‌دهد که حدود ۲۶۰۰ سال قبل از میلاد مسیح در سواحل این خلیج مردمانی دریانورد سکونت داشته‌اند. این خلیج دارای جزایر بسیاری است که در گذشته تمام آنها تحت نفوذ ایران بود، ولی امروزه چنین نیست. تعدادی از جزایر تحت قیمومیت ایران عبارت‌اند از: جزیره لارک، جزیره هرمز، جزیره قشم، جزیره هنگام، جزیره کیش، جزیره لاوان، جزیره خارک، جزیره تنب کوچک، تنب بزرگ و ابوموسی. خلیج‌فارس از نظر تنوع زیستی بسیار غنی است. خلیج‌فارس و سرزمین‌های پیرامون دارای بزرگترین منابع نفت و گاز دنیاست. حدود ۷۰ درصد ذخایر نفت نرمال دنیا و ۳۰ درصد ذخایر گاز دنیا در کف یا پیرامون خلیج‌فارس جای دارد.

۳-۱-۱۰-۲ دریای مکران (عمان)

دریای مکران بخشی از اقیانوس هند و تنها دریای ایران است که به اقیانوس راه دارد. خلیج‌فارس توسط تنگه هرمز و از طریق این دریا با تمام دنیا ارتباط دارد. در شمال دریای مکران، ایران، در خاور آن پاکستان و هند، در باختر آن شبه جزیره عربستان قرار دارد و از جنوب به اقیانوس هند می‌پیوندد. این دریا برخلاف خلیج‌فارس ژرف است و ژرفای آب در پیرامون جنوبی چابهار به چندهزار متر می‌رسد. طول سواحل ایران در دریای مکران حدود ۷۸۴ کیلومتر است.

مدار رأس‌السرطان از شمال آن می‌گذرد و از این‌رو یکی از دریاهای

1- Marginal Sea

گرم آسیای جنوب‌باختری است. حداکثر دمای سطح آب آن در تابستان ۳۳ درجه سانتی گراد و حداقل دما در زمستان ۱۹/۸ درجه سانتی گراد است.

کناره‌های ایران در دریای مکران بریدگی‌های زیادی دارد که خلیج‌های محلی و کوچکی تشکیل می‌دهند، اما این خلیج‌ها، به‌علت توسعه نیافتن کشور، قابل استفاده کشتی‌های بزرگ بازرگانی نیستند. آب دریای مکران تا حدودی شور است و مَد در این دریا همچون خلیج‌فارس نامنظم است.

در قسمت زیادی از دریای مکران به‌علت خشکی هوا، گرمای زیاد، کمی میزان بارش و نبودن پوشش گیاهی مناسب، رودخانه‌های دائمی و پرآب کم بوده، در نتیجه اکثر رودخانه‌ها، فصلی، کم آب و بعضاً خشک و شور هستند. سواحل شمالی این دریا، از جزیره سیری تا گواتر که بلوچ نشین‌اند، سواحل بسیار زیبا و دیدنی دارند که مکان‌های بسیار خوبی برای احداث صنایع و نیز پارک‌ها و مناطق توریستی هستند.

۲-۱۰-۲ دریاچه‌های ایران

بیشتر دریاچه‌های ایران آثار بازمانده از دریای خشک‌شده‌ای هستند که پاره‌ای از آنها به پلایا یا باتلاق تبدیل شده، برخی نیز تا به امروز به‌صورت دریاچه‌های زیبایی وجود دارند. مهمترین این دریاچه‌ها عبارت‌اند از: ارومیه، نمک قم، حوض‌سلطان، بختگان، دریاچه گاوخونی، جازموریان، دریاچه زریوار، مهارلو، پریشان، تار، هامون و دریاچه گهر شور مست و... .

۱-۲-۱۰-۲دریاچه ارومیه

دریاچه ارومیه در دوره‌های تاریخی مختلف اسامی گوناگونی داشته است. آشوری‌ها این دریاچه را «ریما» و مادها آن را «شیکاسته» می‌نامیدند. نام این دریاچه در اوستا «چیچَسته» و در سایر کتب پهلوی به‌نام «چی‌چَست»، «جی‌جَست» و «جی‌گست» آمده است. در شاهنامه فردوسی از آن با نام «خَنجَست» یاد شده است. حسن پیرنیا در کتاب ایران باستان (۱۳۴۱) از قول جغرافی‌دانان عرب و غیره آن را «ارومیه» نامیده است. در سفرنامه شاردن از دریاچه با نام «کبودان» یاد شده است. دریاچه تا سال ۱۳۰۵ خورشیدی به‌نام «ارومیا» یا «ارومیه» و از سال ۱۳۰۵ تا ۱۳۵۷ خورشیدی «رضائیه» و پس از انقلاب ۵۷ دوباره «ارومیه» خوانده شد.

دریاچه ارومیه بزرگ‌ترین دریاچه داخل کشور و شورترین آنهاست. این دریاچه دومین دریاچه شور دنیا و تنها دریاچه‌ای در جهان است که زیستگاه یک نوع سخت‌پوست به‌نام «آرتمیا» (یک گونه نادر سخت‌پوستان) به‌شمار می‌رود. جزایر و سواحل آن از مناطق گردشگری محسوب می‌شوند. این دریاچه زیبایی خاصی دارد از جمله سواحل مختلف نمکی، لجنی، ماسه‌ای، سنگی به‌همراه دهکده‌های زیبا در کنار آن، سواحل کوهستانی، جزایر زیبا در شمال و دهکده‌های اقامتی و بسیاری دیدنی‌های زیبای دیگر که نمی‌توان آن‌ها را توصیف کرد. البته آنچه در سطور فوق آمد توصیف وضعیت دو تا سه دهه پیش این دریاچه بود چراکه اینک دریاچه‌ای خشک و در حال مرگ است. توصیف کوتاه بالا، بار سنگینی بر قلم نگارنده بود، نه به‌دلیل شرحِ آن، بلکه به‌دلیل خشکی غم‌انگیز دریاچه که چیزی برای توصیف باقی نگذارده است! خشکی این دریاچه یکی از آسیب‌های جدی و جبران‌ناپذیر زیست‌محیطی کشور است. آسیبی که بسیاری، از دولتمردان گرفته تا فعالان محیط زیست، دائم از آن سخن می‌رانند و گوئی قصد و امید درمان دارند ولی هیچ اقدام عملی و مؤثری انجام نمی‌دهند و شاید هم به آسانی شدنی نیست. میلیون‌ها انسان غمگسار آن هستند چرا که دریاچه دیارشان بوده است و آن را دوست می‌داشتند اما از ایشان نیز کاری برای احیای این دریاچه زمانی زیبا - و قطب گردشگری ارومیه - ساخته نیست. هرکس به‌تنهایی اشک می‌ریزد، شاید فقط معجزه یک اشک همگانی بتواند دریاچه را سیراب کند! شکل۲۴- ۲ نمایی از دریاچه ارومیه از سال ۱۹۹۸ تا ۲۰۱۸ است.

شکل ۲۴- ۲. نمایی از دریاچه ارومیه در سال‌های آبادانی...

کوچک‌شدن و گذر به‌سمت خشک شدن کاملِ دریاچه ارومیه مدتی است که از سوی متخصصان امور منابع طبیعی و زیست‌محیطی به‌عنوان مشکل جدی و نگران‌کننده مطرح شده است. هم‌اینک این یک نگرانی عمومی است و فاجعه خشک و کوچک شدن دریاچه و پیامدهای آن برای همه ساکنان پیرامون دریاچه ملموس است. در این شرح چکیده‌ای از دریاچه ارومیه، بیشتر مطابق آنچه که زمانی حیات دیدنی داشت، یعنی چند دهه پیش، آمده است. امید است که با تلاش و دانش لازم متخصصان و سیاست‌گذاران محیط زیست کشور، این دریاچه یگانه که در سال ۱۳۴۷ از طرف یونسکو به‌عنوان یکی از موارد میراث طبیعی در برنامه «انسان و کره مسکون» به ثبت رسید، حداقل به‌طور نسبی احیا شود.

ویژگی‌های دریاچه ارومیه

دریاچه ارومیه یکی از چند دریاچه غیرعادی اشباع از نمک‌های گوناگون در دنیا است. با توجه به مساحت، ژرفا، ریخت‌شناسی، ویژگی‌های شیمیایی آب، انواع نهشته‌ها، سیستم محیط زیست و چرخه آبی با دریاچه بزرگ نمک در آمریکا شباهت زیادی دارد.

دریاچه ارومیه در حال حاضر دریاچه‌ای است با ویژگی‌های زیر:

۱. در حالت زیر قلیایی متمایل به‌سمت قلیایی شدن است.

۲. سولفات‌های گوناگون فراوان دارد.

۳. اسیدیته (PH) آن از ۷/۲ تا ۷/۶ متغیر بوده و امروزه می‌تواند حدود ۸ باشد.

۴. از نظر ابعاد، درازای آن ۱۴۰ کیلومتر و پهنای آن از ۱۵ (کم‌پهناترین بخش) تا ۵۰ کیلومتر (پهن‌ترین بخش) بوده و مساحت آن بین ۵۰۰۰ تا ۶۰۰۰ کیلومترمربع است. این تغییر مساحت به‌علت بالا و پایین رفتن سطح آب دریاچه بوده است.

۵. حداکثر مساحت دریاچه در ماه‌های اردیبهشت و خرداد به‌دلیل ذوب کامل برف کوه‌های پیرامون آن و حداقل گستره آن در ماه‌های مهر و آبان است که آب ورودی به حداقل می‌رسد که در این زمان تبخیر تابستانی را پشت سر گذاشته است.

۶. دما در این حوضه بین صفر تا ۲۰ درجه زیر صفر در زمستان تا ۴۰ درجه بالای صفر در تابستان تغییر می‌کند و میانگین دمای سالیانه آن بین ۱۲-۱۰ درجه است. بارش سالیانه بین ۲۰۰ تا ۳۰۰ میلی‌متر و میانگین آن در یک پریود ۲۵ ساله ۲۵۰ میلی‌متر بوده است. پربارش‌ترین فصل سال در زمستان است که تا نیمه اول بهار ادامه دارد و خشک‌ترین فصل، اوایل تا اواخر تابستان است. وزش بادهای خشکی با امتداد شمال‌باختری- جنوب‌خاوری در این منطقه موجب خیزش موج‌هایی به بلندی ۸۰ سانتی‌متر تا یک متر می‌شود که آب دریاچه را آشفته می‌کند و این خود از ویژگی‌های آب و هوایی دیگر منطقه است.

۷. تغییر شوری آب در کل دریاچه تابع ژرفای آب دریاچه و آب ورودی و میزان تبخیر سالیانه است که با افزایش ژرفا شوری آن کم‌تر می‌شود. درجه شوری آب دریاچه چند برابر دریاهای معمولی است و حالت اشباع تا فوق اشباع دارد (اکنون تماماً در وضعیت فوق اشباع است).

۸. رودخانه‌های دائمی تغذیه کننده اصلی آب دریاچه عبارت‌اند از: زرینه‌رود، تلخه‌رود (آجی‌چای)، شهرچای، زولاچای، سیمینه‌رود، لیلان‌چای، نازلوچای، باراندوزچای، مهابادرود، صوفی‌چای، قره‌چای، قلعه‌چای، آلمالوچای و اسکوچای. همچنین بسیاری از رودهای فرعی یا فصلی مانند رودخانه خرخره‌چای، شیواسان‌چای و طسوج‌چای که از کوه‌های بلند پیرامون دریاچه سرچشمه می‌گیرند در تأمین بخشی از آب دریاچه شرکت دارند. چشمه‌های زیر دریاچه‌ای نیز تأمین‌کننده بخشی از آب دریاچه هستند.

۹. بیرون از دریاچه، پرندگان و جانوران وحشی در جزیره‌ها و پیرامون دریاچه زندگی می‌کنند. پلیکان‌های سفید و زیبا در محیط آرام و دورافتاده جزایر جنوبی دریاچه به‌نام همین پرنده «جزایر پلیکان» زندگی و زاد و ولد می‌کنند. این پرندگان به کرانه‌های آرام و دوردست خاور دریاچه و گل و لای دهانه تلخه‌رود، زیبایی ویژه‌ای بخشیده‌اند. پلیکان‌ها و فلامینگوها عمدتاً از ماهی‌های رودخانه‌های آب شیرین پیرامون دریاچه و سخت‌پوستان موجود در دریاچه، مانند آرتمیا، تغذیه می‌کنند.

۱۰. جانداران درون آب دریاچه شامل جلبک‌های سبز، باکتری‌ها و سخت‌پوستان هستند. این مجموعه چرخه زیستی بسیار ظریف و حساسی را تشکیل داده است. هرگونه اختلالی در این محیط زیست مانند آلودگی آب دریاچه و تغییرات شدید میزان شوری آب، موجب برهم خوردن تعادل این چرخه زیستی شده و در نتیجه موجب از بین رفتن این موجودات بوده است.

۱۱. سخت‌پوست آرتمیا را شاید بتوان شاخص‌ترین موجود زنده درون آب دریاچه دانست که زمانی در آن با تراکم بالا می‌زیستند. آرتمیا از جلبک‌های سبز موجود در آب دریاچه که در فصل گرما در این زیستگاه فراوان بود و رویش گسترده‌ای داشت تغذیه می‌کردند که خود مانع از گسترش، انباشته شدن و تخمیر این جلبک‌ها بود. افزایش و تولیدمثل آرتمیا به‌عواملی مانند دمای آب و شوری آن بستگی دارد. تولیدمثل آنها در اواخر بهار و تابستان بوده است.

شکل ۲۵- ۲. نمایی از دریاچه ارومیه بر روی نقشه Google Earth.

وضعیت کنونی دریاچه ارومیه

آنچه شرح داده شد وضعیت فعلی دریاچه نیست. این وضعیت تا حداقل دو دهه پیش حاکم بود. وسعت دریاچه ارومیه قبلاً حدود ۵۰۰۰ کیلومترمربع بوده است (در سایت سازمان آب منطقه‌ای آذربایجان‌باختری این وسعت ۵۸۰۰ کیلومترمربع آمده است). متوسط عمق آن ۸-۶ متر و حجمی حدود ۳۷ میلیارد متر مکعب آب داشت. اینک از دریاچه تقریباً جز بستر خشکیده آن اثری نیست.

خشکیدن و نابودی دریاچه ارومیه به‌عوامل زیر مربوط می‌شود:

۱. احداث سدهای مختلف بر روی رودخانه‌هایی که به دریاچه می‌ریزند و در نتیجه کاهش آب ورودی رودخانه‌ها؛

۲. افزایش بیش از دو برابری سطح زیر کشت در حوضه آبریز رودخانه‌ها و پیرامون دریاچه (از حدود ۳۰۰ هزار هکتار به ۷۰۰ هزار هکتار)؛

۳. احداث بزرگراه شهید کلانتری در میان دریاچه و در حقیقت تقسیم دریاچه به دو قسمت که اقدامی غیرحرفه‌ای و بدون مطالعه کارشناسانه دقیق (احداث بخش قابل‌توجهی از بزرگراه با پرکردن دریاچه) بوده است.

۴. افزایش گرمای کلی منطقه و افزایش شدت تبخیر.

۵. ناکارآمدی مدیریت بیلان آب‌ها در محل شمال‌غرب کشور.

حفر چاه‌های زیاد در پیرامون دریاچه و استفاده بیشتر از آب زیرزمینی حواشی دریاچه باعث خشکیدن چشمه‌های کف دریاچه شده است. شکل۲- ۲۵ تصویری غم‌انگیز و شاید هولناک از وضعیت امروزی دریاچه ارومیه را نشان می‌دهد.

۲-۱۰-۲-۲ دریاچه نمک قم

دریاچه نمک قم با گستره‌ای بیش از ۳۰ هزار کیلومتر مربع در ۱۲۰ کیلومتری جنوب تهران قرار دارد. وسعت این دریاچه به‌علت تغییرات در میزان آب ورودی و شرایط فصلی به‌شدت متغیر است. در بیشتر

شکل۲۶- ۲. نمایی از دریاچه بختگان، نیریز.

مواقع سال، آب و هوای گرم و خشک کویری بر این منطقه حاکم است. قریب دوسوم سطح دریاچه را پوششی از نمک به‌صورت چندضلعی‌های نامنظم و گاه به‌صورت پشته‌هایی ۶ تا ۲۰ سانتی‌متری فرا گرفته است.

در این دریاچه ۶ جزیره وجود دارد که ۵ جزیره آن کوچک و یکی از آنها به‌نام کوه سرگردان، بیش از ۱۰۰ کیلومتر مربع وسعت دارد و سنگ‌های آتشفشانی تشکیل‌دهنده آن هستند. اصلی‌ترین تأمین‌کننده آب دریاچه، رودهای قره‌چای، جاجرود و شاخه‌ای از رود شور هستند (قبلاً رودخانه کرج نیز بخشی از آب دریاچه نمک قم را تأمین می‌کرد).

۲-۱۰-۲-۳ دریاچه بختگان (نیریز)

دریاچه بختگان، با مساحتی حدود ۸۰۰ کیلومتر مربع، در ۱۶۰ کیلومتری خاور شیراز قرار گرفته است (شکل ۲- ۲۶).

طول آن حدود ۷۷ کیلومتر و عرض آن ۱۰ کیلومتر است. عمق آن کم است و در بیشترین ژرفا به ۱۰ متر می‌رسد. چون بخش بزرگی از دریاچه زیر پوشش لایه‌ای از نمک قرار دارد آب آن بسیار شور است. تعدادی جزیره و شبه جزیره کوچک و بزرگ نیز در این دریاچه وجود دارند که مساحت آنها به شرایط بارندگی سالیانه بستگی دارد.

مهمترین رود تأمین‌کننده آب آن رود کُر است که از کوه‌های برآفتاب و موسی‌خانی در ۵۰ کیلومتری جنوب‌باختری ده‌بید سرچشمه می‌گیرد. ارتفاع این دریاچه از سطح دریای آزاد حدود ۱۵۵۸ متر است.

۲-۱۰-۲-۴ دریاچه (باتلاق) گاوخونی

باتلاق گاوخونی، با وسعتی در حدود ۴۸۰ کیلومتر مربع، در جنوب‌خاوری شهر اصفهان و در مرکز ایران واقع شده و از رودخانه زاینده‌رود تغذیه می‌کند. ژرفای آن کم و ارتفاع آن از سطح دریای آزاد ۱۴۷۰ متر است. از آنجا که تعدادی از رودها و آبراهه‌ها در بیشتر ایام سال خشک هستند به‌همین دلیل گستره این باتلاق در فصول مختلف متغیر است. سطح باتلاق پوشیده از نیزار و آب این دریاچه شور است. در شرایط فعلی این باتلاق خشک است مگر در زمستان‌ها و یا در اوایل بهار که به‌خاطر بارش‌ها آب در آن جمع شود.

آب و هوای گرم و خشک کویری حاکم بر این ناحیه میزان تبخیر آب‌های ورودی این باتلاق را- در واقع دریاچه‌ای نسبتاً بزرگ- افزون‌تر می‌سازد و در نتیجه بخش بزرگی از حاشیه و پیرامون آن در فصول خشک، زیر پوششی از نمک و تپه‌های شنی متحرک و ثابت قرار می‌گیرد که خود محل رویش برخی از گیاهان، از جمله چوبک و گز است.

یادآور می‌شود که گاوخونی به‌معنی چاه بزرگ (گاو= بزرگ و خانی= چاه) است.

۲-۱۰-۲-۵ دریاچه جازموریان

دریاچه جازموریان وسعتی حدود ۱۱۰۰ کیلومترمربع دارد و سطح آن

۳۵۰ متر بالاتر از سطح دریاهای آزاد قرار دارد. به‌دلیل شرایط ویژه اقلیمی و تبخیر شدید در بیشتر مواقع سال، بخش اعظم (۵۹٪) دریاچه به کفه نمکی، باتلاق و لجن‌زار تبدیل می‌شود و در فصول خشک سال نیز آب آن فوق اشباع از نمک است. این دریاچه با ژرفایی کم بین چند کوه محصور شده است و رودهای بمپور و هلیل‌رود بیشترین مقدار آب آن را تأمین می‌کنند.

یادآور می‌شود نام «جازموریان» از نام گیاهی (جاز)، با بوته کوتاه ولی بسیار پر خار، که به‌شکلی انبوه در منطقه می‌روید گرفته شده است. انبوهی و کثرت پوشش گیاه جاز آن را «موریان» می‌گویند. به‌همین سبب، این ناحیه به «جازموریان» معروف شده است.

۶-۲-۱۰-۲ دریاچه زریوار

این دریاچه در فاصله سه کیلومتری باختری شهر مریوان قرار گرفته است. آب این دریاچه از چشمه‌های کف دریاچه تأمین می‌شود. مریوان به‌دلیل بارش فراوان باران دارای پوشش غنی گیاهی است. دریاچه زریوار در بین تپه‌ها محصور شده است. آب دریاچه شیرین است و در فصل زمستان یخ می‌زند. این منطقه یکی از زیباترین جاذبه‌های طبیعی استان کردستان به‌شمار می‌رود و دارای امکانات اقامتی، از جمله هتل، در نزدیکی دریاچه است (شکل ۲۷- ۲).

شکل ۲۷- ۲. نماهایی از دریاچه زریوار مریوان. (عکس: نوید ابداعی)

۷-۲-۱۰-۲ دریاچه مهارلو

این دریاچه در شهرستان‌های شیراز و سروستان و در فاصله ۱۶ کیلومتری جنوب‌خاوری شهر شیراز در جاده شیراز- سروستان قرار گرفته است. امروزه وسعت این دریاچه در نتیجه تبخیر زیاد کوچک شده و با خشکی همراه شده است. این محل که مأمنی برای فلامینگو و پرندگان مهاجر است با پدیده کشند آب‌سرخه یا کشند قرمز در خطر است. این دریاچه به‌دلیل نزدیکی به شهر شیراز یکی از جاذبه‌های گردشگری این شهر به‌شمار می‌رود (شکل۲۸-۲).

شکل۲۸-۲. نمایی از دریاچه مهارلو، سروستان.

۸-۲-۱۰-۲ دریاچه پریشان

این دریاچه در شهرستان کازرون به وسعت ۴۳ کیلومترمربع در فاصله ۱۳ کیلومتری جنوب‌خاوری شهر کازرون قرار گرفته است. این دریاچه در ماه‌های مختلف سال وسعت متفاوتی دارد. امروزه با کمبود آب بخش‌های باختری آن خشک شده است ولی از آنجایی که محل استراحت پرندگان مهاجر است مناظر زیبایی را در این محل می‌توان نظاره‌گر بود. برای دستیابی به این دریاچه پس از طی ۹/۵ کیلومتر از جاده کازرون- شیراز به دوراهی دریاچه پریشان رسیده و با پیمودن حدود ۳/۵ کیلومتر به دریاچه پریشان دست می‌یابیم. این دریاچه جزء دریاچه‌های آب شیرین ایران است.

۹-۲-۱۰-۲ دریاچه تار

این دریاچه در ۳۰ کیلومتری خاور شهرستان دماوند واقع شده است. از جمله دریاچه‌های آب شیرین کوهستانی به‌شمار می‌رود و ارتفاع از سطح دریا بیش از ۲۹۰۰ متر و راه ارتباطی آن از جاده دماوند- تار است.

بیشترین درازای دریاچه تار ۱/۳ کیلومتر و میانگین پهنای آن ۴۰۰ متر است. سرشاخه آب‌هایی که به این دریاچه می‌ریزند، چشمه‌ساران کوه‌های قره‌داغ، سیاه‌چال و شاه‌نشین در شمال و آبراهه‌های فصلی از جنوب است که بخشی از آب آنها وارد دریاچه شده، بخشی دیگر آب رود تار را تأمین می‌کند.

۱۰-۲-۱۰-۲ دریاچه هامون

دریاچه هامون با حدود ۱۸۰۰ کیلومتر مربع وسعت، بزرگترین حوضه دریاچه‌ای خاور ایران است. از سه حوضچه اصلی یوزک، صابری و هیرمند تشکیل شده که در فصول کم باران و در زمان بادهای ۱۲۰ روزه از هم جدا و در زمان‌های پر باران، دریاچه واحدی را تشکیل می‌دهند. هیرمند در ایران و بخشی از صابری در افغانستان است. رودها و آبراهه‌های زیادی به این دریاچه و باتلاق‌های اطراف آن تخلیه می‌شوند که از میان آنها، هیرمند بیشترین آبدهی را دارد.

آنچه درباره توصیف دریاچه‌های ایران آمده توصیف آنها با توجه به وضعیت دریاچه‌های ایران در ۳۰ سال اخیر است که به‌دلیل احداث سدها و رعایت نکردن مسائل زیست محیطی در کشور اغلب دریاچه‌های داخلی به‌سمت خشک شدن پیش می‌روند.

به‌طور کلی در این استان و هر جایی که در استان سیستان و بلوچستان آب جمع می‌شود در اصطلاح محلی «هامون» می‌گویند. هامون سیستان در دشت سیستان با وسعت حدود ۱۸۰۰ کیلومترمربع و عمق متوسط ۵ متر (در فصول پرآبی) در شمال و شمال‌خاوری قرار گرفته و شامل سه قسمت (چاله) به نام‌های هامون صابری، هامون پوزک و هامون هیرمند است. هر چند از آب بعضی از بخش‌های دریاچه در مواقع پرآبی می‌توان برای کشت و کار استفاده کرد، ولی اهمیت بیشتر این دریاچه به‌خاطر امکان پرورش و صید ماهی، شکار پرنده، تأمین علوفه دام‌ها از نیزارها و استفاده از نی جهت حصیربافی است. این دریاچه در مواقع پرآبی در اراضی مسطح دشت سیستان پیشروی می‌کند و در نتیجه مراتع حاشیه دریاچه غنی و سرسبز می‌شود که خود منبع بزرگ تغذیه دام‌های ناحیه به‌شمار می‌رود. مازاد آب دریاچه در زمان پرآبی از طریق آبراهه (شیله) به‌طرف مرز افغانستان برمی‌گردد و نهایتاً در محلی به‌نام گودزره در شن‌زارها فرو می‌رود. ارتفاع متوسط گودزره از سطح دریا ۳۰۰ تا ۳۵۰ متر است. این دریاچه در حال خشک‌شدن است و فقط در سال‌های پرباران تا حدودی آب در آن روان است.

۳-۱۰-۲ رودخانه‌های ایران

دو مسئله وضعیت رودهای ایران را تحت‌تأثیر قرار می‌دهد:

- میزان بارش کلی و اقلیم ایران که بسیار متغیرند،
- مورفولوژی بسیار ناهموار.

این دو موضوع از تعداد رودخانه‌های پرآب دائمی کشور می‌کاهد، هرچند رودخانه‌های زیادی در ایران وجود دارد. بخصوص در سال‌های اخیر بسیاری از رودخانه‌های دائمی به آبراهه‌های فصلی تبدیل شده‌اند؛ اما رودخانه‌های ایران به‌طور کلی دارای ویژگی‌های زیر هستند: پراکندگی زیاد که به میانگین بارندگی سالانه بستگی دارد، درجات مختلف شوری در مسیری (غیرقابل کشتیرانی) که از آنها عبور می‌کنند، دبی کم و مورفولوژی بسیار متغیر در طول رودخانه.

به‌طور کلی اغلب آب‌های تأمین‌کننده رودهای ایران منشأ داخلی دارند. به جز سه رود، ارس که از کوه‌های ترکیه، ارمنستان، آذربایجان (اران) و ایران سرچشمه می‌گیرد و سرانجام به کاسپین می‌ریزد و دو رود هیرمند و هریرود که سرچشمه آنها از افغانستان است. مورد اخیر مورد مناقشه بین ایران و افغانستان است، یا اینکه بهره وری از آنها دارای قانون مدون امضا شده ای است که سهم هر کشور را در سال‌های خشک و تر معین می‌کند. به‌طور کلی حدود ۸ میلیارد مترمکعب آب‌رودها منشأ خارج از ایران دارند. ارس ۵ میلیارد متر مکعب و هریرود و هیرمند تواما ۳ میلیارد؛ اما حدود ۱۶ میلیارد متر مکعب آب سالانه از ایران خارج می‌شود که عموماً یا وارد عراق می‌شوند و یا به خلیج‌فارس می‌ریزند.

اغلب رودهای ایران به سه حوضه اصلی می‌ریزند.

- رودهای دامنه شمالی البرز، همگی به دریای کاسپین می‌ریزند.
- رودهای دامنه‌های زاگرس، اغلب به خلیج‌فارس می‌ریزند.
- رودهای مرکزی که اغلب فصلی هستند و به حوضه‌های داخلی نظیر دریاچه ارومیه، دریاچه قم، دریاچه حوض‌سلطان و دریاچه بختگان می‌ریزند.

۱۱-۲ اشاره‌ای به طبیعت ایران و پتانسیل اقتصادی متأثر از آن

سرزمین ایران کنونی، بخش بزرگی از فلات ایران را تشکیل می‌دهد. سرزمین ایران سرگذشت زمین‌شناسی ویژه‌ای در جهان دارد. ایران در حقیقت بخشی از سرزمین‌های شمالی گندوانا بوده که از آن جدا گردیده است و در حرکت به‌سمت اوراسیا سرانجام به آن متصل شده است. البته در هر دوره زمین‌شناسی بخش‌هایی از آن از جدا شدن سرزمین ایران و سپس اتصال به اوراسیا طی چندین مرحله، هر مرحله یک بخش بزرگ آن و تکامل امروزی آن چندین فاز کوهزایی رخ داده است، که آخرین آنها فازهای آلپانین جوان یعنی حدود ۵ میلیون سال پیش بوده است. وجود ذخایر سترگ نفت و گاز و تنوع انواع پتانسیل معدنی فلزی و غیر فلزی و همچنین تنوع زیستی، مخاطرات طبیعی مانند زلزله، خشکسالی و سیلاب از ویژگی‌های زمین‌شناسی و مورفولوژیکی این فلات تأثیر پذیرفته است. حتی بسیاری از مسائل فرهنگی از ویژگی‌های طبیعی این فلات سرچشمه گرفته است.

این ویژگی‌های زمین‌شناسی توپوگرافی و موقعیت جغرافیایی که بدان اشاره شد، سبب شده است که این سرزمین دارای پدیده‌های گوناگون و اعجاب انگیز و منابع طبیعی مختلفی باشد که به برخی از آنها در زیر اشاره می‌شود.

۱. اقلیم متفاوت به‌طوری‌که می‌توان در یک زمان چهار فصل در این سرزمین با هم شاهد بود.

۲. ذخایر بزرگ منابع نفت که تاکنون نزدیک به ۱۵۴ میلیارد بشکه نفت قابل استخراج در این سرزمین به همت زمین‌شناسان این کشور کشف شده است و امید اکتشاف تا ۲۰۰ میلیارد بشکه نیز می‌رود. همچنین تاکنون در این سرزمین بیش از ۳۴ هزار میلیارد متر مکعب گاز قابل استخراج شناخته شده و امید اکتشاف تا ۵۰ هزار میلیارد متر مکعب هم دور از دسترس نیست.

۳. تاکنون بیش از ۷۰ نوع ماده معدنی فلزی و غیر فلزی به همت زمین‌شناسان و معدنکاران در این سرزمین شناخته شده و در حال استخراج است.

۴. سرزمین ایران بیش از ۷ درصد ذخایر مس، نزدیک به ۱۰ درصد ذخایر سرب و روی، حدود ۲ درصد ذخایر آهن و کروم دنیا را به خود اختصاص داده و تاکنون بیش از ۵۰۰ تن ذخیره طلا در این سرزمین شناخته شده است و امید اکتشاف تا بیش از ۱۵۰۰ تن هم می‌رود. همچنین بزرگترین ذخایر و متنوع‌ترین سنگ‌های ساختمانی و تزئینی جهان در این سرزمین نهفته است. همچنین ذخایر بزرگی از کانی‌ها و سنگ‌های صنعتی در این کشور شناخته شد و ذخایر در نتیجه اکتشاف ژرف‌تر قابل افزایش است.

۵. اگر مجموع ذخایر سوخت‌های فسیلی و ذخایر فلزی و غیر فلزی را با هم در نظر بگیریم به جرأت می‌توان گفت که نزدیک به ۱۰ درصد از منابع طبیعی جهان در سرزمین ایران نهفته است.

۶. هم اکنون نزدیک به ۴۰ درصد از درآمد ناخالص داخلی ایران به‌طور مستقیم و غیر مستقیم با منابع زمین‌شناسی در ارتباط است. (منابع انرژی، معدن و صنایع معدنی، آب‌های زیرزمینی و...)

۷. کهن‌ترین تاریخ معدنکاری را می‌توان در ایران مشاهده و سراغ گرفت. غنای معدنی و گذشته درخشان تمدنی این سرزمین سبب شده که ایرانیان نخستین صنعتگران معدن و صنایع معدنی در جهان باشند. این قدمت سابقه ۷ هزار ساله دارد. رجوع شود به کتاب «چکیده تاریخ: معدن، آب، نفت و مصالح ساختمانی از عهد باستان تا امروز ایران» از نگارنده.

۸. ایران با توجه به وجود مناطق آتشفشانی جوان دارای نواحی بسیار مناسب برای استفاده از انرژی زمین‌گرمایی است. همچنین ایران به‌دلیل اقلیم آفتابی در پهنه‌های گسترده می‌تواند بزرگترین نیروگاه‌های بزرگ و کوچک و خانگی آفتابی را داشته باشد.

۹. در این سرزمین پدیده‌های زمین‌شناسی جذاب و اعجاب انگیزی وجود دارد که چشم هر بیننده چه متخصص و آشنا با علوم زمین و چه غیر آشنا با علوم زمین را مجذوب خود می‌کند. به‌طوری‌که می‌توان با استاندارد یونسکو حداقل ۱۵ ژئوپارک را در ایران معرفی کرد (رجوع شود به مجموعه ده جلدی ایران شناسی از نگارنده).

۱-۱۱-۲ آبشارهای ایران

هرچند که آمار دقیقی از آبشارهای ایران در دسترس نیست. ولی تعداد آن‌ها فراوان است و هیچ استانی در ایران وجود ندارد که فاقد آبشار باشد حتی استان‌هایی که میزان بارش متوسط آن‌ها حدود ۱۰۰ میلیمتر در سال باشد؛ مانند خراسان جنوبی و سیستان و بلوچستان و استان یزد. البته برخی از آبشارها به علت میزان بارش سالانه، زمان بارش دائمی نیستند.

خصوصیات آبشارهای ایران

- آبشارها تنوع و پراکندگی زیادی در وسعت ایران بزرگ دارند.
- آبشارهای ایران عموما در عین زیبایی خیلی ارتفاع ندارد، البته این مسئله برای اغلب آبشارهای دنیا صادق است.
- دبی آبشارهای ایران به دلیل کوچک بودن رودخانه اغلب زیاد نیست.
- همانطورکه اشاره شد خیلی از آبشارهای ایران فصلی هستند.
- پراکندگی جغرافیایی آبشارهای ایران بسیار زیاد است و دلیل آن بارش متوسط سالانه، مورفولوژی طبیعی استان‌های کشور و نیز ترکیب سنگ شناسی بستر رودخانه‌ها می‌باشد بطوریکه می‌توان گفت بیشتر آبشارها در استان‌های پر باران و مرتفع زاگرس نظیر لرستان، چهارمحال بختیاری، کهکلویه و بویراحمد و استان‌های شمال کشور (گلستان، مازندران، گیلان).

به پیوست تصویر چند آبشار از مناطق مختلف کشور آورده می‌شود.

عکاس: سروش زرگر
مکان: آبشار مارگون استان فارس

شکل ۳۱-۲. آبشار هجیج مسیر پاوه نوسود استان کرمانشاه - عکس از قاسم قادری

شکل۳۲-۲. آبشار کریت استان لرستان

شکل ۳۳-۲. آبشار آب سفید علی‌گودرز، استان لرستان

شکل ۳۴-۲. آبشار کبودوال علی آباد کتول، استان گلستان

شکل۳۵-۲. آبشار مجن شاهرود، استان سمنان.

شکل ۳۶-۲. آبشار بیشه درود استان لرستان.

شکل ۳۷-۲. آبشار شوی دزفول، استان خوزستان.

شکل ۳۸-۲. آبشار آسیاب خرابه جلفا، استان آذربایجان شرقی.

شکل ۳۹-۲. آبشار راین، استان کرمان.

۲-۱۱-۲ کویر و بیابان‌های ایران

در ایران دشت‌های وسیعی وجود دارد که از مواد رسوبی و فرسایشی کواترنر و یا پلیو- کواترنر پر شده‌اند و درعین‌حال در میان آن‌ها کوه‌های میان دشتی و کوه‌های مشرف بر دشت‌ها، ولی برهنه وجود دارند. این دشت‌ها بیابان‌ها کویرهای ایران را می‌سازند. ارتفاع متوسط آن‌ها حدود ۱۲۰۰ متر می‌باشد و اغلب آن‌ها در قسمت مرکزی و خاور ایران قرار دارند. وسعت بیابان‌ها و کویرهای ایران به ۳۴ میلیون هکتار می‌رسد و تقریباً حدود ۲۴ درصد از سطح کل کشور ایران را می‌پوشانند. بزرگ‌ترین بیابان‌ها و کویرهای ایران، بیابان و کویر لوت و بیابان و کویر مرکزی می‌باشند که در خاور و مرکز ایران قرار دارند. در کویرها دو نوع زمین وجود دارد، اغلب مردم بین کویر و بیابان فرقی قائل نیستند درصورتی‌که این دو ضمن شباهت‌های زیاد با هم تفاوت‌های هم دارند. هر یک برای خود دارای تعاریفی جداگانه هستند. کویر و بیابان می‌تواند با هم یا در کنار هم دیده شود و همچنین می‌تواند جدا از هم قرار داشته باشند. در ایران هر آنچه زیر عنوان کویر لوت و کویر مرکزی مرسوم شد بیشتر بیابان است که کویر هم در آن‌ها وجود دارد.

بیابان به سرزمین‌های گفته می‌شود که خشک و دارای پوشش گیاهی ضعیفی باشد. کویر به مناطقی گفته می‌شود که دارای زمینی سست، معمولاً پف کرده و شور هستند و پوشش گیاهی خیلی ضعیف یا فاقد پوشش گیاهی هستند و معمولاً جانور هم ندارد. سون هدین (۱۹۱۰) کویرهای ایران را به دریایی تشبیه کرده است که آن را وارونه کرده باشند، بدین معنی که هر قدر از سطح کویر به داخل آن پیش می‌رویم، بر مقدار آب افزود می‌شود؛ اما متأسفانه آب کویرها شور و تلخ است و قابل‌استفاده نیست (البته باید توجه کرد که این آب‌های محدود کم‌ژرفا در اثر وجود رس‌ها متراکم و نفوذناپذیر شده‌اند و قابل‌توجه نیستند). پوشش نازک روی کویرها به هنگام بارندگی حالت خمیری به خود می‌گیرد، به‌طوری‌که بر روی سطح آن عبور و مرور به‌سختی امکان‌پذیر است. در هنگام خشکی هم رسوبات تبخیری نمک و گچ باد می‌کند و معمولاً امکان عبور در آن‌ها سخت می‌باشد. تعداد کویرهای ایران زیاد هستند که مهم‌ترین آن‌ها کویر بزرگ لوت، کویر بزرگ مرکزی، کویر ابرکو، کویر حاج قلیخان دامغان، کویر میقان اراک و کویر سیرجان می‌باشند. به‌طورکلی ۲/۴ درصد از بیابان‌ها و کویرهای جهان در ایران قرار دارند و این در صورتی است که وسعت خشکی‌های ایران ۱/۲ درصد وسعت خشکی‌های جهان است. میزان دمای هوا در گرم‌ترین زمان در روز (ماه تیر) به حدود ۶۰ درجه و در شب همان روز در حدود ۲۵ تا ۳۰ درجه می‌باشد. این اختلاف فاحش دما باعث خرد شدن کامل سنگ‌ها می‌شود. در فصول سرما میزان دما در روز در حدود ۱۲ تا ۱۷ درجه و در شب در حدود ۰ تا ۷ می‌باشد.

میانگین بارندگی در این کویر در حدود ۲۰ تا ۵۰ میلی‌متر در سال می‌باشد. در مناطق پست کویر مرکزی، کوه‌های منفردی وجود دارد که در دشت دامنه آن‌ها تلماسه‌های صحرایی دیده می‌شود (شکل ۴۰-۲). گرم‌ترین نقطه زمین در دشت لوت در محدوده‌ای نزدیک به گندم بریان واقع‌شده است.

شکل ۴۰-۲. تصاویری از کویر خور

(موقعیت جغرافیایی ″۱۲ ′۱۱ °۵۶ طول خاوری و ″۳۳ ′۳۹ °۳۳ عرض شمالی)

طلوع خورشید بر روی دریاچه نمک استان قم
عکاس: حسن الماسی

کویر و مرکز ایران

اما کویر این عظمت بی‌کران، این صحرای سترگ، گوینده‌ای خاموش با سکوتی معنادار سخن می‌گوید. کویر با تلماسه‌های ریزش و بوته‌های گیاهان که سبزی‌شان مقاومت و بردباری را نشان می‌دهند. کویر این عظمت بی‌کران، این سرزمین بی‌آب، بدون درخت، خشک و پرمعنا با رودخانه‌های با مسیر بدون آب، تکه کوه‌های به مانند جزایر در دریای بی‌کران روی زمین که بدون خیس شدن در آن‌ها می‌توان قدم زد. در شب‌های کویر گویی زمین‌های کویر با آسمان گفتگو می‌کنند هر دو سکوت کرده‌اند. آسمان پر از ستاره محو تماشای کویر و کویر محو تماشای ستارگان و هر دو با سکوتشان حرف می‌زنند. اینجاست که می‌شود گفت سکوت همیشه سخن نگفتن نیست بلکه سکوت مقاومت پررازی است در عظمت. هر چه در کویر است، مقاومت، سکوت و آرامش است. کویر با گیاهان کرک دار که سبز بودنشان را به خاطر آفتاب پنهان می‌کنند و حیواناتش همچون گله‌های شتران که بدون آب با کویر خو گرفته‌اند و آرام زندگی می‌کنند گویی انتهای زمین است، که در غروب آفتاب تماشا می‌کنی که آفتاب ناپدید می‌شود. شاید اینجاست که کویر همان اقیانوس می‌شود (شکل ۴۱-۲).

شکل ۴۱-۲. نمایی از غروب آفتاب کویر.

در کویر **اگر همچون خود کویر تنها بایستیم و ازآنچه به آن تعلق داریم و یا خود را متعلق به آن‌ها می‌دانیم لحظه‌ای جدا شویم گویی به مرز عالم دیگر نزدیک شده و جهانی را می‌بینیم که آرام، پاک، بی‌غش، دور از حسد، دور از چون‌وچرا و یک کلام خودت هستی و خدایت با یک هستی واحد، هر آنچه هست خداست و جهان که با هم ظهور می‌یابند و بدون یکدیگر معنی پیدا نمی‌کنند و دیگر هیچ. پس وقتی چنین است باید زاده کویر بود. اگر زاده کویر نیستیم باید چند صباحی در کویر بمانیم تا خود را دریابیم.**

تلماسه: تپه‌های ماسه‌ای ریزدانه و مواج که فاقد هرگونه پوشش گیاهی است. گاه آثار حرکت یک حشره کوچک روی تلماسه‌ها دیده می‌شود. این تلماسه‌ها معمولاً ثابت نیستند و براثر جریان هوا جابه‌جا می‌شوند. البته این جابه‌جایی اغلب در زمان کوتاه اتفاق نمی‌افتد. گاه گفته می‌شود که این تلماسه‌ها درنتیجه جمع شدن به دور یک بوته گیاه یا عارضه دیگر شکل می‌گیرند که البته این نظر نمی‌تواند همیشه درست باشد. در اغلب نقاط این تلماسه‌ها از یک شکل و روند خاص هلالی و موجی برخوردار هستند که مربوط به چگونگی تشکیل آن‌ها می‌باشد. وجود سرزمین‌های کویری و درنتیجه تغییرات فشار هوا که یک حالت سینوسی دارد تشکیل می‌شود (شکل ۴۲-۲) (در جهاتی فشار هوا به‌طور سینوسی پرفشار و کم‌فشار می‌شود). تلماسه‌ها وقتی شرایط لازم مشابه تغییرات سرعت باد و تغییرات فشار هوا در محیط خشکی، باد و افت فشار و افزایش یا تغییرات سرعت باد فراهم شود ایجاد می‌شوند درنتیجه می‌توان گفت تلماسه‌ها در چاله‌های هوایی تشکیل می‌شود، این موضوع توسط نگارنده بارها مورد آزمایش و مشاهده قرارگرفته است. دریاچه نمک: در نزدیکی خور و بیابانک در مسیر خور به طبس یک دریاچه نمک بسیار زیبا وجود دارد. رصد ستارگان: در کویرهای ایران و کویرهای نواحی شهرستان خور در مناطقی همچون انارک (دور از شهر) چوپانان (دور از روستا) و تمام مناطق کویر مرکزی به علت صاف بودن هوا از یک‌سو و کم بودن رطوبت هوا از سوی دیگر و کم بودن نورهای مصنوعی (روشنایی‌های شهری) در شب بخصوص شب‌های اوایل و اواخر هر ماه و یا زمانی که ماه در آسمان نیست انبوه ستارگان و کهکشان‌ها با زیبایی هرچه‌تمام‌تر قابل‌مشاهده می‌باشند.

شکل ۴۲-۲. نمایی از تلماسه‌های سینوسی در منطقه چوپانان انارک.

منابع:

۱. اطلس ملی انرژی ایران (۱۳۸۳). سازمان مدیریت و برنامه ریزی کشور سازمان نقشه برداری.
۲. جغرافیای کامل ایران (۲ جلدی)، ۱۳۷۶، انتشارات وزارت آموزش و پروش.
۳. شهرابی، م (۱۳۷۳) دریاها و دریاچه‌های ایران، طرح تدوین کتاب سازمان زمین‌شناسی.
٤. قربانی، منصور (۱۳۸۶) زمین‌شناسی اقتصادی ایران (۲ جلدی)، انتشارات آرین زمین.
٥. قربانی، منصور (۱۴۰۱-۱۴۰۲) جایگاه معدنی ایران در جهان نامه علوم‌پایه شماره ۶ و ۴ فرهنگستان علوم.
٦. قربانی، منصور و آهی‌فر، آذین (۱۴۰۱) نقشه زمین‌شناسی ایران با مقیاس ۱/۲۵۰۰۰۰۰، انتشارات مرکز پژوهشی پارس آرین زمین.
۷. قربانی، منصور و صالحی یزدی، مجموعه ده جلدی ایران شناسی، انتشارات آرین زمین.
۸. قربانی، منصور (۱۳۹۳) زمین‌شناسی ایران مجموعه سه جلدی، انتشارات آرین‌زمین.

9. GHORBANI.M 2103, *The Economic Geology Of Iran,Publisher:* Springer
10. GHORBANI.M 2022, *The Geology Of Iran: Tectonic Magmatism and Metamorphis*m, Publisher: Springer.

فصل سوم

مروری بر دوره‌های تاریخی ایران، تاریخ دوران کهن

[دوره‌های پیش از تاریخ]

ز تندباد حوادث نمی توان دیدن
در این چمن که گلی بوده است یا سمنی
ببین در آینه جام نقش بندی غیب
که کس به یاد ندارد چنین عجب زمنی
از این سموم که بر طرف بوستان بگذشت
عجب که بوی گلی هست و رنگ نسترنی

حافظ شیرازی

ایران سرزمین شگفت‌آوری است. تاریخ او از نظر رنگارنگی و گوناگونی کم نظیر است. بزرگ‌ترین مردان و پست‌ترین مردان در این آب و خاک پرورده شده‌اند، حوادثی که بر سر ایران آمده بدان گونه است، شکست‌های شرم آور، مصیبت‌های بسیار و کامروایی‌های بسیار، گویی روزگار همه بلاها و بازی‌های خود را بر ایران آزموده است او را بارها لب پرتگاه برده و باز از افتادن بازش داشته، ایران شاید سخت‌جان‌ترین کشورهای دنیا باشد، دوره‌هایی بوده است که با نیمه‌جانی زندگی کرده اما از نفس نیفتاده چون بیمارانی که می‌خواهند نزدیکان خود را بیازمایند، درست در همان لحظه که همه از امید برگرفته بودند چشم گشوده و زندگی را از سرگرفته است....

محمد صفی اصفیا

۱ - ۳ مقدمه

تمام فلات ایران همان‌طور که پیش‌تر بدان اشاره شد از پلیوسن حدود ۵ میلیون سال پیش تقریباً از آب خارج شده و طی فرایندهای طبیعی که از پلیوسن تا هولوسن طول کشید، با تغییرات مورفولوژی و اقلیمی همراه بوده است ولی از هولوسن یعنی حدود ۲۵ هزار سال پیش تا کنون تغییرات خیلی شگرفی نداشته است. اما تغییرات اقلیمی از آن زمان تا کنون با تغییرات کمی همراه بوده است. این تغییرات کم اقلیمی که در زندگی بشری شاید بزرگ بوده، سبب جابه‌جایی و مهاجرت در فلات ایران و سرزمین‌های پیرامون گردیده است. این جابه‌جایی‌ها و مهاجرت‌ها، برای دست یافتن به منابع غذایی، شرایط طبیعی و اقلیم مناسب و نیز یافتن محیطی مناسب جهت سکونت و استقرار حکومت‌های محلی فراگیر نقش داشته‌اند. با توجه به یافته‌های باستان‌شناسی و شرایط اقلیمی و طبیعی مشخص شده است که زندگی در فلات ایران پیش از ۱۰ هزار سال پیش از میلاد شکل منظم گرفته است و سابقه تاریخ، فرهنگ و صنعت از ۵ هزار سال پیش از میلاد در فلات ایران شواهد بارزی دارد.

در این کتاب تاریخ ایران زمین را به سه دوره پیش از تاریخ، دوره باستان و دوره بعد از اسلام تقسیم بندی نموده‌ایم. در این فصل به دوره‌های پیش از تاریخ می‌پردازیم.

۳-۲ دوره‌های پیش از تاریخ (تاریخ دوران کهن)

دوره‌های پیش از تاریخ با توجه به شواهد و ویژگی‌های زیستی و اقلیمی به دوران سنگی و عصر فلزات و آغاز قدرت گرفتن عیلامیان و تمدن کاسیان و تمدن‌های کوچک محلی مانند سیلک، ماناها، شهر سوخته و ... تا ظهور مادها در جنوب ایران تقسیم بندی شده است.

۱ - ۲ - ۳ دوران سنگی و عصر فلزات

دوران سنگی به سه دوره **پارینه سنگی**، **میانه سنگی** و **نوسنگی و عصر فلزات** تقسیم می شود (شکل ۳-۱).

۱-۱-۲-۳ دوره پارینه سنگی (Paleolithic)

دوره پارینه سنگی خود به سه دوره آغازین، میانی و پایانی قابل تقسیم است. در مورد آغاز این دوران اطلاعات دقیقی در دسترس نیست؛ اما از آن جایی که پیدایش انسان به دوره پلیوسن زمین‌شناسی برمی‌گردد، آغاز دوره پارینه سنگی آغازین را باستان‌شناسان حدود ۲ میلیون سال پیش دانسته‌اند که تا حدود ۱۰۰ هزار سال پیش از میلاد ادامه داشته است. البته می‌توان آن را تا آغاز دوره زمین‌شناسی هولوسن یعنی ۱۱۷ هزار سال پیش دانست که با ویژگی‌های زمین‌شناسی جدید نیز هم خوانی دارد. دوره پارینه سنگی میانی از ۱۰۰ هزار سال پیش تا حدود ۳۰ هزار سال پیش از میلاد ادامه داشته است و دوره پارینه سنگی بالایی تا ۱۰ هزار سال پیش قابل ردیابی است.

همچنین بر اساس شواهد زمین‌شناسی و یافته‌های دیرینه‌شناسی

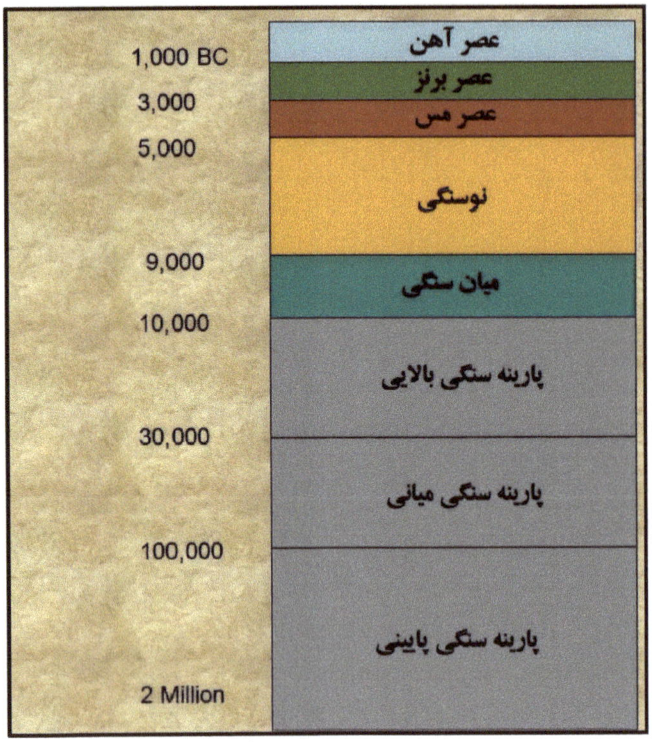

شکل ۱-۳ نمودار دوران سنگی

باستانی می‌توان تأیید نمود که پایان دوره پارینه سنگی در ایران حدود ۱۲ هزار سال پیش است که با تقسیم بندی جهانی (حدود ۱۰ هزار سال پیش از میلاد) هماهنگی دارد. شواهد دوره پارینه سنگی در فلات ایران و ایران کنونی و بخصوص دوره بالایی پارینه سنگی نمایان است. بر اساس شواهد باستان شناسی مدارکی از دوره پارینه سنگی آغازین در مناطق کپه داغ بستر رودخانه کشف رود خراسان، منطقه آذربایجان (میانه، تبریز و مراغه) و ناحیه لادیز در بلوچستان به دست آمده است. واقعیت این است که شواهد دوره پارینه سنگی از پارینه سنگی آغازین به دوره پارینه سنگی بالایی در ایران فزونی می‌گیرد و برای مطالعه و یافتن این شواهد در ایران باید در کل فلات ایران به جستجو پرداخت زیرا که مدارک و شواهد آن را می‌توان با کشورهای آسیایی و آفریقایی مقایسه و اشتراک‌یابی نمود. به هر حال شواهدی از این دوره در موزه ایران باستان موجود است.

۲-۱-۲-۳ دوره میانه سنگی یا فرا پارینه سنگی (Epipaleolithic)

اگرچه آغاز این دوره را از حدود ۱۳ هزار سال و به قولی ۱۲ هزار سال گذشته و به اعتقاد برخی باستان‌شناسان ۲۰ هزارسال گذشته تصور کرده‌اند، اما در تقسیم بندی دوره‌های پیش از تاریخ آغاز این دوره ۱۲ هزار سال پیش در نظر گرفته شده است. در این دوره تأمین غذا به کمک شکار حیوانات بوده و تا آن زمان که عصر کشاورزی هنوز آغاز نشده بود (پیش از ۱۲ هزار سال) ابزارهای سنگی ظریف‌تر و ریزتر بودند. شواهد این دوره در ایران به خوبی در برخی غارها (هوتو و علی‌تپه) به دست آمده است. این دوره حدود ۹ هزار سال پیش خاتمه یافته است (ملک شهمیرزادی، ۱۳۷۸). در حقیقت آغاز این دوره با انقلاب کشاورزی همراه بوده است.

از جمله کنده کاری‌ها که مربوط به دیوارهای صخره‌ای نسبتاً نرم و قابل کندن به محل‌های زیر می‌توان اشاره کرد: در نزدیکی کال‌سردر طبس (شکل ۴-۳)، دژ طبس در نزدیکی روستای ازمیغان (شکل ۵-۳) و پلور- آمل که نخستین سکونت گاه‌ها به شمار می‌آیند؛ روستاهای میمند در شهربابک (شکل ۶-۳)، کندوان در آذربایجان، درگز در کوهبنان سکونت گاه‌های تکامل یافته‌تر از سه مورد یاد شده بالا به حساب می‌آیند.

۳-۱-۲-۳- دوره نوسنگی (Neolithic)

شروع این دوره در فلات ایران حدود ۹ هزار سال پیش از میلاد، آغاز شد و با آغاز سکونت‌گزینی، استقرار در یک محل و دوره تلاش برای به‌دست‌آوردن غذا همراه است. این دوره آغاز عصر تولید غذا به وسیله کشاورزی و جایگزینی آن به جای صید شکار طبیعی بود، اما هدف اصلی تأمین غذا نبوده است. آغاز این دوره تا حدود زیادی با فرایندهای زمین‌شناسی و طبیعی همراه است که می‌توان آن را با عقب‌نشینی یخچال‌ها و برگشتن اقلیم به حالت کنونی که از ده هزار سال پیش آغازشده، مرتبط دانست. شاید تغییرات زمانی شروع این دوره در نقاط مختلف با عرض‌های جغرافیایی مطابقت دارد و به همین خاطر است در سرزمین‌های ایران مرکزی این دوره از حدود ۱۰ هزار سال پیش و در شمال ایران از حدود ۸ هزار سال پیش آغازشده‌است (همان) که این زمان با پس‌روی یخچال‌ها به سمت شمال همراه بوده است. این تغییرات اقلیمی از میزان کوچ کاست

شکل۲-۳. نمایی از قلعه بهستان ماه نشان، زنجان.

شکل ۳-۳ . نمایی از غارهای دست کند در کال سردر، طبس.

و یک محل‌نشینی را توسعه داد که شواهد آن در ایران بارز است. شاید قلعه بهستان ماه‌نشان و کنده‌کاری‌هایی که در دل سنگ و در دل کوه‌های صخره‌ای ایجاد شده‌اند به این زمان مربوط باشد (شکل ۲-۳ و شکل ۳-۳) (همان).

از جمله کنده‌کاری‌ها که مربوط به دیوارهای صخره‌ای نسبتاً نرم و قابل کندن به محل‌های زیر می‌توان اشاره کرد: در نزدیکی کال سردر طبس (شکل ۴-۳)، دژ طبس در نزدیکی روستای ازمیغان (شکل ۵-۳) و پلور- آمل که نخستین سکونت‌گاه‌ها به شمار می‌آیند؛ روستاهای میمند در شهربابک (شکل ۶-۳)، کندوان در آذربایجان، درگز در کوهبنان سکونت‌گاه‌های تکامل یافته‌تر از سه مورد یاد شده بالا به حساب می‌آیند.

شکل ۴-۳. نمایی از غارهای دست کند در نزدیکی کال سردر، نزدیکی طاق شاه عباسی، طبس.

شکل ۵-۳ نمایی از غارهای دست‌کند دژ طبس در نزدیکی روستای ازمیغان.

آنچه از این کنده‌کاری‌ها برمی‌آید، این است که انسان‌های قبل از ۵ هزارسال پیش سکنان فلات ایران شناخت و تجربه کافی برای انتخاب محل تأمین نیازهای اولیه زندگی و گزینش مصالح ساختمانی را داشته‌اند (قربانی، م. ۱۴۰۱).

شکل ۶-۳. نمایی از روستای میمند، شهربابک (www.visitiran.ir)

همان‌طور که پیش‌تر اشاره شد آغاز دوره نوسنگی در نقاط مختلف ایران۱۰-۸ هزار سال پیش از میلاد دانست هزار سال پیش بوده است و خاتمه آن را می‌توان ۶-۵ از دیگر تغییرات این دوره تکامل ابزارهای سنگی است. ابزاری چون تیغه‌ها، خراشنده‌ها و رنده‌ها به شکل ابزارهای کاربردی به وجود آمدند که در ابزارهای کشاورزی و شاید در کندوکاوهای معدنی به کار برده شد. در اواخر این دوران ایرانیان جدا از وارد شدن به زندگی کشاورزی به دو مقوله دیگر وارد شدند.

- عصر فلزکاری و معدن‌کاری، زیرا شواهد معدن‌کاری قبل از ۶۰۰۰ سال پیش را می‌رساند (همان).
- استقرار در روستاها و خانه‌سازی، روستاهای اولیه، ابتدا در دل کوه‌هایی که قابل کندن بود یا بر روی صخره‌ها ساخته شدند که نشان از زندگی دسته جمعی برای دفاع از حیوانات وحشی بود.

زندگی در فلات ایران پیش از ۱۰ هزار سال پیش از میلاد شکل منظم گرفته است و سابقه تاریخ، فرهنگ و صنعت از ۵ هزار سال پیش از میلاد در فلات ایران شواهد بارزی دارد.

در ادامه به آثار دوران نوسنگی در مناطق مختلف ایران اشاره می شود:

- **الف) منطقه جنوب باختری ایران:** در منطقه دهلران در نزدیک رودخانه مِهمِه، پنج تپه باستانی واقع شده است که یکی از آنها تپه موسیان است که برای اولین بار در سال ۱۹۳۰ میلادی (۱۳۰۹ خورشیدی) گمانه زنی شد و دیگری تپه علی‌کش است که حفاری آن در سال ۱۹۶۱ میلادی (۱۳۴۰ خورشیدی) انجام گرفت. این تپه برای دومین بار در سال ۱۹۶۳ میلادی (۱۳۴۲ خورشیدی) حفاری شد و سه دوره فرهنگی از آغاز دوره نوسنگی تا پایان دوره استقرار کامل در روستاها در آن تشخیص داده شد که خود یکی از محل‌های باستانی است که می‌توان مراحل مختلف تحول و تغییرات فرهنگی را از گردآوری غذا تا تولید غذا در یک محل در آن مورد مطالعه قرار داد. در خوزستان و جنوب باختری ایران نقاط باستانی دیگری نیز مورد بررسی قرار «علی کش» گرفته‌اند که آثار به دست آمده از آنها قابل مقایسه با آثار به دست آمده از تپه هستند که عبارت‌اند از چغابُنوت در کنار رودخانه دز، چغامیش در جنوب دزفول، بنه فاضلی در دو کیلومتری شمال

چغامیش، تپه جعفرآباد در کنار رودخانه شاوور در سه کیلومتری شمال شوش و در کنار جاده اندیمشک به اهواز، تپه‌های بندبال، بوهلان و جوی در اطراف تپه جعفرآباد و خود تپه باستانی شوش. در دهلران نیز علاوه بر تپه موسیان و تپه علی‌کش، تپه‌های باستانی دیگری مانند چغاسفید، چغاسرخ، مِهمِه، خزینه و بیات وجود دارد که مراحل پیشرفته‌تر استقرار دائم در روستاها و دوران نوسنگی با تولید غذا و استفاده از سفال را معرفی می‌نماید. در چشمه ماهی هفت تپه آثار دوران نوسنگی شناسایی شده است. تپه تولایی و تپه ابوفندوا و تپه قبرشیخان از دیگر محل‌های باستانی معروف دوران نوسنگی در جنوب باختری ایران است.

- **ب) منطقه باختر و شمال باختری ایران:** منطقه باختر ایران را که از نظر مطالعات باستان‌شناسی گاهی به آن منطقه زاگرس گفته می‌شود، آثاری از ادوار مختلف تغییرات و تحولات فرهنگی دوره نوسنگی در ایران را می‌توان در آن مورد بررسی و مطالعه قرار داد. در حدود ۶۰ کیلومتری کرمانشاه در هولیان، تپه گوران مورد بررسی و حفاری قرار گرفت که در آن ۲۱ لایه باستانی تشخیص داده شد و از دو لایه تحتانی گرچه چند پیکر گلی پیدا شد، ولی سفالی مشاهده

یکی از قدیمی‌ترین سفال‌های ایران-گنج دره هرسین- هزاره هشتم پیش از میلاد- موزه ملی ایران

نگشت. اولین نمونه بقایای معماری که عبارت بودند از چند پاره دیوار گلی، از لایه ۱۶ به دست آمد. گاهی پس دیوارها را با سنگ ساخته بودند و دیوارها و کف بعضی از قسمت‌ها را با کاهگل اندود کرده بود.

از دیگر نقاط باستانی باختر ایران، تپه سراب و تپه آسیاب می‌باشند. این تپه ها در حدود ۶ کیلومتری شمال خاوری کرمانشاه واقع شده است. به نظر می رسد که ساکنان تپه آسیاب در تولید غذای مورد نیاز خود دخالت چندانی نداشته‌اند. این ساکنان خانه‌های مدوری داشتند که قسمتی از آن را در زمین حفر می‌کردند. ولی بقایای به دست آمده از تپه سراب نمایانگر یک زندگی روستایی ابتدایی است که ساکنان آن فاقد صنعت سفالگری بودند اما به تدریج به این فن دست یافتند. تپه دیگری در نزدیکی این دو محل واقع شده است و به نام سیابید خوانده می‌شود. این تپه مرحله استقرار کامل در روستا را همراه با تولید غذا معرفی می‌نماید. در حدود ۱۰ کیلومتری باختر شهر هرسین و در کنار جاده ارتباطی هرسین - کرمانشاه تپه باستانی گنج‌دره واقع گردیده است که حفاری آن از سال ۱۹۶۵ میلادی (۱۳۴۴ خورشیدی) آغاز و تا سال ۱۹۷۴ میلادی (۱۳۵۳ خورشیدی) نیز ادامه یافت و در نتیجه این حفاری‌ها پنج دوره استقرار مشخص شد. قدیمی‌ترین قطعه سفال دوران نوسنگی که در ایران به دست آمده از تحتانی‌ترین طبقه استقرار تپه گنج دره (نزدیکی هرسین کرمانشاه) یافت شده است.

قدمت این قطعه سفال که دارای خمیری به رنگ خاکستری تیره و در حرارتی کم پخته شده است، با استفاده از روش کربن ۱۴ در حدود ۸۴۵۰ سال قبل از میلاد تعیین کرده‌اند.

قدیمی‌ترین آثار معماری طبقه استقرار را، حفره‌های کوچک مدوری تشکیل می‌دهند که در زمین حفر شده‌اند. طبقات استقرار بالاتر شامل خانه‌هایی است با اتاق‌های مستطیل شکل و فاقد پی سنگی که سطح و دیوار و کف آنها با کاهگل اندود شده بود. به طور کلی گنج دره تپه‌ای است که مراحل اولیه استقرار دائم در روستاها را در باختر ایران معرفی می‌نماید.

یکی دیگر از محل‌های باستانی باختر ایران که همانند تپه‌های سراب و آسیاب و سیابید و گنج‌دره معرف حضور انسان در دوره نوسنگی در باختر ایران هستند، تپه عبدالحسین است. این تپه در ۶۵ کیلومتری خاور تپه گنج دره واقع شده است.

یکی دیگر از نقاط باستانی واقع در باختر ایران که بر پایه حفاری‌های انجام شده به دست آمده، گودین‌تپه است که در نزدیکی کنگاور در کنار رودخانه گاماساب (گاماسیاب) قرار گرفته است. ساکنان دوران نوسنگی در گودین تپه در خانه‌هایی می‌زیستند که دیوارهای آن را با چینه می‌ساختند و از ظروف سفالی و سنگی استفاده می‌کردند. تاریخی که برای دوران نوسنگی گودین تپه (دوره هفتم) پیشنهاد شده است بین ۷۵۰۰ تا ۷۰۰۰ سال پیش است. در نهاوند نیز تپه‌گیان و تپه‌جمشیدی آثار دوره نوسنگی را معرفی می‌نمایند.

در شمال باختری ایران در جنوب دریاچه ارومیه حفاری‌هایی در چندین تپه باستانی انجام شد که آثار به دست آمده از تپه حاجی فیروز معرف مرحله‌ای از دوره نوسنگی است که ساکنان آن با کشاورزی و دامداری غذای مورد نیاز خود را تأمین می‌کردند و دارای ظروف سفالی متنوع از نظر شکل و کاربرد و تزیین بودند.

تپه حاجی‌فیروز که به صورت برجستگی کوچکی در دو کیلومتری تپه حسنلو در دره سولدوز در جنوب دریاچه ارومیه و شمال خاوری نقده واقع شده است، برای نخستین بار در سال ۱۹۵۸ میلادی (۱۳۲۷

خورشیدی) حفاری شد. ساکنان تپه حاجی‌فیروز منازل خود را که به صورت اتاق‌های منفرد با تقسیمات داخلی بود با خشت‌های نامنظمی می‌ساختند و با دست به آنها شکل می‌داده‌اند و دیوارها و کف اتاق‌ها را با کاهگل اندود می‌کردند. اموات خود را در داخل روستا و گاهی در گوشه اتاق‌های اصلی دفن می‌کردند و هدایایی همراه اجساد در گور قرار می‌دادند. هر خانه متشکل از یک اتاق مستطیل شکل بود که با یک دیوارک داخلی به دو قسمت تقسیم می‌شد. این خانه هم محل زندگی و استراحت بود و هم محل انجام کارهای روزانه از قبیل آماده کردن غذا و طبخ آن. به همین دلیل در قسمتی که برای کارهای روزانه اختصاص یافته بود، اجاق برای طبخ غذا و ایجاد گرما و انبارهای کوچک برای ذخیره مواد خوراکی مورد مصرف تعبیه می‌شد.

در میان سفال‌های به دست آمده از تپه حاجی فیروز قطعاتی از نوع سفالی که به اصطلاح سینی پوست کنی نامیده می‌شوند، به دست آمد که به نظر می‌رسد از آنها برای طبخ نان استفاده می‌کردند.

از دیگر محل‌های باستانی در شمال باختری ایران که آثار به دست آمده از آنها معرف دوران نوسنگی می‌باشد، می‌توان از یانیک‌تپه واقع در شمال خاوری دریاچه ارومیه و اهرنجان واقع در دشت سلماس در گوشه باختری دریاچه ارومیه نام برد.

- **ج) فلات مرکزی ایران و دامنه جنوبی البرز:** تا قبل از حفاری‌های دانشگاه تهران در دشت قزوین آثار به دست آمده از تپه سیلک کاشان

شاخص ادوار مختلف دوره نوسنگی در فلات مرکزی ایران بود، ولی با حفاری‌ها در دشت قزوین و مطالعات انجام شده بعدی بر روی نشانه‌های به دست آمده از تپه‌های سه گانه زاغه، تپه قبرستان و تپه سگزآباد مشخص شد که تاریخ تغییر فرهنگ را در فلات مرکزی ایران از دوره نوسنگی تا اواسط دوره هخامنشیان می‌توان در این سه تپه باستانی مورد مطالعه دقیق قرار داد.

تپه زاغه در دو و نیم کیلومتری جنوب روستای حیدرآباد و در ۲/۳ کیلومتری شمال خاوری تپه سگزآباد در دشت قزوین واقع شده است. تپه سگزآباد نیز در هشت کیلومتری شمال روستای سگزآباد در بخش بویین زهرا واقع شده است. ساکنان زاغه در ابتدا منازل خود را از چینه بنا کردند و به تدریج با خشت‌هایی که با دست شکل داده شده بود دیوار خانه‌ها را می‌ساختند. کف و دیوار منازل را با کاهگل اندود می‌کردند. گاهی نیز دیوار منازل را با رنگ تزیین می‌کردند. اموات را در داخل روستاها و همراه با هدایا دفن می‌نمودند. ظروف سفالی ساده و منقوش به کار می‌بردند و غذای مورد نیاز را از طریق کشاورزی و دامداری تأمین می‌کردند. ساکنان زاغه در حدود ۷۰۰۰ سال پیش این روستا را ترک کردند و به محل دیگری رفتند.

محل‌های باستانی دیگری نیز شناسایی شده‌اند که از نظر فرهنگی با آثار به دست آمده از تپه زاغه همزمان هستند. اهم این محل‌ها عبارت‌اند از: تپه سیلک کاشان (شکل۷- ۳)، چشمه‌علی نزدیک شهر ری در جنوب

شکل ۷-۳. نمایی از تپه‌های سیلک، کاشان.

تهران، قره‌تپه شهریار و اسماعیل آباد ساوجبلاغ کرج و پوئینک ورامین. خاور تهران، دلازیان سمنان، شیر ژیان نزدیک تپه حصار دامغان و نیز در دو غار کمربند و هاتو (هوتو) واقع در ساحل دریای کاسپین در هشت کیلومتری بهشهر نیز آثار دوران سنگی به دست آمده است. همچنین در یک تپه باستانی به نام تپه شغالی واقع در پیشوای ورامین، آثار دوران نوسنگی در حفاری‌ها مشخص شده است.

- **د) فلات مرکزی، شمال خاوری و سایر قسمت‌های ایران:** در شمال خاوری ایران، آثار دوره نوسنگی در محل‌های باستانی واقع در شمال شهرستان شاهرود نزدیک بسطام و نزدیک شاهرود و همچنین در دشت گرگان در دو محل تورنگ تپه و یاریم تپه،

شناسایی شده‌اند. در تپه سنگ چخماق در کنار جاده شاهرود به بسطام آثار دوره نوسنگی شناسایی شده است. این آثار به صورت خانه‌هایی با دیوارهایی که با خشت و چینه ساخته می‌شد و ساکنان خانه‌ها از طریق کشاورزی و دامداری غذای موردنیاز خود را تأمین و از ظروف ساده سنگی و سفالی استفاده می‌کردند. نظیر چنین آثاری، از محل باستانی خوریان واقع در جنوب باختری شاهرود نیز به دست آمده است.

در سایر قسمت‌های ایران از جمله کرمان در محل‌های باستانی تل ابلیس در دره مشیز و تپه یحیی در دره سوغان نزدیک روستای دولت‌آباد نیز آثار نوسنگی شناسایی شده‌است. در جلگه مرودشت فارس نیز آثار به دست آمده از تپه‌های گپ، جاری، نخودی، موشکی و باکون مورد بررسی و مطالعه قرار گرفت. همچنین در اطراف شیراز و کازرون نیز آثار دوره استقرار در روستاها از محل‌هایی چون جلیان، بیزدان، کوتاهی و کازرون شناسایی شده است. از دیگر محل‌های باستانی که معرف ادوار مختلف سنگی در ایران است به موارد زیر می‌توان اشاره کرد.

- سه‌گردان واقع در شمال باختری نقده در آذربایجان باختری.
- تپه‌گرد در یک کیلومتری جنوب خاوری دهکده چله‌گاه در بخش لردگان بهبهان.
- تل تیموران در یک کیلومتری باختر آبادی کوشک ارسنجان فارس.
- تل شغا نزدیک شیراز.
- منطقه دماوند با آثار دوره نوسنگی.
- تپه جمشیدی در دشت‌خوا در دره نهاوند.
- قلعه رستم از توابع بخش لردجان در ۸۲ کیلومتری جنوب باختری بروجن بین دهکده سیله و جوانمردی.
- غار کربوتا نزدیک دهکده تازه کند با آثار دوره نوسنگی.
- غار مزدوران نزدیک مشهد با آثار دوره نوسنگی.
- پناهگاه سنگی مَلَهان در جنوب شاپور (سلماس) از دوره نوسنگی.

محل‌های باستانی مربوط به دوره نوسنگی در ایران فراوان است و می‌توان گفت کمتر از ۱۰ درصد مورد اکتشاف و مطالعه قرار گرفته‌اند.

۴-۱-۲-۳ عصر فلزات

از حدود ۷۰۰۰ سال پیش سرزمین ایران به تدریج از دوران سنگی و سفال عبور کرده و پس از این دوران صنعت تولید مس رونق می‌گیرد. در این زمان در تل ابلیس کرمان، اریسمان نطنز، قم (وشنوه) و مجدر اردبیل فلز مس به دست آمده است. در این زمان صنعت سفال پیشرفته‌تر می‌شود. سفال‌ها رنگ‌آمیزی می‌شوند. به کارگیری سنگ‌های قیمتی چون فیروزه در زیورآلات شکل می‌گیرد. در این زمان ایرانیان به صنعت آلیاژ دست پیدا می‌کنند و مفرغ و برنز را می‌سازند. شواهد کشاورزی تکامل بهتری پیدا می‌کند. وجود آب و زمین کنار هم و اقلیم مناسب و شاید معادن فلزی چون مس در نزدیک آنها ابتدای شکل گیری شهرهای اولیه را بنیاد می‌گذارد و با به وجود آمدن تمدن سیلک، تپه یحیی، تمدن شهداد، تپه حسنلو (شکل۸-۳) و ... تکامل می‌یابند.

شکل ۸-۳. نمایی از ساختمان‌های اکتشاف شده بر روی تپه حسنلو، نقده.

در اواخر این زمان حدود ۵۰۰۰ سال پیش تمدن‌های ایرانی در سرزمین‌های کنونی ایران به طور پراکنده شکل می‌گیرند. اما ارتباط تنگاتنگی با هم ندارند و هر یک مانند حکومت‌های ملوک الطوایفی، برای خود قوانین اجتماعی دارند. پاره‌ای از آنها بسیار پیشرفته بودند مانند تمدن شهر سوخته زابل (شکل۹- ۳). تمدن جیرفت و غیره در حدود ۵۵۰۰ سال پیش شهر چغامیش در دشت خوزستان دارای خانه‌های شخصی، ساختمان‌های عمومی و عبادتگاه با تزیین آجر بوده است. همچنین این شهر دارای خیابان، کوچه و سیستم فاضلاب بوده است و همچنین شهر شوش که بزرگترین شهر آن زمان ایران بوده و جمعیتی بارز بر ۱۵۰۰ نفر داشته است دارای تمام سیستم‌های مناسب شهری بوده است[1].

شکل ۹-۳. نمایی از منطقه مسکونی خاوری در شهر سوخته، زابل.

شکل ۹-۳. نمایی از منطقه مسکونی خاوری در شهر سوخته، زابل.

---

۱ - برگرفته از جین گراگ، عضو مؤسسه شرق شناسی دانشگاه شیکاگو، هفت رخ فرخ ایران، فرزین رضائیان، ۱۳۸۶

شکل ۱۰-۳. نمای بازسازی شده از شهر شوش (رضانیان، ۱۳۸۶)

در اواخر هزاره سوم پیش از میلاد دوران شهرنشینی با پراکندگی گسترده و شهرهای کوچک گسترش می‌یابد. بسیاری از این شهرها که در هر یک از آنها چندین نسل زندگی می‌کرده‌اند هم اکنون به صورت تپه‌هایی برجا مانده است. در آن زمان در خاور و باختر ایران تمدن‌های پیشرفته و بزرگ‌تر وجود داشته‌اند (یعنی میان‌رودان[1] و بالارودان[2]). در این دوران تمدن‌های زیادی در ایران که با هم ارتباط بیشتری داشتند و پراکنده بودند شکل گرفتند. این تمدن‌ها به بزرگی (از نظر قدرت و انسجام) تمدن‌های باختر ایران (میان رودان) و تمدن‌های خاور ایران (بالارودان) نبودند.

در حقیقت در این زمان دو تمدن میان رودان و بالارودان تمدن‌های قدرتمند آن زمان بودند و تمدن‌های ایرانی دیگری مانند شهر سوخته، گیان، چغامیش خوزستان، کرمان (تپه یحیی، شهداد، سوغان و ...)، مارلیک، تل شوگا، سگزآباد، تپه حسنلو و ... نیز وجود داشته‌اند .

تپه‌های فراوانی که در سرزمین ایران کنونی مشاهده می‌شود نشان از آن دارد که در ۴۰۰۰ سال پیش ساکنان ایران دارای تمدن و فرهنگ پیشرفته بوده‌اند و صنعت، سفال و فلز (مس و طلا) و آلیاژها (قلع و برنز) در آن توسعه یافته‌اند. این فرهنگ‌ها و تمدن‌های محلی با تمدن‌های خاور ایران (بالارودان) و باختر ایران (میان رودان) ارتباط داشته‌اند. بخصوص که شواهد معدنکاری در ایران در آن زمان نشان می‌دهد که این ارتباط در توسعه معدنکاری مؤثر بوده است چنانچه میان‌رودان فاقد ذخایر مس و مواد اولیه آلیاژها در آن زمان بوده‌اند و تمدن میان‌رودان آنها را از داد و ستد تمدن‌های ایرانی به دست می‌آورند و یا به مناطق ایران برای به دست آوردن این فلزات هجوم می‌آورند(قربانی.م، ۱۴۰۱).

در تمدن نیمروزان (شهر سوخته) پیشرفت‌های نجومی به دست می‌آید به طوری که نام نیمروز با شناخت جغرافیایی آن روز دنیا انتخاب می‌گردد (مراجعه شود به مجموعه کتاب ایران‌شناسی و گردشگری، جلد نهم از همین نگارنده). همچنین در این زمان علوم پزشکی پیشرفت‌های زیادی می‌کند. شواهد باستان شناسی حکایت از جراحی جمجمه و کاشت چشم مصنوعی دارد.

بقایای زن ایرانی با چشم مصنوعی یافته شده در شهر سوخته

۱. تمدن باختر ایران در بین دجله و فرات (بین النهرین).
۲. تمدن خاور ایران بین سیحون و جیحون (ماوراءالنهر).

۲-۲-۳ آغاز قدرت گرفتن عیلامیان و تمدن کاسیان

در آغاز هزاره دوم سلسله جدید ملی عیلامیان در جنوب غرب ایران ظهور کرد که پادشاهان آنها خود را: «پیامبر خدا، پدر و شاه» (در سرزمین‌های فارس به مرکزیت آنشان یا انزان و در خوزستان به مرکزیت شوش) می‌پنداشتند. اسناد اقتصادی این عهد به زبان اکدی نوشته شده، ما وجود کلمات بسیار بومی شاهد توسعه تمدن محلی است. در آغاز هزاره دوم عیلامیان به بابل هجوم بردند (گیرشمن، ۱۳۴۹).

بابلیان، در سال‌های پایانی هزاره سوم پیش از میلاد تحت استیلای سومریان و آکِدیان (قومی سامی‌نژاد) بوده، قلمروی پادشاهی از تقسیمات امپراتوری تحت سلطه سومریان (سومین سلسله اور (Ur)) به حساب می‌آمدند. گروه‌هایی از قبایل سامی که از سرزمین‌های صحرایی عربستان به باختر کوچ کرده بودند، صاحبان برخی از مهم‌ترین شهرها چون ایسین (Isin)، لارسا (Larsa)، بابل (Babylon) و اشنونا (Eshnunna) شدند. در سال ۲۰۰۰ پیش از میلاد آخرین حاکم سلسله اور توسط عیلامی‌ها به اسارت گرفته شد. پادشاهی سومر و آکد تجزیه شد و ستیزهای شهری اتفاق افتاد و شهرهای ایسین و لارسا در جنگ به سر بردند، در ۱۷۹۰ سال پیش از میلاد ریم‌سین (Rim-Sin) بر لارسا پیروز شد و ایسین را تصرف کرد و ریم‌سین موفق نشد از پادشاهی خود بهره‌مند شود زیرا همزمان در شهری در شمال که سابقا بی‌اهمیت بود حمورابی دست به اقدامی زد و با سیاست و هوشیاری خود آغازگر توسعه بابل شد. حمورابی به مواردی چون پاکسازی کانال‌های آبیاری، وارد کردن ماه دیگری به تقویم، ایجاد قانون حمورابی پرداخت و خدای شهر بابلی مردوک (Marduk) را در زیارتگاه خدایان به عنوان پیشوا به رسمیت شناخت (دودانگه، goo.gl/GVKnrv).

کمی بعد عیلامیان سلسله ایسین را منقرض ساختند و بر شهر اوروک و شهر بابل مسلط شدند. عیلامیان پس از یک جنگ، و علی‌رغم تلاش برای حفظ سلسله خویش در لارسا شکست خوردند و نام عیلام از سالنامه‌ها حذف شد. اما پس از حدود یک قرن، پادشاهی ملی به نام کوتیر- ناحونته (Kutir-Nahunte) مجدداً دولتی قوی به وجود آورد و نام عیلامیان بار دیگر به میان آمد. اسناد متعلق به عهد سلطنت او به زبان اکدی نوشته شده است. پس از آن برای مدتی اطلاع چندانی از عیلامیان در دست نیست. این زمان عهد فتوحات بزرگ کاسیان است (گیرشمن، ۱۳۴۹).

در اواخر هزاره سوم (اوایل هزاره دوم) تمدن‌های پراکنده بین میان‌رودان وبالارودان شکل می‌گیرند و مهاجرت‌های اقوام ایرانی از جمله کاسیان آغاز می گردد.

قوم کاسیان که افرادی قوی و ورزیده و دارای دانش و آگاه بر صنعت زمان خود بودند در جنوب و جنوب باختری دریای کاسپین و شاید لرستان امروزی زندگی می‌کردند (به قولی به سمت جنوب مهاجرت کردند و در لرستان و همدان امروزی سکنی گزیدند). این اقوام در حدود آغاز هزاره دوم پیش از میلاد چه با مهاجرت و چه توسعه در زادگاه خود در بخش‌های مرکزی (کاشان و اراک) و باختر ایران، شمال لرستان و همدان امروزی سکونت یافتند و به تدریج قدرت گرفتند و اولین بار شهر همدان را ساختند (به نام آکاسیا) و در حین توسعه از بخش‌های کوهستانی به دشت‌های جنوبی میان رودان حرکت کردند (همان).

کاسیان در حدود نیمه قرن هجدهم پیش از میلاد بابل را به اشغال خود درآوردند. تسلط ایشان طویل‌ترین فتح خارجی است که در میان رودان شناخته شده و مدت ۵۷۶ سال طول کشیده و فقط در ۱۱۷۱ سال پیش از میلاد سلطه آنان به پایان رسیده است.

بخش‌های جنوبی، مرکزی و باختری کاسپین و در منطقه زاگرس بخش‌هایی از استان لرستان، استان همدان، استان مرکزی تا استان قزوین تا دامنه جنوب البرز باختری (به نظر نگارنده شمال زاگرس باختری تا دامنه جنوبی البرز باختری) مسکن کاسیان بود. اما به نظر می‌رسد حکومت آنان در طرف شمال و خاور توسعه یافت (همان).

متون بابلی مربوط به کاسیان حاکی از ترکیب آیین‌های مختلفی بوده است که در آن خدایانی از منشأ آسیایی در جنب خدایان بابلی و ارباب انواع هندو اروپایی نظیر شوریاشن (Shuriashn)، سوریای هندو(Surya hindou)، ماروتاش (Maruttash)یا ماروت هندی (Marut indien) و بوریاش (Buriash) که بوراس یونانی (Boreas grec) وجود داشته است. به نظر می‌رسد که اسب نشانه‌ای الهی در نظر کاسیان بوده و احتمالاً توسط طبقه حاکمه در آن ناحیه داخل شده، چنانکه در دولت میتانی نیز همین امر تحقق یافته است. خدای بومی، کاشو (Kashu) بدون شک موجب تسمیه نام قوم کاسیان (آن چنان که در میان قبایل آسیایی شناخته شده) گردیده است (همان).

آشوریان آنان را به نام کاسی (Kassi) می‌شناختند. این اسم به شکل کوسایویی (Cosseens) توسط استرابون(Strabon) یاد شده و او جای کاسیان را در ناحیه خاوری‌تر در کناره‌های کاسپین (Portes Caspiennes) شمال تهران یاد می کند. تصور می‌کنند شهر قزوین و همچنین دریای کاسپین ممکن است یادگاری از این قوم باشد.

کلمه یونانی کاسیتیرس (Kassitiros) به معنی فلز قلع است که از ناحیه کاسیان می‌آید. کانسار قلع و مس و روی، در منطقه لرستان قدیم جنوب شمس آباد اراک، متعلق به کاسیان توسط همکاران نگارنده و خود نگارنده کاوش شده است و اثرات معدنکاری آن زمان دور در این ناحیه در چال‌هما و ده‌حسین مشخص شده است. کاسیان در صنعت فلزکاری از سرآمدان قوم‌های پیش از خود و همزمان با خود بودند و آثار به دست آمده از صنعت فلزکاری آنها در موزه‌های محلی و ملی ایران دیده می‌شود (شکل ۱۱-۳).

نام همدان پیش از عهد مادها اکسایا (Akessaia) بود که در آشوری کار-کاسی(Kar-Kassi) به معنی شهر کاسیان است. در هر حال ممکن است که اصطلاح کاس-سی (Kas-si) یا کاس-پی(Kas-pi) مفهوم نژادی وسیع تری از تسمیه قوم واحد داشته باشد و نام کاسیان- چنانکه بعدها توسط استرابون یادشده - به منزله میراثی از سکنه بسیار قدیم است

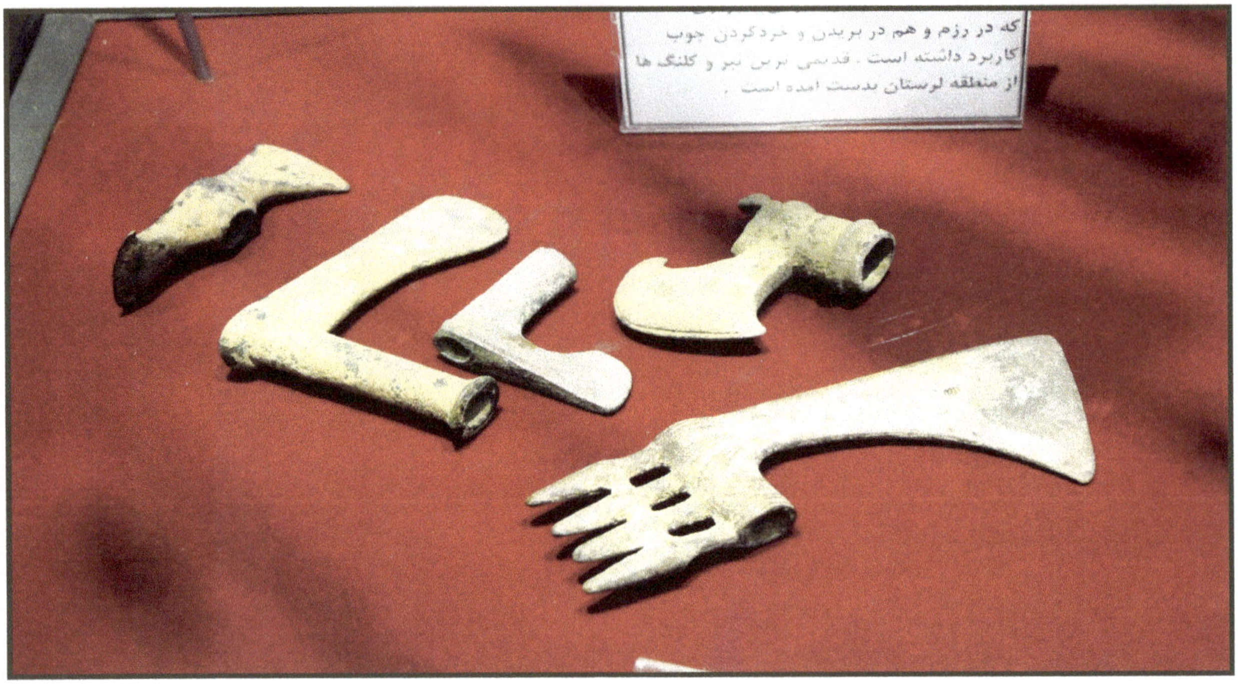

شکل ۱۱-۳. نمایی از صنعت فلزکاری در دوره کاسیان، لرستان، ۱۰۰۰-۱۲۰۰ (ق.م)موزه عباسی، تهران

و با وجود آنکه بومیان ناحیه مدت‌ها پیش از بین رفته بودند این اسم به مهاجمان جدید اطلاق می‌گردید (همان). امروزه کلمه‌ای چون کاس (نام‌های گیلانی)، کاکا نام برادر بزرگ و یا پدر (در گویش لری و کردی)، شهر قزوین امروزی (از کاسپین)، شهر کاشان و دریای کاسپین از مکان‌ها و نام‌های کاسی است. خاطره تهاجم کاسیان تأثیری عمیق و متمادی در ذهن بابلیان باقی گذاشت. آنان این خاطره را با نیرو و قدرتی خارق‌العاده (که کمتر در مهاجمان بیگانه دیده شده بود) توأم کردند. این موضوع به دلایلی موجب طولانی شدن دوران تسلط کاسیان شده است. به نظر می‌رسد که کاسیان سکونت طولانی در اطراف بابل و ایلام داشته‌اند، ولی از منابع دیگر چنین برمی آید که در عهد امارنا (Amarna) کاسیان با مصر مرتبط بوده اند (همان).

انقراض کاسیان به‌وسیله قوای بابلی صورت نگرفت، بلکه قدرت گرفتن دوباره سلسله‌ای دیگر در عیلام، در همسایگی کاسیان، توانست کاسیان را شکست دهد و شهرهای عیلام دوباره بازسازی شد. در این زمان بابل با سلسله منحط کاسی دیگر رقیبی خطرناک برای عیلام به شمار نمی‌رفت و تهدیدات بیشتر از جانب آشور بود که دست دوستی به سوی بابل دراز کرده بود (همان).

عیلام در زمان سلطنت شوتروک- ناحونته اول (۱۲۰۷-۱۱۷۱ ق.م) به اوج قدرت خود رسید. وی معابدی در همه شهرهای مهم قلمرو خویش بنا کرد. (شکل ۱۲-۳) شوتروک- ناحونته در رأس قوای آشوری حرکت کرده و به بابل هجوم برد و آخرین نماینده سلسله کاسی را برانداخت و پسر خود کوتیر- ناحونته را جانشین کرد و این پادشاه مجسمه مردوک (Marduk)

شکل ۱۲-۳. نمای بازسازی شده گرافیکی از معبد چغازنبیل شوش (رضائیان، ۱۳۸۶)

شکل۱۳-۳. تصویری از الهه عیلامی بر روی جام نقره. موزه ملی ایران

خدای ملی بابل را به شوش انتقال داد. کشور بابل از تسلط کوهستانیان کاسیان ایران نجات یافت و زیر یوغ ایرانیان ساکنان دشت (عیلامیان) درآمد. در زمان شاه شیلهاک- اینشوشیناک (۱۱۶۵-۱۱۵۱ ق.م) عیلام فتوحات خود را به نقاط دور کشانید. سپاهیان او در شمال فاتح بودند و تا ناحیه دیاله (بخشی از ناحیه کردستان و عراق امروزی) نفوذ کردند و به محوطه کرکوک رسیدند، سپس تا آشور پیش راندند و بابل را محاصره نمودند. تمامی دره دجله، قسمت بیشتر ساحل خلیج فارس و بخش‌های سلسله جبال زاگرس تحت سلطه عیلامیان درآمد. همه ایران باختری، که با الحاق سرزمین‌هایی در باختر و جنوب زاگرس وسعت یافته بود، در این زمان متحد شده، نخستین شاهنشاهی را تحت تسلط عیلام تشکیل داد. در این زمان شوش پایتخت عیلام به بزرگ‌ترین و پرجمعیت‌ترین مرکز در خوزستان تبدیل شد. دکتر پی یر آمیه، متخصص تمدن عیلام از موزه لوور، می‌نویسد: «به نظر من شوش، این محل فوق العاده جذاب، خاستگاه پدیده‌ای در جهان است که ما آن را انقلاب شهرنشینی می‌نامیم» (رضائیان، ۱۳۸۶).

با فتوحات یادشده نیرویی ملی در عیلام دوباره پاگرفت. کتیبه‌ها غالباً فقط به زبان عیلامی به خط عیلامی مقدم نوشته می‌شد. مانند کیبه خط عیلامی و در کول فرح (شکل ۶-۶). در این زمان واکنش ضد فرهنگ خارجی شدیدتر شد، اینشوشیناک خدایی ملی گردید و پادشاه و خاندان سلطنتی در طول حیات خود خدا محسوب شدند. تجددی در هنرها و معماری پیدا شد و در این زمان شهر شوش یکی از مراکز عمده هنر شد (گیرشمن، ۱۳۴۹). موسیقی در عیلام پیشرفت می‌کند و شواهد باستان‌شناسی حکایت از داشتن نت به خط عیلامی دارد. عیلام هم در پایان هزاره دوم پیش از میلاد چنین بود. تجزیه آن مقارن با ظهور سلسله‌ای جدید در بابل بود که پادشاه آن بخت‌النصر پس از چند جنگ با عیلام، عاقبت عیلام را شکست داد و شوش را متصرف شد و مجسمه مردوک را فاتحانه به معبد خویش در بابل بازگردانید. یک‌باردیگر عیلام از صفحه تاریخ محو گردید و این بار سه قرن طول کشید. دو دولت جوان، بابل و آشور برای تسلط بر دشت، دست به رقابتی طولانی زدند. سرزمین ایران فعالیت خویش را از دست داد ولی متروک نماند و مجبور بود انتظار حوادثی را بکشد که چهره دنیای کهن را چند قرن بعد کاملاً تغییر داد (همان).

در زمان عیلامیان صنعت فلزکاری به اوج خودش می‌رسد و همچنین تنوع فلزات و آلیاژهای (مفرق) آن‌ها ... دکتر پیرآمیه متخصص تمدن عیلام می‌گوید تندیس جام نقره‌ای که در حدود ۲۰۰۰ سال پیش از میلاد است و در شهر انشان(مرودشت) یافت شده است نهایت طراحی را نشان می‌دهد (شکل ۱۳-۳).

شوش،
این محل فوق العاده جذاب، خاستگاه پدیده‌ای در جهان است که ما آن را انقلاب شهرنشینی می‌نامیم.

۳-۲-۳ خلاصه‌ای بر دوره‌های پیش از تاریخ

چنانکه اشاره شد در ایران دوران پیش از تمدن باستان، بخصوص از عصر فلزات یعنی حدود ۵۰۰۰ سال قبل از میلاد تا ظهور مادها یعنی ۷۰۰ سال قبل از میلاد، ابتدا ساکنان ایران زمین وارد زندگی یکجانشینی روستایی و بلافاصله زندگی شهری گردیدند. ازشهرهای پیش از تاریخ می‌توان شهر سوخته در سیستان و چغامیش و شوش را درخوزستان نام برد. همچنین در فاصله میان‌رودان در باختر تا بالارودان در خاور، تمدن‌های پراکنده ولی پیشرفته به وجود آمده است. این دوران و تمدن‌ها را می‌توان به پنج مرحله تقسیم نمود.

۱. این تمدن‌ها در ابتدا کوچک‌تر و منسجم‌تر و محدودتر بودند و ارتباط آنها با تمدن‌های دیگر کمتر بود.

۲. سپس این تمدن‌ها بزرگ‌تر و غنی‌تر شده، کم کم ارتباط بیشتر با هم و سپس با قدرت‌های باختری (میان‌رودان) قدرت‌های خاوری (بالارودان) ارتباط پیدای‌کنند. پاره‌ای از این تمدن‌ها عبارت‌اند از: تمدن‌های خاور ایران که مهم‌ترین آن‌ها تمدن شهر سوخته بود که یک تمدن صنعتی و تجاری در خاور ایران و نزدیک بالارودان بود. در این ناحیه مواد اولیه مانند سنگ‌های قیمتی از مناطق خاوری و بالارودان را به دست آورده، پس از پردازش به میان‌رودان بابل و آشور و مصر صادر می‌کردند. تمدن‌های مرکزی ایران مانند تمدن‌های ناحیه کرمان (تپه یحیی)، تمدن جیرفت، تل ابلیس، تمدن شهداد، تمدن‌های تپه سیلک، تمدن‌های اطراف کاشان، تمدن‌های اطراف قزوین تا ورامین. تمدن‌های شمال باختری ایران پیرامون دریاچه ارومیه مانند حسنلو و مارلیک در شمال ایران. این تمدن‌ها هر یک در نوع خود پیشرفته و با توجه به مواد اولیه و مواد پیرامون خود تولیداتی داشته‌اند.

۳. تمدن‌های محلی که در نتیجه مهاجرت ها یا با جنگ‌ها، ضمن گسترش متشکل‌تر شده، و با تحولاتی که می‌یابند به تمدن‌های منطقه‌ای تبدیل می‌شوند و با استحاله تمدن‌های کوچک‌تر در خود، تمدن‌ها و قوم‌های بزرگ‌تر را پدید می‌آورند. مانند قوم کاسیان در جنوب باختری کاسپین تا شمال لرستان، ماناها در آذربایجان و غیره که بعداً یکی از زیر مجموعه‌های دولت ماد می‌شوند و عیلامیان از شوش تا فارس، تمدن‌های مرکزی، جنوب ایران، که بعداً زیرمجموعه دولت پارس میشوند و جز اقوام پارسی به شمار می‌روند. بنابراین دیده می‌شود که از اقوام مختلف و در زیر حاکمیت یک دولت قرار می‌گیرند. و در خاور، شهر سوخته تا خراسان و قومس یک تمدن می‌شدند که در چند قرن آینده پارتیان مرکز قوم را می‌سازند.

۴. تمام تمدن‌های یاد شده ایرانی‌اند که بعداً با اقوام مهاجر به هم می‌پیوندند و اقوام آریایی را تشکیل می‌دهند. این‌ها با توجه به نیاز و ویژگی‌های شهرنشینی و روند تکامل جامعه‌های پیشرفته‌تر همراه با مهاجرت‌های نه چندان دور یک همگرایی پیدا می‌کنند.

۵. مهاجرت اقوام شمال و تلفیق بیشتر اجزای فرهنگی، صنعتی و کشاورزی تک تک آنها باهم جامعه چندکاره را سبب می‌شد.

واقعیت این است که نگارنده با تمام اقوام ایرانی با هر گویش، فرهنگ، آداب و رسوم، چهره و شکل ظاهری در سراسر ایران، همچنین با مردمان کشورهای همسایه نشست داشته است. از نظر نگارنده تقریباً تمامی مردمان ایرانی شباهت زیادی به هم دارند و متشکل از سه قوم بزرگ ایرانی یعنی **پارس، ماد و پارت** هستند. در میان این اقوام مهاجرینی دیده می‌شوند که از شمال باختر و شمال خاور کاسپین، که گفته می‌شود آریایی بوده‌اند، آمده‌اند. این مهاجرین از نظر تعداد در مقایسه با ساکنان تمدن‌های پیشین ایران محدود بودند و شواهد چهره و شکل ظاهری آنها مشخص است. لذا چنین می توان گفت که آریاییان همان ایرانیان پیش از تاریخ می‌باشند و در ایران زمین می‌زیستند در حدود ۳۰۰۰ تا ۳۵۰۰ سال پیش مهاجران از مناطق شمالی به سرزمین ایران آمده و احتمالاً با آریایی‌ها و بالارودان و ساکنان شمال باختر کاسپین ارتباطات داشته‌اند. این مهاجران با ساکنان و تمدن‌های پیشین متحد می‌شوند و زمینه تمدن‌های بزرگ بعدی را به وجود می‌آورد. مهاجران شمال ایران از دو سوی دریای کاسپین وارد ایران می‌شوند و احتمالاً دو وسیله اصلی، یکی **اسب** و دیگری **ارابه** را با خود به ایران آورده‌اند چرا که تا قبل از آمدن آنها شواهدی از وجود ارابه (چرخ) در تمدن‌های پیشین مشخص نبوده است.

اسب و ارابه در ایران زمین

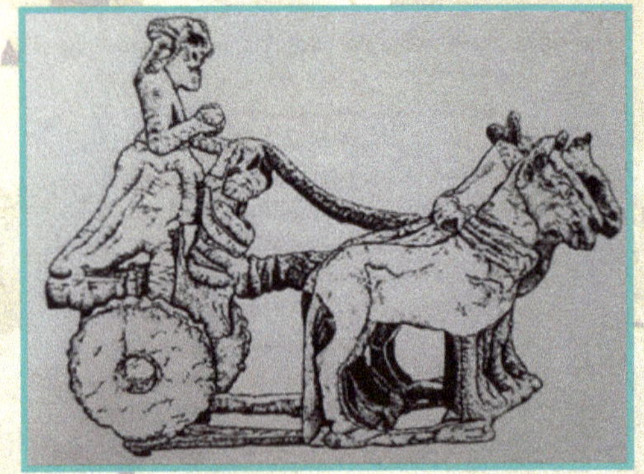

اولین نشانه‌های ورود اسب و ارابه به ایران مربوط به ۲۶۵۰ سال قبل از میلاد است.

۱-۳-۲-۳ مهاجرت آریاییان

نظرات، دیدگاه‌ها و نوشته‌های بسیاری در مورد مهاجرت آریایی‌ها به فلات ایران و سایر مناطق آسیا و اروپا وجود دارد. تاریخ اولین نوشته‌ها و اظهارنظرها در مورد این مهاجرت به اواسط قرن بیستم باز می‌گردد. با وجود شواهد قابل توجه، کتاب، مقاله، کتیبه‌های سنگی، داده‌های باستانی و شیوع آزمایش‌های ژنتیکی اخیر با نتایجی که می‌توانند مفید باشند، دیدگاه‌ها در مورد مهاجرت آریایی‌ها متناقض است، تا آنجا که حتی برخی وقوع چنین مهاجرتی را انکار می‌کنند. بر مبنای نوشته‌های تاریخی و مقالات کنونی:

سرزمین اولیه اقوام آریائی، با گذر از شمال و باختر دریای کاسپین و قفقاز و دور زدن دریای سیاه، پای در شبه‌جزیره‌ی آناتولی (آسیای صغیر) نهادند و یا از شمال قفقاز وارد شمال باختر و باختر ایران شدند.

در اینجا برای روشن شدن واقعیتِ این مهاجرت، به مسئله ضرورت و عوامل دخیل در این مهاجرت و پیامدهای آن می‌پردازیم:

خیلی قبل از شروع این مهاجرت، جهان کم کم از عصر یخبندان خارج شده (حدود ۱۰۰۰۰ سال پیش) و در بازه زمانی حدود ۱۰۰۰۰ تا ۵۰۰۰ سال پیش، در سرزمین‌های مبدأ مهاجرین آریائی آب و هوا ملایم‌تر شده بود. آنها که در این نواحی انقلاب کشاورزی را پشت سر گذاشته و یک انقلاب طبیعی آب و هوایی را نیز تجربه کرده بودند در شرایط زیستی مناسب، در نتیجه رشد و تراکم جمعیت در مناطق مبدأ به تدریج به مهاجرت روی آوردند. آغاز این مهاجرت با آستانه انقلاب فلزات همراه شد. این تحولات، یعنی افزایش تراکم جمعیت و رشد اقتصادی و نیاز به گستره فزون‌تر برای رشد اقتصادی بیشتر و نیز بروز دوره‌های سرمای طاقت فرسا و یخبندان‌های کوتاه مدت و موضعی (در زمان پس از یخبندان بزرگ جهانی)–که با شواهد رسوب شناختی قابل اثبات است– ساکنان این نواحی را به مهاجرت ترغیب می‌کرد. در همین ایام آب و هوای بخش‌های بزرگی از فلات ایران که در عرض‌های جغرافیایی پایین‌تر قرار دارند برای کشاورزی بسیار مناسب‌تر بوده‌اند. این نواحی، برخلاف نواحی واقع در مبدأ مهاجرت– که در آنها بیشتر بارش برف حاکم بود – دشت‌هایی بزرگ، همراه با بارش‌های مناسب باران داشتند. در آن زمان دریاچه‌های کوچک بسیاری داخل فلات ایران وجود داشت که امروزه به پلایا تبدیل شده‌اند. در مجموع، این عوامل انگیزه مهاجرت به جنوب و عرض‌های جغرافیائی پایین تر را تقویت می‌کند و احتمال اینکه مهاجرت تحت تأثیر این عوامل انجام شده دور از انتظار نیست، بخصوص که در میان آنان اقوام هندی، اروپایی و شاخه‌های متفاوت آنها با اشتراکات زبانی، کلمات، رسوم و شکل چهره نیز دیده می‌شد. البته می‌توان این شواهد را با داده‌های ژنتیکی اثبات کرد که آزمایشات معدود انجام شده، این نتیجه‌گیری را نفی نمی‌کند.

۶. در فلات ایران و سرزمین‌های نزدیک آن سه واقعیت وابسته به هم وجود دارد:

الف) همان طور که گفته شد در سرزمین‌های فلات ایران در آن دوره (۳ الی ۴ هزار سال پیش) نسبت به دوره‌های بعد (دوره فعلی و هزاره دوم میلادی) برای کشاورزی - دامپروری بسیار مساعدتر بوده، و وجود منابع معدنی فلزی گسترده و طلا ، پس از انقلاب کشاورزی و انقلاب فلزات در ظهور تمدن‌های پیشرفته نقش داشته است.

ب) همان‌طور که اشاره شد در فلات ایران و سرزمین‌های مجاور تمدن‌های بسیار قدرتمند و پیشرفته، البته به شکل پراکنده (که خود این پراکندگی به نفع مهاجرین از شمال بود) وجود داشتند. این تمدن‌ها عبارت‌اند از:

- تمدن کاسیان در جنوب و باختر کاسپین تا شمال زاگرس که چندین قرن هم بابل را در اختیار داشتند. طبق گزارش‌های موجود، بخشی از مهاجرت به مهاجرت این قوم- از جنوب کاسپین به شمال لرستان و تا حدی مرکز ایران مانند مهاجرت در نواحی همدان، نواحی اراک، ملایر، بروجرد و تا بابل- مربوط می‌شود که خود یک قوم ایرانی بودند.
- تمدن عیلامیان که دربردارنده خوزستان و ایلام امروزو بخش‌هایی از استان فارس امروزی و بسیار نیرومند بوده‌است. هرچند که این‌ها در تاریخ خود، چند مرحله پُرنشیب و فراز داشته‌اند. شوش برای بیش از هزار سال پایتخت آن‌ها بوده است.
- تمدن‌های شمال باختر ایران بخصوص پیرامون دریاچه ارومیه و آذربایجان و کردستان امروزی، ماناها، لوطی، حسنلو و ... .
- تمدن‌های مرکز ایران از جمله تمدن سیلک، پیرامون اصفهان، تمدن پیرامون قزوین تا چشمه علی، ناحیه ری و پیرامون ورامین، تمدن‌های پیرامون کرمان شهداد، جیرفت تپه یحیی و ... .
- تمدن‌های خاور ایران مانند تمدن شهر سوخته، تمدن پیرامون توس امروزی، تمدن سرخ حصار پیرامون دامغان و تمدن پیرامون سمنان.
- تمدن شمال البرز مانند تمدن گوهرتپه دشت گرگان، تمدن کادوسیان و مارلیک در گیلان.

ج) در شمال خاور و باختر این تمدن‌ها دو تمدن بزرگ وجود داشته که هر چند قدرتمند بودند ولی وضعیت گذران زندگی و اداره آن‌ها با هم فرق داشته است.

تمدن میان رودان[1] یعنی تمدن آشور و بابل، که از بین آنها آشور

---

۱. میان رودان (بین النهرین) منطقه‌ای تاریخی از باختر آسیا که در داخل سیستم رودخانه دجله-فرات، در بخش شمالی هلال حاصلخیز واقع شده است. امروز، میان رودان عراق مدرن را اشغال کرده است. در مفهوم وسیع‌تر، منطقه تاریخی شامل عراق و کویت امروزی و بخش‌هایی از ایران، سوریه و ترکیه امروزی بود (ویکی

قدرتمندترین تمدن بوده است. با توجه به اینکه در آستانه انقلاب فلزات و رونق اقتصاد مبتنی بر طلا، آشوریان سرزمینشان تهی از این منابع است برای دستیابی به این فلزات و نیز دیگر مسائل اقتصادی به سرزمین‌های داخلی ایران یورش می‌آورند.

در بالای فلات ایران تمدن فرارودان[1] به مرکزیت باکتریا (بلخ) برقرار بوده است که تمدنی قدرتمند و دارای بنیه اقتصادی بهتر از آشور بودند زیرا هم دارای دشت‌های کشاورزی مناسب و هم دارای منابع طلا و فلزات دیگر و گوهرسنگ بودند. از سوی دیگر قبل از مهاجرت یا همزمان با آغاز آریائی‌ها در این ناحیه زرتشت ظهور کرد. در نتیجه به نظر می‌رسد با توجه به رواج آیین زرتشت، مردمان این تمدن‌ها با برخورداری از روحیه اخلاقی پسندیده، نه تنها به هیچ قومی یورش نبردند بلکه با پذیرش مهاجرین و آزاد گذشتن آنان برای گذر از سرزمین خود به آنها یاری رسانیدند.

۷. شواهدی وجود دارد که بین تمدن‌های پراکنده فلات ایران، از خاوری‌ترین آن‌ها مانند تمدن شهر سوخته یا تمدن بابل و آشور و حتی تمدن مصر تبادلات اقتصادی برقرار بوده است. این مسئله از تجارت سنگ‌های قیمتی پیداست که از شمال افغانستان به شهر سوخته می‌آمده و در آنجا پس از پردازش به میان رودان و مصر صادر می‌شده‌است. این یکی از نشانه‌های رواج تبادلات اقتصادی بین تمدن‌هایی آن روزگار از فرارودان تا میان‌رودان و مصر است. بنابراین با توجه به تبادلات و ارتباط بین تمدن فرارودان و مردم ساکن در مبدأ مهاجران، این مسئله به مهاجرت آنها کمک کرد.

۸. شواهدی وجود دارد که آریایی‌هایی که به سرزمین ایران آمدند و در آنجا سکنی گزیدند دارای آئین زرتشت بودند در حالی که در مبدأ مهاجرت آنان کیش مهر و یا دین زرتشت سابقه نداشت. بنابراین مهاجران احتمالاً پس از رسیدن به مرکز و جنوب فرارودان و هم‌نشینی با ساکنان خاور ایران، یعنی استان بلخ امروزی و شمال خاور ایران که محل ظهور دین زرتشت بود، به دین زرتشت گرویده باشند.

در نتیجه با توجه به شواهد ذکر شده در مورد مهاجرت آریائی‌ها و اشتراک فرهنگی، زبانی و فنوتیپ ظاهری و غیره، به نظر می رسد که این مهاجرت آنقدر گسترده نبوده که بر تمام تمدن‌های کوچک تسلط یابند، بلکه چنین به نظر می‌سد که آریاییان با درآمیختن با تمدن مستقر در این ناحیه و شروع یک زندگی مسالمت آمیز، همگی ملت بزرگی را سامان دادند که از اقوام متفاوت با اشتراکات فرهنگی، اقتصادی، زبانی و آیینی فراوان تشکیل می‌شد که برآیند آن ظهور تمدن ایران باستان بوده است.

بنابراین مهاجرت با سرازیر شدن مردم به سمت جنوب جریان داشت. مهاجران صنعت و فرهنگ و هنر خاص خود را داشتند که احتمالاً با صنعت و هنر و فرهنگ سرزمین‌های ایران و تمدن‌های پراکنده، تفاوت‌هایی داشته است. این نکته قابل توجه است که مهاجرت آریاییان را نمی‌توان به مهاجرت اروپاییان به آمریکا تشبیه کرد زیرا که مهاجران اروپایی خود را کاشف سرزمین آمریکا می‌دانستند و بومیان قاره تازه کشف شده نیز برخلاف بومیان فلات ایران تمدن پیشرفته‌ای در تمام قاره نداشتند و به‌علاوه جمعیت آنها هم بسیار کوچک بوده است. همچنین مهاجران آریایی با توان بالای اسب سواری، دارای اسب‌های بیشتر و نیز مجهز به ارابه هائی بودند که با خود به این سرزمین‌ها به ارمغان آوردند.

ظهور دین

زرتشت، در ایران

و ورود اسب و ارابه توسط آریایی‌ها به ایران

بنابراین آنچه در این مهاجرت رخ داد هم افزایی تمدنی بوده است که خود نتایج درخشانی به بار آورد. در حقیقت تلفیق اقتصاد، صنعت، و فرهنگ مهاجران با عناصر بدیل تمدن‌های مستقر در ایران به یکباره باعث یک انقلاب در پیوستن تمدن‌های کوچک به یکدیگر و پیدایش تمدن بزرگ بعدی می‌شود.

البته باید توجه داشت - بنابر نوشته‌های اندیشمندانی که خود اروپایی بوده‌اند - که این مهاجرت بیش از هزار سال طول کشیده است که شرایط یک زندگی مسالمت آمیز فراهم شود **در حالی که تاریخ مهاجرت اروپاییان به آمریکا با** تمام پیامدهای بزرگ آن فقط حدود یک قرن بوده است. طی این زار سال مهاجرت، هم مهاجران و هم مردمان تمدن‌های مستقر، به یک ملت و تمدن واحد تبدیل شدند. بنابراین آنچه به عنوان آریاییان قلمداد می‌شود یعنی مجموعه ساکنان تمدن‌های پیشین و مهاجرینی که در طول قریب هزار سال به سرزمین جدید کوچ کردند.

بنابراین تلفیق صنعت، دامپروری و کشاورزی، معدنکاری و فلزکاری مرسوم در میان تمدن‌های پیشین و مهاجران، و افزودن شمار انبوه اسبان توسط مهاجران و به ویژه به ارمغان آوردن ارابه به این سرزمین‌ها موجب هم افزائی چشمگیری در سبک و توانائی زندگی در ایران آن دوران شد که می‌توان آن را **انقلاب اجتماعی - اقتصادی** و بروز تمدن‌های بزرگ از بهم پیوستن

پدیا).

۱. فرارودان (ماورا النهرین) منطقه و تمدنی است که در آسیای مرکزی پایین قرار دارد و تقریباً مطابق با ازبکستان خاوری امروزی، تاجیکستان باختری، بخش‌هایی از جنوب قزاقستان، بخش‌هایی از ترکمنستان و جنوب قرقیزستان است. از نظر جغرافیایی، این منطقه بین رودخانه‌های آمودریا در جنوب و سیر دریا در شمال آن است (ویکی پدیا).

تمدن‌های کوچک نامید. مشابه دوره‌ای که انقلاب صنعتی در اروپا با اختراع ماشین بخار و بکارگیری زغال سنگ آغاز شد. عامل دیگر اتحاد و انسجام بین مهاجرین و ساکنان بومی، یورش‌های پیوسته تمدن‌های میان‌رودان به سرزمین‌های ایرانی را می‌توان به این مسائل افزود. بنابراین در سرزمین‌های ایرانی با اتحاد مهاجران و مردمان بومی، ملتی متشکل از سه قوم بزرگ - **ماد، پارس، پارت** - شکل گرفت، که غالباً مردمان تمدن‌های پیشین همراه با مهاجران بودند. امروزه منظور از واژه آریاییان، یعنی تمام ساکنان تمدن‌های پیشین همراه با مهاجران می‌باشد.

۲-۳-۲-۳ سه قوم بزرگ ایرانی- آریایی

مادها:

قوم ماد که سرزمین‌های آن بیشتر مورد یورش تمدن‌های میان‌رودان واقع می‌شد، انسجام بیشتری یافت و نخستین گروه بزرگ فراگیر شامل اقوام: کاسیان، مهاجران، لوطی‌ها و ماناها بوده است. شواهد نشان می‌دهد که مهاجران شمالی نسبت به ساکنان مبدأ در میان این قوم بیشتر از دو قوم پارس و پارت است و اولین دولت به معنی واقعی را تشکیل دادند و خود رهبر دولت را انتخاب کردند.

پارسیان:

قوم پارس با دارائی سرزمین‌های مرکزی و جنوبی ایران از تمدن‌ها و اقوام عیلامی، سیلک تمدن‌های مارلیک، تمدن‌های شهداد، تپه یحیی و مهاجرین پدید آمد که در نهایت با تلفیق آنها، قوم پارس به رهبری هخامنش شکل می‌گیرد. این‌ها در مناطق مرکزی بخصوص جنوب ایران و فارس، همزمان با ماد یا پیش‌تر از آن، حکومت پارس را به وجود آوردند که البته قدرت و اقتدار مادها را نداشتند اما با آنها در ارتباط بودند که پس از مادها دولت سراسر ایران را شکل دادند.

پارتیان:

مجموعه سرزمین‌های خراسان بزرگ یعنی از ری تا خراسان امروزی ایران، کل افغانستان، ازبکستان و تاجیکستان و ترکمنستان قلمرو قوم پارت بوده است. تمدن‌های کوچک، و گاهی بزرگ و پیشرفته چون تمدن باکتریا (بلخ)، تمدن شهرسوخته، تمدن توس، تمدن منطقه جنوب قره خوم - مرو امروزی- و تمدن سرخه حصار جنوب دامغان، تمدن میرک سمنان، تمدن چشمه علی ری، در تلفیق با مهاجرین آریائی مجموعه تمدن پارتیان را شکل می دهد. نهایتاً این قوم حدود ۱۲۹ تا ۲۳۸ سال پیش از میلاد دولت بزرگ اشکانی را تشکیل دادند.

این سه قوم بزرگ یا بهتر است بگوییم این سه مجموعه قومی، نهایتاً توسط کوروش به یک ملت واحد و بزرگ تبدیل می‌شوند که ایران باستان را شکل می‌دهند.

شکل‌گیری ایران باستان توسط کوروش

هر یک از این مجموعه‌های قومی چند قرن بر ایران حاکم بودند. قوم ماد، نخستین حکومت را پایه گذاری می‌کند؛ قوم پارس، حکومت هخامنشی را در سراسر ایران پایه‌گذاری می‌کند که هر سه قوم در آن اشتراک دارند و قوم پارت، دولت اشکانیان را شکل می‌دهند که در زمان خود **بزرگترین دولت فدراتیو تاریخ باستان** است.

۳- ۳ نگاه اجمالی به دوره‌های کهن ایران یا دوره‌های پیش از تاریخ

به طور خلاصه می‌توان شواهد تاریخی را حدود ۱۰۰۰۰ سال پیش بخصوص از دوره میان سنگی در ایران پی‌گیری نمود. این دوره‌ها از ظهور اساطیری تا دوره‌های واقعی تاریخ و شکل گیری تمدن‌های پراکنده در ایران می‌باشد (شکل ۱۴-۳).

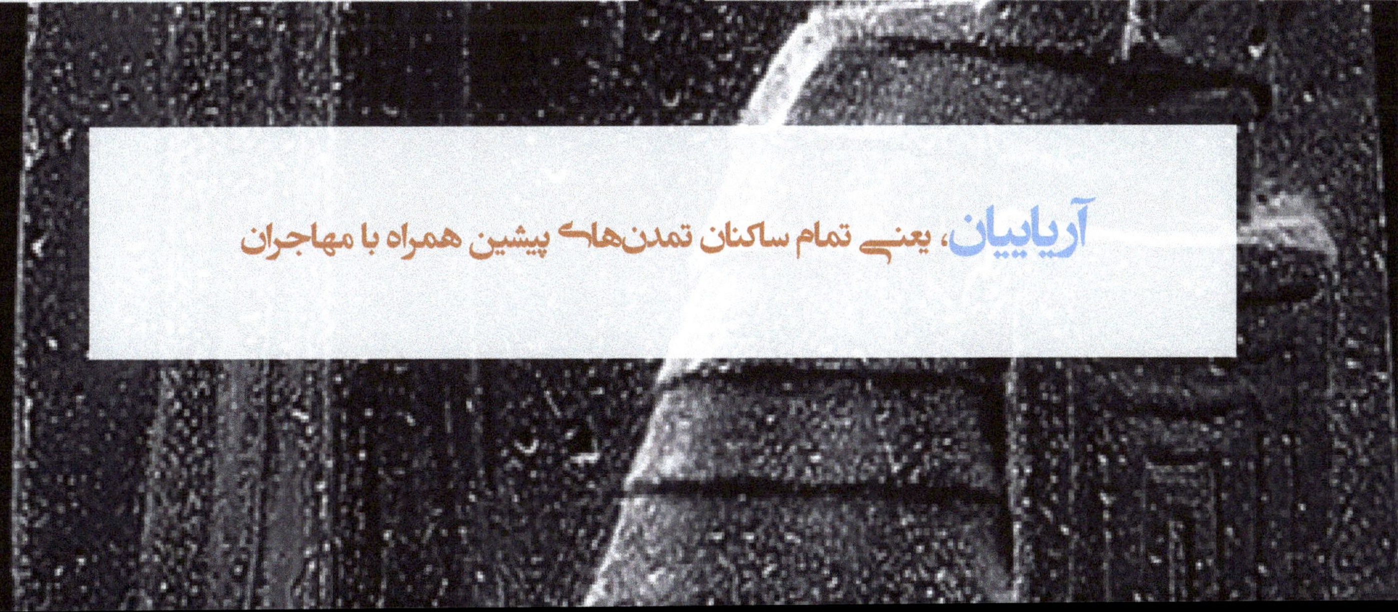

آریاییان، یعنی تمام ساکنان تمدن‌های پیشین همراه با مهاجران

شکل ۱۴-۳. نموداری شماتیک از دوره پیش از تاریخ در ایران.

منابع:

۱ - پیرنیا (مشیرالدوله)، حسن(۱۳۸۸) ، ایران باستان، چاپ دوم، ایران باستان،ج ۱، نشر نامک با همکاری کتاب پارسه.

۲ - مالووان، بین‌النهرین و ایران باستان، ترجمه رضا مستوفی، انتشارات دانشگاه تهران.

۳ - اذکایی،پرویز (۱۳۷۵)، فهرست ماقبل الفهرست (آثار ایرانی پیش از اسلام)، چ ۱، بنیاد پژوهش‌های اسلامی.

۴ - جهانگیر، میلاد (۱۳۹۵)سه گفتار درباره تاریخ و زبان قوم کاسی، انتشارات سمیرا.

۵ - چایلد، گوردن، سیر تاریخ، ترجمه احمد به‌منش، انتشارات موسسه چاپ و انتشارات دانشگاه تهران.

۶ - زرینکوب، عبدالحسین (۱۳۶۸) تاریخ مردم ایران.

۷ - سیزده تن از خاورشناسان (۱۳۴۶) میراث ایران، انتشارات بنگاه ترجمه و نشر کتاب.

۸ - فرشاد، مهدی، تاریخ مهندسی در ایران، نشر بلخ وابسته به بنیاد نیشابور.

۹ - قربانی، منصور (۱۴۰۱)چکیده تاریخ معدن، آب، نفت و مصالح ساختمانی در ایران، انتشارات آرین زمین.

۱۰ - کمرون، جورج (۱۳۸۱) ایران در سپیده دم تاریخ، ترجمه حسن انوشه، نشر علمی و فرهنگی.

۱۱ گیرشمن، رومن (۱۳۴۹)، ترجمه محمد معین، تاریخ ایران از آغاز تا اسلام، انتشارات شرکت علمی وفرهنگی.

۱۲ - مجیدزاده، یوسف (۱۳۶۷) تاریخ‌گذاری سر سنجاق‌های مفرغی لرستان، مجله باستان شناسی و تاریخ تهران.

۱۳ - مجیدزاده، یوسف (۱۳۷۰) تاریخ و تمدن ایلام، انتشارات مرکز نشر دانشگاهی.

۱۴- ملک شهمیرزادی، صادق (۱۳۸۷) اطلس باستان شناسی ایران از آغاز تا پایان دوره یکجانشینی و استقرار در روستاها، انتشارات سازمان سمت.

۱۵ - نگهبان، عزت الله (۱۳۷۶) مروری بر پنجاه سال باستان شناسی ایران، نشر سبحان نور، سازمان میراث فرهنگی کشور.

۱۶ - وان لون، هاندریک (۱۳۳۴) تاریخ بشر، ترجمه علی اکبر بامداد، چ ۱، موسسه مطبوعاتی امیرکبیر.

۱۷ - سایت ویزیت ایران www.visitiran.ir.

فصل چهارم

دوره‌های تاریخ باستان

وجود جغرافیای سیاسی امروز نباید موجب انکار جغرافیای تاریخی و تاریخ جغرافیایی گردد؛ زیرا که فرهنگ مشترک تاریخی، سیاسی و اجتماعی گذشته وجود بزرگان فرهنگی، علمی، سیاسی به همه ساکنان جغرافیای سیاسی امروز هویت می‌بخشید. مردمان و حاکمان جغرافیای امروزی هم باید ضمن به رسمیت شناختن و احترام مرزهای جغرافیای فعلی جهت بازیابی هویت خویش به گذشته فرهنگی، جغرافیایی، سیاسی احترام بگذارند و آن را پاس بدارند. این ویژگی‌های مشترک؛ دوستی، صمیمت و وحدت به بار خواهد آورد و دشمنی را دور می‌سازد. به یاد داشته باشیم که دوره‌های سلطنت هخامنشیان، اشکانیان و ساسانیان یعنی از دو هزار پانصدسال پیش فلات ایران و حوزه فرهنگی آن‌یک واحد سیاسی بزرگ بوده است و متعلق به همه جغرافیای سیاسی امروز می‌باشد.

۴-۱ مقدمه

در این اثر دوره‌های حکومت مادها، هخامنشیان، سلوکیان، اشکانیان و ساسانیان را تمدن باستان یا دوره‌های تاریخی باستان نامیده‌ایم. هر چند حکومت سلوکیان یک حکومت بیگانه بوده و از نظر فرهنگی اثرگذار نبوده است؛ اما به هر حال متعلق به این دوره است و در برهه‌ای از تاریخ ایران باستان بر این سرزمین چیره شده‌اند و حکومت کرده‌اند. هر چند فرمانده آنها که به ایران هجوم آورد، در ابتدا تخت‌جمشید را آتش زد و غارت نمود و کتاب اوستا را آسیب زدند، اما جانشینان آن مانند همه مهاجمان قصد حکومت داشتند هر چند بیگانه بوده‌اند.

۴-۲ مادها (۵۵۰-۷۰۰ سال پ.م)

همان‌طور که پیش‌تر اشاره شد، قبل از استقرار حکومت مادها و هخامنشیان، ساکنان خاور ایران، باختر ایران و فلات مرکزی ایران دارای تمدن‌های نسبتاً پیشرفته بودند. اینها از عصر نوسنگی، عصر مفرغ، سفال‌گری پیشرفته و مس‌کاری عبور کرده بودند و به‌صورت اجتماع‌های کوچک تا نسبتاً پیشرفته ولی غیرمتمرکز توسعه یافته شهرنشینی را آغاز کرده و وارد عصر آهن شده بودند. در شهر سوخته یا نیمروز قوانین نجوم، پردازش سنگ‌های‌قیمتی و تجارت را خوب می‌شناختند و در خوزستان قوانین شهرسازی را رعایت می‌کردند. ساکنان خاور ایران بیشتر با تمدن بالارودان و ساکنان باختر ایران بیشتر با تمدن میانرودان ارتباط داشتند و این دو تمدن (بالارودان و میانرودان) می‌توانستند توسط تمدن‌های فلات مرکزی ایران باهم در ارتباط باشند.

ساکنان جنوب و باختر وشمال ایران مانند عیلامیان، کاسیان، لولوبی‌ها، گوتی‌ها، مانایی‌ها و مارلیک ضمن داشتن ارتباط گسترده با تمدن مرکزی، سیلک و کرمان(شهداد، تپه‌یحیی و ...) و تمدن‌های خاور ایران، دارای فرهنگ و تمدن مستقل بودند. هر یک از این تمدن‌ها در خط، زبان و آیین و همچنین در صنایع سفال، فلز، چوب و کشاورزی سبک خود را داشتند.

سال‌ها پیش از استقرار مادها مهاجرت اقوام آریایی به داخل فلات ایران‌شروع می‌شود که بر خلاف عقیده اروپاییان تعداد آنها از ساکنان داخل ایران خیلی‌کمتر‌می‌باشند. (البته‌درباره منشأ و چگونگی مهاجرت و طول مهاجرت ابهاماتی وجود دارد)؛ اما آنچه مهم است این است که این مهاجرت هر چند محدود انجام شده است که در فصل پیش به‌طور مفصل‌تر مورد بحث قرار گرفت. باید مهاجرت‌های درون مرزی در داخل فلات ایران که احتمالاً در نتیجه تغییرات اقلیمی انجام می‌شده نیز باید جدی تلقی شود. این مسئله موجب درهم آمیختن فرهنگ، صنعت و فن این مهاجران با تمدن و صنعت تمدن‌های پیشین در داخل فلات ایران شده و به یک‌باره شکوه تمدنی بزرگ را به بار آورده. به‌عبارت دیگر یک کاسه‌شدن دانسته‌ها، دانش، هنر و صنعت دنیای آن زمان باهم بعداً در تمدن ماد و هخامنشی ظهور می‌کند که در زمان کوروش بزرگ و داریوش بزرگ بزرگ‌ترین تمدن بشری را خلق می‌کند که هنوزشواهد بیشتر آن در فلات ایران باقی است و اثرات آن به‌مانند ریشه‌های قابل باروری است که هر وقت شرایط مهیا شود تمدنی بزرگ خلق می‌کند.

اما تاریخ ایران با مفهوم سرزمین آریایی‌ها گره خورده است و در سنت‌های زرتشتی از سرزمین کهن ایرانیان با نام ایرانویچ یاد شد. در وندیداد (فرگرد)، ایرانویچ نخستین سرزمینی است که به‌دست اهورامزدا آفریده شد.

خلاصه آنکه مهاجرت از هزاره اول و دوم پیش از میلاد به باختر ایران آغاز می‌شود و قوم‌ها و ساکنان پیشین را با خود همراه و یا متحد می‌سازد و به‌کمک و همیاری مانایی‌ها و دیگر اقوام باختر و شمال‌باختر ایران مانند کاسیان، ماناها و ... نخستین حکومت منسجم مادها را تشکیل می‌دهد. در همین زمان پارسیان که از دیگر اقوام آریایی‌ها هستند، در فارس (انشان) و خوزستان (شوش)حکومت می‌کنند.

طوایف ماد و پارس در روزگار مهاجرت و یا در ایام استقرار در فلات ایران پیوندهای نزدیکی با یکدیگر داشتند و استقلال داخلی آنها مانع توسعه و دوام این پیوندها نبود. با این که پژوهش‌های جدید زبان‌شناختی نشان می‌دهد که واژه ماد ریشه مشخص هند و اروپایی ندارد، طبق روایت هرودوت در روزگار کهن همه مادها را آریایی می‌نامیدند. هرودوت مادها را مرکب از ۶ طایفه بزرگ می‌داند که مُغ‌ها یکی از این طوایف بوده‌اند. همین مورخ یونانی پارسی‌ها را ۱۰ طایفه و پاسارگادی‌ها را که هخامنشیان از ایشان بودند از دیگر طایفه‌های پارسی برتر می‌داند. در واقع پارسی‌ها نیز همزمان با قدرت یافتن طوایف ماد، از حدود ۸۱۵ سال قبل از میلاد با اتحاد مهاجرانی که از شمال از سرزمین‌های اولیه فلات ایران به سوی جنوب رهسپار شدند و در شمال‌خاوری شوش و سرزمین انشان (در ناحیه‌ای موسوم به «پَرسوَمَش») استقرار یافتند و با ساکنان و تمدن‌های پیشین متحد شدند. پارسی‌ها نیز مقارن با مادها به حوادث روزگار پیوستند. اوضاع و احوال نیز به‌کمک سرکردگان ماد آمد. با اتحاد طوایف ماد و اقوام دیگری چون مانایی‌ها،کاسیان و ... در باختر ایران، حکومتی مقتدر سامان دادند. در اصل حکومت ماد، اتحاد اقوام باختر، شمال‌باختر ایران و مهاجرانی بود که به این سرزمین‌ها آمده بودند. عامل اصلی تشکیل حکومت منسجم و اتحاد این اقوام ایستادن در برابر هجوم آشوریان بود که پیوسته به باختر، شمال‌باختر و مرکز ایران هجوم می‌آوردند و به غارت می‌پرداختند.

بر اساس روایت هرودوت، مادها دیاکو (دیوکس) را، به‌سبب درستکاری او، به امر قضا و اجرای عدالت در میان خود برگزیدند. وی چندی از این کار کناره گرفت تا سرانجام مردم او را به پادشاهی برگزیدند. به هر حال فرمانروایی دیاکو تنها یک حکومت محلی بود و سلطنت مستقل مادها سال‌ها بعد شکل گرفت. فرورتیش در سال ۶۷۵ یا ۶۷۴ قبل از میلاد جانشین دیاکو شد و ظاهراً پیش از آن که پارسی‌ها را مطیع خود سازد کوشید تا با برقراری اتحاد میان مادها، مانای،

قبایل کیمری، کاسیان- و آنهائی که از قفقاز به داخل فلات ایران آمده بودند- بر ضد آشور ائتلاف کند. سرانجام وقتی فرورتیش و متحدانش به حدود نینوا، پایتخت آشور رسیدند سکاها از پشت‌سر بر مادها تاختند. در هجوم سکاها که ظاهراً به درخواست آشور انجام پذیرفت فرورتیش کشته شد و سکاها ۲۸ سال سرزمین ماد را در استیلای خود داشتند.

هووخشتره، زمانی که جانشین پدر شد ظاهراً کم‌سال بود و ناگزیر با سکاها از در صلح درآمد، اما سرانجام در یک حمله غافلگیرانه فرمانروای سکاها و سرکردگانش را با نیرنگ کشت و به استیلای سکاها پایان داد (۶۲۵ سال پیش از میلاد). هووخشتره بنیان‌گذار واقعی حکومت ماد به‌شمار می‌رود. در حقیقت دشمنی آشور با ساکنان شمال‌باختر و باختر ایران باعث انسجام مادها و دیگر اقوام این سرزمین‌ها شد که این انسجام در نهایت دولت آشور را برانداخت. هووخشتره سپاه را نظمی تازه بخشید. دسته‌های پیاده‌نظام و سواره نظام به‌وجود آورد و باقی‌مانده سکاها را نیز پس از کشتن فرماندهان آن‌ها در سپاه خویش به‌خدمت گرفت. پس از آن که تمام طوایف ماد، پارس و مانای فرمانروایی او را پذیرفتن، از گرفتاری‌های داخلی بهره‌گرفت و در فکر دشمنی خارجی برآمد و خود را آماده حمله به امپراتوری کهنسال آشور کرد. هووخشتره و متحدش «نَبوپولَسر»، حاکم بابل، به‌دنبال چند حمله ناموفق سرانجام نینوا را محاصره و پس از تصرف آن را غارت و ویران کردند (۶۱۲ ق.م.) چندی بعد آخرین مقاومت‌های آشور درهم شکسته شد (۶۱۰ یا ۶۰۹ ق.م) و امپراتوری آشور به‌کلی از میان رفت. پس از هووخشتره پسرش جانشین او گردید. دولت ماد سرانجام در زمان ایشتوویگو در جنگ با خانواده پارس به‌رهبری کوروش، نوه دختری پادشاه ماد، سقوط کرد.

۴-۲-۱ پادشاهان مادها از ظهور تا سقوط

(۱) دیاکو، (۲) فرورتیش، (۳) هووخشتره و (۴) ایشتوویگو.

۴-۲-۲ حکومت، صنعت، هنر و فرهنگ در دوره مادها

در حقیقت دولت ماد اتحادی از اقوام مهاجران آریایی و اقوام بومی و اقوام مهاجرین پیشین چون مانایی‌هاست. این اتحاد بیشتر در نتیجه تجاوزکاری‌ها، ویرانگری‌ها و غارت اقوام باختری ایران توسط آشوریان شکل گرفته بود.

فرهنگ، صنعت و هنر و دانش حاکم بر مردم و دولت ماد را باید در همان اتحاد اقوام بومی دیگر و درآمیختن آنان با مهاجران آریایی دانست. به‌طور کلی مادها خود را آسیایی می‌دانستند و اهورامزدا را نیایش می‌کردند و دیوها را دشمن می‌شمردند. یکی از طبقات در میان مردم ماد مغان‌ها بودند که طبقه روحانی محسوب می‌شدند و سرودها و نیایش‌هایی در وصف خداوند داشتند. گفته می‌شود که مغان‌ها به‌تدریج با آیین زرتشت آشنا شدند و اصول کلی آن را پذیرفتند و خود پیشوای روحانی مزداپرستان گردیدند. به‌گفته هردوتوس در همدان یک کوشک شاهی بود که برفراز تپه‌ای برآورده بودند. پیرامون آن هفت دیوار مدور کشیده بودند که هر کدام به اندازه کنگره‌هایش از باروی بیرونی خود بلندتر بود. خانه پادشاه و گنج او در کوشک بود دیوار بیرونی کوشک کنگره‌های سفید و دیوارهای دوم تا پنجم به‌ترتیب سیاه، ارغوانی، آبی و نارنجی و دو دیوار آخر را با روکشی از سیم و زر پوشانده بودند.

البته در این اثر هردوتوس گزافه‌هایی است، ولی اسناد باستان‌شناسی تازه نشان می‌دهد که اساس مطلب درست است. مثلاً نقوش آشوری دژهایی از مادها را نشان می‌دهد که محاط به دیوارهای متحدالمرکز هستند و هر دیوار بیرونی خود بلندتر است و هر کدام برج و کنگره مشخص دارند. این دژها در قسمت‌های کوهستانی و بر روی تپه‌ها ساخته شده‌اند. آثاری که از معماری مادها یافت شده یکی در ۱۲ کیلومتری جنوب‌خاوری شهر کنگاور بر روی تپه بزرگی به‌نام گودین‌تپه و دیگری در تپه نوشی‌جان در ۶۰ کیلومتری جنوب همدان و ۲۰ کیلومتری باختر ملایر است (شکل ۱-۴ و شکل ۲-۴).

شکل ۱-۴. نمای کلی مجموعه تپه نوشی جان، ملایر.

اما در تپه نوشی‌جان دیوارهای دژ ستبرند. در اینجا اتاق‌های انباری شکل و دراز با گوشواره‌ها و طاقچه‌هایی که سقفشان طاق تیز دارند وجود داشته است. یک تالار مرکزی هشت‌گوشه هم ساخته بودند که در درون آن آثار یک آتشدان پیدا شده است.

تعدادی قطعات نقره‌ای مارپیچ و گل مانند که احتمالاً به‌عنوان پول به‌کار می‌رفته از اینجا به‌دست آمده است. مادها در ساختن خنجر و بافتن پارچه و دوختن جامه مهارت فراوان داشته‌اند.

شکل ۲-۴. نمایی از معبد مرکزی مجموعه تپه نوشی جان، ملایر.

مادها در جهان باستان به تجمل‌پرستی و سوارکاری مشهور بوده‌اند. البته صنعتگران ماهر و زرگران و بافندگان زبردست نیز داشته‌اند. زرگران قوم ماد چنان معروفیتی داشتند که داریوش بزرگ آن‌ها را به تزیین کاخ‌هایش دعوت کرد.

شهرت در کارهای مفرغی مادها به حدود روسیه و سرزمین اسلاوها نیز رسیده بود. حتی در زبان اسلاوی مفرغ را مد می‌گویند که می‌تواند مأخذ آن از نام مادها باشد؛ اما واقعیت این است که در زبان بلغاری مس را «مد» می‌گویند که به احتمال از مس فارسی گرفته شده است. معدن‌کاری در زمان مادها وجود داشت، قلع لرستان در جنوب آستانه اراک و معدن مس مجدر در ناحیه اردبیل در این زمان فعال بوده‌اند.

کلمات و مکان‌هایی مانند ماه‌نشان (مادنشین) ماکو (مادکو) روستاهایی هستند که از قوم ماد باقی مانده‌اند.

در نتیجه قوم ماد که از قبیله‌های پراکنده و دارای سوارکاران ماهر و مردمان گله‌دار تشکیل شده بودند، در برابر تهدید و حملات بیگانگان به‌ویژه آشوریان با هم متحد شدند و دولتی نیرومند تشکیل دادند که بیش از صدسال پایدار ماند.

ظهور مادها باعث شد نخستین سازمان سیاسی ایرانی قوام گیرد و زمام قدرت از چنگ سامیان به‌دست آریاییان افتد. از این گذشته طولانی بودن دوره فرمانروایی مادها سبب شد که بتوانند سازمان‌های اداری و کشوری را بر سلسله منظم استوار سازند و این سازمان‌ها را برای هخامنشیان به ارث نهند. همچنین مادها هنری پدید آوردند که دنباله‌اش را در هنر هخامنشی می‌بینیم. آنچه می‌توان گفت این است که مادها یکی از سه قوم ایرانی بودند و مانند دو قوم دیگر یعنی پارس و پارت خود از نیروها، اقوام و خانواده‌های گوناگونی تشکیل شده و همگی پذیرفته بودند که در یک دولت و حکومت باهم زندگی کنند و سرزمین خود را از همسایگان غربی (آشوریان) حفظ کنند.

۳-۴ هخامنشیان (۵۵۰ - ۳۳۱ پ.م)

یکی از اقوام آریایی قوم پارس است که در آغاز هزاره اول از سرزمین‌های شمالی (شمال‌خاور) وارد ایران شد، در سرزمین‌های فارس کنونی، خوزستان، بوشهر، کرمان و اصفهان سکنی گزیدند. آنها با تمدن‌های پیش از خود، بخصوص تمدن ایرانی پیش از مهاجرت آریایی‌ها و تمدن‌های پراکنده در خوزستان، ایلام، فارس (انشان) و کرمان (کرمانیان) و پیرامون اصفهان که اجداد آنها تمدن‌های شهداد، سیلک و ... بودند درهم آمیختند و به‌سرعت توسعه یافتند. منظور

از آریایی‌ها در اینجا اجتماع این تمدن‌ها و مهاجران شمال‌خاور است. همان‌طور که اشاره شد آنچه دولت هخامنشی را ساخت انسجام تمدن‌های پیش بخصوص تمدن عیلام و نیز وحدت آنها با مهاجران بوده است. چون مهاجران خود نیز صاحب تمدن بودند با در آمیختن با تمدن‌های بزرگ عیلام و تمدن‌های کوچک‌تر مرکزی (و شاید هم پیش از ورود به این سرزمین‌ها با آن‌ها ارتباط فرهنگی، اقتصادی و صنعتی داشتند)، همین‌که به قدرت رسیدند با تشکیل حکومتی یکپارچه به‌سرعت جهانی شدند.

هخامنش، بزرگ قوم پارسی در سرزمین پارس امروزی، نزدیک شیراز و مرودشت کنونی (انشان)، حکومتی کوچک (حتی قبل از تشکیل حکومت ماد) بنیاد ساخت.

قوم پارس از طایفه‌های مختلف که ابتدا حالت خودمختار داشتند تشکیل می‌شد که از مهم‌ترین آنها پاسارگادی‌ها بود و هخامنش از میان آن‌ها برخاست.

پسر هخامنش که چیش‌پیش نام داشت در میان اقوام پارسی حکومت یکپارچه‌تری تشکیل داد و قلمرو خود را که از انشان تا شوش (و سرزمین‌های پیرامون آن‌ها) می‌رسید بین دو پسر خود کوروش (نیای کوروش بزرگ پادشاه انشان) وآریارَمنَه (نیای داریوش بزرگ) تقسیم کرد.

کوروش (نیای کوروش بزرگ)، سیاستمدارانه به آشوربانی‌پال نشان داد که صلح‌جو است و دولت پارس پس از حمله آشوربانی‌پال به عیلام با او از در صلح درآمد.

از قراین برمی‌آید که عیلام در دست خاندان آریامنه‌ای بوده است. پس از درگذشت کوروش اول، پسر وی کمبوجیه اول (پدر کوروش کبیر) جانشین پدر شد. در این زمان بین دولت پارس و دولت ماد روابط حسنه و مراودت زیادی وجود داشت و در واقع به‌نحوی دولت پارس تحت حمایت مادها به‌حساب می‌آمد. کمبوجیه اول با دختر آخرین پادشاه ماد ازدواج کرد و حاصل این ازدواج تولد کوروش بزرگ است.

کوروش بزرگ پس از جانشینی پدر، ابتدا انسجام دولت پارس را قوت بخشید. سپس در طی جنگی که بین دولت پارس و سپاهیان دولت ماد (پدربزرگ مادری وی) در منطقه پاسارگاد امروزی درگرفت سربازان و فرماندهان ماد تسلیم سپاهیان پارسی به فرماندهی کوروش شدند و پادشاه ماد اسیر کوروش شد. کوروش با تلفیق دولت پارس و دولت ماد یعنی دو قوم آریایی نخستین حکومت منسجم تاریخ را به‌وجود آورد (۵۵۹- ۵۲۹ م.پ).

کوروش پسر یک شاه پارسی و شاهدختی از مادها بود و از همین رو میان هردو قوم محبوبیت فراوان یافت (تولد کوروش خود داستانی مفصل دارد که با افسانه نیز همراه است). همان‌طور که گفته شد کوروش ابتدا قبیله‌های پارسی را که پراکنده بودند گرد آورد و یک هسته مرکزی از جنگجویان پارسی تشکیل داده، آنان را کارآزموده و منظم کرد. سپس در برابر خودکامگی، تن‌آسائی و تبهکاری‌های پدربزرگش- ایشتوویگو شورش کرد. مادها با او همراه شدند و وی در سال ۵۵۰ ق.م. حکومت ماد را برانداخت و خود پادشاه همه ایرانیان شد. این واقعه بسیار مهم، با مدارا و آرامش انجام گرفت. خونی ریخته نشد و شهری به تاراج نرفت. این مروت و مردانگی در زمانی که سوزاندن شهرهای فتح شده عادت فاتحان بود شگفت‌انگیز است و تاریخ تا آن زمان نمونه‌ای سراغ ندارد.

با بالا گرفتن کار کوروش ایرانیان گرد او جمع شدند و همسایگان وی ترسیدند. یکی از آنان، کرزوس، پادشاه حکومتی بسیار توانگر، شکوفا و نیرومند به‌نام لیدیه بود که در ترکیه مرکزی و باختری امروزی قرار داشت. کرزوس به همسایگان دیگر پیغام فرستاد که باید هر چه زودتر کوروش پارسی را از میان برداریم وگرنه ما را از میان خواهد برد. همسایگان نیرومند لیدیه، یعنی اسپارت و مصر و بابل، دعوت او را پذیرفتند و بر ضد کوروش با هم درحال متحد شدن بودند؛ اما کوروش پیش‌دستی کرد و خود به جنگ کرزوس شتافت و پس از نبردی بزرگ پایتخت او، ساردیس زرین، محاصره و تسخیر کرد. آنگاه دیگر سرزمین‌های ترکیه امروزی را هم تسخیر کرد.

برخی از مردم را تابع سپاه خود در آورد، برخی نیز به رأی خود فرمانبردار وی شدند. کوروش همه جا به زیردستان بزرگواری و محبت کرد و ارزش هر قومی را به اندازه و شایستگی نگاه داشت. زمانی که آزار و زجردادن شکست‌خوردگان بسیار مرسوم بود کشتاری نکرد و خانه‌ای را نسوزاند و زیردستان را به کارهایی که می‌دانستند برگماشت. کوروش پس از بازگشت از لیدیه مدت شش سال در ایران‌خاوری به‌سر برد. وی مرزهای ایران را تا سیحون و جیحون رساند و در حقیقت قوم پارت را که از دیگر اقوام ایرانی و آریایی بودند با قوم ماد و پارس متحد و یکپارچه کرد. برای اینکه مرزهای ایران در برابر بیابانگردان آسیای مرکزی ایمن باشد دژها و شهرک‌هایی ساخت که یکی از آن‌ها کوروش‌کث (به معنی شهر کوروش) در پایین خم رودخانه سیر دریا (سیحون) و تقریباً در ۲۵ کیلومتری جنوب‌خاوری خجند بود. اثر این شهر که به‌دست اسکندر مقدونی ویران شد، هنوز به‌صورت دهکده‌ای به‌نام کُرکَت به‌جای مانده است.

بر اثر این لشکرکشی ایالات سغد و خوارزم و هرات و رخج و بلخ به ایران افزوده شد و از آن پس یونانیان توانستند از زبان ایرانیان درباره سرزمین‌های آسیای میانه و هند چیزهایی بشنوند و بنویسند و

بدین‌گونه دانش جغرافیا را توسعه بخشند. برای نخستین‌بار سه قوم پارت، پارس و ماد (که همگی آریایی خوانده می‌شدند) و تمام بومیان و اقوام پیش از مهاجرت آریایی‌ها یکپارچه شدند و دولت بزرگ و نیرومندی تشکیل شد. در این زمان ایرانیان پیش از تاریخ و ایرانیان آریایی، یعنی عیلامیان، ماناییان، دیلمیان و ساکنان شهر سوخته تمدن‌های پیرامون کرمان و کاشان و ... همگی یک حکومت داشتند و تحت یک پرچم با یک پادشاه ولی آزاد در عقیده، زبان، فرهنگ و رسم و رسوم شدند. همگی آنها یک فرهنگ به‌نام فرهنگ ایرانی را تشکیل دادند که ما می‌توانیم امروز از آن به‌عنوان تمدن ایرانی و یا ایران فرهنگی یاد کنیم.

کوروش پس از گردآوردن همه ایرانیان به‌زیر یک درفش رو به بابل آورد. با آنکه بابل دارای دیوارهای بسیار بلند و استوار و نیروی مدافع آزموده بود کوروش بر آنجا تاخت و سپاهیان بابلی را در میدان نبرد در هم شکست. سپس با صلح، آشتی، احترام و تهنیت مثل یک دوست به بابل درآمد. آنجا مقام مردوک، کاهن بزرگ بابلیان را ارج نهاد و خود طبق مراسم بابلی تاج‌گذاری کرد. هیچ‌کس را آزاری نداد و حتی نبونئید را هم بخشود و به کرمان فرستاد و تیولی به او داد تا به آسودگی زندگی کنند. عبادتگاه‌ها و مناطق ویران را آباد ساخت، اسیران و از آن جمله یهودیان که تعداد آنها در تاریخ تا ۷۰۰۰۰ نفر آمده است آزاد کرد. آنها توانستند با آزادی به سرزمین پدرانشان بازگردند و همه‌جا به آبادانی کوشید. چند سال بعد برای جلوگیری از تهدید سکاها به مرز شمال‌خاوری کشور رفت و در نبردی بسیار سهمگین در میدان نبرد به خاک افتاد. کالبدش را به پاسارگاد بردند تا در آرامگاهی ساده و زیبا که خود ساخته بود جای دهند (شکل ۳-۴) زان‌پس مردم برای شادی روانش دعا می‌خواندند. یونانیان که دشمن ایرانیان بودند درباره کوروش بسیار به نکویی یاد کرده‌اند و درباره آن بسیارنوشته‌اند که از لابه‌لای همین نوشته‌ها به ویژه منشور کورش، بزرگی وی را می‌توان دریافت.

کوروش در حقیقت پدر معنوی پارسیان و بنیانگذار شاهنشاهی ایران بود. یک همسر بیشتر نداشت. خوش‌سخن و فرزانه بود. دلاوری، تندی و چالاکی او زبانزد بود. شکیبا، دانا، زیردست‌نواز و مسئولیت‌پذیر بود. به زمان مناسب انجام هر کاری واقف بود و هر کس را به‌کاری که شایسته بود می‌گماشت. از زندگی

شکل ۳-۴. تصویر بالا، نمایی از آرامگاه (پاسارگاد) و تصویر پایین نمایی از منشور کوروش کبیر.

پرتجمل که تنبلی و سستی می‌آورد پرهیز می‌کرد. با همه رفتاری شایسته داشت و گشاده‌دست و دریادل بود. طبعی بلند و غروری شکوهمند داشت.

کوروش برای ایرانیان شاهنشاهی بنیاد نهاد که تا آن زمان به گستردگی آن دولتی نیامده بود و سازمان‌هایی برپا کرد که دیرگاهی پایدار ماند. راه و رسمی آورد که همواره مورد ستایش و سرمشق دیگران شمرده می‌شد. با برآمدن او یک دوره تاریخی، دوره‌ای پر از ویرانگری و درنده‌خویی و کشتارهای عام و آتش‌زدن فتوحات، پایان یافت و دوره‌ای تازه آغاز گشت. دوره صلح و سازش، همدستی و همراهی، دوره ارزش نهادن به حقوق و عواطف بشری، دوره‌ای که قانون و داد را بر پایه رسمی و دولتی استوار کرد و ارزش افراد و اجتماع را شناخت. در روزگار کهن مردم درباره کوروش ترانه می‌خواندند و داستان می‌نوشتند. فیلسوفان یونانی او را نمونه انسان کامل می‌پنداشتند، و ایرانیان به وی پدر می‌گفتند و دشمنانش از وی با احترام بسیار یاد می‌کردند. پس از کوروش پسر ارشدش کمبوجیه جانشین پدر شد. نخست اوضاع داخلی را تثبیت کرد و فنیقیه را که ایالتی بزرگ در جغرافیای لبنان و اسرائیل امروزه جای دارد، تابع ساخت. نیروی دریایی توانای فنیقیه همه به‌دست کمبوجیه افتاد. سپس کمبوجیه قصد مصر کرد تا با انجام نقشه پدرش آنجا را ضمیمه ایران کند. برخلاف آنچه دشمنان کمبوجیه در قدیم رواج داده‌اند، وی جور و ستمی نکرد. به خدایان مصر بی‌حرمتی نکرد و معابدشان را تخریب نکرد. بلکه مانند پدرش حقوق مذهبی و اخلاقی مصریان را محترم شمرد و به‌نام فرمانروای مصر بالا و مصر پایین و فرعون قانونی آن سرزمین، به‌دست یک کاهن مصری تاج بر سر نهاد. سپس به حبشه لشکر کشید اما بیشتر سربازانش درمسیر حبشه در کویر و بیابان از پا درآمدند و در شن مدفون شدند.

کمبوجیه به مصر بازگشت و راهی ایران شد. در سوریه خبر ناخوشایندی به وی رسید. گفتند کسی خود را بردیا خوانده (بردیا قبلاً به‌دست کمبوجیه به قتل رسیده بود و خود و اشخاص کمی از موضوع اطلاع داشتند) و ادعا دارد که پسر کوروش است و مردم دور او جمع شده‌اند. کمبوجیه بر اسب نشست تا به جنگ آن دروغگو برود ولی انتهای نیام خنجرش در هنگام سوارشدن به بدن وی فرو رفت و جان وی را گرفت.

پس از مرگ کمبوجیه، شخصی به‌نام گئومات از مغ‌ها و چنانکه از قرائن برمی‌آید از خاندان ماد، خود را به دروغ

شکل ۴-۴. تصاویری از آثار باقی مانده از کاخ داریوش، شوش.

بردیا پسر کوروش خواند و ادعای پادشاهی کرد. در این زمان شیرازه کشور درحال از هم پاشیدن بود که داریوش از خاندان آریارمنه برخاست.

۱-۳-۴ پادشاهی داریوش اول

پس از اینکه کمبوجیه کشته شد، داریوش اول، چنانچه از کتیبه بیستون برمی‌آید، ابتدا کوشید شورش‌های محلی را سرکوب کند گئومات را از میان برداشت و بر کشور اقتدار بخشد و سپس کشور را توسعه داد که پهناورتر از زمان کوروش و کمبوجیه شد. تدبیرعالی، قدرت اراده، نبوغ، درایت و دانش، فراغ‌بینی و فکر جهان شمول داریوش اول، مشهور به داریوش کبیر، آن‌چنان اقتداری به ایران آن زمان داد که هنوز تاریخ نمونه آن را تجربه نکرده است.

داریوش شوش را به پایتختی انتخاب کرد (شکل۴ -۴) و همدان را پایتخت تابستانی و بابل را به‌عنوان پایتخت زمستانی گزید. ساختمان تخت‌جمشید را بنیاد نهاد که به‌دست جانشینان او خشایار شاه و اردشیر اول تکمیل شد (شکل ۵-۴ و شکل۶-۴).

شکل ۵-۴. نمایی از تخت‌جمشید.

شکل ۶-۴. سرستون بازسازی شده ستون‌های تخت جمشید (گرفته شده از موزه لور- رضائیان، ۱۳۸۶)

ساختن بنا برروی سکوهای سنگی از ویژگی‌های معماری عصر داریوش است. این ویژگی را از تخت‌جمشید تا کاخ داریوش در شوش (که بنای اصلی آن مربوط به دوره ساسانی است) می‌توان پی گرفت (شکل ۷-۴). در پاسارگاد، نخستین پایتخت هخامنشی که به روزگار کوروش بزرگ ساخته شد، افزون بر چند تالار ستوندار و چند کاخ بزرگ و کوچک و آثار بازمانده از بناهای دینی مانند آتشکده‌ها، مقبره خود کوروش نیز برپا شده است.

شکل ۷-۴. نمایی از تخت جمشید، استان فارس.

این مجموعه که همگی از سنگ تراشیده و بیشتر با سنگ‌نگاره‌ها و پیکره‌های گوناگون آراسته شده بود در حصاری سنگی با دروازه‌های بزرگ و کوچک محصور بود. افزون بر آن در فاصله آن‌ها آب‌نماها و حوض‌هایی را می‌توان دید (سمسار، ۱۳۹۰). این مجموعه در باغی بزرگ قرار داشته است که یک باغ سلطنتی تمام و کمال بود. در حقیقت مجموعه پاسارگاد نخستین باغ سلطنتی است که کوروش کبیر بنیاد گذاشته است. این باغ به چهار بخش بزرگ تقسیم شده، به‌مانند چهارباغ بوده است که دو کاخ و دو عمارت کوچک‌تر را در برمی‌گرفت. این باغ دارای جوی‌های سنگی بوده است. این چهارباغ به الگوی باغ‌شاهی در ایران و پس از آن در اروپا تبدیل گردید (رضائیان، ۱۳۸۶) (شکل ۸-۴).

شکل ۸-۴. نمای بازسازی شده چهارباغ در پاسارگاد، اوین باغ سلطنتی جهان (رضائیان، ۱۳۸۶).

داریوش برای نخستین‌بار در ایران سکه طلا (داریک) ضرب زد. سازمان اداری و پست را برقرار کرد و همچنین برای نخستین‌بار کانال سوئز را ساخت. راه‌های ارتباطی، دریاهای کشور و جاده‌های بین شهری را توسعه بخشید و شاهراه‌های بزرگی، از جمله شاهراهی را ایجاد کرد که از ساردیس به شوش، تخت‌جمشید به پاسارگاد، شوش به همدان- البرز و شوش به تخت‌جمشید می‌رفت. پس از آن بر سر راه‌ها، کاروانسراها ساخته شد و ایستگاه‌های پست دایر گردید و ارسال نامه‌های اداری و پیک‌های شاهی طوری تنظیم شد که بین خاوری‌ترین نقطه کشور تا باختری‌ترین آن به سرعت منتقل شود (گیرشمن، ۱۳۴۹). در زمان داریوش و تا آخر دوره هخامنشی ایران بزرگترین وسعت امپراتوری را دارا بود (شکل ۹-۴) به‌طوریکه کشور به چند استان یا ساتراپ تقسیم شد و سیستم مالیاتی دایر گردید. برای نخستین‌بار مقیاس‌های وزنی و اندازه‌گیری مشخص گردید (همان).

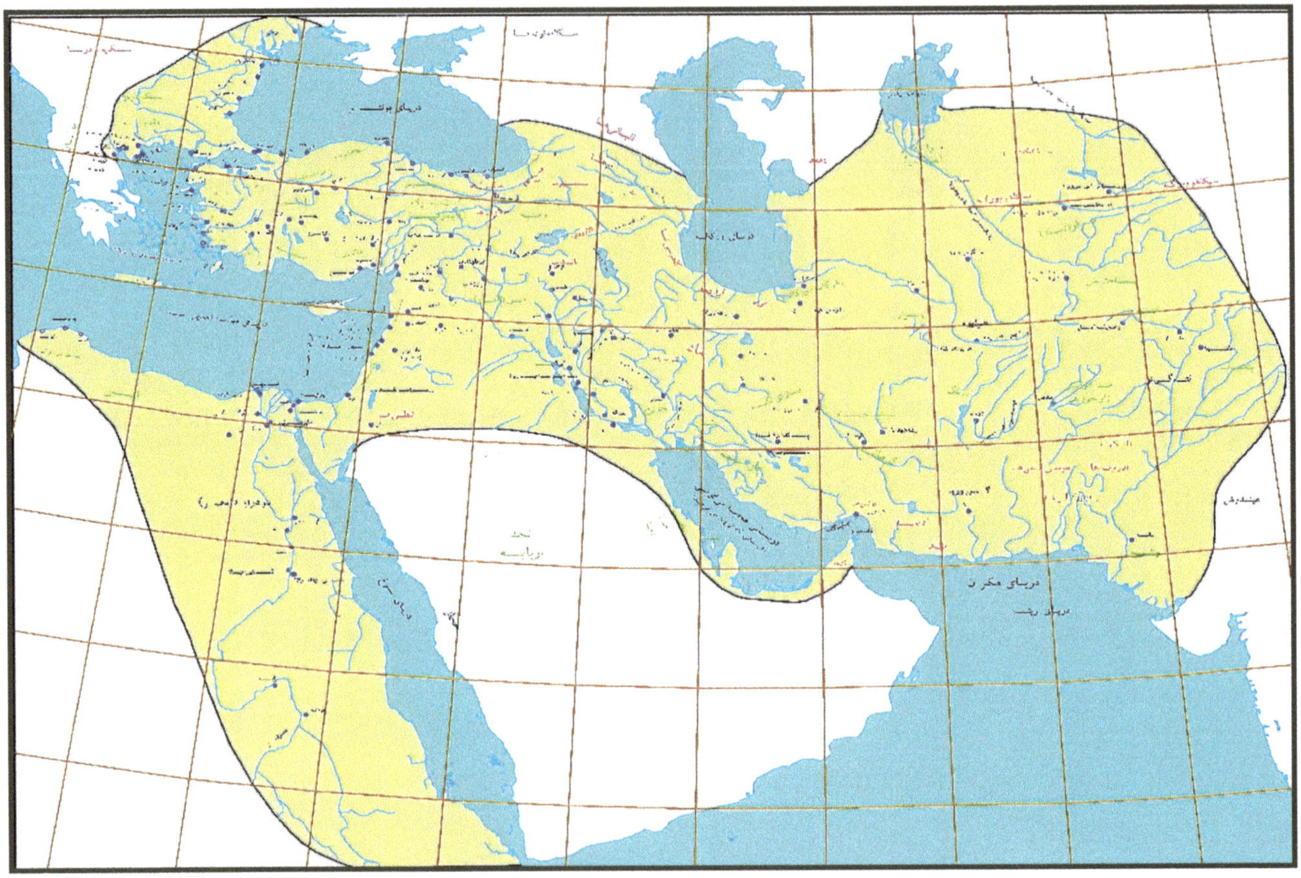

شکل ۹-۴. نقشه گستره ایران در دوره هخامنشیان (اطلس تاریخ ایران، ۱۳۷۸)

مهم‌ترین کارهای داریوش که کم و بیش در زمان پادشاهان دیگر هخامنشی نهادینه شد عبارتند از:

۱. **تقسیم‌بندی استانی:** ایران به ۲۰ استان تقسیم شد.

۲. **راه‌سازی:** ایجاد راه شاهی ساردیس به شوش و شوش به تخت‌جمشید و پاسارگاد و شوش به همدان (شکل ۱۰-۴).

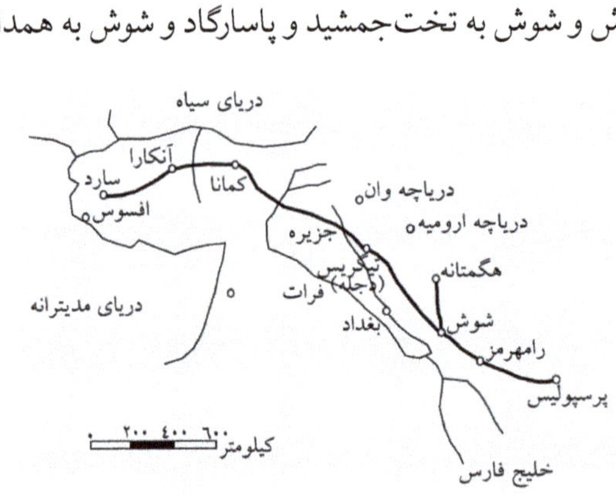

شکل ۱۰-۴ .شماتیکی از نقشه راه شاهی ساردیس به شوش (فرشاد، ۱۳۷۶)

۳. **ایجاد اداره برید (پست):** تسهیل و تسریع نامه‌رسانی به‌وسیله پیک‌های شاهی که در هر منزل با اسب‌های تازه‌نفس و زین و یراق کرده آماده بودند و رساندن اخبار به‌وسیله آتش‌هایی که برفراز کوهها می‌افروختند و با استفاده از شعله یا دود آن خبرهای مهم را در کوتاه‌ترین مدت به شهرهای دور می‌فرستادند. از بازتاب آیینه‌های کوچک نیز برای ارسال خبرها استفاده می‌کردند.

۴. **وضع سیستم مالیاتی:** مالیات‌ها که ۲۰۰ سال ثابت ماند.

۵. **رواج پول و سکه:** داریوش از زر و نقره پول سکه‌ای درست کرد. سکه طلا را «داریک» و سکه نقره را «شِکِل» می‌خواندند.

۶. **تعیین وزن‌ها و مقیاس‌ها:** داریوش مقیاس وزن را بر اساس روش بابلیان در ایران رایج کرد و علاوه بر آن یک دستگاه وزنی هم ویژه ایرانیان، به‌نام سنگ‌شاهی به‌وجود آورد.

۷. **ایجاد سپاه جاویدان:** داریوش سپاهی منتخب به شماره ده هزار تن به‌نام «سپاه جاویدان» تشکیل داد که هرگز از تعداد آن سپاه کم نمی‌شد.

۸. **ایجاد دادگستری و نظام قانون‌گذاری:** داریوش دستور داد هر ملتی قوانین اخلاقی و دینی خود را گرد آورد و بنویسد. سنن و قوانین داریوش تا ۳۰۰ سال پس از وی هنوز در بابل رواج داشت.

۹. **ترویج کشاورزی:** برای ترویج کشاورزی به‌دستور داریوش، سدهایی ساخته شد و پاداش‌هایی برای کشاورزان تعیین شد. حفر کاریز و راه آب‌های زیرزمینی نیز در این زمان رایج بود.

۱۰. **ابداع خط میخی و تشکیل دیوان:** ایجاد خطی با ۳۶ حرف و چند علامت توسط داریوش انجام شد که برای نوشتن اسناد مهم به‌کار می‌رفت (تصویر ۴-۱۱همان) مراجعه شود به فصل ششم.

حکومت هخامنشی که توسط کوروش کبیر تأسیس شد و به‌دست داریوش به اوج سازمانی، اقتدار و نظم رسید تا داریوش سوم سیزدهمین پادشاهی هخامنشی ادامه‌یافت.

۴-۳-۲ پادشاهان هخامنشیان از ظهور تا سقوط

(۱) کوروش بزرگ، (۲) کمبوجیه، (۳) گئومات، (۴) داریوش اول، (۵) خشایارشاه، (۶) اردشیر اول، (۷) خشایار شاه دوم، (۸) سغدیانوس، (۹) داریوش دوم، (۱۰) اردشیر دوم، (۱۱) اردشیر سوم، (۱۲) آراسِس و (۱۳) داریوش سوم.

۴-۳-۳ حکومت، صنعت، هنر و فرهنگ در دوره هخامنشیان

در ایران دوره هخامنشی، آن مرزبندی طبقاتی سخت موجود در ایران دوره ساسانی و سخت‌تر از آن که هنوز در هندوستان شواهد آن هست،

تصویر۱۱ -۴. تصویری از گل‌نوشته به خط میخی، محوطه باستانی هفت‌تپه (موزه شوش).

وجـود نداشـت؛ یعنـی آزادی عبور از طبقات بیشتر بود و در نتیجه رفتن از طبقه‌ای به طبقه بالاتر در پرتـو شایسـتگی و کارآمدی ممکن بود.

ریچارد فـرای استاد دانشـگاه هـاروارد مـی‌نویسـد: «پـذیرش و بردبـاری دینـی از ویژگی‌های امپراتوری هخامنشیان به‌شمار می‌رفت. هخامنشـیان در پـی آن نبودنـد کـه اراده خود را بر دیگر ملت‌ها تحمیل کنند. آن‌ها نه فقـط بـه ادیـان دیگـر نظـر مسـاعد داشتند بلکه در واقع از آن‌ها حمایت می‌کردند» (رضائیان، ۱۳۸۶).

شاهنشاهان هخامنشی یک انجمن مشـاوره داشـتند کـه در موضـوعات حقـوقی بـا اعضای آن مشورت می‌کردند. این انجمن هفت عضو دائمی داشت که از میـان بزرگـان پارس و ماد برگزیـده مـی‌شـدند و مقـام‌شـان را تـا دم مـرگ حفـظ مـی‌کردنـد. آنـان می‌توانستند با شاهنشاه دیـدار کننـد و او را در موضـوعات حقـوقی، تشـریح و تفسـیر قوانین یاری دهند و بر اجری آنها نظارت داشته باشند. ولـی یـک مجلـس بزرگـان یـا شورای نجبا هم بود که از بزرگان پارسی و دیگر اقوام ایرانـی تشـکیل مـی‌شـد و آن را مهستان می‌نامید. اعضای مهستان همواره کنار شاه بودنـد و وی بـا آنـان در امـور مهـم، به‌ویژه کارهایی که به جنگ و صلح و مصالح ملی بستگی داشت، رایزنی مـی‌کـرد. ایـن بزرگان بیشتر از خاندان شش آزادهای بودند که داریـوش را در بازیـافتن تخـت و تـاج هخامنشی یاری کردند. اینان به هنگام گردآمدن در انجمن با دقـت بـه سـخنان پادشـاه گوش می‌دادند و سپس رأی خود را بیان می‌کردند.

دستگاه اداری شاهنشاهی در تسلط برگزیدگان قوم بود. در مراکز شاهنشاهی شـوش و همدان و بابل- دیوانی برای حل و فصل امور دولتـی و نظـارت بـر طـرح و اجـرای جزئیات کار تشکیل شده بود که در آن دبیران آزموده گـزارش امـور را در روزنامـه یـا سالنامه شاهی ثبت می‌کردند. نامه‌ها، فرمان‌ها و اسناد مالی را به زبان عیلامی یا بابلی یـا زبان محلی، برروی خشت خام می‌نگاشتند و همه را در گنجینه نوشته‌ها جا مـی‌دادنـد. دبیر بزرگ، رئیس تشریفات یا دربارسالار، مدیر دیوان و فرمانده نگهبانان شـاهی، همـه در وجود یک تن خلاصه می‌شد. او توسط فرمانـده از میـان هـزار تـن از نخبـه‌تـرین سپاهیان ایران برگزیده می‌شد و تقریباً صـدراعظم یـا نخسـت‌وزیـر امـروزی بـه‌شـمارمی‌رفت. ایرانشهر دوره هخامنشیان به بیست استان تقسیم شد که هـر یـک را خشـثرویه (بـه یونانی: ساتراپی) می‌خواندند و بر هر کدام فرمانداری حکومت می‌کرد. حدود اسـتان‌هـا معین بود و هر استانی خود به مناطق کوچک‌تری تقسیم می‌شـد کـه هـر قسـمت زیـر فرمان امیری بود. شاهنشاهان هخامنشی به آبادانی اهمیت بسیار می‌دادنـد. در ایـن زمـان بـرای مهـار آب‌ها سدهای زیاد و همچنین کاریزهای بسیاری احداث شد. شـاه بـه فرمانـدارانی کـه زمین‌های بایر را آباد می‌کردند پاداش می‌داد و بر وسعت قلمروشان می‌افزود ولـی اگـر زمینی را بایر می‌دید و پی می‌برد که ستم و نامردمی استاندار باعث آن شده است او را برکنار می‌کرد. همواره مراقبت می‌شد همه جا پر از باغ و بستان باشد و میوه‌های تـازه و دانه‌های خوراکی به نواحی دورتر برده و کاشته شود. برای تشویق کشاورزی هر گاه کسی زمین بایری را با آبیاری آباد می‌کـرد، بـی‌آنکـه مالیاتی بپردازند عایدات آن زمـین تـا پـنج نسـل از آن او و فرزنـدانش مـی‌شـد. تمـام کارگرانی که در تخت‌جمشید و شوش و جاهای دیگر کار می‌کردند مـزد مـی‌گرفتنـد و طبقه‌بندی و سازمان مشخصی داشتند. هر دسـته از گروهـی مـرد و چنـد زن و کـودک تشکیل شده بود که مزد هر یک جداگانه پرداخت می‌شد. برگزاری مراسم قربانی برعهده پیشوایان دینی بـود و پیشگویی و تعبیـر خـواب از وظایف آنان به‌شمار می‌رفت. همچنین پیشوایان دینی خواننده سـرودهای دینـی و گـاه آموزگار بزرگزادگان ایرانی بودند. ایـن پیشـوایان دیـن در لشکرکشـی‌هـا، سـربازان و کمان‌گیرانی عازم جنگ را با نیایش همراهی می‌کردند و از خدایان می‌خواستند تـا آنهـا را از بلاها حفظ کنند. در زمان کوروش و داریوش بزرگ مغ‌ها تا حدودی نفوذ خود را از دست دادند.

در این دوره، پارسیان از خردسالی با ورزش‌های مردانـه و پهلـوانی بـار مـی‌آمدنـد. پسران وظیفه داشتند که صبح زود برخیزند و با شنیدن آهنگ شـیپور در میـدانی گـرد آیند. سپس در دسته‌های پنجاه نفری که هر دسته را بزرگزاده‌ای ورزیده رهبری می‌کرد فاصله معینی را بدوند و سپس ناشتایی ساده‌ای بخورند و باز به آموختن بپردازند.

زنان پارسی در دوره هخامنشیان در سیاست، جنگ، شکار و کارهای دیگر با مردهـا همکاری داشتند و همچنین قالی و پارچه می‌بافتند و در عین حال کارهای خانـه را نیز انجام می‌دادند. ایرانیان در دوره ماد و هخامنشیان دو گونه پوشاک به تن می‌کردند که البته هر کـدام خود گونه‌های فرعی داشت. یکی را اصطلاحاً جامه ماد و دومی را جامه پارسی گوینـد. جامه ماد بیشتر مناسب نواحی سردسیر و برای سواری و شکار و کارهـایی بـود کـه بـه چستی و چالاکی نیاز داشت، به‌همین جهت جامه پایوران و صاحب‌منصبان سپاهی از این نوع بود. جامه پارسی ویژه درباریان و مناسب هوای گرم و زندگی کم تحرک بود. مبدأ تاریخ پارسیان سال تاج‌گذاری هر پادشاه بود مثلاً می‌گفتنـد در بیسـتمین سـال پادشاهی داریوش.

هنرهای دوره هخامنشیان عبارت بودند از فلزکاری، کاشی‌سازی، قالی‌بافی، مهرکنی، نقاشی و همچنین پرداخت اسباب و زر و زیور آرایشی (جواهرسازی). دسـت‌بافتـه‌هـا، قالی‌ها و گلیم‌های دوره هخامنشیان از شهرت جهانی برخوردار بود. گرایش به طبیعـت و گاهی پیروی کامل از آن در هنر هخامنشـی از پیکرتراشـی تـا زرگـری جـاری بـود (سمسار، ۱۳۹۰) در دوره هخامنشـیان چهـار نـوع خـط در اسـتان‌هـای ایـران رواج داشـت. خـط هیروگلیفی در مصر، خط آرامی در همـه آسـیای بـاختری، خـط بـابلی در بابـل، خـط عیلامی در ایران باختری. هخامنشیان بر حسـب موقعیـت همـه ایـن خطـوط را بـه‌کـار می‌بردند. به‌دستور داریوش، خط میخی فارسی باستان برای مقاصد شـاهانه ابـداع شـد. این خط تقریباً هجایی- الفبایی است و دارای ۴۳ علامـت است که هـر علامـت از یـک الی پنج نقش

میخی‌شکل ترکیب یافته است و این میخ‌ها را به‌طور عمودی و افقی یا ترکیبی از هردو به‌کار می‌برده‌اند. خط فارسی باستان را از چپ به راست می‌نوشتند(۱۲-۴ شکل).

شکل ۱۲-۴. نمایی از کتیبه از گنجنامه، همدان.

پس از داریوش هر از چندگاه در بین جانشینان او که همگی از نوادگان هخامنشی بودند و جزء دولت مقتدر هخامنشی بر کشوری که کوروش کبیر و داریوش بزرگ بنیاد گذاشته بود حکومت کردند، اما هیچگاه قدرت، عظمت و شوکت زمان داریوش اول تکرار نشد. گاه در میان جانشینان عادت خوش‌گذرانی بر راه و رسم مملکت‌داری چیره گشت تا سرانجام اسکندر مقدونی طی جنگی حکومت هخامنشی را برانداخت.

حجم انبوه طلا در خزانه هخامنشی، گویای رونق معدن‌های طلا در این زمان است. حتی بخشی از مالیاتی که دولت هخامنشی از قلمروهای تابعه دریافت می‌کرد به‌صورت طلا و ظروف زرین و زیورآلات سنگین قیمت بود. از این رو احتمال دارد بیشتر ذخایر طلای شناخته شده ایران پیش از اسلام، در این زمان شناسایی شده باشند (قربانی، ۱۴۰۱) از قلمروهای استخراج طلا در دوره هخامنشیان، منطقه زرافشان تاجیکستان واقع در آسیای میانه تا شهر گنجه یا شیز در نزدیکی تکاب (معدن زره‌شوران) قابل‌پیگیری هستند (قربانی، ۱۴۰۱) (شکل ۱۳-۴).

شکل ۱۳-۴ تصویری از آثار باقی مانده از شستشوی طلا در منطقه زره شوران، تکاب.

ایرانیان در دوره هخامنشیان، در تهیه فولاد از آهن استفاده می‌کردند. براساس نوشته‌های یونانیان، ایرانیان در تهیه جنگ‌افزار و ساختن پل‌ها از فولاد استفاده می‌کردند و سپس این پل‌ها را قیراندود می‌کردند که هنوز هم بدون زنگ‌زدگی باقی مانده‌اند. همچنین برای استحکام ساختمان‌های تخت‌جمشید و پاسارگاد، از آهن و سرب استفاده شده است (همان).

۴-۳-۴ کتیبه بیستون

این کتیبه بزرگ‌ترین کتیبه جهان است که بر پیکر سنگ‌های صخرهای کوه پراو معروف به بیستون حکاکی شد.

بَغستان- بگستانَ - بهستون - بهستان - بیستون امروزی یک صخره برافراشته در شمال یک‌راه باستانی پر رفت‌وآمد که محل عبور کاروان‌ها و نظامیان از بابل و بغداد به‌سوی کوه‌های زاگرس و همدان (اکباتان) بود، می‌باشد. کوه بیستون در ۳۵ کیلومتری‌شمال کرمانشاه و در جوار شهر بیستون در مختصات جغرافیایی ′۳۵ °۳۴ عرض شمالی و ′۴۷ °۴۵ طول خاوری قرار دارد. نام پارسی باستان این کوه بَغستانَ و بنگستانَ به معنی جایگاه خدایان و در نوشته‌های یونانی بگیستانُن (اُروس) می‌باشد. جایگاه بیستون در نزدیک پایتخت مادها است که شواهد تاریخی ماد، هخامنش، اشکانی و ساسانی در آن دیده می‌شود. کوه بیستون یک کوه با دیواره عمودی بسیار مرتفع است که حالت آن در کشور کم‌نظیر است و وجود جایگاه مقدس بودن آن‌هم از این طبیعت شگفت‌انگیز آن ناشی می‌شود که معنی جایگاه خدایان دارد.

بیستون به علت شرایط جغرافیایی همیشه از آغاز زندگی بشر تا امروز موردتوجه بوده و آثاری از هر دوره تاریخ را در خود جای داده است. امروزه در محوطه تاریخی بیستون به طول تقریبی پنج کیلومتر و عرض سه کیلومتر آثاری از دوران پیش دربر دارد. در مجموعه بیستون ۲۸ اثر در فهرست آثار ملی به ثبت رسیده است که شامل:

۱- غار شکارچیان ۲- غارمرخل ۳- غار مرتاریک ۴- غار مرآفتاب ۵- غار مردودر ۶- تپه نادری ۷- سراب بیستون ۸- جاده تاریخی حاشیه سراب ۹- بقایای گورستان قدیمی ۱۰-دژ تاریخی مدفون ۱۱- نیایشگاه مادی ۱۲- نقش برجسته و کتیبه داریوش بزرگ ۱۳- مجسمه هرکول ۱۴- نقش برجسته متریدات دوم ۱۵- نقش برجسته گودرز ۱۶- سنگ بلاش ۱۷- پرستشگاه پارتی ۱۸- بقایای شهرپارتی ۱۹- بقایای بنای ساسانی ۲۰- فرهادتراش۲۱-بقایای پل ساسانی ۲۲- بقایای سد ساسانی ۲۳-سنگ‌های تراش‌خورده ساسانی ۲۴- کاروانسرای ایلخانی ۲۵- بقایای بنای ایلخانی۲۶-کاروانسرای صفوی ۲۷- وقف نامه شیخ علی‌خان زنگنه ۲۸- پل بیستون.

مهم‌ترین و مشهورترین اثر باستانی در این محوطه نقش برجسته و کتیبه داریوش بزرگ می‌باشد که به نخستین سال‌های فرمانروایی داریوش بزرگ مربوط است و به نخستین سال فرمانروایی داریوش بزرگ از خود او می‌پردازد. با آشنا شدن با این اثر باستانی می‌توانیم خط میخی پارسی باستان را بشناسیم و در مورد، تاریخ، وسعت فرمانروایی، طرز آرایش سروصورت، ارزش‌گذاری عمرانی و اعتقادات مذهبی مردمان ۲۵۵۰ سال پیش در امپراتوری هخامنشیان، اطلاعات ارزنده‌ای به دست آوریم.

سنگ‌نوشته سه زبانه پارسی باستان، عیلامی و بابلی است که از زبان خـود داریـوش بزرگ نقل می‌شود. داریوش در ابتدای حکومت خود بـا شـورش‌هـای داخلی بزرگـی مواجه می‌شود که پس از لشگر کشی کمبوجیه پسر کورش به مصر و کشته شدن آن در محل سوریه امروزی در این زمان رخ می‌دهد. سالی که داریوش، سراسر آن را در جنگ با پادشاهان دروغگو سپری کرد. پس از کشـته شـدن کمبوجیـه و افتـادن حکومـت بـه دست داریوش، در سراسر امپراتوری هخامنشی ۱۹ شورش بزرگ و کوچک اتفاق افتاد. داریوش بزرگ پس‌ازاینکه این شورش‌ها را فرونشاند تصمیم گرفت که مردم امپراتوری را (و جهان پس از خود را) در جریان چگونگی به دست گرفتن قدرت و نخستین سال فرمانروایش قرار دهد. او این بنای یادبود و بیانیه مهم را در بیستون جایگـاه مقـدس بـر سر یک‌راه کهن به ثبت رساند. این نقشه برجسته، نگاره داریوش و اسیران، در سـطحی عمودی به بلندی ۳ متر و در پهنای ۵/۵ متر قـرار دارد. انـدازه داریـوش در مقایسـه بـا اسیران برای نشان دادن شکوه و عظمت او، بزرگ‌تر است. بلندی قامت اسیران ۱۷/۱ و بلندی قامت داریـوش ۷۲/۱ متـر مـی‌باشـد. دو تـن از یـاران داریـوش (هفـت تنـان)، ویندفرناه کمانـدار و گئوبروه (گوبریاس) نیزه‌دار، پشت سر او ایستادند. داریوش کـه در دست چپش کمانی دارد پای چپ خـود را بـر سـینه نخستین دشـمنش، گئومـات‌مـغ گذاشته است و گئومات دست‌هایش را به حالت التماس به بالا دراز کرده اسـت. پشـت سر گئومات صف ۸ تن اسیر قرار دارد؛ که به ترتیب نام‌های آن‌ها آثـرین، نـدنیت بئیـر، فرورتیش، مرتی‌ی، چیسن تخمه، وه‌یزدانت، ارخ و فراد مـی‌باشـند و گـردن‌هـای ایـن اسیران را با طناب به یکدیگر و دست‌هایشان را از پشت سربسته‌انـد. بعـدها اسـیر نهـم یعنی سکونخای سکایی با خود تیز به جمع اسیران اضافه گردید. بر فـراز سـر اسـیران، روبه روی داریوش، نگاره فروهر قرار دارد و داریوش دست راست خـود را بـه نشـانه نیایش اهورامزدا به بالابلند کرده است.

۴-۳-۴-۱ جزئیات نقش برجسته و کتیبه بیستون

همان‌طور که پیش‌تر اشاره شد این کتیبه سه زبانه است و به سـه زبـان پارسـی باسـتان، ایلامی و بابلی نوشته‌شده است؛ که قطعه زبان ایلامی در قسمت راست‌بـالا و قسـمت چپ پایین این بنای یادبود در تصویر مشخص می‌باشد. قطعه سمت چپ پائین به زبـان ایلامـی دارای سه ستون است که ستون اول از بند ۱ تا بند،۲۱ سـتون دوم از بنـد ۲۱ تـا بند ۴۰ و ستون سوم از بند ۴۰ تا بند ۶۹ را شامل می‌شود. قطعه به زبـان بـابلی هـم در قسمت چپ بالای این بنای یادبود قرارگرفته است که دارای دو سطح می‌باشد. سطح سمت چپ و سطح روبه‌رو که درمجموع ۶۹ بند را در بردارند. قسمت اصلی این بنـای یادبود قطعه به زبان پارسی باستان می‌باشد کـه دَر قسـمت زیـرین ایـن اثـر قرارگرفتـه است؛ که دارای ۵ ستون می‌باشد که ستون اول بندهای ۱ تـا ۱۹ سـتون دوم ۲۰ تـا ۳۵، ستون سوم ۳۶ تا ۵۰ ستون چهارم ۵۱ تا ۷۰ و ستون پنجم بندهای ۷۱ تـا ۷۶ را شـامل می‌شود؛ که درمجموع این پنج ستون ۴۱۴ خـط و ۳۶۰۰ واژه بـه زبـان پارسـی باسـتان دارد. این‌ها تنها قطعه‌های بزرگ این بنای یادبود هسـتند ولـی در ایـن اثـر قطعـه‌هـای کوچکی هم وجود دارند که به سه زبان پارسی باستان، ایلامی و بابلی در فضـای بـالای نقش برجسته داریوش و همچنین در قسـمت زیـرین نقش برجسـته قـرار دارنـد ایـن قسمت‌ها کوچک به نظر می‌رسد که حکم تزئینات این اثر بزرگ را داشته باشند. این بنا یک سیر تکاملی را پیموده است و به‌تدریج و در هفت مرحله کامـل گردیـده اسـت. در مرحله اول تنها نقش برجسته داریوش و اسیران بدون نقش آخرین اسـیر (سـکونخا بـا خود تیز) بر سنگ‌ها صخره بیستون نقش شـده اسـت. در مرحلـه دوم قطعـه بـه زبـان ایلامی با ۶۹ بند به آن اضافه‌شده است. در مرحله سوم قطعه به زبان بـابلی نوشته‌شـده است و در مرحله چهارم که خط پارسی باستان به‌فرمان داریوش بزرگ ابـداع مـی‌شـود قطعه زبان پارسی باستان با ۷۰ بند در زیر این نقشه برجسته حک مـی‌شـود. در مرحلـه پنجم تصویر سکونخا آخرین شاه دروغزن نقش می‌بندد و اولین نوشته به زبـان ایلامـی که در قسمت سمت راست بالای این اثر می‌باشد حذف می‌شـود و قطعـه دوم بـه زبـان ایلامی در قسمت چپ پایین که کپی همان قطعه ابتدایی بوده نوشته می‌شود. در مرحلـه ششم بندهای ۷۱ تا ۷۶ به زبان پارسی باستان که ستون پنجم این قطعه می‌باشـد نوشـته می‌شود و در مرحله هفتم قطعه کوچکی به زبان پارسی باستان (Dba) با ۴ بند در بالای سر داریوش بزرگ و فروهر قرار می‌گیرد.

همان‌طور که در شکل ۱۵-۴ مشخص است این نقشه برجسته چندین قطعه کوچک به زبان‌های پارسی باستان، ایلامی و بابلی نوشته‌شده است را در خود دارد. در این‌جا مـا به یازده قطعه کوچکی که به زبان پارسی باستان نوشته‌شده‌اند می‌پردازیم. آن‌ها شامل:

Dba این قطعه که چهاربند و هجده خط دارد همان نوشته‌های چهاربنـد سـتون اول است.

DBb این قطعه هفت خط دارد و ترجمه آن این است. ایـن گئومـات‌مـغ اسـت. او دروغ گفت: من بردیا پسر کورش هستم. من شاه‌هستم.

DBc این قطعه ده خط دارد و ترجمه آن این است: این آثرین است. او دروغ گفت. چنین گفت: من در عیلام شاه هستم.

DBd این قطعه هشت خط دارد و ترجمه آن این است: این ندئیت بـئیر اسـت. او دروغ گفت: چنین گفت: من نبوگدرچر پسر نبون‌ئیت هستم. من شاه بابل هستم.

Dbe این قطعه یازده خط دارد و ترجمه آن این است: این فرورتیش است. او دروغ گفت. چنین گفت: من خش ثرئیت از دودمان هوخشتر هستم. من شاه ماد هستم.

DBf این قطعه هفت خط دارد و ترجمه آن این است: این چیسـن تخمـه اسـت. او دروغ گفت و چنین گفت: من ایمنیش در عیلام شاه است.

DBg این قطعه دوازده خط دارد و ترجمه آن این است: این چیسن تخمه است. او دروغ گفت و چنین گفت: من در سگارتیه شاه هستم از دودمان هوخشتر.

DBh این قطعه نه خط دارد و ترجمه آن این است: این وه‌یزدات است. او دروغ گفت. چنین گفت: من نبوکدرچر پسر نبون‌ئیت هستم. من شاه در بابل هستم.

DBj این قطعه شش خط دارد و ترجمه آن چنین است. این افراد است. او دروغ گفت. چنین گفت: من در مرو شاه هستم.

DBk این قطعه دو خط دارد و ترجمه آن چنین است: این سکونخای سکایی است.

گفته‌شده بود که پنج ستون بزرگ به زبان پارسی باستان شامل ۴۱۴ خط می‌باشند. اگر تعداد خط‌هایی که در قطعه‌های کوچک به زبان پارسی باستان را هم به آن اضافه کنیم مجموع خط‌هایی که به زبان پارسی باستان نوشته‌شده‌اند برابر است با ۵۱۵ خط (شکل ۱۴-۴).

شکل ۱۴-۴ . نمایی از کتیبه بیستون.

توضیحات:

۱. در اینجا منظور از خط یعنی ردیف. گاهی تنها یک حرف الفبا یک خط یا یک ردیف را تشکیل می‌دهد.

۲. [b,c...] ,Dba, حرف D مخفف داریوش B مخفف، بیستون و حروف کوچک [a,b,c] یعنی قطعه‌های کوچک [a,b,c]

متن کتیبه داریوش بزرگ شاهنشاه هخامنشی در بیستون:

ستون ۱

بند ۱- من داریوش، شاه بزرگ، شاه شاهان ، شاه در پارس، شاه کشورها، پسر ویشتاسپ، نوه آرشام هخامنشی

بند ۲- داریوش شاه گوید: پدر من ویشتاسپ، پدر ویشتاسپ آرشام، پدر آرشام آریامن، پدر آریامن چیش‌پیش، پدر چیش‌پیش هخامنش.

بند ۳- داریوش شاه گوید: بدین جهت ما هخامنشی خوانده می‌شویم که از دیرگاهان اصیل هستیم. از دیرگاهان تخمه ما شاهان بودند.

بند ۴- داریوش شاه گوید: هشت تن از تخمه من شاه بوده‌اند. من نهمین هستم. ما نه تن پشت اندرپشت (در دوشاخه) شاه هستیم.

بند ۵- داریوش شاه گوید: به خواست اهورامزدا من شاه هستم. اهورامزدا شاهی رابه من داد.

بند ۶- داریوش شاه گوید: این است کشورهایی که از آن من شدند به خواست اهورامزدا من شاه آن‌ها بودم. **پارس، عیلام، بابل، آشور،**

عرب، مودرای، اهل دریا، سارد، یونان، ماد، ارمنستان، کپدوکیه، پارت، زرنگ، هَرَئِی و خوارزم، باخترسغد، گدار، سک، تت گوش، رخج، مک، جمعاً ۲۳ کشور.

بند ۷- داریوش شاه گوید: این است کشورهایی که از آن من شدند. به خواست اهورامزدا بندگان من بودند. به من باج دادند. آنچه از طرف من به آن‌ها گفته شد چه شب چه روز همان کرده شد.

بند ۸- داریوش شاه گوید: در این کشورها مردی که موافق بود او را پاداش خوب دادم آنکه مخالف بود او را سخت کیفر دادم. به خواست اهورامزدا این کشورهایی است که بر قانون من احترام گذاشتند. آن طوری که به آن ها از طرف من گفته شد همان کرده شد.

بند ۹- داریوش شاه گوید: اهورامزدا این پادشاهی داد. اهورامزدا مرا یاری کرد تا این شاهی به دست آوردم. به یاری اهورامزدا این شاهی را دارم.

بند ۱۰ - داریوش شاه گوید: این است آنچه به وسیله من کرده شد پس ازآن که شاه شدم. کمبوجیه نام پسر کورش از تخمه ما او اینجا شاه بود. همان کمبوجیه را برادری بود بردیا نام هم مادر و هم پدر با کمبوجیه. پس ازآن کمبوجیه آن بردیا را به کشت، به مردم معلوم نشد که بردیا کشته شده. پس ازآن کمبوجیه رهسپار مصر شد وقتی که کمبوجیه رهسپار مصر شد مردم نافرمان شدند. پس ازآن دروغ در کشور بسیار شد. هم در پارس هم در ماد هم در سایر کشورها.

بند ۱۱ - داریوش شاه گوید: پس ازآن مردی مغ بود گئومات نام. او از پنیشی یاووادا برخاست. کوهی است ارکدی نام. چون از آن جا برخاست از ماه وی یخن چهارده روز گذشته بود. او به مردم چنان دروغ گفت: که من بردییَ پسر کورش برادر کمبوجیه هستم. پس ازآن مردم همه از کمبوجیه برگشته به سوی او شدند هم پارس هم ماد و هم سایر کشورها. شاهی را برای خود گرفت. از ماه گرم پد ۹ روز گذشته بود آنگاه شاهی را برای خود گرفت. پس ازآن کمبوجیه به دست خود مرد.

بند ۱۲ - داریوش شاه گوید: این شاهی که گئومات مغ از کمبوجیه ستانده بود این شاهی از دیرگاهان در تخمه ما بود. پس‌ازآن گئومات مغ از کمبوجیه ستاند. هم پارس هم ماد هم سایر کشورها را او تصرف نمود از آن خود کرد او شاه شد.

بند ۱۳ - داریوش شاه گوید: نبود مردی نه پارسی نه مادی نه هیچ‌کسی از تخمه ما که شاهی را از گئومات مغ بازستاند. مردم شدیداً از او می‌ترسیدند که مبادا مردم بسیاری را که پیش از آن بردی ی را شناخته بودند بکشد. بدان جهت مردم را می‌کشت که مبادا مرا بشناسند که من بردی ی پسر کورش نیستم. هیچ‌کس یارای گفتن چیزی درباره گئومات مغ نداشت تا من رسیدم. پس‌ازآن من از اهورامزدا مدد خواستم. اهورامزدا به من یاری ارزانی فرمود. از ماه باگیادیش ۱۰ روز گذشته بود. آنگاه من با چند مرد آن گئومات مغ. آن‌هایی را بدترین مردان دستیار او بودند کشتم. دژی سیک ی ووتیش نام سرزمینی نی سای نام در ماد آنجا او را کشتم. شاهی را از او ستاندم. به خواست اهورامزدا من شاه شدم. اهورامزدا شاهی را به من داد.

بند ۱۴ - داریوش شاه گوید: شاهی را که از تخمه ما برداشته‌شده بود آن را من برپا کردم. من آن را درجایش استوار نمودم. چنانچه پیش‌ازاین بود همان‌طور من کردم. من پرستشگاه‌هایی را که گئومات مغ ویران کرده بود مرمت نمودم. به مردم چراگاه‌ها و رمه‌ها و غلامان و خانه‌هایی را که گئومات مغ ستانده بود بازگرداندم. من مردم را درجایش استوار نمودم هم پارس هم ماد و سایر کشورها را. چنانچه پیش‌ازاین بود آن‌طور من کوشیدم به خواست اهورامزدا تا گئومات مغ خاندان ما را نگیرد.

بند ۱۵ - داریوش شاه گوید: این است آنچه من کردم پس‌ازآنکه شاه شدم.

بند ۱۶ - داریوش شاه گوید: گون من گئومات مغ را کشتم پس‌ازآن مردی آثرین نام پسر او پدارم او در عیلام برخاست. به مردم چنین گفت: من در عیلام شاه هستم. پس‌ازآن عیلامیان نافرمان شدند. به‌طرف آن آثرین گرویدند. او در عیلام شاه شد؛ و مردی بابلی ندئیت ب ئیر نام پسر ائین ئیر او در بابل برخاست. چنین مردم را بفریفت که من نبوکدرچر پسر نبون ئیت هستم. پس‌ازآن همه مردم بابلی به‌طرف آن ندئیت ب‌ئیر گرویدند. بابل نافرمان شد. او شاهی را در بابل گرفت.

بند ۱۷ - داریوش شاه گوید: پس‌ازآن من عیلام پیام فرستادم. این آثرین بسته به‌سوی من آورده شد. من او را کشتم.

بند ۱۸ - داریوش شاه گوید: پس‌ازآن من رهسپار بابل شدم. به‌سوی آن ندئیت ب‌ئیر که خود را نبودکدرچر می‌خواند. سپاه ندئیت ب‌ئیر دجله را در دست داشت. آن‌جا ایستاد و آب عمیق بود. پس‌ازآن من سپاه را بر مشک‌ها قراردادم پارهایی بر شترسوار کردم برای عده‌ای اسب تهیه کردم. اهورامزدا به من یاری ارزانی فرمود به خواست اهورامزدا دجله را گذاشتم. آنجا آن سپاه ندئیت ب‌ئیر را بسیار زدم. از ماه آثری یادی ی ۲۶ روز گذشته بود.

بند ۱۹ - داریوش شاه گوید: پس‌ازآن من رهسپار بابل شدم. هنوز به بابل نرسیده بودم شهری زازان نام کنار فرات آنجا این ندئیت ب دیر که خود را نبوکدرچر می‌خواند با سپاه بر ضد من جنگ کردن آمد. پس‌ازآن جنگ کردیم. اهورامزدا به من یاری ارزانی فرمود. به خواست اهورامزدا من سپاه ندئیت ب‌ئیر را بسیار زدم. بقیه به آب انداخته شد. آب آن را برد. از ماه انامک ۲ روز گذشته بود که چنین جنگ کردیم.

ستون ۲

بند ۱- داریوش شاه گوید: آنگاه ندئیت ب‌ئیر با سوارانی اندک گریخت. او به بابل رفت. سپس من رهسپار بابل شدم. به خواست اهورامزدا هم بابل را گرفتم هم آن ندئیت ب‌ئیر را دستگیر کردم. سپس ندئیت ب‌ئیر را در بابل کشتم.

بند ۲ - داریوش شاه گوید: تا هنگامی‌که من در بابل بودم این کشورها به من نافرمان شدند: پارس، عیلام، ماد، آشور، مصر، پارت، مرو، ثتگوش،

سکانیه.

بند ۳ - داریوش شاه گوید: مردی به نام مرتی‌ی نام پسر چین‌چی خری، در شهری کوگن‌کا نام در پارس می‌زیست، در عیلام برخاست. او به مردم چنین گفت: من ایمنیش شاه عیلام هستم.

بند ۴ - داریوش شاه گوید: آنگاه من نزدیک عیلام بودم. پس آن عیلامیان از من ترسیدند آن مرتی‌ی را که سرکرده آنان بود گرفتند و او را کشتند.

بند ۵ - داریوش شاه گوید: مردی مادی فرورتیش نام او در ماد برخاست چنین به مردم گفت که من خش ثرئیت از تخمه هوو خشتر هستم. پس‌ازآن سپاه ماد که در کاخ او بود نسبت به من نافرمان شد به‌سوی آن فرورتیش رفت. او در ماد شاه شد.

بند ۶ - داریوش شاه گوید: سپاه پارسی و مادی که تحت فرمان من بود کم بود. پس‌ازآن من سپاه فرستادم. ویدرن نام پارسی بنده من او را سرکرده آنان کردم. چنان به آن‌ها گفتم: فرازوید آن سپاه مادی را که خود را از من نمی‌خواند بزنید. پس‌ازآن، آن ویدرن با سپاه روانه شد، چون به ماد رسید شهری ماروش نام در ماد آنجا با مادی‌ها جنگ کرد. آن‌که سرکرده مادی‌ها بود او آنوقت آنجا نبودُ اهورامزدا مرا یاری کرد به خواست اهورامزدا سپاه من آن سپاه نافرمان را بسیار بزد. از ماه انامک ۲۷ روز گذشته بود. آنگاه جنگ ایشان درگرفت پس‌ازآن، آن سپاه من، سرزمینی کپد نام در ماد آنجا برای من بماند تا من به ماد رسیدم.

بند ۷ - داریوش شاه گوید: دادرشی نام ارمنی بنده من، من او را فرستادم به ارمنستان. چنین به او گفتم: پیش رو و آن سپاه نافرمان را که خود را از آن‌من نمی‌خواند بزن. پس‌ازآن دادرشی رهسپار شد. چون به ارمنستان رسید پس‌ازآن نافرمانان گردآمده به جنگ کردن علیه دادرشی فرارسید. دهی زوزهی نام در ارمنستان آنجا جنگ کردند. اهورامزدا یاری کرد. به خواست اهورامزدا سپاه من آن سپاه نافرمان را بسیار بزد. از ماه توروواهر ۸ روز گذشته بود چنین جنگ کرده شد.

بند ۸ - داریوش شاه گوید: باز دومین بار نافرمانان گردآمده به جنگ کردن علیه دادرشی فرارسیدند دژی تیگر نام در ارمنستان جنگ کردند اهورامزدا مرا یاری کرد. به خواست اهورامزدا سپاه من آن سپاه نافرمان را بسیار زد از ماه ثوروواهر هجده روز گذشته بود آنگاه جنگ ایشان درگرفت.

بند ۹ - داریوش شاه می‌گوید: باز سومین بار نافرمانان گردآمده به جنگ کردن علیه دادرشی فرارسیدند دژی اویما نام در ارمنستان

آنجا جنگ کردند اهورامزدا مرا یاری کرد به خواست اهورامزدا سپاه من آن سپاه نافرمان را بسیار بزد از ماه ثائیگرچی ۹ روز گذشته بود آنگاه جنگ ایشان درگرفت. پس‌ازآن دادرشی به خاطر من در ارمنستان ماند تا من به ماد رسیدم.

بند ۱۰ - داریوش شاه گوید پس‌ازآن وامیس نام پارسی بنده من او را فرستادم ارمنستان و چنین به او گفتم پیش رو و سپاه نافرمانان که خود را از آن‌من نمی‌خوانند آن را بزن پس‌ازآن وامیس رهسپار شد چون به ارمنستان رسید پس‌ازآن نافرمانان گردآمده به جنگ کردن علیه وامیس فرارسیدند سرزمین ایزلا نام در ارمنستان آنجا جنگ کردند اهورامزدا مرا یاری کرد به خواست سپاه من آن سپاه نافرمان را بسیار بزند از ماه انامک ۱۵ روز گذشته بود آنگاه جنگ ایشان درگرفت.

بند ۱۱ - داریوش شاه گوید باز دومین بار نافرمانان گردآمده به جنگ کردن علیه وامیست فرارسیدند سرزمین اُاُتی یار نام ارمنستان آنجا جنگ کردند اهورامزدا مرا یاری کرد به خواست اهورامزدا سپاه منان سپاه نافرمان را بسیار بزد نزدیک پایان ماه توروواهر آنگاه جنگ ایشان درگرفت پس‌ازآن وامیس برای من در ارمنستان بمان تا من به ماد رسیدم.

بند ۱۲ - داریوش شاه گوید پس‌ازآن من از بابل به درآمدم رهسپار ماد شدم چون به ماد رسیدم شهری کوندرو نام در ماد آنجا فروتیش که خود را شاه در ماد می‌خواند با سپاهی به جنگ کردن علیه من آمد پس‌ازآن جنگ کردیم اهورامزدا مرا یاری کرد به خواست اهورامزدا سپاه آن فروتیش را بسیار زدم از ماه ادوکن نیش ۲۵ روز گذشته بود که چنین جنگ کرده شد.

بند ۱۳ - داریوش شاه می‌گوید پس‌ازآن فرورتیش با سواران کم گریخت سرزمینی ری نام در ماد از آن‌سو روانه شد. پس‌ازآن من سپاهی دنبال او فرستادم فرورتیش گرفته‌شده و به‌سوی من آورده شد من هم بینی هم دو گوش هم‌زبان او را بریدم و یک‌چشم او را کندم بسته بر دروازه من نگاه داشته شد همه او را دیدند پس‌ازآن او را در همدان دار زدم و مردانی که یاران برجسته او بودند آن‌ها را در همدان در درون دژ آویزان کردند.

بند ۱۴ - داریوش شاه گوید: مردی چی ترتخم نام سگارتی نسبت به من نافرمان شد چنین به مردم گفت من شاه در سگارتیه از تخمه هووخشتر هستم. پس‌ازآن من سپاه پارسی و مادی را فرستادم تخمس پاد نام مادی بنده او را سردار آنان کردم چنین به ایشان گفتم پیش روید سپاه نافرمان را که خود را از آن‌من نمی‌خواند آن را بزنید پس‌ازآن تخمس پاد با سپاه رهسپار شد با چی ترتخم جنگ کرد اهورامزدا مرا یاری کرد به خواست اهورامزدا سپاه من آن سپاه نافرمان را بزد و چی ثرتخم را گرفت و به‌سوی من آورد پس‌ازآن من هم بینی و حمد و گوش را بریدم و یک‌چشم او را کندم بسته بر دروازه من نگاه داشته شد همه مردم او را دیدند پس‌ازآن او را در اربل دار زدم.

بند ۱۵ - داریوش شاه گوید این است آنچه به‌وسیله من در ماد کرده شد.

بند ۱۶ - داریوش شاه گوید پارت و ورکان نسبت به من نافرمان شده خودشان را از آن فرورتیش خواندند. ویشتاسپ پدر من او در پارت بود او را مردم رها کردند و نافرمان شدند پس از آن ویشتاسپ با سپاهی که پیرو او بود رهسپار شد شهری ویشپ از آتی نام در پارت آنجا با پارتی‌ها جنگ کرد اهورامزدا مرا یاری کرد به خواست اهورا مزدا آن سپاه نافرمان را بسیار برد از ماه وی یخن ۲۲ روز گذشته بود آنگاه جنگ ایشان درگرفت.

ستون ۳

بند ۱ - داریوش شاه گوید: پس‌ازآن من سپاه پارسی را از ری نزد ویشتاسپ فرستادم چون آن سپاه نزد ویشتاسپ رسید پس‌ازآن ویشتاسپ آن سپاه را گرفت و رهسپار شد شهری پتی‌گرب نام در پارت آنجا با نافرمانان جنگ کرد اهورامزدا مرا یاری کرد به درخواست اهورامزدا ویشتاسپ آن سپاه نافرمان را بسیار بزد از ماه گرم پد یک روز گذشته بود آنگاه جنگ ایشان درگرفت.

بند ۲ - داریوش شاه گوید پس‌ازآنکه کشور از آن‌من شد این است آنچه به‌وسیله من در پارت کرده شد.

بند ۳ - داریوش شاه گوید کشوری مرو نام به من نافرمان شد مردی‌فراد نام مروزی او را سردار کردند پس‌ازآن من دادرشی نام پارسی بنده من شهربان در باختر نزد او فرستاد چنین به او گفتم پیش رو آن سپاهی را که خود را از آن‌من نمی‌خواند بزن پس‌ازآن دادرشی با سپاه رهسپار شد با مروزی‌ها جنگ کرد اهورامزدا مرا یاری کرد به خواست اهورامزدا سپاه من آن سپاه نافرمان را بسیار بزد. از ماه آثری یادی ی ۲۳ روز گذشته بود آنگاه جنگ ایشان درگرفت.

بند ۴ - داریوش شاه گوید پس‌ازآن کشور از آن‌من شد این است آنچه به‌وسیله من در باختر کرده شد.

بند ۵ - داریوش شاه گوید مردی وه یزدات نام شهری تاروا نام در سرزمینی یاوتی یا نام در پارس اینجا ساکن بود او برای بار دوم در پارس برخاست چنین به مردم گفت من بردی ی پسر کوروش هستم پس‌ازآن سپاه پارسی در کاخ که پیش‌ازاین از انشن آمده بود آن نسبت به من نافرمان شد به‌سوی آن وه یزدات رفت او در پارس شاه شد.

بند ۶ -داریوش شاه گوید پس‌ازآن من سپاه پارسی و مادی را که تحت فرمان من بودند فرستادم ارت وردی ی نام پارسی بنده من او را سردار آنان کردم سپاه دیگر پارسی از عقب من رهسپار ماد شد پس‌ازآن آرت وردی ی با سپاه رهسپار پارس شد چون به پارس رسید شهری رخا نام در پارس آن در آنجا آن وه‌یزدات که خود را بردیا می خواند با سپاه به جنگ کردن علیه ارت وردی ی آمد. پس‌ازآن جنگ کردند اهورامزدا مرا یاری کرد به خواست اهورامزدا سپاه مرد

آن سپاه را بسیار بزد از ماه توروواهر ۱۲ روز گذشته بود آنگاه جنگ ایشان درگرفت

بند ۷ – داریوش شاه گوید: پس‌ازآن، آنوه یزدات با سواران کم گریخت. رهسپار پ‌ئیشی یاوودا شد. ازآنجا سپاهی به دست آورد. ازآن‌پس به جنگ کردن علیه ارت وردی ی آمد. کوهی پرگ نام در آنجا جنگ کردند. اهورامزدا مرا یاری کرد. به خواست اهورامزدا سپاه وه‌یزدات را بسیار بزد. از ماه گرم‌پد ۵ روز گذشته بود. آنگاه جنگ ایشان درگرفت؛ و آن وه‌یزدانت را گرفتند و مردانی که نزدیک‌ترین پیروان او بودند گرفتند.

بند ۸ – داریوش شاه گوید: پس‌ازآن، آن وه‌یزدانت را و مردانی که پیروان نزدیک او بودند در شهری اوواد‌ئیچ‌ی نام در پارس در آنجا آن‌ها رادار زدم.

بند ۹ – داریوش شاه گوید: این است آنچه به‌وسیله من در پارس کرده شد.

بند ۱۰ – داریوش شاه گوید: آنوه یزدانت که خود را بردی‌ی می‌خواند، او سپاه به رخج فرستاده بود. علیه ویوان نام پارسی بنده من شهربان رخج و مردی را سردار آن‌ها کرده بود؛ و چنین به ایشان گفت: پیش‌روید ویوان را و آن سپاهی که خود را از آن داریوش شاه می‌خواند بزنید. پس‌ازآن، آن سپاهی که وه‌یزدات فرستاده ود به جنگ کردن علیه ویوان رهسپار شد. دی کاپیش کانی نام در آنجا جنگ کردند. اهورامزدا مرا یاری کرد. به خواست اهورامزدا سپاه من آن سپاه نافرمان را بسیار بزد. از ماه انامک ۱۳ روز گذشته بود. آنگاه جنگ ایشان درگرفت.

بند ۱۱ – داریوش شاه گوید: باز ازآن‌پس نافرمانان گر آمده به جنگ کردن علیه ویوان فرارسیدند. سرزمینی گدوتو نام در آنجا جنگ کردند. اهورامزدا مرا یاری کرد. به خواست اهورامزدا سپاه من آن سپاه نافرمان را بسیار بزد. از ماهوییخن ۷ روز گذشته بود. آنگاه جنگ ایشان درگرفت.

بند ۱۲ – داریوش شاه گوید: پس‌ازآن، آن مردی که سردار آن سپاه بود که وه‌یزدات علیه ویوان فرستاده بود با سواران کم گریخت. به راه افتاد. دژی آرشارا نام در رخج از کنار آن برفت. پس‌ازآن ویوان با سپاهی دنبال آن‌ها رهسپار شد. در آنجا او و مردانی که نزدیک‌ترین پیروانش بودند گرفت و کشت.

بند ۱۳ – داریوش شاه گوید: پس‌ازآن کشور از آن‌من شد. این است آنچه در رخج به‌وسیله من کرده شد.

بند ۱۴ – داریوش شاه گوید: چون در پارس و ماد بودم باز دومین بار بابلیان نسبت به من نافرمان شدند. مردی ارخ نام ارمنی پسر هلدیت او در بابل برخاست. سرزمینی دبال نام در آنجا به مردم دروغ گفت که من نبوکدرچر پسر نبون‌ئیت هستم. پس‌ازآن بابلیان به من نافرمان شدند. به‌سوی آن ارخ رفتند. او بابل را گرفت. او در بابل شاه شد.

بند ۱۵ – داریوش شاه گوید: پس‌ازآن من سپاهی به بابل فرستادم ویدفرنا نام پارسی بنده من او را سردار آنان کردم. چنین به آن‌ها گفتم: پیش روید آن سپاه بابلی را که خود را از آن‌من نمی‌خواند بزنید. پس‌ازآن ودیفرنا با سپاهی رهسپار بابل شد. اهورامزدا مرا یاری کرد. به خواست اهورامزدا ودیفرنا بابلیان را بزد و اسیر آورد. از ماه ورکزن ۲۲ روز گذشته بود. آنگاه آن ارخ را که به‌دروغ خود را نبوکدرچر می‌خواند و مردانی که نزدیک‌ترین پیروان او بودند گرفت. فرمان دادم آن ارخ و مردانی که نزدیک‌ترین یاوران او بودند در بابل به دار آویخته شدند.

ستون ۴

بند ۱ – داریوش شاه گوید: این است آنچه به‌وسیله من در بابل کرده شد.

بند ۲ – داریوش شاه گوید: این است آنچه به خواست اهورامزدا در همان یک سال پس شاه شدم کردم. ۱۹ جنگ کردم به خواست اهورامزدا من آن‌ها را زدم و ۹ شاه را گرفتم یکی گئومات مغ بود او دروغ گفت چنین گفت من بردی ی پسر کوروش هستم او پارس را نافرمان کرد یکی آثرین نام عیلامی او دروغ گفت چنین گفت من در عیلام شاه هستم او عیلام را نسبت به من نافرمان کرد یکی ندئیت‌بئیر نام بابلی. او دروغ گفت چنین گفت من نبود کدر چر پسر نبون ئیت هستم. او بابل را نافرمان کرد. یکی مرتی ی نام پارسی او دروغ گفت چنین گفت من ایمنیش در عیلام شاه هستم اوعیلام را نافرمان کرد یکی فرورتیش نام مادی او دروغ گفت چنین گفت من خش ثرنیت از دودمان هوخشتر هستم. او ماد را نافرمان کرد. یکی چیترتخم نام سگارتیه او دروغ گفت و چنین گفت من در سگارتیه شاه هستم از دودمان هوخشتر او سگارتیه را نافرمان کرد یکی فرادنام از مرو او دروغ گفت چنین گفت من در مرو شاه هستم او مرو را نافرمان کرد یکی وهیزدات نام پارسی. او دروغ گفت چنین گفت من بردی ی پسر کوروش هستم او پارس را نافرمان کرد یکی ارخ نام ارمنی او دروغ گفت چنین گفت من نبودکدرچر پسر نبون ئیت هستم او بابل را نافرمان کرد.

بند ۳ – داریوش شاه گوید این ۹ شاه را من در این جنگ‌ها گرفتم.

بند ۴ – داریوش شاه گوید: این است کشورهایی که نافرمان شدند دروغ آن‌ها را نافرمان کرد. این‌ها به مردم دروغ گفتند پس اهورامزدا آن‌ها را به دست من داد هر طور میل من بود همان‌طور با آن‌ها کردم.

بند ۵ – داریوش شاه گوید: تو که ازاین‌پس شاه خواهی بود خود را قویا از دروغ به‌پای اگر چنان فکر کنی که کشور من در امان باشد مردی که دروغزن باشد او را سخت کیفر بده

بند ۶ – داریوش شاه گوید: این است آنچه من کردم به خواست اهورامزدا در همان یک سال کردم تو که ازاین‌پس این نوشته را خواهی خواند آنچه به‌وسیله من کرده شده تو را باور شود مبادا آن را دروغ بپنداری.

بند ۷ – داریوش شاه گوید: اهورامزدا را گواه می‌گیرم که آنچه من در همان یک سال کردم این راست است نه دروغ.

بند ۸ – داریوش شاه گوید: به خواست اهورامزدا و خودم بسیار کارهای

دیگر کرده شده که آن در این نبشته، نوشته‌شده است به آن جهت نوشته نشد مبادا آنکه ازاین‌پس این نوشته را بخواند آنچه به‌وسیله من کرده شد در دیده او بسیار آید و این او را باور نیاید دروغ بپندارد.

بند ۹ - داریوش شاه گوید: شاهان پیشین را مادامی‌که بودند چنان کرده‌هایی نیست که به‌وسیله من به خواست اهورامزدا در همان یک سال کرده شد.

بند ۱۰ - داریوش شاه گوید: اکنون آنچه به‌وسیله من کرده شد تو را باور آید همچنین به مردم بگو پنهان مدار اگر این گفته را پنهان نداری و به مردم بگویی اهورامزدا دوست تو باد و دودمان تو بسیار وزندگی‌ات دراز باد.

بند۱۱- داریوش شاه گوید: اگر این گفته را پنهان بداری به مردم نگویی اهورامزدا دشمن تو باشد و تو را دودمان مباد.

بند ۱۲ - داریوش شاه گوید: این است آنچه من کردم در همان یک سال به خواست اهورامزدا کردم اهورامزدا یاری کرد و خدایان دیگری که هستند.

بند ۱۳ - داریوش شاه گوید: ازآن‌جهت اهورامزدا مرا یاری کرد و خدایان دیگری که هستند که پلید نبودم دروغ‌گو نبودم تبهکار نبودم نه من نه دودمانم به‌راستی رفتار کردم نه به ضعیف نه به توانا زور نورزیدم مردی که با دودمان من همراهی کرد او را نیک نواختم آنکه زیان رسانید او را سخت کیفر داده دادم.

بند ۱۴ - داریوش شاه گوید: تو که ازاین‌پس شاه خواهی بود، مردی که دروغ‌گوباشد یا آنکه تبهکار باشد دوست آن‌ها مباش به‌سختی آن‌ها را کیفر ده.

بند ۱۵ - داریوش شاه گوید تو که ازاین‌پس نبشته را که من نوشتم یا این پیکرها را ببینی مبادا آن‌ها را تباه سازی تا هنگامی‌که توانا هستی آن‌ها را نگاهدار.

بند ۱۶ - داریوش شاه گوید: اگر این نوشته یا این پیکرها را ببینی و تباهشان‌نسازی و تا هنگامی‌که تو را توانایی است نگاهشان داری اهورامزدا تو را دوست باد و دودمان بسیار و زندگیت دراز باد و آنچه کنی آن را به تو اهورامزدا خوب کند.

بند ۱۷ -داریوش شاه گوید: اگر این نبشته یا این پیکرها را ببینی و تباهشان سازی و تا هنگامی‌که تو را توانایی است نگاهشان نداری اهورامزدا تو را زننده باد و تو را دودمان مباد و آنچه کنی اهورامزدا آن را براندازد.

بند ۱۸ - داریوش شاه گوید: این‌ها هستند مردانی که وقتی من گئومات مغ را که خود را بردی یَ می‌خواند کشتم. در آنجا بودند. در آن موقع این مردان همکاری کردند پیروان من بودندویدفرنا نام پسر وایسپار پارسی. اوتان نام پسرتوخر پارسی. گئوبروو نام پسر مردونی‌ی پارسی. ویدرن نام پسربگابیگ ن پارسی. بگ بوخش نام پسر داتو و حی پارسی. اردمنیش نام پسروه اک پارسی.

بند -۱۹ داریوش شاه گوید: توکه از این‌پس شاه خواهی بود دودمان این مردان را نیک نگاهداری کن.

بند -۲۰ داریوش شاه گوید به خواست اهورامزدا این نوشته را من به طریق دیگر نیز کردم به‌علاوه به زبان آریایی بود هم روی لوح هم روی چرم تصنیف شد این نوشته به مهر من تائید شد پیش من هم نوشته خوانده شد پس‌ازآن من این نوشته را همه‌جادر میان کشورها فرستادم مردم پذیرا شدند.

ستون ۵

بند ۱ - داریوش شاه گوید این است آنچه من در دومین و سومین سال پس‌ازآنکه شاه شدم کردم کشور عیلام نافرمان شد مردی عیلامی ات م نیت نام او را سردار کردند پس‌ازآن من سپاهی به عیلام فرستادم مردی گئوبروو نام پارسی بنده من او را بر آن‌ها سردار کردم. پس‌ازآن گئوبروو با سپاه رهسپار عیلام شد. با عیلامیان جنگ کرد. پس‌ازآن گئوبروو عیلامیان را بزد و تار و مار کرد و سردار آن‌ها را گرفت. به نزد من آورد و من او را کشتم پس‌ازآن کشور از آن‌من شد.

بند ۲ - داریوش شاه گوید: آن عیلامیان بی‌ایمان بودند و اهورامزدا از طرف آن‌ها پرستش نمی‌شد. من اهورامزدا را می‌پرستیدم. به خواست اهورامزدا هر طور میل من بود همان‌طور با آن‌ها کردم.

بند ۳ - داریوش شاه گوید: آن‌که اهورامزدا را بپرستد تا هنگامی‌که توانایی دارد چه‌زند و چه مرده شادی از آن او خواهد بود.

بند ۴ - داریوش شاه گوید: پس‌ازآن با سپاه به‌سوی سکاییه رهسپار شدم. در دنبال‌سکاها آن‌ها که خود تیز دارند. چون به نزدیک دریا رسیدم پس با تمام سپاه با کلک از آن گذشتم. پس‌ازآن سکاها را بسیار بزدم. سردار دیگری ازآن‌پس سکاها گرفتم. او بسته به نزد من آورده شد و او را کشتم. سردار ایشان سکونخا نام او را گرفتند و به نزد من آوردند، آنگاه چنانکه میل من بود دیگری را سردار کردم. پس‌ازآن کشور از آن‌من شد.

بند ۵ -داریوش شاه گوید: آن سکاها بی‌ایمان بودند و اهورامزدا از طرف آن‌ها پرستش نمی‌شد. من اهورامزدا را می‌پرستیدم. به خواست اهورامزدا هر طور میل من بود همان‌طور با آن‌ها کردم.

بند ۶ - داریوش شاه گوید: آن‌که اهورامزدا را بپرستد تا توانایی دارد چه زنده چه مرده شادی از آن او خواهد بود. بندپایانی متن پارسی باستان این سنگ نبشته به‌شدت آسیب‌دیده ولی خوشبختانه این بند در متن ایلامی بسامان مانده است برای کامل کردن گزارش داریوش بزرگ ترجمه آن آورده می‌شود. داریوش شاه گوید: با یاری اهورامزدا خطی درست کردم از نوعی دیگر (یعنی) به آریایی که پیش‌ازاین نبود، هم بر لوح‌های گلی، هم بر روی پرگامنت. همچنین امضا و مهر کردم. این خط نوشته شد و برایم خوانده شد. سپس فرستادم این خط را به همه کشورها. مردم این خط را آموختند.

از گمانه‌زنی‌ها تا کشف واقعیت‌های بیستون

چندین نفر این بنای یادبود را توصیف کردند اولین نفر آن‌ها کتسیاس یونانی بود او به ما می‌گوید که یک چاه و یک باغ در زیر این بنای یادبود قرار داشت که توسط سمیرامیس ملکه ایرانی آشوری به خداوند اهداشده است کت سیاس نام خدای یونانی یعنی زئوس را در آنجا به کار می‌برد نویسنده رومی تاسیتوس ما را از وجود قربانگاهی برای هرکول آگاه می‌سازد و این گزارش تاسیتوس در سال ۱۹۵۹ با پیدا شدن مجسمه خدای یونانی هرکول به حقیقت می‌پیوندد بعد از سقوط امپراتوری هخامنشیان اهمیت این بنا به دست فراموشی سپرده می‌شود و در قرن هفتم یک داستان افسانه‌ای به ما می‌گوید که این نقش برجسته‌ها نقش خسروپرویز است که بر دشمنانش پیروز شده است. در سده‌های میانی یک جغرافیدان و جهانگرد عرب به نام ابن حوقل با دیدن نقش برجسته داریوش و اسیران فکر کرد که داریوش یک معلم است که در جلوی دانش‌آموزانش ایستاده است و کمان داریوش را شلاقی تصور کرد که معلم برای تنبیه بچه‌ها از آن استفاده می‌کرد در سال ۱۵۹۸ رابرت شرلی دیپلمات انگلیسی به ایران سفر کرد تا با شاه‌عباس صفوی در مورد جنگ باعثمانی صحبت کند یکی از همراهان شرلی فردی فرانسوی بود به نام آبل پینسن. او این نقش برجسته‌ها و کتیبه‌های آن را که بر بالای یک صخره قرارگرفته بود عروج عیسی توصیف کرد که نوشته‌هایی به زبان یونانی در اطراف آن نوشته‌شده است مطمئناً پینسن نقش گئومات مغ را که زیر پای داریوش بزرگ افتاده بود را ندیده بود. ولی او آخرین کسی نبود که اشتباه می‌کرد در سال ۱۸۰۸ یک جهانگرد فرانسوی به نام ژاردن گاره بیستون را صلیبی با ۱۲ حواری انگاشت و در سال ۱۸۱۸ دانش‌پژوه انگلیسی روبرت کرپورتر نخستین طرح از بیستون را تهیه کرد او نگاره بیستون را در پیوند با صحنه‌ای از تورات دانسته بود به گمان او تصویر داریوش و شورشیان نمایشی بود از نمایندگان ۱۰ قوم اسرائیلی در حضور سلمانسر شاه آشور ولی این کوشش جدی توسط یک انگلیسی به نام هنری راولینسون در سال ۱۸۳۵ انجام گرفت او که به نظر می‌رسید کوهنورد ماهری باشد چندین مرتبه از صخره بیستون برای تهیه رونوشت‌هایی از متون میخی بالا رفت این سیستم نوشتاری تا آن زمان شناخته‌نشده بود اما راویلنسون واژه داریوش را از پیش به‌واسطه پژوهش‌های دانشمندان می‌شناخت و او توانست حروف داریوش را در میان متون پارسی باستان کتیبه بیستون پیدا کند همچنین دانش‌پژوه آلمانی فردریش گروتفند هم درزمینه رمزگشایی خط میخی پارسی باستان پیشرفت خوبی کرده بود و زمانی که راویلنسون یادداشت‌هایی از این دانشمند آلمانی را به دست آورد موفق شد رمز این خط کهن را بشکند اولین جمله‌هایی که او با آن مواجه شد این دو بند از ستون اول خط فارسی باستان بودند.

بند ۱- من داریوش شاه بزرگ، شاه شاهان، شاه در پارس، شاه کشورِ، پسر ویشتاسپ، نوه آرشام هخامنشی.

بند ۲- داریوش شاه گوید پدر من ویشتاسپ، پدر ویشتاسپ آرشام، پدر آرشام آریامن، پدر آریامن چیش پیش، پدر چیش پیش هخامنش.

جالب اینکه او این لیست را در کتاب تاریخ هرودت هم دیده بود جایی که نام‌ها به ترتیب ذکرشده آمده بودند در سال ۱۸۳۷ راویلنسون باز به بیستون برگشت و به همراه یک پسر چابک کرد رونبشت‌های جدیدی از نیمی از متن پارسی باستان تهیه کرد او این کار را با به خطر انداختن جانش انجام می‌داد چون‌که کوهنوردی بر روی صخره بیستون کار بسیار سخت و دشواری بود راویلنسون بالاخره تمام راز و رمز خط پارسی باستان را کشف کرد او همچنین کتاب مقدس اوستا را خواند و به‌زودی توانست تمام متن پارسی باستان را بخواند و گرامر و دستور و واژگان زبان پارسی باستان را بشناسد او در سال ۱۸۳۸ اولین نتایج را به انجمن سلطنتی آسیایی لندن و انجمن آسیایی در پاریس فرستاد و ۸ سال بعد او شروع به انتشار رمزگشایی و ترجمه خط پارسی باستان در بیستون در مجله انجمن سلطنتی آسیایی کرد این ترجمه راویلنسون شور و حال خاصی را در میان دانشمندان به وجود آورد این ترجمه به ما می‌گفت که چطور یک مغ تاجوتخت ایران را بعد از مرگ کمبوجیه تسخیر کرد ادعا می‌کرد که بردیا برادر کمبوجیه است و بعد هم او توسط داریوش و یارانش کشته شد این نوشته‌ها گزارش باورنکردنی هرودت در این زمینه را ثابت می‌کردند و چگونگی فرونشاندن شورش‌ها را برای ما بازگو می‌کردند که بسیار جالب‌توجه بودند در سال ۱۸۴۴ راویلنسون و همکارانش دوباره از صخره‌های بیستون برای تهیه متن کامل بیستون بالا رفتند. دو همکارش به نامه‌ای وستر گارد و نوریس موفق شدند که نوشته‌های به زبان ایلامی را رمزگشایی بکنند و این‌یک پیروزی بسیار بزرگ محسوب می‌شد چراکه این زبان یک‌زبان مرده بود؛ و هیچ ارتباطی به زبانه‌ای شناخته‌شده‌ای که صحبت می‌شدند نداشت راویلنسون در سال ۱۸۵۲ خط میخی بابلی را با داشتن ۵۰۰ نشانه رمزگشایی کرد و این موجب شد که دانش‌پژوهان بتوانند لوح‌های گلی بسیاری را در حفاری‌های نینوا به دست بیاورند را بخوانند و خواندن این لوح‌ها رشته‌ای به نام آشورشناسی را پدید آورد.

۴-۴ سلوکیان (۳۳۱-۲۳۸ پ. م)

حکومت هخامنشیان، حکومتی مهم و مورد افتخار ایرانیان، در سال‌های آخر به دلایل بسیار ازجمله نزاع بین شاهزادگان با مشکل مواجه شد. به‌طوری‌که اردشیر سوم باوجود موقعیت سیاسی و نظامی که به‌دست آورد با قتل برادران و خویشان نزدیک خود عملاً سلسله هخامنشیان را به‌سوی نابودی سوق داد.

از سوی دیگر ظهور سلسله مقدونیه در باختر ایران که از زمان پدر اسکندر منسجم‌تر و توسعه طلب‌تر شده بود، به‌دنبال متحد کردن و یکپارچه‌سازی اروپاییان آن زمان و همسو کردن یونانیان با روم بودند. در این راستا نبوغ نظامی اسکندر و خوی جهان‌گشایی آن و آگاهی و بهره‌گیری از تاریخ ایران بخصوص آگاهی از راز جهان‌گشایی کوروش و داریوش (که همان احترام به ساکنان

سرزمین‌های فتح شده بود) باعث شد که اسکندر به اهداف خود نزدیک شود.

پس از چندین جنگ بین سپاهیان اسکندر و سپاهیان داریوش سوم، اتخاذ چند سیاست غلط توسط داریوش سوم در نهایت موجب سقوط امپراتوری هخامنشی و اشغال ایران توسط بیگانگان شد.

نخستین پیکار دو سپاه ایران و اسکندر در کنار رود گرانیک در باختر آسیای صغیر بود که به شکست سپاه داریوش سوم انجامید. در جنگی دیگر خانواده داریوش به‌دست اسکندر اسیر شدند (از شواهد تاریخی برمی‌آید که با خانواده او بد رفتاری نشده است.)اسکندر پس از پیروزی در مصر راه بابل را در پیش گرفت و در نزدیکی موصل با سپاه داریوش دوباره وارد جنگ شد که شوربختانه به شکست سپاه داریوش سوم انجامید. این فتح پای اسکندر را به شوش و تخت‌جمشید کشاند و باعث سقوط سلسله هخامنشی شد (۳۳۱ پیش از میلاد).

روزبه زرین‌کوب در کتاب ایران، تاریخ، فرهنگ و هنر (۱۳۹۰) می‌نویسد: «چند سال پس از سقوط حکومت هخامنشی اسکندر مقدونی در بابل از پای درآمد (۳۲۳ ق.م) و قلمرو وسیعش میان سردارانش تقسیم شد. ۱۱ سال پس از مرگ اسکندر و به‌دنبال نزاع جانشینان او، بابل به‌دست یک سردار مقدونی به‌نام سلوکوس افتاد (۳۱۲ پ.م) وی سپس عیلام و بخشی از ماد را نیز به قلمرو خود افزود و خود را سلوکوس نیکاتور (فاتح) فرمانروای مستقل خواند. او در سال ۳۰۱ پیش از میلاد، سوریه و بخش بزرگی از آسیای صغیر را نیز تصرف کرد. سلوکوس اول و پسرش آنتیوخوس اول با ایجاد شهرهای جدید، سعی داشتند که یونانی‌مآبی را در قلمرو خاوری خود رواج دهند. از جمله مهم‌ترین این شهرها یکی سلوکیه در ساحل باختری دجله و دیگری انطاکیه در سوریه بود. انتخاب انطاکیه به‌عنوان پایتخت و درگیری‌های سلوکیان و بطلمیوسیان مصر توجه آنان را به باختر امپراتوری معطوف کرد و این امر حاکمان یونانی ولایات خاوری امپراتوری سلوکی را به فکر استقلال انداخت، به‌طوری‌که آندروگوراس در پارت (۲۴۵ ق.م) و دیودوتس در بلخ (۲۳۹ ق.م) سر به شورش برداشتند. مدتی بعد هم ارشک در سرزمین پارت (سرزمین تاریخی خراسان) اعلام استقلال کرد (۲۳۸ ق.م) و سلوکیان دیگر نتوانستند سرزمین‌های خاوری را به قلمرو خود ملحق سازند. سرانجام پیروزی سپاه اشکانی بر آنتیوخوس هفتم (۱۲۹ ق.م) به‌سلطه سلوکیان بر ایران خاتمه داد)».

اسکندر پس از اطلاع از گستره عظیم امپراطوری هخامنشی و ساختار، قوانین و مقررات پیچیده آن، به این نتیجه رسید که خود و حامیان یونانی و مقدونی‌اش تجربه و توانایی این امپراطوری را ندارند؛ بنابراین سعی کرد که امیران و صاحب منصبان ایرانی در پست‌های پیشین خود ابقا کند و از سوی دیگر با یک شاهدخت ایرانی ازدواج کرد. او این پیشنهاد را به امیران و یاران نزدیک خود داد تا بتواند بر ایران حکومت کنند. جانشینان اسکندر هم چنین این سیاست را دنبال می‌کردند به همین خاطر شیرازه کل کشور هخامنشی پس از حمله اسکندر خیلی بهم نریخت. هرچند که او تخت جمشید که بزرگترین بنای بشر در دوران باستان بود را به آتش کشید.

واقعیت این است که سلوکیان پس از مرگ اسکندر که جانشینان او شدند حکومت را در دست گرفتند نتوانستند بر تمام ایران چیره شوند و به‌تدریج گستره حکومت آنها کوچک و کوچک‌تر شد، به‌طوری‌که در اواخر این سلسله آنها فقط بر سرزمین سوریه امروزی حاکم شدند. این کوچک‌شدن از فارس آغاز شد و در خراسان به حکومت اشکانیان انجامید و در نهایت با گسترش دولت اشکانیان تقریباً تمام سرزمین‌های هخامنشیان جزء قلمرو اشکانیان شد.

۴-۴-۱ پادشاهان سلوکیان از ظهور تا سقوط

(۱) سلوکوس اول، (۲) آنتیوخوس اول و (۳) آنتیوخوس دوم و ... .

۴-۴-۲ حکومت، صنعت، هنر و فرهنگ در دوره سلوکیان

فرهنگ سلوکیان که در شروع خیلی سریع وارد سرزمین‌های ایران شده بود، در اوایل حکومت اشکانیان نیز، از ایران خیلی سریع ناپدید شد و آثار زیادی خود به جای نگذاشت. هرچند امروزه ما برخی از کلمات و نام‌های محلی را از آنها به ارث برده‌ایم؛ مانند اسکندر و ارسطو، یا نام کوه‌های زاگرس از واژه «زاکرو» با منشأ عیلامی بابل گرفته شده، نام کوهی که سرزمین خوزستان را از سرزمین آشور و بابل یا عراق کنونی جدا می‌کند.

زاکرو (Zakeru) یعنی پشته بلند سربرکشیده و همین واژه (واژه‌ای عیلامی- خوزی) است که نزد یونانیان زاگروس شده است (بابادی، ۱۳۹۴) سلوکیان در پی گسترش شهرنشینی بودند و برخی شهرها در راه آنان توسعه و گسترش یافت. ولی آنها نتوانستند یک حکومت منسجم و یکپارچه در ایران تشکیل بدهند و چون حکومت خارجی با روح ایرانی آن زمان محشور نبود به‌همین خاطر سریع از صحنه‌های سیاسی- اجتماعی ایران محو شدند.

۴-۵ اشکانیان (۲۳۸-۲۲۴ پ.م)

سلطه جانشینان اسکندر بر قلمروی هخامنشی (با وجود خشونت نظامی سلوکیان) در سراسر ایران طولانی نشد و گستره حاکمیت آن در کل ایران، شصت و پنج سال بیش طول نکشید. حتی در دوران اقتدار نظامی سلوکیان، همزمان با اعلام استقلال مهاجران یونانی در استان باکتریا (باختر، بلخ) به رهبری سرکرده خویش به‌نام دیودوتس، در استان پارت (پارتیا، پرثوه) نیز دولت ایرانی مستقلی به‌نام مؤسس آن اَرشک (اشکان، اشکانیان) به‌وجود آمد. بعدها به‌دنبال طرد سلوکیان از ایران، این دولت به شاهنشاهی بزرگی تبدیل شد که در توالی شاهنشاهی‌های بزرگ خاوری، ششمین شاهنشاهی بزرگ دنیای باستان به‌حساب می‌آید. این دولت طی چندین سده فرمانروایی، از

شکل ۱۵-۴ .تصویر سمت راست مجسمه مهرداد دوم (موزه ملی ایران)، تصویر چپ نقش برجسته (بیستون) دوره اشکانی

قلمروی آنان، شامل تعدادی دولت دست نشانده مستقل- آنچه به‌وسیله حکام (ساتراپ‌های) اشکانی اداره می‌شد- شامل هجده استان (ساتراپی) بود که یازده استان آن را استان‌های علیا و هفت استان دیگر را استان‌های سفلی می‌خواندند.

علاوه بر این استان‌های هجده‌گانه که فقط قسمتی از قلمروی داخلی هخامنشی‌ها بود، تعدادی از استان‌های سابق هخامنشی هم در این دوره، به‌صورت امارت‌های مستقل در اطراف این استان‌ها، وجود داشت. فرمانروایان این مناطق خود را متحد و تحت‌الحمایه اشکانیان می‌شمردند؛ اما در عین آنکه باج‌گذار پادشاه متبوع خود بودند و به‌هنگام ضرورت سپاهی مجهز تحت فرمان او قرار می‌دادند، در سایر امور استقلال داشتند. با این وجود در بعضی موارد هم از تبعیت دولت پارت خارج شده است، به تبعیت دولت مهاجم یا مخاصم در می‌آمدند. بدین‌گونه قلمرو اشکانیان شامل یک مجموعه ملوکالطوایفی بود که خاندان اَرشک، در رأس آن قرار داشت. اتحاد آنها بخصوص در مواقع جنگ، وحدت و تمامیت قلمرو اَرشک‌ها را تأمین می‌کرد.

به‌دنبال طرد نهایی سلوکیان از خاک ایران دولت اشکانی به‌دنبال توسعه به‌سوی باختر روانه شد. پایتخت را از صد دروازه (دامغان کنونی) به تیسفون منتقل کرد. این رویداد نشان می‌دهد که دولت اشکانی با دولت روم که آن نیز به‌دنبال توسعه به‌سمت خاور- به‌دنبال میراث اسکندر- بود، در نواحی امتیان و سوریه امروزی (در زمان فرهاد سوم) نزاع داشتند. این نزاع یک برخورد سیاسی بود و به جنگ نیانجامید؛ اما جنگ واقعی در زمان مهرداد اول اشکانی اتفاق افتاد. در آن زمان حداقل هفت جنگ عمده، ایران و روم را رو در روی یکدیگر قرار داد.

چند بار هم تختگاه اشکانیان، تیسفون، به‌دست روم افتاد.

اما در تمام موارد، اشکانیان در برابر سودای جهانگشایی روم مقاومت کردند و روم هرگز موفق نشد که قسمتی از خاک ایران را به قلمروی خود ملحق کند. حتی آخرین اَرشک این خاندان که بعدها مغلوب اردشیر بابکان مؤسس دولت ساسانی گشت، حمله خائنانه و نفرتانگیز کاراکالا امپراتور دیوانه روم را به‌شدت درهم شکست (۲۱۵ م). در این راستا خاندان اشکانیان که در معرض سقوط و انقراض بودند قلمرو خود را نه با یک فاتح اجنبی، بلکه به یک مدعی ایرانی واگذار کردند.

گفته می‌شود سلطنت اشکانیان از ارشک اول تا اردوان پنجم چهارصد و هفتاد سال طول کشید و در این مدت بیست و شش (در برخی منابع تعداد ۲۸ و ۲۹ هم آمده است) پادشاه اشک از این سلسله در ایران فرمانروایی کردند. دوران اعتلای سلطنت ایشان، پایتخت‌شان در تیسفون و سلوکیه در نزدیکی دجله بود. در اوایل تأسیس دولت، شهر نسا در نزدیک عشق‌آباد کنونی و شهر دارا در ناحیه ابیورد بود و به‌هنگام تابستان که پادشاه از خاور به ماد و پارت و گرگان می‌رفت، گاه اکباتانا و گاه شهر هکاتوم پیلوس (صد دروازه در قومس) محل اسقرارِ موقت درباریان می‌شد. بدون‌شک، نظام ملوکالطوایفی که از اسباب تشتت قدرت بود، اختلافات خانوادگی و همچنین نبود مرکزیتِ، اختلاف آن‌ها را شدیدتر می‌نمود و شاید نفرت و مخالفت موبدان زرتشتی که سیاست تسامح و اغماض اشکانیان را مخالف خود می‌دیدند، از عوامل انحطاط دولت آنان شد. جنگ‌های فرسایندهای که حکومت آنان را در خاور و باختر گرفتار کرده بود عامل عمده ایجاد ناخرسندی در میان طبقات فرودست جامعه شد، خود حاصلِ زیاده‌روی‌های دائم طبقات جنگجو و قدرتمند بود.

برآیندِ عمده فرمانروایی اشکانیان حفظ تمدن ایران از تهاجمات ویرانگر طوایف مرزهای خاوری و نیز حفظ تمامیت ایران در مقابل تجاوز خزنده روم به جانب خاور بود. در هر دو مورد درایت آنان اهمیت قابل ملاحظه‌ای برای تاریخ ایران داشت.

۴-۵-۱ پادشاهان اشکانیان از ظهور تا سقوط

(۱) ارشک بزرگ، (۲) تیرداد، (۳) اردوان اول، (۴) فریاپات، (۵) فرهاد اول، (۶) مهرداد اول، (۷) فرهاد دوم، (۸) اردوان دوم، (۹) مهرداد دوم، (۱۰) سندروک، (۱۱) فرهاد سوم، (۱۲) مهرداد سوم، (۱۳) ارد اول، (۱۴) فرهاد چهارم، (۱۵) فرهاد پنجم، (۱۶) ارد دوم، (۱۷) واتان اول، (۱۸) اردوان سوم، (۱۹) بلاش اول، (۲۰) اردوان چهارم، (۲۱) خسرو، (۲۲) بلاش دوم، (۲۳) بلاش سوم، (۲۴) بلاش چهارم، (۲۵) بلاش پنجم و (۲۶) اردوان پنجم.

۴-۵-۲ حکومت، صنعت، هنر و فرهنگ در دوره اشکانیان

مدارک کمی از دوره اشکانیان در دست است. اشکانیان در آغاز سازمان اداری سلوکی را که بر پایه همان تقسیم‌بندی هخامنشی بود حفظ کردند. هر یک از واحدهای کشوری- اداری شهرِب (ساتراپ) نامیده شدند که هر شهرِب به شهرستان، قصبات و روستا تقسیم می‌شد. در کنار شهرِب‌ها پادشاهانی وجود داشتند که خود را وابسته به دولت اشکانی می‌دانستند و فرمانروایی موروثی و استقلال محلی داشتند. اشکانیان (پارتیان) سعی داشتند که به شیوه هخامنشی حکومت کنند و گسترده حکومت هخامنشی را هم بدست آورند. به همین خاطر گسترده از خاور به باختر ادامه دادند تا سرانجام تقریباً تمام سرزمین‌های ایرانی را از سلوکیان گرفتند. شاهان اشکانی تا زمان مهرداد اول سکه ضرب نکردند ولی سکه‌های سلوکی مرسوم بود و از آن زمان به بعد سکه‌های نقره و مسی ضرب شد. اقتصاد بیشتر بر پایه کشاورزی و بازرگانی بود و خزانه دولت عموماً از مالیات تأمین می‌شد.

بازرگانی نه تنها بین ساتراپ‌ها و یا شهربی‌ها وجود داشت، بلکه بین کشورهای حاشیه خاوری و باختری برقرار بود.

اشکانیان در شهرسازی نیز مهارت داشتند و شهرها را معمولاً به‌صورت دایره می‌ساختند (سمسار، ۱۳۹۰).

به‌کار بردن عطر، ظروف مسی، سیمی و زرین رواج داشت. ابزار موسیقی چون نی، تنبک و سازهای زهی معمول بود و کف اتاق‌ها با قالی مفروش بود.

دین رایج در زمان اشکانیان میترائیسم یا آیین‌مهر و زروانی و زرتشت بوده است که آیین مهر قبل از ظهور مسیح در نتیجه مراودت ایرانیان دین رسمی اروپایی شد. تقریباً در نیم‌دوره اشکانیان آیین مسیحیت که با میترائیسم اشتراک فراوانی در ریشه دارد نیز ظهور کرد که از طرف دولت روم حمایت می‌شد و در ایران نیز تبلیغ می‌شد و اشکانیان نیز سختی نسبت به نفوذ آن نداشتند اما وقتی دین مسیحیت در باختر ایران نفوذ زیاد پیدا کرد سپس اشکانیان متوجه شدند که در جنگ‌ها مسیحیان به نفع دولت روم عمل می‌کنند. به همین خاطر از اینکه در نگهداری و آیین مهر و زرتشت همت به خرج ندادند؛ پشیمان شدند و قصد جلوگیری از نفوذ مسیحیت کردند و آیین زروانی که به نوعی انشعاب از زرتشت می‌باشد را گسترش دادند؛ اما آنچه در این زمان مهم است مانند دوره هخامنشیان هیچ‌گونه کشتار دینی صورت نگرفت.

بنای چینه‌ای، خشتی و گاه آجر و سنگ مواد اصلی بنای این زمان بوده‌اند. هنر دوره اشکانیان تلفیقی از هنر ایرانی با هنر یونانی و روم می‌باشد؛ زیرا در ابتدای حکومت اشکانیان هنر سلوکی در ایران رواج پیدا کرد. ظروف شیشه‌ای، کوزه‌ها و مجسمه‌های سفالی اشکانیان با دیگر زمان‌های پیشین و پس از آنها قابل تشخیص است.

معماری اشکانیان دو ویژگی خاص را برای معماری پیش از خود ایجاد کرد. یکی معماری گنبدی روی چهارگوش و دیگری اختراع سیستم گوشوار (شکنج) و همچنین پیدایش طاقی و سبک چهارطاقی که نمونه آن آتشکده پارتی رباط‌سفید واقع در جنوب‌خاوری مشهد است (فرشاد، ۱۳۷۶).

در هنرهای وابسته به معماری رواج گچ‌بری از سده یکم میلادی برای نخستین‌بار در کاخ‌های اشکانی بین‌النهرین آغاز شد و در بناهای کوه خواجه به نهایت ظرافت رسیده است. آرایه دیگری که در معماری پارتی رواج داشته دیوارنگاره است. نگاره‌های بدنه دیوارهای کاخ کوه خواجه در نزدیکی دریاچه هامون سیستان و مراسم مذهبی معبد خدایان پالمیری در دورا و کاخ آشور گواه گسترش این هنر در معماری اشکانی به‌شمار می‌آید (سمسار، ۱۳۹۰).

شواهد صنعت و معدنکاری که در معادن شدادی طلای جنوب دامغان مانند معادن کوهزر دامغان، طلای (رباعی) و طلای گندی دیده می‌شود، حکایت از فعالیت این معادن در دوره اشکانیان دارد. نزدیکی این معادن به پایتخت اشکانیان، شهر صد دروازه (دامغان کنونی)، یکی دیگر از دلایل معدنکاری در زمان اشکانیان می‌باشد (قربانی، ۱۴۰۱).

استرابو تاریخ‌نویس رومی که مقارن با میلاد مسیح (زمان اشکانیان) می‌زیسته است می‌نویسد: «کرمان به‌ویژه از نظر مس بسیار غنی است.» او می‌گوید: «رود هیکتامیس در کارمانیا (کرمان کنونی) پر مایه از طلای آبرفتی است».

اصولاً چون حکومت اشکانیان از خاور ایران شروع شد و در اصل پارتیان بودند که حکومت را از سلوکیان گرفتند و از خاور به باختر پیشروی کردند. آثار باقی‌مانده اشکانیان در خاور ایران بیشتر از باختر ایران است. معدن سرب و نقره نخلک نیز در زمان اشکانیان فعالیت داشته است(همان).

۶-۴ ساسانیان (۲۲۴-۶۵۱ م)

در اواخر دولت اشکانیان کشمکش‌ها بین شاهزادگان اشکانی بالا گرفت. البته این کشمکش‌ها سابقه قبلی هم داشت (در سال ۱۳۰ میلادی بین بلاش سوم و مهرداد چهارم بر سر تاج و تخت جنگ در گرفته بود). در همین ایام رومیان چندبار به شمال میانرودان تاختند و با اشکانیان وارد جنگ شدند. این جنگ‌ها هرچند برای رومیان و اشکانیان سودی نداشت، اما تضعف دولت اشکانی را سرعت بخشید. از سوی دیگر دولت‌های محلی دست به شورش زدند. در چنین موقعیتی دولت محلی پارس (فارس امروزی) به فرماندهی اردشیر، حاکم فیروزآباد، در فکر توسعه فرماندهی بر تمام پارس برآمد و همگی حاکمان محلی پارس را برانداخت و حاکم کلی پارس شد.

اردشیر با توجه به شجاعت و جاه‌طلبی به فرماندهی پارس قانع نبود و به توسعه بیشتر پرداخت. اردشیر کرمان را نیز به زیر سلطه خود درآورد و مرکز آن را بردسیر (شهر اردشیر) قرار داد. این توسعه‌طلبی باعث جنگ او با دولت مرکزی شد که در نهایت به جنگ بین اردشیر و اردوان انجامید. سرانجام بعد از سه نبرد اردوان شکست خورد.

با شکست اردوان پنجم در سال ۲۲۴ میلادی، دولت ساسانی جای دولت اشکانی را گرفت. دولت ساسانی برخلاف دولت اشکانی در پی تمرکزگرایی بود که در نهایت اردشیر پس از چندین سال به این مهم دست یافت.

اردشیر پسر بابک (و به‌قول برخی از مورخین نوه دختری بابک) و بابک پسر ساسان است. این خاندان در فارس متصدی آتشکده استخر بودند که قدمت آن به زمان هخامنشیان می‌رسید؛ بنابراین اردشیر نسبت خود را از هخامنشیان می‌دانست. خاندان ساسانی در بین پارسی‌ها دارای اهمیت و احترام بودند.

اردشیر شهر تیسفون را (سال ۲۲۶ میلادی) پایتخت خود قرار داد. دلیل آن همانی بود که اشکانیان این شهر را برای پایتختی برگزیده بودند، یعنی ثروت میانرودان و نزدیکی آن به دشمن دیرینه خود یعنی امپراتوری روم.

اردشیر پس از فراغت از جنگ‌های محلی و یکپارچه‌سازی کشور به فکر پایان دادن وضعیت ملوک‌الطوایفی حاکم دوره اشکانی و مرکزیت دادن به حکومت ساسانی افتاد. این همان جانشینی شاهان هخامنشی بود، چرا که ساسانیان خود را وارثان هخامنش می‌دانستند.

ساسانیان دین زرتشت را دین رسمی کشور اعلام کردند. این رویداد باعث شد که موبدان به‌تدریج به دربار راه یابند و تصمیمات اصلی در امور حکومت در نهایت بر عهده آنها بود. با سقوط حکومت ساسانی، در واقع دین زرتشت به‌عنوان دین رسمی مملکت نیز سقوط کرد؛ و به تدریج دین زرتشت از دین غالب ایران خارج شد و دین اسلام جای آن را گرفت واین مسئله بخصوص در زمان عبدالملک خلیفه اموی شدت گرفت و در این زمان مالیات براهل ذمه بسیار زیاد شد و در نتیجه آن‌ها برای فرار از مالیات به تغییر دین و گرایش به اسلام روی آوردند و این مسائل سبب شد که زرتشتیان به تدریج در تاریخ بعد از اسلام به اقلیت تبدیل شوند.

پس از اردشیر، شاپور اول جانشین پدر شد. بیشتر دوران پادشاهی اردشیر صرف رسیدگی به امور داخلی کشور شد؛ اما پسر و جانشین او شاپور اول بیشتر وقت خود را صرف فتوحات کرد. شاپور رومیان را شکست داد و امپراتور روم را اسیر کرد (رجوع شود به جلد هشتم، مجموعه ایران‌شناسی از همین‌نگارنده).

روزبه زرین‌کوب در کتاب ایران، تاریخ، فرهنگ و هنر (۱۳۹۰) می‌نویسد: «حکومت مقتدرانه شاپور اول بنیاد ساسانیان را در ایران محکم‌تر کرد. نشر تعالیم آئین مانی در قلمرو ساسانیان، با اجازه شاپور اول، باعث ناخرسندی موبدان زرتشتی شد و در دوران بهرام اول با اصرار کرتیر (کردیر)، موبد ارشد موبدان، مانی دستگیر شد و در زندان جان سپرد ۲۷۷م)».

پس از بهرام سوم، با حمایت بزرگان دولت، نرسی بر تخت پادشاهی نشست (۳۰۲- ۲۹۳م) . او به نفوذ کرتیر خاتمه داد، اما در سال ۲۹۸ میلادی در ارمنستان از رومیان شکست خورد که در نتیجه شمال میانرودان و ارمنستان به روم واگذار و دجله مرز دو دولت اعلام شد. این شکست و پیامدهای ناشی از آن برای چندی‌ایران را در ضعف و سستی فرو برد. سرانجام بزرگان کشور پادشاهی را به شاپور دوم (۳۷۹-۳۰۹م) فرزند خردسال هرمز دوم (۳۰۹-۳۰۲م) سپردند و خود رشته امور را در دست گرفتند؛ اما شاپور با رسیدن به سن رشد خود را از نفوذ آنان رها کرده، با عزم و اراده‌ای استوار حکومت در حال زوال ساسانیان را احیا کرد و دوباره آن را به اوج قدرت رساند. وی ابتدا اعراب مهاجم را به‌شدت سرکوب کرد، چنان‌که نزد اعراب به ذوالاکتاف ملقب شد. شاپور دوم جنگ با روم را بار دیگر تجدید کرد و در یکی از همین نبردها، یولیانوس امپراتور روم کشته شد (۳۶۳م) و مناطق وسیعی به تصرف ساسانیان درآمد. گستره دولت ساسانی در این زمان و زمان‌های بعد از آن تقریباً بدون تغییر ماند (شکل ۱۶-۴ گستره دولت ساسانی را نشان می‌دهد).

ساسانیان دین زرتشت را دین رسمی کشور اعلام کردند. با سقوط حکومت ساسانی، در واقع دین زرتشت به‌عنوان دین رسمی مملکت نیز سقوط کرد؛ و به تدریج دین زرتشت از دین غالب ایران خارج شد و دین اسلام جای آن را گرفت.

شکل ۱۶-۴. گستره ایران در دوره ساسانیان(اطلس تاریخ ایران، ۱۳۷۸).

جانشیان شاپور دوم غالباً بی‌کفایت بودند. در روزگار یزدگرد اول(۴۲۰-۳۹۹م) فرصت‌های فراوانی برای غلبه بر روم پیش آمد، اما او پادشاهی صلح‌جو بود و از جنگ پرهیز می‌کرد. پسرش بهرام پنجم (۴۳۸-۴۲۰ م) معروف به بهرام‌گور در خاور و باختر امپراتوری پیکار کرد. در عهد پیروز (۴۸۴ - ۴۵۹ م) ایران گرفتار تهاجم هیاطله از خاور شد و کشور در هرج و مرج و ناامنی قرار گرفت که سلطه نجبا و موبدان را بر امور کشور درپی داشت. وقتی قباد اول به حکومت رسید(۴۸۸ م) برای کوتاه کردن دست اینان از قدرت به حمایت مزدک و تعالیم او برخاست، اما با مخالفت سرسختانه موبدان و نجبا روبه‌رو شد و در نتیجه برای مدتی از سلطنت خلع و زندانی گردید (۴۹۶ م) چون دوباره به قدرت رسید (۴۹۸ م) احتیاط و اعتدال در پیش گرفت و حتی برای حفظ موقعیت خود با دشمنان مزدک همراه شد. در سال ۵۲۸ میلادی یا اوایل سال ۵۲۹ میلادی مزدک به مناظرهای ساختگی دعوت شد و در پایان مجلس همراه با عده زیادی از پیروانش به قتل رسید. پس از قباد پسرش خسرو انوشیروان پادشاه شد.

انوشیروان (۵۷۹-۵۳۱ م) یکی از بزرگ‌ترین پادشاهان ساسانی در ایران است. با اصلاحات و بدعت‌هایی که در عصر او گذاشته شد کشور آن‌چنان با رونق اقتصادی و آبادی همراه بود که مشابه آن را کمتر در تاریخ سراغ داریم. لذا در اینجا به رخدادهای آن زمان اشاره می‌کنیم.

پس از درگذشت شاه قباد، ولیعهدش خسرو که هنوز به سن بلوغ نرسیده بود به تخت پادشاهی نشست. دو برادر خسرو با انتصاب وی مخالفت کردند، ولیکن موبد ارشد موبدان دو نسخه مشابه از وصیت‌نامه قباد که به آنها سپرده شده بود را در مجلس بزرگان قرائت کردند. بعد از آن دو برادر خسرو به جرم مخالفت با وصیت‌نامه قانونی شاهنشاه به اعدام محکوم شدند و دیگر برادرزادههای او نیز از میان برداشته شدند. در آن زمان به خواست موبدان برای پاک کردن عقاید مزدک در بین مردم توسط خسرو، فرمانی ارائه شد که هر گونه بحث و جدل در امر دین خدا محکوم است؛ بنابراین کسی از هواداران مزدک اجازه نداشت درباره او و نهضتش در جامعه سخن بگوید و برای بی‌اساس کردن نهضت مزدک قوانینی را ایجاد و به آن اختصاص دادند، به‌گونه‌ای که در سالهای بعد، از مزدک به‌عنوان بی‌دین نام برده می‌شد. البته شورشهایی هم در این زمان توسط هواداران مزدک ایجاد شد که همگی سرکوب شدند.

انوشیروان دادگر: بعد از مرحله بلوغ و تکامل روحیه مملکت‌داری انوشیروان تصمیم گرفت امور کشور را خود به تنهایی و بدون دخالت موبدان در دست گیرد و در پی جبران برخی اعمال خود برآمد. از این رو دست به اقداماتی زد و قوانینی برای اصلاح اوضاع اجتماعی کشور وضع کرد. در واقع انوشیروان پیام و هدف مزدک را خوب درک کرده، سعی کرد از محتوای آن‌ها در اصلاح امور استفاده کند، بدون اینکه بر آنها تکیه کند و یا نام ببرد که در حقیقت تا حدودی خلع شعار کردن مزدکیان بود. این رفتار با خشنودی مردم روبه‌رو شد. انوشیروان برای بهتر اداره شدن کشور دستگاه‌هایی ایجاد کرد و خود در رأس آن‌ها قرار گرفت. این اقدامات عبارت بودند از:

۱. پیمایش و آمارگیری زمین‌های مزروعی و باغستان‌های کشور؛

۲. توجه به امر دهگانان یعنی طبقه نوظهور مالکان روستایی؛

۳. نوسازی سازمان‌های دادگستری و مالیاتی؛

۴. احداث عدالت‌خانه‌هایی برای بررسی تظلمات حکومت‌گران در سراسر کشور؛

۵. اقدامات تأسیساتی چون توسعه آبیاری، ترمیم قنوات، ترویج کشاورزی و غنای سدها؛

۶. کم شدن میزان مالیات، تنظیم دوباره اظهارات مالیاتی، ایجاد ادارات مالیاتی جدید و تعیین افرادی مورد اعتماد در رأس ادارات و بر این اساس مالیات فقط به افرادی با درآمد بالا که در سنین ۲۰ تا ۵۰ سالگی بودند تعلق می‌گرفت؛ و زنان، کودکان، پیران، حتی اقشار کم درآمد و زمین‌های کوچک شامل مالیات نمی‌شدند. میزان مالیات به مقدار منظم و سالانه بود و در سه فصل چهار ماهه پرداخت می‌شد.

۷. وضع قوانین مدنی جدید که به موجب آن جوان‌های قشر کم‌درآمد جامعه می‌توانستند ازدواج کنند و در ارتش به خدمت گمارده شوند.

به‌خاطر اقدامات نام برده شده انوشیروان به انوشیروان دادگر لقب گرفت.

در دوران انوشیروان دادگر، پایتخت ایران مجموعه‌ای از هفت شهر آباد و پررونق و به‌هم پیوسته بود که در دو کرانه خاوری و باختری دجله، با دوقلوی تیسفون و بِه‌اردشیر، در مرکز آنها قرار داشت. ظاهراً تقسیم هفتگانه پایتخت بر اساس تقسیم جمعیتی بود و در هر شهری یک جماعتی زندگی می‌کرد. خانوادههای مرتبط به شاهنشاهی عموماً در شهر تیسفون مستقر بودند و کاخ شاهنشاهی در محله اسپانور بِه‌اردشیر قرار داشت. شهرهای دیگر به‌ترتیب نظامی، دینی، صنعتی و کارگری بودند. شهرهای متصل به پایتخت شهر رومیگان و شهر ماخوذه بودند که در شهر رومیگان صنایع پیشرفته رواج داشت و در شهر ماخوذه محل اسکان جماعت یهودی و حرفه‌های ظریفی چون زرگری و صرافی رونق داشت.

شهر استخر پایتخت سنتی و مقدس ایران بود و مرکز استقرار اشراف، روحانیون و خاندانان بزرگ ایران. شهر اصفهان یک مرکز بزرگ صنعتی و شهر زرنج سیستان در کنار رود هیرمند مرکز مبادله کالای کشوری بود. شهر گُندی‌شاپور از مهم‌ترین شهرهای علمی و صنعتی کشور بود. مؤسسات و مجتمع‌های علمی و فرهنگی نوین در آن قرار داشت و دانشگاه آن شهر به‌دستور انوشیروان ساخته شد. ساکنان شهرهای هفتگانه ثروتمند بودند و ثروتمندترین مردم جهان به‌شمار می‌رفتند.

علاوه بر پایتخت و شهرهای یاد شده، چندین شهر آباد و پرجمعیت دیگر در نواحی دیگر ایران وجود داشت که با شهرهای هفتگانه رقابت می‌کردند. بلخ در شمال افغانستان، بخارا در ازبکستان کنونی، مرو و هرات و نیشابور در خراسان، ری در مرکز و نهاوند و همدان در باختر. این شهرها به‌خاطر قرار گرفتن در مرز جاده بین‌المللی تجارت خاور و باختر رونق بسیاری داشتند.

جاده بازرگانی زمینی که چین را به امپراتوری روم وصل می‌کرد از راه بلخ و مرو و نیشابور و گرگان و ری و همدان به تیسفون متصل می‌شد و از آنجا به آسیای صغیر و شام وصل می‌شد (شکل ۱۷-۴).

ایران تنها راه ارتباطی زمینی خاور و باختر متمدن بود و در شرایط صلح می‌توانست بهترین بهره‌برداری اقتصادی را از این موقعیت جغرافیایی ببرد؛ بنابراین ایران در زمان ساسانی یکه‌تاز میدان تجارت دریایی آب‌های خلیج‌فارس و دریای هند بود. از دوران انوشیروان به بعد دریای سرخ نیز حیطه فعالیت دریای ایران شد.

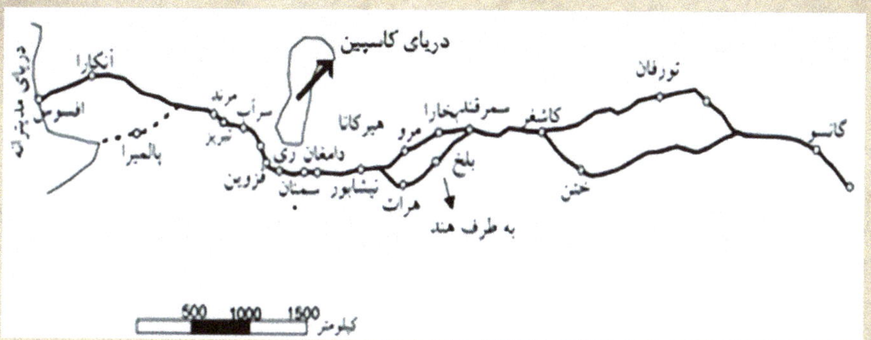

شکل ۱۷-۴ . تصویری شماتیک از نقشه جاده ابریشم (فرشاد، ۱۳۷۶ م)

ناوگان بازرگانی ایران، مستقر در بنادر متعدد خلیج‌فارس، بر کل تجارت دریایی خاورمیانه تسلط داشتند و تجارت دریایی دریای سرخ را نیز به‌خود اختصاص داده بودند. بندر هرمز (میناب امروزی) در دهانه خلیج‌فارس در آن زمان بزرگ‌ترین بندر بازرگانی بین‌المللی و یک شهر چند ملیتی بسیار ثروتمند بود. کشتی‌ها کالاهای بازرگانی را از بندرگاه‌های هند و آفریقای خاوری به ایران حمل می‌کردند و آنجا به درون ایران یا به شام و روم منتقل می‌شد. همچنین کالاهای ایرانی و کالاهایی که از کشورهای روم آورده می‌شد به‌وسیله این کشتی‌ها به خاور آفریقا و بنادر هند انتقال می‌یافت. مهم‌ترین بندرگاه جنوب عراق در زمان ساسانی بندر میشان بود که دروازه تیسفون به خلیج‌فارس به‌شمار می‌رفت و نقطه ارتباطی آبی پایتخت با دنیای خارج بود. در جنوب پارس نیز بنادر مهمی کشور را با بنادر خاور آسیا متصل می‌ساخت که مهم‌تر از همه بندر سیراف (طاهری) بود.

رفتار اجتماعی انوشیروان نشان‌دهنده آن بود که نه تنها از تعلیمات عالیه برخوردار بوده بلکه درباره هر کدام از علوم زمان خود آشنایی نسبی داشته است. اگرچه انوشیروان در اوایل سلطنت با مزدکیان سخت‌گیری بسیار شدیدی کرد و تقریباً همه آنها را از میان برداشت، ولی با رسیدن به سن بلوغ خودش تصمیم‌گیر کشور شد و نسبت به عقاید دینی و اقشار مردم احترام بسیار داشت.

علاقه انوشیروان به ادبیات و علوم و فنون به‌حدی بود که برخی جوانان خاندان‌های اشرافی را برای فراگرفتن علوم روز به کشورهای دوردست اعزام داشت. در دوران حکومت انوشیروان در مدرسه طب جندی شاپور، کتاب‌های یونانی و هندی به زبان‌های سریانی و پهلوی ترجمه و تدریس می‌شد. داستان برزویه که برای فراگرفتن علوم به دیار هند رفت یک نمونه جالب از دانشجویان اعزامی انوشیروان به نواحی دور برای فراگیری علوم روز بود. او در راه برگشت از آن دیار ترجمه کتاب کلیله و دمنه را از زبان سانسکریت به پهلوی به‌همراه آورد که به‌عنوان بهترین تحفه مورد توجه انوشیروان قرار گرفت.

در دوران خسرو انوشیروان رشته‌های هنری پیشرفت بسیار زیادی کرد. هنرمندان و موسیقی‌دانان مورد حمایت قرار گرفتند و هنر موسیقی را که تا آن زمان فراگیر نبود در کشور فراگیر کرد که در سال‌های بعد ثمره این فعالیت‌ها در دربار پر شکوه خسرو پرویز تجلی یافت. هنرهای نقاشی و تذهیب و مجسمه‌سازی در عهد خسرو انوشیروان به اوج رسید و سپس در زمان خسرو پرویز گسترش بیشتری یافت.

دوره انوشیروان را باید عصر نهضت فرهنگی ایران شمرد. این نهضت را از نظر تاریخ ایران بیشتر از این جهت قابل ملاحظه می‌دانند که کاملاً جنبه ملی و رنگ ایرانی داشته است. در این دوره ایرانیان، گذشته از آثار علمی و فرهنگی خود، به دانش‌ها و معلومات رایج هند و یونان نیز اهمیت بسیار می‌داده‌اند و برای به‌دست آوردن کتاب‌های آن‌ها و ترجمه‌شان به زبان پهلوی کوششی شایسته به‌کار می‌بردهاند. این پادشاه با فرهنگ می‌خواست تا تیسفون پایتخت ایرانشهر، مهم‌ترین مرکز خاور در جهان سیاست آن دوران، در جهان دانش و فرهنگ نیز به پایگاهی بلند برساند و رساند. پایگاهی که دو قرن بعد در همین محل نصیب شهر نوساز بغداد شد. دوران این شاه انقدر طول نکشید تا کوشش خود را چنانکه انتظار داشت به نتیجه رساند. اگرچه چند دهه بعد از خود به سوی نابودی میل می‌کرد؛ اما شعله‌ای که افروخت خاموش نشد و دانشمندان ایرانی کمتر از دو قرن بعد همچنان کار خود را در نشر علم و ادب دنبال کردند. این فعالیت‌ها نتایج نیکویی داشت، با این تفاوت که پس از سپری شدن روزگار ساسانیان کوشش‌های آنان به‌نام اسلام و آثار فکری ایشان به زبان عربی عرضه می‌شد(محمدی ملایری، ۱۳۷۴).

امیرحسین خنجی بر اساس نظر استخری بیان می‌کند: در نزدیک کازرون یا بیشاپور یک آرشیو بزرگ سلطنتی در کوهستان دایر بود که مجسمه‌های گوناگون هر یک از شاهنشاهان ساسانی با شرح کاملی از کارنامه هر کدام از آنها در آن نگهداری می‌شده است. احتمالاً ایرانیان در زمان حمله اعراب بخشی از آرشیو سلطنتی را

به این مکان آورده بودند تا از دستبرد عرب‌ها در امان باشد. خیلی از آثار باقی‌مانده از جمله بعضی از کتاب‌های مربوط به ساسانیان و ایران باستان مربوط به فارسی میانه مانند خداینامه نتیجه پنهان‌کاری و دور نگهداری آن‌ها توسط ایرانیان از دست اعراب بوده است.

به هر روی اقدامات عدالت‌گسترانه انوشیروان هر چند که در زمان خودش از طرف بزرگان کشور با سکوت و تحمل برگزار شد اما با مخالفت اشراف سنتی-که از سیاست‌های اصلاحی او زیان دیده بودند- همراه بود. انوشیروان دادگر بعد از ۴۸ سال شاهنشاهی باشکوه در اواخر زمستان سال ۵۷۹ میلادی در تیسفون درگذشت.

پس از خسرو انوشیروان پسرش هرمز چهارم بر تخت نشست (۵۷۹ م.) واقعه مهم دوران حکومت او نافرمانی بهرام چوبین بود که به قصد عزل شاهنشاه ساسانی به تیسفون لشکر کشید. بهرام چوبین در اینجا کودتا کرد و این کودتا اثر بدی بر روی ارتش ساسانی گذاشت و یکی از عوامل شکست‌های بعدی ایران همین کودتا بود. نجبا و موبدان نیز که از هرمز ناخرسند بودند وی را از سلطنت خلع کردند و پسرش خسرو دوم یا خسرو پرویز را بر تخت نشاندند (۵۹۰ م)؛ اما پادشاه جدید از مقابل سپاه بهرام چوبین گریخت و به امپراتور بیزانس پناهنده شد. او سرانجام به‌کمک امپراتور بیزانس بر بهرام غلبه کرد (۵۹۱م) خسرو پرویز در مقابل کمک امپراتور بیزانس طی قراردادی (۵۹۱ م) بخش‌هایی از قلمرو ساسانی را به امپراتور بیزانس واگذار کرد و میان دو امپراتوری صلح برقرار شد؛ اما خلع ید و قتل امپراتور حامی خسرو پرویز دست او را به یورش به قلمرو روم باز کرد. دو سردار ایرانی به نام‌های شهر بَراز و شاهین، در آن سرزمین فتوحات بسیاری کردند تا آنجا که امپراتوری بیزانس تقریباً تمام تصرفات آسیایی خود را از دست داد. حتی قسطنطنیه نیز در خطر حمله قرار گرفت. مصر هم به‌دست سپاه ساسانیان افتاد (۶۱۹ م) و بدین‌ترتیب قلمرو خسرو پرویز به حدود قلمرو هخامنشیان رسید؛ اما جنگ طولانی شد و لجاجت خسرو پرویز برای ادامه آن امپراتوری بیزانس را آماده تلافی کرد (۶۲۷ م) و حملات تعرضی امپراتوری بیزانس آغاز شد. آذربایجان ویران و غارت شد و سپاه بیزانس میانرودان را گرفت. خسرو پرویز به تیسفون گریخت، اما پیشنهاد صلح را رد کرد. سرانجام مردم و سرداران شوریدند و خسرو پرویز از سلطنت خلع و سپس زندانی شد. پسر بزرگش شیرویه به‌نام قباد دوم برتخت نشست و چند روز بعد خسرو پرویز در زندان کشته شد (۶۲۸م)(زریاب‌خوئی، (۱۳۷۸).

قباد دوم بلافاصله با امپراتوری بیزانس صلح کرد و ۳ سال مالیات مردم را بخشید. زندانیان پدر را آزاد کرد و از سرداران سپاه دلجویی کرد، اما سلطنت او به یک سال هم نرسید. طاعونی که به‌دنبال جنگ‌های خانمان‌سوزِ خسرو پرویز در ایران شایع شده بود به زندگی قباد دوم نیز خاتمه داد(۶۲۸ م.) با مرگ او ایران در هرج و مرج فرو رفت و نشانه‌های انحطاط پدیدار شد. در مدت ۴ سال از زمان مرگ خسرو پرویز تا روی کار آمدن یزدگرد سوم (۶۳۶ - ۶۲۸ م) بیش از ۱۰ تن بر تخت شاهی ایران نشستند. از این میان اردشیر سوم کودکی خردسال بود و پوراندخت دختر خسرو پرویز نخستین زنی بود که رسماً تاج شاهی را در ایران بر سرنهاد. آزرمیدخت، دختر دیگر خسرو پرویز نیز چندی بر تخت سلطنت ساسانی تکیه زد (همان).

وقتی بزرگان کشور یزدگرد نواده خسرو پرویز را به شاهی برگزیدند (۶۳۲م) او هنوز کم سن و سال بود. یزدگرد سوم در دومین سال حکومتش در مرزهای باختری کشور با نیروی اعراب مسلمان روبه‌رو شد و تا آن زمان چند سال از پیدایش اسلام در سرزمین حجاز می‌گذشت، اما ساسانیان فرصت توجه به آن را نیافته بودند. سرانجام دولت ساسانی به‌دست اعراب سقوط نمود (همان).

۴-۶-۱ پادشاهان ساسانیان از ظهور تا سقوط

(۱) اردشیر بابکان، (۲) شاپور اول، (۳) هرمز اول، (۴) بهرام اول، (۵) بهرام دوم، (۶)بهرام سوم، (۷) نرسی، (۸) هرمز دوم، (۹) آذرنرسی، (۱۰) شاپور دوم، (۱۱) اردشیردوم، (۱۲) شاپور سوم، (۱۳) بهرام چهارم، (۱۴) یزدگرد اول، (۱۵) هرمز سوم، (۱۶) فیروز اول، (۱۷) بلاش، (۱۸) قباد اول)بار اول(، (۱۹) جاماسب، (۲۰) قباد اول (بار دوم)، (۲۱) خسرو انوشیروان، (۲۲) هرمز چهارم، (۲۳) خسرو پرویز، (۲۴) قباد دوم، (۲۵) اردشیر سوم، (۲۶) خسرو سوم، (۲۷) جوانشیر، (۲۸) بانو پوراندخت، (۲۹) گشتاسب بنده، (۳۰) بانو آذرمیدخت، (۳۱) هرمز پنجم، (۳۲) خسرو چهارم، (۳۳) فیروز دوم، (۳۴) خسرو پنجم فرخزاد و (۳۵) یزدگرد سوم.

۴-۶-۲ حکومت، صنعت، هنر و فرهنگ در دوره ساسانیان

ساسانیان پس از قدرت گرفتن، دین زرتشت را دین رسمی اعلام کردند. یکی از کارهای خردمندانه ساسانیان آن بود که نیروی دولت خویش را، با تقویت فرهنگ ملی و زنده کردن دین و آیین ایرانی که خود بزرگ‌ترین پشتیبان ایشان بود تا آنجا که می‌شد استوارتر کردند. نخستین پایه این کار سترگ به‌دست اردشیر بابکان گذارده شد. بدون شک بزرگ‌ترین خدمت او به مردم این سرزمین کوششی بود که در راه گردآوردن قسمت‌های پراکنده اوستا و انتشار دین زرتشت به‌کار برد. این سیاست بخردانه که جانشینان وی نیز از آن پیروی‌کردند در تکمیل وحدت ملی ایران و نیرومند ساختن ایرانیان اثر معجزه‌آسایی داشت و به‌زودی چشم معاصرین این دولت را خیره ساخت. اردشیر با این کار خود توده‌های از هم گسیخته ایرانی را وحدت بخشیده، همه را زیر یک پرچم، با یک دین و یک آرمان گردآورد بود (محمدی ملایری، ۱۳۷۴) این امر باعث نفوذ زیاد موبدان به دربار شد، به‌گونه‌ای که موبدان از مشاوران اصلی در دربار بودند و قدرت آنها کمتر از قدرت شاهان نبود. حتی انتخاب ولیعهد به‌کمک و نظر آنان انجام می‌گرفت.

در زمان ساسانیان چند دین ظهور کرد. دین مانوی توسط شاپور اول حمایت می‌شد و این موضوع باعث ناخشنودی موبدان شد و موبد بزرگ سرانجام دستور زندانی‌شدن مانی را داد. دین مزدک در زمان قباد پدر انوشیروان بسیار گسترش یافته و نفوذ زیادی پیدا کرد. البته قباد بعد از برگشت دوباره به سلطنت از مخالفان مزدک شد و عامل قتل و عام آنها را گشت. در زمان انوشیروان سعی در ریشه‌کنی مزدکیان کردند که

سبب نارضایتی جامعه شد، زیرا که مزدک اشتراک در اموال و املاک را تبلیغ می‌کرد که ایده‌هایش به‌شکلی با سوسیالیسم امروزه شباهت داشت و طرفداران زیادی داشت. هر چند انوشیروان برای جلب رضایت مردم اصلاحات زیاد در ساختار نظام به‌وجود آورد و مردم از آن اصلاحات خرسند شدند، پایه‌های حکومت ساسانیان در زمان خسرو انوشیروان استحکام یافت.

جهان‌بینی مانوی بر اساس بدبینی و حقیر شمردن این جهان و گریز از تکالیف جسمانی بود. این با تعالیم و اساس دین زرتشت، دینی که خوش‌بین بود و تلاش و کوشش انسان را در راه بهبود زندگی ناچیز نمی‌شمارد، اختلاف زیاد داشت. در این دوران مسیحیت دین رسمی رومیان شده بود. چون امپراتور روم با پادشاه ایران دشمن بود رومیان در مرزهای خاوری (مرزهای باختری امپراتوری ایران) به تبلیغ دین خود می‌پرداختند که این موضوع هم به اختلافات بین روم و دولت ساسانی دامن می‌زد. بر پایه نامه خسرو پرویز، در زمان ساسانیان مردم به چهار طبقه تقسیم می‌شدند که در رأس همه آنها پادشاه قرار داشت:

طبقه اول: اصحاب دینی مثل موبدان، پادشاهان، معلمان و . . . .

طبقه دوم: جنگجویان و نظامیان.

طبقه سوم: شعرا، اطبا، منجمان و . . . .

طبقه چهارم: عامه مردم، پیشه‌وران، بازرگانان و دهقانان.

صعود از یک کلاس به یک طبقه دیگر ممکن، اما نسبتاً سخت بود. در صورتی‌که رئیس یکی از طبقات چهارگانه در یکی از فرزندان طبقه پایین‌تر آثار رشد و هوشیاری و شایستگی را می‌دید و این موضوع را به پادشاه یا حاکم محلی اطلاع می‌داد شاهنشاه حکم صعود به طبقه بالاتر را صادر می‌کرد. البته اینکه افراد یک طبقه به افراد طبقه دیگر فخرفروشی کنند در میان نبود. این طبقه‌بندی بیشتر بر پایه حرفه و کاری بود که نسل به نسل منتقل می‌شد و هر کس حرفه پدر را خوب می‌آموخت.

در دوره ساسانیان، بخصوص در میان مردم طبقه اشراف، تمایل به خرید ظروف نقره و علاقه و توجه بانوان به سنگ‌های قیمتی به اوج رسید. تزیینات و نقاشی ظروف و ساختمان‌ها، اندرونی خانه‌ها، سالن‌ها و تالارها به اوج خود رسیده بود که نشان از ثروتمند شدن کل مملکت دارد.

معماری دوره ساسانیان از ویژگی‌های گوناگونی برخوردار بود و از سبک‌های مختلفی ریشه می‌گرفت. چون ساسانیان پارسی نژاد بودند؛ کوشش فراوان در زنده نگهداشتن هنرها و معماری هخامنشیان داشتند. آنها از هنر اشکانی نیز در هنر و معماری خود استفاده می‌کردند. ساسانیان خود نیز بر هنر پیشین افزودند و سبک‌هایی را به‌وجود آوردند که در معماری بناهای عمومی از قبیل قلعه‌ها، آتشکده‌ها، پل‌ها، راه‌ها، کاروانسراها و حتی خانه‌های دوره‌های بعد اثرگذار بود.

دکتر ناتاشا ساولینوا عضو موزه مسکو می‌گوید: «همگان پذیرفته‌اند که ایوان و گنبد از دستاوردهای معماران ایرانی است که از قرن سوم میلادی موفق شدند ابداعات معماری چشم‌گیری را در کارهای خویش عرضه کنند» (رضائیان، ۱۳۸۶).

بسیاری از بناهای تاریخی و آثار خلق شده معماری که درمجموعه ده‌جلدی ایران‌شناسی از نگارنده این کتاب آمده است ریشه در هنر ساسانی دارد. ساسانیان در زمان خسرو پرویز می‌خواسته‌اند در منطقه بیستون آنچه را که در تخت‌جمشید بوده است خلق کنند (البته این نظر نگارنده است که دو ساختمان تخت‌جمشید وبیستون را دیده و چگونگی ساخت آنها را مطالعه کرده است.) یکی از شگفتی‌های ساخت بیستون کمک گرفتن از پی‌های خاکی برای کندوکاری‌هاست که از آغازی‌ترین مرحله از ارتفاعات انجام شده تا سطح زمین نیز رسیده است و این روندی مشهود است و هنوز هم در بخش‌های سطحی زمین آثاری از این پی‌ها که بیشتر نشانه‌ای از ناتمام ماندن کار است وجود دارد که نمونه بارز آن اثر فرهاد تراش و مجموعه طاق‌بستان است باید مورد مطالعه و بررسی بیشتر قرار گیرد (شکل ۱۸- ۴ و شکل ۱۹- ۴).

شکل ۱۸-۴. طاق بستان در کرمانشاه

شکل ۱۹-۴ . تصویری از طاق بستان.

شکل ۲۰-۴ . نمایی از کنده‌کاری‌های طاق بستان.

در معماری دوره ساسانیان آجر تا حد گستردهای کاربرد داشت. در در معماری دوره ساسانیان آجر تا حد گستردهای کاربرد داشت. ایـوان کسـری و تخت‌سلیمان مصالح اصلی آجر با ملات گچ و ساروج اسـت (سمسـار، ۱۳۹۰) (شـکل ۲۰- ۴ و ۲۲-۴).

شکل ۲۰-۴.نمایی از طاق کسری، تیسفون Artemy Lebebdev

شکل۲۲-۴. نمای بازسازی شده طاق کسری، تیسفون (رضائیان، ۱۳۸۶)

ایوان کسری یا عمارت طاق کسری یکی از بزرگ‌ترین و جالب‌ترین آثار دوره ساسانیان در تیسفون است. بنای ساخت آن از زمان شاپور اول شروع شد. اگرچه به اعتقاد برخی این کاخ به‌دستور خسرو انوشیروان ساسانی بنیاد گذاشته شده است و این طاق به‌نام طاق کسری یا طاق خسرو نام‌گذاری شده است. این بنا کاخ شاهنشاهی خسرو انوشیروان ساسانی بوده است و در شهر مدائن در کشور عراق، در جنوب بغداد در کنار رود دجله در دوره ساسانیان ساخته شده است. طاق آن به‌عرض ۲۵ متر می‌باشد. ارتفاع طاق ۳۷ متر و طول آن ۵۰ متر است که به بلندترین طاق دست‌ساز شهرت یافته است. این مکان امروزه به‌شکل ویرانه‌ای در محله اسبانبر نزدیک بغداد وجود دارد.

راه‌های ایران در زمان سلطنت ساسانیان توسعه زیادی یافت. آیین راه‌ها نه تنها برای پست و اطلاعات نظامی مورد استفاده قرار می‌گرفت، بلکه از نظر بازرگانی نیز از اهمیت زیادی برخوردار بودند و مورد استفاده قرار می‌گرفتند. عمده کارهای بازرگانی از جاده ابریشم انجام می‌گرفت.

در دوره ساسانیان عمده شهرهای ایران بازسازی و نوسازی شدند علت اینکه برخی از شهرهای ایران نام ساسانی دارند هم از همین سابقه منشأ می‌گیرد.

پروفسور مهدی فرشاد در کتاب تاریخ مهندسی در ایران (۱۳۷۶) چنین بیان می‌کند: «ساختمان مدائن، کاخ بیشاپور و نیایشگاه بزرگ آناهیتا شاهکارهای هنری معماری ایران در عصر ساسانی است». نامبرده ادامه می‌دهد که فردوسی بزرگ نیز در مورد چگونگی ساخته‌شدن بنای مدائن گفته است از میان چند هزار استاد معمار دو تن، یکی رومی و دیگرا پارسی، انتخاب می‌شوند.

باز در بررسی‌های پروفسور فرشاد در سال ۱۳۷۶ چنین می‌خوانیم: «اما جالب‌ترین بخش این داستان که از نظر مهندسی و حتی فناوری امروزی حائز اهمیت فراوان است آنجاست که معمار پیش‌بینی فرونشست دیوار را کرده، قصدش بر آن بوده که اجازه دهد بخشی از این فرونشست روا دهد تا پس از آن ساختن بنا را ادامه دهد. ولی حکمران که در انجام کار شتاب داشته پیشنهاد تعطیلی موقت کار را نمی‌پذیرد و استاد سازنده به‌ناچار مدتی ناپدید می‌گردد و بدین‌سان به مراد خویش که اجرای درست کار بوده می‌رسد و سرانجام دوباره برمی‌گردد و کار خویش را به پایان می‌برد».

آتشکده‌های دوره ساسانیان که در سراسر سرزمین ایران ساخته شده‌اند شکلی بسیار ساده و گیرا دارند. بنای آتشکده‌های ساسانیان عموماً یک بنای چهارطاقه با پلان مربعی شکل است که بر روی آن سیستم گوشوار (شکنی) قرار گرفته و سقف بنا گنبدی شکل ساخته می‌شده است. امروزه بسیاری از این بناها از بین رفته و از بقیه فقط خرابه‌هایی برجاست. از نمونه‌های این قبیل بناها آتشکده نیاسر (در نزدیکی کاشان) را می‌توان نام برد که متعلق به قرن دوم میلادی است که نشانه‌ای از قوه ابتکار مهندسان ایران‌باستان در پدید آوردن سبک‌های تازه معماری به‌شمار می‌رود. بنای آتشکده‌های ساسانیان و سبک چهارطاقه در عین سادگی گیرایی خاصی دارد که در بیننده یک حالت روحانی و حس آرامش ایجاد می‌کند. این ویژگی‌ها که نمایشگر درجه تکامل این سبک ساختمانی است در فرهنگ‌های دیگر نیز نفوذ کرده، به سرزمین‌های خاور و باختر ایران نیز گسترش یافته است. این سبک معماری در خاور در معابد بودائی و در باختر در اماکن مقدس مسیحی به‌کار رفته و با تغییرسبک‌های محلی آن سرزمین‌ها غنای زیادی به آنها بخشیده است. در ایران پس از اسلام نیز سبک معماری این آتشکده‌ها در ساختن مساجد و اماکن مقدس اسلامی پذیرش کامل یافت و ساختمان بسیاری از مساجد و مقبره‌ها بر این سبک و بر روی بقایای همین آتشکده‌ها برپا گردید.

ابن‌بلخی طریقه ساختمان‌سازی در داخل آب در عدن پایتخت فعلی یمن را تشریح می‌کند که می‌تواند نخستین سازه با اسکلت فلزی باشد که در دوره ساسانیان در جهان ساخته شده است. توسعه سدسازی، پل‌سازی و راه‌سازی در این زمان حکایت از آگاهی و دانش و صنعت زمان ساسانیان دارد.

در زمان ساسانیان صنایع معدنی و هنرهای وابسته مانند گوهرسازی و فلزکاری رونق بسزایی داشته است و موزه‌های ایران و جهان سرشار از نمونه‌های این دوران است. در این دوره معادن بسیاری شناخته شده که از برخی از آنها هنوز هم بهره‌برداری می‌شود. این معادن در سراسر ایران پراکنده‌اند. شماری از کانسارهای سرب، روی، مس، طلا و آهن که هم‌اکنون در ایران اهمیت دارند در زمان ساسانیان شناخته شده‌اند و عمده فعالیت معدنکاری ستادی ایران را باید به این دوره نسبت داد، فرآورده‌های فلزی این دوره از راه بیزانتین (Byzantin) به اروپا فرستاده می‌شد (قربانی، ۱۳۸۶).

۷-۴ تحلیل اجمالی تاریخ ایران باستان

پیش‌تر اشاره شد که کل دوران تاریخ ایران را می‌توان به سه دوره تقسیم کرد:

۱. دوره پیش از تاریخ یا دوره تمدن‌های پیشرفته و پراکنده و منطقه‌ای مانند تمدن‌های عیلام و کاسیان، تمدن‌های مرکزی ایران مانند تمدن‌های سیلک و شهداد، تمدن‌های شمال و شمال‌باختر ایران مانند ماناها، مارلیک و تمدن‌های شمال و خاور ایران از جمله تمدن شهر سوخته؛ تمدن مادها را هم می‌توان دوره گذر تمدن پیش از تاریخ به دوره باستان دانست.

نکته قابل‌توجه اینکه با وجود پراکندگی تمدن‌های این دوره، بین آنها ارتباط وجود داشت، از جمله ارتباط بین تمدن‌های ایران با تمدن‌های میان‌رودان و تمدن مصریان. طبق شواهد موجود بازرگانان شهر سوخته گوهرسنگ‌های خامی را که از شمال افغانستان می‌آوردند، پس از پردازش به بابل و مصر صادر می‌کردند.

۲. دوره تاریخ باستان که از سال ۵۵۰ قبل از میلاد شروع می‌شود و یا اگر دوره مادها را هم در این زمان بدانیم ۷۰۰ سال قبل از میلاد

می‌شود و تا سقوط ساسانیان به سال ۶۵۱ میلادی، یعنی حدود ۱۲ سده، ادامه می‌یابد.

۳. دوره بعد از اسلام که با سقوط ساسانیان آغاز می‌شود.

این دوره را باید دوره هویت‌طلبی متأثر از افتخارات و میراث دوران باستان ایران دانست که نشانه‌های آن در مقابله گاه و بیگاه ایرانیان با خلفای اموی و عباسی و ... و نیز مقاومت آنان در برابر هجوم اقوام ترک‌تبار از خاور ایران دیده می‌شود.

آنچه امروزه در پیکر جامعه و به‌عنوان تمدن و فرهنگ ایران شمرده می‌شود برآیند اثر متقابل این سه عنصر-تمدن باستانی، آئین اسلام و مبارزات هویت طلبی برای بازگشت به تمدن و فرهنگ باستانی است. نشانه‌های هویت‌طلبی، الهام گرفته از میراث دنیای باستان در طول تاریخ در مبارزه ایرانیان با حاکمیت خلفای اسلامی و ترکان مهاجم از خاور ایران به اشکال گوناگون بروز کرده است.

اما تاریخ باستان:

تاریخ باستان که حدود ۱۲ سده طول کشید دوران پرافتخار تمدن ایران به‌حساب می‌آید که درونمایه بسیاری از تحولات و نگرش فکری اجتماعی دوران بعد را هم به‌طور آشکار و یا پنهان تغییر داده است. به چند واقعیت درباره این دوره اشاره می‌شود:

۱. در طول این دوره ایران یک‌بار، یعنی دوره سلوکیان جانشین اسکندر، به‌طور کامل اشغال شد و حکومت بیگانه در این کشور استقرار یافت. حکومت سلوکیان که ظاهراً در پی تقلید از رفتار هخامنشیان بود نتوانست بیش از یک سده بر کل ایران سلطه یابد و به‌تدریج قلمرو حکومت آنها توسط اشکانیان کاسته شده تا سرانجام در سال ۲۲۶ قبل از میلاد حکومت به‌طور کامل به یک قوم ایرانی واگذار شد. درواقع سلوکیان نتوانستند شیوه حکومت خود را بر ایرانیان تحمل کنند و باوجود تلاش یا تظاهر به پیروی از هخامنشیان چون بیگانه بوده، تفکر غیر ایرانی داشتند نابود شدند و نتوانستند اثر اجتماعی، فرهنگی و حتی زبانی چشمگیری بر ایران بگذارند.

۲. در دوره طولانی هخامنشیان و اشکانیان هرچند دین اغلب ایرانیان زرتشتی و آیین مهر بود ولی دین زرتشت حکومتی نبود و ایرانیان در انتخاب دین آزاد بودند. در زمان ساسانیان آیین زرتشت دین رسمی کشور اعلام شد و موبدان در دستگاه حکومت نقش داشتند؛ البته آیین‌های دیگری چون مسیحیت، آیین‌های مانی و مزدک با دین زرتشت در رقابت و گاهی هم در ستیز بودند.

۳. گستره ایران در زمان باستان بسیار بزرگتر از وسعت کنونی بود و حداقل وسعت سرزمین‌های ایرانی از میانرودان تا فرارودان را دربرداشت که در تمام دوران باستان قلمرو ایران محسوب می‌شد امروزه آن قلمرو باستانی تحت نام کشورهای گوناگون چندپاره شده است که مجموع آنها سرزمین‌های ایران فرهنگی یا کشورهای وارث تمدن ایرانی نام گرفته است. البته سرزمین‌هایی دیگر، موسوم به سرزمین‌های انیرانی‌که خارج از قلمرو ایران باستان بودند نیز تابع دولت مرکزی بودند.

در سراسر سرزمین ایران گویش‌ها و زبان‌های محلی و منطقه‌ای آزاد و قابل احترام بودند ولی زبان درباری، یا زبان اداری و رسمی زبان فارسی بود که خود از عوامل همبستگی ملی بود. فارسی دری شاید همان زبان فارسی درباری یا اداری بوده است. زبان فارسی در طول تاریخ به چهار شکل در آمده است که در لهجه و تلفظ و استفاده از کلمات تفاوت‌هائی با هم دارند که عبارت‌اند از: فارسی اوستایی، فارسی باستان، فارسی میانه و فارسی رایج امروزی. فارسی باستان، زبان دوره هخامنشی تا اواسط اشکانی بوده است؛ فارسی میانه یا پهلوی که از اواسط اشکانی تا آخر ساسانی رایج بوده است؛ فارسی امروزی که پس از دوران اسلامی رواج یافته که ریشه در فارسی میانه دارد و با تحولات تاریخی تغییراتی یافته است. ایران امروزی، افغانستان، تاجیکستان، بخش‌هایی از ازبکستان و برخی مناطق دیگر از زبان امروزی فارسی استفاده می‌کنند. همچنین در سه کشور ایران، افغانستان و تاجیکستان فارسی زبان رسمی است.

در تمام طول ۱۲ قرن باستان مردان سیاست پادشاهان بوده‌اند و حاکمان محلی نیز به خاندان‌های بزرگ منطقه‌ای و ریشه‌دار تعلق داشتند. با این حال هیچ‌گاه نظامیان مستقیماً در سیاست نقش نداشته است کاملاً تابع پادشاهان و حاکمان محلی بودند.

مجسمه انوشیروان

در تمام دوران باستان تغییرات منظم در صنعت ساختمان‌سازی دیده می‌شود کـه در به‌کارگیری مصالح ساختمانی مانند سنگ، خشت، آجر، شیشـه و چـوب تحـول دیـده می‌شود. همچنین در استخراج و تولید فلزات نیز یک سیر تکاملی را مـی‌تـوان مشـاهده کرد که نقش علمی دانشمندان و ابداعات مهندسین را می‌توان در این نوآوری‌ها دید. شواهد بازمانده از تاریخ باستان حکایت از وجود یک نظم علمی و سازمان‌یافتـه در اداره کشور دارد. این نظم و نظام گاهی در دوره‌های بعد از باستان سرمشق قـرار گرفتـه و در همان ایام باستان گاهی الگوی یونانیان و رومیان نیز بوده است.

منابع

۰. آورزمانی، فریدون (۱۳۹۴) جغرافیای تاریخی ایران زمین، موسسه فرهنگی انتشارات پازینه.

۱. اذکایی، پرویز (۱۳۷۵) فهرست ماقبل الفهرست (آثار ایرانی پیش از اسلام)، چ ۱، بنیاد پژوهش‌های اسلامی.

۲. بیات، عزیزالله (۱۳۶۷) کلیات جغرافیای طبیعی و تاریخی ایران، تهران موسسه انتشارات امیرکبیر.

۳. پرویز، عباس، تاریخ دوهزارو پانصدساله ایران از قدیمترین ازمنه تاریخی تا تشکیل سلسله طاهریان، ج ۱، موسسه مطبوعاتی علمی.

۴. پیرنیا، حسن (۱۳۸۶) تاریخ ایران از مادها تا اقراض ساسانیان، نشر تهران دبیر.

۵. رضایی باغبیدی، حسن (۱۳۹۰) ایران: تاریخ، فرهنگ، هنر زیر نظر کاظم موسوی بجنوردی، چ ۲، تهران مرکز دائره المعارف اسلامی.

۶. رضائیان، فرزین (۱۳۸۶) هفت رخ فرخ ایران، تهران شرکت ابتکارات تصویری.

۷. زرین کوب، روزبه (۱۳۹۰) تاریخ ایران در دوره باستان. ایران. تاریخ. فرهنگ. هنر، زیرنظر کاظم موسوی بجنوردی، چ ۲، تهران مرکز دائره المعارف اسلامی.

۸. سمسار، محمدحسن (۱۳۹۰) ایران: تاریخ، فرهنگ، هنر، زیر نظر کاظم موسوی بجنوردی، تهران دائره المعارف اسلامی.

۹. سیزده تن از خاورشناسان (۱۳۴۶). میراث ایران، انتشارات بنگاه ترجمه و نشر کتاب.

۱۰. فرخ، کاوه (۱۳۹۹) تاریخ تمدن ایران امپراطوری اشکانیان (پارت ها)، ج ۴، ترجمه ایران نعمتی، انتشارات وزرا.

۱۱. فرشاد، مهدی (۱۳۶۵). تاریخ مهندسی در ایران، نشر بلخ وابسته به بنیاد نیشابور.

۱۲. کسروی، احمد (۱۳۸۵) شهریاران گمنام، موسسه انتشارات نگاه.

۱۳. کنادت، دلفکانگ، آرمان شهریاری ایران باستان از کسنفن تا فردوسی، انتشارات اداره کل نگارش وزارت فرهنگ و هنر.

۱۴. کورتیس، جان (۱۳۸۵) ایران باستان به روایت موزه بریتانیا، ترجمه آذر بصیر، موسسه انتشارات امیرکبیر.

۱۵. گیرشمن، رومن، ترجمه محمد معین، تاریخ ایران از آغاز تا اسلام، انتشارات شرکت علمی وفرهنگی.

فصل پنجم

دوره‌های تاریخ ایران بعد از اسلام

به پاس هر وجب خاکی از این ملک — چه بسیار است آن سرها که رفته است
ز مستی بر سر هر قطعه زین خاک — خدا داند چه افسرها که رفته است

مهدی حمیدی شیرازی

پذیرش آنچه اتفاق افتاده است نخستین گام در غلبه بر پیامدهای هر بدشانسی است.

ویلیام جیمز

۵-۱ مقدمه

جدا از تاریخ و تمدن پیش ازتاریخ، تاریخ تمدن ایران به دو بخش بزرگ قابل تقسیم است. این تقسیم بندی نه تنها بر پایه مسائل و وقایع تاریخی بلکه در بسیاری از جهات ازجمله رشته‌های هنری، فرهنگی، صنعتی، اعتقادی، مبانی کشورداری، معماری و جامعه شناسی قابل تفکیک است.

به عبارتی ما بر اساس این مسائل دو دوره تأثیرگذار تاریخی در کشور داریم .

دوره‌های تاریخی پیش از تاریخ یا تاریخ کهن نمونه‌های پراکنده ایران هر دوره در جایگاه خود بخشی از هویت تاریخی اجتماعی ما را در خود نهفته دارد. دوره‌های تاریخی باستانی که به تمدن باستانی ایران معروف شده و دوره‌های بعد از اسلام که تحت عنوان دوره‌های تمدن اسلامی شناخته شده است. بسیاری از مسائل حاکم بر تمدن باستانی ایران از جهاتی که گفته شد در دوره‌های تمدن اسلامی بروز کردند و در خلق عمده وقایع تاریخی، هنری، اجتماعی، فرهنگی سیاسی نقش داشته‌اند.

در بحث تمدن اسلامی، موضوع به تمدن ایران بعد از اسلام محدود نمی‌شود، بلکه منظور تمدن بعد از اسلام اغلب کشورهای اسلامی است. واقعیت این است که حتی با کنار گذاشتن تعصبات ملی، با مراجعه به موزه‌های معروف جهان و با مرور تاریخی اندیشمندان ایرانی- اسلامی و دانشمندان ایرانی که آثار خویش به زبان عربی خلق کرده‌اند، نقش ایران در خلق تمدن اسلامی با دیگر کشورها قابل مقایسه نیست. با نگاهی به آثار هنری دوره‌های اسلامی در موزه‌های ایران و مقایسه با آنچه در موزه‌های جهانی، مثلاً لوور پاریس، می‌توان نتیجه گرفت آنچه آثار و تمدن اسلامی نامیده می‌شود با تفاوت‌هایی اندک همان تمدن ایران بعد از اسلام است.

اینوسترانزو[1] دانشمند ایران شناس روسی، درباره تأثیر ایران بر اسلام و علت آن چنین می‌نویسد: اسلام در تاریخ داخلی و خارجی خود آثار بسیاری را به ایران مدیون است و تأثیر و نفوذ ایران طی قرن‌های متمادی در تاریخ ملل اسلامی آشکار و پیوسته است. هر وقت زمینه مساعدی روی می‌کرده عناصر ایرانی هویدا می‌شده‌اند و هرگاه اوضاع ناسازگار بوده این عناصر ظاهراً رخ پنهان کرده‌اند، ولی درواقع نفوذ ایران عمیق بوده است (محمدی ملایری، ۱۳۷۴).

حکومت ساسانیان پایان حیرت انگیزی داشت و سقوط این سلسله. (اوایل قرن هفتم میلادی) با آغاز دوره جدیدی در خاور مقارن شد. در فاصله‌ای دور از مرزهای باختری ایران جنبشی دینی اسلام ظاهر شد که انقلابی در آن سوی جهان پدید آورده بود. دولت ساسانی که دوران ضعف و ناتوانی را می‌گذرانید در برابر حمله اعراب و مسلمانان تاب نیاورد و پس از تلاش و کوششی بی‌ثمر پرچم استقلال ایران بالاخره فروافتاد. دست روزگار صفحه‌ای از تاریخ این ملت کهن را ورق زد، صفحه‌ای که پایان آن برای مردم فرزانه درس عبرت بود. فصلی از تاریخ خاور به پایان رسیده بود و اینک فصلی دیگرآغاز می‌شد. کشور ایران که خود مرکز بزرگ‌ترین دولت خاور بود اکنون مطیع دولتی در آمد که به دولت عرب یا اسلام معروف شد (همان).

هرچند در اینجا نمی‌خواهیم به بحث علت سقوط ساسانیان بپردازیم ولی پس از جنگ‌های پی‌درپی در جنوب باختر ایران که توسط اعراب مسلمان آغاز شد نهایتاً درجنگ نهاوند ساسانیان شکست خوردند. عرب‌ها به عنوان فاتح جنگ‌ها مانع چندانی بر سر راه ندیدند و به تدریج بخش‌های دیگر ایران را به استیلای خویش درآوردند.

هرچند بخش‌هایی از ایران آن روز، مازندران و گیلان تا چندین دهه و حتی چند قرن به طور کامل فتح نشده بود. همچنین بخش‌هایی از افغانستان و کوشان (تاجیکستان) تا مدت‌ها از هجوم اعراب و یا حاکمان منسوب از طرف اعراب دورمانده بود. به طور مثال ناحیه‌ای از افغانستان نیز که کوهستانی و خیلی مرتفع است تا چند دهه پیش به کفرستان معروف بود و پس ازآنکه مسلمان شدند نام آن به نورستان فعلی تغییر یافت.

این مسئله در تاریخ ایران بعد از اسلام بخصوص سده‌های اول عادی بود.

با اشغال ایران در واقع حاکمان ایران به تدریج حکام عرب شدند. در ابتدای فتح ایران خلفای راشدین حاکمان ایران بودند (۶۵۱-۶۷۰ میلادی). پس از صلح امام حسن (ع) با معاویه در حقیقت حاکمیت مسلمانان به دست معاویه بن ابوسفیان افتاد و سلسله اُموی شکل گرفت و در این زمان بخش‌های بزرگی از ایران در دست حکام اُموی افتاد و ایران استقلال کامل خود را از دست داد.

۵-۲ امویان (۶۷۰ ۷۴۹ م)

خلافت اُموی در حقیقت یک دولت عرب‌گرای تمام عیار بود. باآنکه ایرانیان اغلب دین اسلام را پذیرفته بودند، اما اُمویان نسبت به غیر عرب‌ها خشونت و نفرت زیادی داشتند. ازاین رو ایرانیان مبارزات خود را با حکومت اُمویان ابتدا به صورت خاموش شروع کردند و در این مبارزه با شیعیان و گروه‌هایی که از حکومت خارج می‌شدند اتحاد داشتند. در قیام مختار که به خونخواهی امام حسین (ع) برپا شد بسیاری از ایرانیان در کوفه و دیگر مناطق به این قیام پیوستند (عبدالحسین زرین کوب، ۱۳۶۸).

ولی خشونت‌های اُمویان و دشمنی با فرهنگ ایران توسط بسیاری از مردم که دین جدید را پذیرفته بودند، خلاف شئونات اسلام تعبیر می‌شد و این نارضایتی به تدریج سازمان ها و نهضت‌های مبارز ایران ی، ازجمله نهضت شعوبیه و گروه معتزله و اخوان الصفا در اواخر

---

1. Inostranzef

دولت اُمویان و اوایل دولت عباسیان و سرانجام خیزش سیاه جامگان را در خراسان توسط ابومسلم شکل بخش ید. او تمام ایرانیان ناراضی و خوارج را متحد کرد و با جنگی بزرگ حکومت اُمویان را برانداخت. این نخستین اقدام بزرگ ایرانیان علیه اعراب بود. هرچند ابومسلم سلسله دیگری از اعراب (بنی عباس) را به مسند قدرت کشانید که باز ایرانی نبودند؛ اما در حکومت بنی‌عباس، ایرانیان به دلیل ضعف درایت و بینش حکومتی در میان خلفای عباسی در این حکومت شرکت داده شدند و ایرانیان (به ظاهر موافق ولی در اصل مخالفان خلیفه) از ارکان حکومت به‌حساب می‌آمدند. بدین ترتیب برنامه‌ریزی سیاست خلفای عباسی در دست ایرانیان بود (محمد ملایری۱۳۷۴). در این دوره ایرانیان توانستند استقلالی نسبی یابند.

ابومسلم که عباسیان را به حکومت رسانده بود بعداً مورد غضب خلفای عباسی قرارگرفت و ناجوانمردانه توسط دومین خلیفه عباسی (منصور عباسی) کشته شد. این مسئله خشم ایرانیان بخصوص اهالی خراسان را برانگیخت. زان پس یک رشته نهضت‌های ایرانی علیه عباسیان پا

۱ معاویه بن ابوسفیان
۲- یزید بن معاویه
۳- معاویه بن یزید
۴- مروان بن حکم
۵- عبدالملک بن مروان
۶- ولید بن عبدالملک
۷- سلیمان بن عبدالملک
۸- عمر بن عبدالعزیز
۹- یزید بن عبدالملک
۱۰ - هشام بن عبدالملک
۱۱ - ولید بن یزید
۱۲ - یزیدبن ولید
۱۳ -ابراهیم بن ولید
۱۴ - مروان بن محمد.

گرفت (زرین کوب ۱۳۶۲، محمد ملایری ۱۳۷۴). وقتی ایرانی‌ها به این موضوع پی بردند که خلفای عباسی تفاوت چندانی با امویان ندارد؛ نهضت دوباره ای بر علیه حکومت اعراب شکل گرفت؛ که از جمله می‌توان به نهضت‌های یعقوب لیث، بابک، مازیار، خرامطیان، معتزله و غیره اشاره کرد.

حاکمان اموی از ظهور تا سقوط

خلافای اموی از ظهور تا سقوط این سلسله عبارت اند از:

حکومت، صنعت، هنر و فرهنگ در دوره امویان و دوران خلفای راشدین

حکومت اُمویان بر ایران را باید دوران سیاه تاریخ ایران نامید، زیرا هیچ آثاری از هنر، موسیقی، صنعت در این زمان سراغ نداریم. تنها چیزی که از اُمویان بقای مانده فقط ساختمان چند مسجد است. در معماری این مساجد نیز به خوبی تقلید از بناهای ساسانیان به چشم می‌خورد. این مساجد دارای گنبدی بودند که روی مقطع مربعی و به تقلید از آتشکده‌های دوره ساسانیان ساخته شده‌اند؛ و یا آتشکده‌هایی بوده‌اند که باتغییراتی به مسجد تبدیل شدند.

نخستین بنایی که بنای آن را به نخستین سده اسلامی نسبت می‌دهند مسجد جامع فهرج یزد است. شباهت ویژگی‌های ساختاری این بنا با الگوهای معماری عصر ساسانی به حدی است که پژوهشگران آن را در آغاز کوشکی از ساسانی می‌پنداشتند.

گزارش‌های تاریخی از وجود چند مسجد جامع به نام «ثور» در قزوین و برخی شهرهای ایران خبر می‌دهد که نام‌گذاری آنها باید به اعتبار داشتن سرستون‌هایی گاوی شکل بوده باشد (سمسار، ۱۳۹۰). مسجد تاریخانه در دامغان نیز در ابتدا کاربری آتشکده داشته است که سپس به مسجد تغییر کاربری داده است. معماری دوره ساسانی این مسجد مشهود است (شکل ۱-۵).

باید اضافه کرد که از ابتدای فتح ایران در زمان خلیفه دوم و در طول ادامه جنگ‌ها برای فتح تمام ایران، فرهنگ ایران روی به افول نهاد. جرجی زیدان در کتاب خود در این خصوص دو روایت یکی از ابن خلدون و دیگری از حاج خلیفه صاحب کشف الظنون نقل کرده است.

نوشته ابن خلدون به این عبارت ترجمه می‌شود: «کجا رفت علم و دانش ایران که عُمر به هنگام فتح به نابودی آن‌ها فرمان داد؟» و حاج خلیفه هم با تفضیل بیشتری واقعه را چنین شرح داده: چون مسلمانان کشور ایران را بگشودند بادستیابی به کتاب‌های ایرانیان، سعد بن ابی وقاص نامه‌ای به عمربن الخطاب نوشت و درباره آن‌ها از وی رأی خواست، عمر در پاسخ نوشت کتاب‌ها را در آب بریزد، چراکه اگر موجب راهنمایی باشند خداوند ما را به کتابی بهتر از آن‌ها راهنمایی کرده و اگر دلیل گمراهی باشند خدا ما را از آنها بی‌نیاز ساخته است. پس مسلمانان آن کتاب‌ها را در آب (آتش) ریختند و بدین سان ذخیره مکتوب علوم ایران نیز با این کرا از میان رفت.

البته منابعی هم بودند که توسط ایرانیان مخفی شدند که بعداً مورداستفاده قرار گرفته، منابعی برای ایران شناسی قبل از اسلام شدند. حاج خلیفه در جای دیگر از همین کتاب باز به رفتار مهاجمان عرب اشاره کرده و می‌گوید: مسلمانان هرچه کتاب در ضمن فتوحات خود یافتند سوزاندند (محمدی ملایری، ۱۳۷۴).

در دوران خلفای اموی، آبادانی و عمران سیر نزولی داشت، غالب ایشان با بی پروایی به گرفتن مال و مالیات‌های سنگین می‌پرداختند و درنتیجه کشاورزان به تدریج ناتوان شده، آبادی‌ها ویران شدند. خراج عراق که پیش از اسلام بیش از یک صد میلیون درهم بود، در زمان حکمرانی عُمر نیز تقریباً به همان اندازه یا بیشتر از مردم وصول می‌شد.

این رقم در دوره معاویه به پنجاه میلیون و در دوره حَجاج ابن‌یوسف به چهل و یا به گفته ابن رسته به هجده میلیون درهم رسید که آن هم با فشار سخت و با فشار و تهدید به زندان وصول می‌شد. این کاهش خراج نه ازلحاظ همدلی و نوع‌پروری خلفا بلکه به خاطر جبران بیداد و ستمی بود که موجب ویرانی بیشتر آبادی‌های ایران و نیز پراکندگی

روستاییان شده بود. پس از کشته شدن ابن الاشعث که بر حجاج شوریده بود، حجاج به تهمت همدستی با او بسیاری از بزرگ زادگان و اسپهبدان دهقانان ایرانی را به قتل رسانید و تمام دارایی آن ها را ضبط کرد. وقت ی حَجاج ابن یوسف مرد، بس یاری از روستاهای ایران ازمیان رفته و میزان خراج نیز به مقدار زیادی کسر شده بود و برخی از غیرمسلمانان برای فرار از مالیات اسلام آورده بودند.

از بین خلفای اموی شاید عبدالملک بن مروان را بتوان بزرگ ترین خلیفه اموی بعد از بنیان‌گذاری این سلسله نامید. عبدالملک در توسعه و گسترش دنیا اسلام بسیار جنگید و ابداعات تازه‌ای را در شکل حکومت به وجود آورد (قرآن مورخین ۲۱۱۹). او زبان رسمی دنیای اسلام را عربی اعلام کرد و کوشید تا اعراب مدیریت یاد بگیرند و قوانین مالیاتی جدیدی را مقرر کرد. در اصل او قوانین مالیاتی را اصلاح کرد و اولین سکه‌های اسلام در زمان او ضرب شد. او به وسیله دو تن از فرماندهان منسو بش شمار زیادی از علویان را کشت که ازجمله آن‌ها ابن زیاد و یوسف حجاج ثقفی بودند (امیر معزی-خضرایی ۲۰۲۱).

عکس ۱-۵: نمایی از مسجد تاریخانه
و ستون‌های مسجد، دامغان.

۵-۳ عباسیان (۱۲۵۸ - ۷۴۹ م)

عباسیان درنتیجه اتحاد ایرانیان و مخالفان اُمویان و سرانجام با کمک خراسانیان به رهبری ابومسلم با یک انقلاب خونین به پیروزی رسیدند. کوشش‌های خراسانیان در پیروزی عباسیان طوری بود که ترکیب و سازمان دولت عباسی را ابتدا خلافت خراسانیان می‌خواندند. این نخستین نقش بزرگی بود که در دوران تاریخ سیاسی اسلام توسط ایرانیان رقم زده شد و آغازکننده نهضت‌ها و قیام‌ها و ظهور دولت‌های ایرانی شد (زرین کوب، ۱۳۶۸).

خراسانیان با وجود حمایت از عباسیان که نهضت خود را در مخالفت با امویان شروع کرده بودند (و شعارشان بازگشت خلافت به خاندان پیامبر بود) تا به قدرت رسیدن هویت رهبران خاندان خود را علنی نکرده بودند. در اصل سه برادر از خاندان عباسی (ابراهیم امام، سفاح و منصور) این رهبری پنهان را بر عهده داشتند. ابراهیم پیش از به قدرت رسیدن درگذشت و او بود که ابومسلم را از خراسان به عنوان رهبر قیام انتخاب کرد. سرانجام با قیام خراسانیان به رهبری ابومسلم در سال ۱۲۸ خورشیدی عباسیان با جنگ‌های خونین جانشین امویان شدند و عبداله سفاح (خونریز) اولین خلیفه عباسی امیر این سلسله شد. سفاح پس از چهار سال درگذشت و منصور جانشین او شد. منصور با دسیسه‌ای ابومسلم را که در آغاز حکومت عباسیان به او امین‌آل محمد می‌گفتند به دارالخلافه دعوت کرد و او را کشت. منصور بغداد را که در آن زمان روستای کوچکی بود به پایتختی انتخاب کرد. سپس توسط دانشمند و مهندس ایرانی، ابو سهیل نوبختی، از مصالح پیرامون و شاید به خرج مصالح تیسفون آنجا را به یک شهر تبدیل کرد. نام بغداد به معنای خداداد است که نام ایرانی است.

وزارت منصور نیز با خالد برمکی، یکی از سرداران ابومسلم از خاندان بزرگ برمکی بود. این وزیر دستگاه خلافت را ازنظر امور اداری و ساختاری به شکل دستگاه حکومت ساسانیان شکل داد. پس از ابومنصور پسرش مهدی خلیفه شد که مردی خوش گذران بود و سپس هارون الرشید جانشین وی شد. هارون چنان خلافتی برپا کرد که داستان هزار و یک شب به نام او درآمیخت.

در زمان هارون الرشید خاندان برمکیان به اوج عظمت رسیدند و حتی تربیت هارون رشید را نیز آن‌ها به عهده داشتند. هرچند این خاندان عرب بودند (البته هارون در ری به دنیا آمد و در طوس درگذشت) اما برای خود درباری ساسانی ترتیب دادند. برامکیان از خاندان بزرگ ایرانی در بلخ و در اصل همه کاره امور خلافت بودند. همین باعث شد که خلیفه حسادت کرده، علیه آن ها عمل کند و بسیاری از آن ها را بکشد. نتیجه روی کار آمدن عباسیان این بود که ایرانیان از ظلم بنی‌امیه به جور بنی عباس رسیدند.

هرچند خلفای عباسی عرب بودند ولی نتوانستند در بیشتر سرزمین‌های ایران حکومت کاملاً دلخواه را به وجود بیاورند. بلکه اغلب ایرانیان در زمان آن‌ها حکومت‌هایی نیمه مستقل - چون طاهریان- و یا حکومت‌های تمام مستقل - همچون صفاریان و آل بویه- داشتند و عباسیان مرتباً با نهضت‌های ایرانی در جنگ بودند. در برهه‌هایی از زمان حاکمان عباسی تحت فشار حاکمان قدرتمند ایرانی درنهایت به این تن دادند که فقط سکه به اسم خلیفه ضرب شود و در نماز هم بر خلیفه اقتدا شود. برخی از حکام ایرانی مستقل (مانند آل‌بویه و خوارزمشاهیان) این دو را هم بر نمی‌تابیدند (قربانی م، ۱۴۰۱).

ایرانیان در دوره عباسیان در دستگاه خلافت آزادی عمل بیشتری داشتند. در این دوره نه تنها در تشکیلات اداری از نظام دیوانی ایران تقلید شد، بلکه در بیشتر شئونات اجتماعی از آداب ورسوم و حتی شیوه لباس پوشیدن و دیگر کارها، خلفای عباسی از تقلید ساسانیان اکراه نداشتند (محمدی ملایری، ۱۳۷۴).

استاد نیکلسون[1] در توصیف این جنبه از خلافت عباسی و مقایسه آن با خلافت اموی می‌گوید: «اگر اعراب پیش ازاین دوره نقش ملت غالب را در عالم اسلام بازی می‌کردند و دیگر ملت‌های اسلامی را به دیده دیگری می‌نگریستند، اکنون کار برعکس شده است. اینک زمان از یک عصر ملی عربی به یک دوره نهضت ایرانی و فرهنگ ایرانی منتقل می‌شود زیرا برگزیده سپاه این دولت از خراسانیان تشکیل یافته، پایتخت آن در سرزمین ایران بناشده (بغداد، همان منطقه پایتختی ساسانیان و اشکنایان) و بالاترین منصب‌های دولت به دست بزرگ‌زادگان ایرانی اداره می‌شد.»

فون کریمر[2]، تاریخ نگار آلمانی، این وضعیت را چنین شرح می‌دهد: «در این دوره نفوذ ایرانی در دربار خلافت چند برابر شده، در عصر هارون‌الرشید و مأمون به بلندترین پایه خود رسید، به طوری که بیشتر وزیران ایشان ایرانی بودند. در بغداد رواج آداب ورسوم ایرانی روزافزون شد. عیدهای باستانی ایران، مانند نوروز و مهرگان را جشن می‌گرفتند و لباس رسمی دربار را لباس ایرانی مقرر کردند. منصور خود کلاه ایرانی به سر گذاشت و در دربار عباسیان از همان آیین و رسوم ساسانیان پیروی می‌شد و لباس‌های زرد رنگ که از خصایص فرمانروایان عصر ساسانی بود به تن کردند. در سکه‌ای از متوکل مانده که این خلیفه را به شکل و ظاهر یک ایرانی نشان می‌دهد.»

درنتیجه در دولت عباسی تشکیلات اداری این دولت مستقیماً زیر نظر وزیران ایرانی قرار گرفت و اینان نیز در هر موقع به تناسب احتیاج دولت سازمان‌های جدیدی بر آن افزودند. بدین ترتیب از سازمان‌های اداری ساسانی اقتباس بس یاری به عمل آمد، به طوری که ارباب تحقیق تشکیلات دولت عباسی را یکی از منابع تحقیق درباره سازمان داخلی دولت ساسانی دانسته‌اند (همان).

1. R.Nicholson
2. Alfred Von Kremer

خلفای عباسیان از ظهور تا سقوط:

خلفای عباسی در طول حکمرانی این سلسله عبارت‌اند از:

ابوالعباس سفاح، منصور دوانیقی، محمد مهدی، موسی الهادی، هارون‌الرشید، محمدامین، عبدالله مأمون، المیرالکبیر ابواسحاق، المتهم، الواثق بالله، المتوکل، المتصربالله، المستعین بالله، المهتدی بالله، ابوالعباس المعتمدعلی الله، المعتضد بالله، ابواحمدالمکتفی بالله، المقدربالله، ابومنصورالقاهربالله، الراضی بالله، المتقی الله، المستکربالله و المتوکل و... .

خلفای عباسی بسیارند و پس از سقوط مدتی هم در مصر زیر عنوان خلفای مصری ظاهر شدند.

آنچه به نام فرهنگ اسلامی نامیده می‌شود (دوران حاکمیت خلفا) به وسیله ایرانیان تدوین و یا برپا شده است. خلفای عباسی بافرهنگ ایران آشنایی داشتند و می‌دانستند که ایرانیان، آشکار یا پنهان، در پی زنده کردن فرهنگ خویش هستند. ایرانیان نهضت‌های فرهنگی- اجتماعی و نظامی زیادی علیه خلفا ترتیب دادند و ازجمله آن‌ها نهضت شعوبیه، معتزلی، اخوان الصفا، اسماعیلیه، خرامطی و نهضت نظامی سیاسی سفید جامگان به سرداری بابک.

در طول حکمرانی خلفای عباسی، دولت‌های ایرانی تابع یا غیر حکومت اعراب - مانند طاهریان، صفاریان، سامانیان، غزنویان، آل بویه و سلجوقیان - در ایران شکل گرفتند. برخی از این دولت‌ها مانند صفاریان، سامانیان، زیاریان و آل بویه قصد داشتند که ایران را به هویت گذشته برگردانند و یا فرهنگ ایرانی را بازیابی کنند. به همین خاطر خلفای عباسی هم با درایت و زیرکی از رقیبان حکومت ایرانی حمایت می‌کردند و تواماً در جهت تضعیف و سقوط دولت ایرانی بودند. چنانکه با کشته شدن یعقوب لیث، همزمان هم به عمرولیث و هم به نوادگان سامان خدات برای حکومت بر بخشی از خراسان حکم دادند. سامانیان در پی بازسازی فرهنگ ایرانی بودند و در ذهن برخی پادشاهان سامانی، ازجمله نصر بن احمد، اندیشه‌ای غیر از تفکر حکام عرب عباسی وجود داشت. ازاین رو خلفا به رقیب آن‌ها یعنی غزنویان کمک کردند تا به خلافت برسند و جانشین سامانیان شوند.

با قدرت گرفتن آل بویه که با خلفا از سر مخالفت برآمدند (در اصل می‌توانستندخود خلیفه را جایگزین کنند و توان آن را هم داشتند) و خلیفه‌ای متمایل به شیعی را روی کار آوردند. خلفای عباسی به کمک سلجوقیان، ارکان تابع خلفای دولت آل بویه را برداشتند. خوارزمشاهیان که از درون دولت سلجوقیان برآمدند قصد داشتند خود را از قیمومیت خلفا رها سازند. از این رو سکه را به اسم خود ضرب کردند. عالمان اسلامی خوارزم هم فتوا دادند که مردم در نماز می توانند به خلفا اقتدا نکنند. در نتیجه خلفا درصدد جایگزینی خوارزمشاهیان برآمدند.

بدون شک هجوم مغول‌ها با چراغ سبز خلفا همراه بود. این نکته آشکار است زیرا پس از براندازی محمد خوارزمشاه برخی که با مغولان سر جنگ داشتند و برای این هدف از خلفا کمک خواستند با جواب رد آن‌ها مواجه شدند؛ اما سرانجام بساط خلفای عباسی با هوشمندی یک ایرانی (خواجه نصرالدین طوسی) توسط مغولان برچیده شد؛ که خلفای عباسی در ابتدا این چنین نمی‌اندیشیدند.

۵-۴ دولت‌های ایران در زمان خلافت اعراب (عباسیان)

در زمان حکمرانی خلفا، اغلب تمام ایران و یا بخش‌هایی از آن به دست یک دولت ایرانی تابع خلیفه اداره می‌شد که حکم حکومت را از خلیفه می‌گرفت. گاه در شرق ایران یک دولت تابع و در غرب ایران دولتی دیگر حکمرانی می‌کرد و این وضعیت تا حمله دوم مغول در ایران ادامه داشت.

۵-۴-۱ طاهریان (۸۲۱ - ۸۷۳ م)

بین سال‌های ۲۰۱ و ۲۵۲ خورشیدی طاهریان بر خراسان حاکمیت داشتند که تا حدود زیادی تابع خلفای عباسی بودند. طاهریان چون در سرکوب نهضت‌های علیه خلفای عباسی به کمک خلیفه می‌آمدند موردتوجه آن‌ها بودند. ازنظر ایرانیان این‌ها دست نشانده و نوکر اعراب و خلفای عباسی به حساب می‌آمدند (زرین‌کوب، ۱۳۶۸ و قربانی م، ۱۴۰۱)

تمام مالیات‌های بخش‌های مختلف ایران، جز آذربایجان و فارس، توسط طاهریان جمع می‌شد که بخشی به بغداد فرستاده می‌شد و یا در ازای آن هدایایی برای خلیفه تهیه و به بغداد می‌فرستادند. طاهریان فرزند طاهر بادغِسی از افغانستان امروزی بودند .

طاهریان چون خود را نوکران خلیفه می‌دانستند در دوره عباسی حکام عرب از عناد با ایران دست برداشتند. حکومت طاهریان را می‌توان یک حکومت نیمه ایرانی تلقی کرد چرا که ظهور فرهنگ و آداب و رسوم ایرانی در حکومت طاهریان تا حدودی برقرار شد؛ اما طاهریان اصولاً تابع بی‌چون وچرای خلفا بودند. سرانجام طاهریان توسط یعقوب لیث برای همیشه سرنگون شدند (همان)؛ اما پس از سقوط بزرگان آن‌ها تا مدتی به دستگاه خلافت مشاوره می‌دادند.

حاکمان طاهریان از ظهور تا سقوط

این حاکمان عبارت‌اند از طاهر ذوالیمینین، طلحه بن طاهر، عبدالله بن طاهر و طاهر بن عبدالله.

۵-۴-۲ صفاریان (۸۶۱-۹۰۳م)

صفاریان به کمک یعقوب لیث و برادرانش عمرولیث و علی‌بن‌لیث ابتدا در سیستان و سپس تقریباً در بیشتر سرزمین‌های ایران هر چند کوتاه، حکومت کردند.

صفاریان نخستین حکومت ایرانی بودند که قصد برانداختن اساس خلفای عباسی را داشتند. هرچند در آغاز چنین به نظر نمی‌آمد و آشکارا بیان نمی‌شد. همچنین صفاریان نخستین حکومت ایرانی است که بنیان‌گذار آن به دبیر و کارگ زار خود دستور داد که شعر پارسی بسراید و پیام ها و نوشته ها را به زبان فارسی انجام دهند.

یعقوب لیث حکومت طاهریان را برانداخت و یک حکومت سرتاسر ایرانی بنیان نهاد. او خود را از تبار ساسانیان معرفی کرده، می‌گفت تبارش به خسروپرویز می‌رسد.

یعقوب با فتح بخش‌های زیادی از ایران قصد جنگ با خلیفه عباسی کرد. در مراحل اول بدون اعلام اینکه با خلیفه عباسی قصد جنگ دارد به سمت بغداد حرکت کرد ولی خلیفه از نیت او آگاه شد و با وی از در جنگ درآمد. متأسفانه در این جنگ یعقوب لیث شکست خورد. پس از بازگشت به ایران و تجدیدقوا برای جنگ دوباره به خوزستان برگشت، اما بیمار شد و در جندی شاپور درگذشت. او با تمام رشادتی که داشت شوربختانه نتوانست حکومت ایرانیان باستان را دوباره زنده کند.

بعد از یعقوب لیث برادرش عمرولیث راه وی را ادامه داد اما او هم سرانجام طعمه حیله خلیفه عباسی شد که خلافت خراسان را هم زمان به او و نیز به سامانیان داده بود. او بدون هیچ جنگی به دست سامانیان کشته شد.

شخصیت یعقوب لیث و چگونگی به قدرت رسیدن وی

یعقوب لیث صفاری بنیان‌گذار دودمان صفاری و حاکم سیستان بود. او از بزرگ مردان نامی ایران است که در روستای اسلام آباد (شاه آباد) در فاصله ۱۰ کیلومتریِ جنوب خاوری شهر دزفول به خاک سپرده شده است. آرامگاه یعقوب لیث صفاری از خشت و گچ ساخته شده، بر روی آن یک گنبد به شکل مضرس قرارگرفته است. این بنا در فهرست آثار ملی ایران به ثبت رسیده است و یکی از جاذبه‌های تاریخی شهرستان؛ بی تردید وضعیت این بارگاه درشان یعقوب لیث - دزفول به حساب می‌آید (شکل۵-۲) بزرگ مرد استقلال طلب ایران نیست و چه خوب است ضمن بازسازی و زنده کردن آن مردم نیز به حضور و دیدن از آن تشویق شوند.

عکس ۲-۵: نمایی از آرامگاه
یعقوب لیث صفاری، دزفول.

یعقوب لیث صفاری متولد یکی از شهرهای سیستان (شهر بُست) است. شغل پدرش و خود وی نیز رویگری بود. رویگران (یکی از شاخه‌های مسگری) از منظر اقتصادی در آن روزگار جزء طبقه متوسط و مرفه به حساب می‌آمدند.

در سال ۳۳ خورشیدی، سیستان توسط اعراب اشغال شد و مردم آن اغلب مسلمان شدند. در زمان امویان و خلفای عباسی گروهی از اعراب به نام خوارج راهی ایران و گروهی هم وارد سیستان شدند. خوارج آن زمان با حکومت مرکزی مشکل داشتند و مالیاتی به حکومت یعنی خلفای عباسی و کارگزاران آن‌ها پرداخت نمی‌کردند. از سوی دیگر گروهی از ایرانیان مسلمان شده، موصوف به عیاران که در حاشیه شهر می‌زیستند زیر بار حکومت عرب و دست نشاندگان آن‌ها نمی‌رفتند. آنها در برابر زمامداران عرب و کارگزاران عرب در سیستان و نواحی دیگر به مردم کمک می‌کردند. به طور مثال هنگامی که کاروان‌هایی که مالیات‌های اخذشده را برای دستگاه خلافت و یا دست نشانده‌های آن‌ها در خراسان یعنی طاهریان می‌بردند به کاروان ها حمله می‌کردند و مالیات ها را از آن‌ها گرفته و میان مردم تقسیم می‌کردند.

در ابتدا میان عیاران و خوارج علیه حکومت اعراب و دست نشاندگان آن‌ها، طاهریان، در خراسان همکاری‌هایی وجود داشت. این اتحاد بعدها به دشمنی گرائید و مردم از عیاران حمایت کردند و خوارج از صحنه رانده شدند. بدین گونه عیاران بر کل سیستان حاکم شدند و یعقوب لیث در تمام جنگ‌هایی که با خوارج و یا عوامل خلفا درگرفت، حضور داشت.

در سال‌های ۲۲۴ تا ۲۲۶ خورشیدی رهبری عیاران با صالح بن نصر کنانی بود و یعقوب لیث فرمانده سپاه او بود. وقتی سیستان به دست عیاران افتاد صالح بن نصر قصد نداشت از سیستان فراتر بروند و مایل بود زیرپوشش طاهریان خراسان بمانند.

یعقوب لیث که مایل بدین کار نبود بر آن ها شورید و تمام یاران صالح را کشت. مردم نیز به یعقوب گرویدند و با او بیعت کردند و او رهبر یکتای سیستان شد و شروع به گسترش قلمرو خود کرد. یعقوب لیث با لشکر کشی به هرات آن را از تسلط حاکم هرات، نماینده طاهریان نیشابور، خارج کرد. در این زمان شاه کابل هم قصد استیلا بر سیستان را داشت و درنتیجه بین این دو جنگ بزرگی درگرفت. یعقوب لیث سپاه شاه کابل را شکست داد و غنائم زیادی به دست آورد.

پس از این جنگ‌ها یعقوب لیث قصد داشت به نیشابور، پایتخت طاهریان، حمله کند. با تصرف نیشابور تمام ایران تقریباً در قلمرو یعقوب لیث قرار می‌گرفت. طاهریان با اینکه فارسی زبان و از مردم بادغیس بودند، اما کاملا دست نشانده خلیفه عباسی بودند و به جزء خوزستان، آذربایجان و قفقاز تقریباً حکمرانی تمام ایران را در دست داشتند.

یعقوب لیث بعد از گرفتن کامل سیستان و هرات و بخش‌هایی از خراسان ابتدا با حاکم طاهریان نیشابور سازش کرد و بعداز آن کرمان و فارس را نیز تصرف کرد و به خلیفه نامه نوشت و تقاضا کرد که خلیفه حاکمیت یعقوب را در سیستان، فارس، کرمان، بلخ و کابلستان به رسمیت بشناسد. خلیفه چون در آن زمان درگیر جنگ شورشیان زنگ (سیاه پوستانی که از آفریقا آمده و علیه خلیفه بودند، ۲۴۱ خورشیدی به رهبری صاحب زنگ) بود ناگزیر پیشنهاد یعقوب لیث را پذیرفت.

یعقوب لیث سپس به سیستان بازگشت و تمام مناطق خراسان را، بجز نیشابور، از دست وابستگان طاهریان خارج و آنها را اسیر کرد. امیر طاهریان به یعقوب نامه نوشت که نزدیکان او را برگرداند و آزاد سازد و سرزمین‌های گرفته شده را نیز برگرداند، اما یعقوب لیث اعتنایی نکرد. در این زمان محمد بن طاهر (والی نیشابور) که می‌دانست حریف یعقوب لیث نیست تصمیم گرفت به طور ناجوانمردانه او را ترور کند. با این هدف کسی را به سیستان فرستاد. یعقوب لیث از این توطئه باخبر شد و در نهایت فرستاده محمد بن طاهر برایترور وی به نیشابور گریخت. یعقوب از طاهر خواست تا وی را تحویل دهد، ولی حاکم نیشابور از این خواسته سرباز زد و آن شخص را به حاکمیت طبسین گماشت. این بهانه خوبی برای حمله یعقوب لیث به امیر طاهریان شد و یعقوب با سپاهش به سمت نیشابور حرکت کرد. یعقوب اعلام کرد که قصد تصرف طبرستان و گیلان که آن زمان در دست علویان بود را دارد و در عین حال تمایل به دیدار او هم دارد. امیر طاهریان (احتمالاً به ظاهر) به این پیشنهاد تن در داد و نتیجتاً یعقوب لیث با تدبیر و بدون جنگ، امیر طاهریان را برانداخت.
یعقوب پس از تصرف کامل خراسان برای مطمئن ساختن خلیفه از اینکه به ظاهر جنگی با او ندارد به او نامه نوشت و تقاضای حاکمیت خراسان را کرد و خلیفه به ناچار با تقاضای او موافقت کرد. و بعد از گرفتن نیشابور، بالشکر کشی به طبرستان و گیلان این نواحی را به تصرف درآورد و سپس به سیستان بازگشت. در این زمان تمام ایران در قلمرو یعقوب لیث بود و او خود را شاه ایران نامید.

یعقوب لیث با تنظیم تبارنامه‌ای برای خود اعلام کرد که از نوادگان خسروپرویز است و خود را احیاء کننده پادشاهی ساسانی می‌داند. با این انگیزه دستور داد نامه‌های دیوانی که بعد از سقوط ساسانیان به عربی تحریر می‌شد به زبان فارسی نگاشته شوند. در حقیقت بعد از حمله عرب، یعقوب لیث برای اول ین بار دستور مکاتبات به زبان فارسی را داد و از شاعران خواست تا اشعارشان را به زبان فارسی بسُرایند. سپس یعقوب به قصد براندازی خلیفه عزم خوزستان کرد. همزمان خلیفه نیز در فکر براندازی یعقوب لیث در پی بدبین کردن مردم نسبت به او بود و از راه‌های گوناگونی برای این کار استفاده کرد. یکی از این‌ها استفاده از افرادی از طاهریان که یعقوب لیث آن‌ها را برانداخته بود جهت تضعیف وی بود. به طور مثال هنگام بازگشت حاجیان از حج که در سر راه به عیادت خلیفه می‌رفتند یکی از اعضای طاهریان برای آن‌ها خطبه می‌خواند و اعلام می‌کرد که خلیفه حاکمیت یعقوب لیث را در ایران به رسمیت نمی‌شناسد و او را یاغی می‌داند. از طرفی دیگر خلیفه افرادی را به سپاه یعقوب لیث می‌فرستاد و بزرگان سپاه را نسبت به یعقوب لیث

بدبین می‌کرد.

سرانجام در جنگی که بین سپاه یعقوب و خلیفه درگرفت، به دلیل اشتباهات راهبردی یعقوب و نیز سستی برخی سپاهیانش و نیز اعتقاد آن‌ها نسبت به اینکه جنگ با خلیفه شوم است، او را سایه خدا می‌دانستند، یعقوب لیث در جنگ اول شکست خورد. پس از این شکست یعقوب لیث به ایران بازگشت و نیروهایی جهت تقویت سپاه خود فراهم کرد و به خوزستان لشکر کشید، ولی در آنجا مریض شد. نماینده خلیفه برای دیدار یعقوب لیث به بالین او آمد و پیامی از سوی خلیفه آورد. یعقوب لیث پاسخ داد بین من و شما شمشیر قضاوت خواهد کرد و به شمشیر، مقداری نان و چند پیاز در کنار بسترش اشاره کرد و به خلیفه پیغام داد که اگر پیروز شوم من پادشاه ایران خواهم بود ولی اگر شکست خوردم مانند زندگی گذشته خود به نان و پیازی قناعت خواهد کرد. ولی بیماری یعقوب لیث جانش را ستاند و دیگر فرصتی برای دنبال کردن اهداف بزرگش نماند. پس از او برادرش عمرولیث جانشین او شد که نتوانست سرزمین‌های وی را حفظ کند و خلیفه نیز با نیرنگ به کمک سامانیان عمرولیث را شکست داد.

پادشاهان صفاریان از ظهور تا سقوط

یعقوب لیث صفاری و برادرش عمرولیث صفاری پادشاهان صفاریان بودند...

حکومت، صنعت، هنر و فرهنگ در دوره صفاریان

صفاریان، اولین حکومت مستقل ایرانی پس از ساسانیان به حساب می‌آید. نقش یعقوب لیث در احیای مجدد زبان فارسی و فرهنگ ایرانی ستودنی است و اولین شعر فارسی به تشویق و التزام یعقوب لیث به وسیله محمد بن وصیف سگزی (سیستانی) سروده شده است (شکل ۳ - ۵).

شکل ۳- ۵ . مجسمه بازسازی شده از یعقوب لیث در موزه جنوب شرق ایران، زاهدان.

۳-۴-۵ سامانیان (۸۱۰/۹۸۸ - ۹۰۰ م)

سامانیان یکی از سلسله‌های پادشاهی خاور ایران یا خراسان بزرگ بودند که حدود یک سده بر فرارودان و خراسان بزرگ - تاجیکستان امروزی، بخش بزرگی از ازبکستان، افغانستان و خراسان امروزی و تا نزدیک ری- حکومت می‌کردند. تمام این سرزمین‌ها بخشی از قلمرو ایران ساسانی یا به عبارت دیگر بخش خاوری ایران ساسانی به شمار می‌رفت.

نیای سامانی از دودمان بزرگ ایرانی تبار و از دهقانان بزرگ بلخ بودند که ریشه آن‌ها به بهرام چوبین می‌رسد. بنیان‌گذار سلسله سامانی اسماعیل سامانی است. نیای بزرگ آن شخصی نامور و مشهور از خاندان دهقانان ریشه دار خراسان به نام سامان خُدات بود.

سامان خُدات در زمان هشام عبدالملک، در همان دوره‌ای که اسد قسری والی خراسان بود، مسلمان شد و امارت بلخ را به او سپردند. او به افتخار اسد قسری، فرزندش را اسد نام گذاشت. (در دوره امویان، بخصوص در دوره حکومت حجاج، بسیاری از خاندان‌های بزرگ ایرانی به دلیل مالیات سنگینی که حکومت بر غیرمسلمانان تحمیل کرده بود مسلمان شدند). فرزندان و نوه‌های سامان در سایه جایگاه و کیاست و هوشی که داشتند، بدون حکمرانی رسمی بر خراسان، به تدریج امور حکومتی محلی را در دست گرفتند. مقارن با قیام یعقوب لیث و برادرش، با موافقت خلیفه عباسی (حدود سال ۲۵۴ خورشیدی) بالارودان در اختیار نوادگان سامان خُدات - نصر بن احمد و برادرش اسماعیل بن احمد- قرار گرفت. بدین ترتیب، فرزندان سامان خُدات، حتی قبل از به قدرت رسیدن طاهریان، در سایه جایگاه اشرافی - دهقانی خود توانسته بودند منصب‌های دولتی را به دست آورند. در درگیری بین خاندان سامان و عمرولیث، خاندان سامان پیروز میدان شد و خلیفه حکم ولایت خراسان را به اسماعیل سامانی فرزند احمد نصر سامان داد. اسماعیل سامانی با رشادت، تمام سرکشان و مدعیان حکومت را سرکوب کرد. ترکان شمال خاور را که به خراسان دست‌اندازی می‌کردند شکست داد و برای اولین بار- پس از ساسانیان- یک حکومت فراگیر (حکومتی با اصل و ریشه ایرانی) در فرارودان و خرسان بزرگ برقرار کرد که مردم در آن از امنیت وآسایش برخوردار بودند.

حکومت اسماعیل سامانی و فرزندانش مدت یک سده (از ۲۷۹ تا۳۸۷ خورشیدی) ثبات، آسایش، غنای فرهنگی و سازندگی را به ایران خاوری مستولی کرد. خاندان سامانی همگی فرهنگ دوست و دوستدار شعر و ادب، موسیقی و فرهنگ و آبادانی بودند. آن‌ها به دانشمندان و اندیشمندان زمان خود بها می‌دادند. رفتار آن ها با مردمان سرزمین خود به اصطلاح امروزی رفتاری دموکراتیک بود. نقل شده است که وقتی شخصی بنام ابوطیب طاهری، پادشاه سامانی را هجو کرد و به آگاهی نصر بن احمد سامانی (پادشاه سوم سامانی) رسید، با چنان بزرگواری با او برخورد کرد که ابوطیب طاهری از رفتار خود شرمسار شد و پوزش خواست و توبه کرد.

در کل سامانیان یک حکومت عالی ایرانی پس از اسلام بودند که در ظاهر احترام خلیفه عباسی را نگاه داشتند و با ایجاد یک فضای باز سیاسی اجتماعی و ارج نهادن به دانشمندان علمی- فرهنگی و ایران دوستی که با خواست خلفای عباسی همسویی نداشت به شکل زیرکانه‌ای با آن‌ها مبارزه می‌کردند. هرچند که امیر اسماعیل پیوسته مطیع خلیفه بوده، در سراسر عمر خویش هیچ گاه در برابر خلیفه نافرمانی نکرد.

تمام پادشاهان و امیران سامانی به فرهنگ غنی ایرانی می‌اندیشیدند و در فکر گسترش و برقراری آن بودند و در باطن ارزشی برای خلیفه و فرهنگ عرب قائل نبودند. این نگرش باعث شد تا خلفای عباسی بعدا زمینه جایگزینی آن‌ها را با یکی از کارگزاران ترُک تبار سامانیان، یعنی غزنویان، فراهم کنند. در حدود یک سده، ۹ تن از پادشاهان سامانیان، شامل اسماعیل بن احمد و فرزندان او به عنوان امیران خراسان در بالا رودان و نواحی خاور ایران حکومت کردند.

پادشاهان سامانیان از ظهور تا سقوط

شاهان ساسانی به ترتیب حکومت عبارت‌اند از: امیر اسماعیل سامانی، ابونصر احمد سامانی، ابوالحسن نصر سامانی، نوح بن نصر، عبدالملک بن نوح، منصور بن نوح، نوح بن منصور، منصور بن نوح و عبدالملک بن نوح.

حکومت، صنعت، هنر و فرهنگ در دوره سامانیان

پس از صفاریان، سامانیان را نیز باید یک حکومت ایرانی به حساب آورد. هرچند سامانیان به ظاهر خود را تحت الحمایه خلفای عباسی می‌دانستند ولی در باطن هیچ حرمتی برای آنان قائل نبودند. در زمان سامانیان زبان فارسی و فرهنگ ایرانی روبه گسترش نهاد به طوری که گشتاسب‌نامه در زمان دولت سامانی نوشته شد. این کتاب یکی از منابع شاهنامه فردوسی بزرگ است. رودکی پدر شعر فارسی در زمان سامانیان می‌زیست و در این زمان خوش درخشید. در زمان سامانیان فرهنگ و هنر رواج پیدا نمود و بخصوص که مجالس علمی، فلسفی، اعتقادی و سیاسی گفت‌وگوهای این‌چنینی فضای مناسب یافت. همین عوامل زمینه ساز ظهور دانشمندان بزرگ خراسانی گردید.

در این دوره مساجد و آرامگاه‌هایی بنا شد که نشان هنر معماری این دوره است. یکی از زیباترین آن‌ها مشهور به «**مقبره شاه اسماعیل سامانی**» در بخارا است که در بنای حقیقت آرامگاه خاندان سامانی است (سمسار، ۱۳۹۰) (شکل ۴ -۵).

در دوره امویـان، بخصـوص در دوره حکومت حَجاج، بسیاری از خاندان‌های بزرگ ایرانی به دلیل مالیات سنگینی که حکومت بر غیرمسلمانان تحمیل کرده بود مسلمان شدند.

شکل ۴-۵. نمایی از مقبره شاه اسماعیل سامانی، بخارا، ازبکستان (عکس از dome.mit.edu)

بنا برنوشته‌های مهدی فرشاد (۱۳۷۶ خورشیدی) در دوره سامانیان سبکی نو در معماری ابداع شد که نمونه بارز آن آرامگاه شاه اسماعیل سامانی، گنبد قابوس، برج و مقبره کابوس بن وشمگیر در استان گلستان و شهرستان گنبدکاووس امروزی است که نام شهرستان نیز برگرفته از این بنای تاریخی می‌باشد (شکل ۵-۵) گنبد قابوس در زمان سامانیان ساخته شد و در این زمان طبرستان در حاکمیت خاندان آل زیار بود که تحت الحمایه سامانیان بودند.

شکل ۵-۵ .نماهایی از گنبد قابوس (گنبدکاووس)، استان گلستان.

۴-۴-۵ غزنویان (۱۱۸۶-۹۹۸ م)

غزنویان حکومت ترک‌تبار پارسی‌گوی و تابع خلفای عباسی بودند. بنیان‌گذار اصلی این سلسله سلطان محمود غزنوی است. او کسی است که نخستین بار پس از اسلام در ایران خود را سلطان خواند؛ اما حکومت غزنویان با آلِپ تکین، از شهر غزنین افغانستان امروزی، شروع شود. آلِپ تکین از غلامان سامانیان بود که در دربار آن‌ها رشد کرد. او کوشید با همدستی عده‌ای دیگر، یکی از اعضای خاندان سامانی به نام نصربن‌عبدالملک بن نوح را به حکومت برساند اما موفق نشد و نهایتاً پسرعموی وی یعنی منصوربن‌نوح به جای وی بر تخت نشست. پس ازاین رخداد آلِپ تکین راهی غزنه شد و خود را والی آنجا خواند. در آن زمان چون سامانیان ضعیف شده بودند به ناچار حکومت آلِپ تکین را در غزنه به رسمیت شناختند. بدین ترتیب آلِپ تکین زیر نظر دولت بزرگ سامانی حاکم غزنه شد. پس از درگذشت آلِپ تکین داماد او و پدر سلطان محمود یعنی سبکتگین، در سال ۹۷۷ میلادی جانشین او شد. سبکتگین با توجه به رشادت‌هایی که در زمان سامانیان نشان داد توانست نظر آنان را در دوره‌ای که در ضعف بودند به خود جلب کند. این امر باعث شد که در زمان سامانیان پسرش سلطان محمود، والی و حاکم خراسان شد. این امر فرصتی فراهم کرد که محمود غزنوی با توجه به توانایی‌هایی که داشت نظر بزرگان خراسان را جلب کند و حکومت غزنویان را گسترش دهد. پس از درگذشت سبکتگین، محمود حاکمیت غزنین را در دست گرفت و در سال ۹۹۸ میلادی اعلام سلطنت کرد. درواقع این حرکت سرآغاز سلسله غزنویان به حساب می‌آید. محمود غزنوی با گسترش قلمرو حکومت خود تقریباً تمام بخش‌های خاوری ایران (خراسان بزرگ تا ری و تمام افغانستان امروزی) را تحت حاکمیت خود درآورد. پس ازاین گسترش‌ها، سلطان محمود چندین بار به هند لشکرکشی کرد و بخش‌هایی از هند امروزی و پاکستان را مطیع خود ساخت و به ادعای خودش و سفارش خلیفه باعث گسترش اسلام در هندوستان شد. سلطان محمود غنائم فراوانی از هند به غزنه آورد و این دستاورد باعث رونق دولت غزنویان شد.

پس از سلطان محمود پسر وی (مسعود) در سال ۱۰۳۰میلادی به تخت سلطنت نشست. دوره سلطنت سلطان محمود و آغاز سلطنت سلطان مسعود اوج قدرت غزنویان به حساب می‌آید، اما جنگ و لشکرکشی بی‌مورد سلطان مسعود به هند، کاهش قلمرو تحت حاکمیت او در هند و نارضایتی مردم خراسان را به دنبال داشت. از طرفی دیگر دارزدن حسنک وزیر به سفارش خلیفه عباسی که شرح آن در تاریخ بیهقی آمده است؛ باعث رنجش مردم شد و به تدریج زوال حکومت غزنویان را به دنبال داشت. بعد از سلطنت مسعود از سال ۱۰۶۹ میلادی تا سال ۱۱۸۶ میلادی ده تنَ از خاندان غزنوی به حکومت رسیدند. اغلب آن‌ها حاکمانی ضعیف بودند و در بسیاری از جنگ‌ها از رقیبان خود یا از سرکشان داخلی شکست می‌خوردند و دامنه گسترش آن‌ها مرتباً محدود می‌شد. سرانجام غزنویان مغلوب طایفه ترک‌تبار دیگر یعنی سلجوقیان شدند.

حکومت غزنویان که در دوره سلطان محمود و سلطان مسعود در اوج قدرت بود از چند جهت قابل تأمل است. غزنویان ازیک طرف به شدت تابع خلیفه عباسی بودند و از سوی دیگر به ظاهر طرفدار فرهنگ ایران و زبان پارسی. چون حکومت در ایران و خراسان بزرگ نیاز به بزرگداشت فرهنگ و زبان ایرانی داشت (سلطان محمود زمانیکه والی خراسان به نیشابور بود خود متوجه حساسیت بزرگان ایران به فرهنگ و زبان فارسی شده بود) و از سوی دیگر تابع خلیفه بودن نیز باعث دوام حکومت آن‌ها می‌شد و اینکه خود را موظف به گسترش اسلام می‌دانستند. شهید کردن حسنک وزیر به سفارش خلیفه نیز از همین انگیزه ناشی می‌شد و اینکه سلطان محمود می‌گفت من انگشت در سوراخ می‌کنم و قرامطی می‌جویم و می‌کشم. تا بدینوسیله وابستگی خود را به خلفای عباسی نشان دهد. شواهد تاریخی حکایت از آن دارد که غزنویان بیش از سامانیان زیر نفوذ خلفای عباسی بودند و احترام بیشتری برای خلفای عباسی قائل می‌شدند. در دهه‌های آخر عمر حکیم بزرگ، فردوسی در دوران غزنویان می‌زیست و کار سترگ اثر باشکوه و ماندگارِ شاهنامه هم در دوره سلطنت سلطان محمود به پایان رسید (البته عمده تدوین شاهنامه قبل از روی کار آمدن سلطان محمود انجام شده بود). فردوسی در زمان تدوین شاهنامه کمکی از سلطان محمود نستاند. وقتی فردوسی پس از تدوین شاهنامه از طوس به غزنین رفت به دلیل مشکلاتی که حاکم وقت طوس ازنظر مالی برایش به وجود آورده بود، از طرف سلطان محمود تقدیر قابل توجه و درمرتبه او پیشکش نشده بود و یا مردان سلطان محمود هدایا را برای خود برداشته بودند، به همین علت از سلطان دلگیر شده، به طوس بازگشت. به نظر می‌رسد هدف عمده فردوسی به دربار غزنویان برای ماندگاری شاهنامه بوده است و هیچگونه انگیزه مالی و دریافت جایزه نداشته است. (رجوع شود به فصل یازدهم زندگی نامه فردوسی). سلطان محمود زمانی متوجه اشتباه می‌شود و درصدد جبران برمی‌آید که دیر شده است. هرچند سلطان محمود آن طور که شایسته بود از مقام شایسته فردوسی تجلیل نکرد اما غزنویان در رواج زبان فارسی کوشا بودند چراکه می‌خواستند نشان دهند که دوستدار فرهنگ و زبان ایرانی هستند و تاریخ بیهقی نیز در زمان غزنویان نوشته شد. به قول شادروان جاویدان خاطر محمود افشار: «سلطان محمود چون پایتختش در غزنه بود به غزنوی معروف شده است؛ وگرنه او از غلام زادگان ترک و تورانی نژاد بود. از طرف دیگر از خلفای عرب پشتیبانی می‌نمود. با وجود اینکه دوجنبه غیر ایرانی داشت؛ به شعر و ادب فارسی ارج می‌نهاد و شعرای فارسی‌گوی را تشویق می‌کرد که از این نظر در تاریخ ایران مقام بالایی دارد.

شواهد تاریخی نشان داده است که هر حکومتی که بافرهنگ و زبان ایرانی همسو نبوده عمر و تداوم کمتری داشته است.

پادشاهان غزنویان از ظهور تا سقوط

به ترتیب سلطنت، اینها عبارت‌اند از:

سلطان محمود غزنوی، سلطان محمد غزنوی، سلطان مسعود غزنوی و ده تن دیگر که چندان مطرح نیستند و حکومت‌های کوتاه و کم وسعت داشتند.

۵-۴-۵ علویان (۹۱۰-۸۶۵ م)، آل زیار (۱۰۵۰-۹۱۰م) و آل بویه (۱۰۵۵ - ۹۳۴م)

هم زمان با سلسله‌های صفاریان، سامانیان و غزنویان در شرق ایران، از ری تا خراسان بزرگ یعنی سیستان، افغانستان امروزی، تاجیکستان و سمرقند و بخارا تا خوارزم در دامنه شمالی البرز و مرکز و غرب و جنوب ایران چون طبرستان، گیلان، فارس، اصفهان، خوزستان، همدان و آذربایجان سلسله‌های علویان، آل‌زیار و آل بویه یکی پس از دیگری و یا گاه هم زمان (به شکل ۵-۳۳) حکومت می‌کردند. طبرستان و دیلمان نیز به آداب ورسوم خود پایبند بودند. مهاجرت علویان که با خلفای عباسی مشکل داشتند به گیلان و طبرستان حکومت آنها را در این مناطق به دنبال داشت. ظهور مبارزانی چون مرداویج پسر زیار به ظهور حکومت آل‌زیار و علویان و سرانجام آل‌بویه در دامنه شمالی البرز منجر شد. حکومت آل‌بویه از دامنه شمالی البرز گسترش یافته، به نقاط دیگر ایران مانند فارس نیز کشیده شد. پسران آل‌بویه که در گیلان شغل ماهیگیری داشتند به خدمت امرای آل زیار درآمدند؛ سپس خود حکومت تشکیل دادند و دامنه حکومت را ابتدا در گیلان و سپس تا فارس، کرمان و تمام مناطق غربی و جنوبی رساندند. حکومت آل زیار ادعای برقراری حکومت به شکل ساسانیان را در سر داشت.

علویان که مخالف عباسیان، بودند هیچ‌کدام به خلیفه وفادار نبودند و از حکومت‌های مستقل محلی به حساب می‌آمدند. در اصل بیشتر این سلسله‌ها با خلفا عناد داشتند و در زمان آن‌ها خلفا در ضعف و یا مشغول به جنگ در جبهه‌های دیگر بودند. همه این سلسله‌ها قصد براندازی خلفای عباسی را داشتند، اما به خاطر اختلافاتی که داشتند و اینکه مخالفت‌شان با خلفا ژرف و ریشه دار نبود یا (مانند آل‌بویه) خلیفه مطیع و دست نشانده می‌خواستند موفق به تشکیل یک حکومت یکپارچه در سطح ملی بدون خلفا نشدند. خلفا هم با استفاده از اختلاف آن‌ها، نهایتاً در ایران به وسیله سلجوقیان ترک تبار یک حکومت سراسری و تابع خلفا به وجود آوردند.

۱-۴-۴-۵ آل زیار و علویان

تا زمان عباسیان، سرزمین‌های دامنه شمالی البرز استقلال کامل خود را داشتند ولی در زمان عباسیان با جنگ‌هایی که پا گرفت اعراب توانستند به بخش‌هایی از مازندران کنونی وارد شوند، اما گیلان در ابتدای دوره عباسی هنوز کاملاً مستقل بود.

در حکمرانی دومین خلیفه عباسی (منصور) درپی جنگی که برای اعراب بی‌حاصل بود عهدنامه‌ای بین خلیفه و اسپهبدان تبرستان بسته شد که در آن استقلال تبرستان و به طورکلی دامنه شمالی البرز به رسمیت شناخته شد. در مقابل احداث پایگاهی در تبرستان برای خلیفه به همراه مبلغی سالیانه به عنوان خراج برای نمایندگان خلیفه تعیین شد. این مسئله باعث ورود اعراب به این سرزمین‌ها شد ولی مدتی بعد مردم تبرستان علیه آن‌ها قیام کردند و شمار زیادی از آن‌ها را کشتند. لشکر خلیفه با سپاهی افزون به تبرستان حمله کرد که این بار مردم این سرزمین از لشکریان خلیفه شکست خوردند و لشکر خلیفه تا ساری پیش رفت. اعراب به غارت و تجاوز تبرستان پرداختند، اما بعد از چندی دوباره مردم تبرستان به رهبری ونداد هرمز[1] بر آنها شوریدند.

پس ازاین دو شورش بزرگ، شورشی دیگر به رهبری ونداد هرمز منجر به شکست اعراب شد. در این شکست ها بار دیگر اعراب با سپاهی بزرگ‌تر به فرماندهی سه فرمانده بزرگ خلیفه به تبرستان یورش بردند و در این جنگ ونداد هرمز شکست خورد و متواری گشت.

این جنگ‌ها و مقاومت‌ها همچنان ادامه داشتند ولی در سال ۱۶۰ خورشیدی که هارون الرشید به خلافت رسید تبرستان دارای استقلال نسبی بود. در این زمان علویان که ابتدا به صورت پناهنده وارد دامنه شمالی البرز شده بودند بتدریج بر شمارشان افزوده شد و در نتیجه رابطه نزدیکی که با مردم تبرستان پیدا کردند نهایتاً در تبرستان به قدرت رسیدند.

در سال ۱۶۹ خورشیدی هارون‌الرشید که دریافته بود استیلا بر سرزمین‌های تبرستان به آسانی قابل دستیابی نیست برآن شد تا با ونداد هرمز پیمان صلح امضا کند تبرستان ضمن حفظ استقلال گذشته، سالانه مقداری خراج به خلیفه بدهند. تا اواخر سده دوم این سرزمین‌ها مستقل و خارج از دست اعراب مانده بود. در واقع با هوشیاری ونداد هرمز این منطقه بدون جنگ برای مدتی از دست اعراب دور مانده بود. ونداد هرمز با هشیاری و درایت بر تبرستان حاکم شد. پس از مرگ ونداد هرمز، مازیار از خاندان کارن در تبرستان به شهرت رسید و در مقابل اعراب قرار گرفت. مازیار قصد برقراری حکومتی شبیه به ساسانی و احیای آن را داشت، ازاین رو خلیفه را فریب داد و با انعقاد پیمان با وی به حاکمیت خود رسمیت بخشید. او توانست حاکمیت تمام تبرستان را تا سال ۲۰۶

---

۱. ونداد هرمز از خاندان بزرگ ایرانی (خاندان کارن) بود که آن خاندان در زمان ساسانیان از بزرگان کشوری، لشکری و با نفوذ بودند.

خورشیدی و تا حدودی پس از آن در دست خود نگاه دارد.

مازیار مردی ایران دوست بود و آن‌هایی را که برای جاه و مقام تابع بی‌چون و چرای خلیفه می‌شدند خوار می‌شمرد (از جمله طاهریان که نوکر چشم بسته خلیفه بوده‌اند، مالیات زیادی به بغداد می‌فرستادند). او سفارش خلیفه برای پرداختن خراج تبرستان به عبدالله بن طاهر را نادیده گرفت چون خاندان طاهر را خودفروخته و آلت دست خلیفه می‌دانست.

در همین ایام بابک خرم دین با خلیفه در جنگ بود و افشین فرمانده برگزیده خلیفه برای مقابله و سرکوب بابک انتخاب شده بود. این موضوع برای مازیار فرصتی بود تا خلیفه با وی کنار بیاید و در نامه‌ای به مازیار وی را «گیل گیلان، اسپهبد اسپهبدان محمد پسر کارن و مولای امیرالمؤمنین خلیفه در تبرستان...» بخواند.

در نتیجه مازیار فرصت یافت خود را پادشاه تبرستان کند و در اندیشه بود که پادشاهی ایران را دوباره زنده کند. عبدالله بن طاهر که از این بابت سخت در وحشت بود به فکر بی‌اعتبار کردن مازیار افتاد. مخفیانه در سپاهیان او نفوذ کرد و با دادن هدایایی به برخی از بزرگان و مالکان، آن‌ها را وادشت به مازیار مالیات ندهند. در همین زمان بابک به دست افشین شکست خورده بود و عبدالله بن طاهر در بین مردم تبرستان شایعه کرد که لشکریان افشین برای سرکوبی مازیار به سمت تبرستان در حال حرکت هستند. در حالی که بین افشین و مازیار برای همکاری مکاتباتی برقرار بود. به همین دلیل افشین بعداً مورد خشم خلیفه قرار گرفت و زندانی شد و همان جا توسط افراد خلیفه مسموم و کشته شد.

ندادن مالیات توسط مالکان و بزرگان مازیار را واداشت بر مردم سخت بگیرد و در نتیجه کم کم خیلی از مردم از دست او دلگیر شدند. مازیار درنتیجه همین سختگیری‌ها و خیانت نزدیکانش از طاهریان (که با دو لشکر به سوی‌تبرستان یورش برده بودند) شکست خورد و به اسارت طاهریان درآمد. سپس تمام اموال و دارایی مازیار و افراد و خاندانش توسط افراد طاهر نوکر خلیفه مصادره شد.

در این زمان طاهر به خلیفه نوشت که مازیار به کمک افشین قصد داشتند حکومت پیشین ایرانیان را دوباره برقرار و دین زرتشت را احیا کنند. بنا بر شواهد هنگامی که عبدالله بن طاهر مازیار را به بغداد می‌برد با تظاهر به دوستی اعتماد مازیار را جلب کرد و او از پیمان اتحاد خویش با افشین و بابک برای براندازی حاکمیت اعراب و احیای حکومت خسروان ایرانی گفت. طاهر با این اعتراف زمینه مجازات او را فراهم کرد. مازیار در بغداد در همان محل به دار آویخته شد که بابک، ناجوانمردانه به دار آویخته شده بود.

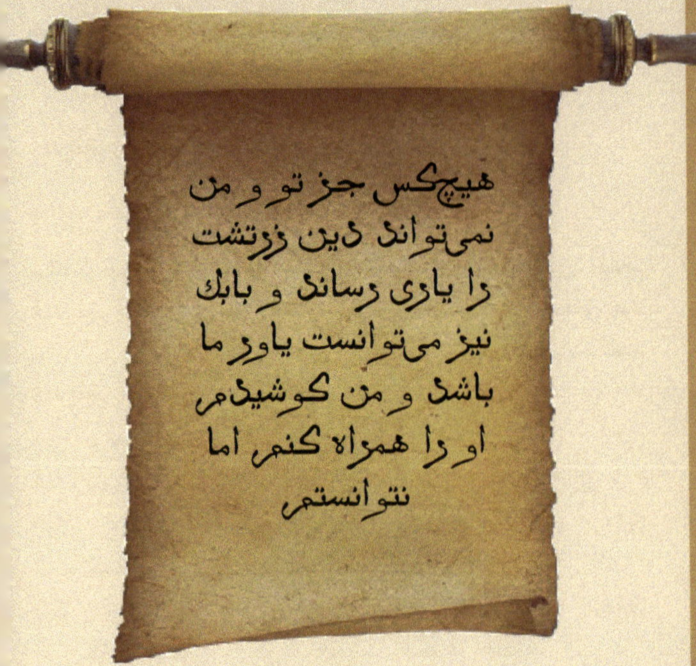

افشین که نزد خلیفه به ظاهر مسلمان شده بود قصد برگشت به پادشاهی کوشان را داشت (اما چگونه حاضر می‌شود که باهم وطن خود به نفع خلیفه به جنگ بپردازد؛ که نه اخلاقی است و نه پذیرفتی) و می‌دانیم که افشین هم سرانجام به دست خلیفه کشته می‌شود. **این درس تاریخ است که برای پیروزی و مطرح شدن، هیچ‌گاه بر دشمنی بزرگ‌تر اعتماد نکنیم چرا که برای دشمن، اصل منابع و حاکمیتش می‌باشد.**

برای آگاه شدن از مضمون مکاتبات افشین با مازیار به یکی از نامه‌ها اشاره می‌شود. این نامه بهترین گواه برای افکار مازیار، افشین و بابک است. متن نامه چنین است:

چندی پس از مرگ مازیار تبرستان به دست عبدالله‌بن‌طاهر نماینده گوش به فرمان خلیفه افتاد و بخشی از حاکمیت طاهریان شد؛ اما طولی نکشید که علویان همان طور که گفته شد ابتدا به صورت پناهنده (به علت مخالفت با خلفای عباسی) وارد دامنه شمالی البرز شدند و سپس با مردم تبرستان و گیلان از سر دوستی درآمده، تبلیغ دین شیعه کردند. سرانجام توانستند تا مدتی حاکمیت این مناطق را از آن خود کنند و مردم دامنه شمالی البرز به تدریج اسلام (البته مذهب شیعی زیدی) را پذیرفتند.

مرداویج:

مرداویج پسر زیار از بزرگان ایرانی بود که توانست علویان عرب تبار را از این سرزمین‌ها بیرون رانده، اداره امور تبرستان را در دست بگیرد. او همچون مازیار، بابک و یعقوب لیث رؤیای احیای پادشاهی ایران و بیرون راندن اعراب از ایران را در سر داشت. مرداویج در آغاز از جمله سپاهیان علویان بود ولی به نیشابور

رفت و با سپاهی متشکل از سامانیان به تبرستان آمد و با کمک سپاه سامانی حاکمیت علویان را برچید. او که ابتدا به ظاهر نائب امیر سامانی بود فکرهای بزرگی در سر داشت. او کینه‌ای شدید از اعراب داشت و همچنین با ایرانیانی دارای تفکر عرب به دشمنی پرداخت. پس از استقرار در تبرستان و از بن بردن رقیب خود و نیز سرپیچی از امیر نصر سامانی از دادن مالیات به او خودداری کرد. به تدریج کار مرداویج بالا گرفت و در جنگ‌های همدان و اصفهان با سپاهیان خلیفه این مناطق از چنگ خلیفه درآمد. سپس خلیفه از ترس با او پیمانی بست و مرداویج به شکل پادشاهان ساسانی در اصفهان بر تخت نشست. مرداویج بارها به افرادش گفته بود که من خلیفه را برمی‌اندازم و پایتخت تیسفون را زنده خواهم کرد، اما بزرگ‌ترین عامل ناکامی او دررسیدن به این هدف سپاهیان نا استوار او بودند.

بسیاری از سپاهیان او را سپهبدان تبوری، گیلکی و دیلمی تشکیل می‌دادند و بااینکه همه زیر یک پرچم بودند هنوز نمی‌توانستند اختلافات قومی و قبیله‌ای را فراموش کنند. پاره‌ای از سپهبدان مسلمان او نیز از اعمالش، ازجمله احیای دین زرتشت، راضی نبودند. همچنین بخش زیادی از سپاهیان او از ترکان بودند (ساکنان غیر ایرانی شمال خاوری دریای کاسپین) که هیچ انگیزه‌ای برای احیای دوباره ایران نداشتند؛ اما بزرگ‌ترین ضربه به مرداویج جدا شدن سه فرمانده بزرگ او یعنی پسران بویه (علی، حسن و احمد) بود که با دیدن وفاداری شمار زیادی از زیردستان خود از سپاه مرداویج جدا شده، خود ادعای حکومت کردند. خلیفه از این اوضاع باخبر شد و با فرستادن پیام و خلعت از آن‌ها حمایت کرد تا با رودررو قرار دادن این خاندان ایرانی با مرداویج برای خود چاره‌ای پیدا کند.

سرانجام آل‌بویه با کمک خلیفه، حاکمیت فارس را به دست آوردند. مرداویج با آگاهی از این مسئله برای اینکه راه کمک خلیفه به آل‌بویه را ببندد خوزستان را گرفت. در این زمان بین آل بویه و مرداویج صلح صورت گرفت چون هدف مرداویج برداشتن خلیفه بود با آل‌بویه از سر صلح درآمد. وقتی مرداویج به اصفهان بازگشت تا به آیین و سنت ایران قدیم جشن سده را برگزار کند در حمام توسط سه نفر از افراد ترک سپاه خود که از خلیفه دستور داشتند شهید شد.

پس از مرداویج آل‌بویه تقریبا بر همه مناطق ایران دست یافت. اینها حکومت شیعه داشتند و توانستند خلیفه را تغییر دهند و او را تابع بی‌چون و چرای خود کنند که در کوتاه مدت موفق بودند نه برای همیشه.

از زمان حکمرانی آل بویه تا دوران ترکان سلجوقی، ایلخانان و جانشینان تیمور، دامنه شمالی البرز اغلب توسط خاندان‌های محلی اداره می‌شد که تا روی کار آمدن حکومت صفوی، یک حکومت مقتدر ملی که بر سراسر ایران حاکم شد، این وضعیت ادامه داشت.

۲ - ۴- ۴-۵ آل بویه یا دیلمیان (۱۰۵۵-۹۳۴ م)

ابوشجاع بویه مردی ماهیگیر بود و عقاد علویان طبرستان را داشت. او میانه‌ای باسیاست نداشت و از خانواده ثروتمندی هم نبود. سه پسر به نام‌های علی، حسن و احمد داشت که از امرای ارتش مرداویج بودند. این سه برادر از ارتش آل زی ار خارج شدند و به کمک یاران خود و بر پایه عقاید شیعی که داشتند ادعای استقلال کردند و بدون اجازه خلیفه نواحی فارس و اصفهان را تحت حکومت خود درآوردند. خلیفه عباسی که در ضعف بود ابتدا با آن‌ها همکاری کرد زیرا در اصل آن‌ها از فرمان بردا ری آل زیار سرپیچی کرده بودند. فرزندان آل بویه با گسترش قلمرو خود اصفهان تا خوزستان را تحت استیلای خود درآوردند. سپس در تقسیم این قلمرو، حاکمیت فارس و پیرامون به علی، اصفهان تا همدان و بخشی از آذربایجان به حسن و کرمان تا خوزستان به احمد رسید. احمد بویه که جنوب ایران را در اختیار داشت ، به خاطر ضعف خلیفه وقت (مستکفی) با حمله به بغداد او را عزل کرده، خلیفه دیگری را که مطیع‌شان باشد سرکار آورد.(اینجا نیز سیاست آل بویه یک اشتباه تاریخی بود که خلیفه عرب سُنی را برکنار و خلیفه عرب با گرایش شیعی را بر سرکار آورد). هرچند آل بویه ادعا کردند که نسبشان به پادشاهان ساسان می‌رسد و شواهد و کتاب‌های تاریخی وجود دارد که نشان می‌دهد این ادعا دور از واقعیت نیست.

خلیفه دست نشانده به هریک از برادران آل بویه لقبی داد: علی را عمادالدوله، حسن را رکن الدوله و احمد را معزالدوله خواند.

آل‌بویه که شیعی مذهب به احتمال زیاد زیدی بودند، توانستند حکومت پهناوری در مرکز، غرب و جنوب ایران تشکیل دهند. با درگذشت علی برادر بزرگ‌تر، برادرزاده وی (پسر رکن‌الدوله) به نام عضدالدوله جانشین او شد. عضدالدوله با درایتی که داشت حکومت مقتدری تشکیل داد و شیراز را به شکل یک پایتخت مدرن آن زمان درآورد. آل‌بویه نخستین خاندان ایرانی بودند که خلفای بغداد را در چنگ داشتند و براحتی یکی را جایگزین دیگری می‌کردند. آن‌ها دستگاه خلافت را تا حدودی پاک سازی کردند. عضدالدوله خود را شاهنشاه خواند و در عمران و آبادانی کشور کوشید. در زمان او کشاورزان به رونق و آبادی زمین پرداختند و سدسازی و لایه روبی کاریزها رونق یافت. در زمان عضدالدوله تمام نواحی کاسپین تا عمان تحت قیمومت آل‌بویه بود و همسایگان غربی مانند فاطمیان مصر و حکومت روم شرقی با دولت ایران اظهار دوستی کردند.
عصر آل‌بویه در تاریخ ایران و اسلام نقش بسزایی در تحولات بعدی داشت. از دیدگاه فرهنگی در این عصر آثار برجسته علمی و فرهنگی ایران ظاهر می‌شود. بقایای معماری این عصر باقی است که جایگاه هنری آن زمان را نشان می‌دهد. در زمان آل‌بویه خلفای عباسی مطیع حکمرانان ایران بودند. پس از آل‌بویه و با قدرت یافتن سلجوقیان خلفای عباسی دوبار جان گرفتند.

۵-۵ سلجوقیان (۱۲۲۵ - ۱۰۳۷ م)

سلجوقیان ترک‌تبار پهناورترین دولتی بودند که بعد از اسلام در ایران و سرزمین‌های مجاور آن حکومت را در دست گرفتند. قلمرو این حکومت از بالا رودان تا سواحل مدیترانه و از عمان تا تفلیس گسترش داشت (باستانی پاریزی، ۱۳۷۸).

این حکومت تأثیر ژرفی در سرزمین پهناور ایران گذاشت و از سال ۴۱۷ خورشیدی، پیروزی طغرل سلجوقی بر سلطان مسعود غزنوی در دندانقان سرخس تا ۵۷۳ خورشیدی، سال سقوط آخرین حاکم سلجوقی، دوام داشت. تحکیم موقعیت دولت سلجوقی دو دلیل عمده داشت (همان):

۱. استفاده از وزیران و همکاران ایرانی در اداره حکومت از جمله خواجه نظام الملک، عمیدالملک کندری، شرف‌الملک خوارزمی و ... .

۲. اضطرار و نیاز خلیفه وقت عباسی در استفاده از نیروهای ترکمان که باعث شد خلیفه به ناچار حکومت آن‌ها را به رسمیت بشناسد. خلفای بغداد در همه موارد آن‌ها را مورد تأیید و تجلیل قرار می‌دادند.

از نظر نگارنده خلفای عباسی از ترس بزرگان ایرانی - مانند بابک، یعقوب لیث و مرداویج که بر آن‌ها شوریده بودند- یا وقوع نهضت‌های ملی چون شعوبیه و قرامطه، در اصل مایل بودند حکمرانی غیر ایرانی بر ایران حکومت کنند تا خودِ ایرانیان. چرا که خلفای عرب همیشه خود را در برابر فرهنگ ایران حقیر می‌دیدند.

امرای دیلمیان فارس که شیعه بودند به خلفای عباسی اهمیتی می‌دادند. ارسلان بساسیری (اهل فسا) از امیران دیلمی بر بغداد تسلط یافت و خلیفه را از شهر بیرون راند و خود به منصب حکومت نشست و در بغداد به نام خلیفه فاطمی مصر المستنصر خطبه خواند (همان).

باید بپذیریم که تفکری غلط در اندیشه ایرانی راه یافته بود که وقتی خود قدرت دارد خلیفه را کنار بزند. چرا خلیفه دیگر آن هم از عرب و با اندیشه عرب سرکار بیاید و این اندیشه بسیار مخرب چندین قرن در تفکر ما ایرانیان وجود داشته است که باید مورد نقد قرار گیرد.

خلیفه در تبعید القائم به امرالله از طغرل نخستین حاکم سلجوقی کمک خواست. طغرل که در حال قلع و قم حکومت‌های محلی و در حال قدرت گرفتن بود، به تأیید خلیفه نیاز داشت (گرفتن حکومت از حکمران قبلی و تأیید خلیفه از زمان طاهریان مرسوم شده بود). این عوامل خیلی زود به حکومت سلجوقیان کمک کرد که آن‌ها هم بر کل ایران و سپس آناتولی و دیگر مناطق دست یابند و خلفای عباسی هم مانند گذشته حکومت کنند.

سلجوقیان طایفه‌ای از ترکمانان غُزُوخزَ بودند که در زمان سامانیان از دشت قیچاق به نواحی خوارزم و سواحل شمال خاور دریای کاسپین و بالارودان آمدند. شغل اصلی آن‌ها گله‌داری بود و در پی دستیابی به چراگاه‌های بیشتر دائم با جنوب میان‌رودان در ستیز بودند. یکی از این نبردها که با لشگریان سلطان مسعود به رهبری طغرل انجام شد، لشگرسلطان مسعود در ناحیه مرو و سرخس شکست خورد و سلجوقیان به رهبری طغرل به ایران وارد شدند. طغرل در سال ۱۰۳۷ میلادی معادل ۴۱۵ خورشیدی پس از رسیدن به نیشابور دستور داد خطبه و حکومت را به نام او بخوانند. طغرل سریعاً دامنه حکومتش را گسترش داد و در نواحی مختلف ایران نزدیکان خود را به حکومت‌های محلی گماشت و ری را پایتخت خود ساخت. او جنگ و ستیز برای گسترش حاکمیت را ادامه داد تا جایی که کل ایران در قلمرو حکومتش قرار گرفت. در سال ۱۰۵۵ میلادی به بغداد لشگر کشید و از خلیفه بغداد که ضعیف و بی‌لیاقت شده بود، درخواست کرد که حاکمیت کل دنیای اسلام را به نام او زند. خلیفه عباسی که در زمان آل‌بویه در زوال بود جان تازه‌ای یافت زیرا که طغرل به خلیفه نیاز داشت و خلیفه هم به طغرل. خلیفه طغرل را سلطان‌الدوله نامید و او را یمین امیرالمؤمنین لقب داد. طغرل هم زمان که سرداری دلیر و جنگجو بود درایت رهبری هم داشت وقتی به نیشابور رسید و ادعای پادشاهی کرد، چنین گفت: ما مردمی بیابان گرد هستیم و جنگ جوییم و آداب ملک‌داری و رعایت احوال مردم را نمی‌دانیم. از همین رو وی کارها را به دست وزیران ایرانی همچون عمیدالملک کندری و دیگران سپرد. پس از طغرل جانشینانش نیز روش او را ادامه دادند یعنی وزیران و کاردانان ایرانی آشنا به امور مملکت داری را به کار گرفتند. مثلاً الپ ارسلان به کمک خواجه نظام‌لملک به روی کار آمد و خواجه‌نظام الملک در زمان الپ ارسلان و ملک شاه اداره کننده اصلی کشور بزرگ ایران بود که گستره آن به دوران پیش از اسلام می‌رسید. پادشاهان ترک تبار هم با اینکه مورد تائید خلفای عباسی بودند، شیوه حکمرانی نظیر ایرانیان داشتند. تقریباً مشابه پادشاهی اشکانی زیرا اغلب مناطق ایران سلجوقی و نواحی همسایه توسط یک خانواده از سلجوقیان اداره می‌شد.

در سایه خواجه نظام‌الملک، حکومت سلجوقیان در زمان آلپ ارسلان، برادرزاده طغرل و ملکشاه یک حکومت تمام‌عیار در تمام سرزمین‌های ایرانی و همسایگان ایران امروزی چون ارمنستان، گرجستان، ترکیه امروزی، سوریه و عراق بود. افزون بر آن برای اولین بار حوزه قدرت پادشاهان سلجوقی تا سرزمین مکه و مدینه نیز گسترش یافت. البته بعد از کشته شدن خواجه نظام‌الملک و ملکشاه، کم‌کم از قدرت سلجوقیان کاسته شد.

در دوره سلجوقیان، البته پادشاه بر تمام مناطق حکمرانی کامل نداشت. در هر منطقه گروهی از سلجوقیان حکمرانی می‌کردند، به طوری که سلجوقیان کرمان بر کرمان، سیستان و بلوچستان و هرمزگان حکومت می‌کردند و این شرایط برای سلجوقیان آناتولی (سلجوقیان باختر) و سلجوقیان خراسان نیز صادق بود. گاه بین آن‌ها نزاع در می‌گرفت و هر یک قصد داشت دامنه حکومت‌شان را توسعه دهند. در حقیقت خلفای عثمانی از تغییر حکومت سلجوقیان آناتولی به تیره دیگر ترکان به وجود آمد.

پادشاهان سلجوقیان از ظهور تا سقوط

پادشاهان سلجوقیان به ترتیب سلطنت عبارت‌اند از: طغرل اول، آلپ ارسلان، ملکشاه یکم، محمود یکم، برکیارق، ملکشاه دوم، محمد یکم، سنجر، محمود دوم، داود، طغرل دوم، مسعود، ملکشاه سوم، محمد دوم، سلیمان شاه، ارسلان و طغرل سوم.

حکومت، صنعت، هنر و فرهنگ در دوره سلجوقیان

حکومت سلجوقیان برای تلفیق دین و دولت نیاز داشت که مشروعیت خود را در اصل از خلیفه بگیرد. از طرفی خلفای عباسی به دلیل سرکشی ایرانیان بخصوص در طول حکومت صفاریان، سامانیان، آل‌زیار و آل‌بویه تمایل داشتند حکومتی مورد تأیید آنها در ایران بر سرکار باشد. از این رو سلجوقیان نیز چون طاهریان در سایه خلفای عباسی حکومت کردند. سلجوقیان حکومتی یکپارچه و ازاین رو پایتختی ثابت نداشتند و پایتخت‌های متعدد آن‌ها شامل مَرو، نیشابور، ری، اصفهان و اندک زمانی نیز بغداد بود. بسته به اوضاع و زمان، امیران سلجوقی هریک تا

شکل ۶-۵. نمایی از سردر مسجد جامع اصفهان، بنایی باقی مانده از دوره سلجوقیان.

شکل ۷-۵. تصاویری از کاسه‌های لعاب‌دار دوره سلجوقیان (موزه جنوب شرق ایران، زاهدان).

شکل ۸-۵ .تصاویری از کاشی‌های دوران سلجوقیان (موزه جنوب شرق ایران، زاهدان).

حدودی در مناطق تحت حاکمیت خود اقتدار داشتند. البته در زمان آلپ ارسلان و ملکشاه سلجوقی می‌توان گفت سلجوقیان شکل یک حکومت متمرکز را داشتند، اما بعد از این دو امیران محلی قدرت بیشتری یافتند. به عنوان مثال سلجوقیان حاکم بر جنوب ایران به سلجوقیان کرمان و حاکمان باختر و آناتولی به سلجوقیان آناتولی معروف بودند که در آن سرزمین حکومت می‌کردند. سلجوقیان اصولاً در دربار خود ریش‌سفیدان و مربیانی داشتند که در اداره مملکت از آن‌ها مشورت می‌گرفتند. در زمان سلجوقیان ارتباطات تجاری ایران توسعه یافت و جاده‌ها و کاروانسراهای بسیاری ساخته شد. برج‌های مرتفعی گاه تا ۲۵ متر ارتفاع به جهت راهنمایی کاروانیان بنا شد. در این زمان مردم آسایش داشتند و این آسایش به ویژه در زمان آلپ ارسلان و ملکشاه بیشتر به چشم می‌آمد (باستانی پاریزی، ۱۳۷۸). در زمان سلجوقیان مساجد بسیاری ساخته شد که برخی از آن‌ها هم اکنون تحت عنوان مسجد جامع برقرار هستند. کاشی‌کاری و صنعت سفال رنگین گسترش یافت. کاشی‌های رنگی که هم اکنون تحت عنوان کاشی سلجوقی در جهان شناخته می‌شود از دستاوردهای آن دوران است. بخش زیادی از اشیایی که در موزه‌های جهانی تحت عنوان اشیای دوره اسلامی نامیده می‌شوند مربوط به دوره سلجوقیان است (شکل۶-۵، شکل ۷-۵ و شکل۸-۵).در زمان خواجه نظام الملک در شهرها بزرگ مدرسه‌هایی تأسیس شد که در آن‌ها علوم زمان تدریس می‌شد و مشابه دانشگاه‌های (بیشتر حوزه‌های علمیه) امروزی داشتند. در ضمن خواجه نظام‌الملک کتاب سیاستنامه را تألیف کرد که از آن زمان تاکنون راهنمای سیاستمداران است. البته خود سیاستنامه منشأ گرفته از شیوه حکومت ساسانیان دارد.

۶-۵ خوارزمشاهیان (۱۲۳۰-۱۲۰۰م) اتابکان و امیران محلی (۱۲۵۸-۱۲۲۵ م)

چنانچه قبلاً اشاره شد سلجوقیان به دلیل گسترش سرزمین‌های تحت حاکمیت، اداره مملکت را از حالت متمرکز خارج ساختند و مملکت را با امیرزادگان، مشاوران و مربیان اداره می‌کردند. برخی از این مشاوران و مربیان از اتابکان بودند. بعد از ضعیف شدن حکومت سلجوقیان و شکست آخرین امیر آن‌ها یعنی طغرل سوم، این اتابکان بودند که در مناطق مختلف ایران و سرزمین‌های سلجوقیان حکمرانی داشتند. بیشتر آن‌ها موقعیت خود را تا زمان حمله مغول به ایران حفظ کردند. حتی برخی از اتابکان، مانند اتابکان فارس، اتابکان آذربایجان و ... در زمان مغول نیز سال‌ها در رأس حکومت بودند (باستانی پاریزی، ۱۳۷۸). معروف‌ترین و مهم‌ترین این گروه اتابکان خوارزم بودند که خود را خوارزمشاهیان یعنی پادشاه خوارزم می‌خواندند. این عنوان از گذشته دور برای حاکمان خوارزم وجود داشت. سرزمین خوارزم از پیش از اسلام تا حدودی استقلال و حکومت پادشاهی داشت. پس از اسلام نیز چنین بود و اغلب سلسله‌های ایرانی، مانند سلسله آل عمران و عامونیان ایرانی نژاد و دوستدار فرهنگ ایران، در آنجا حاکم بودند. در زمان سلجوقیان یکی از منسوبین آنها در خوارزم خود را شاه خوارزم خواند و این سلسله را تأسیس کرد. خوارزمشاهیان در ابتدا منطقه خوارزم، سیحون و تاجیکستان امروز را در دست داشتند، ولی منطقه تحت سلطه خود را به تدریج گسترش دادند. در زمان سلطان سنجر سلجوقی، خوارزمشاهیان تقریباً مستقل شده، به تدریج جای سلجوقیان را گرفتند. در نهایت سلجوقیان مغلوب خوارزمشاهیان شدند. اینها حکومت خود را تا جایی توسعه دادند که با خلیفه عباسی وارد جنگ شدند. هرچند پیروز این جنگ خوارزمشاهیان نبودند ولی در زمان سلطان محمد

خوارزمشاه، به فتوای برخی از علمای خوارزم و بالارودان، نام ناصر خلیفه عباسی را از خطبه حذف و فرمان دادند. یکی از سادات حسینی عنوان خلیفه عباسی داشته باشد و خطبه به نام او خوانده شود (همان). این هم یکی از اشتباهات تفکر حاکم بود که استقلال کامل را از ایرانیان می‌گرفت. خوارزمشاهیان می‌توانستند خود پادشاهی مطلق داشته باشند و نیازی به یک نهاد توجیه‌گر حاکمیت عربی نبود! مشابه پادشاهان پیش از اسلام، خوارزمشاهیان می‌توانستند راه یعقوب لیث را ادامه دهند. این موضوع خواندن خطبه بجای خلیفه غیر عرب و نزدن سکه به اسم خلیفه خشم خلیفه عباسی را برانگیخت و نیرنگ کرد. شاید دعوت مغولان یکی از نیرنگ‌های خلیفه بوده باشد که دودمان خوارزمشاهیان را بر باد داد و ایران را سراسر ویران ساخت. در زمان حمله مغولان کسانی پیدا شدند که با آنها بجنگند ولی با وجود درخواست کمک از خلفا آنها توجهی نکردند و کمک به مبارزان علیه مغولان نکردند.

۵-۷ ایلخانان مغول (۱۳۵۵-۱۲۸۵م)

در سرزمین مغولستان قبایلی زندگی می‌کردند که گاه تحت حاکمیت چینی‌ها و گاه زیر حاکمیت حکمرانان محلی بودند. در دوره‌ای از تاریخ برخی از این اقوام بیابان گرد برای به‌دست آوردن امکانات زندگی و غذا به سرزمین‌های آسیای میانی و مسلمان کوچ می‌کردند و آنجا را برای سکونت انتخاب می‌کردند. این گروه از مغولان به دلیل جمعیت اندکی که داشتند توانستند زمانی طولانی در سرزمین‌های آسیای میانه با آرامش زندگی کنند؛ اما با فزونی جمعیت آن‌ها، به تدریج برای حکام غرب آسیا موجب دردسر شدند. زمانی که سلطان سنجر سلجوقی حاکم بود زدوخوردهایی بین مغولان و نیروهای وی رخ داد که البته این درگیری‌ها کوتاه مدت بودند و زود آرام شدند. چندی بعد با سقوط سلجوقیان به دست خوارزمشاهیان، از میان قبایل مغول فردی به نام تموچین قدرت گرفت. او ضمن یکپارچه کردن مغولستان، بخشی از چین و سرزمین‌های خاوری و ترکستان، خود را امپراتور بی‌همتای خاری خواند. در همین زمان دو امپراتوری در آسیا مطرح بودند: امپراتوری خاوری مغولان با فرمانروایی چنگیزخان و امپراتوری باختری یعنی ایران با فرمانروایی سلطان محمد خوارزمشاه.

ازآنجاکه سرزمین‌های امپراتوری نوظهور به دلیل اقلیم خشک و بدی آب وهوا امکان رونق اقتصادی نداشت چنگیزخان برای گشودن راه ارتباطی تجاری با باختر امپراتوری که برای اقوام آسیای مرکزی نقشی حیاتی داشت به فکر ارتباط با خوارزمشاهیان افتاد و نامه‌ای برای سلطان محمد خوارزمشاه نوشت.

چنگیزخان در این نامه ابتدا خود را سلطان خاور آسیا و محمد خوارزمشاه را سلطان باختر آسیا نامید و چنین گفت: میان ما عهد، مودت، محبت و صلح مستحکم باشد و از طرفین تجار بیایند و بروند. این پیمان‌نامه موردقبول محمد خوارزمشاه قرار گرفت. به زودی بازرگانان مغول به سمت ایران روانه شدند؛ اما در مرز ایران وقتی بازرگانان مغول وارد شهر اتراق شدند، حاکم این شهر به اموال آن‌ها طمع کرد و اموال بازرگانان مغول را مصادره و بازرگانان را کشت. وقتی این خبر به خان مغول رسید بسیار آشفته شد، ولی با تفکر بر اینکه این عمل بدون اطلاع سلطان محمد خوارزمشاه بوده، سفیری به سوی او فرستاد و تقاضا کرد که حاکم شهر اتراق و عوامل این جنایت را نزد خان مغول بفرستد تا طبق قوانین مغول محاکمه شوند؛ اما ازآنجاکه غایرخان با ترکان بگم مادر سلطان محمد خوارزمشاه نسبتی داشت و تحت تأثیر مادرش بود این کار را نکرد. این تصمیم سلطان محمد خوارزمشاه درنهایت به حمله مغول انجامیده، موجب جنایات بزرگی توسط آنها شد. حمله مغول در شمال و جنوب دریای کاسپین آغاز شد و از همان ابتدا سلطان محمد خوارزمشاه عزم فرار نمود و پسر کوچکش جلال‌الدین را جانشین خود کرد. حمله در سال ۵۹۸ خورشیدی آغاز شد. در همان اوایل حمله مغول خراسان ویران شد و شهرهای آن به آتش کشیده شدند، سپس این حمله تا مرکز ایران ادامه یافت. پس از آن چنگیز به مغولستان برگشت. سربازان مغول به تمام آیین و مقدسات مردم توهین می‌کردند و شهرها را آتش می‌زدند. قریب شش میلیون ایرانی در آن زمان به دست مغولان کشته شدند. آنهائی که خود را مدافع راه حق و مقدسات می‌دانستند و از دسترنج مردم ارتزاق می‌کردند پیش از مردم عادی از شهرها گریختند و مردم را بی پناه رها کردند. چنگیزخان پس از بازگشت به مغولستان در آن‌جا درگذشت.

با مرگ چنگیزخان سرزمین‌هایی که به تصرف در آورده بود بین بستگانش تقسیم شد. فلات ایران به هولاکوخان رسید و او حمله‌ای دوباره به ایران را آغاز کرد. در این حمله، سلطان جلال‌الدین که در حمله اول مغول مردانه در برابر آن‌ها ایستاده بود، به دلیل شمار کم نیروهایش از برابر آن‌ها گریخت و به هندوستان رفت و اندک یارانی را که داشت جمع کرد. با شنیدن اینکه برادرانش در برخی ایالت‌های ایران حاکم مناطق کوچکی شده‌اند جلال‌الدین فوراً به ایران بازگشت تا با کمک آن‌ها سپاهی تشکیل دهد و برای جنگ با مغولان آماده شود؛ اما برادرانش از ترس مغولان به او پیوستند.

جلال‌الدین بر آن شد تا از حکمرانان محلی کمک بگیرد و با آن‌ها متحد شود. ازاین رو ابتدا با حکمرانان محلی مکاتبه و سپس به سوی سلجوقیان آناتولی و دولت مصر آن زمان پیکی فرستاد و احتمال حمله مجدد مغولان را گوشزد کرد که هیچ‌کدام این امر را نپذیرفتند. به ناچار تصمیم گرفت خود با حکمرانان محلی بجنگد و با حاکم شدن بر آن‌ها و به دست آوردن نیروی بیشتر آن‌ها را علیه مغولان بسیج کند. به همین علت با حمله به آذربایجان و گرجستان آن مناطق را به سلطه خود درآورد. سپس از سلجوقیان آناتولی و دولت مصر خواست تا با او هم پیمان شوند که آن‌ها نپذیرفتند. جلال‌الدین پیکی به سوی خلیفه عباسی فرستاد و او را از حمله مغولان آگاه کرد. خلیفه برعکس، سپاهی برای نابودی او فرستاد اما سپاه خلیفه از او شکست خورد. سرانجام جلال‌الدین باخیانت یک ایرانی کشته شد و ایران در آن شرایط از وجود همچون فرد رشیدی محروم شد.

شکل ۹-۵. نمایی از رصدخانه مراغه که بازسازی شده است.

درمجموع حکمرانان محلی، سلجوقیان آناتولی، حاکمان مصر و خلفای عباسی نتوانستند اختلافات خود را کنار بگذارند و یا نخواستند با سلطان جلال الدین همراه شوند و خطر مغولان را درک کنند.

حمله دوباره مغولان در سال ۶۳۲ خورشیدی به فرماندهی هولاکوخان نوه چنگیز به طور تمام عیار شروع شد. تمام سرزمین‌های ایران، آناتولی و مصر که در حمله اول فتح نشده بود و به دست هولاکوخان افتاد. در این میان کشتارهای خشن انجام گرفت و جنایات قبل تکرار شد. هولاکوخان پس از درهم کوبیدن تمام حاکمان محلی و فرقه اسماعیلیان و آتش زدن شهرها بر تخت حکومت نشست.

هولاکوخان خود بودائی و همسرش مسیحی بود، اما آیین کشورداری را نمی‌دانست. طی جنگ و گریزهایی که سپاهیان هولاکوخان برای قلاع اسماعیلیان داشتند در جریان فتح قلعه قهستان پیشنهادات عطاملک جوینی و بویژه خواجه نصیرالدین طوسی برای تعمال و آشتی کارگر افتاد و هلاکوخان از در آشتی درآمد. بدین ترتیب آتش‌زدن کتاب‌ها و کشتار متوقف شد و مغولان با حاکمان محلی و اسماعیلیان حاضر به گفت‌وگو شدند و از سر صلح و آشتی در آیند. به تدریج این بزرگان بویژه خواجه نصیرالدین طوسی تا توانستند مغولان را برای ترمیم ویرانی‌هایی که پدیدآورده بودند ترغیب کردند. کار تا آنجا پیش رفت که خواجه نصیرالدین طوسی توانست هلاکوخان را به برانداختن خلیفه ترغیب کند و در این کارهم موفق شد و برای همیشه شر خلفای عرب را از سر ایرانیان دورکرد. نفوذ و اعتماد بزرگانی چون خواجه نصیرالدین طوسی نیز باعث شد که مغولان وحشی به تدریج به یک دولت تبدیل شوند.

مغولان ایران به علت تابعیت خود نسبت به خان بزرگ مغول نام خود را ایلخان (تابع خان) نامیدند. ایلخانان که در ایران مستقرشده بودند (هولاکوخان و جانشینان او) به دلیل قرار گرفتن در دنیای اسلام و هدایت آن ها توسط مشاوران ایرانی دین اسلام را پذیرفتند و رسوم قبلی مغولی را به تدریج کنار گذاشتند. حتی برخی نام خود را هم تغییر دادند مثلاً غازان خان اولین کسی بود که مسلمان شد و نام محمود را برای خود برگزید. این تدبیر مشاوران تا آنجا پیش رفت که رصدخانه بزرگ دنیای آن زمان در شهر مراغه ساخته شد و کتاب‌های تاریخی باارزشی در آن زمان به نگارش درآمد و کتاب‌های قدیمی جمع‌آوری گردید (شکل ۹-۵). در اینجا هوش و تدبیر ایرانی و قدرت تأثیرگذاری تفکر بر شمشیر آخته یک غول نظامی اما بی‌اندیشه سیاسی- اجتماعی را می‌بینیم.

جانشینان هولاکوخان

جانشینان هولاکوخان به تدریج چنان در فرهنگ ایران غرق شدند که بنوعی ایرانی می‌نمودند و ارزش‌های ایرانی را پاس می‌داشتند. غازان خان وقتی در تبریز به تخت نشست دستور ترمیم همه ویرانی‌ها ازجمله عبادتگاه‌های سایر مذاهب ساکن در ایران را داد. غازان‌خان زبان

مغولی، فارسی و عربی را خوب می‌دانست. او در میان مردم آن روزگار به مردی دانا و عادل شهرت یافت که بی شک تحت تأثیر خدمات وزیر دانشمند او یعنی خواجه رشیدالدین فضل‌الله بوده است.

پادشاهان ایلخانان مغول از ظهور تا سقوط

به ترتیب حکمرانی اینها عبارت‌اند از: هلاکوخان، آباقاخان، سلطان احمد تگودار، ارغوان‌خان، گیخاتون، بایدوخان، غازان‌خان، اولجایتوخدابنده، ابوسعید بهادرخان، ارپاگوون، موسی‌خان، محمدخان، ساتی بیک، جهان‌تیمور، سلیمان‌خان، طغاتیمورخان و انوشیروان عادل.

حاکمیت ایلخانان با آمدن هولاکوخان آغاز شد و با مرگ ابوسعید فرزند اولجایتو در سال ۷۱۵ خورشیدی خاتمه یافت. در زمان حکومت بقیه افرادی که نامشان در این فهرست آورده شده است، هیچ‌کدام نتوانستندحکومت مستقل و فراگیری تشکیل بدهند. به دنبال مرگ ابوسعید حکومت ایلخانان دچار هرج ومرج شد و امرای محلی در گوشه و کنار مملکت هر یک قدرت یافتند. در مرکز حکومتی مقتدر وجود نداشت، به همین علت امرای محلی به دلایل مختلف ازجمله توسعه آب وخاک با یکدیگر وارد جنگ می‌شدند (امامی خوئی، ۱۳۷۸). از امرای محلی که در این میان شهرتی یافتند می‌توان به آل‌جلایر در بغداد، امرای چوپانی در تبریز، آل مظفر در کرمان، یزد و فارس، آل اینجو در فارس و سربداران در خراسان، آل کرات در هرات و نیشابور اشاره کرد.

حکومت، صنعت، هنر و فرهنگ در دوره ایلخانان مغول دوران حکمرانی مغولان به خصوص در اوایل تهاجم آن ها یکی از بدترین، سیاه‌ترین روزگار ایرانیان بود که با کشتار، ویرانی و آتش زدن شهرها و آبادی‌ها همراه بود. برخی آمارها حکایت از آن دارد که حدود ۶ میلیون نفر از ایرانیان توسط مغولان قتل عام شدند که البته در مورد صحت آن باید به میزان جمعیت آن زمان توجه داشت. هرچند تربیت آن‌ها توسط وزیران ایرانی باعث شد تا خوی بیابان‌گردی و کشتار آنها تا حد زیادی ملایم‌تر شود، اما مغولان در کل فرمانروایان حریص، بی‌مهابا

شکل ۱۰- ۵. نمایی از گنبد سلطانیه.

و دهان‌بین بودند و به راحتی دست به جنایت و خونریزی می‌زدند، اما نه چنگیز، نه هولاکوخان و نه هیچ‌کدام از مغولان ایدئولوژی خاصی نداشتند. با وجود تمام بی‌رحمی‌ها تأثیر آن‌ها در ایران حدود دو قرن بود و امروز فقط نام چنگیز را در میان نام‌های ایرانی داریم. البته نام اصلی چنگیزخان هم تموچین بود.

به طورکلی سبک‌های معماری و ساختمانی دوره مغول به سبک‌های دوره سلجوقیان شباهت دارد ولی در شکل و مقیاس این ساختمان‌ها ویژگی‌های

دیده می‌شود که مختص این دوره است. این ویژگی بلندنظرانه از قدرت و علاقه حکمرانان ایلخانی در بناهای بلند و گنبدهای بزرگ تجلی یافته است. قوس‌های نوک تیزتر ساخته شده در این دوره و قائم بودن عناصر ساختمانی در کالبد قوس‌های بلند و مناره‌های مرتفع این دوره کاملاً محسوس است. به طور کلی سبک‌های معماری و ساختمانی دوره مغول به سبک‌های دوره سلجوقیان شباهت دارد ولی در شکل و مقیاس این ساختمان‌ها ویژگی‌هایی دیده می‌شود که مختص این دوره است. این ویژگی بلندنظرانه از قدرت و علاقه حکمرانان ایلخانی در بناهای بلند و گنبدهای بزرگ تجلی یافته است. قوس‌های نوک تیزتر ساخته شده در این دوره و قائم بودن عناصر ساختمانی در کالبد قوس‌های بلند و مناره‌های مرتفع این دوره کاملا محسوس است.

غازان‌خان ایلخانی (۱۳۰۴-۱۲۹۵م) اقدام به ساختن مجموعه‌ای در جنوب تبریز کرد. این مجموعه که اینک اثر چندانی از آن برجای نیست شامل مدرسه، بیمارستان، کتابخانه، رصدخانه، مهمانسرا، باغ ها و تأسیسات دیگر بوده است. رشیدالدین فضل الله وزیر او نیز در تبریز شهری دانشگاهی به وجود آورد که شامل ۲۴ کاروانسرا، پانصد مناره، سی هزار خانه و اقامتگاه‌هایی برای دانشمندان و مهمانان بوده است.
ساختن گنبدها، طاق‌ها و ایوان‌های بلند و بناهای چهار ایوانی در این دوره ایجاد شد. همچنین روش‌های تزئین بنا با آرایه‌هایی چون گچ‌بری به شیوه‌های گوناگون،کاشی معرق، تلفیق کاشی و آجر و محراب‌های بی‌همتا در مساجد این دوره رونق یافت (سمسار، ۱۳۹۰).

یکی از بناهای دیگر دوره ایلخانان ساختمان گنبد سلطانیه است. قرار بود سلطانیه پایتخت آنها شود. گنبد سلطانیه (مقبره اولجایتو) مکانی است که زمانی می‌خواستند مزار علی ابن ابی طالب (ع) را به آنجا منتقل کنند ولی این کار به دلیل حرام بودن نبش قبر عملی نشدها و تأسیسات دیگر بوده کار به دلیل حرام بودن نبش قبر عملی نشد. این مقبره یکی از آثار مهم معماری ایرانی در دوره ایلخانان به شمار می‌رود (رجوع شود به جلد چهارم، مجموعه ایران‌شناسی دیدنی‌های استان زنجان ازنگارنده)(شکل ۱۰ -۵) از دیگر بناهای دوره ایلخانان مسجد جامع یزد است (فرشاد، ۱۳۷۶) (شکل ۱۱ - ۵) و از دیگر سازه‌های ایلخانی بخشی از سازه‌های تخت سلیمان، بنا شده درکنار یک آتشکده کهن ساسانی است. ساختمان تخت سلیمان، بنایی باستانی ویکی از آتشکده‌های مهم زمان ساسانیان بوده است. در زمان ایلخانی بخش‌هایی در کنار ساختمان باستانی اضافه شده است. مسجد جامع تبریز و مسجد جامع کرمان، همچنین از بناهای دوره ایلخانان به حساب می‌آیند. در مقبره پیر بکران در یزد (شکل۱۱ - ۵) اصل معماری ایلخانی با اندکی تفاوت ریشه در معماری ایرانی زمان سلجوقی دارد و معماری سلجوقی و ایلخانی تا حدودی ریشه در فرهنگ ایران باستان دارد.

شکل ۱۱-۵ نمایی از مسجد جامع یزد واقع در بافت قدیمی شهر یزد

در این دوره مالیات‌های زیادی از مردم گرفته می‌شد به طوری که حتی بر اجتماعات و مراسم‌های مردم مالیات تعیین می‌کردند. وضع کشاورزان بسیار ناگوار بود، گاه مأموران مغول چند بار در سال برای جمع‌آوری مالیات به سراغ آن‌ها می‌آمدند و در صورت تمرد متحمل آزار و شکنجه می‌شدند. شاید تنها اثر مفید حکمرانی مغول‌ها پس ازآن همه کشتار و خرابی، برچیده شدن بساط خلفای عباسی توسط مغولان، به تدبیر بزرگ مرد ایرانی خواجه نصیر طوسی، باشد.

۸-۵ امرای محلی (۱۳۸۰-۱۳۵۵م)، تیموریان و جانشینان (۱۳۸۰-۱۵۰۱م)

در سال ۷۱۴ خورشیدی که ابوسعید ایلخانی درگذشت، با بروز هرج ومرج در حکومت ایلخانان، حکمرانان محلی امور مناطق مختلف را به دست گرفتند و حکام تابع ایلخانیان نیز اعلام استقلال کردند. در همین سال تیمور در شهری کوچک در جنوب سمرقند به دنیا آمد. تیمور در دوران جوانی در میان آشوب جانشین‌های ایلخانی با فنون نظامی و سوارکاری آشنا شد. تیمور از طرف حکومت وقت، حاکم زادگاه خود یعنی شهر کش در جنوب سمرقند شد. تیمور بعد از چندی به دلیل قدرت طلبی امارتی ترکمانان در باختر ایران و خاور آناتولی و در زمان توسعه حکومتشان در بخش‌های زیادی از ایران، به جزء خراسان، حکمرانی کردند. ترکمانان از اتحاد دو طایفه قراقویونلوها (صاحبان گوسفند سیاه) و آق‌قویونلوها (صاحبان گوسفند سفید) تشکیل شده بودند. این قبایل و ایل‌ها یکی پس از دیگری به حکومت رسیدند.

بزرگ‌تر از شهر کش داشت و آن را توسعه داد. او سرانجام یاغی حکومت وقت شد و با امیرحسین برادرزن خود به خوارزم و خراسان رفت. در سیستان بر اثر جنگ و جدال و احتمالاً درگیری برای غارت از ناحیه پا زخمی و دچار لنگی شد. شهرت وی به عنوان تیمور لنگ نیز از همین روست. او با ادامه جنگ و جدال در سمرقند سرانجام حاکم سمرقند شد. تیمورگستره حکمرانی خود را تا سال ۷۴۸ خورشیدی به کل بالارودان رسانید. این سال را می توان آغاز سلطنت تیموریان دانست. از سال ۷۴۸ خورشیدی تمام سرزمین‌های همسایه چون خوارزم، سرزمین اویغورها، کاشغر، هرات و... را جزء قلمرو خود ساخت. در سال ۷۶۴ خورشیدی مازندران را نیز به قلمرو حکمرانی خود درآورد. یورش‌های تیمور لنگ به سوی باختر ادامه یافت و تمام حکومت‌های محلی را برانداخت و نزدیکان خود را به فرمانروایی گماشت و سرزمین‌های آناتولی را نیز در سال ۷۸۰ خورشیدی با شکست عثمانی به دست آورد.

تیمورلنگ در تمامی یورش‌هایش و فتح سرزمین ها، به تاراج شهرها می‌پرداخت. سرانجام تیمور لنگ در سال ۷۸۳ خورشیدی با سپاهی به تعداد بیش از ۲۰۰ هزار قصد فتح چین کرد. در زمستان به دلیل سرما و برف در شهر اترار گرفتار شد و درنتیجه افراط در نوشیدن بیش ازحد مشروبات الکلی برای گریز از سرما بیمار شد و فوت کرد. بدین گونه جهان از شر او راحت شد.

تیمورلنگ شخصی سنگدل، نیرنگ باز، غارت‌گر، نترس و در عین حال دوراندیش، هوشمند، بلندپرواز، اما گویی شیفته خونریزی و ویرانگری بود. پس از مرگ تیمور لنگ شاهزادگان و نوادگان او مانند تمام دیکتاتورها و خون‌ریزان تاریخ در آذربایجان، عراق و فارس هر یک به خیال سلطنت به جان هم افتادند. تنها فرد دور از آشوب‌ها شاهرخ بود. شاهرخ و میران شاه از پسران تیمور بودند. شاهرخ از عقل، کفایت و شجاعت بهره‌مند بود و به همین علت او که در زمان پدر حاکم خراسان به مرکزیت هرات بود به سرعت با توسعه قلمرو خود، علاوه بر خراسان بزرگ بخش‌های زیادی را به زیر حاکمیت خود درآورد.

بین شاهرخ و نزدیکان او با خلیل سلطان، نوه تیمور، جنگ درگرفت و شاهرخ پس از پیروزی قریب چهل سال در خراسان حکومت کرد. مسجد گوهرشاد در مشهد مربوط به ساخت زمان شاهرخ است که نام همسرش را بر آن نهاده است . پسر دیگر تیمور میران شاه بود که در آذربایجان ادعای حکومت داشت که با پسر خود میرزا عمر برای حکومت آذربایجان باهم جدال داشتند. در این جدال پسر دیگر میران شاه بر آذربایجان چیره گشت و حاکم آن دیار شد. در این گیرودار سلطان احمد از آل‌جلایر با اتحاد با پیشوای طایفه قراقویونلو میران شاه و پسرش ابوبکر را از میان برداشتند. پس از دو سال اتحاد بنی سلطان احمد جلایری و پیشوای قراقویونلو غزان قراقویونلو، سلطان احمد را نیز از میان برداشت و حکومت قراقویونلو را در غرب ایران و شرق آناتولی، ارمنستان و عراق دایر کرد.

پادشاهان تیموریان از ظهور تا سقوط

این‌ها به ترتیب حکومت عبارت‌اند از تیمور بزرگ گورکانی، شاهرخ میرزا، میرزا الغ بیک، شاه میرزا عبداللطیف، میرزا عبدالله، میرزا بابر و سرانجام ابوسعید.

حکومت، صنعت، هنر و فرهنگ در دوره تیموریان

تیمور لنگ علاقه زیادی به بناسازی داشت. او با گردآوردن هنرمندان در سمرقند، رونقی تازه در تمامی شاخه‌های هنر آن زمان ایرا ن پدید آورد و با ساختن بناهای شکوهمند عصر زرینی در سمرقند آغاز کرد. بنای مسجد جامع تیمور ، قصری در سمرقند، کاخی سترگ در کش- زادگاه تیمور که ساختمان آن نزدیک به ۲۰ سال به درازا کشید- و گورخانه بزرگ و پرشکوهش نمونه‌های روشنی از دست آوردهای هنر معماران در ایران عصر تیمور است (سمسار، ۱۳۹۰).

یکی از بناهای معروف دوره تیموریان مسجد جامع سمرقند است که تیمور می‌گفت باید عالی ترین ساختمان ایران باشد که چون طبق خواسته تیمور بنیان نشد وی معمار آن را کشت. از بناهای دیگر این دوره مسجد گوهرشاد، مسجد کبود در تبریز و مسجد امیرچخماق یزد است (شکل ۱۲ -۵ و شکل ۱۳ - ۵).

آنچه از بناهای تاریخی دوران سلجوقیان، ایلخانان، تیموریان و حکومت‌های تابع خلفای عباسی در ایران می‌بینیم بیشتر ساختمان

مساجد است و کمتر ساختمان‌های آموزشی، اقامتی، هنری و مکان‌های تفریحی در میان آنها دیده می‌شود. این موضوع نشان می‌دهد که این حکومت‌ها برای نشاط و رشد فکری جامعه هیچ برنامه‌ای نداشتند.

شکل ۱۲-۵ . نمایی از مسجد کبود، تبریز.

شکل ۱۳-۵. نمایی از مسجد امیر چخماق، یزد.

۹ – ۵ ترکمانان قراقویونلوها و آق قویونلوها (۱۵۰۱)

ترکمانان در باختر ایران و خاور آناتولی و در زمان توسعه حکومتشان در بخش‌های زیادی از ایران، به جزء خراسان، حکمرانی کردند. ترکمانان از اتحاد دو طایفه قراقویونلوها (صاحبان گوسفند سیاه) و آق‌قویونلوها (صاحبان گوسفند سفید) تشکیل شده بودند. این قبایل و ایل‌ها یکی پس از دیگری به حکومت رسیدند.

این دو طایفه با در دست گرفتن حکومت، به باقی ماندگان حکمرانی محلی، قبایلی از ایلخانان و جانشینان تیمور در باختر ایران و خاور آناتولی پایان دادند.

قراقویونلوها در زمان جهانشاه به اوج قدرت رسیدند و تمام نقاط ایران امروزی (جز خراسان)، آناتولی خاوری و عراق را به زیر حاکمیت خود درآوردند.

این دو طایفه که در آناتولی شرقی به سر می‌بردند و از بازماندەهای سلجوقیان بودند، مدت‌ها پس از سقوط سلجوقیان دوباره با استقرار مالکیت ترکمنان در غرب ایران تا مرزهای شرقی ایران پیشروی کردند. این دو به خصوص قراقویونلو موجب مهاجرت ترک‌های نزدیک خود به داخل ایران شدند. این دو طایفه ترک برای تصرف قلمرو و مراتع و غنائم جنگی پیوسته باهم جدال داشتند تا اینکه اوزون حسن، فرزند قراعثمان رئیس طایفه آق قویوقلوها، با جدال‌هایی که داشت با تصرف سرزمین‌های قراقویونلوها یک حکومت قوی تشکیل داد و این دو طایفه در هم ادغام شدند.

پس از جهانشاه، فرزند او حسنعلی که فردی خون‌ریز بود به قدرت رسید ولی از اوزون حسن حاکم قدرتمند آق قویونلوها شکست خورد. این دو ایل از ترکمانان چون اساس حکومتشان بر روش‌های قبیله‌ای استوار بود نتوانستند یک حکومت منسجم و با سازمان اداری منظم تشکیل دهند.

اوزون حسن به رسم دیگر رهبران آق قویونلو با تئودورا، دختر امپراتور ژان چهارم امپراتور ترابوزان، ازدواج کرد. در هنگام ازدواج قرار شد زن اوزون حسن اعتقاد مسیحیت خود را حفظ کند و این مسئله به دختر او (مارتا) که زن حیدر پدر شاه اسماعیل بود هم رسید و به عبارتی مارتا هم مذهب مادر را پذیرفت. دختر اوزون حسن و تئودورا حلمیه (مارتا) مادر شاه اسماعیل اول بنیان‌گذار حکومت صفوی است.

۱۰ – ۵ از ظهور سلجوقیان (۱۰۳۷ م) تا صفویان (۱۵۰۱ م)

در فاصله زمانی نزدیک به ۵ قرن، ایران ضمن دیدن چند سلسله بزرگ همچون سلجوقیان و خوارزمشاهیان - که حکومت‌های توسعه‌گرا بودند - بانفوذ وزیران کاردان چون خواجه‌نظام‌الملک طوسی، عمیدالملک کندری، مجدالملک قمی و شرف‌الملک خوارزمی در دربار حاکمان فرهنگ ایران رونق تازه‌ای یافت و معماری، هنر، ادبیات و علوم رو به گسترش نهاد.

اما در زمان خوارزمشاهیان که یک حکومت کاملاً ایرانی به‌حساب می‌آمدند، شوربختانه ایران با هجوم مغولان وحشی دوباره مورد تاخت‌وتاز و غارت واقع شد و شهرها و آبادی‌ها به آتش کشیده شدند. با چیرگی مغولان بر سراسر ایران و تشکیل حکومت آنان، ایرانیان دوباره با نفوذ به دربار آن‌ها به‌عنوان صدراعظم و یا به‌اصطلاح امروزی نخست‌وزیر مغولان انتخاب شدند و حکومتی را که کارش غارت و آتش زدن شهرها بود به آبادانی و عمرانی تشویق کردند. ایلخانان مغول در هنگام انتصاب ولایات یا از مشاورین ایرانی کمک می‌گرفتند و یا اینکه مشاورین ایرانی والی ولایت را به ایلخانان مغول پیشنهاد می‌کردند.

از زمان سلجوقیان تا ظهور صفویان ۵ سلسله در ایران حکومت کردند: سلجوقیان، خوارزمشاهیان، ایلخانان مغول، تیموریان و قراقوینلو آق‌قویونلو. از بین این سلسله‌ها تنها خوارزمشاهیان تبار ایرانی داشتند و در زمان سلجوقیان در حقیقت حاکمان خوارزم بودند و سپس کل حکومت را از سلجوقیان گرفتند.

در زمان سلجوقیان و خوارزمشاهیان هرچند گسترش حکومتشان از بالارودان تا میانرودان بود ولی هیچ‌گاه حکومت منسجمی نداشتند. سلجوقیان تا حدودی تابع خلیفه عباسی بودند و خوارزمشاهیان قصد داشتند که به سلطه خلیفه عباسی پایان دهند که با ورود مغولان بی‌نتیجه ماند.

در این برهه زمانی، براثر بی‌کفایتی و ندانم‌کاری‌های سلطان محمد خوارزمشاه، ازیک‌طرف خلیفه‌عباسی و از طرف دیگر پاپ (البته به‌صورت جداگانه و بی‌هماهنگی با یکدیگر، ولی هر دو به‌قصد در هم شکستن ایران) مغولان را برای حمله به ایران تحریک می‌کردند که نهایتاً با هجوم و یورش یک قوم بیابان‌گرد ایران مغلوب آن‌ها شد.

نیت پاپ از حمله مغول به ایران جدا کردن ایران از امپراتوری اسلامی وانگیزه خلیفه عقده حقارتی بود که نسبت به فرهنگ ایرانی داشت. دلیل دیگر آن گردن ننهادن ایرانیان بر خلیفه عباسی و دستگاه خلافت بود. در حقیقت این سه عامل یعنی خلیفه عباسی، پاپ و بی‌کفایتی حاکمیت وقت، باعث شکست ایران در مقابل قوم مغول شد. (قربانی، ۱۳۸۶) پس از این هجوم مغولان و استقرار در ایران با درایت افرادی چون عطاملک جوینی، خواجه نصیر طوسی و خواجه رشیدالدین‌فضل‌الله حکومت ایلخان مغول تا حدود ایرانی‌مآب شدند. ولی پایان ایلخانیان دوباره هرجومرج در ایران چیره گشت و پس از چند سال دوباره ایران مورد تاخت‌وتاز تیمور قرار گرفت.

حدود چهار قرن سرزمین ایران زیر نفوذ ایلخانان و بازماندگان حکومت‌های اتابکان، آل‌مظفر، تیموریان، جلایریان، قراقویونلو، آق‌قویونلو و جنگ و ستیز آن‌ها با یکدیگر و یا جدال با بخش‌های محلی بود. هرچند در این دوران به سبب گوشه‌گیری ایرانیان متفکر از یک‌سو و نبود حکومت مرکزی قوی از سوی دیگر، پاره‌ای از دانشمندان بزرگ و شاعران پارسی گوی درخشیده‌اند، اما در کل نشانی

از نوشته‌های علمی و پیشرفت دانش در دست نیست و صنایع، معدن‌کاری، کشاورزی، تجارت و بازرگانی راه انحطاط را پیموده است (قربانی، ۱۴۰۱م).

مالیاتی که در فاصله حکومت ایلخانان و انقراض آن‌ها تا استقرار صفویان از مردم وصول می‌شد بسیار زیاد بود و انواع گوناگونی داشت. حتی بر خود اجتماعات مردم نیز مالیات می‌بستند؛ اما از مالیات بر صنعت معدنکاری و فعالیت‌های تجاری که نشان‌دهنده بی‌رونقی و یا نبود این فعالیت‌ها است، خبری نبود؛ که این خود شاهد آشکار انحطاط صنعت و عدم رونق صنعت معدنکاری در این برهه زمانی است (همان).

۵-۱۱ حکومت، صنعت، هنر و فرهنگ از دوران اسلامی تا ظهور صفوی

هرچند پیش از اسلام سلسله‌های حکومتی متمرکز و با یک پادشاه بزرگ در مرکز بنام پایتخت اداره می‌شدند، اما در دوران باستان نیز ساتراپ‌ها و شهرستان‌ها توسط حکومت‌های تابع و تا حدودی‌مستقل اداره می‌شدند و شاهان محلی گاهی سکه مخصوص ساتراب خود را ضرب می‌زدند.

این روش بعد از تسلط اعراب و گسترش اسلام در نواحی مختلف ایران تا حدودی دنبال می‌شد. پایتخت در زمان امویان دمشق و در زمان خلفای عباسی بغداد بود. هرچند که این دو سلسله غیر ایرانی بودند ولی حکومت‌هایی که درنتیجه مبارزه علیه خلفا به‌طور محلی شکل می‌گرفت گاه دارای استقلال کامل یا نسبی (مانند صفاریان، سامانیان، آل‌بویه و خوارزمشاهیان) و گاه نیمه‌کامل (مانند طاهریان و سلجوقیان تابع خلیفه) بودند.

در زمان امویان و اوایل عباسیان اصولاً هرچند از فعالیت‌های هنری، صنعتی و بناهای بزرگ خبری نبود و یا بیشتر محدود به ساخت مساجد بود، اما معماری آن‌ها هم تقلیدی از بناهای ساسانی بودند. حتی در ضرب سکه هم از اصول ضرب سکه‌های ساسانی تقلید می‌شد.

سلسله عباسیان بیش از حدود ۵۰۰ سال بر کشورهای اسلامی حکومت کردند (شکل ۱۴-۵) سرانجام حکومت این سلسله توسط هلاکوخان و با تشویق و طراحی خواجه نصیر طوسی وزیر هلاکوخان برای همیشه خاتمه یافت. درایت خواجه نصیر با هدایت هلاکوخان، سلطه قوم عرب بر ایران برایی همیشه حداقل بظاهر پایان یافت. حکومت‌های تابع عباسیان، مالیات را از مراکز ولایات می‌گرفتند و به بغداد و دمشق می‌فرستادند. حکومت اموی در بدو تشکیل، آشکارا ضد ایرانی بودند و برتری قوم عرب را در سر داشتند. عباسیان نیز، هرچند با وزیران و حکومت‌های محلی ایرانی تابع خود در ارتباط بودند اما به دو دلیل از ایرانیان دل‌خوشی نداشتند:

۱ - غنای فرهنگ ایرانی نسبت به فرهنگ اعراب،

۲ - عدم پذیرش کلی خلفای عباسی از طرف ایرانیان.

در آن دوران مالیات و خراج مرکز ولایات به شامات و بغداد می‌رسید ولی به دلیل غیر ایرانی بودن حکام مرکزی امکان اصلاحات و انجام کارهای عمرانی، هنری و صنعتی در محل تا حدود زیادی محدود می‌شد. به همین علت در آثار هنری و صنعتی فقط گاه‌گاهی، آن‌هم در زمان‌هایی که حکومت‌های مستقل محلی نقش اصلی در حکومت را داشته‌اند، این فعالیت‌ها دیده می‌شود؛ مانند دوران سامانیان، آل‌بویه و یا حکومت‌های محلی تابع و خلفایی که وزیران کارآمد و دانای ایرانی- نظیر خاندان برامکی در اوایل دوره عباسی و یا خواجه نظام الملک در زمان سلجوقیان - داشتند. ابن‌خلدون در موضوع انتقال تمدن از یک ملت به ملت دیگر پس از شرحی مفصل چنین می‌نویسد: «و بدین ترتیب تمدن و فرهنگ پیشینیان به جانشینان آن‌ها منتقل می‌شود، چنانکه تمدن ایرانیان به اعراب، بنی‌امیه و بنی‌عباس، منتقل شد و تمدن بنی‌عباس به سلجوقیان رسید.» (محمدی ملایری، ۱۳۷۴).

بنابراین دیده می‌شود که با ظهور دولت‌هایی در سرزمین‌های خاوری اسلام، دولت‌های سایر کشورهای اسلامی از تأثیر آداب ورسوم ایرانی برکنار نماندند. این مطلب را می‌توان از مطالعه در تشکیلات داخلی خلافت فاطمی و دولت‌های دیگر تأسیس‌شده در مصر دریافت، زیرا اینان نیز اساس تشکیلات خود را از خلافت عباسی گرفته بودند و از این راه نظام دیوانی ایرانی در آن‌ها راه‌یافته بود (همان). بعد از هجوم مغولان از شمال خاور و خاور به داخل ایران، طولی نکشید که پایتخت خلفای عباسی هم به‌وسیله مغولان سقوط کرد و شّر حکومت مستقیم اعراب برای همیشه از ایران برداشته شد. ازآنجاکه اداره مملکت پهناوری همچون ایران از بالارودان تا میانرودان از عهده مغول و حکام چادرنشین آن برنمی‌آمد، نحوه اداره مملکت به همان روش سابق یعنی نفوذ اندیشمندان ایرانی درگرفتن کارهای اداری و دیوانی و تشکیل حکومت محلی در بسیاری از نقاط ایران قوت گرفت. امرای اصلی مغول مرکز حکومت خاصی نداشتند و بیشتر به‌صورت «یورت» در بالارودان جابه‌جا می‌شدند و در این حالت هم قسمتی از مالیات مراکز حکومت‌های محلی به همان‌جا فرستاده می‌شد. در هر یک از بناهای معماری در دوره‌های بعد از اسلام، گاه سبک جدیدی دیده می‌شود که قبلاً سابقه نداشت. سبک‌های ابداعی دوره ساسانیان در دوره‌های بعدی نیز به کار گرفته‌شده‌اند. در دوره سلجوقیان، معماری از دو دیدگاه طراحی و مهندسی، پیشرفت‌هایی حاصل کرد. این پیشرفت درنتیجه تلفیق معماری بالارودان و ایران مرکزی و به‌کارگیری سبک‌های پیشین بوده است. ساخت گنبدهای دوپوسته‌ای در این زمان ابداع شد و ساخت اتاق‌های با دهانه بیشتر و مناره بلندتر گسترش یافت. پاره‌ای از بناهای معماری‌های دوره سلجوقیان عبارتند از: مسجد جامع اصفهان

که به دستور خواجه نظام الملک، وزیر ملکشاه سلجوقی، ساخته شد و بنای آنچه نظامیه - در حقیقت مدارس و دانشگاه‌های آن زمان (که بیشتر با حوضه‌های علمیه مشابه بودند) نام گرفت - توسط خواجه نظام الملک ابداع و مدیریت می‌شد. در زمان سلجوقیان و ایلخانیان جدای از تقلید بناهای پیشین و سامانی قدری از معماری و هنر شرق ایران هم توسط این سلسله‌ها وارد ایران شد که باهنر پیشین ادغام شدند. همچنین کاشی‌های خلق‌شده با لعاب رنگی به‌خصوص لعاب آبی و سبز در دوره سلجوقیان، نمود پیدا می‌کنند.

۵-۱۲ گروه‌های فکری سیاسی اجتماعی ایران از امویان تا صفویان

جدا از حکومت‌های مستقل و نیمه‌مستقل ایرانی تابع و یا مخالف خلیفه در ایران، از زمان امویان تا سقوط خلفای عباسی، جنبش‌های رهایی‌بخش و آزاداندیش سیاسی- اجتماعی متفاوتی در ایران ظهور کردند. پاره‌ای از آن‌ها را می‌توان به شکل زیر فهرست کرد: اخوانالصفا معتزله، شعوبیه، قرامطه، سفید جامگان (به رهبری بابک)، برامکیان (که مشاوران اصلی در ابتدای خلافت خلفای عباسی بودند) و الموتیان (به رهبری حسن صباح). تمام این جنبش‌ها و اندیشه‌ها دراحیا و غنا بخشیدن به فرهنگ ایرانی بعد از اسلام، هرچند نامحسوس، نقش داشته‌اند. همچنین باید گفت نهضت صفویه که سرانجام به تشکیل حکومت ملی شیعه منجر شد از این جنبش‌ها و اندیشه‌ها بهره گرفته است و حتی می‌توان گفت خمیره حکومت صفوی ریشه در این تنش‌ها دارد.

از فروپاشی دولت ساسانی تا ظهور اولین دولت‌های ایرانی تابع خلیفه و یا مستقل یعنی حکومت طاهریان، بخصوص صفاریان، سامانیان، غزنویان، سلجوقیان حکومت‌های کاملاً مستقلی نبودند، اما تحت تاثیر فرهنگ ساسانیان بودند که زنده و پویا می‌نمود. بسیاری از متکلمان که آثار خود را به عربی می‌نوشتند، تحت تأثیر سنت عقلی رایج ایران ساسانی بودند. این سنت عقلی، همراه با روش تحلیلی مسائل علمی، سیاسی و اعتقادی ریشه در سنت ایرانی پیش از اسلام داشت. شیوه حکومت داری عصر ساسانی تفکر، نگرش و آثار آن‌ها در اندیشه‌ها و تفکر بعد از اسلام نیز دیده می‌شود. تمایل به بازگشت هویت دوران باستانی هیچ‌گاه فراموش نشده، پیوسته موتور جنبش‌های علمی-اجتماعی، سیاسی-فکری پس از اسلام بوده است. این جنبش‌های فکری در مقابله با ایران ستیزی آشکار که در زمان امویان در ایران شکل گرفت و در زمان خلفای عباسی به‌طور پنهان دنبال شد، ریشه دارد.

این جنبش‌ها چند هدف را دنبال می‌کرد که مهم‌ترین آن‌ها عبارت‌اند از:

- **بازیابی هویت گذشته و استقلال ایران.**
- **خرافات زدایی از دین جدید با عرب گرایی نمایان.**
- **تلفیق باورهای فرهنگی ایران و یونان با دین جدید و آمیختن آن با علوم و فلسفه.**

به همین خاطر جنبش‌های ایرانی، به شکل جنبش‌های علمی و فلسفی، مذهبی- ملی و یا گاه نظامی- ملی ظهور کرده‌اند. جالب اینکه مراکز علمی و فرهنگی ایران بعد از اسلام اغلب همان مراکز علمی- فرهنگی ایران عهد ساسانی بودند. از جمله تیسفون که بغداد بر روی آن رویید و بصره و کوفه از نخستین مناطقی بودند که جنبش‌های فکری ایرانیان از آنها برخاست که در ادامه به برخی از این جنبش‌ها اشاره می‌شود.

در این شهرها، ایرانیانی که به‌عنوان موالی به اعراب پیوسته بودند و در آنجا می‌زیستند اندیشه‌های ایرانی را رواج می‌دادند. بصره وارث وابستگی‌های قدیم این ناحیه به خراسان و شبه‌قاره هند بود و مرکز اداری و هدایت‌گر تفکر حاکمان شرق قلمرو اسلام به شمار می‌آمد. شماری از روشنفکران بصرهٔ اعم از متکلمان و اندیشمندان ریشه در اساوره داشتند. اساوره گروهی از ایرانیان بودند که از قدیم در بصره سکنی داشتند و گروه دیگر یعنی احامره (بنی‌الاحمر: ایرانیان) در کوفه اقامت گزیده بودند که به فارسی سخن می‌گفتند. واقعیت این است که مردم عراق که یعنی سرزمینی که پایتخت اشکانیان و ساسانیان و مناطق پیرامونی آن بود، در پی افول خردگرایی در زمان حمله اعراب و زمان حکومت امویان بعد از تقریباً یک قرن رفته‌رفته مرکز فکر و اندیشه خردگرایی ایران و به‌طورکلی عالم اسلام شد. مردم در ابتدای حاکمیت اسلامی در سرزمین‌های عراق به فارسی سخن می‌گفتند و زبان عربیبه تدریج در این سرزمین جانشین زبان فارسی شده است. چنانکه سپاهیان مختار، ایرانیان ساکن کوفه، به عربی سخن نمی‌گفتند. پیداست که رواج زبان فارسی در سرزمین عراق- که خاستگاه دانش و اندیشه بود- حاکی از حضور اندیشه ایرانی در این سرزمین و تأثیر سنت عقلی رایج در ایران ساسانی است. این اندیشه‌ها و تفکرها به‌زودی به عناد با حکومت امویان، دوره ایران ستیزی اعراب، منجر شد. امویان با تحمیل انواع تضییق و تحقیر نسبت به ایرانیان بافرهنگ و زبان ایرانی ستیز داشتند. درنتیجه ایرانیان به جنبش‌های ضد اموی پیوستند که نهایتاً به سرنگونی امویان انجامید که بارها در این فصل بدان اشاره شده است.

در اینجا به برخی از این جنبش‌های فکری اشاره می‌شود:

۱-۱۲-۵ اخوان‌الصفا

این گروه بیشتر یک گروه علمی- فلسفی بودند که در بغداد و بصره گرد هم آمدند و هدف آن‌ها فراهم آوردن دانسته‌های فلسفی

و علمی ایران و یونان و هند موافق با مقتضیات اسلام ولی پالایش‌یافته از موهومات و خرافات بود. سران این گروه عبارت بودند از: ابوسلیمان محمد بن معشر بستی معروف به مقدسی، ابوالحسن علی‌بن‌هرون زنجانی، ابوا حمد مهرجانی، عوضی و زین بن رفاعه.

معتزله نیز که در عقاید مذهبی به منطق و استدلال گرایش داشتند با این گروه هماهنگی نشان داده، مبلغ آن‌ها شدند. اخوان‌الصفا که تبار ایرانی داشتند، اصول عقاید خود را در پنجاه رساله و بنا بر برخی منابع ۵۲ رساله با عنوان رسائل اخوان‌الصفا گردآوردند که مشتمل بر فلسفه تکمیل‌شده اسلامی در بهترین دوره‌های آن است.

رسائل اخوان‌الصفا به مسائل زیر می‌پردازند، البته رساله‌ها و افراد عموماً مخفی بودند. ماهیت طبیعت، زمین و آسمان، سطح زمین و تغییرات آن، عالم کون و فساد، آثار علویه، اسما والعالم، هیولا، صورت، علم نجوم، تکوین معادن، علم نباتات، اوصاف حیوانات، چگونگی ارتباط با نطفه، ترکیب جسم، حواس و محسوسات، عقل و معقولات، صنایع علمی و عملی، عدد و خواص عدد، هندسه، موسیقی، منطق، عرفان ایرانی، فروغ منطق، اختلاف اخلاق، طبیعت اعداد، مبحث اینکه عالم انسان کبیر و انسان عالم صغیراست.

اخوان‌الصفا در رسائل خود طبقه‌بندی سه‌گانه علوم را به قرار زیر پذیرفته‌اند: ریاضیات (تعلمیه) و طبیعیات و مابعدالطبیعه یعنی همان طبقه‌بندی که از زمان ارسطو نیز رایج بود. طبیعیات شامل ماده، صورت و حرکت، زمان و مکان و آسمان، کون و فساد، ماهیت طبیعت، نباتات و حیوانات و جسم انسان، حواس و حیات و مرگ و عالم صغیر است. به قول اخوان‌الصفا جهان از همه اجسام موجود ساخته‌شده است و محدود و کروی است. جسمی جامد است و سراسر فضا مملو از آن است یعنی جهان چنین هست و بیرون جهان نه وجود است نه لاوجود، نه خلأ است و نه ملاء، زیرا جهان را بیرونی نیست. اخوان‌الصفا معتقد بودند که چون جرم جهان دارای یک نوع تراکم یا تکاثف نیست جسمی که متراکم‌تر است می‌تواند در جسمی که تراکم آن کمتر است حرکت کند چنانکه ماهی در آب شنا و پرنده در هوا پرواز می‌کند.

اخوان‌الصفا درباره وسعت و عظمت ستارگان جسارت به خرج داده، قائل بودند که زمین نقطه‌ای در دایره‌ای وسیع بیش نیست و کوچک‌ترین ستاره وسعتی هیجده برابر زمین و بزرگ‌ترین آن‌ها یک هزار و هفت برابر زمین وسعت دارد. به‌علاوه معتقد بودند که اجسام سماوی نه سنگین‌اند و نه سبک و استدلال می‌کردند هرگاه جسمی در افلاک در مقام خاص خود قرارگرفته باشد وزن یا قوه ثقلی اعمال نمی‌کند. به‌عکس وقتی در مجاورت اجسام غریب که از جنس آن‌ها نباشد قرار گیرد وزن پیدا می‌کند.

اخوان‌الصفا می‌گفتند که وزن، چیزی جز جذب و دفع در برابر مقاومت نیست... به عقیده اخوان‌الصفا زمین کروی شکل است و دلیل‌شان این است که هر خطی در سطح زمین یا بر روی رودخانه به شکل قوسی است و هر بخشی از دریا قسمتی از جسم کروی است. با این توصیف به نظر می‌رسد اخوان‌الصفا یک جریان علمی است که مسائل اعتقادی را با علم می‌آمیزند. همچنین در مسائل اعتقادی بخشی از افکار زرتشت، مانی و مزدک در این رسائل گردآمده است. اثر موسیقی بر روح و روان و مسائل اخلاقی در این رساله گنجانده شده است. اخوان الصفا همه‌ی آرا و اندیشه خود را در رساله‌های خود بامعنای نامحسوس و گاه اشارات نوشته‌اند. این رساله‌ها در جنبش‌هایی دیگر مذهبی سیاسی نقش داشته‌اند.

۵-۱۲-۲ شعوبیه

یک اندیشه و جنبش ایرانی متشکل از گروه بزرگی ایرانی اندیشمند و آگاه بودند که در همان قرن اول و دوم خورشیدی (هفتم و هشتم میلادی) مخالفت خود را با چیرگی اعراب بر ایران آشکار کردند. امویان که پس از خلفای راشدین خلافت دنیای اسلام را به دست گرفتند و برای گسترش آن تلاش کردند بر ایرانیان و دیگر اقوام غیر عرب چیره شده، با وجود پذیرش دین اسلام توسط این‌ها به تحقیر و توهین مردم غیر عرب پرداختند. این موضوع برای ایرانیان که درگذشته دارای یک دولت و ملت برجسته و بافرهنگ بودند، بسیار ناگوار می‌آمد و اساس اندیشه شعوبیه هم از این رفتار و نگرش برخاست. طرفداران شعوبیه برای عرب‌ها (به خاطر رفتار ناپسندشان با اقوام غیر عرب) هیچ ارزشی قائل نبودند و خود را به سبب غنای فرهنگی گذشته و نگرش از اعراب برتر می‌دانستند. این موضوع هم به آیه ۱۲ سوره حجرات اشاره دارد که چه کسانی نزد پروردگار برتر هستند و به عبارتی کلمه شعوبیه از آیه فوق ریشه گرفته است. تفکر شعوبیه به‌تدریج تأثیر زیادی در بین ایرانیان و مخالفت با حاکمیت اعراب گذاشت. به‌طوری که سقوط امویان با کمک خراسانیان به سرداری ابومسلم را در پی داشت که زمینه استقلال نسبی ایرانیان را پیش آورد. این جنبش زیربنای جنبش‌های دیگری مانند معتزلی، سفیدجامگان، خرمدینان و زیدیه را فراهم آورد.

۵-۱۲-۳ جنبش سرخ جامگان

یکی از اصلی‌ترین جنبش‌های اجتماعی- عقیدتی- سیاسی و نظامی در قرون اولیه اسلام ایران است. این جنبش ریشه در ایران پیش از اسلام دارد که از آیین مزدک در زمان ساسانیان ریشه می‌گیرد.

مزدک بر جدایی دین از سیاست تأکید داشت. در زمان ساسانیان که مذهب زرتشت دین رسمی کشور بود و نفوذ موبدان در حکومت در سطح بالای حاکمیت گسترش پیداکرده بود، این جنبش خواهان تغییرات ساختاری طبقات جامعه و اصلاحات اقتصادی بود. در زمان قباد پدر انوشیروان که خود مزدکی شد آیین مزدک گسترش یافت ولی موبدان قباد را از سلطنت خلع کردند. قباد بعد از چندی به سلطنت بازگشت و این‌بارعلیه مزدکیان عمل کرد. خسرو انوشیروان، پسر قباد که در نوجوانی به سلطنت رسید نیز تحت نفوذ موبدان علیه مزدکیان عمل کرد. ولی وقتی به سن بالاتر رسید و تجربه کافی در سلطنت یافت عاقلانه دست به اصلاحات اساسی اجتماعی- اقتصادی در امور مردم، زمین‌های کشاورزی و مالیات زد که خمیرمایه آن بدون شک از تفکرات مزدک ریشه می‌گرفت. شاید اگر اصلاحات زیربنایی موردنظر مزدکیان در زمان ساسانیان به وقوع می‌پیوست، آنچه بر روزگار ساسانیان آمد رخ نمی‌داد (رجوع شود به فصل چهارم بحث انوشیروان).

بعد از اسلام زیربنای فکری مزدک، جنبش خرم‌دینان یا سرخ جامگان را شکل داد که این بار یک جنبش عقیدتی- سیاسی- اجتماعی و نظامی کامل بود زیرا جنبش مزدک فاقد بخش نظامی بود. رهبر این جنبش در ابتدا شخصی به نام جاویدان پور شهر (۱۹۵-۱۸۶خورشیدی) بود و پس از آن رهبری جنبش به بابک‌پور مرداس معروف به بابک خرمدین رسید. البته خود جاویدان وصیت کرده بود پس از مرگش بابک رهبری جنبش را در دست بگیرد.

مروری بر شخصیت بابک خرمدین و آیین او:

بابک خرمدین بنیان‌گذار نهضت خرمدینان در آذربایجان بود. خرمدین به معنای دین شادی و نشاط است، چنانکه در ادبیات ما واژه «خرم‌باشی» به معنای شاد و خوش بودن است. آیین خرمدینان پس از اسلام، در حقیقت ادامه دین مزدک است. اساس دین و نهضت مزدک بر این پایه است که انسان باید شاد باشد و خوش زندگی کند و از تمام داده‌های خدادادی مانند آب، هوا، زمین و ... بهره ببرد. در نهضت مزدک گریستن مکروه و شادی و خوشی مستحب به شمار می‌آید. این جنبش توسط ایرانیان به‌طور پراکنده از اوایل خلفای عباسی و شاید اواخر حکومت امویان شروع‌شده بود. در آذربایجان شمار اعراب زیادتر بود. اعراب از زمان اشعث‌بن‌قیس از کوفه، شام و بصره آمده بودند. آن‌ها اغلب زمین‌های آذربایجان را تصرف کرده بودند و یک جامعه فئودالی در آذربایجان شکل داده بودند و آن‌ها به مردم آذربایجان ستم زیاد می‌کردند. این ستم در نقاط دیگر ایران هم توسط اعراب جاری بود اما در خراسان و دیگر مناطق ایران توسط ابومسلم تا حدودی ریشه کن شده بود. ابراهیم امام (برادر سفاح و منصور) قبل از به قدرت رسیدن عباسیان، سرکردگی جنبش خراسانیان را به ابومسلم واگذار کرد و در نامه‌ای به او گفت تمام عرب‌های خراسان، غیر از آنان که ریشه یمنی دارند را بکشد؛ اما نهضت ابومسلم به آذربایجان نرسید. در آذربایجان بابک با قیام بزرگ و هم‌سو کردن دهقانان آذری و حتی خارج از آذربایجان مانند همدان و اصفهان نهضت بزرگی را بنیاد گذاشت که شروع واقعی آن حدود ۲۰۴ خورشیدی بوده است. خلیفه در سال‌های ۱۹۸ تا ۲۰۶ خورشیدی چندین بار به آذربایجان لشکر کشید و هر بار از بابک شکست خورد. این شکست‌ها خلیفه بغداد (معتصم) را واداشت که از ترس لشکر بابک خرمدین پایتخت خود را از بغداد به سامرا منتقل کند.

برای چهار دهه سامرا پایتخت خلفای عباسی بود، (به نقل از طبری) سرانجام خلیفه فردی به نام افشین را که پدرش از پادشاهان کوشان (تاجیکستان امروزی بخشی از آن است) بود برای سرکوبی نهضت بابک برگزید. افشین با برادرانش پیش‌تر به بغداد رفته بودند تا از خلیفه برای به پادشاهی رسیدن خود در کوشان کمک بگیرد، در آنجا به

شکل ۱۴-۵. تصویری از قلعه بابک، کلیبر.

خواست خلیفه (شاید در ظاهر) مسلمان می‌شود. در نهایت او به عنوان یکی از فرماندهان خلیفه برای سرکوبی بابک راهی آذربایجان شد و بابک و افشین چندین جنگ باهم داشتند. در اوایل اغلب شکست با افشین بود، اما از طرف خلیفه برای افشین مرتب نیروی کمکی می‌آمد. از طرف دیگر افشین تبلیغات وسیعی را علیه دهقانان حامی بابک به راه انداخت که درنهایت در ضعف روحیه و انگیزه آن‌ها به جنگیدن کارگر افتاد. این تمهیدات درنهایت موجب شد لشکریان افشین به پیروزی نزدیک شوند و با رویارویی بابک و افشین قرار شد که بابک دست از جنگ بکشد. افشین با گفتگو با بابک قول داده بود که نیروهایش را به شهر وارد نخواهد کرد؛ اما با خیانت نیروهایش را وارد شهرکرد و به گردن زدن نیروهای بابک پرداختند. بابک ناگزیر با جمعی از یاران و خانواده‌اش به شمال ارس گریخت و نهایتاً به‌طور ناشناس نزد یک کشیش ارمنی رفت. کشیش ارمنی بابک را شناخت و هیچ نگفت، ولی توسط افرادی افشین را از این موضوع آگاه کرد. در نتیجه بابک به اسارت درآمد و به بغداد برده شد و در ۱۷ دی‌ماه ۲۱۶ خورشیدی توسط خلیفه بی‌رحمانه شهید شد. بابک مردانه جنگید و مردانه شهید شد. بابک را پس از مثله کردن در نزدیک دارالخلافه آویزان کردند که چند سال بر چوبه دار آویزان بود. مازیار و افشین نیز چندی بعد در کنار جسد بابک قرار گرفتند.

بابک، فرزندخطه آذربایجان، به همه ایرانیان تعلق دارد و افتخار ایران بوده و هست. هرساله در هفتم تیر، روز تولد بابک، در قلعه بابک در نزدیکی کلیبر یاد او توسط مردم گرامی داشته می‌شود (شکل ۱۴-۵).

۵-۱۲-۴ معتزله

این فرقه در قلمرو فرهنگی ایران، یعنی بصره ظهور کرد. معتزله را خردگرایان عالم اسلام خوانده‌اند که در مقابله با اشاعره افکار و عقاید آن‌ها رادیکال‌تر شد. اندیشه‌های خردگرایانه معتزلی تحت تأثیر میراث خردگرایی ایرانی بود. حسن بصری، استاد واصل‌بن‌عطا، ایرانی نژادبود. وی نخستین متکلمی است که در کار تبلیغ اسلام و در راه شناساندن اصول و مبانی کلامی و اصول عقاید اسلامی در این قلمرو تلاش ورزید. معتزله اعتقاد داشتند که انسان در سرنوشت خویش اختیار دارد و مسئول دنیا و آخرت خود اوست. مردان معتزلی اهل علم و دانش بودند و برای بسیاری از علوم زمان خویش فرضیه داشتند. ازجمله درباره ذرات سازنده ماده و چگونگی رفتار ذرات. معتزلی‌ها به‌شدت با فلسفه جبر مخالفت می‌کردند و در پناه دین جدید در پی اندیشه ایرانی بودند.

رهبران معتزله، یعنی واصل‌بن‌عطا و عمروبن‌عبید و ابوالهذیل‌علاف ایرانی بودند. معتزله در عصر مأمون و معتصم به اوج قدرت رسیدند و اندیشه‌های آنان اندیشه‌های رسمی خلافت بود. مأمون خود را معتزله می‌دانست. به همین خاطر باعث رشد و گسترش معتزله شد. پس از مرگ مأمون و معتصم، افول معتزله آغاز می‌شود. از عصر متوکل آنان مورد تعقیب قرار می‌گیرند و آثارشان نابود می‌شود. بدین‌سان، زمینه زوال آنها فراهم می‌آید. از سوی دیگر، آزادی نسبی و تساهل و تسامح ایرانی - که بدان اشارت شد - موجب می‌شود تا معتزله در درون ایران تجدید حیات کنند و مرکز معتزله از غرب ایران به خوارزم رسید. خوارزم ازجمله مراکز مهم معتزله در قلمرو ایران بود که در مسجدها، مدرسه‌ها و حتی در کوچه و بازارهای آن بحث‌های اعتقادی به‌دوراز تنگ‌نظری‌ها جریان داشت. فخرالدین رازی از مخالفان معتزله به قول خودش سه سال در آنجا گذراند و آزادانه و فعالانه در این بحث‌ها شرکت جست.

۵-۱۲-۵ اشاعره

این مکتب در آغاز سده چهارم خورشیدی از سوی ابوالحسن اشعری در برابر مکتب معتزله پایه‌گذاری شد. وی در آغاز عصر طلایی فرهنگ ایران، به دنبال مجادله‌ای با استاد خود جبایی در مسجد بصره به منبر رفت، از افکار معتزله توبه کرد و از بیانیه خود - تائید باورهای اسلام سنتی و جبر در مقابل اختیار- دفاع کرد. بدین‌سان، حرکتی که از عصر واثق آغازشده بود، در هیئت مکتبی آن ظاهر شد. نام‌آورترین پیروان اشعری که در سیر و تکامل و اشاعه مکتب وی نقش تعیین‌کننده داشتند، عبارت‌اند از قاضی ابوبکر باقلانی (۳۹۱ خورشیدی/۱۰۱۲ م)، عبدالقاهر بغدادی (۴۱۶ خورشیدی/ ۱۰۳۸م)، ابوالمظفر اسفراینی، امام الحرمین جوینی، امام محمد غزالی و سرانجام فخرالدین رازی.

از ظهور اشعری تا روزگار فخرالدین رازی دو جریان در مکتب اشعری قابل‌تشخیص است: جریان منطق گریز و خردستیز و جریان منطق‌گرای خرد گزین. جریان نخستین با ظهور اشعری آغاز شد، به‌وسیله باقلانی انتظام یافت و با جوینی به اوج رسید. این جریان، پالایش اسلام از عناصر غیر اسلامی، آنچه که حاصل خردگرایی معتزله بود را هدف قرارداد که خود همه‌چیز را بر پایه جبر در برابر اختیار می‌دانستند. طرفداران این جریان با منطق نیز به‌مانند فلسفه برخورد می‌کردند و تکیه‌بر نقل (سنت) را یگانه شیوه حقیقت‌یابی و رستگاری می‌شمردند. جریان دوم، به رهبری غزالی شکل گرفت، با شهرستانی دنبال شد و توسط فخرالدین رازی به اوج رسید. در این جریان، منطق به خدمت دین درآمد و از استدلال‌های منطقی- عقلی در جهت توجیه مسائل کلامی- دینی و نیز در جهت نقد و رد مسائل فلسفی استفاده شد. ابن خلدون از جریان نخست به طریقه متقدمان و از جریان دوم به طریقه متأخران تعبیر کرده است.

۵-۱۲-۶ زیدیه

اینان پیروان امامت زید پسر امام زین‌العابدین، امام چهارم شیعیان هستند. زید شاگرد واصل‌بن‌عطا و به همین سبب، زیدیه در اصول معتزلی‌اند. از جهت سیاسی دو تن از امامان زیدی دارای اهمیت‌اند: یکی، حسن بن زید علوی، داعی کبیر (۲۶۲ خورشیدی/ ۸۳۳ م) که

پس از جنگیدن با طاهریان و شکست آنان آمل، ساری و گرگان را تصرف کرده، دولت علویان طبرستان را در حدود سال (۲۲۴ خورشیدی/۸۴۶ م)بنیاد نهاد که تا (۳۰۶ خورشیدی/ ۹۲۸ م) دوام داشت؛ دومی قاسم رسی (۲۳۹ خورشیدی/۸۶۰ م) که خود و جانشینانش اصول عقاید زیدیه را تدوین کردند. در اصل این گروه پنج امامی بودند و بیشترین گسترش آن‌ها در دامنه شمالی البرز و پراکنده‌تر جنوب البرز طالقان، کرج و ری بودند. دولت آل‌بویه از این گروه ریشه گرفت.

۵-۱۲-۷ اسماعیلیه

اسماعیلیه یا باطنیه معتقدند که پس از امام صادق(ع) (۱۴۳ خورشیدی/ ۷۶۵ م) فرزند بزرگ آن حضرت، اسماعیل، هفتمین امام است. اسماعیلیه در طول تاریخ دو مرکز قدرت یا دعوت بنا گذاشتند: یکی در مصر موسوم به دعوت قدیم، دیگری در ایران موسوم به دعوت جدید در الموت. دعوت قدیم با تشکیل سلسله فاطمیان پدید آمد. تأثیر آنان بر برخی از امرای سامانی و گرایش شاعر بزرگ ایران رودکی دیده می‌شود و هم‌اکنون در شمال افغانستان و بخش‌هایی از تاجیکستان طرفدارانی دارند. نقل شده است نصر بن احمد سامانی و برخی از بزرگان دولت وی مثل مصعبی و بلعمی و بزرگ‌ترین شاعر دربار سامانی و نیز رودکی تحت تأثیر اسماعیلیه بوده‌اند و برکناری نصربن‌احمد (۳۱۹ خورشیدی/۹۴۱ م) نیز به خاطر همین گرایش بود. این حضور و این نفوذ با این برکناری‌ها و کشتارها از میان نرفت، چنانکه فعالیت‌های ناصرخسرو (۱۰۸۸میلادی، ۴۶۶خورشیدی) در مقام حجت خراسان گواه این مدعاست. در ادامه و استمرار همین نفوذ بود که حسن صباح در سال ۵۱۲ خورشیدی،۱۱۳۴م به‌رغم استمرار دعوت قدیم در مصر با جانب‌داری از نزار (فرزند کوچک مستنصر) با درایت خاص خود موفق شد در قلعه الموت مستقر شود (۴۶۸ خورشیدی) و دعوت تازه‌ای، موسوم به دعوت جدید، بنیاد نهد. این دعوت با حکومت هفت تن خداوند الموت تا ۱۲۵۶ یا ۱۲۵۷م ادامه یافت تا سرانجام اسماعیلیان به دست هلاکوخان مغول برافتادند. از جهت فرهنگی اسماعیلیان قلعه نشین، در پناه مذهب اسماعیل، گرایش و فرهنگ ایرانی نشان داده، زبان فارسی را زبان رسمی و فرهنگی خود قراردادند. آثار خود را به زبان فارسی نوشتند و با توجه و عنایت به دانشمندان زمینه را برای بحث و فحص و تألیف و تحقیق (اغلب به زبان فارسی) فراهم آوردند. اسماعیلیان در فاصله دو حمله مغول در اصل حاکمان مناطقی از ایران بودند و با حمله دوم مغول قلعه‌های آن‌ها یکی پس از دیگری توسط هولاکوخان مغول فتح شد. در اصل اسماعیلیان یک سازمان سیاسی-عقیدتی، نظامی بود که در برهه‌ای دست به عملیات ترور از حاکمان و نزدیکان سلجوقی زدند.

۵-۱۲-۸ قرامطیان

قرامطی یک جنبش سیاسی - مذهبی است که بنیان‌گذار آن حمدان اهوازی (متولد نیمه دوم قرن سوم) است. حمدان با لقب قرامط (قدکوتاه و کسی که گام کوتاه برمی‌دارد) در ابتدا از حامیان و مبلغ کیش اسماعیلیان در عراق و خوزستان بود.

حمدان در نتیجه اختلاف با اسماعیلیان در سال‌های بین ۲۷۰-۲۷۷ خورشیدی جنبش قرامطی را بنیاد گذاشت. در اصل این جنبش از اسماعیلیان منشعب شد ولی با آن اختلافاتی دارد و در طول تاریخ خود از نظر عقیدتی و مخالفت نسبت حاکمیت با خلفا رادیکال‌تر، تندتر و افراطی شد. این جنبش بیش از دو قرن مخالف سلطه عباسیان و فرهنگ آن‌ها بود. هرچند بین این دیدگاه قرامطی و اسماعیلیان و باطنیان شباهت‌هایی وجود دارد اما آثار آیین‌های ایران باستان در ایده‌ها و جنبش قرامطی آشکار است.

رساله‌های اخوانالصفا مورد تأیید و استفاده هواداران آن‌ها بوده است. جنبش قرامطی به‌سرعت در عراق، جنوب ایران و شام طرفدارانی پیدا کرد. بخصوص این جنبش پس از قیام و سرکوب بردگان به سرکردگی صاحب رنج به‌سرعت پیش رفت زیرا که به مساوات و ضدیت با حاکمیت بنی‌عباسی تبلیغ می‌کرد. جنبش قرامطی در بین بزرگان آن زمان هم نفوذ کرد چنانکه حسنک وزیر(وزیر دانشمند سلطان محمود ومسعودغزنوی) به جرم قرامطی بودن به سفارش خلیفه عباسی توسط سلطان مسعود به دار آویخته شد.

بین جنبش قرامطی و فاطمیون مصر و شمال آفریقا ارتباطی وجود داشت. قرامطیان در جنوب ایران گسترش یافتند و در بحرین به حکومت رسیدند. جنبش قرامطیان به حمایت از پایین‌دستان پرداخت و به مساوات توجه کافی داشت. آن‌طور که در سفرنامه ناصرخسرو که از پایتخت بحرینی آن‌ها دیدن کرد، به‌خوبی دیده می‌شود افکار آن‌ها به مزدکیان نزدیک است.

در تفکر قرامطی عناد با اسلام و فرهنگ اسلامی هم دیده می‌شود چنانکه ابوطاهر قرامطی به نقل از تاریخ مسعودی ابوطاهر جنّابی گناوه‌ای در سال ۳۰۷ خورشیدی با حمله به مکه (با ۶۰۰ جنگجوی سواره و ۷۰۰ پیاده) حاجیان را کُشت و پوشش خانه کعبه را قطعه‌قطعه کرد و حجرالأسود را از جا کند (البته پس از بیست سال با تضعیف قرامطیان و وساطط اسماعیلیان مصر حجرالاسود به جای خود برگردانده شد)، اموال ثروتمندان و حاجیان را به غنیمت گرفت و پس از هشت روز آنجا را ترک کرد. جنبش قرامطیان در سال‌های بعد توسط لشکریان سلجوقی موردحمایت خلیفه عباسی سرکوب شد و اثری از این جنبش باقی نماند.

۵-۱۳ صفویان (۱۵۰۱-۱۷۳۵م)

ظهور صفویان

اندکی پیش از استقرار حاکمیت سلسله صفوی، ایران حکومت مرکزی قدرتمندی نداشت. امیران و حکام محلی، با تبارهایی متفاوت و اغلب غیر ایرانی، هر کدام گوشه‌ای از کشور را در دست داشتند. سلطان حسین بایقرا از خاندان تیموری در خراسان حکومت می‌کرد. گیلان سه حکومت محلی داشت و در طبرستان قدرت در دست چندین خانواده از بقایای حکام قدیم بود. مردان آق‌قوینلو هرکدام بخشی از آذربایجان تا عراق و ارمنستان را در اختیار داشتند. هریک از این سلسله‌ها قوانین مالیاتی و روش حکمرانی خود را داشتند و مردم در کشاکش قدرتهای محلی و جنگ و نزاع بین آنها مورد ظلم و ستم قرار می‌گرفتند. در چنین زمانی شاه اسماعیل صفوی مانند شیری از میان جنگل‌های هیرکانی به درآمد و سلسله صفویان را بنیاد نهاد.

نزدیک به ۹۰۰ سال حکومت‌های ملوکالطوایفی و حکومت‌های گذرای بیگانگان و یا حکومت‌های توابع آنها- به‌استثنای دورههای کوتاه، حکومت‌های کاملاً ایرانی مانند سامانیان، صفاریان، آل‌بویه- در ایران شکل‌گرفته بودند. حکومت صفویان که از آذربایجان برخاست نخستین حکومت تمام‌عیار ملی است که پس از ساسانیان در ایران قدرت گرفت و اولین حکومت یکپارچه ایرانی بعد از اسلام را به وجود آورد. این حکومت جدا از اینکه یک حکومت کاملاً ایرانی است مذهب شیعه را نیز به‌عنوان دین رسمی اعلام کرد. البته در این راستا تعصب‌های شدیدی نشان داد که باعث بروز اختلافات در سطح ملی شد و سرانجام آن سقوط توسط یک قوم ایرانی بود. از سویی دیگر صفویان یک دستگاه تبلیغاتی تشکیل دادند که به شدت خرافات را تبلیغ می‌کرد و این مسئله خود باعث علم‌گریزی در دوره صفوی شد و بدین ترتیب در دوره صفوی ما کمتر دانشمندان علمی- فرهنگی سراغ داریم و پیامد آن نیز در آخر دوره قاجار ادامه داشت. این زمان درست زمانی است که در اروپا رونسانس شده و منطق علمی و تهیه آزمایش جای‌خرافات را گرفته است.
عوامل زیادی در ظهور و قدرت گرفتن دولت صفوی نقش داشتند ازجمله:

- **وضعیت نابسامان کشور و جنگ‌های خانوادگی و خلع قدرت مرکزی**
- **وجود یک خانواده ریشه‌دار با گرایش مذهبی مانند شیخ صفی‌الدین اردبیلی**

لازم به ذکر است که جد شاه اسماعیل صفوی از شیخ صفی‌الدین اردبیلی تا اسماعیل باگذشت زمان یکی پس از دیگری مریدان بیشتری پیدا می‌کردند و بین مریدان و قطب رابطه قداست‌طلبی بیشتر و بیشتر می‌شد. این خاندان از خراسان تا آناتولی مریدان زیادی داشتند که موجب می‌شد حکومت‌های پیشین از قدرت قداست و تعداد مریدان هراس پیدا کنند. این مسئله از زمان جد شاه اسماعیل یعنی شیخ جنید آشکار شد.

- **شخصیت و درایت بنیان‌گذار این سلسله یعنی اسماعیل برای اعلام پادشاهی و قداست بخشیدن بدان.**
- **شرایط جهانی مانند یکه‌تازی دولت قدرتمند عثمانی و سقوط قسطنطنیه و هراس اروپائیان از اوج‌گیری دولت عثمانی.**

در نتیجه یک دولت نوپا در ایران که ازنظر فقهی هم با عثمانیان در عناد باشد با حمایت اروپائیان نیز همراه شد. به‌طوری‌که سفیر اتریش در خاطراتش می‌گوید در فاصله میان ما و نابودی، فقط ایرانیان قرار گرفتند (طاهری، ۱۳۸۵) (قربانی، ۱۴۰۱) .

تشکیل دولت‌های مرکزی هم فرهنگ در اروپا پس از رنسانس و قدرت گرفتن دولت‌های ملی

شخصیت شاه اسماعیل

شاه اسماعیل با پنج پشت واسط، فرزند شیخ صفی‌الدین اردبیلی است. نیای صفی‌الدین نیز به گفته صفویان باواسط هفت‌پشت به فیروز شاه زرین‌کلاه می‌رسد و امام هفتم شیعیان جد سلطان فیروز شاه است. (تاریخ عالم‌آرای عباسی). البته نسبت دادن شیخ صفی‌الدین به امام هفتم شیعیان و نیز شیعه بودن شیخ صفی‌الدین مورد سؤال است و این موضوع موردپذیرش برخی محققان نیست. البته خود شیخ‌صفی‌الدین‌اردبیلی (۷۱۳- ۶۳۱ خورشیدی) مرید و داماد شیخ‌زاهدگیلانی از قطب‌های درویشان بود. شیخ صفی‌الدین مورد اعتماد و و توجه قدرت‌های سیاسی زمان خویش بوده است. فرزندان شیخ صفی‌الدین نیز مشابه او مریدانی داشتند و هریک قطب محسوب می‌شدند. لازم به ذکر است که فرزندان ارشد اینها قطب می‌شدند. دامنه نفوذ این خاندان ابتدا به آذربایجان و سرانجام تا نواحی غرب ایران، آسیای صفر، اصفهان، شیراز و جنوب ایران کشیده شد. این دامنه نفوذ و مریدان موجب دغدغه خاطر سلاطین معاصر بود.

حرکت و گرایش به‌سوی قدرت سیاسی از شیخ جنید پدربزرگ شاه اسماعیل حالت پویایی پیدا کرد و تقریباً نمایان شد. فعالیت‌های شیخ جنید جهانشاه قراقوانلو را به وحشت انداخت و نامه‌ی تندی به جنید نوشت که مبادا به اغوای جاهلان آشوب‌طلب دم از خروج زده و هوای سلطنت در دلت جای گیرد. ولی جنید منکر فعالیت سیاسی شد و نوشت که زنهار که آن

شکل ۱۵-۵. نقشه گستره ایران در دوره صفویه (اطلس تاریخ ایران، ۱۳۷۸)

وسوسه شیطان رجیم است. من گوشه خلوت گرفته‌ام و در آستانه عبادت حضرت باری‌تعالی مشغولم. بزرگان دربار جهان‌شاه را قانع کردند که سلطان جنید راست می‌گوید و او را قصد حکومت‌داری نیست (عالم‌آرای عباسی). این در حالی بود که شیخ جنید راست نمی‌گفت. وقتی جهانشاه دو سال بعد باخبرشد که مریدان جنید از نقاط مختلف به اردبیل آمده‌اند، خطر را جدی دید و این بار قاطعانه به جنید نوشت که برخیز و از قلمرو من بیرون رو وگرنه می‌آیم و اردبیل را ویران می‌کنم و قتل‌عام خواهم کرد. جنید با این تهدید، اردبیل را ترک کرده، به آناتولی رفت. مدتی در قونیه ماند و سپس به قصد گرفتن سرزمین ترابوزان که در قلمرو حکومت رومیان بود در آنجا درگیر شد و شکست خورد. در این زمان به دیار بکر، محل استقرار آق‌قویونلوها، رفت و اوزون حسن پادشاه نیرومند آن طایفه مقدم شیخ را گرامی داشت و خواهر خود را به همسری او درآورد. جنید از همسرش (خدیجه خانم) صاحب فرزندی شد که بعداً نام او را حیدر نهادند. ازون حسن دختر خودش را که مادر مسیحی داشت به همسری حیدر درآورد و اسماعیل حاصل این ازدواج است. جنید با مریدانش برای تصرف کشوری مستقل به شیروان (آذربایجان شمال رود

شکل ۱۶- ۵ .نمایی از عمارت عالی قاپو، اصفهان

ارس) حمله کرد ولی شکست خورد و در این نبرد کشته شد. پس از وی پسرش جانشین و قطب صفویان گردید؛ اما تا اوزون حسن پادشاه بود، حیدر (داماد ازون حسن) در چتر حمایتی او قرار داشت. با مرگ اوزون حسن حاکمان بعدی آق‌قویونلوها دشمنان حیدر شدند و او را پس از جنگ‌وگریز کشتند. حیدر سه پسر داشت ولی قبل از کشته شدن به دست عوامل حکومت آق‌قویونلوها، اسماعیل را که شش‌ساله بود جانشین خود کرد. مریدان اسماعیل به شیوه‌های مختلف او را در اردبیل مخفی کردند و پیش از اینکه حکومت آگاهی یابد به گیلان برده تا ۱۳ سالگی در گیلان او را در خفا نگه‌داشتند. از طرف حکومت آق قویونلو چند بار حاکمان گیلان تهدید شدند. یک بار این کار خیلی جدی بود آنها اسماعیل را در سبدی آویزان بین دو درخت نگه داشتند و قسم خوردند که اسماعیل در سرزمین گیلان نیست. (سمنانی-پناهی)

اسماعیل در اوایل ۱۴ سالگی با یک طراحی حساب‌شده مریدانش از گیلان خارج شد و درراه دسته‌دسته مریدانش به او می‌پیوستند. در مسیر گیلان به تارم هفتاد مرید در دسته‌های پنج‌نفری در رکابش آمدند و این وضع ادامه داشت تا به اردبیل رسیدند. سرانجام با پیوستن طوایف مختلف به او، اسماعیل به قصد براندازی آق‌قوینلوها، با تصرف تبریز حکومت صفویان را بنیان گذاشت.

ره‌آورد انسجامی که دولت صفوی به وجود آورد، انسجام ملی در سراسر ایران بود. مرزهای ایران در دولت صفوی گسترش یافت و تا نزدیک به مرزهای ساسانی رسید؛ اما این مرزها (شکل ۵- ۱۵) در باختر توسط دولت عثمانی و در خاور با دولت ازبکستان (ترکان) مورد تهدید بود. پادشاهان صفوی بخصوص شاه‌عباس کبیر آن‌چنان رونقی به کشور داد که می‌توان او را با انوشیروان ساسانی مقایسه کرد. دولت صفوی‌ارتباط خوبی با اروپاییان پیدا کرد. دولت‌مردان صفوی هوشمندانه با استفاده از اختلاف اروپا و عثمانی، اروپاییان را حامی خود ساختند. ترس اروپاییان از تجاوزات عثمانی باعث حمایت آن‌ها از دولت نوپای صفوی شد.

تصور اتحاد بین صفویان و اروپاییان و تردد دائم سفرا بین آن‌ها مایه هراس دولت عثمانی بود. شاه‌عباس صفوی با درایت و تدبیر از اختلاف اروپاییان استفاده کرده، جزایر جنوب ایران را از دست

پرتغالی‌ها خارج کرد و از امکانات دریایی اروپاییان به توان دریایی خود بیفزاید. شاه‌عباس صفوی به کمک اروپاییان ارتش ایران را نوسازی و توپخانه و اسلحه آتشین را به ارتش اضافه کرد. این همان نقصان عامل شکست شاه اسماعیل در جنگ چالدران بود. هرچند با رشادتی که شاه اسماعیل و سربازانش در طول جنگ نشان دادند فرمانده‌هان و ارتشیان عثمانی پس از پیروزی در چالدران جرئت نگه‌داشتن تبریز و سرزمین‌های اشغالی را نداشتند و به‌سرعت عقب‌نشینی کردند. در حقیقت جنگ چالدران را باید جنگی شکست‌خورده ولی پیروزمند ایرانیان بر عثمانی‌ها دانست. حکومت صفویان (بخصوص در زمان شاه‌عباس) در رونق اقتصادی، عمرانی، راه‌سازی و امکانات رفاهی ایران کوشیدند و در آن زمان ایران را به‌صورت یک کشور پیشرفته درآوردند. با توجه به رفتار شاه‌عباس کبیر با اروپاییان متوجه می‌شویم او از تعصب‌های کور به دور بوده است. بنای عالی‌قاپو و ویژگی‌ها و ساختار آن، سلوک دولت صفوی را در زمان شاه‌عباس کبیر نشان می‌دهد (شکل ۱۶-۵).

با توجه به تاریخ سیاسی، نظامی و اجتماعی عصر صفوی و گرایش مردم به تشیع و اصرار فراوان نخستین فرمانروایان صفوی به تشیع، ایران به‌صورت سدی در برابر توسعه‌طلبی امپراتور عثمانی و تهاجم‌های ازبکان قرار گرفت. این سخت‌گیری‌ها سبب رنجش طوایف و اقوام سنی مذهب داخل و اطراف ایران و به تهدیدی برای دولت صفوی تبدیل شد. این تهدید در هنگام ضعف دولت مرکزی می‌توانست کارساز شود که همین‌طور هم شد.

واقعیت این است که نهضت شیعه و دولت صفوی در ابتدا برای ایران یک نهضت استقلال‌طلبانه بود. به همین علت ایرانیان به‌شدت از آن پشتیبانی کردند و در پایتخت شاه اسماعیل (تبریز)، مردم که بیشتر اهل سنت بودند، به شیعه گراییدند.

سقوط دولت صفویان در عهد شاه سلطان حسین به دست یک قوم ایرانی را نه یک تهاجم خارجی، بلکه به اعتقاد محمود افشار (فغان نامه) باید یک جنگ خانوادگی دانست. این سقوط را می‌توان درنتیجه بی‌لیاقتی شاه سلطان حسین و ظلم و ستم حکام بی‌مسئولیت او و افراط‌گری در تبلیغ حامیان حکومت در اواخر دولت صفوی دانست.

پادشاهان صفویان از ظهور تا سقوط

پادشاهان به ترتیب حکومت عبارت‌اند از شاه اسماعیل اول، شاه‌طهماسب اول، شاه اسماعیل دوم، سلطان محمد خدابنده، شاه‌عباس اول (کبیر)، شاه صفی، شاه‌عباس دوم، شاه سلیمان صفوی، شاه سلطان حسین صفوی و استیلای افغانه سپس شاه‌طهماسب دوم و شاه‌عباس سوم.

حکومت، صنعت، هنر و فرهنگ در دوره صفویان

دولت دویست و چهل‌ساله صفوی که بر خرابه‌های حاصل ازترکتازهای مغولان و تیموریان برپا شد توانست با سرکوب

شکل۱۷-۵. نمایی از میدان نقش جهان، اصفهان.

حکومت‌های محلی، کشوری با حکومت مرکزی مقتدر و یکپارچه به وجود بیاورد و مُهر پایان بر دستگاه‌های ملوک الطوائفی بزند.

حکومت صفویان یک حکومت مقتدر مرکزی بود و فرمانداران یا استانداران به سبک امروزی توسط دولت مرکزی تعیین می‌شد. شاهان دوره صفوی همگی شیعه بودند و در این زمان مذهب رسمی کشور نیز شیعه دوازده امامی شد. هرچند دولت‌های شیعی چون آل‌بویه نیز قبلاً در ایران تشکیل‌شده بودند ولی دولت صفوی با رسمیت بخشیدن به مذهب شیعه در سراسر ایران آن را تحکیم بخشید. درعصر صفوی تبلیغات برضد دین رسمی عامل بزرگ اختلافات داخلی و جنگ‌های خارجی به‌حساب می‌آمد و خود درنهایت باعث ایجاد دشمنی‌های فراوان در داخل و خارج از ایران شد. سرانجام دولت صفوی توسط پشتون‌ها، یک قوم سنی مذهب ایرانی (زمانی که افغانستان بخشی از خاک ایران بود) منقرض شد.

در دوره صفویان بخصوص در زمان پادشاهی شاه‌عباس کبیر راه‌های کشور توسعه یافت و امنیت بین راهی برقرار شد و درنتیجه فعالیت بازرگانی و ثروت کشور فزونی گرفت.

استقرار دولت مقتدر صفوی باعث شد سازمان اداره کشور به شکل متمرکز درآید. ارتباط ایران با اروپاییان، که اینک از دوره رنسانس سر برآورده بود، بهبود یافت. این رویدادها همگی باعث توسعه خلاقیت‌های فرهنگی، هنری و معماری شدند.

شاه‌عباس کبیر کاروانسراهای بین‌شهری (گاهی به غلط مشهور به رباط) را توسعه داد. اغلب مشاهده می‌شود کاروانسرای شاه‌عباس به سبک و نزدیک مکان‌هایی که کاروانسراهای ساسانی بوده‌اند؛ ساخته شده است. هرچند مصالح ساختمانی عموماً در زمان صفویان آجر و در زمان ساسانیان بیشتر سنگ بوده‌است. در دوران حکومت وی پل‌های زیادی احداث و باغات تفریحی بزرگی ساخته شدند. بقایای این ساخت‌وسازها در اصفهان، تبریز، کرمان و کاشان قابل‌مشاهده‌اند. ازجمله میدان نقش‌جهان (شکل ۱۷-۵)، مسجد شاه و مسجد شیخ لطف‌الله (شکل ۱۹-۵) و سر در قیصریه، چهل‌ستون (شکل۱۹-۵) و عمارت هشت‌بهشت (شکل ۲۰-۵)؛ همه در اصفهان؛ مجموعه گنجعلیخان در کرمان (شکل

شکل ۱۸-۵. سه نمای متفاوت از مسجد شاه اصفهان.

شکل ۱۸-۵. مسجد شیخ لطف الله، اصفهان.

۲۱-۵)؛ چشمه‌علی در دامغان (شکل ۲۲-۵)؛ باغ فین در کاشان (شکل ۲۳-۵)؛ (سمسار، ۱۳۹۰).

مسجد شیخ لطف الله یکی از آثار تاریخی به جای مانده از دوران صفویه است که در ضلع شرقی میدان نقش جهان اصفهان قرار گرفته و از لحاظ شیوه طراحی، معماری، نقوش و رنگ‌های بکار رفته، نمونه‌ای شگفت‌انگیز است.
جالب است بدانید مسجد شیخ لطف الله روی خرابه‌های مسجدی ساخته شده که قبلاً در این محل بوده است و از طرفی تنها شاه عباس و خانواده سلطنتی اجازه ورود به مسجد را داشتند و عموم مردم نمی‌توانستند در آن عبادت کنند.
این مسجد فاقد شبستان و صحن ورودی است، آیات به گونه‌ای روی دیواره بیرونی مسجد نقش بسته که در تناسب با زاویه نور خورشید باشد. به این مفهوم که در هر ساعت از روز و با گردش خورشید، نور به یکی از آیات تابیده و آن را روشن می‌کند.
کاخ چهل‌ستون و باغ آن حدود ۶۷۰۰۰ متر مربع مساحت دارد. معماری این کاخ تلفیقی از معماری چینی، ایرانی و فرانسوی است. ایوان جلوی کاخ ۲۰ ستون دارد. به نظر می‌رسد به دلیل انعکاس در آب استخر جلویی به چهل‌ستون معروف است. نظریه دیگر این است که نام چهل‌ستون به دلیل وجود ستون‌های متعدد در این کاخ است. در ادبیات ایران چهل بیشتر به عنوان نشانه‌ای از تعدد بیان می‌شود. تالار تخت یا تالار اصلی مهم‌ترین قسمت کاخ

شکل ۱۹-۵. نمایی از عمارت چهل ستون ، اصفهان.

چهل‌ستون اصفهان است که با نقاشی‌های دیدنی و شگفت‌انگیز دوره صفویه، پنجره‌های خاتم‌کاری و سقفی باشکوه تزئین شده است.در زمان دولت شیعه‌مذهب صفوی به اقلیت‌های دینی چون ارمنیان، آشوریان و زرتشتیان بدرفتاری نمی‌شد و هریک در بجا آوردن آیین خویش آزاد بودند. شاهان صفوی خارجیان و تجار جهانگردان را مقید به قوانین داخلی نمی‌کردند و حتی در عالی‌قاپو اصفهان اتاق موسیقی وجود دارد و شاه‌عباس از مهمان خارجی با شراب پذیرایی می‌کرد. امیرنظام ارتش شاه‌عباس یک غیرمسلمان گرجی‌تبار بود.

شکل ۲۰-۵ نمایی از عمارت هشت بهشت، اصفهان.

شکل ۲۱-۵. مجموعه گنجعلی‌خان، کرمان.

شکل ۲۲-۵ .نمایی از چشمه علی، دامغان.

شکل ۲۳-۵ .نمایی از باغ فین، کاشان.

۵-۱۴ افشاریان (۱۷۹۵ - ۱۷۳۵ م)

سرسلسله افشاریان نادرشاه افشار است. او آخرین فاتح آسیا لقب گرفته است. افشار نام دودمانی ترک زبان و ایرانی است که در آذربایجان می‌زیسته‌اند. یکی از طایفه‌های دودمان افشار ایل فرخ‌لو است که نادر به این طایفه تعلق دارد. در زمان شاه اسماعیل اول طایفه فرخ‌لو برای جلوگیری از تهاجم و تجاوز ازبک‌ها و ترکمن‌ها از آذربایجان به سرزمین‌های شمالی خراسان (درگز و پیرامون آن) کوچ کردند.

نادرشاه افشار در سال ۱۰۶۶ خورشیدی چشم به جهان گشود. او از نوادر نظامیان دنیا و از فرزندان شجاع ایران به حساب می‌آید. افشاریان از سال ۱۱۱۴ تا ۱۱۷۴ خورشیدی بر ایران فرمانروایی کردند. البته فرمانروایی مقتدر بر تمام سرزمین ایران به همان دوران پادشاهی نادرشاه افشار (۱۱۲۶-۱۱۱۴ خورشیدی) محدود می‌شود و گستره دولت نادرشاه در زمان تاج‌گذاری نادر تقریباً همان گستره دوران صفویان را داشت.

بعد از هجوم افغان‌ها (پشتون‌ها) به ایران و تصرف اصفهان، شاه سلطان حسین صفوی با تسلیم شدن تاج شاهی را به محمود افغان تقدیم کرد. سقوط اصفهان به دست یک قوم ایرانی بهانه خوبی به دست سرکشان داخلی و متجاوزان خارجی و عثمانی‌ها، ازبک‌ها و روس‌ها داد و این‌ها تجاوز و توسعه‌طلبی را در مرزهای ایران آغاز کردند. در این شرایط اوضاع سیاسی- نظامی ایران به شدت بحرانی بود. با بروز اختلاف بین سران افغان متجاوز، محمود افغان توسط پسرعمویش اشرف افغان کشته شد و اشرف افغان جای او را گرفت.

در این شرایط نادر به عنوان یک سردار جوان عهده‌دار حمایت دارایی‌های ایل ابیورد بود و به دلیل شجاعتش داماد خان ایل شد. پس از آن نادر به سپاه شاه طهماسب دوم، که جهت نجات تاج وتخت به دنبال یاران و همراهان فداکار بودند، پیوست.

ابتدا نادر، با شجاعت و شهامت، سرکشان داخلی خراسان (ازجمله شاه محمود سیستانی که مشهد را اشغال کرده بود) سرکوب کرد. سپس با جنگ‌های پی‌درپی در چند جنگ و چند محل خیلی زود افغان‌های متجاوز را شکست سختی داد که تمام آن‌ها کشته و یا فرار کردند. در این شرایط نادر در افکار عمومی به عنوان یک ناجی و یک سردار ملی مطرح شد.

نامی شدن و محبوبیت نادر در افکار عمومی، شاه طهماسب دوم را به ترس از کودتا از سوی او انداخت؛ اما پیش از وقوع چنین رویدادی، بین شاه طهماسب شد. شاه طهماسب دو خواهر خود را یکی به عقد نادر و دیگری به عقد پسر نادر درآورد و خطر کودتا بدین ترتیب از ذهن شاه طهماسب دور شد.

نادر شروع به جنگ با متجاوزان خارجی و سرکردگان داخلی آن‌ها کرد و کشور رو به آرامی نهاد (شکل ۵ -۲۴ مجسمه بازسازی شده نادرشاه در میدان رزم)؛ اما زمانی که نادر درگیر دور کردن ازبک‌ها از خاور بود، شاه طهماسب در جنگ با عثمانی‌ها در باختر کشور شکست خورد. در این شکست شاه طهماسب دوم سرزمین‌های وسیعی از ایران را به عثمانی‌ها واگذار کرد. نادر بااطلاع از این خبر به شدت آزرده خاطر شد و پیامی به سران استانبول و بغداد فرستاد و خواستار استرداد سرزمین‌های واگذارشده از سوی طهماسب دوم شد و ناخرسندی خود را به شاه هم اعلام کرد. در این شرایط نادرشاه به در این شرایط نادرشاه به کمک رایزنی با سران نظامی مستقر در اصفهان زمینه خلع شاه‌طهماسب دوم را از سلطنت (۱۱۰۶ خورشیدی) فراهم آورد و پسر شیرخوار او بنام شاه‌عباس سوم را به سلطنت رسانیده، خود نایب‌السلطنه شد. شاه‌عباس سوم هم در سال ۱۱۱۴ خورشیدی از پادشاهی خلع ید شد.

شکل ۲۴ - ۵ .نمایی مجسمه نادرشاه در شهر مشهد

نادر با دعوت بزرگان ایران جشن بزرگی در دشت مغان برپا کرد و مردم را انتخاب رهبر آزاد گذاشت. رضایت مردم که نادر را پادشاه واقعی می‌دانستند سبب شد تا از او بخواهند خود پادشاه ایران باشد. نادر برای پذیرش درخواست پادشاهی شرایطی تعیین کرد که یکی از این‌ها کنار گذاشتن اختلافات مذهبی بود و سپس پادشاهی را پذیرفت. با توجه به شرایطی که نادر در مورد باور دینی بنا گذاشت می‌توان دید که او پایه‌گذار نخستین سکولاریسم پادشاهی در ایران پس از اسلام بوده است. وی در مدت کم زمامداری خود توانست تمام متجاوزان به ایران را بر جای خود نشاند و مرزهای کشور را به دوران شاه‌عباس کبیر و تا حدود مرزهای دوره ساسانیان رساند. با خودداری پادشاه هند از تسلیم متجاوزان فراری افغان به ایران که نادرشاه دنبال آن بود نادر مجبور شد به هند لشکرکشی کند که سرانجام دولت هند تسلیم شد. نادر تاج شاهی محمدشاه را به وی بخشید، به‌عنوان خسارات جنگی مقدار زیادی جواهرات به خزانه ایران سرازیر کرد. شوربختانه در این زمان بخت ازسر ایران برگشت و درنتیجه خیانت‌هایی که نزدیکان نادرشاه در برابر او کردند نادرشاه کشته شد و چندی بعد از قتل نادرشاه (۱۱۲۶خورشیدی) سلسله افشاریان گرفتار اختلافات داخلی و ضعف مدیریت گشت و دوباره کشور دچار هرجومرج و نابسامانی گردید.

پادشاهان افشار از ظهور تا سقوط

این شاهان به ترتیب سلطنت عبارت‌اند از نادرشاه افشار، عادل شاه افشار، ابراهیم شاه افشار و شاهرخ شاه.

حکومت، صنعت، هنر و فرهنگ در دوره افشاریان

شرایطی که شاه سلطان حسین و سقوط در کشور فراهم کرده بود، حکمرانی هرکس دیگری به جای وی مطلوب می‌نمود. در چنین اوضاعی‌خوشبختانه نادر جای او را گرفت. نادر با قابلیت و مدیریت کم‌نظیر نظامی خود در مدتی کوتاه حدود کشور را تا نزدیک مرزهای ساسانی گسترش داد. او در مدتی کوتاه کشور درهم‌شکسته، مورد تجاوز و خوارشده شاه سلطان حسین را به سرزمینی نیرومند با ارتشی بی‌نظیر از لحاظ قدرت نظامی تبدیل کند. نادر در مدت کمتر از دوازده سال نه‌تنها کشور ایران را از چنگال متجاسران داخلی نجات داد، بلکه همسایگان فرصت‌طلب و استبلاجو را که همواره چشم طمع به سرزمین ایران داشتند سر جای خود بنشاند. شوربختانه نادر جانشین لایقی برای خود انتخاب نکرد. شاید هم به دلیل بدشانسی کشور در آن برهه تاریخی است که پس از نادر بازماندگان او و فرماند یکدیگر تاخته، خونریزی‌ها کردند. یکی از فرمانده‌های بزرگ نادر به نام احمدخان دورانی که می‌توانست جانشین نادر باشد و پادشاه همه ایران شود، با غنائم بسیاری، ازجمله کوه نور که از خزانه برداشت افغانستان را از ایران جدا و در آنجا پادشاهی اعلام کرد. از دوران حکمرانی نادرشاه جواهرات فراوانی ازجمله دریای نور و کوه نور باقی ماند که اولی در موزه بانک مرکزی ایران نگهداری می‌شود (شکل ۲۵-۵) کوه نور که احمدخان دورانی ربوده بود نیز سرانجام به انگلستان رسید و از جواهرات ملکه انگلیس است (برای اطلاعات بیشتر رجوع شود به کتاب سنگ‌های قیمتی و نیمه قیمتی و جایگاه آن‌ها در ایران از نگارنده).

شکل ۲۵-۵. دریای‌نور، وزن ۱۸۲ قیراط.

شکل ۲۶ -۵. نمایی از عمارت خورشید، کلات نادری، خراسان.

حکومت واقعی افشاریان در ایران در حکمرانی ۱۲ سال نادرشاه قابل‌توجه است. وی در این زمان پیوسته در جنگ با دشمنان خارجی و مقابله با نافرمانی سران داخلی به دنبال استمرار امنیت در مرز ایران بود. هنر معماری و نقاشی چندان رونق نیافت و اصول نظامی در زمین و دریا نوسازی شد و سامان یافت و نتیجه معماری شکوهمند آن دوران، برج خورشید در زادگاه اوست که شوربختانه تکمیل نشد و پس از کشته شدن نادر کار ساخت آن متوقف شد (شکل ۲۶ - ۵ تا ۲۷ -۵).

شکل۲۷-۵ . تصویر سمت راست کتیبه نیمه‌کاره کلات نادری و تصویر سمت چپ نمای داخلی عمارت خورشید را نشان می‌دهد، کلات نادری، خراسان.

۵-۱-۵ زندیه (۱۷۷۹-۱۷۵۰ م)

پس از کشته شدن نادرشاه که با توطئه نزدیکانش انجام شد، میراث‌خواران وی ناتوان‌تر و زبون‌تر از آن بودند که امور مملکت را به دست‌گیرند. ازاین‌رو بین آن‌ها نزاع درگرفت و به جان هم افتادند. متأسفانه نادرشاه جانشین شایسته‌ای برای خود تربیت نکرده بود و در زمان حیاتش فرزند خود را نابینا و از میدان به‌در کرده بود.

تمام نزدیکان نادر بعد از مرگ او به جان هم افتادند و کشته شدند. از میان کشت و کشتارهای خانوادگی تنها شاهرخ جان سالم به دربرد. به علت احترامی که کریم‌خان زند به نادرشاه داشت شاهرخ تا زمان شروع حکمرانی سلسله قاجار حاکم خراسان باقی ماند. در این اوضاع نابسامان، امیران زمان نادر هرکدام در منطقه‌ای سر بر آفراشتند. احمدخان دورانی با غارت فراوان گنج‌های نادر، در افغانستان ادعای ولایت کرد و با اعلام استقلال بیشتر افغانستان امروزی را تحت فرمانروایی خود درآورد. (البته به جز ایالت هرات، بادغیس، فراه و نیمروز). محمدحسن‌خان قاجار که در زمان نادرشاه از ترس، میان ترکمن‌ها مخفی‌شده بود مازندران و استرآباد را تصرف کرد و شمال ایران را ناامن ساخت.

آزاد خان افغان در آذربایجان ادعای فرمانروایی کرد. در این میان در بخش باختری و مرکزی ایران سه خان مدعی حکومت بودند که کریم‌خان زند برنده نهایی بود. واژه زند از نام ایلی از لرهای ایران که قلمرو آن‌ها در اطراف شهر ملایر بوده، گرفته‌شده است. قلعه پری[1] (قلعه باستانی پری) محل استقرار این ایل بوده است. ایل زند در اواخر حکومت صفوی و پس از سقوط شاه سلطان حسین تنها ایلی بود که باوجود مجاورت با افغان‌ها و عثمانی‌ها سر طاعت بر سلطه مهاجمان فرونیاورد.

کریم‌خان زند از همان ابتدای کار به کریم توشمال (بزرگ‌تر و کدخدا) شهرت داشت. شجاعت توأم باخرد و فرزانگی باعث شد که افراد ایل زند گرد او آیند. کریم‌خان پیش از آنکه در نبردهای سیاسی و نظامی مطرح شود سرداری از سپاهیان ابراهیم‌خان افشار، برادرزاده نادر بود. کریم‌خان زند باتدبیر، شجاعت و رشادت مخالفان و مدعیانی را که قصد حکومت بر ایران داشتند کنار زد. از میان این مخالفان می‌توان به علی‌مردان‌خان و ابوالفتح‌خان که به‌ظاهر ابتدا هم‌پیمان شده بودند تا کسی از تبار صفویان را به تخت بنشانند اشاره کرد، ولی در اصل هریک در پی آن بودند تا با کنار زدن دو حریف دیگر تحت نام شاه صفوی یکه‌تاز میدان باشند. درنهایت در نبرد بین آن سه کریم‌خان زند برنده اصلی بود و تمام مناطق باختر و مرکزی ایران را تحت سیطره خود درآورد. آخرین کانون خطر برای آن‌ها افغان‌ها بودند. یادآور می‌شود در خود افغانستان مردم پشتو - همان پایگاه اصلی طالبان فعلی- به افغان مشهورند نه اقوام دیگر افغانستان که همگی همان سال توسط فرماندهان کریم‌خان زند از پای درآمدند. کریم‌خان به خاطر حرمت نادرشاه، شاهرخ را که در خراسان حکومت می‌کرد در قدرت نگاه داشت. کریم‌خان به‌عنوان یک ایرانی حکومتی شایسته ایرانی را بنیان گذاشت. گرچه عمر حکمرانی وی کوتاه بود درصحنه تاریخ اثر شگرف و ثمربخشی در ایران گذاشت. ازاین‌رو کریم خان به‌عنوان یک چهره ملی درخشان در تاریخ ایران مطرح است.

ایرانیان در زمان سلطنت ۱۴ ساله کریم‌خان زند (که هیچ‌گاه خود را نه شاه، بلکه وکیل‌الرعایا می‌خواند) در آسایش و آرامش بودند. در تمام تاریخ پس از اسلام تا زمان کریم‌خان هیچ پادشاه و حکمرانی را سراغ نداریم که همچون وی از ته دل به رفاه و شاد کردن مردم دل‌بسته باشد. او ترجیح می‌داد که مردم ایران در کشتزارها، برنج‌زارها، باغ‌ها و کوه و دشت در پی زراعت و دام‌پروری باشند یا در کارگاه‌های کوچک به مشاغل قالی‌بافی، حریر و مخمل و غیره مشغول باشند تا اینکه در رکاب او بتازند و جایی را فتح کنند.

کریم‌خان زند که به بی‌سوادی و سادگی در تاریخ معروف شد همانند یک جامعه‌شناس دریافته بود که مردم کشورش در سالیان طولانی در بازی قدرت بین بازیگران نالایق و تیرهدل خسته و نفرت زده‌شده‌اند. نگاه برابر و حمایتگر او به‌تمامی قشرهای جامعه با هر مذهب و قومیت، حمایت و پشتیبانی یکپارچه مردم را برای او در پی داشت. کوشش او درراه احیای صنایع، رونق بازرگانی، ایجاد کارگاه‌های بزرگ چینی‌سازی و شیشه‌سازی، کاهش میزان مالیات، جلوگیری از یکه‌تازی سرکشان محلی، تجدید بنا و نوسازی آرامگاه بزرگان ایران همچون سعدی و حافظ و ارزش نهادن به تمام اعتقادات ضمن حمایت از مذهب شیعه از یک‌سو و از سوی دیگر قائل بودن به تسهیلاتی برای همکاری با شرکت‌های خارجی در حد بسیار مناسب و دیپلماتیک در کنار حفظ منافع ایران در کلیه معاملات از فعالیت‌های شاخص او است.

چنانکه در مجلسی در سخنرانی مهمی گفت که فرنگیان همچنان که هندوستان را با خدعه و تزویر تسخیر کردند می‌خواهند ایران را نیز تسخیر کنند. وی گفت که فرنگی (انگلیسی) به عقل و تدبیر و زیرکی و مالاندیشی همه هندوستان را به چنگ آورد نه به‌زور و نبرد مردانه. کریم‌خان با این‌همه هوشیاری و لیاقت شوربختانه نتوانست در زمان حکومت خود جانشین لایقی برای سلطنت تربیت کند. هیچ یک از بازماندگان وی قابلیت کافی را برای جانشینی نداشتند. ثمره تمام تلاش بنیان‌گذار پاکدل سلسله زند در اثر جاه‌طلبی و نادانی‌های بازماندگان مشابه با جانشینان نادر در مدت کوتاهی فنا رفت. اگر قانون مدون برای مراحل پادشاهی وجود داشت، این مسئله برای سلسله افشار و زند پیش نمی‌آمد و شاید کشور ایران سرنوشت دیگری پیدا می‌کرد.

حکومتی که بالقوه می‌توانست بنیادی دیگر در تاریخ سیاسی و اجتماعی ایران داشته باشد به‌سادگی نابود شد. در این دوران نه استعمار خارجی

۱-روستاهای پری و زنگنه در خاور ملایر می‌باشند که کریم‌خان از آنها برخاست.

در کار بود و نه دشمن خارجی بلکه فقدان یک ساختار قدرتمند مردمی مشکل اصلی آن زمان بود.

در سال ۱۱۵۷ خورشیدی، با مرگ وکیل‌الرعایا، سران زند گویی پیش از آنکه در پی مراسم بزرگداشت شهریار خود باشند به روی یکدیگر شمشیر کشیدند و با وحشی‌گری به جان هم افتادند. از بازماندگان نابخرد می‌توان به زکی خان (حاکم مازندران عزل شده توسط کریم‌خان که شاید حمایت مازندران از خان قاجار هم به خاطر جنایات زکی خان باشد،) شیخ علی‌خان زند، خدامرادخان زند، تقی‌خان بافقی حاکم یزد (که مردی ظاهر الصلاح بود، قلیان را حرام می‌دانست و خوردن مال مردم را حلال!) اشاره کرد. سرانجام در این جنگ و خونریزی‌ها حکومت به دست ابوالفتح خان پسر کریم‌خان افتاد. ابوالفتح خان نیز مردی بی‌کفایت بود. زکی‌خان به بهانه حمایت از ابوالفتح خان حکمرانی می‌کرد. صادق خان، برادر کریم‌خان که حاکم بصره بود، خود را به شیراز رساند و با به زیر کشیدن ابوالفتح خان خود جای او نشست. حکومت صادق خان هم دوام زیادی نداشت و علی مردان خان با کمک دیگر افراد زند حکومت را به دست گرفت و به مدت پنج سال حکومت کرد. علی‌مردان‌خان هم در زمان حکومتش به کشتارهای خانوادگی دست زد. در این جنگ‌های خانوادگی از خاندان زند فقط جعفرخان زند فرزند صادق خان باقی‌مانده بود.

جنگ خان قاجار از زمان علی‌مردان‌خان آغازشده بود اما پس از مرگ وی و جانشینی جعفرخان (فرزند صادق‌خان زند) کشمکشی واقعی بین سلسله زند و خان قاجار برای تصاحب قدرت درگرفت. در جنگ‌وگریز جعفرخان زند و آغامحمدخان قاجار سرانجام جنگ نهایی بین سلسله زند و قاجار به جنگ لطفعلی‌خان زند فرزند جعفرخان و آغامحمدخان کشیده شد.

لطفعلی‌خان زند در شجاعت و رشادت در بین خاندان زند بی‌نظیر بود. همانند سلطان جلالالدین خوارزمشاه، هرچند پدری نالایق داشت اما درگیر چنان جنگی با خان قاجار چنان رشادتی به خرج داد که در کمتر کسی می‌توان دید؛ اما خیانت‌های مکرر بر علیه وی باعث شکست او از خان قاجار شد. خان قاجار آن‌چنان جنایتی بر او و مردم کرمان، به جرم همکاری با لطفعلی‌خان، رواداشت که تاریخ از بازگویی آن شرم می‌کند. خان زند بعد از دستگیری در برابر خان قاجار چنان مردانه مقاومت و پایداری کرد که می‌توان آن را با مقاومت و پایداری بابک و منصور حلاج در برابر خلفای عباسی قابل‌مقایسه دانست.

پادشاهان زندیه از ظهور تا سقوط

ترتیب حکمرانی عبارت‌اند از کریم‌خان زند، ابوالفتح‌خان زند، علیمردان زند (بار اول)، محمدعلی‌خان زند، صادق خان زند، شاه علیمردان زند (بار دوم)، شاه جعفرخان زند، یدمرادخان زند، لطفعلی‌خان زند.

حکومت، صنعت، هنر و فرهنگ در دوره زندیه کریم‌خان زند در امور مملکت با بزرگان و نزدیکان مشورت می‌کرد. پس از مرگ او چنین رویه‌ای ادامه نیافت. البته هیچ‌یک از بازماندگان زند از شخصیت و جذابیت برخوردار نبودند و به همین خاطر پس از او، هرجومرجی که قبل از به قدرت رسیدن او وجود داشت دوباره گریبانگیر کشور شد.

جانشینان او دور از خرد و انسجام ملی با بی‌رحمی و بی‌تدبیری به فرمانروایی پرداختند. کما اینکه هیچ‌کدام نتوانستند حکمران سراسر ایران و موردقبول عموم باشند. البته در این میان لطفعلی‌خان زند را باید مستثنی دانست که قربانی کینه‌توزی و درگیری‌های قاجار و جانشینان کریم‌خان زند شد. سران زند، به‌عنوان مردان ایلیاتی، تصور می‌کردند که می‌شود مملکت را با منش ایلیاتی اداره کرد و از این رو برای اداره مملکت همان روحیه را به کار گرفتند. پناهی سمنانی (۱۳۷۵) در مورد خدمات سلسله زند چنین می‌نگارد:

در کارنامه پادشاهان زند، باید تنها بر همان اقدامات عمرانی و سازنده کریم‌خان تکیه کرد. او درراه بسط تجارت و کشاورزی و حرفه و صنعت کوشش‌های ارزنده‌ای به خرج داد. به بازرگانان، صرف‌نظر از اعتقادات دینی، امتیازات فراوان داد. پشتیبانی و حمایت او از صنایع، موجب رونق کارگاه‌های صنعتی شد و کارگاه‌های متعدد چینی و شیشه از آن جمله‌اند. برخی از هنرمندان صنعت‌گر را که نادرشاه از هندوستان به ایران آورده بود، در شیراز سکنی داد. این افراد در اعتلای کمی و کیفی حرفه و صنایع و ابنیه تاریخی پایتخت تأثیرات مثبتی بر جای گذاردند. فرمان‌های او در باب کاهش مالیات‌ها، محدود کردن دایره تجاوزات مالکان نسبت به روستاییان و بازسازی و تقویت شبکه‌های آبرسانی فارس و جنوب ایران، اثرات سازنده‌ای در ترویج کشاورزی و بهبود حال رعایا داشت. میل مفرط او به احداث بناهای جدید و تعمیر و تجدید بنای اماکن و ساختمان‌ها، موجب شد تا آثار ارزنده‌ای از وی بر جای ماند. تعمیر بقاع متبرکه نظیر بقعه هفت‌تنان (مدفن هفت تن از اولیاءالله)، بقعه و خانقاه شیخ ابوعبدالله محمد بن خفیف شیرازی از عرفای بزرگ، بقعه چهل‌تنان (قبور چهل تن از دراویش و اولیاءالله) و نیز ایجاد بناهای تازه بر تربت حافظ و سعدی از این مقوله‌اند.

ساختمان‌های تاریخی همچون باغ نظر، باغ جهان‌نما، کاروانسراهای متعدد، مسجد وکیل (شکل ۲۸ -۵)، بازار وکیل (شکل ۲۹-۵)، حمام وکیل (شکل ۳۰ -۵) در شیراز از معدود آثار و ابنیه دوران کریم‌خانی است. به دستور کریم‌خان پیرامون تهران، حصاری با ۱۱۴ برج کشیدند و گرداگرد آن حصار خندقی عمیق حفر کردند. بنای ارگ و دیوان‌خانه معروف به خلوت کریم‌خانی از ساخت‌های او در تهران است. این همان مکانی است که آغامحمدخان قاجار، پس از تسلط بر شیراز و حمل استخوان‌های وکیل‌الرعایا، آن‌ها را زیر آستانه در ورودی آن دفن کرد.

در اینجا به روحیه و شخصیت لطفعلی‌خان زند که پس از کریم‌خان زند می‌توان وی را نماینده صالح و عامل رشد خانواده زند، اشاره خواهیم کرد.

شکل ۲۸ -۵ .نمایی از مسجد وکیل، شیراز (www.isafar.net)

شکل۲۹ -۵. نمایی از بازار وکیل، شیراز(www.isafar.net)

شکل ۳۰-۵ .نمایی از حمام وکیل، شیراز (www.isafar.net)

لطفعلی‌خان زند

لطفعلی‌خان زند در ۱۱۴۸ خورشیدی در شیراز زاده شد. او بسیار خوش‌سیما بود. این خوش‌سیمایی با خوش‌سیرتی نام او را بر سر زبان‌ها انداخت. جدا از سیما و خوش‌سیرتی، دلیر، قوی‌هیکل و بسیار راست‌گو بود. در سوارکاری و شمشیرزنی چابک و بی‌همتا بود و در شعر و ادبیات نیز دستی داشت. لطفعلی‌خان همیشه متبسم، بخشنده و مهربان بود. به خشم نمی‌آمد. از او به‌عنوان بهترین شمشیرزن ایران و آخرین شمشیرزن خاور یاد می‌کرده‌اند.

این صفات لطفعلی‌خان زند را نزد شیرازیان بسیار عزیزکرده بود. با توجه به همین خصوصیات مردم فارس امید داشتند لطفعلی‌خان اقتدار حکومت زند را و رونق زمان کریم خان را برقرار خواهد کرد. بلعکس نزدیکان زند برای حکومت به جان هم افتادند و خون‌ها ریخته شد. با پیدایش دشمن سرسخت و خون‌آشامی چون آغامحمدخان قاجار و حوادثی که رخ داد این امید به یأس مبدل گشت. لطفعلی‌خان زند مرد خداپرستی بود و زمانی که به اسارت در آمد به او گفته شد بر آغا محمد خان سجده کند که پاسخ داد تنها خداوند شایسته سجده است. لطفعلی‌خان مرد راز و نیاز با خدا بود. این شیر مرد هیچ‌وقت نمی‌خواست و نمی‌توانست برای کارهای دنیوی دست خود را آلوده به گناه و کارهای ناصواب کند. شمشیرزنی بی همتا بود ولی به دلیل خیانت نزدیکان خود بخصوص ابراهیم خان کلانتر که در پیمان با آغامحمدخان دروازه شیراز را به روی لطفعلی خان بست و خان زند به ناچار راهی بیابان شد.

لطفعلی خان بسیار خوش خط بود و بزرگان علم و ادب را بسیار نکو می‌داشت. مقبره سعدی و حافظ شیرازی در زمان او بازسازی شد و رونق گرفت. او بین شیراز و بندرعباس و بندرلنگه جاده‌ای احداث کرد. او درپی ساختن سدی به روی رودخانه موند برای آبادی و عمران بود. لطفعلی‌خان زند در شرق اولین کسی بود که به فکر بیمه اجتماعی افتاد. لطفعلی خان مردی بود که نسبت به زمان خویش بسیار جلوتر بود اما جنگ‌های خان قاجار برای تصرف حکومت به او مجال خدمت نداد.

او پس از خیانت ابراهیم خان کلانتر با سپاهی اندک نبرد با ۴۰ هزار نفر سپاه آغامحمدخان شکست خورد و به دلیل کمی نیرو به شهرهای دیگر و درنهایت به کرمان رفت. آغامحمدخان کرمان را محاصره کرد. بعد از چهار ماه لطفعلی خان به قلعه بم رفت ولی درنهایت در نرمال شیر اسیر شد و به کرمان آورده شد. به دستور آغامحمدخان، خان زند را بسیار شکنجه کردند. پس از شکنجه و رفتار بی شرمانه وی آغامحمدخان دستور داد لطفعلی خان زند را نزد او بیاورند. آغامحمدخان گفت: لطفعلی خان هنوز هم غرور داری؟ شاه زند که نای صحبت نداشت سرش را بالا آورد و به او نگریست و گفت از تو نمی‌ترسم ای اخته فرومایه و در برابرت زانو نمی‌زنم، چون مردی نمی‌بینم. این ایستادگی خان قاجار را خشمگین کرد و دستور کور کردن لطفعلی خان زند را داد. سپس او را به تهران برد و درنهایت به قتل رساند. پیکر او را در امامزاده زید در بازار قدیم تهران به خاک سپردند.

۱۶-۵ قاجاریان (۱۹۲۵-۱۷۷۹ م)

ریشه واژه قاجار برگرفته از نام طایفه‌های ترک آغوزی است که در شمال خاوری ایران زندگی می‌کردند و در زمان یورش مغول از آسیای میانه به ایران آمده بودند. ایل قاجار ابتدا در شمال رود ارس منطقه ارمنستان ساکن بودند. به دلیل کمک‌های زیادی که به دربار صفوی می‌کردند قدرت بیشتری یافتند. یکی از چندین طایفه‌ای که در به قدرت رساندن

شاه اسماعیل نقش داشتند ایل قاجار بود. آن‌ها همراه با قزلباش‌ها منصب‌های سیاسی و نظامی داشتند (محل سکونت اصلی ایل قاجار قبل از رسیدن به قدرت ترکمن‌صحرا و نواحی پیرامون گرگان بوده است).

پس‌ازآنکه شاه‌عباس کبیر به سلطنت نشست، آنان را از محل اصلی خود کوچ داد. دسته‌ای را در مرو وعده‌ای را در گرجستان مستقر ساخت. همچنین دسته‌ای از آنان را به خاور استرآباد و دشت گرگان کوچانید تا به‌عنوان سدی در برابر حملات پیاپی قبایل ترکمن و ازبک عمل کنند. ایل قاجار در استرآباد به دوشاخه تقسیم شدند. آنان که در سمت راست گرگان سکونت داشتند، یوخاری‌باش وعده‌ای که در ساحل چپ گرگان سکنی گزیده بودند، اشاقه‌باش خوانده می‌شدند. در زمان هجوم افغان‌ها به اصفهان فتحعلی‌خان که از قبیله اشاقه‌باش بود به یاری شاه سلطان حسین به اصفهان رفت اما شاه سلطان حسین از او یاری نگرفت و فتحعلی‌خان دوباره به استرآباد برگشت. بعدها به دعوت سلطان طهماسب دوم برای کمک در جنگ با افغان‌ها (قبل از مطرح‌شدن نادر) وارد عمل شده و ایل قاجار دوباره قدرت گرفت؛ اما شاه طهماسب برای مقابله با افغان‌ها از آن‌ها کمک نگرفت. این ایل در خفا تا مرگ کریم‌خان زند انسجام خود را حفظ کردند و پس از مرگ کریم‌خان با دعوی سلطنت با جانشینان زند وارد جنگ شدند. هرچند لطفعلی‌خان زند مردانه با آن‌ها جنگید ولی درنهایت مغلوب آن‌ها شد.

آغامحمدخان با از میان برداشتن دشمنان خود سلسله قاجار را بنیاد نهاد و تهران را به‌عنوان پایتخت انتخاب کرد. هرچند آغامحمدخان در برابر مخالفان داخلی و برای استقرار حکومت قاجار مردی قسی‌القلب بود و بی‌رحمی‌های عجیبی از خود نشان داد که نمونه آن قتل و عام و کور کردن بسیاری از مردم کرمان بود، اما در برابر دشمنان ایران همچون روس‌ها و عثمانی‌ها نیز سخت جنگید و مرزهای ایران را در زمان حکومت خود توسعه داد. نقل است که نهصد نفر از مردم بم را گردن زد و بیست هزار چشم مردم کرمان را از حدقه بیرون آورد. پس از شکست لطفعلی‌خان زند هنوز به تهران برنگشته بود که دستور داد استخوان‌های کریم‌خان زند را از قبر درآورند و در زیر پله‌های کاخ گلستان مدفون سازند تا هر وقت ازآنجا می‌گذرد بر روی استخوان‌های آن مرد بزرگ، پا نهد و به این وسیله کینه خود را به آن مرد بزرگ نشان دهد. جانشینان آغامحمدخان همگی بی‌لیاقت، بی‌کفایت، خوش‌گذران و تقریباً ناآگاه از امور کشورداری و سیاست جهانی و بدون عرق ملی بودند.

رجال دربار هم چاپلوس و دارای همان صفات پادشاهان قاجار بودند. در دوران قاجار چند بزرگ‌مرد، از جمله میرزا ابوالقاسم قائم‌مقام فراهانی و میرزا محمدتقی‌خان فراهانی معروف به امیرکبیر، توانستند در عرصه سیاست وارد شوند که هردو توسط درباریان نالایق و چاپلوس و پادشاه مستبد و نفوذ خارجیان و ناآگاهی مردم زمان کشته شدند.

این ویژگی‌های پادشاهان و رجال سیاسی قاجار از یک‌سو و پیامدهای تجاوز و استعمارگری دو دولت روسیه تزاری و انگلیس از سوی دیگر باعث می‌شود دوران قاجار را دوران سیاه و عقب‌ماندگی ایران تلقی کرد. این ایام مقارن است با پیشرفت‌های دوران صنعتی غرب همراه با توسعه حقوق انسانی و برقراری حکومت‌هایی که با نظرات مردم انتخاب می‌شدند.

در این دوران بین دولت ایران و روس‌ها دو جنگ روی داد که شوربختانه هر دو به شکست ایران انجامید. علت شکست هم فقدان ارتش سازمان‌یافته و منظم در زمان قاجار بود. با شکست در جنگ اول ایران نباید زیر بار جنگ دیگری می‌رفت. در جنگ دوم رجال دربار و مشاوران مذهبی، پیشنهاد جنگ به فتحعلی شاه را دادند و مرد دانایی چون میرزا ابوالقاسم قائم‌مقام که شروع جنگ را نادرست می‌دانست و مخالفت آن بود به جاسوسی بیگانه متهم شد. در زمان قاجار طی دو معاهده گلستان و ترکمن‌چای بخش‌های وسیعی از شمال باختر ایران و طی عهدنامه ۱۸۸۱ بخش‌هایی از شمال خاوری کشور جدا و به روسیه واگذار شد. در خاور دولت انگلیس معاهده پاریس را بر ایران تحمیل کرد و ایالت هرات و بخش‌های از خاور کشور از ایران جدا شد. در زمان قاجار جدا از سیاه‌کاری‌های انجام‌شده، دو اتفاق مهم هم رخ داد که نتیجه آن در دوران پهلوی خود را نشان داد. اول آشنایی ایرانیان پیشرو با پیشرفت‌های جهانی به‌واسطه صدراعظمی امیرکبیر و به خود آمدن عباس میرزا از شکست‌های پی‌درپی ایران در جنگ‌های ایران و روس که به درک عقب‌ماندگی ایران منجر شد. در نتیجه عباس میرزا برای جبران عقب‌ماندگی و آشنایی ایرانیان با فنّاوری روز جهان شروع به اعزام ایرانیان برای آگاهی و تحصیل به اروپا کرد. دوم اینکه کارهای امیرکبیر و عباس میرزا و آگاهی‌های بزرگان خیرخواه در ایران موجب بروز انقلاب مشروطیت ایران شد. هرچند این انقلاب در نوع و زمان خود بسیار مترقی بود از همان ابتدا با مخالفت‌هایی همراه بود و نتوانست به اهداف اقتصادی، سیاسی و اجتماعی خود برسد. ولی زیربنای نوسازی و تحول سازمان اداری کشور را در رژیم بعدی را ورق زد.

پادشاهان قاجاریان از ظهور تا سقوط

به ترتیب سلطنت عبارت‌اند از آغامحمدخان، فتحعلی شاه، محمدشاه، ناصرالدین‌شاه، مظفرالدین شاه، محمدعلی شاه و سرانجام احمدشاه. درادامه به عملکرد تعدادی از پادشاهان قاجار اشاره می‌شود:

فتحعلی‌شاه این پادشاهی ننگ پادشاهی در ایران به شمار می‌رود. او به یاری حاج ابراهیم‌خان اعتمادالدوله (یکی از خائنین تاریخ ایران) به تخت نشست. در سال‌های ابتدایی درگیر مدعیان سلطنت بود و در سال‌های دیگر حکومت وی زیر فشارهای انگلیس و روس دو جنگ خفت‌بار رخ داد که منجر به جدایی کل قفقاز در شمال

غرب از ایران شد. دولت‌های اروپایی در آن زمان انگلیس و فرانسه با یکدیگر اختلاف داشتند و فرصت مناسبی بود تا از اختلاف آن‌ها به نفع کشور استفاده شود. اما **فتحعلی‌شاه** به دلیل خامی و ناآگاهی این فرصت را از دست داد و و دولت‌های انگلیس و روس از ضعف و فساد دربار بیشترین استفاده را بردند. فتحعلی‌شاه اصلاً به فکر منافع مملکت و مردم قلمروخود نبود. او مردی عیاش و بی‌توجه به امور مملکت بود. شخصیت او در حد والی یا فرماندار یک شهر هم نبود چه برسد به پادشاهی کشور ایران.

محمدشاه

پسر عباس میرزا ولیعهد فتحعلی شاه بود. چون عباس میرزا در زمان پادشاهی پدر درگذشت، پسر او محمد به کمک ابوالقاسم قائم مقام از تبریز به تهران آمد و در میان مدعیان سلطنت بر تخت نشست. محمدشاه ، توانا و قدرتمند نبود و بازیچه دست دولت‌های روس و انگلیس بود. در اوایل حکومت محمدشاه بین سپاهیان ایران و حکام ایالت هرات (چهار ولایت کنونی افغانستان امروز، یعنی هرات، بادغیس، نیمروز، فراه) جنگی درگرفت. حاکم ولایت هرات خود را تحت حمایت انگلیس قرار داده بود بنابراین در اصل این جنگ بین ایران و انگلستان بود که براثر فشار انگلیس سپاهیان ایران از هرات عقب نشینی کردند. در نتیجه به تدریج مقدمات جدایی این ایالت در زم ان ناصرالدین شاه در ۱۸۵۸ از ایران فراهم شد. همچنین، در زمان محمدشاه میرزا ابوالقاسم قائم مقام، از بزرگان و متفکران ایران که در قدرت رسیدن محمدشاه نقش اصلی را داشت، به دستور شاه اعدام شد.

ناصرالدین شاه

با درگذشت محمدشاه پسر او ناصرالدین شاه که در تبریز بود و ۱۷ سال بیشتر سن نداشت با کمک و هوشیاری و درایت میرزا تقی خان امیرنظام از تبریز به تهران آمد و با وجود اوضاع درهم پایتخت و نیز مدعیان دیگر سلطنت به تخت نشست. در اصل میرزا تقی خان به محض رسیدن به پایتخت با عنوان صدراعظم اداره امور کشور را به دست گرفت و در مدت کمتر از سه سال تحولات اداری- سیاسی و زیربنایی بسیاری را باعث شد. اما با دسیسه‌هایی که برای او درنتیجه دخالت‌های بیگانگان (انگلیس و روسیه)، حماقت چاپلوسان دربار ازجمله میرزا آقاخان نوری و مادر شاه و نیز ناآگاهی جامعه و خرافات حاکم بر آن امیرکبیر ازنخست وزیری عزل و به کاشان فرستاده شد.

درنهایت هم در حمام فین کاشان اولین بزرگ مرد اصلاحات تاریخ ۲۰۰ سال اخیر ایران شهید شد. با کشته شدن امیرکبیر نفوذ بیگانگان (انگلیس و روسیه) در امور ایران فزونی گرفت و به چاپلوسان دربار هم اضافه شد. این مسائل بروز یک پادشاه خودکامه و بدون پاسخ به مردم و بیگانه به منافع ملی را در پی برداشت. در زمان حدود ۵۰ سال سلطنت ناصرالدین شاه چندین قرارداد و معاهدات استعماری و ننگین بر ایران تحمیل شد و بخش‌هایی از شرق ایران در زمان او از کشور جدا شد. جدایی کامل هرات که حدود بیست درصد کشور کنونی افغانستان است طی معاهده پاریس، با امضای بین نمایندگان ناصرالدین شاه و انگلیس، رخ داد. ناصرالدین شاه در زمان سلطنتش سه بار به اروپا سفر کرد که هزینه‌های فراوانی بر کشور تحمیل کرد و نتیجه آن دادن امتیازهای بیشتر به بیگانگان بود. او پس از برگشت از سفرهای اروپایی‌اش و آگاه شدن از پیشرفت‌های صنعتی، علمی، فرهنگ و آزادی مردم اروپا گفت که هیچ وقت نباید این اطلاعات به مردم داده شود.

مظفرالدین شاه

پس از ترور ناصرالدین شاه در شاه عبدالعظیم شهری مظفرالدین از تبریز به تهران آمد و به سلطنت رسید. در آغاز سلطنت او توسط افراد کاردانی چون امین‌الدوله و میرزاحسن خان تنکابنی که کمابیش عقاید امیرکبیر را دنبال می کردند برخی اصلاحات در کشور انجام شد. این اصلاحات به مزاج درباریان و چاپلوسان، نمایندگان روس و انگلیس خوش نیامد و باعث شدند مظفرالدین شاه امین السلطان را به صدراعظمی انتخاب کند. او موردتوجه روس‌ها بود و در نتیجه در ایام صدارت وی امتیازاتی به روس‌ها داده شد.

به تدریج روال کشور به گذشته برگشت. اوضاع نابسامان مالی، اقتصادی و سیاسی ناخشنودی مردم را سبب شد و از سوی دیگر رشد سیاسی و افزایش تعداد نخبگان جامعه باعث اعتراضاتی شد که به سرعت پیش رفت. چون مضفرالدین شاه، اقتدار ناصرالدین شاه را در سرکوب و دربند کشیدن آزاداندیشان و ترقی‌خواهان را نداشت درنهایت به خواست ملت گردن نهاد و انقلاب مشروطیت را پذیرفت. در زمان او اولین مجلس شورای ملی تشکیل شد و مجلس هم به این علت که شاه مشروطیت را پذیرفته بود برای او حرمت و احترام قائل بود و در مرگ او سه روز عزای عمومی اعلام کرد.

محمدعلی شاه و احمدشاه

محمدعلی شاه، پادشاهی خودخواه، دیکتاتور و آلت دست دولت روس بود و با مشروطه از سر دشمنی برخاست و مجلس را به توپ بست. سپس، آزادی خواهان و میهن دوستان را زندانی کرد. دوره کوتاه سلطنت او به استبداد کوتاه (استبداد صغیر) معروف است. وضعیت نابسامان در زمان وی موجب شد آزادی‌خواهان به قیام برخیزند و تهران توسط قوای سردار اسد و سایر آزادی خواهان و میهن دوستان فتح شود.

محمدعلی شاه پس ازاین اتفاق به سفارت روس پناهنده شد. مجلس شورای ملی او را از سلطنت خلع و پسر ۱۲ ساله او را به سلطنت

انتخاب کرد و قرار شد تا سن بلوغ زیر نظر نایب السلطنه‌ای که از طرف مجلس انتخاب می‌شود ضمن آموزش وظایف خود پادشاه ایران باشد.

احمدشاه در آستانه جنگ جهانی اول تاج‌گذاری کرد و اداره امور را به دست گرفت. او که در آن زمان جوان و از درباریان سابق و چاپلوسان به دور بود، موردعلاقه و احترام مردم بود. مردم فکر می‌کردند او زیر نفوذ معلمان برگزیده مجلس فردی آزادی‌خواه و آشنا به ریزه‌کاری‌های سیاسی شده باشد. الحق تا حدودی چنین بود و روش دیکتاتورانی نظیر پدرش و یا شاهان سابق قاجار را نداشت، اما اوضاع نابسامان کشور و دربار در کنار شروع جنگ جهانی اول مسائل دیگری را رقم زد.

حکومت، صنعت، هنر و فرهنگ دوره قاجاریان

دولت قاجار به ظاهر دولتی متمرکز بود و والی و حکمرانان مناطق و استان‌ها را خود انتخاب می کرد. اما واقعیت این بود که حکمرانان مناطق دور از مرکز، توسط خان‌ها و بزرگان محلی انتخاب و پیشنهاد می‌شدند. سپس بزرگان محلی توسط شاه منسوب، البته بهتر است بگوییم تنفید می‌شدند (ایران بین دو قرن) پس از آغامحمدخان قاجار، جانشینان او با ایجاد بوروکراسی یا دیوان سالاری گسترده کوشیدند قدرت خود را نهادینه و موقعیت خود را با تشکیل ارتشی کارآمد و دائمی تثبیت کنند. آنها با تقلید از سنن و مراسم درباری پادشاهان گذشته می‌خواستند به حکومت خود مشروعیت ببخشند، اما به علت ناتوانی، نادانی، کم خردی و نداشتن عرق ملی این مهم برای آن ها حاصل نشد.

شاهان قاجار زبان و واژگان مبهم کاتبان ایرانی را آموختند و اقوام و آشنایان خود را به استخدام دولت درآوردند. دویست نفر را برای اداره شهر تهران به خدمت گرفتند. به هر فرمانفرمای ایالتی یک وزیر و دو مستوفی دادند و کابینه «خیمه»‌ای سه نفری را به کابینه‌ای ده نفریه اضافه یک صدراعظم و یک مستوفی الممالک تبدیل کردند. آن‌ها همچنین دربار بزرگ مرکزی را به بخش‌های ویژه خزانه سلطنتی، ضرابخانه، اسلحه خانه، انبار، صندوق خانه، اسطبل، کشیک خانه و کارگاه‌ها تقسیم کردند. با همه این موفقیت‌ها نتوانستند با ایجاد یک نهاد اداری گسترده و توانا، موانع و مشکلات مالی را از میان بردارند. اکثر وزرای کابینه تا اواخر سده نوزدهم بدون وزارتخانه، بدون دفتر و حتی کارمندان دائمی باقی ماندند. افزون بر این اکثر حکمرانان و والیان فراتر از حوزه محدود و قابل دسترس مراکز ایالتی هیچ قدرتی نداشتند. در اینجا برای نمایش بهتر زمام‌داری دوره قاجار داستانی فکاهی از کتاب چرند وپرند مرحوم دهخدا نقل می‌شود:

«ای ادام اسمیت که اسمت را پدر علم اکونومی گذاشته‌ای، یعنی که مثلاً درروی زمین کسی بهتر از تو علم اکونومی نمی‌داند. اگر تو واقعاً پدر اکونومی هستی پس چرا لوازم تولید ثروت را منحصر به طبیعت، کار و سرمایه قرار داده‌ای و در معنای این سه چیز هم دراز دراز مطالب نوشته‌ای.

ازین حرف تو همچو درمی آید که اگر انسان از این سه چیز منفعت نبرد، باید دیگر از گرسنگی بمیرد. هی هی بارک الله به عقل و معرفت تو، بار ک الله بفهم تو حالا یک کمی نگاه کن به علم اکونومی پادشاه ایران و آن وقت پیش خودت اقلاً خجالت بکش و بعد ازین خودت را عالم علم اکونومی حساب نکن. مرد عزیز تو خودت میدانی که پادشاه ما کار نمی‌کند. برای اینکه او شاهنشاه است، یعنی در دنیا و عالم هر جا شاه هست او برهمه آنها شاه است. پس به همچو آدمی کار کردن نمی‌برازد. آمدیم سر عادت و طبیعت. آن را هم البته شنیده‌ای که شاهنشاه ایران از آن وقت که به بیسی یک حب تریاک عادت کرده طبیعتش آن قدرها عمل نمی‌کند؛ و اما آنکه سرمایه است، آن را هم لابد در روزنامه‌های پارسال خوانده‌ای که در ماه ذیقعده، گذشته آن قدر از سرمایه پاک بود که دار و ندار عیالش را برد گذاشت بانک روسی گرو که چهار روز فریادهای چرچیهای میدان توپخانه را راه انداخت.

پس حالا به عقیده تو باید شاه دستش را بگذارد روی دستش و بربر تماشا کند، یامیربهادر و امیربهادر هم بقول ترک‌ها مال مال نگاه کند بروی شاه.

نه عزیزم ادام اسمیت تو اشتباه کرده‌ای. علم تو هنوز ناقص است تو هنوز نمی‌دانی که غیر از طبیعت و کار و سرمایه، ثروت هم به چیزهای دیگر هم تولید می‌شود.

ای ادام اسمیت احتمالاً باز با اعتقاد تو باید دیگر شاه بنشیند به امان خدا و پاهاش را بقول بابا گفتنی دراز کند رو به قبله هی هی آفرین با این عقیده. آفرین با این عقل و هوش.

خیرعزیزم شاه باز این طور نمی‌کند. شاه محرمانه می‌دهد تفنگ‌های دولت می‌ریزد توی میدان مال فروش‌ها، یک چراغ حلبی هم روشن می‌کنند می‌گذارند روی تفنگ‌ها، های بابا تمام شد و ارزان شد.

تفنگ‌های صدتومانی را می‌فروشند پانزده تومان. شب وقتی حساب می کنند سیصد و چهل وپنج تومان تفنگ فروخته‌اند. آن وقت فردای همان روز شاه می‌نشیند سر تخت کیانی که به خدا به او عطا فرموده است.

وسیف قاطع اسلام، ستون محکم دین، مبین و حامی اسلام و مسلمین سید ...تا جنرال لیاخوف را هم صدا می‌کند و می‌فرماید از قراری که به حضور اعلیحضرت اقدس همایون ما عرض شده است جمعی از مفسدین آشوب طلب که جز

خرابی دین و دولت و بنیان اسلام و سلطنت قصدی ندارد و در خانه‌های خود برای اشتعال فتنه و فساد تفنگ ذخیره کرده‌اند البته تمام خانه‌ها را مخصوصاً با قزاق‌های روسی خودتان تفتیش کنید (برای اینکه قزاق‌های مسلمان نامحرم‌اند مبادا چشمشان بزن و بچه مسلمان‌ها بیفتد) هرکس تفنگ دارد تفنگش را ضبط و یکی پانزده تومان جریمه کنید. آن وقت از فردا جنرال لیاخوف هم با قزاق‌های روسی خودش میافتد توی خانه‌های مردم یعنی میان زن و بچه مسلمانان تفنگ‌ها را با پانزده تومان جریمه و ده تومان پول وتکا یعنی عرق برای مجاهدین اسلام پس می‌گیرد. آنوقت آن سیصد و چهل‌وپنج تومان می‌شود شش‌صد و نود تومان. این هم مخارج یک اردوی دیگر.

حالا ای ادام اسمیت، به من حالی کن ببینم این پول‌های حاضر از طبیعت تحصیل شده یا از کار یا از سرمایه؟

پس تو هنوز خامی و علم تو هنوز کامل نیست. هنوز تو لایق پدر اکونومی پلی تیک نیستی. پدر اکونومی پلی تیک پادشاه جام جم ملایک سپاه پدر والا گهر ما ایرانی‌ها اعلیحضرت قدر قدرت فلک حشمت کیوان شوکت رستم سولت... محمد علیشاه قاجار است والسلام.»

شاهان قاجار شکوه و عظمت شاهنشاهان پیشین را هم نتوانستند کاملاً به دست آورند. آنان به‌سرعت زندگی ساده قبیله‌ای را رها کردند و در انجام مراسم مذهبی دقت و ظرافت خاصی داشتند. هزینه اماکن مقدس را می‌پرداختند. از ائمه جمعه و شیخ‌الاسلام‌های درباری حمایت می‌کردند. شمشیر صفوی را به‌عنوان نماد تشیع به کمر می‌بستند و بر تخت می‌نشستند و به قول موریه[1] از میراث باشکوه شاهان باستان تقلید می‌کردند. قاجاریان بدون امنیت و توان نظامی و ثبات اداری و با مشروعیت ایدئولوژی ناچیز، فقط با توسل به دو نوع سیاست مکمل، عقب‌نشینی هنگام رویارویی با مخالفان خطرناک و مهم‌تر از آن دست‌کاری و تحریک اختلافات گروهی در جامعه‌ای چندپاره و متفرق، در قدرت باقی ماندند. پس آنان نه با توسل به‌زور و نه با علم اداره و حکومت‌داری، بلکه با استفاده از عقب‌نشینی‌های محتاطانه و تحریک و دست‌کاری اختلافات موجود، در شبکه پیچیده‌ای از رقابت‌های گروهی، حکومت کردند.

شاهان قاجار درعین‌حال که به کینه‌ها و دشمنی‌های میان گروه‌های مختلف اجتماعی دامن می‌زدند، از گرفتن مالیات، اِعمال مجازات غیرعادی و اعطای پاداش‌های گاه وبیگاه نیز بهره‌برداری می‌کردند. بخش عمده درآمد دولت، از طریق مالیات بر زمین، دام، مغازه و مسکن تأمین می‌شد. هر گروه مطابق با «توان فرضی» خود مالیات می‌پرداخت. شاه و مستوفی‌الممالک توان پرداخت و کمک هر ایالت و کنفدراسیون ایالتی را تعیین می‌کردند. والیان و ایلخانان همراه با مستوفیان ایالتی، میزان مالیات هر محله و ایل را تعیین می‌کردند. کدخدایان روستا، ایل، محله و صنف نیز میزان قابل پرداخت هر خانوار را مشخص می‌کردند. درنهایت کلانتران منطقه و خوانین ایالتی این مقادیر را از کدخدایان جمع‌آوری می‌کردند. در کل این روش برای سوءاستفاده مناسب بود. شاهان قاجار همچنین به‌عنوان ظل‌الله، فاتح الهی و حافظ‌الرعایا در زندگی مردم، مقام و ثروت آن‌ها دخالت زیادی می‌کردند. آنان خود را مالک همه زمین‌هایی می‌دانستند که قبلاً به کسی واگذار نشده بود.

هرچند پادشاهان قاجار برای هنر ارزش قائل نبودند اما آشنایی ایرانیان با باختر از یک سو و رشد فنّاوری چاپ باعث توسعه خط و خوشنویسی و نقاشی شد. بناهای فراوانی توسط اشخاصی همچون تاجران، بزرگان و خان‌ها در این دوران در مناطق مختلف کشور ساخته شد که نمونه‌هایی از آن‌ها را می‌توان در کاشان، یزد، اصفهان و کرمان مشاهده کرد (نگاه شود به فصل دهم).

در اواخر دوره قاجار نمودهایی از صنایع که جنبه نمایشی داشت مانند ایجاد خط راه‌آهن از کاخ گلستان به شهرری و تأسیس کارخانه‌های کوچک برق در تهران، مشهد از باختر به ایران آورده شد. درنتیجه ۱۴۰ سال حکومت قاجار در ایران، بخش‌های وسیعی از کشور جدا شد و مردم اغلب در شرایط بسیار سختی زندگی می‌کردند.

۱۷–۵ امتیازات داده‌شده به بیگانگان در زمان قاجار

در دوران قاجار جهانگردان و مأموران در سفرنامه‌های خود، منابع معدنی و اوضاع سیاسی و اقتصادی ایران را به حکومت‌ها و سرمایه‌داران خارجی می‌شناساندند، همراه با علوم و فنون جدید، پای آن‌ها را به ایران باز می‌کردند. الکساندر خودزکو، کنسول روسیه در زمان فتحعلی شاه و محمدشاه می‌نویسد: ازنظر ذخایر معدنی و فلزها، بخصوص مس، به‌زحمت ممکن است کشوری را با ایران مقایسه کرد؛ اما ایرانیان در کار استخراج معدن سخت عقب‌مانده‌اند و از ماشین‌های وارد شده از اروپا نمی‌توانند استفاده کنند. درواقع از دوره فتحعلی شاه به بعد بود که موضوع سرمایه‌های خارجی در پیوند با نقشه‌های ترقی ایران نمایان شد. در دوره ۱۲۴۰ تا ۱۲۵۰ خورشیدی دلالان و سرمایه‌داران غربی (بیشتر انگلیسی و گاهی آمریکایی) در سرمایه گذاری در ایران فعال شدند. در این دوران قراردادها، معاهده‌ها و امتیازهای زیادی، عمدتاً استعماری، با دیگر کشورها به‌خصوص، انگلیس و روس منعقد شد. هیچ‌کدام از اینها نفعی برای ایران نداشت. از آن جمله می‌توان امتیاز رویتر و تأسیس بانک شاهنشاهی و معادن ایران، امتیاز بهره‌برداری معادن آذربایجان و امتیازنامه نفت دارسی را نام برد. در این راستا روس‌ها با انگلیس‌ها به رقابت می‌پرداختند.

امتیاز رویتر

ناصرالدین‌شاه پس از بازگشت از سفر فرنگستان (بین فروردین‌ماه

۱- منشی سفارت بر کارکنان سر گور اوزلی (۱۸۱۰) James Justinian Morier اولین سفیر در ایران. همچنین، او آثار معروفی با عنوان ماجراهای حاجی بابای اصفهانی (۱۸۲۴) و ماجراهایی حاجی بابای اصفهانی در انگلستان (۱۸۲۸) به رشته تحریر درآورد.

۱۲۵۲ تا شهریور ۱۲۵۲خورشیدی) به حراج منابع مالی کشور پرداخت. دراین‌بین درباریان فاسد نیز از واگذاری منابع کشور به اروپائیان دریغ نکردند. یکی از این امتیازات امتیاز معروف به جولیوس رویتر انگلیسی است. این امتیاز یکی از ننگین‌ترین امتیازات تاریخ ایران و درواقع گویی فروش ایران به انگلستان بود. این قرارداد در اختیار گذاشتن منابع مالی کشور به بیگانگان را در برداشت. به‌عنوان‌مثال در سطری از سطور ماده یازدهم امتیازنامه چنین نوشته‌شده است: هر معدن که کمپانی پیدا کند مثل زمین ساده و عادی محسوب خواهد شد و از جانب کمپانی به قیمت متداول آن ولایت خریداری خواهد شد و اگر لازم شود دولت صاحب آن زمین را مجبور به فروش به قیمت متداول خواهد کرد. ناصرالدین‌شاه قبل از امضا، مفاد قرارداد را به درباریان نشان می‌دهد و از آن‌ها می‌خواهد که درباره آن اظهارنظر کنند. درباریان فاسد پس از مدت کمی به شاه می‌گویند در صورت امضای این قرارداد به دست ملوکانه، در طول پادشاهی ایران چنین قراردادی که به نفع ملت و دولت پادشاهی باشد امضا نشده است.

لرد کرزن انگلیسی درباره قرارداد رویتر چنین می‌نویسد: عجیب‌ترین امتیازی که در طول تاریخ دیده‌شده و به‌موجب آن تمام منافع صنعتی کشوری به یک خارجی تسلیم و تفویض گشته این امتیاز بوده است. این قرارداد ننگین‌ترین قرارداد تاریخ است که یک ملت، همه هست و نیست خود را به یک بیگانه می‌فروشد.

امتیازنامه رویتر با مخالفت شدید مردم روبرو شد تا آنجا که پس از بازگشت شاه مستبد از اروپا، در اندک زمانی لغو و بطلان مفاد قرارداد امضا شد، هرچند قرارداد رویتر بعدها به شکل دیگریادامه می‌یابد (امتیاز دوم رویتر). بعدها که دولت، امتیاز دایر نمودن بانک شاهنشاهی را به رویتر می‌دهد، مطابق فصل یازدهم امتیاز حق استخراج معادن آهن، مس، سرب، جیوه، زغال‌سنگ، نفت، منگنز، بوره و غیره را به مدت ۶۰ سال درازای ۱۶ درصد منافع مکتسبه سالانه به بانک واگذار می‌کند. کمپانی‌های روسیه از سال ۱۲۶۸ خورشیدی به بعد با کسب امتیازات پی‌درپی از دولت ایران، نفوذ سیاسی و اقتصادی خود را در ایران به‌ویژه در قسمت شمالی گسترش دادند تا آنجا که نبض اقتصاد ایالات شمالی با گرفتن امتیاز احداث راه‌ها و حمل‌ونقل کاملاً در دست آنان افتاد.

روس‌ها که از اوایل سال ۱۲۷۶ خورشیدی چشم طمع به معادن قراجه‌داغ داشتند طی تماس و مذاکرات مفصل با مقامات ایران، عاقبت در ۱۸۹۹ میلادی (۱۲۷۷خورشیدی)، در ازای پرداخت ۱۶ درصد از عایدات خالص سالیانه به دولت ایران، موفق به کسب امتیاز بهره‌برداری ۷۰ ساله از معادن مذکور می‌شوند. بند یک از فصل اول امتیازنامه، حق تفحص و تجسس در امر پیدا کردن معادن را به مدت ۱۰ سال برای صاحب‌امتیاز مجاز می‌شمرد (قربانی ۱۴۰۱م) در سال‌های بعد روس‌ها، حدود استخراج معادن قراجه‌داغ را به هنگام کسب امتیاز ساختن راه شوسه جلفا به قزوین زیرکانه گسترش می‌دهند. امتیاز ساختن راه شوسه تبریز به قزوین در ماه اسفند سال ۱۲۸۰ خورشیدی به مدت ۷۵ سال به‌شرط ادای قرضه از طرف دولت روسیه به دربار فاسد و دار و دسته‌اش (برای تأمین مخارج سفر به اروپا) به بانک استقراضی روس داده می‌شود. این امتیاز از هر امتیاز دیگری که تا آن زمان به روس‌ها داده شد، پربهاتر بود. بدین معنی که هم امتیاز انحصاری ساختن راه حمل‌ونقل و هم‌کسب امتیاز معادن به فاصله ده فرسخ از دو طرف جاده بود. در حقیقت امتیاز استخراج معادن قراجه‌داغ از حدود مرند به طول و عرض ۱۲۰ و ۲۰ فرسخ تا قزوین وسعت داشت. این امتیاز (بزرگ‌ترین پهنه معدنی واگذارشده به یک کشور بیگانه) در یک مقدمه و پانزده شرط و برای مدت ۷۵ سال به روس‌ها واگذار شد که شرط نهم آن به شرح زیر بود: «امتیاز مخصوص به بانک داده می‌شود که معدن زغال‌سنگ و نفت واقع در ده فرسخی از دو طرف راه متعلق به بانک باشد، اگر در املاک خالصه (دولت ارباب زمین است) است مجانی به بانک واگذار می‌شود و اگر از املاک اربابی است اعم از دایر و یا بایر با مالکین قرار آن را بانک می‌دهد....» و سرانجام کسب امتیاز راه‌اندازی راه‌آهن جلفا- تبریز، صوفیان- دریاچه ارومیه با انحصار استخراج معادن در دو طرف راه‌آهن و حق امتیاز تمامی معادن در همان منطقه در فوریه ۱۹۱۳ میلادی (۱۲۹۲خورشیدی) از طرف بانک استقراضی روس انجام گرفت و بهره‌برداری از بخش وسیعی از معادن کشور عملاً به دست روس‌ها افتاد.

یک شرکت تجارتی فرانسه به نام سندیکای ایران-فرانسه با سرمایه ۸۰۰۰۰۰ فرانک فرانسه به‌منظور بهره‌برداری از معدن زغال‌سنگ منطقه ینگی‌امام (بین تهران و قزوین) تأسیس و با به دست آوردن امتیاز استخراج مشغول بهره‌برداری شد. کلیه امتیازات مکتسبه روسها بعد از انعقاد عهدنامه دوستی فی‌مابین دولتین ایران و شوروی در ماه فوریه سال ۱۹۲۱ میلادی (اسفند سال ۱۲۹۹ خورشیدی) از درجه اعتبار ساقط و ملغی اعلام شد.

۱۸-۵ اقدامات دو صدراعظم بزرگ در زمان حکومت قاجاریان

در یکصدوچهل سال حکمرانی قاجاریان در ایران، دوران سیاه و تاریک و دوره عقب‌ماندگی فرهنگی، سیاسی، اجتماعی، اقتصادی و سازندگی، دو رخداد نیز اتفاق افتاد.

دو صدراعظم بزرگ در این مدت به صدارت رسیدند. هرچند که دوره صدارت آن‌ها کوتاه بود، ولی اصلاحات مفیدی در ایران انجام شد که زمینه حرکت‌های بعدی به شمار می‌آیند. اتفاق دیگر دوران زمان قاجار، وقوع انقلاب مشروطیت است که در زمان خود یک تحول اساسی بود. هرچند به دلایل فراوان ازجمله فقر سیاسی، اجتماعی، علمی و فرهنگی و دخالت بیگانگان، این انقلاب تا مدتی نتوانست به اهداف خود برسد، اما شرایط تغییر حکومت قاجار را در متن خود

پروراند و دوران مدرن شدن را که از اهداف انقلاب بود رغم زد.

زندگی‌نامه و اقدامات قائم‌مقام فراهانی

سید ابوالقاسم قائم‌مقام در سال ۱۱۵۸ خورشیدی در منطقه فراهان اراک به دنیا آمد. زیر نظر پدر دانشمند و صاحب‌نام خو تربیت شد. این خاندان از افراد صاحب‌نام بودند و جد مادری او از افراد و وزیران دولت کریم‌خان زند بود. همچنین پدر او در تبریز وزیر آذربایجان بود. با درگذشت پدر سید ابوالقاسم قائم‌مقام، منسب پدر را در زمان فتحعلی شاه به دست آورد و لقب قائم‌مقام گرفت.

در ۱۲۰۵ خورشیدی که در تبریز پست مهمی داشت فتحعلی شاه همراه مردان دربار، روحانیان و سرداران نظامی به آذربایجان رفته بود و درباره صلح یا ادامه جنگ (پس از عهدنامه گلستان) با روس‌ها به مشورت می‌پردازد. همه حاضرین فتحعلی شاه را به جنگ ترغیب می‌کنند، اما قائم‌مقام با بحث توان مالی و نظامی دو کشور، پیشنهاد می‌دهد ناچاریم که با روس‌ها به صلح درآنیم. همه که بدون مطالعه و بر پایه احساس نظر دادند و جمعی به او ایراد گرفته و تندی کردند و وی را به داشتن رابطه با روس‌ها متهم کردند. پس از شکست در جنگ مجبور به پذیرش قطعنامه ترکمانچای خفت‌بارتر از قطعنامه گلستان شدند. بعد از جنگ فتحعلی شاه از او دلجویی کرد و اختیارات لازم برای عهد صلح را به او داد. پس‌از درگذشت فتحعلی شاه، قائم‌مقام و پسر او محمدشاه که در تبریز بود و مدعیان زیادی هم برای سلطنت وجود داشت توانستند محمدشاه را به سلطنت بنشاند.

با به قدرت رسیدن محمدشاه، میرزا ابوالقاسم قائم‌مقام فراهانی که نقش اصلی را در تحکیم تاجوتخت او و سرکوب مدعیان داشت به صدراعظمی ایران رسید، هرچند صدارت وی دوام چندانی نداشت. قائم‌مقام در همین مدت کوتاه به اقدامات و اصلاحاتی در زمینه‌های مختلف دست زد که درباریان و دولت‌های خارجی را خوش نیامد. نتیجتاً با وارد ساختن اتهام «سازش قائم‌مقام با روس‌ها» محمدشاه را به قائم‌مقام بدبین کردند و روحانیون نیز با بدگویی از او بر بالای منبر توده مردم را برعلیه او برانگیختند.

قائم‌مقام درزمینه‌ی سیاست داخلی تلاش کرد تمرکز قدرت را افزایش و ریخت‌وپاش درباریان را کاهش دهد. چنان‌که یک‌مرتبه ۲۰ تومانی را که محمدشاه به‌عنوان هدیه به باغبان داده بود پس گرفت و به خزانه دولت بازگرداند. شاهزاده‌های قاجار و درباریان فاسد، قائم‌مقام را با صفات زشتی مانند «فاسد»، «بی‌صفا»، «خائن»، «بدذل مرد دنیادوست» یاد می‌کردند. مهم‌ترین عامل سقوط قائم‌مقام فراهانی، ایستادگی او در برابر افزایش نفوذ انگلیس در ایران بود. چون روس‌ها بنا بر عهدنامه ترکمانچای امتیازاتی بزرگی از دولت ایران گرفته بودند، انگلیسی‌ها نیز خواستار امتیازات مشابهی بودند اما صدراعظم با این موضوع مخالف بود. هرچه اقدامات قائم‌مقام برای رونق ایران و مخالفت برای دادن امتیاز به بیگانگان بیشتر می‌شد مخالفت درباریان و مفت‌خوران داخلی نیز شدت می‌گرفت. او به فکر برقراری ارتباط خوب با دیگر کشورها ازجمله دولت عثمانی بود. در گزارش تاریخ ۱۲ مه ۱۸۳۵ میلادی (۱۲۱۴خورشیدی) وزیرمختار انگلیس در ایران آمده است که او به کمک درباریان موفق شده به گوش شاه برساند که «میان قائم‌مقام و روس‌ها سازشی وجود دارد» و شاه با شنیدن موضوع «سخت» متحیر شد. کمپل، وزیرمختار انگلیس، در گزارش ۷ ژوئن، می‌نویسد که «ملایان بالای منبر علیه او به درشتی سخن می‌گویند.»

دسیسه‌چینی‌های خارجی با کمک مفت‌خوران و فاسدان داخلی سرانجام تا آنجا پیش رفت که شاه دستور عزل قائم‌مقام را داد. وزیرمختار از شاه می‌خواهد برای اینکه او به قدرت برنگردد اعدامش کند.

سرانجام قائم‌مقام را در باغ نگارستان زندانی کردند. چهار روز بعد شاه فرمان داد او را بکشند. سرنوشت یک صدراعظم آگاه به امور سیاست و دلسوز فرهنگ ایران چنین بود. دسیسه‌هایی که در مرگ قائم‌مقام به کار گرفته‌شده بود، در مرگ امیرکبیر نیز تکرار شد. چند روز پس از اعدام قائم‌مقام، انگلیسی‌ها به سراغ شاه رفتند و از او قول گرفتند که عهدنامه‌ای را که قائم‌مقام مخالف آن بود امضا کند. این رخداد باعث تبریک گفتن رجال و مفت‌خوران به نماینده انگلیس شد.

با اعدام قائم‌مقام، محمدشاه چند ماهی را بدون صدراعظم سپری کرد تا حاجی میرزا آقاسی همان دشمن قدیمی قائم‌مقام فراهانی را به صدراعظمی برگزید. در این زمان، وضعیت سلامتی شاه نگرانی‌هایی

برای آینده دولت پس از مرگ او پدیدآورده بود. مدت کوتاهی پس از انتصاب آقاسی به صدارت، ناصرالدین‌میرزا که در آن زمان چهار سال بیش نداشت به‌عنوان ولیعهد ایران انتخاب شد. مقرر گردید تا اداره آذربایجان (که حکومت آن مختص ولیعهد ایران بود) به‌صورت موقت تا زمان رسیدن ولیعهد به سن قانونی به قهرمان میرزا، شاهزاده نزدیک به روسیه و برادر تنی شاه، سپرده شود. میرزامحمد زنگنه، امیرنظام آذربایجان، نیز به‌عنوان پیشکار او انتخاب شد.

زندگی‌نامه و اقدامات امیرکبیر

میرزا تقی فراهانی در ۱۹ دی ۱۱۸۵ خورشیدی در منطقه فراهان اراک به دنیا آمد. پدرش آشپز قائم‌مقام و ناظر آشپزخانه وی بود. میرزا محمدتقی‌خان با اطفال خردسال قائم‌مقام هم‌بازی بود. نقل‌شده است که وی در کودکی ناهار اولاد قائم‌مقام را می‌آورد ودرحجره معلم آن‌ها می‌ایستاد تا ظروف غذا را برگردانند. در این زمان آنچه نخستین مأموریت سیاسی میرزا تقی‌خان این بود که پس از قتل گریبایدوف در ایران، از طرف دستگاه دولتی مأموریت یافت تا برای عذرخواهی به‌عنوان منشی همراه خسرو میرزا به نزد تزار روسیه برود. وی در این سفر حدود ۲۲ سال داشت. مأموریت دوم وی یک مأموریت تشریفاتی بود که درزمانی که وزیر نظام آذربایجان بود به همراه ناصرالدین میرزای ولی عهد به ایروان رفت تا با تزار روس که به این شهر آمده بود دیدار کند. نخستین مأموریت سیاسی مهم امیر ریاست هیئت نمایندگی ایران در اجلاس ارزروم ترکیه برای حل اختلافات مرزی با دولت عثمانی بود. این مأموریت دو سال به طول انجامید. میرزا تقی‌خان در آموزش‌هایی که با همایت قائم‌مقام در کنار ایشان دیده بود و همچنین در سفرهای دیپلماتیک با اصول کشورداری آشنا شده بود. وقتی خبر مرگ محمدشاه به تبریز رسید میرزا فضل‌الله نصیرالملک پیشکار ناصرالدین‌شاه در مهیا نمودن مقدمات حرکت شاه به تهران درماند و میرزا تقی‌خان مأمور به این کار شد.

میرزا تقی با سی هزار تومان استقراض از یک تاجر تبریزی و تدارک نیروی نظامی کافی، همراه شاه راهی تهران شد. وقتی ناصرالدین به همراه میرزا تقی‌خان به تهران رسید، میرزا نصرالله صدر الممالک که خود را نامزد اصلی صدارت می‌دانست در منزل حاجی میرزا آقاسی مشغول دسیسه‌چینی علیه میرزا تقی‌خان بود؛ اما با درایت میرزا تقی‌خان، ناصرالدین در میان مدعیان سلطنت به شاهی ریسد. بلافاصله میرزا تقی‌خان را به مقام صدارت برگزید و لقب امیرکبیر را به وی اعطا کرد. شاه در فرمانی چنین نوشت: ما تمام امور ایران را به دست شما سپردیم و شمارا مسئول هر خوب و بدی که اتفاق می‌افتد می‌دانیم. به‌جز شما به هیچ‌کس دیگر چنین اعتقادی نداریم و به همین جهت این دست‌خط را نوشتیم.

اقدامات امیرکبیر

امیرکبیر پس از انتصاب اقدامات بزرگی را شروع کرد. وی میرزا محمدعلی خان شیرای را به وزارت خارجه گماشت. از سفرای خارجی خواست ازاین‌پس تمام مکاتباتشان مستقیماً با وزیر خارجه باشد و از رجوع مستقیم به شاه یا صدر اعظم خودداری کنند. امیر در لندن و سن پترزبورگ سفارتخانه دائمی ایجاد کرد. امیر برای افزایش کیفیت ارتباط خارجی هیئتی از مترجمان ایجاد کرد که میرزا ملکم خان معروف‌ترین آنهاست.

امیر می‌دانست که کشور برای مدرن شدن نیاز به پیشرفت علوم و فنون دارد. از این رو، مدرسه دارالفنون، اولین مدرسه جدید ایران، با شش رشته تأسیس شد. در دارالفنون اصول علمی جدید و دانش‌های مهندسی، پزشکی، داروسازی، معدن و فنون به جوانان آموزش داده می‌شدو برخی معلم‌های آن از اروپا دعوت شدند. گرچه امیر هنگام گشایش و آغاز به کار دارالفنون از صدارت برکنار و به کاشان تبعیدشده بود، با همه مخالفت‌های جانشینش، میرزا آقاخان نوری، برخی فعالیت‌های امیرکبیر ازجمله تأسیس دارالفنون برای مردم به‌خصوص دولتیان از اخبار خارج و داخل آشنا بود.

در زمان امیرکبیر روزنامه وقایع اتفاقیه در ۱۸ بهمن ۱۲۲۹ خورشیدی ۱۸۵۱ میلادی اولین شماره خود را به چاپ رسانید.

امیرکبیر در امور مالی و مبارزه با فساد دست به اقدامات اصلاحی زد. او دستور داد دریافتی‌های بی‌حساب و مواجب بی‌جهتی که برخی از دستگاه‌های دولتی می‌گرفتند، قطع شود. وی حقوق شاه را کاهش داد و ماهانه به دو هزار تومان رسانید و قرار گذاشت که هرماه به او کارسازی کنند. حقوق بی‌حساب و کتابی را که حاجی میرزا آقاسی برقرار کرده بود قطع کرد. به قوانین مالیاتی سروسامانی داد و صورت عواید و مخارج آن را تعدیل کرد. در دوره صدارت حاجی میرزا آقاسی وضعیت مالی دولت به‌هم‌ریخته و خزانه خالی بود و بودجه کشور حدود یک‌میلیون تومان کسری داشت. رقم خالص درآمد کشور در آخرین سال صدارت امیرکبیر نزدیک به سه میلیون تومان بود و بیشترین عایدی مالیاتی نیز مالیات آذربایجان به مقدار ۶۲۰ هزار تومان بود. در همان سال مجموع مخارج دولت در حدود دو میلیون و شش‌صد هزار تومان بود.

امیرکبیر جهت برقراری ارتباطات دستور داد ۴۰ قراول خانه در نقاط مختلف دارالخلافه (تهران) دایر شود و برای هر قراول خانه ۱۲ نگهبان تعیین کرد. او پستخانه‌ای تأسیس کرد و برای حفاظت محموله‌های پستی در تمامی راه‌های کشور قراول‌خانه‌هایی ایجاد کرد. از دیگر اقدامات امیر سازندگی و ایجاد جاده‌های جدید بود. امیر در امور قضایی آیین‌نامه‌ای تدوین و به حاکمان مناطق ارسال کرد که در متن آن ذکرشده بود شکنجه متهمین و جزای بی‌تناسب افراد گناهکار ممنوع است. همچنین مقرر شد در صورت محرز شدن جرم، مقصرین و مجرمین طبق احکام شرع و عرف مجازات شوند. بست‌نشینی که یک حرکت برای فرار از جرم به اماکن مذهبی بود توسط امیرکبیر ممنوع شد و دستور داد هر که برای گریز از قانون در

اماکن مقدسه بست می‌نشیند دستگیر و محاکمه شود. این حرکت امیرکبیر موجب مخالفت شدید روحانیون شد. میرزا ابوالقاسم امام‌جمعه تهران ازجمله روحانیونی بود که به‌شدت به مخالفت با امیرکبیر برخاست و بسیاری از روحانیون دیگر نیز با وی همراه شدند. امیر برای آگاهی مردم متنی در روزنامه اتفاقیه منتشر کرد. همچنین به اصلاحات نیروهای نظامی دست زد. در زمان عزل امیر شمار سپاهیان ارتش ایران به ۱۳۷۲۴۸ نفر رسیده بود. تعداد هزار توپ داشت. در تهران و اصفهان به ترتیب هر ماه ۱۰۰۰ و ۳۰۰ تفنگ ساخته می‌شد.

ماجرای عزل از صدارت و سپس قتل امیرکبیر

چند عامل باعث عزل امیر از صدارت و درنهایت موجب قتل او شد.

- دسیسه‌چینی درباریان در برابر قوانین مالی سخت که برای آنها وضع شده بود.
- اتحاد میرزا آقاخان نوری، مخالف امیر و از عوامل انگلیسی‌ها با مهدعلیا مادر شاه
- دور نگه‌داشتن شاه از خویشان و نزدیکان فاسد به دو عامل بالا کمک کرد.
- دخالت خارجی‌ها به‌خصوص انگلیس‌ها و روس‌ها که هریک به دنبال منافع خویش بودند.
- اقتدار امیر در کارها که شاه احساس می‌کرد او در کشور کارهای نیست و درباریان و نزدیکان شاه که این موضوع را به شاه تلقین می‌کردند و البته ناآگاهی توده مردم و گوش دادن به فاسدان و مفت‌خوران که از سادگی آنها استفاده می‌کردند.

سرانجام عوامل یادشده دست‌به‌دست هم داد و در روز ۲۰ آبان ۱۲۳۰ (دو ماه قبل از روز قتل امیرکبیر) ناصرالدین‌شاه با ارسال این دستخط او را از صدارت عزل کرد: چون صدارت عظمی و وزارت کبری زحمت زیاد دارد و تحمل این مشقت برای شما دشوار است شمارا از آن کار معاف کردیم، باید به کمال اطمینان مشغول امارت نظام باشید.

ناصرالدین‌شاه در روز ۲۴ آبان نامه‌ای دیگر نوشت و در آن تأکید کرد که خودش تنها قصد دارد برای مدتی عهده دار امور کشوری شود و هرگز در امور لشکری قصد دخالت ندارد و نیز حتی یک شاهی بیش آنچه امیرکبیر مقرر داشته به مواجب کسی نخواهد افزود. این نامه با این جملات آغاز می‌شود:

> جناب امیرنظام به خدا قسم آنچه می‌نویسم عین واقعیت است. شمارا قلباً دوست دارم و خداوند مرا مرگ دهد اگر بخواهم تازنده‌ام دست از شما بردارم.

امیرکبیر پس از دریافت این نامه از شاه درخواست ملاقات کرد تا شاید تصمیم او را تغییر دهد؛ اما شاه ملاقات را به فردای آن روز (که روز انتصاب نوری بود) موکول کرد. شاه به امیرکبیر نوشت:

> خدا شاهد است امروز که شمارا نپذیرفته‌ام، شرمنده‌ام. چه می‌توانم بکنم. ای کاش هرگز شاه نبودم. حالا که این را می‌نویسم اشکم جاری است. اگر باور نمی‌کنید بی‌انصافید.

یک روز پس از برکناری امیر از صدارت میرزا آقاخان نوری که می‌دانست با وجود امیر در تهران و سمت امیرنظامی او برخورد بین او و امیر حتمی است دستخطی نوشت و در آن از امیر التزام گرفت که در کارهای مربوط به وزارت و عزل نصب‌های وی هیچ دخالتی نداشته باشد. این دستخط به تأیید شاه و امضای امیر رسید. سه روز پس از واقعه امیر طی نامه‌ای که به شاه می‌نویسد و وضعیت امور لشکری را گزارش می‌دهد از شروع انتصابات افراد بی‌سروپا با رشوه به شاه گله می‌کند. میرزا آقاخان و مهد علیا که با حضور امیر در تهران کارشان استوار نمی‌شد و همواره احتمال انتصاب مجدد وی توسط شاه وجود داشت با همکاری و مشاوره با شیل وزیرمختار انگلیس امیرکبیر و شاه را راضی کردند که امیر به حکومت کاشان منصوب شود. در این هنگام پرنس دالگوروکی وزیرمختار روسیه که از به قدرت رسیدن میرزا آقاخان هوادار انگلیس نگران شده بود و نیز به دلیل خوی شتابگر و تند خویش با عده‌ای از افراد سفارت به خانه امیر رفت و به او پیشنهاد کرد تحت‌الحمایه روسیه شود. امیر نپذیرفت اما همان

شکل ۳۱-۵. نمای بازسازی شده رگ زدن امیر در حمام فین کاشان

ملاقات بهانه‌ای به دست مخالفان امیر داد تا شاه را از وی خشمگین و ترسان کنند. روسیه خانه امیرکبیر را که اتفاقاً مجاور سفارت بود جز سفارت اعلام می‌کند و قزاقان روسی خانه امیرکبیر را که در آن زمان خواهر شاه (همسر امیرکبیر) و نیز

مادر شاه در آن حضور داشتند به محاصره گرفتند.

این عمل که نه‌تنها از نظر سیاسی بلکه از نظر غیرت و صیانت حریم خصوصی اندرون شاهی محسوب می‌شد، خون ناصرالدین‌شاه را به جوش آورد. نوری حتی ادعا کرد که این امر می‌رفت به بلوایی عظیم با دخالت مردم تهران مبدل شود. شاه تصمیم گرفت که خود شخصاً با ملازمانش به منزل امیر برود و گردن او را بزند. در این موقعیت وزیرمختار روسیه از موضع خود عقب‌نشینی کرد و قزاقان منزل امیرکبیر را ترک کردند. سه ساعت بعد از غروب آفتاب امیرکبیر دستگیر و از درون خانه‌اش بیرون برده شد. روز بعد شاه که به‌شدت از این واقعه ترسیده بود امیر را از کلیه مناصب (امیرنظامی و حکومت کاشان) عزل کرد. چند روز بعد امیر همراه با مادر و همسر و فرزندانش به کاشان تبعید شد این تبعید ۴۰ روز به طول انجامید. به نگهبانان دستور داده‌شده بود که باکمال احترام با او رفتار کنند. پس‌ازاین دسیسه‌چینی‌ها سرانجام فرمان قتل امیر را از شاه گرفتند.

فرمان چنین است:

چاکر آستان ملائک پاسبان، فدوی خاص دولت ابد مدت، حاج علی‌خان پیشخدمت خاصه، فراش‌باشی دربار سپهر اقتدار مأمور است به فین کاشان رفته، میرزا تقی‌خان فراهانی را راحت نماید؛ و در انجام این مأموریت بین الا قران مفتخر و به مراحم خسروانی مستظهر بوده باشد.

(کتاب امیرکبیر- پناهی سمنانی)

قتل امیرکبیر در حمام فین کاشان

صبح روز شنبه خبر آوردند که پیکی از تهران خواهد رسید که فرمان وزارت امیر و خلعتی شاه را می‌آورد. عزت‌الدوله البته بازهم نگران بود و خبر را باور نداشت؛ اما امیر به حمام رفت، شاید خبر رسیدن خلعت را باور کرده بود. حاج علی خان فراش که به باغ فین رسید چاپار دولتی را در کنار در حمام دید که منتظر امیر بود که از حمام خارج شود و پاسخ‌نامه‌ای را از وی بگیرد. علی‌خان فراش دست وی را گرفت و با خود به حمام برد که وی زن امیر را از آمدنش مطلع نکند. مأمورانش در دیگر حمام را مسدود کردند. امیر با حق نعمتی که بر علی‌خان داشت پرسید شما چرا مأمور این کار شدید. امیر خواست عزت الدوله را ملاقات کند و نزد وی وصیت کند اما علی‌خان نپذیرفت سرانجام امیرکبیر در روز شنبه ۲۰ دی ۱۲۳۰ در حمام فین کاشان به قتل رسید (۳۱-۵ شکل).

را معلم به آن‌ها می‌آموخت فرامی‌گرفت. روزی قائم‌مقام برای گزینش فرزندانش وارد شد و هر چه از آن‌ها پرسید جواب درست ندادند و میرزا تقی اجازه خواست و پاسخ داد. قائم‌مقام وقتی هوش و علاقه وافر این پسر را دید در تعلیم و تربیت وی کوشش کرد. امیر در خانه قائم‌مقام تربیت شد و در جوانی توانست سمت منشی‌گری قائم‌مقام را به دست آورَد. هنگامی‌که میرزا ابوالقاسم قائم‌مقام به منصب صدارت محمدشاه رسید، میرزا تقی‌خان را به برادرزاده خود میرزا اسحاق سپرد.

رگ‌های دست‌وپاهایش را گشودند و پس از مدتی خونریزی علی‌خان فراش به میرغضب اشاره‌ای کرد. میرغضب با چکمه به میان دو کتف امیر کوبید. چون امیر به زمین در غلتید دستمالی در گلویش کرد تا جان داد. فراش به‌سرعت برخاست و گفت:

دیگر کاری نداریم.

وی و همراهانش با اسبان تندرو به تهران بازگشتند. به روایت میرزا محمد جعفر خان حقایق نگار خورموجی در کتاب مشهور حقایق‌الخبار ناصری روز بعد از قتل جسدش را در گورستان پشت مشهد کاشان (در نزدیکی امامزاده حبیب بن موسی) به خاک سپردند؛ اما چند ماه بعد، به اصرار همسرش عزت الدوله کالبدش را به کربلا منتقل کردند و در اتاقی که در آن به‌سوی حرم امام حسین باز می‌شد به خاک سپردند.

۱۹-۵ انقلاب مشروطیت

از نیمه قرن سیزدهم خورشیدی با گسترش رابطه ایران با کشورهای غربی و رفت‌وآمد نخبگان ایرانی به اروپا (که اغلب آن‌ها از فرزندان تاجران، حاکمان و دهقانان بوده، اغلب جزء طبقات مرفه تا نیمه مرفه جامعه محسوب می‌شدند) با پیشرفت‌های فرهنگی، اقتصادی، عمرانی و چگونگی حکومت اروپائیان آشنا می‌شدند در برگشت به ایران، این موارد توسط آن‌ها در محافل مختلف نقل می‌شد و خود آن‌ها هم خواهان آن اصلاحات بودند.

از سوی دیگر عملکرد پادشاهان قاجار از زمان سلطنت فتحعلی شاه تا آخر حکمرانی ناصرالدین‌شاه، ایران طی دو جنگ کل منطقه قفقاز در شمال غرب ایران (شامل ۱۷ شهر) را از دست داد و در این زمان بخش‌های بزرگی نیز از شرق و شمال شرق ایران جدا شد. این شکست‌ها و نابسامانی‌های اقتصادی و تحمیل امتیازات ننگین بر ایران از سوی دولت‌هایی چون روسیه و انگلیس در اواخر سلطنت ناصرالدین‌شاه، همچنین نابسامانی‌ها در سایه دیکتاتوری وی به اوج رسید. در همین زمان برخی اتفاقات دیگر ازجمله واقع رژی (جنبش تنباکو) رخ داد که با شورش، مردم قدرت خود را برای اولین بار در دیکتاتوری ناصرالدین‌شاه نشان دادند.

در این شرایط ناصرالدین‌شاه پس از قریب پنجاه سال سلطنت ترور شد و مظفرالدین شاه به روی کارآمد. مظفرالدین

شاه اقتدار ناصرالدین‌شاه را نداشت و از سوی دیگر نابسامانی‌های آغاز حکومت او رو به فزونی گذاشت. بخصوص برای مسافرت به خارج از بانک روسی وام گرفت و روسها در قبال وامهایی که داده بودند جدا از سود و پرداخت اصل بدهی امتیازهای دیگری از شاه گرفتند. ازجمله اینکه حقوق گمرکی کالاهای روسی باید بیش از ۵ درصد نباشد و دولت ایران نباید برای وام به انگلیس متوسل شود. تمامی اینها عواملی بودند که زمینه انقلاب مشروطیت را فراهم کردند. خلاصه آنها را می‌توان به شرح زیر دسته‌بندی کرد:

۱. جریان روشنفکری: آشنایی نخبگان ایرانی با جهان غرب و رشد اقتصادی، عمرانی اروپا، وجود قانون و آزادی سیاسی- اجتماعی و اینکه می‌دیدند تمام اقشار جامعه تحت اصولی به نام قانون اساسی حقوق انسانی یکسان دارند و در این مورد فرقی بین حاکمان و مردمان عادی نیست. روشنفکران و نخبگان جامعه ایرانی در اواخر قاجار، اصولاً از طبقات متوسط به بالا، نظراتشان در میان مردم مؤثر بود و حاکمان نیز آنها را می‌شناختند. هرچند تعدادشان زیاد نبود اما مورد احترام جامعه بودند. برخی مانند میرزا جهانگیرخان با انتشار روزنامه به آگاهی درباره مسائل اجتماعی- سیاسی- اقتصادی- فرهنگی کمک می‌کرد و در روزنامه خود صور اسرافیل مطالبی درباره آزادی و اصلاحات منتشر می‌کرد. نخبگانی چون میرزا فتحعلی آخوندزاده، میرزا ملکم‌خان، سید حسن تقی زاده، آقاخان کرمانی و ملک متکلمین و همچنین روحانیون آگاه و همسو با مردم چون آیت‌الله طباطبایی و بهبهانی و برخی دیگر در انقلاب مشروطیت نقش آفریدند. جدا از افراد یاد شده، باید از چهره‌هایی مانند ستارخان سردار ملی، باقر خان سالار ملی، مهدی کوزه کنانی، سردار اسد بختیار، سردار تنکابنی یادکرد که در بازآفرینی مشروطیت، پس از به توپ بستن مجلس، نقش ایفا کردند.

۲. فساد و ناکارآمدی دربار و بی‌بهرگی پادشاهان قاجار از عرق ملی، و از دست دادن بیش از ۲۴۰ هزار کیلومترمربع از خاک ایران از زمان فتحعلی شاه تا ناصرالدین‌شاه و بستن قرارداد استعماری و دادن امتیازات گسترده به دولت‌های خارجی بخصوص انگلیس و روسیه توسط شاهان قاجار و تائید این مسائل توسط دربار فاسد و بی‌سواد و چاپلوس و نادان.

۳. شکست روسیه در جنگ ژاپن و درهم شکستن اقتدار روسیه که حدود یک قرن به زورگویی با ایران رفتار کرده بود. این موجب امیدواری دلسوزان و نخبگان جامعه و انگیزه‌ای برای مردم بود که دریافتند روسیه لزوما قدرت شکست ناپذیر نیست.

۴. رخداد جنبش تنباکو در سال ۱۲۷۵ خورشیدی، با دادن امتیاز تنباکو به بیگانگان، باعث شورش مردم در برابر ناصرالدین‌شاه شد و وقوع برخی وقایع ناگوار دیگر، مانند رفتار نوز بلژیکی (کارگزار روس در امور گمرکی) که با عرف جامعه ایران در تضاد بود. این عوامل که شورش مردم علیه حکومت ناصرالدین‌شاه و مظفرالدین شاه را برانگیخت مردم را متوجه قدرت خودشان کرد.

۵. ترور ناصرالدین‌شاه و جانشینی مظفرالدین شاه که اقتدار ناصرالدین‌شاه را نداشت و در برابر مردم رفتار نسبتاً ملایم‌تری داشت موجب شورشها و قیامهایی در کشور، به‌خصوص در تهران و تبریز (شهری که در زمان قاجار، می‌توان گفت که پایتخت دوم بود) شد. سرانجام مظفرالدین شاه با قبول خواست مردم، در ۱۴ مرداد ۱۲۸۵ فرمان مشروطیت را صادر کرد.

جریان مشروطیت و تحولات بعدی مشروطه

یک کلمه عربی، به معنای مقید در مقابل مطلق است. در اصل مشروطه مجموعه‌ای از ایده‌ها، نگرش‌ها و الگوهای رفتاری است که اقتدار حکومت باید بر پایه قوانینی باشد که حکومت هم از آن تبعیت کند. مجموعه این قوانین را قانون اساسی گویند که حقوق تمام افراد جامعه و نهادهای حکومتی در آن تعریف و تعیین شده است. بنابراین حکومت مشروطه یعنی همان حکومت بر پایه قانون است. پس از امضای‌فرمان مشروطیت در ۱۴ مرداد ۱۲۸۵ در شهریور همان سال انتخابات مجلس شورای ملی برگزار شد و در مهرماه همان سال نیز مجلس شروع به کارکرد. مجلس کمیته‌ای را موظف به نوشتن قانونی نمود. اولین قانون اساسی توسط نخبگان و اندیشمندان نوشته شد که بیشتر از قانون اساسی فرانسه و بلژیک اقتباس‌شده بود و در جای خود قانونی مترقی بود. انقلاب مشروطیت به قول فریدون آدمیت یک جنبش صد در صد ملی و موافق با خواست و آرمان مردم ایران و برخلاف برخی از روشنفکران مخالف مشروطیت که اغلب گرایش چپ داشتند هیچ حمایت خارجی در پشت سر آن نبود برعکس مخالفت بیگانگان را مقابل خود داشت. در سال‌های بعد که تحولاتی ناگوار رخ داد اصولی در متمم اولین قانون اساسی اضافه شد که موجب افول آن شد.

مدت کمی از امضای مشروطیت و نوشتن قانون اساسی نگذشته بود که مظفرالدین شاه که فرمان مشروطیت را امضا کرده بود درگذشت و محمدعلی شاه ولیعهد که اعتقادی به قانون اساسی و مشروطیت نداشت و با روسها روابط نزدیکی داشت روی کارآمد. محمدعلی شاه در آذرماه ۱۲۸۶ دستور انحلال مجلس را صادر کرد هرچند به دلیل مقاومت مردم و مشروطه خواهان این کار انجام نشد و در بسیج این مقاومت مطالب روزنامه صوراسرافیل به سردبیری میرزا جهانگیرخان نقشی اساسی داشت. در سال ۱۲۸۷ محمدعلی شاه از یک ترور مشکوک جان سالم به دربرد و شاه برای انتقام به کمک افسر ارشد روسیه ولادیمیر لیاخوف که فرماندهی گارد مرکزی قزاق را بر عهده داشت و از طرف محمدعلی به سمت فرماندار نظامی تهران انتخاب‌شده بود دستور دربند کشیدن و کشتن آزادی‌خواهان و مشروطه‌طلبان را داد و مجلس را به توپ بست (میرزا جهانگیرخان و ملک المتکلمین اعدام شدند). در طول این مدت همگام با محمدعلی شاه خواجه فضل‌الله نوری که از طرف محمدعلی‌شان حمایت

می‌شد، پیوسته شعار حکومت مشروعه به‌جای مشروطیت را می‌داد. به توپ بستن مجلس و اعدام و زندانی کردن آزادی‌خواهان و مشروطه خواهان باعث خشم عمومی در شهرهای بزرگ ایران بخصوص تهران و تبریز شد. در تبریز در این مدت انجمن ایالتی تبریز به سرداری ستارخان و هم‌رزمان آذربایجانی در برابر قشون دولتی محمدعلی شاه که در اصل با هدایت کارشناسان نظامی روسیه و مشورت آنها انجام شد، مردانه می‌جنگیدند. هرچند در این نبردها نیروهای ستارخان شهدای زیادی دادند اما سرانجام بر قشون دولتی پیروز شدند. مردان بزرگی در این مقاومت نقش داشتند ازجمله باقرخان که به سردار ملی معروف شد. وقتی در دوم تیرماه ۱۲۸۷ محمدعلی شاه مجلس را به توپ بست ابتدا مشروطه‌خواهان در تهران و دیگر شهرها ظاهراً شکست خوردند و بسیاری از آنها اعدام و کشته شدند اما در تبریز مقاومت مجاهدان مشروطه باعث عقب‌نشینی قوای دولتی شد. درنتیجه مشروطه خواهان در شهرهای دیگر روحیه و انگیزه پیدا کردند. مقاومت مردم تبریز به رهبری ستارخان ۱۱ ماه طول کشید. این قیام یکی از رویدادهای مهم در تاریخ مشروطیت است. مشروطه‌خواهان در قالب انجمن ایالتی آذربایجان عملیات را هدایت می‌کردند که مرکز آن محله امیر خیز تبریز بود. مقاومت مردم تبریز با رشادت و جوانمردی ستارخان، باقرخان، مهدی کوزه کنانی و بسیاری مشروطه خواهان آذربایجانی باعث شکست قوای دولتی و حامیان روسی آنها شد. در مقابل انجمن ایالتی، انجمن اسلامیه سعی داشت مشروطه‌خواهان را نزد مردم ضد دین جلوه بدهد. زمانی که تبریز در دست مشروطه‌خواهان بود قوای روسیه به بهانه حمایت از افراد روس مستقر در تبریز وارد خاک آذربایجان شد. دخالت‌هایی که روسیه در تبریز داشت موجب شد مشروطه خواهان آذربایجان هنگام فتح تهران نتوانند وارد تهران شوند و درعوض نیروهای بختیاری و گیلانی در فتح تهران شرکت داشتند.

در شهرهای دیگر هم مقاومت علیه محمدعلی‌شاه شروع شد بخصوص نیروهای بختیاری که با مدیریت سردار اسد از قشون بختیاری‌ها از اصفهان به سمت تهران حرکت کردند. نیروهای گیلانی به فرماندهی سردار تنکابنی در ۲۲ تیرماه سال ۱۲۸۸ از دروازه بهجت‌آباد وارد تهران شدند و با نیروهای دولتی درگیر شدند. به‌زودی نیروهای سردار اسد و سردار تنکابنی، بهارستان و محلات شمال تهران را تصرف کردند و در مسجد سپه‌سالار (مطهری امروز) مستقر شدند. محمدعلی شاه با سه هزار نیرو و شانزده توپ به سلطنت آباد (پاسداران امروز) رفت. جنگ بین نیروهای دولتی و مشروطه خواهان تشدید شد. این جنگ با شکست نیروهای دولتی در ۲۵ تیرماه ۱۲۸۸ تمام شد.

محمدعلی شاه به سفارت روسیه پناهنده شد و پایتخت به دست مشروطه خواهان افتاد. پس‌ازاین محمدشاه از سلطنت خلع و پسر ۱۲ ساله او به تخت نشست. همچنین با محاکمه و اعدام شیخ فضل‌الله و میرهاشم مجلس شورای ملی دوباره تشکیل شد.

انقلاب مشروطه به همت نخبگان و دلسوزان جامعه و روحانیون خوش‌فکر پیروز شد. هرچند عده‌ای از آن‌ها در مبارزات مشروطه‌طلبی و جنگ‌های داخلی برای برگرداندن مجلس و قانون اساسی جان باختند. ستارخان هم در جنگ تبریز بیش از ۱۱ ماه با قشون دولتی در جنگ تن‌به‌تن بود. وقتی فرماندهی کنسول روسی به او پیشنهاد تسلیم شدن داد و به ستارخان گفت که برای امان داشتن پرچم روسی بر بام خانه‌اش به احتزاز درآید ستارخان جواب دندان شکنی برای او فرستاد و گفت: من می‌خواهم بیرق هفت‌کشور به زیر بیرق ایران درآید.

درکل هدف انقلاب مشروطه دوری از دیکتاتوری و خودکامگی و اداره کشور توسط یک نفر بود.

در زیر به اهداف اصلی این انقلاب اشاره می‌شود:

- **اداره امور کشور توسط نخبگان سیاسی**
- **اجتماعی جامعه تحت یک قانون که پادشاه سلطنت کند نه حکومت**
- **عمران و آبادی کشور در سایه منابع و دارایی‌های کشور**
- **امتیاز ندادن به بیگانگان و داشتن دوستی و احترام متقابل**

شوربختانه پس از تدوین قانون اساسی و پیروزی انقلاب مشروطه، پیش آمدن اختلافات داخلی و اتفاقاتی نظیر شروع جنگ جهانی اول و کاهش درآمد کشور، مشروطیت نتوانست به تمام اهداف خود برسد ولی انقلاب مشروطه به اهداف زیر دست یافت:

۱. به قدرت مطلق و خودکامه با این ذهنیت که شاه صاحب همه ملک مردم است و مردم رعایای او هستند، پایان داده شد.

۲. بزرگانی در سایه مشروطیت رشد کردند که در دوره‌های بعدی در تحولات، عمران و آبادی کشور بخصوص در رژیم بعدی نقش موثری داشتند.

۳. پس از انقلاب مشروطه توجه به تاریخ گذشته (ایران باستان) قدرت گرفت و حقایق تاریخی زمان باستان برای نخبگان و سپس بسیاری از مردم تا حدی مشخص شدند.

در اینجا به دو شخصیت اثرگذار که پس از به توپ بستن مجلس و احیای دوباره مشروطه نقش داشتند، اشاره می‌کنیم.

علی‌قلی خان سردار اسعد: او چهارمین فرزند برومند حسین‌قلی‌خان ایلخانی بختیاری در سال ۱۲۳۶ خورشیدی در شهر جونقان بختیاری متولد شد. پدر وی از رجال متنفذه دوره قاجار و ایلخانی بختیاری‌بود که توانست با متحد کردن طایفه‌های مختلف بختیاری به قدرت و موقعیت بالایی دست یابد. علی‌قلی‌خان از ابتدا نسبت به برادران خود برتری داشت و به سبب هوش و ذکاوت فطری‌اش موردتوجه ایلخانان بختیاری قرار گرفت.

علی‌قلی‌خان بعد از گذراندن دوران طفولیت به تحصیل مشغول شد

و بـا یـادگرفتن زبان عربی و قرآن به تحصیل علوم خارجی ازجمله زبان فرانسوی پرداخـت. او بنا بـر اصول تربیت ایلی فنـون رزم، اسب‌سـواری و تیرانـدازی را در دامـان طبیعـت زیبـای بختیاری فراگرفت.

علی‌قلی‌خان در سال ۱۲۶۰ خورشیدی بـه همـراه پـدرش ایلخـانی و اسـفندیارخان برادر بزرگش به تهران احضار و به دیدار ناصرالدین‌شاه نائل شـدند. در ایـن ملاقـات تصمیماتی گرفته شد. از جمله اینکه دو برادر با صد سوار بختیاری عضو کشیک‌خانه سلطنتی شدند. ولی اقدامات اسفندیارخان و علی‌قلی‌خان در تهران طـولانی شـد و بـه تقاضای ظل‌السلطان (حکمران اصفهان)، شاه موافقت کرد که این دو بـرادر بـه اصـفهان بازگردند. برای ظل‌السلطان (حکمران مقتدر اصفهان) تحمل قـدرت ایلخـانی دشـوار و خطرناک بود. فرهادمیرزا معتمدالدوله که براثر دسایس ظل‌السـلطان از حکومـت فـارس برکنار شده بود، در تهران ذهن شاه را نسبت به ظل‌السلطان مشوش کرد و برای تخریب قدرت ایلخانی امکان طغیان او را مطرح کرد و ظل‌السلطان را به‌غفلت از این خطر متهم ساخت. ظـل‌السـلطان کـه از قـدرت ایلخـانی دل‌خوشی نداشـت بـا مشـاهده اینکـه معتمدالدوله ذهن شاه را مشوش کرده است زمان را برای نابودی ایلخانی مناسب شمرد و دریک دستور کمر به نابودی ایلخانی بست و به اصفهان بازگشت. ظل‌السلطان در ۲۲ خرداد ۱۲۶۱ خورشـیدی ایلخـانی و دو پسـرش را بـرای شـرکت در یـک رژه نظـامی دعوت کرد. بی‌خبر آنکه ظل‌السلطان از سفر تهـران نقشـه نـابودی او را بـا خـود آورده است. بعد از مراسم رژه در چهل‌ستون از خوانین پـذیرایی شـد. در ایـن پـذیرایی یـک فنجان قهوه با زهر مهلک به ایلخانی (حسین‌قلـی‌خـان) داده شـد. وی را روانـه زنـدان کردند و بعد از دو روز در زندان درگذشت و دو فرزندش به دستور ظل‌السلطان نیز بـه زنـدان افتادند.

علی‌قلی‌خان بعد از یک سال در تـاریخ ۱۲۶۲ خورشـیدی بـه کمـک دوسـتانش از زندان آزاد شد و خود را در تهران به خانه امیـن‌السـلطان

شکل ۳۲ -۵ .نمایی از قلعه سردار اسد جونقان، فارسان

صـدراعظم رسـانید. در سـال ۱۲۶۷ خورشیدی با عزل ظل‌السلطان از حکومت اصفهان، اتابک اسفندیارخان را کـه در زندان بود به‌اتفاق علی‌قلی‌خان به تهران احضار کرد و موجبات مرحمت شاه بـرای آنهـا فراهم کرد. اسفندیارخان رئیس ایل شده، به منطقه بختیاری رفت و علی‌قلی‌خـان در تهران فرمانده پنجاه نفر سردار بختیاری شد. در واقع شاه به خاطر ترس از طغیان سران ایلخانی‌علی‌قلی خان را در تهران به‌عنوان گروگان نگـاه داشت. وی در ایـن مـدت در تهران با اوضاع سیاسی و اجتماعی تهران آشنا شد. بزرگان و رجال سیاسی را شـناخته، با بعضی از مأموران سیاسی ازجمله چند تن از دیپلمات‌هـای انگلیسـی آشنا شـده، در ۱۲۷۲ خورشیدی به منصب و نشان امیر تومانی نائل شـد. در ۱۱ اردیبهشـت ۱۲۷۵ کـه حادثه ترور ناصرالدین‌شاه رخ داد سرتیپ حاج علی‌قلی‌خان بـا سـواران خـود از زمـان مرگ ناصرالدین‌شاه تا روی کار آمدن مظفرالدین شاه که حـدود چهـل‌وچنـد روز بـود حفاظت کاخ گلستان و ابنیه سلطنتی را به عهده داشت. با آغاز سلطنت مظفرالـدین‌شاه علی‌قلی‌خان به منطقه بختیاری رفت و اوقات خود را در آنجا گذرانید و یک کـاخ زیبـا را به دو سبک ایرانی و بختیاری و مدرن در جونقان بنا نهاد (شکل ۳۲ - ۵).

علی‌قلی‌خان در ۱۲۷۹ خورشیدی جهت ادامه تحصیلات راهی اروپا شد. در ۱۲۸۲ خورشیدی، اسفندیارخان رئیس ایل بختیاری فوت کرد. علی‌قلی‌خـان مـدتی بـه منطقـه بختیاری رفت و میان برادران خود با

فرزندان امام قلی خان صلح و آشتی برقرار کرد. در سال ۱۲۸۴ خورشیدی به‌فرمان مظفرالدین شاه لقب سردار اسعد و نشان حمایل به وی اعطا شد و وی را مأمور استقرار امنیت در لرستان کردند. وی پس از درگذشت مظفرالدین شاه برای بار دوم برای معالجه چشم رهسپار فرنگ شد. علی‌قلی‌خان از بیشتر شهرهای اروپا دیدن کرد و در پاریس اقامت گزید و زبان فرانسه خود را کامل کرد تا جایی که به ترجمه چند کتاب فرانسوی پرداخت. در ایام اقامتش در پاریس از به توپ بستن مجلس توسط محمدعلی شاه که با روس‌ها هم آهنگ شده بود آگاه شد. در این ایام با عزل صمصام‌السلطنه به دست محمدعلی شاه از حکومت ایل بختیاری و جانشینی سردار ظفر شورش‌هایی بر پاشد. درنتیجه علی‌قلی‌خان با سفر به ایران و با رایزنی‌هایی موجب صلح بین برادران و عموزاده‌های خود شد و سپس به پاریس بازگشت. پس از چندی با شنیدن خبر سقوط

شکل ۳۳ -۵. شکل راست: ستارخان، شکل چپ: باقر خان (موزه خانه مشروطه، تبریز)

اصفهان و قتل آقابالاخان دوباره به ایران آمد. هنگامی که در اصفهان بود با شنیدن شورش‌هایی در برخی شهرهای ایران به صلح در میان آنان همت گماشت و با تدابیری که در پیش گرفت با قشونی وارد تهران شد و سرانجام در ۱۲۸۸ خورشیدی سردار اسعد و هم‌پیمانی که او را همراهی می‌کرد (سردار تنکابنی) با پرچم‌های سفید وارد تهران شده، با قوای دولتی محمدعلی شاه درگیر شدند. در این درگیری با شکست قوای دولتی محمدعلی‌شاه ناگزیر به سفارت روس پناهنده شد. با پیروزی مشروطه‌خواهان مجلس شورای ملی بار دیگر تشکیل شد. در این مجلس سردار اسعد ابتدا به‌عنوان وزیر داخله معرفی و در ۹ فروردین ۱۲۸۹ خورشیدی به‌حکم وزارت جنگ منصوب شد. یک هیئت‌مدیره دوازده‌نفره ایجاد شد که علی‌قلی‌خان سردار اسعد یکی از افراد آن به شمار می‌رفت. علی‌قلی‌خان در دوره مشروطه به عنوان عضو مجلس شورای ملی انتخاب شد. به روایت تاریخ وی ازآنجایی‌که نفوذ زیادی داشت و بیشترین نقش را در پیروزی مشروطه ایفا کرد پتانسیل آن را داشت تا شاه ایران شود ولی به دلیل روحیه آزادی‌خواهی از این موقعیت استفاده نکرد. پس‌ازآن با بروز اختلافات فراوان میان مشروطه‌خواهان و ظهور چهره‌های جدید و دخالت‌های بیگانگان، بختیاری‌ها از مشروطه کناره گرفتند و سردار اسعد هم نیز از قدرت فاصله گرفت و زان پس از پذیرش هر مقام رسمی خودداری کرد. کم‌کم در بینایی وی نقصان ایجاد شد تا جایی که در اواخر سال ۱۲۹۲ خورشیدی بینایی خود را کامل از دست داد و در ۱۲۹۴ خورشیدی دچار سکته و فلج و در سال ۱۲۹۶ خورشیدی درگذشت روانش شاد و یادش گرامی.

ستارخان سردار ملی ستارخان در جریان انقلاب مشروطیت یک ضروریت تاریخی و اجتماعی محسوب می‌شود. پس از به توپ بستن مجلس و دربند کشیدن مشروطه خواهان در تهران، آنجا که صدای توپ و تفنگ سر نیزه‌های قزاق‌ها با حمایت دولت تزار روسیه (ادغام دو پدیده شوم استبداد داخلی و پیوند آن با استعمار خارجی) در آمیخته بود فضای خفقان، آشفتگی و سرگردانی بر کشور به‌خصوص تهران و شهرهای بزرگ حاکم بود. در چنین جوی، ناگاه مردی گمنام ولی شجاع، با جسارت و استوار با اسب و تفنگ از محله امیرخیز تبریز سینه استبداد را نشانه گرفت و بارقه‌ای از امید در دل مشروطه خواهان و ایران دوستان دمید. این مرد کسی نبود جز ستارخان قرهداغی که زاده جنگل‌های ارسباران بود. ستارخان رهبری نظامی و سیاسی جنگی را بر عهده داشت که مدت ۱۱ ماه در تبریز با قوای دولتی که نه ازنظر نفرات و نه تجهیزات با آن‌ها برابری می‌کرد، درگیر شد و نبرد را سرانجام با پیروزی به پایان رساند. این جنگی در مقابل قوای دولتی کل آذربایجان بود که درواقع برای دشمن خارجی در روز مبادا شکل گرفته بود اما برای کشتار مردم تبریز به کار گرفته شد.

در فرهنگ و تمدن تاریخی ما این تازگی نداشت که وقتی تاریکی، ناامیدی و درماندگی کشور و مردم را فراگیرد فرزندی از میان توده مردم برخیزد و کاری کند کارستان. همان طورکه آرش کمانگیر، کاوه آهنگر، بابک خرمدین، مازیار، نادر قلی، ستارخان، باقرخان و غیره عمل کردند (شکل ۳۳-۵).

به قول حافظ شیرازی:

درون ها تیره شد باشد که از غیب
چراغی برکند خلوت نشینی

ستارخان در سال ۱۲۴۵ خورشیدی در یکی از روستاهای ورزقان در ناحیه ارسباران به دنیا آمد. پدرش حسن قره داغی بزاز بود. ستارخان در نوجوانی پدر را برای فروش پارچه در روستاهای منطقه یاری می‌کرد. ستارخان دو برادر بزرگ‌تر از خود هم داشت که یکی از آن‌ها با نافرمانی در برابر حاکم تبریز اعدام شده بود. ستار از ورزقان به تبریز آمد و در محله امیر خیز تبریز اقامت گزید. در آن زمان محله امیر خیز جوانمردانی داشت که شباهت به عیاران داشتند که به آن‌ها در آن زمان لوطی می‌گفتند. ستارخان با این جوانمردان آشنا و از سرآمدان آن‌ها شد.

ستارخان مدتی به تفنگچیان سواره‌نظام خراسان پیوست و ازآنجا به عراق رفت. ولی باز به تبریز برگشت و مباشر محمدتقی صراف در امور املاک شد. سپس به ژاندارمری رفت و منصب راهداری مرند و خوی به او واگذار شد. ستار در این زمان موردتوجه مظفرالدین (ولیعهد ناصرالدین‌شاه) قرار گرفت و وارد گروه تفنگداران مخصوص ولیعهد شد که لقب ستارخان را در این زمان گرفت. کشته شدن برادر و همچنین یکی از دوستانش و مشاهدات زورگویی تفنگداران ولیعهد باعث شد که از کار نظامی فاصله بگیرد و به کارهای دیگر ازجمله خریدوفروش اسب در تبریز روی آورد. او به خاطر درگیری با مأموران نظامی تبریز به زندان افتاد اما چندی بعد آزاد شد. ستارخان به دلیل جوانمردی، رشادت و پاکدامنی در بین مردم تبریز و همچنین میان لوطیان و محله امیر خیز به‌صورت چهره‌ای مردمی و پهلوانی عیاری در دل مردم جای جوانمردان گرفت.

محمدعلی شاه پس‌از به توپ بستن مجلس و در بند کشیدن و اعدام مشروطه خواهان در تهران قصد داشت مشروطه خواهان تبریز را هم سرکوب کند و انجمن ایالتی تبریز را که نقش مجلس را داشت تسخیر کند. او دستور داد قشون دولتی وارد تبریز شود. مشروطه خواهان به مقاومت برخاستند و ستارخان به آن‌ها پیوست. به پاس شجاعت، قهرمانی در تیراندازی، کیاست در رفتار و درایت در مدیریت جنگی، ستارخان فرماندهی مشروطه خواهان را در جنگ با قوای دولتی به دست گرفت. بااینکه یاران ستارخان ازنظر نفرات و تجهیزات با قشون دولتی قابل‌مقایسه نبودند ولی سخت و طاقت‌فرسا توانست مدت ۱۱ ماه با قشون دولتی بجنگد. قشون دولتی را کنسول روس (که شخصی نظامی بود) مشورت می‌داد. عین الدوله (همان دشمن دیرینه مشروطه) که از خراسان به دستور محمدعلی شاه به آن‌ها پیوسته بود ماموریت داشت تبریز را از وجود مشروطه خواهان پاک کند. تمام قوای آذربایجان را عین الدوله بسیج کرده بود.

هرچند که در برهه‌هایی از جنگ نیروهای دولتی دست بالا داشتند و کار به‌جایی رسید که کنسول روس و عین الدوله به مردم تبریز گفته بودند که برای امان داشتن بر بام خانه‌های خود پرچم سفید بزنند.. در این زمان کنسول روس به گفت‌وگوی با ستارخان می‌رود تا او را قانع کند که کوتاه بیاید و آشتی کند. کنسول روس به ستارخان پیشنهاد می‌دهد که پرچم روس را در بام خانه‌اش به اهتزاز درآورد تا سفارش عفو و در امان ماندن او را بکند. اما جواب ستارخان به کنسول دندان‌شکن است. ستارخان می‌گوید:

من می‌خواهم پرچم هفت‌کشور به زیر پرچم ایران آید نه من زیر پرچم روس‌ها درآیم!

سرانجام پس از یازده ماه جنگ قوای دولتی با تمام تجهیزات شکست می‌خورند، عین الدوله عزل می‌شود و فرماندهان اصلی قوای دولتی مانند رحیم خان از شهر خارج می‌شوند. به‌این‌ترتیب تبریز به‌طور کامل در دست مشروطه خواهان می‌افتد و بساط انجمن اسلامیه جمع می‌شود و مشروطه‌خواهان عفو عمومی اعلام می‌کنند. شهر پس از ماه‌ها جنگ آرامش می‌گیرد و بازارها و خانه‌ها بازسازی می‌شود. در چنین شرایطی است که مشروطه‌خواهان درجاهای دیگر دوباره جان می‌گیرند و قوای دولتی در همه‌جا دچار سرخوردگی می‌شوند. این جانبازی‌های ستارخان سردار ملی و یار وفادارش باقر خان و مقاومت مردم تبریز زمینه فتح تهران توسط علی‌قلی‌خان بختیاری و محمدعلی‌خان تنکابنی را فراهم می‌سازد. اینجاست که باید گفت: تبریز قلب آذربایجان و جان ایران‌زمین پاینده باد و اینکه اگر ایران بختیاری نداشت از بخت یاری نداشت.

۵-۲۰ عصر پهلوی (۱۹۷۹-۱۹۲۵م)

رضاخان میرپنج فرزند عباسقلی‌خان سوادکوهی (متولد ۱۲۵۶ خورشیدی در آلاشت)، که طی ۲۰ سال مراحل نظامی را تا فرماندهی هنگ قزاق خانه همدان طی کرده بود، در سوم اسفند ۱۲۹۹ وارد تهران شد و پایتخت را تسخیر کرد. اندکی بعد سردار سپه، وزیر جنگ شد. رضاخان تا ۲۶ خرداد ۱۳۰۲ خورشیدی با حضور در کابینه قوام، مشیرالدوله و مستوفی با عنوان وزیر جنگ تصمیم‌گیرنده اصلی بود. در این زمان با ادغام قوای پراکنده نظامی، ارتش متحد را پایه گذاشت که مجری دستورات وزیر جنگ بودند. رضاخان سردار سپه در خرداد ۱۳۰۲ خورشیدی فرمان نخست‌وزیری را از احمدشاه گرفت. سردار سپه در سال بعد به فکر تغییر رژیم و تشکیل حکومت جمهوری افتاد و قصد داشت در نوروز ۱۳۰۴ اعلام جمهوری کند که با مخالفت برخی از رجال و جریانات فکری آن زمان و افراد بانفوذ

خاندان قاجار و روشنفکرانی همچون محمد مصدق و تازه روشنفکرانی چون میرزاده عشقی و برخی از مراجع قم (آیت‌الله حائری، سید حسن اصفهانی و نائینی) مواجه شد. قرار بود محمدعلی فروغی (معروف به ذکاءالملک) اولین رئیس‌جمهور شود. پس از مخالفت‌ها علیه جمهوری سرانجام رضاخان توانست با موافقت مجلس شورای ملی در ۹ آبان ۱۳۰۴ خورشیدی به سلطنت قاجار خاتمه دهد و به‌طور موقت رئیس حکومت شود (در حقیقت شاه می‌شود). در ۲۵ آذر ۱۳۰۴ خورشیدی مجلس مؤسسان تشکیل جلسه داد و رضاخان را به سلطنت برگزید و در ۲۸ آذرماه ۱۳۰۴ ذکاء الملک که قرار بود رئیس‌جمهور شود اولین نخست‌وزیر رضاشاه می‌شود.

پس‌از اشغال ایران در جنگ جهانی دوم توسط قوای متفقین انگلیس، روسیه و آمریکا رضاشاه به خاطر اشتباه محاسباتی و جانبداری از آلمان نازی ناگزیر از کناره گیری شد و کشور را ترک کرد و جای خود را به ولیعهد جوان بیست‌ساله، محمد رضا شاه، داد. با سفارش و تدبیر رضا شاه محمدعلی فروغی که از تمام مناصب کناره گرفته بود به سمت نخست‌وزیری محمدرضا برگزیده شد. فروغی در آن اوضاع پُرآشوب توانست کشور را از معرکه‌های احتمالی نجات داده، راه ترقی کشور را پس از جنگ هموار کرد. دوران پهلوی را که تا سال ۱۳۵۷ خورشیدی، سال پیروزی انقلاب اسلامی، ادامه داشت را می‌توان دوران مدرن‌سازی ایران در نظر گرفت.

پهلوی دوم

حکمرانی پهلوی دوم را می‌توان به چند دوره تقسیم کرد. اول بین سالهای ۱۳۲۵-۱۳۲۰ خورشیدی، سالهای اشغال ایران در شهریور ۱۳۲۰ توسط متفقین و سپس ادامه اشغالگری توسط روسها. بعد از جنگ جهانی دوم نیروهای آمریکا و انگلیس خاک ایران را ترک کردند، اما روسها همچنان در ایران ماندند. با فشارهای جهانی و نیز کمک سازمان ملل که تازه شکل‌گرفته بود و برپایه بندی که به درایت فروغی مبنی بر ترک قوای بیگانه پس از اتمام جنگ جهانی از خاک ایران - که در کنفرانس سران آمریکا، انگلیس و روس در قطعنامه آمده بود- روسها نیز مجبور شدند که خاک ایران را ترک کنند. روسها نفوذ خود را با حمایت حزبهای چپ نظیر حزب توده تقویت می‌کردند و با ایجاد فرقه‌های جدایی طلب چون فرقه دموکرات آذربایجان، کردستان، پیشه‌وری و حمایت آنها در آذربایجان قصد جداسازی آن را از کشور داشتند. سرانجام با درایت، مدیریت و حمایت مردم به‌خصوص مردم آذربایجان قائله پیشه وری در آذربایجان برچیده شد. به خاطر این رویدادها و تأثیرات رکود ناشی از جنگ جهانی دوم فعالیت زیربنایی و اصولی قابل توجهی در این دوره به عمل نیامد. دوره دوم سال‌های ۱۳۳۲-۱۳۲۵ خورشیدی. در این زمان مملکت نظام گرفته بود و پس از آرامش نسبی و انگیزه ملی شدن نفت که جرقه آن در سال ۱۳۱۱زده شده بود و نهایتاً در ۲۹ اسفند۱۳۳۲ نتیجه داد. هرچند با مسائلی که پیش آمد ایران به معنای واقعی صاحب کامل نفت خود نشد و اصل ملی شدن نفت به معنای واقعی در سالهای ۱۳۵۳-۱۳۵۲ خورشیدی با خلع ید کنسرسیوم قوام گرفت (قربانی،۱۴۰۱م).

در برهه تاریخی یادشده هرچند مملکت در جریان آرامش و ثبات قرارگرفته بود و امور به‌تدریج پیش می‌رفت اما کشمکش‌های سیاسی که برخی هم در جهت منافع ملی نبود جریان داشت. ازجمله فعالیت‌های حزب توده که در ظاهر طرفدار طبقه کارگر و اقتصاد سوسیالیستی بود ولی آشکارا در جهت منافع اتحاد جماهیر شوروی فعالیت می‌کرد (برای وطنی بودن حزب توده می‌توان جریان سه نفر از سران حزب را که از طریق آلمان شرقی یا سوسلف، عضو کمیته مرکزی حزب کمونیست شوروی، مسئول شاخه ایران اشاره داشت). پس از خاتمه قائله آذربایجان و شکست پیشه‌وری سه نفر از رهبران حزب توده از طریق آلمان شرقی راهی مسکو شدند تا با مسئول شاخه ایران حزب کمونیست در مسکو ملاقات کنند. وقتی این ملاقات صورت می‌گیرد؛ سه نفر از رهبران حزب توده (احسان طبری، غلامحسین فروتن و احمد قاسمی تهرانی) گلایه می‌کنند که دولت روس هم‌کیشان جدایی طلب را حمایت نکرده و این عدم حمایت سبب شکست هم کیشان جدایی طلب می‌شود. سوسلف آنها را از اتاق بیرون می‌کند و بر سر آنها فریاد می‌زند که مگر رهبر(استالین) نگفت تمام احزاب چپ کشور کشورهای بیرون از اتحاد جماهیر شوروی باید در این مرحله به فکر ابر قدرت شدن شوروی باشند و پس از ابر قدرت شدن در تمام دنیا کمونیست را توسعه می‌دهیم (گفته شفاهی فریدون کسرایی برادر سیاوش کسرایی به نقل از احسان طبری).

جدا از حزب توده، چپ‌های تخت حمایت انگلیس یعنی حزب زحمتکشان به رهبری مظفر بقایی نیز مانع پیشرفت واقعی ایران بودند. بخشی از عملکرد مخرب این احزاب دامن زدن به اختلافات بین شاه و دولت مصدق و تندرویهای جبهه ملی بود که درنهایت به رویداد ۲۸ مرداد ۱۳۳۲ انجامید.

سال‌های۱۳۵۷-۱۳۳۲ را نیز می‌توان به سه دوره کوچک تقسیم کرد:

- سال‌های۱۳۴۲-۱۳۳۲ که علی رغم ثبات سیاسی و سرکوب جریانات چپ کشور ازنظر اقتصادی چندان وضعیت مطلوبی نداشت. اما فعالیت‌های زیرساختی مهمی در کشور شکل می‌گیرد و برنامه‌های ۵ ساله عمرانی تدوین‌شده و ادامه می‌یابند.
- سال‌های ۱۳۵۲-۱۳۴۲ که آن را باید دوره تدوین برنامه‌های درازمدت و زیرساخت‌های صنعتی، رشد علوم و فنون، گسترش فضاهای آموزشی و پژوهشی، و ایجاد ثبات و برپائی احداث دانشگاه‌های مادر، احداث سدهای بزرگ، توسعه تولید ارتشی منظم که در منطقه و آسیا کم‌نظیر بود.
- سالهای ۱۳۵۷-۱۳۵۲ که با خلع ید کنسرسیوم از نفت ایران

شروع می‌شود و نفت ایران عملا ملی می‌شود. طی این دوره قیمت نفت و تولید آن به شکل بی سابقه‌ای افزایش می‌یابد. در توانائی مالی این سالها آنقدر بالا می‌گیرد که خدمات مهندسی مملکت و سازمان‌های اجرایی توان به کارگیری بودجه کل کشور را ندارد. ازاین‌رو سرمایه‌گذاری‌های خارجی انجام می‌گیرد و حتی به کشورهای خارجی وام داده می‌شود. این سال‌ها شروع گسترش رفاه در کشور است که سیاست گزاران کشور را به تدوین برنامه‌های درازمدت می‌کشاند که بسیاری از آنها اجرایی نمی‌شوند.

در این برنامه‌های درازمدت توجه شایسته‌ای به برنامه‌های زیربنایی فرهنگ دیده نمی‌شود. مثلاً بجا بود که بنیاد بزرگان علمی، ادبی و تاریخی در کشور شکل گیرد. همچنین نیاز بود تحولات تاریخی در طول تاریخ و تمدن کشور مورد ارزیابی قرار گیرند. یکی دیگر از نیازها این بود که جنبش‌های باستانی و ملی بیشتر موردتوجه قرار گیرد و کارهای نمایشی مانند سریال‌های تلویزیونی از آن‌ها ساخته شوند تا جامعه از گذشته پر فراز و نشیب خود آگاهی بیشتری پیدا کند. پیشینه فرهنگی ایران بیشتر در دنیا مطرح شود. هرچند برای این قبیل فعالیت‌ها قدم‌هایی برداشته‌شده بود اما گستره‌ای درخور فرهنگ بزرگ ایران نداشتند. جای پرداختن به این ضروریات فرهنگی همچنان خالی است و بی‌شک می‌توان در برنامه‌های جاری و آینده کشور به آن‌ها بهای بیشتری داد.

۲۱ - ۵ نگاه جامعه‌شناختی به دوره پس از اسلام از امویان تا مشروطه[1]

جامعه ایران در تجلی تاریخی‌اش پس از اسلام، خصیصه‌های ساختی - کارکردی نامنظمی نشان می‌دهد. برای توضیح این تحولات تاریخی باید از مدل‌های نظری واقع‌گرایانه یا رئالیستی استفاده کرد. نمونه‌ای از این مدل‌های رئالیستی در آرای اندیشمندانی چون ماکیاوِلی، سپس موسکا و پارِتو قابل‌مشاهده است. در اینجا تنها برخی از ظرفیت‌های رئالیستی آن‌ها (با علمِ به محدودیت‌های نظریه‌های آنها در زمینه کاوی تاریخی ایران) استفاده‌شده است. گردش نخبگان یکی از این دیدگاه‌هاست. در اینجا، منظور نخبگان سیاسی و نظامی است. طبق نظریه رئالیستی، تاریخ جوامع از جهات بسیار تاریخ جابه‌جایی نخبگان است. در اغلب جوامع، گروه‌هایی از نخبگان با یکدیگر در کشاکش‌اند. در این شرایط هر گروه به‌نوعی می‌کوشد بر امواج توده منفعل سوار شود. آن‌ها هِژمونی ایجاد می‌کنند. و به تعبیر کسانی چون موسکا طبقه حاکم را پدید می‌آورند.

پارتو فیلسوف، اقتصاددان و جامعه‌شناس اعتقاد دارد خصیصه نخبه‌گرایانِ حوزه سیاسی واقعیتی است که آرمان‌های آزادی و برابری را محدود می‌کند. او در کتاب مشهور «ذهن بر جامعه»، جمله معروفی دارد. «تاریخ، قبرستان اشرافیت و نخبگان است. این نخبگان هستند که سازمان می‌دهند، نظمی را به‌هم می‌ریزند، مستقر می‌شوند و سپس نخبگانی دیگر با معارضه نظم آنان را برهم زده، خود جای آن‌ها را می‌گیرند.» پارتو در نظریه‌پردازی بلندپروازانه خود پا را از این هم فراتر می‌نهد. به اعتقاد وی در پس بسیاری از دعاوی و تحرکات سیاسی، آنچه پیوسته برجاست بازمانده‌ها هستند. این غرایز و منافع هستند که در حالت تهاجمی به‌صورت ترکیبات تازه و در حالت تدافعی به‌صورت مجموعه‌ها و نهادها عمل می‌کنند. بازیگران اصلی در این راستا نخبگان سیاسی و نظامی هستند.

به نظر پارتو، سنت‌ها، فلسفه‌بافی‌ها، عقاید و ایدئولوژی‌ها مشتقات و برساخته‌هایی از این بازمانده‌های اصلی‌اند. این حقیقت که حوزه سیاسی گرفتار خصیصه نخبه‌گرایانه است مشکلی است که حتی در جوامع مدرن باختر خود را به‌گونه‌ای نشان می‌دهد و اندیشمندان نقاد در این مورد بحث می‌کنند. به‌طریق اولی در جوامعی با ساختارهای از نوع ایران، مسئله مزمن تاریخی است.

خصلت نخبه‌گرایانِ سبب می‌شود افراد و گروه‌های اجتماعی از مشارکت فعالانه و خودآگاه بی‌بهره بمانند. درنتیجه نمی‌توانند ابراز وجود کنند و به مشارکت به مفهوم آرمانی کلمه و نیز خودگردانی، خودتنظیمی، خودشکوفایی و رهاسازی خود برسند. این مشکل در جوامع باختری نیز مطرح است.

نقادان تجدد و نیز نظریه‌پردازان باختری، که دموکراسی واقعاً موجود در باختر را با آرمان‌های روشنگری مقایسه و نقد و بررسی کرده‌اند، مشکل نخبه‌گرایی را حتی در احزاب جوامع دموکراتیک سازمان‌های سیاسی و بورکراتیک (bureaucraic) این جوامع به بحث گذاشته‌اند. در چنین اوضاعی مردم به این نتیجه می‌رسند که هیچ‌گاه به قدرت نمی‌رسند. با درک اینکه در قدرت سهم واقعی ندارند اسباب انفعال مردم فراهم می‌شود. عدم مشارکت گسترده مردم در انتخابات برخی از جوامع باختری هم ناشی از همین درک است.

در جوامعی با تاریخ و ساختارهای خاصی چون ایران، این مسئله ابعاد بسیار پیچیده‌تری پیدا می‌کند. چون مشکل در اینجا حتی در حد جابه‌جایی دموکراتیک نخبه‌ها در میان نیست، بلکه کشمکش و نبرد نخبه‌ها در کار است. در پس منازعات نخبگان، دعوت معارضان به شکلی غیرعقلانی در میان توده نفوذ می‌کند. در چنین جوامعی موعودگرایی گسترش می‌یابد. هر کس وعده‌ای می‌دهد می‌تواند کار خود را پیش ببرد و برای دوره‌ای توده را به دنبال خود بکشد. هر چه وعده دلرباتر، مؤثرتر واقع می‌شود. در چنین وضعیتی کشمکش نخبگان، و نه جابه‌جایی نخبگان، آشکار می‌شود.

نظریه عصبیت ابن خلدون نیز می‌تواند در این زمینه افق گشایی کند. ابن‌خلدون به معنای عام، پدر اندیشه اجتماعی است. نبوغ او قربانی ساخت متصلب اشعری در جامعه اسلامی روزگارش شد و درنتیجه به‌رغم تبعاتش نتوانست به تأسیس یک جامعه‌شناسی واقع‌گرا موفق شود.

---

۱. با بهره‌گیری از کتاب صوتی ایرانیان نوشته مقصود فراستخواه. goo.gl/PdgAm

نظریه عصبیت ابن‌خلدون در این فضای معنایی پارتویی- وبری درخور تأمل است. بر اساس نظریه عصبیت در طول تاریخ ما گروه‌ها با یکدیگر معارضه می‌کردند و هر گروه واجدعصبیت بیشتر بر گروه‌های رقیب برتری و تسلط پیدا می‌کرد. اینجا دیگر عصبیت به معنای عدم انسجام اجتماعی نیست، بلکه معنای خاص‌تری دارد و آن اینکه در شرایط معارضه عصبیت یک گروه؛ اهمیت طایفه‌ای، ایلی و خاندانی ایجاد می‌کند و کار را پیش می‌برد. علاوه بر این، چند نظریه دیگر نیز وجود دارد که به‌رغم همه محدودیت‌ها می‌تواند در توضیح بخشی از مسائل جامعه ایران، محل ارجاع باشد. حکومت‌های پدرسالارانه‌ای چون جانشینان خان مغول، تیمور، خان قاجار به شکلی شدید نمایشی از کشمکش نخبگان بوده است.

مسئله کشمکش نخبگان در جامعه و تاریخ ایران شکل پیچیده‌ای به خود می‌گیرد. پدرسالاری سیاسی به‌گونه‌ای است که اغلب به‌جای گردش نخبگان، میان آن‌ها کشمکش درمی‌گیرد که با گردش واقعی نخبگان در تعارض است. خاندان‌ها و ایل‌ها بر اساس هسته اولیه خاندان‌هایی بزرگ پدرسالار شکل می‌گیرند و اقتدار از خانواده گسترده پدرسالار آغاز می‌شود. این نوع اقتدار تمایل دارد بر مبنای عصبیت در آن محیط متعارف پیش برود. محیطی که به لحاظ اقتصادی مردم در انفعال سیاسی هستند. مالکیت در آن مشکل دارد و قدرت در میدانی از منازعات خاندانی و قبیله‌ای (مشابه جانشینان نادر و جانشین کریم‌خان) جابه‌جا و دست‌به‌دست می‌شود. چون در طول تاریخ یک راهکار و برنامه مشخص بین نخبگان سیاسی در رأس حکومت وجود نداشت، اغلب این کشمکش‌ها به داخل خانواده حاکمان هم می‌رسید.

از دوره امویان تا انقلاب مشروطیت در ایران ما شاهد کشمکش نخبگان بوده‌ایم. بنی‌امیه ساختار پدرسالار داشت که در آن پدرسالاری عشیره‌ای، عقیدتی و سیاسی درهم آمیخته بود. عباسیان هم همین وضع را داشتند. چنین تعارضی در میان فرزندان بنی‌عباس و بنی‌امیه و درگیری این دو خاندان به حدی جدی است که به نظر می‌رسد اسلام تاریخی متأثر از این ساختار پدرسالاری و منازعات آن است. بسیاری از مسائل اسلام تاریخی بازتابی از کشمکش‌های قبیله‌ای این خاندان‌هاست. با سلطه بنی‌امیه بر ایران، مشکلات ساختی- کارکردی عرب (آن‌هم در شکل تهاجم نظامی به‌علاوه معضلات ساختاری جامعه درهم‌ریخته ایران پس از حمله اعراب) ترکیب بسیار پیچیده‌ای به وجود آورد. خشونت، تحقیر و سرکوب ایرانیان توسط بنی‌امیه موجب نارضایتی‌ها و دعاوی اولیه شد. در نیمه نخست قرن دوم هجری، بنی‌عباس به‌عنوان معارض بنی‌امیه بر امواج توده‌ای سوار بودند که، نمونه‌اش را درحرکت ابومسلم می‌بینیم.

سفاح، اولین خلیفه عباسی به‌قدرت رسید و بنی‌عباس جایگزین بنی‌امیه شدند. در اینجا شاهد جایگزینی یک خاندان با یک خاندان دیگر یعنی برقراری یک پدرسالاری سیاسی هستیم. در این میدان معارضه‌های محلی شروع می‌شود. طاهریان در خراسان، علویان در طبرستان، صفاریان در سیستان و خوارجی که در بسیاری از مناطق قتل و غارت می‌کردند باهم به معارضه پرداختند. با همین نگاه تاریخی می‌بینیم ایران قلمروی است که در آن مردم اغلب به شکل توده‌ای بی‌شکل، منفعل هستند و به سبب ضعف در بنیه‌های خود به‌نوعی مفعولیت سیاسی دچارند. چنانچه بخش‌های منطقه‌ای و دسته‌های کوچک نتوانستند یک سازمان ملی و منسجم تشکیل دهند. بااینکه همه مردم ایران در بازگشت به هویت ملی وجه اشتراک داشتند ولی شکاف‌های طبقاتی فرقه‌های مختلف مذهبی که ریشه در هویت ملی نداشت و تأکید نخبگان بر گرایش‌های مذهبی در به دست آوردن حکومت یک بخش از کشور آن انسجام و بازگشت به هویت ملی را از بین می‌برد.

نخبگان، معارضان و مدعیانی کار را پیش می‌بَرند که در بخش‌های مختلف سرزمین گسترده، پراکنده و حادثه‌خیز در حال کشمکش بودند. خلفا از این وضعیت در جهت منافع خود بهره می‌بردند. وضعیتی از نوع همه علیه همه، جنگ و منازعه مزمن رواج داشت. گردانندگان دستگاه خلافت هم برحسب غلبه هر یک از مدعیان قدرت در ایران سهمی از مشروعیت به آن‌ها می‌داد. یعنی مرکز مشروعیت ساز، دستگاهی خارج از قلمروی فرهنگی و تاریخی ایران قرار داشت و گروه‌هایی که در یک منطقه قدرت می‌گرفتند نیازمند حکم مشروعیتی بودند که از سوی خلیفه اعطا می‌شد. هر جاکه این گروه‌ها از خارج ایران منشأ می‌گرفتند و یا بافرهنگ ایرانی سنخیت کمتری داشته باشند نزد خلیفه عزیزتر و محبوب‌تر بودند و از خلیفه آسان تر حکم می‌گرفتند. اگر مدعیان با گردانندگان دستگاه خلافت زاویه داشتند، با استفاده از فتوا و ابزار نفوذ مشروعیت آن‌ها ستانده می‌شد و از طریق مدعیان دیگر دیر یا زود موجبات سرنگونی‌شان فراهم می‌گشت.

طاهر سردار مأمون چون موفق شد خوارج را سرکوب کند، به امیری ولایت مرو گمارده شد. یعنی دستگاه خلافت از یک سرکرده برای سرکوب معارضان دیگر استفاده کرد و اینجا بود که طاهریان به وجود آمدند و به‌سرعت بخش‌های ایران را زیر سلطه خود درآوردند. طاهریان یا همان پسران طاهر از سرزمین بادغیس بودند و درواقع خاندانی با پدرسالاری سیاسی را تشکیل دادند. هسته پدرسالاری سیاسی در یک محیط منازعه و ستیز شکل می‌گیرد. پسران طاهر یعنی عبدالله، طلحه و علی خراج‌گذار دستگاه خلافت و نوکر بی‌چون وچرای خلیفه بودند و مذهب اهل سنت داشتند. در مقابل آن‌ها، علویان شیعی در طبرستان، صفاریان در سیستان و خرمدینان در آذربایجان به معارضه با بنی‌عباس و درنتیجه معارضه با طاهریان پرداختند. طاهریان هم به دلیل موقعیتشان در مقابل علویان، خرمدینان و با سرکوب آن‌ها از خلیفه مشروعیت ستاندند. این اتفاقات در نیمه دوم قرن سوم هجری رخ داد.

صفاریان در نیمه دوم قرن سوم با طاهریان، علویان و خوارج درافتادند

و آن‌ها را از میدان به دربردند. خلیفه ابتدا حکم مشروعیت فارس را به صفاریان داد ولی صفاریان که داعیه ایران را در سر داشتند با دستگاه خلافت درگیر شدند. دستگاه مشروعیت ساز که خود دچار مشکل گردیده بود سعی کرد با استفاده از معارضان دیگر و بقایای طاهریان در دستگاه خلافت و نیز بهره‌گیری از اعتقاد، و نیز قدرت پدرسالارانه خود و نسبتی که با بزرگان گذشته اسلام داشتند با کمک به سقوط صفاریان به معارضان محل دیگری مشروعیت بخشند. درواقع هرکسی که می‌توانست عصبیتی به وجود آورد و قدرت خود را در یک خاستگاه ایلی و خاندانی اِعمال کند در این محیط پرمعارضه کار را پیش می‌بُرد.

مشهور است وقتی بزرگان نیشابور از یعقوب‌لیث حکم عمارتش را می‌خواهند شمشیر برهنه‌اش را بیرون می‌کشد و آن را عهد خود می‌نامد. در سوی دیگر فرزندان بویه را می‌بینیم. بویه از سرداران امیر نصر سامانی و پسرانش علی، حسن و احمد از سپاهیان و امرای زیاری بودند که در قرن چهارم هجری نواحی مختلف ایران را تا بغداد تصرف کردند و تا تعویض خلیفه پیش رفتند. گردانندگان خلافت چون دیدند با آل‌بویه مشکل‌دارند از طریق معارضان دیگر یعنی غزنویان و سپس سلجوقیان آن‌ها را از میان برداشتند. این وضعیت و شرایط نیز با نظریه معارضه نخبگان قابل توضیح است. در حقیقت این بار نیز خاندان پدرسالار عباسی با جدیت هرچه‌تمام‌تر و تکیه‌بر سابقه پدرسالاری، استفاده از کشمکش‌های محلی، دعوت از معارضان خارج از محیط فرهنگی ایرانیان و با این تأکید که نگهبان و مبلغان واقعی اسلام هستند و غیاب شان اسلام را به خطر می‌اندازد توده مردم را از همسویی با نخبگان سیاسی- ملی باز می‌داشتند. به این طریق خلیفه توانست ترکان غزنوی و همچنین سلجوقی را در معارضه جانشین آل‌بویه کنند.

سامانیان از امیر اسماعیل سامانی شروع شد که از امرای منصوب مأمون در میان رودان بود. با سرکوب صفاریان که برای دستگاه خلافت مشکل‌ساز بودند و دستگیری عمرولیث صفاری، اسماعیل سامانی حکومت خراسان را با فرمان خلیفه به دست گرفت. سامانیان تا اواخر قرن چهارم خورشیدی حکومت کردند. هرچند به‌ظاهر مشروعیت خود را درنتیجه کشمکش با معارضان از خلیفه گرفتند اما خود را ایرانی و متعلق به فرهنگ ایرانی می‌دانستند. در ظاهر با خلفا بودند اما در باطن چنین نبود. به همین خاطر غزنویان غلامان و مزدوران دوره سامانی بودند که با سرکوب مدعیان قدرت در برابر سامانیان قدرتی به دست آوردند. با نزدیک شدن به جناحی از گردانندگان دستگاه خلافت که در رأس آن القادربالله بود سرکار آمدند و مشروعیت گرفتند. جریان‌های معارض می‌دانستند برای بقا باید با چه جناحی در دستگاه خلافت نزدیک شده، مشروعیت یافته، در قدرت سهیم شوند. برای این مقصود به جنگ با کفار در هند برآمدند. مثال‌های زیادی از این گرایش وجود دارند، ازجمله جنگ سلطان و جنگ برای به دست آوردن حاکمیت کوشان حمود با هندیان، نبرد افشین با بابک سلجوقیان با آل‌بویه و رافضیان، یعنی شیعیان و باطنیان در ایران.

سلجوقیان قومی شبانکاره در دشت‌های شمالی دریاچه آرال بودند که در قرن چهارم اسلام آوردند و به‌عنوان سپاهی در خدمت امرای مسلمان درآمدند و سرکرده شدند. از طریق همین سرسپردگی و سرکردگی در یک فرایند سپاهیگری قدرت را به دست گرفته، به حکومت رسیدند. طغرل بیک بنیان‌گذار این سلسله در سال ۴۱۷ خورشیدی غزنویان را سرکوب کرد و خود را سلطان نامید. چون دستگاه خلافت را از آل‌بویه نجات داد، حکم حکومت خود را از خلیفه دریافت کرد و تا نیمه قرن ششم در سراسر ایران و منطقه پیرامون قدرت را در دست داشت.

بعد از حمله مغول و فتح بغداد وقایعی رخ می‌دهد که نقطه عطف بزرگی در تاریخ ایران است، یعنی برچیده شدن مرکز مشروعیت ساز دستگاه خلافت. مرکزی که حدود ۵۲۵ سال در منازعات نقش مهمی داشت. دستگاهی که به علت نبود سازمان منسجم ملی عموماً به قیام‌های محلی در تنازع کشمکش‌های منطقه‌ای می‌انجامید. هرگاه حکومت‌های بزرگ ایرانی تا مرحله حذف خلفا پیش می‌رفتند، آن‌ها بانفوذ پدرسالارانه و اینکه خود را وارثان دین می‌دانستند، با بهره‌گیری از عقاید توده مردم مخالفان را سرکوب می‌کردند. با دعوت اقوام تازه‌مسلمان آسیای میانه و خاور چون غزنویان، سلجوقیان و مغولان و مشروعیت بخشی به آن‌ها در حقیقت دوام حکومت خود را فراهم می‌آوردند. هرچند درنهایت وجود نخبگان علمی و فرهنگی در دربار خلفا و نفوذشان در حاکمیت اقوامی که خود به آن‌ها مشروعیت می‌دادند سرانجام به حذف آن‌ها انجامید. هلاکوخان این دستگاه را برچید و مرکز قدرت و مشروعیت بخش نخبگان در خلافت سنی از اقتدار افتاد. جای خالی این قدرت را ابتدا امپراتوری مغولستان پر کرد و این‌زمانی بود که مغولان در مرحله تأسیس و تهاجم بوده، هنوز در ایران مستقر نشده بودند. با استقرارِ مغولان در ایران، خلفا دیگر نتوانستند از طریق امپراتوری مغولستان مسائل را حل کنند. چون برای حاکمیت بر ایران به‌نوعی عقیده مشروعیت ساز دیگر نیاز داشتند، پس از برچیده شدن دستگاه خلافت در ایران دعوت شیعی زمینه بیشتری برای گسترش پیدا کرد. نمونه مشروعیت سازی‌های شیعی نفوذی بود که خواجه‌نصیرالدین طوسی بر هلاکو، رشیدالدین فضل‌الله بر غازان‌خان، و علامه حلی بر اولجایتو داشتند. نکته مهم این است که مذهب ایلخانان از بسیاری جهات تابعی از بازی‌های سیاسی ایلخانان بود. نمونه این وضع را در مورد اولجایتو می‌بینیم که نخست مذهب حنفی داشت، بعد مذهب شافعی اختیار کرد و سپس با گرایش به مذهب شیعه، شیعه اثنی‌عشری را مذهب رسمی اعلام کرد. ولی بعدها دستور داد در خطبه‌ها نام خلفای راشدین هم ذکر شود.

کشمکش نخبگان جانشینان مغول و تیمور درنهایت فرصتی فراهم آورد که یک خاندان ایرانی با پشتوانه در ایران به قدرت رسید. این

خاندان ایرانی ریشه ملی دارد کـه در دوره حکومت ۲۳۰ ساله صفوی شروع شد و در فاصله دو یـورش بـزرگ مغـول و افغان بر ایران حاکم بود. صفویان با دو دولت سنی مذهب، عثمانی و ازبـک، در خـارج از مرزهای ایران مواجه بودند. برای تقویت موقعیت خـود در ایـن معارضـه، در مقابـل اکثریت اهل سنت در داخل و نیز حکومت‌های سنی شمال و باختر ایران، فقهای شیعی را- که در قلمروی عثمانی وضـع مناسبی نداشـتند- از جبـل عامـل فراخواندنـد و در دستگاه ایرانی به آن‌ها مناصب علمی دادند. بدین ترتیب توانستند در این محیط معارضه بیش از دویست سال قدرتشان را حفظ کنند. باید گفت که توده‌هایی از مردم، به دلایل زیاد با حاکمیت همراه شدند که خود سبب شد پس از چند قرن یک حکومت ایرانی را پایه‌گذاری کردند.

مدت ۷۵ سال، از حمله افغان تا اقتدار آغامحمدخان، دوره ملوک‌الطوایفی محسـوب می‌شود که ایران شاهد کشمکش سران طوایف افشار، زند و قاجار بـود و در ایـن میـان کشمکش نخبگان رواج داشت.

طایفه قاجار از قزلباشان صفوی بودنـد کـه بـه‌تـدریج بـه زور حاکمیـت برخـی از ولایات را در دست گرفتند. وقتی صفویه با حمله افغان از هم پاشید، رؤسای ایل قاجار دیگر چیزی فراتر از قدرت محلی می‌خواسـتند. درنتیجـه ایـران صـحنه کشـاکش میـان قاجار، افشار و زند شد. قاجار پس از غلبه بر بازماندگان زنـدیان در جنـوب و شـاهرخ میرزای افشاری در خراسان، دولت خود را به دلیل موقعیت برتر و ویژگی‌هـای خـاص در کوهپایه‌های البرز (شهر تهران) بنیان گذارد. آغامحمدخان پـس از ده سـال جنـگ و کشتار سرانجام بر تمام سرزمین ایران سلطه یافت. در همین دوره دو رویداد مهم اتفـاق افتاد:

۱. دوره‌ای که به خاطر در گیری زیاد میان نخبگان سیاسـی، فقهـای‌شیعی فرصـت یافتند در این دوره وضعیت خود را بازسازی کنند و به‌نوعی با استقلال از قـدرت سیاسی قاجار در میان توده مردم نفوذ و جایگاه اجتماعی پیدا کنند.

۲. از اواخر قاجار، نخبگانی جدید با ترویج مدرنیته در ایران ظاهر شـدند و جنـبش مشروطه را خلق کردند.

این انقلاب که با نبوغ نخبگـان سیاسـی، اجتمـاعی و فرهنگـی بـه پیـروزی رسـید، شوربختانه نتوانست به اهداف خود دست یابد. هرچند یکی از اهداف انقلاب مشـروطه مدرن سازی ایران بود فقط با سقوط قاجار و روی کار آمدن سلسـله پهلـوی بخشـی از این مدرنیته تحقق پیدا کرد، اما اهداف برپائی آزادی‌های سیاسی آن عقیم ماند.

تاریخ معاصر ایران میدان منازعات و معـادلات قـدرت نخبگـان قاجـار و دو گـروه دیگر نخبگان، یعنی نخبگان سنتی و نخبگان جدید بوده است. طی این مدت که بیش از هزار سال جریان داشت مشکل اصلی این بود که مـردم در ضـعف اقتصـادی و انفعـال سیاسی قرار داشتند و گویی توده‌ای بدون هیچ نقشی بودند. درنتیجه معارضـه گـروههـا در یک ساخت پدرسالارانه صورت می‌گرفت و انچـه شـاهدیم بیشـتر جابـه‌جـا شـدن قدرت میان آنها بود. هر گروه از نخبگان که غلبه می‌یافت حقیقت را نیز خـود تعریـف می‌کرد. به تعبیر ابن‌خلدون بدون عصبیت درون‌گروهـی و میـان گروهـی کـاری پـیش نمی‌رفت. این عصبیت هم بیشتر شکل طایفه‌ای، ایلی و خاندانی داشت. گـاهی مـذهب هم بازتابی از این عصبیت‌های خاندانی، ایلی و طایفه‌ای و مکانیسمی در میل به قـدرت تجلی می‌کرد. در ادامه سعی می‌کنیم تمام دورههای حکومتی ایران از زمانهای کهـن، ایـران باستان و دوران اسلامی تاکنون را در نمودار نشان دهیم (شکل ۳۴-۵ و شکل ۳۵-۵).

شکل ۳۴-۵ . نموداری شماتیک از دوره پیش از تاریخ در ایران.

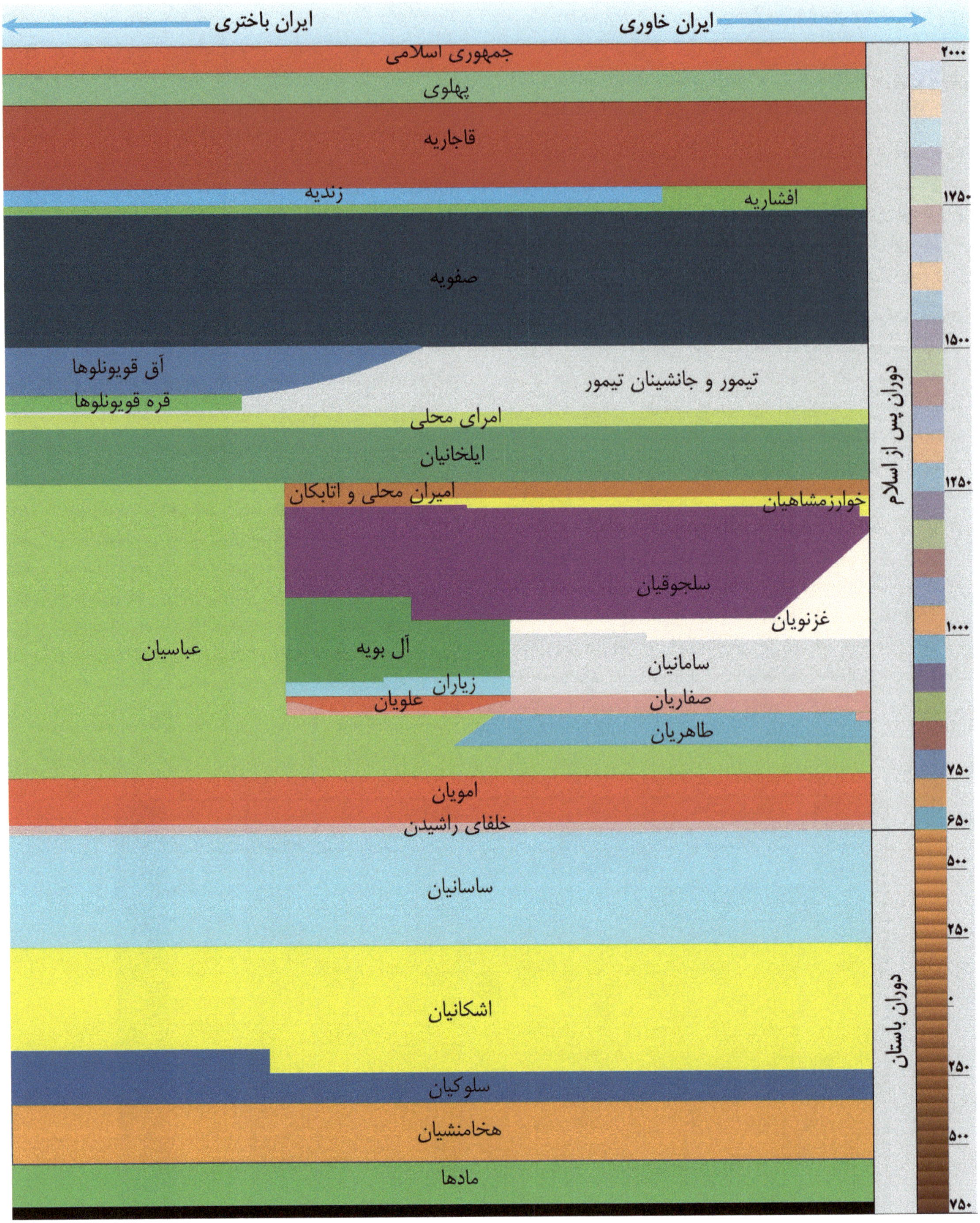

شکل.۳۶-۵. نموداری شماتیک از دوره‌های تاریخ باستان و تاریخ بعد از اسلام ایران.

منابع:

۱. ابرامی، هوشنگ (۱۳۵۲) ستارخان سردار ملی، چ ۱، انتشارات توس.
۲. ایـران در یـک قـرن (سفرنامه دکتر ویلز)، ترجمه غلامحسین قراگوزلو،چ۱، نشر ایران در یک قرن پیش افبال،.۱۳۶۸
۳. ارسطو.(۱۳۸۸)اصول حکومت آتن، ترجمه باستانی پاریزی، شرکت سهامی کتابهای جیبی تهران.
۴. ایمان‌پور، م.ت(۱۳۸۳). مکان جغرافیایی پارسه داریوش؛ فصلنامه دانشگاه ادبیات و علوم انسانی، ۵ ص.
۵. آبراهامیان، یرواند، تاریخ ایران مدرن، ترجمه محمد ابراهیم فتاحی، نشر نی.
۶. آوری، پیتر.(۱۳۹۸)تاریخ معاصر ایران از تأسیس تا انقراض قاجاریه، ترجمه رفیعی مهرآبادی، موسسه انتشارات عطایی.
۷. باسورث، کلیفورد، غزنویان،ج۱و۲، ترجمه حسن انوشه، اتشارات امیرکبیر، تهران.
۸. بران ادوراد، مطبوعات و ادبیات ایران در دوره مشروطیت، تاریخ ج ۱، ترجمه محمد عباسی، انتشارات کانون معرفت.
۹. بیانی، ش. ۱۳۹۰ . تاریخ ایران باستان (۲): از ورود آریایی ها به ایران تا پایان هخامنشیان. تهران: سازمان مطالعه و تدوین کتب علوم انسانی دانشگاه‌ها .
۱۰. بیهقی دبیر، ابوالفضل محمدبن حسین بیهقی دبیر(۱۳۸۳) تصحیح علی اکبر فیاض؛ به اهتمام محمد جعفر یاحقی، انتشارات دانشگاه فردوسی مشهد.
۱۱. پناهی سمنانی (۱۳۷۴) .محمداحمد، شاه اسماعیل صفوی، چ ۵، انتشارات کتاب نمونه.
۱۲. پناهی سمنانی (۱۳۷۵). محمداحمد،لطفعلی خان زند، چ ۵، انتشارات کتاب نمونه.
۱۳. پناهی سمنانی، محمداحمد، امیرکبیر- تجلی افتخارات ملی، چ ۲، انتشارات کتاب نمونه.
۱۴. پناهی سمنانی، (۱۳۷۵). لطفعلی‌خان زند، از شاهی تا تباهی، و کتاب صوتی سرگذشت نادر، آخرین فاتح شرق از ظهور تا سقوط
۱۵. تاریخ ایران دوره تیموریان (۱۳۸۲). تعلیف دانشگاه کمبریج، چ ۲، ترجمه یعقوب آژند، بخشی از جلد ششم دانشگاه کمبریج، نشرجامی.
۱۶. تاریخ سیستان (۱۳۱۴). چ ۱، تصحیح ملک الشعرا بهار، نشر کلاله خاور.
۱۷. تقی زاده، سیدحسن (۱۳۷۹). زندگی طوفانی (خاطرات) تاریخ ایران- سیاست مداران ایرانی، انتشارات فردوس.
۱۸. ثروتیان، بهروز (۱۳۸۴). شرح راز منطق الطیر عطار، موسسه انتشارات امیرکبیر تهران، مرکز تحقیقات کامپیوتری علوم اسلامی.
۱۹. جنیدی، ف. ۱۳۵۸. زندگی و مهاجرت نژاد آریا براساس روایت ایرانی، بنیاد نیشابور،۱۶۳.
۲۰. خزائلی، علی(۱۳۹۶).جغرافیای تاریخی سرزمین‌های اسلامی، انتشارات دانشگاه پیام نور.
۲۱. خضری، سیداحمدرضا (۱۳۹۴). تاریخ خلافت عباسی از آغاز تا پایان آل بویه، انتشارات سمت تهران.
۲۲. دهخدا، علی اکبر، چرند و پرند، نشر معرفت.
۲۳. دیاکونوف، ایگور میخایلوویچ؛ مدودسکایا. ماد: تاریخ ماد به گزارش دانشنامه ایرانیکا. ترجمه شهرام جلیلیان و محمد حیدرزاده. اهواز: انتشارات دانشگاه شهید چمران اهواز، ۱۳۹۶.
۲۴. دیاکونوف ،م .م . ۱۳۴۶. تاریخ ایران باستان. ترجمه روحی ارباب ، بنگاه ترجمه و نشر کتاب، ۳۷۸ ص.
۲۵. رحیمی سکه روانی (۱۴۰۰). رحمن، تاریخ خلافت عباسیان، انتشارات نگارتابان تهران.
۲۶. صدیق،عیسی (۱۳۵۵). دوره مختصر تاریخ فرهنگ ایران، چ ۱۶ ، بسرمایه شرکت سهامی طبع کتاب.
۲۷. طبری، ابوجعفرمحمدبن جریر (۱۳۵۳). تاریخ بلعمی، ج ۲، تصحیح محمدتقی بهار، انتشارات زوار.
۲۸. طوسی، خواجه نظام الملک (۱۳۹۸).سیرالملوک (سیاست نامه)، چ ۱، تصحیح محمود عابدی، فرهنگستان زبان و ادب فارسی.
۲۹. فقیهی، علی اصغر (۱۳۷۸). تاریخ آل بویه، انتشارات سمت تهران.
۳۰. قربانی، م.، صالحی، م. ۱۳۹۷. ایران شناسی با نگرشی بر گردشگری شهری، طبیعت گردی و زمین گردشگری (دوره ده جلدی)، انتشارات آرین زمین.
۳۱. قرشی، ا. ۱۳۸۰ . ایران نامک، نگرشی نو به تاریخ و نام ایران، انتشارات هرمس.
۳۲. کسروی، احمد (۱۳۶۳). تاریخ مشروطه ایران، ج ۱، موسسه انتشارات امیرکبیر.
۳۳. کسروی، احمد (۱۳۷۹). شیخ صفی و تبارش، ناشر فردوس.
۳۴. کسروی، احمد (۱۳۸۵). شهریاران گمنام، موسسه انتشارات نگاه.
۳۵. کیانوری، نورالدین، گفتگو با تاریخ،ناشر چاپی:موسسه مطالعات و پژوهش‌های سیاسی، ناشر دیجیتالی:مرکز تحقیقات رایان‌های قائمیه اصفهان.
۳۶. گرانتوفسکی ا.آ. ۱۳۵۹. تاریخ ایران از زمان باستان تا امروز، ترجمه کیخسرو کشاورز، انتشارات پویش.
۳۷. گریشمن، ر. ۱۹۵۱. ایران از آغاز تا اسلام، مترجم محمد معین، ناشر شرکت انتشارات ۵۲۲ ص. ، علمی و فرهنگی، سال نشر ۱۳۹۴
۳۸. لاوردی، نورالله (۱۳۹۳). نادر پسر شمشیر، انتشارات پر تهران.
۳۹. محمدی ملایری، محمد (۱۳۷۹) تاریخ و فرهنگ ایران در دوران انتقال از عصر ساسانی به عصر اسلامی، چ ۲، انتشارات توس تهران.
۴۰. محمد، محمد (۱۳۷۴) فرهنگ ایرانی پیش از اسلام و آثار آن در تمدن اسلامی و ادبیات عربی، چ ۴، انتشارات توس تهران.
۴۱. ناصرالدین،شاه حسینی، تمدن و فرهنگ ایرانی از آغاز تا دوره پهلوی، چ ۳، انتشارات دانشگاه سپاهیان انقلاب ایران.
۴۲. نفیسی، سعید (۱۳۴۲). در پیرامون تاریخ بیهقی شامل آثار گمشده ابوالفضل بیهقی و تاریخ غزنویان، نشر کتابفروشی فروغی.
۴۳. نفیسی، سعید (۱۳۴۵). تاریخ معاصر ایران از چهارم اسفند ماه ۱۲۹۹ - تا بیست و چهارم شهریورماه ۱۳۲۰ ، کتابفروشی فروغی.
۴۴. نفیسی، سعید (۱۳۹۰). تاریخ اجتماعی ایران از انقراض ساسانیان تا انقراض امویان، چ ۲، بنگاه ترجمه و نشر کتاب پارسه.
۴۵. وحدتی نسب، حامد؛ انواری، زهره؛ قمری فتیده، محمد؛ شیخ الاسلامی، امیر سامان؛ اکبری، محمدتقی؛ لسانی، نغمه ۱۳۹۶ . بازنگری ورود آریایی‌ها به فلات ایران در پرتو آگاهی‌های جدید ژنتیکی (گورستان گوهرتپه، بهشهر). مجله پژوهش
۴۶. ویلز، دکتر. ایران در یک قرن (سفرنامه). ترجمه غلامحسین قراگوزلو. چاپ اول. تهران: نشر ایران در یک قرن پیش افبال، ۱۳۶۸
۴۷. مجموعه تاریخی وکیل شیراز، مجله سفر و گردشگری آی سفر www.isafar.net
۴۸. هاشمی، حمید (۱۳۸۵). تاریخ ایران از صفاریان تا قاجاریه، انتشارات فرهنگ قلم تهران.
۴۹. هروی، جواد(۱۳۹۳). تاریخ سامانیان عصر طلایی ایران بعد از اسلام، انتشارات امیرکبیر.
۵۰. هیت، مری(۱۳۸۵). مار و روباه مقدمه‌ای بر منطق، ترجمه فریبرز مجیدی، انتشارات مازیار

منابع انگلیسی:

1. Agarwal, V., 2000. *What is the Aryan Migration Theory*
2. Anthony, D.W., 2006. *Three deadly sins in steppe archaeology: culture, migration and Aryans*. In Beyond the Steppe and the Sown (pp. 40-62). Brill.
3. Anthony, D.W., 2010. *The horse, the wheel, and language. In The Horse, the Wheel, and Language*. Princeton University Press.
4. Bronkhorst, Johannes and Deshpande, Madhav M. (eds.); 1999. *Aryan and Non-Aryan in South Asia - Evidence, Interpretation and Ideology*; Harvard Oriental Series, Opera Minora Vol. 3; Harvard University; Cambridge.
5. Bryant, E. and Bryant, E.F., 2001. *The quest for the origins of Vedic culture: The Indo-Aryan migration debate*. Oxford University Press.
6. Burrow, T., 1973. *The Proto-Indoaryans. Journal of the Royal Asiatic Society*, 105(2), pp.123-140.
7. Diakonoff, I. M. 1985. "Media", *The Cambridge History of Iran*, vol. 2 (Edited by Ilya Gershevitch ed.), Cambridge, England: Cambridge University Press.
8. Forbes, P., 2018. *Who We Are and How We Got Here by David Reich Review-New Findings from Ancient DNA*. The Guardian, 29, p.2018.
9. Gordon Childe, V., 1996. *The Aryans (1st ed.). Routledge*. London.https://doi.org/10.4324/9781315005256
10. Rawlinson, H.C. and Wilkinson, J.G., 1861. *The history of Herodotus* (Vol. 1)
11. Schmitt, R., 1987. *Aryans. In Encyclopaedia Iranica Online*. Brill.
12. Singh, K., 2021. *Colonial Roots of the Aryan Invasion/Migration Theory and the Contemporary Archaeological Evidence in Western Source Indian Historical Review*, 48(2), pp.251-272.

برای علاقه‌مندان به مطالعه بیشتر در این زمینه کتاب‌های زیر معرفی می‌گردد:

- منابع سفرنامه ناصر خسروقبادیانی
- رضازاده لنکرانی جنبش قرامطیان در مجله...
- تاریخ علوم عقلی در تمدن اسلامی
- جنبش‌های اجتماعی در ایران پس از اسلام (رضازاده لنکرانی)
- جنبش سرخ جامگان یا خرم‌دینان.

فصل ششم

زبان، گویش و خط در ایران

بیا تا جهان را به بد نسپریم / به کوشش همه دست نیکی بریم
نباشد همی نیک و بد پایدار / همان به که نیکی بود یادگار
سخن ماند از تو همی یادگار / سخن را چنین خوار مایه مدار

فردوسی بزرگ

اگر با ترویج و تعمیم اهمیت زبان فارسی در ایران پافشاری می‌کنیم، علت آن تعصب زبانی نیست. ما به تمام زبان‌ها و گویش‌هایی که اقشار و اقوام ایرانی دارند احترام قائلیم و وجود آن هارا مایع غنای فرهنگی می‌دانیم. اما وجود زبان فارسی به عنوان زبان مشترک ملی برای بقا و تکمیل وحدت ملی و حفظ تمامیت ارضی وطن عزیز و مشترکمان لازم می‌دانیم و به این نکات پروفسور یارشاطر توجه کنیم که؛ زبان ابزار تفاهم است نه میدان نوسازی، مرکب از نشانه‌های محوط است نه مهجور، روییدنی است نه ساختنی، می‌توان چون درختی آن را آبیاری کرد و هدایت نمود و حتی آن را پیوند زد؛ ولی خلاف طبیعت خود را نخواهد پذیرفت. زبان را نمی توان در بند کشید. زبان مثل درخت رونده ایست که در جست و جوی خوراک و نیرو پنجه ها و ریشه‌های خود را به هرسوی دراز می‌کند و در این جست وجوی پایبند اینکه به باغ همسایه دراز دستی نکند، نیست. زبان فارسی ملی هزاران سال بسیاری از واژگان بیگانه را به تصرف خود درآورده است و این واژه‌ها را پرورده، تربیت کرده و برای مقصود خود بکار برده و در شعر و نثر نشانده است و هاله‌ای از رنگ ها و نیم رنگ‌های معنی به دور آن کشیده است.

پس باید بر نگهداری آن کوشا باشیم.

۱-۶ مقدمه

ایران‌زمین با قدمت چند هزارساله، از اولین کشورهای صاحب تمدن است و این تمـدن را بیشتر مدیون فرهنگ غنی خود می‌داند. از عوامل اصلی شکل گـرفتن ایـن فرهنـگ فزون بر تاریخ مشترک زبان‌ها، گویش‌ها، ضرب‌المثل‌ها و شیوه نگـارش آن اسـت. در این فصل با توجه به ارتباط موضوعی بافرهنـگ، بـه مسـائل زبان‌هایی کـه در حوزه فرهنگی ایران و ایرانی وجود داشته و دارد می‌پردازیم و به تکامل نوشـتاری آن اشـاره می‌کنیم.

اگر به ترویج و تعمیم اهمیت زبان فارسی در ایران پافشاری می‌کنیم، علت تعصب زبانی نیست. ما به تمام زبان‌ها و گویش‌هایی که اقشار و اقوام ایرانی دارند احترام قائلیم که وجود آن‌ها مایه غنای فرهنگی است. اما پاس‌داشت زبان فارسی را به عنوان زبان مشترک ملی برای بقا و تکمیل وحدت ملی و حفظ تمامیت ارضی وطن عزیز و سرزمین مشترکمان لازم می‌دانیم و به اشاره‌ای از نکات پروفسور یارشاطر در این باب بسنده می‌کنیم که زبان ابزار تفاهم است نه میدان نوسازی، مرکب از نشانه‌های محوط است نه مهجور، روییدنی است نه ساختنی؛ می‌توان چون درختی آن را آبیاری کرد و هدایت نمود و حتی آن را پیوند زد، ولی خلاف طبیعت خود را نخواهد پذیرفت. زبان را نمی‌توان در بند کشید. زبان مثل درخت رونده‌ای است که در جست‌و جوی خوراک و نیرو، پنجه و ریشه‌های خود را به هرسوی دراز می‌کند و در این جست‌وجوی پایبند آن نیست که به باغ همسایه دراز دستی نکند! زبان فارسی ملی هزاران سال بسیاری از واژگان بیگانه را در خود درآمیخته، آن‌ها را پرورده، رشد داده و برای مقصود خود برده و در شعر و نثر بزرگان ادب پارسی نشانده است و جلوه‌ای از رنگ‌ها و نیم‌رنگ‌های معنی به دور آن کشیده است. پس باید در نگهداری آن کوشا باشیم.

۲-۶ زبان در ایران

به‌طورکلی زبان ایرانیان که درگذشته و امروزه با آن صحبت می‌کنند و غالب زبان‌های دنیا به دو گروه زبان‌های هندی- اروپایی و زبـان‌های غیـر هنـدی- اروپایی تقسیـم می‌شود شکل (۱-۶).

۱. **زبانهای هندی- اروپایی:** زبانی است که اغلـب مـردم ایـران در زمـان حـال و گذشته دور با آن صحبت می‌کردند. این زبان خود دوشاخه اصلی دارد.

- زبانهای اروپایی همچون فرانسـوی، انگلیسی، یونـانی، ایتالیـک و زبـان اغلـب کشورهای اروپایی (به‌جز زبان چند کشور اروپای خاوری مانند زبـان مجـاری) و آمریکایی و اقیانوسیه.
- زبانهای هندی – ایرانی

۲. **زبانهای غیرهندی- اروپایی:** مهم‌ترین این زبان‌ها عبارت‌اند از: ترکی، سامی و گرجی، زبانهای عربی.

۱-۲-۶ زبان‌ها هندی - اروپایی

زبان هندی- اروپایی همان‌طور که بیان شد به دودسته هندی – ایرانی و هندی – اروپایی تقسیم می‌شود (شکل۱ – ۶). زبان‌های کـه بیشـتر مـردم ایـران امـروزی بـا آن صـحبت می‌کنند عبارت‌اند از: فارسی و

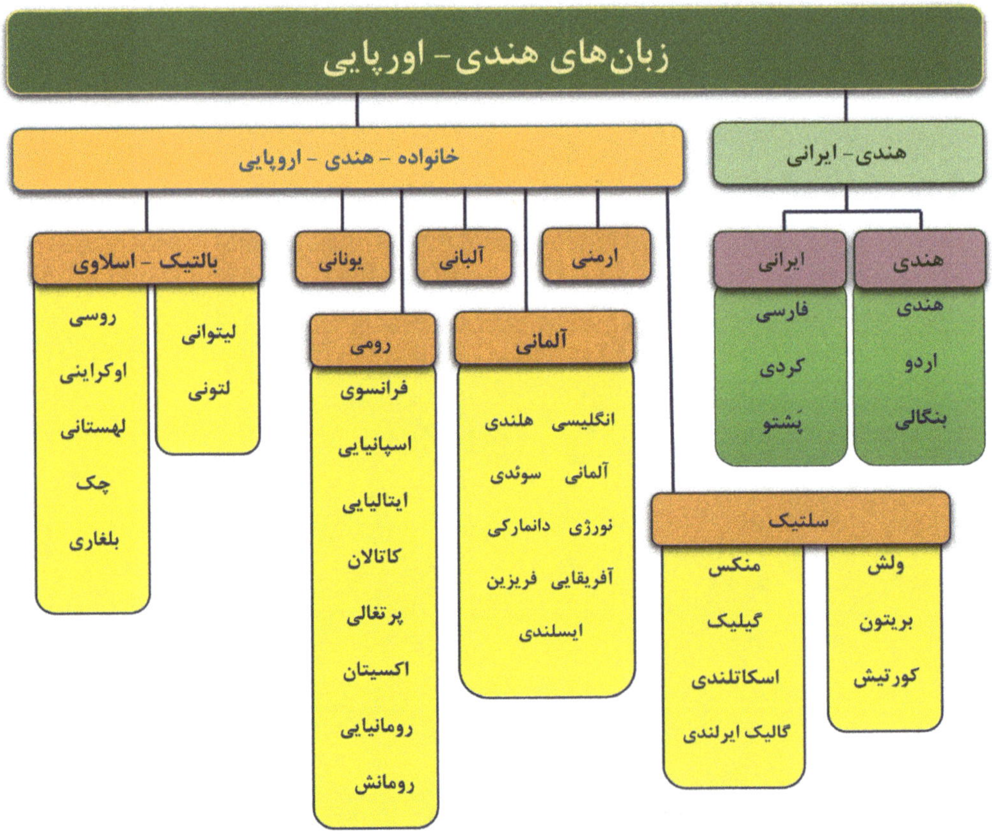

شکل ۱ – ۶ تصویری از شاخه‌ها و زیرشاخه‌های زبان‌های خانواده هندی – اروپایی

زیرشاخه‌ها و گویش‌های متفاوت آن و زبان ترکی که در ایران به آن ترکی آذری هم گفته می‌شود. هرچند از زبان‌های پراکنده ایران و گویش آن‌ها قبل از مادها و هخامنشیان اطلاعات چندانی نداریم (حداقل نگارنده اطلاع کافی ندارد)، اما از تأثیر آن‌ها در زبان‌های بعدی آگاهیم. زبان رسمی ایران که زبان فارسی است، مراحل متعددی را طی کرده است و قابل تقسیم‌بندی به زبان‌های فارسی اوستایی، فارسی باستان، فارسی میانه (پهلوی) و فارسی کنونی (فارسی نو) می‌باشد.

همان گونه که بیان شد زبان فارسی از شاخه‌های زبان هندی- اروپایی و جزء شاخه هندی- ایرانی یا زبان آریایی است که خود زبان‌های متفاوتی دارد که تعدادی از آن ها عبارت‌اند از: کردی، پشتو، بنگال، اردو، هندی، فارسی ایرانی و فارسی تاجیکی. تمام و یا برخی دیگر از این زبان ها خط و الفبای فارسی دارند و برخی دیگر مانند زبان کردی خط و الفبای جداگانه‌ای دارند که خود ریشه خط فارسی دارند (شکل ۱-۶).

۶-۲-۲ زبان فارسی اوستایی

دعاها و سروده‌های مقدس زرتشتیان را گاتاها می‌گویند؛ این‌ها را منسوب به زرتشت می‌دانند و قدیمی‌ترین بخش اوستا هستند.

خط اوستایی که در نگارش متون دینی به‌کاررفته است اصطلاحاً دین دبیره خوانده می‌شود؛ حروف آن از راست به چپ نوشته می‌شود و شکل حروف، علی‌رغم شباهت تفاوت‌های عمده‌ای هم دارند، ازجمله اینکه حرف‌های آن‌ها جدا از یکدیگر نوشته می‌شد و از هیچ طرف به حرف بعدی نمی‌پیوندند. تنها اثر باقی‌مانده با این زبان نیز ظاهراً همین کتاب مقدس زرتشتیان «اوستا» است که خود مجموعاً شامل پنج کتاب به نام‌های یسنا، یشت‌ها، وندیداد، ویسپرد و خرده اوستا است. کتاب‌های یادشده همگی به جزء کتاب یسنا به یک خط و یک‌زبان نگارش یافته‌اند.

۶-۲-۳ زبان فارسی باستان

زبان فارسی محاوره‌ای در زمان هخامنشیان تحت عنوان فارسی باستان نامیده می‌شود. این نوع فارسی، زبان رسمی حکومت هخامنشیان بوده است و در نواحی جنوبی و مرکزی ایران (استان‌های پارس) زبان اقوام پارسی رواج داشت؛ اما در هر یک از ایالت‌ها غیر از زبان فارسی مردم به زبان خود (زبان بومی) نیز صحبت می‌کرده‌اند. در زمان هخامنشیان برای نوشتن از خط آرامی و برای نوشتن بر روی سنگ و گل از خط میخی عیلامی و گاه بابلی استفاده می‌کرده‌اند. شواهد نشان می‌دهد که از زمان کوروش کبیر برای نوشتن فارسی باستان از خط میخی استفاده‌شده هرچند که خط میخی به‌طور مستند از زمان داریوش کبیر رواج گرفته است و عده‌ای هم معتقدند که در زمان داریوش ابداع‌شده است. البته شواهد بارز وجود دارد که خط میخی در زمان حکومت چیش پیش، جانشین هخامنش، وجود داشته است و از زمان داریوش کبیر (داریوش اول) خط میخی گسترش‌یافته و رسمی شده است. مهم‌ترین کتیبه فارسی باستان، کتیبه بیستون است که به‌فرمان داریوش در دل کوه بیستون کنده‌شده است. این کتیبه به‌تنهایی چندین برابر بقیه نوشته‌ها و کتیبه‌های دیگر فارسی باستان لغات و مواد زبانی دارد. این اثر تاریخی علاوه بر ارزش آن در بررسی تاریخ زبان فارسی، به سبب بازگو کردن حقایق تاریخی نیز اهمیت زیادی دارد. کتیبه‌های بازمانده از پادشاهان هخامنشی گاه به یک‌زبان (فارسی باستان) و گاهی به دو زبان (فارسی باستان و عیلامی) و گاه به سه زبان (فارسی باستان، عیلامی و بابلی) و در مواردی نادر به چهار زبان (فارسی باستان، عیلامی، بابلی و مصری) نوشته‌شده‌اند. در این دوره علاوه بر زبان‌های ایرانی، خطوط و زبان‌های غیر ایرانی دیگری نیز در ایران‌زمین به‌کاررفته می‌رفت. علت رواج این زبان‌ها و خطوط غیر ایرانی آن بود که پیش از مهاجرت آریاییان، در باختر و جنوب باختری و مرکز ایران اقوامی می‌زیستند که هریک دارابی تمدن و فرهنگ دیرین بودند که بعد باهم تلفیق می‌شوند و اقوام بزرگ ایرانی را به وجود می‌آورند که اقوام آریایی گفته می‌شوند. از زبان‌های غیر ایرانی رایج در دوران باستان می‌توان به زبان‌های سومری، عیلامی (عیلام خود یکی از تمدن بزرگ ایرانی در جنوب ایران قبل از هخامنش است؛ بنابراین زبان ایرانی است که باقی‌مانده امروزی آن خوزی می‌باشد)، اکدی، آرانی و سریانی اشاره کرد.

۶-۲-۴ زبان فارسی میانه یا فارسی پهلوی

زبان‌های ایرانی رایج بعد از فروپاشی دولت هخامنشیان تا فروپاشی دولت ساسانیان را فارسی میانه می‌گویند. درواقع زبان فارسی میانه در فاصله زمانی تأسیس سلسله اشکانیان (حدود ۲۵۰ ق.م) و انقراض سلسله ساسانیان (۶۵۱ میلادی) در سرزمین ایران رواج داشته است که خود ریشه در پارسی باستان دارد. زبان فارسی میانه یا پهلوی به دوشاخه باختری و خاوری تقسیم می‌شود.

- زبان فارسی میانه یا پهلوی اشکانی (زبان فارسی میانه خاوری)
- زبان فارسی میانه پهلوی ساسانی (زبان فارسی میانه باختری)

زبان فارسی میانه پهلوی اشکانی یا زبان پارتی، زبان خراسان بزرگ بوده که پاره‌ای از آن زبان محاوره‌ای استان‌های خراسان ایران کنونی را تشکیل می‌دهد.

چنین روایت‌شده است که اشکانیان در آغاز بسیار تحت تأثیر فرهنگ و زبان یونانی بودند، طوری که حتی نام و القاب خویش را به خط و زبان یونانی می‌نوشتند. البته این روایت موردقبول نگارنده نیست، چراکه پارتیان همان‌هایی بودند که با سلوکیان می‌جنگیدند و سرانجام هم آن‌ها را سرنگون کردند (به رهبری بزرگ آن‌ها یعنی ارشک یا اشک.) پس بعید است که دلبستگی به زبان و خط یونانی‌ها، یک‌زبان و خط بیگانه، در میان ایرانیان می‌توانسته عمومیت داشته باشد. خط

پارتی از راست به چپ نوشته می‌شده است و در آن حروف به یکدیگر نمی‌چسبیدند.

همان‌گونه که قبلاً اشاره شد زبان فارسی میانه به دوشاخه زبان فارسی میانه خاوری باختری تقسیم‌شده است که در ادامه به جزئیات آن‌ها می‌پردازیم.

الف) زبان فارسی میانه خاوری: گسترش این زبان در خاور ایران تا ترکستان چین، و به دلیل مهاجرت‌های برخی از قبایل ایرانی، در شمال باختر ایران تا دریای سیاه رواج داشت. مهم‌ترین آن‌ها عبارت بودند از بلخی، خوارزمی، سغدی و سکایی.

بلخی: زبان بلخی زبان کوشانیان بود که در سده‌های نخستین میلادی در شمال افغانستان کنونی و تاجیکستان، پادشاهی کوچکی داشتند که بعداً تا شمال هند گسترش یافت. این زبان تا سده چهارم میلادی پررونق بود. آثار زبان بلخی را می‌توان در ازبکستان، افغانستان، پاکستان و ترکستان چین یافت.

سغدی: این زبان در ولایت سغد قدیم، سمرقند، بخارا و خجند از مراکز آن بودند، رواج داشته که ظاهراً مهم‌ترین زبان ایرانی رایج در آسیای مرکزی بوده است.

خوارزمی: زبان خوارزمی زبان خوارزم (ازبکستان و ترکمنستان کنونی) بود. این زبان به خطی مأخوذ از آرامی نوشته می‌شد که اکنون آن را خط آرامی- خوارزمی می‌نامند. آثار به‌جای مانده از این خط به سده‌های سه یا دوم تا سده ۷ میلادی تعلق دارد. به‌علاوه برخی از نویسندگان دوره اسلامی، مانند ابوریحان بیرونی در آثارالباقیه و ...، واژه‌ها یا جمله‌های خوارزمی را به خطی برگرفته از عربی در آثار خویش آورده‌اند.

سکایی: سکاها یکی از اقوام دلاور ایرانی بودند که در نواحی وسیعی از آسیای مرکزی و جلگه‌های روسیه جنوبی می‌زیستند. آثار مکتوب به‌دست‌آمده مربوط به اواخر قرن نوزدهم و اوایل قرن بیستم در شمال شهر کاشغر و خُتن مؤید آن است که اقوام سکایی به چندین گویش و لهجه مرتبط تکلم می‌کردند.

ب) زبان فارسی میانه باختری که همان زبان پهلوی ساسانی است. این زبان در حقیقت شکل تحول‌یافته فارسی باستان است. زبان پهلوی اشکانی و پهلوی ساسانی قرابت و نزدیکی خاصی دارند و تنها اختلاف آن‌ها ازنظر لهجه و آوا است. کتیبه‌های شاهان فارسی در ابتدا اغلب به خط فارسی میانه، پارتی و یونانی نوشته می‌شد. سپس به دو زبان فارسی میانه و پارتی و سرانجام فقط به زبان فارسی میانه پهلوی ساسانی نوشته‌شده است. به‌طورکلی زبان پهلوی ساسانی شکل تحول‌یافته زبان فارسی باستان است و همین زبان است که در دوره اخیر به‌نام فارسی کنونی معروف است؛ بنابراین زبان فارسی میانه باختری، حد واسط میان زبان فارسی باستان و فارسی کنونی است که به فارسی میانه مشهور است. کهن‌ترین آثار زبان فارسی میانه باختری متعلق به آغاز دوره ساسانی است که مهم‌ترین آن‌ها در زیر فهرست می‌شوند:

کتیبه‌ها که مهم‌ترین آن‌ها عبارت‌اند از:

- کتیبه اردشیر بابکان در نقش رستم،
- کتیبه شاپور اول در نقش رستم (کعبه زرتشت)،
- کتیبه شاپور اول در نقش رجب،
- کتیبه شاپور اول در حاجی‌آباد،
- کتیبه نرسی در پایکولی (ناحیه‌ای میان قصر شیرین و سلیمانیه عراق)،
- کتیبه هرمز در نقش رستم،
- کتیبه شاپور دوم در طاق‌بستان،
- کتیبه شاپور دوم در تخت جمشید،
- کتیبه شاپور دوم در مشگین‌شهر،
- کتیبه شاپور سوم در طاق‌بستان،
- کتیبه کرتیر در سرمشهد (ناحیه‌ای در جنوب ایران)،
- کتیبه کرتیر در نقش رستم (کعبه زرتشت)،
- کتیبه کرتیر در نقش رجب،
- کتیبه مهر نرسی (از وزرای نامدار ساسانیان) در فیروزآباد فارس،
- چندین کتیبه متعلق به اواخر دوره ساسانیان در نواحی دربند قفقاز، استانبول، تخت طاووس، بیشاپور، مقصودآباد و چند ناحیه دیگر.

سکه‌ها (شکل ۲-۶ تا شکل۴-۶) به نقل از کتاب نگاهی به سکه‌های ایران

- مُهرها و سنگ‌های قیمتی و ظروف سیمین
- آثار یافت شده در دورا- اوروپوس

شکل ۳-۶. تصویر سکه خسرو دوم ساسانی، خسرو پرویز (۲۷۳ - ۲۷۶م)

- پاپیروس‌ها
- ترجمه مزا میر داوود
- متون مانوی
- متون پهلوی شامل کتب دینی زرتشتی (زند اوستا، زند و پازند) و کتب غیردینی (اندرزنامه‌ها و رساله‌های متعدد).

شکل ۲-۶. تصویر سکه بهرام اول ساسانی (۲۷۳ - ۲۷۶م)

۵-۲-۶ زبان فارسی کنونی

زبان‌های فارسی کنونی زبان‌هایی هستند که پس از فتح ایران به‌دست‌آمده اعراب به‌تدریج

شکل ۴ - ۶. سکه اردشیر اول ساسانی، اردشیر بابکان (۲۴۱ -۲۲۴ م).

در مناطق مختلف ایران منشأ گرفته و از زبان‌های گذشته پدیدار شدند. باوجود رواج برخی، هم زمان با برخی از زبان‌های ایرانی میانه، ازلحاظ ساختاری تحول‌هایی در آن‌ها رخداده است که آن‌ها را از زبان‌های ایرانی میانه متمایز می‌کند.

امروزه کانون اصلی زبان‌های فارسی رایج در ایران، افغانستان و تاجیکستان است، اما برخی از اشکال فارسی در جمهوری‌های آسیای مرکزی، چین، ترکیه، شبه‌قاره هند، عراق، فلات پامیر و قفقاز نیز رواج دارند. از میان زبان‌های فارسی کنونی فقط فارسی (با سه گونه اصلی ایرانی، افغانی و تاجیکی)و یغنابی، به ترتیب بازمانده‌های مستقیم فارسی میانه و سغدی هستند.

مهم‌ترین و متداول‌ترین زبان فارسی کنونی، فارسی دری و یا فارسی نوین است. دیگر زبان‌ها و گویش‌های فارسی کنونی را که شمارشان به صدها می‌رسد بر پایه قرابت‌های ساختاری و جغرافیایی به دو گروه فارسی کنونی باختری و فارسی کنونی خاوری تقسیم کرده‌اند.

الف) زبان‌ها و گویش‌های فارسی کنونی باختری

- **گویش‌های مرکزی ایران:** این گویش‌ها در منطقه اصفهان، تهران، همدان، یزد و سمنان رواج دارد.
- **گویش‌های حاشیه دریای کاسپین:** گویش‌های گیلکی، مازندرانی و تالشی از این‌دسته‌اند.
- **گویش‌های شمال باختری:** ازجمله این گویش‌ها می‌توان گویش تاتی شمالی را نام برد که از تاکستان تا تازم، تالش و گاه روستاهایی از اردبیل و آذربایجان ایران و جمهوری آذربایجان رواج دارند که برخی منابع از آن به‌عنوان پهلوی آذری یاد کرده‌اند (محمود، افشار ۱۳۸۰).
- **گویش‌های جنوب باختری:** گویش‌های منطقه فارس، گویش‌های لری و گویش سیوندی از نوع گویش‌های جنوب باختری هستند.
- **گویش‌های جنوب خاوری:** شامل گویش‌های لارستانی و گویش‌های بشاگردی هستند. این گویش‌ها گاه در کشورهای همسایه جنوب خاوری ایران دیده می‌شود. در اصل اینجا بحث گویش‌های هم‌ریشه با فارسی هستند زیرا کردی، بلوچی و پشتو خود زبان‌هایی جز زبان‌های ایرانی می‌باشند.
- **گویش‌های کُردی:** شامل گویش کُردی شمال باختری یا کِرمانجی (در آذربایجان باختری، کردستان، خراسان، ترکیه و سوریه) گویش کُردی شمال خاوری (در جمهوری‌های آذربایجان، ارمنستان و نیز در موصل و دوهک عراق معروف به بادینانی)، گویش کُردی مرکزی که شامل سورانی (در اربیل، خانقین، سلیمانیه و کرکوک)، سنه‌ای (سنندجی) و مکری (در جنوب آذربایجان‌باختری و کردستان)، گویش کُردی جنوبی که شامل کرمانشاهی، کَلهُری و سنجابی هستند.
- **گویش‌های زازا و گورانی:** که گاه به‌غلط کُردی خوانده می‌شوند، شامل زازا یا دیمیلی در میان کردهای ترکیه، اورامانی (در باختر سنندج در پاوه، نوسود و)...، باجلانی (در اطراف سرپل ذهاب، قصر شیرین، خانقین، کرکوک، موصل و)...، کندوله‌ای (در شمال خاوری کرمانشاه) و گورانی (در شمال کرمانشاه) هستند.
- **گویش‌های بلوچی:** شامل رخشانی (در میان اکثر بلوچهای ایران، افغانستان و پاکستان)، سَروانی (در بلوچستان ایران)، کِچی (در مکران پاکستان)، لاشاری (در جنوب ایرانشهر)، بلوچی خاوری (در خاور و شمال‌خاوری کویته پاکستان)، کُرشی (در میان شترداران ایل قشقایی در فارس) و گویش‌های ساحلی (در ایران و پاکستان).

ب) زبان‌ها و گویش‌های فارسی کنونی خاوری

- **گویش آسی:** در مناطق مرکزی قفقاز با دو گویش ایرانی (گویش خاوری و گویش باختری).
- **گویش پَشتو:** این گویش در افغانستان و پاکستان، با ۴ گویش اصلی شمال‌خاوری (پیشاوری)، شمال باختری (کابلی)، جنوب خاوری (وزیری) و جنوب باختری(قندهاری) رواج دارد.
- **گویش اُرموری و پراچی:** ساکنین جنوب افغانستان و شمال پاکستان با این گویش محاوره می‌کنند.
- **گویش مونجانی و یدغه:** گویش مونجانی در دره مونجان در شمال‌خاوری افغانستان و گویش یدغه در خاور دره مونجان استفاده می‌شود.
- **گویش یَغنابی:** در دره یغناب در تاجیکستان مرسوم است.
- **زبانهای پامیر:** در دو سوی رودخانه آب پنجه در مرز افغانستان و پاکستان شامل:اشکاشمی، زباکی، سنگلیچی، وَخی، وَنجی (امروزه مرده به‌حساب می‌آید)، یَزغُلامی، بَرتَنگی، رُشُروی، روشانی، شُغنی و سَریکُلی. سَریکُلی خاوری‌ترین زبان فارسی کنونی است و در کنار مرزهای چین رواج دارد. شمار اندکی از زبان‌های یاد شده خط و ادبیات مکتوب دارند.

ابن‌ندیم در الفهرست به نقل از ابن‌مقفع زبان‌های ایرانیان را در پایان

دوره ساسانیان چنین برشمرده است.

- **فهلوی** (پهلوی) که منظور از آن احتمالاً پهلوی اشکانی یا پهلوی یا پارتی بوده است.
- **فارسی** (پارسی) که همان فارسی میانه، زبان رسمی دولت ساسانیان و زبان استفاده‌شده در کتابهای زرتشتی بوده است.
- **سریانی** که از زبانهای سامی رایج در میانرودان بوده است.
- **خوزی** که احتمالاً بازمانده زبان عیلامی در خوزستان بوده است.
- **دری** (منسوب به دربار) که زبان محاوره درباریان و ساکنان پایتخت (تیسفون-مدائن) بوده است.

اگرچه بانفوذ اسلام به ایران، زبان عربی زبان دین و دولت شد، زبان فارسی دری که شکلِ تحول‌یافته زبان فارسی میانه است، در اکثر نقاط ایران همچنان در میان مردم رواج داشت. نهضت‌های استقلال‌طلبانه سده‌های نخستین دوره اسلامی در ایران منجر به پیدایش سلسله‌های ایرانی طاهریان(۲۵۲-۱۹۹ خورشیدی/۸۲۰-۸۲۰ میلادی) در خراسان و صفاریان(۲۸۹ - ۲۴۶ خورشیدی/۹۰۰ - ۸۶۷ میلادی) در سیستان شد. یعقوب‌لیث، مؤسس سلسله صفاری نخستین کسی بود که شعرا را به سرودن شعر فارسی ترغیب می‌کرد؛ اما دولت سامانیان (۳۸۴-۲۵۶ خورشیدی/۱۰۰۵-۸۷۷میلادی) که در اوج قدرت بر خراسان و فرارودان و بخش‌هایی از ایران و افغانستان کنونی فرمان می‌راند و مرکز آن بخارا بود مقتدرترین دولت پشتیبان زبان و ادب فارسی محسوب می‌شود. ازجمله خدمات سامانیان به ادب فارسی تشویق دانشمندان و ادیبان ایرانی به ترجمه فارسی کتاب‌های مهمی بود که به زبان عربی نوشته‌شده بودند؛ از آن میان می‌توان به ترجمه تاریخ طبری (معروف به تاریخ بلعمی) و ترجمه تفسیر طبری به‌فرمان امیر منصور بن نوح سامانی (۳۵۴-۳۴۰ خورشیدی/ ۹۷۶-۹۶۱ میلادی) اشاره کرد.

فارسی دری در زمان حکومت غزنویان (۶۵۶-۳۵۵ خورشیدی/۱۱۸۸-۹۷۷میلادی) و سلجوقیان (۵۳۶-۴۱۷ خورشیدی /۱۰۳۸- ۱۱۵۷میلادی) همچنان مورد توجه برخی از درباریان بود. تا حدی که در عهد وزارت فضل بن احمد اسفراینی، وزیر سلطان محمود غزنوی (وزارت ۳۸۶-۳۷۷خورشیدی/ ۱۰۰۸-۹۹۸ میلادی) و ابونصر کُندُری، وزیر طغرل و آلب ارسلان سلجوقی (وزارت ۴۴۳-۴۳۵خورشیدی/ ۱۰۶۴-۱۰۵۶ میلادی)، فارسی‌زبان دیوان‌ها و دفترهای دولتی و مکاتبات رسمی شد. پس‌ازآن نیز در دوره خوارزمشاهیان (۶۱۰-۴۵۶ خورشیدی/۱۲۳۱-۱۰۷۷میلادی) دیوان رسائل غالباً به فارسی نگاشته می‌شد.

گسترش زبان فارسی در خاور و شمال خاوری ایران، در شهرهایی چون بخارا، بلخ، سمرقند، توس، مرو و هرات از یک‌سو و کاربرد آن در دربار امیران ترک‌زبان غزنوی و سلجوقی از سوی دیگر، سبب ورود واژه‌هایی از زبان‌های پارتی، سغدی و ترکی به زبان فارسی شد؛ اما چون زبان عربی همچنان زبان علم و دین بود ورود واژه های‌عربی در فارسی افزایش یافت، به‌گونه‌ای که نسبت واژه‌های عربی در فارسی که در سده ۵ خورشیدی حدود ۳۰ درصد بود و در سده ۷ خورشیدی به حدود ۵۰ درصد رسید. البته عکس این هم وجود دارد که خیلی از واژه‌ها و کلمات فارسی به زبان عربی راه‌یافته است.

پس از مرگ جلال‌الدین خوارزمشاه و استیلای مغول بر ایران، در زمان حکومت ایلخانان (۷۳۲-۶۳۵ خورشیدی/۱۳۵۳ -۱۲۵۶ میلادی) و تیموریان (۸۸۵-۷۴۸ خورشیدی/۱۳۶۹ -۱۵۰۶ میلادی) فارسی‌نویسی همچنان رواج داشت؛ اما ویرانی خراسان و فرارودان موجب شد که مرکزیت زبان فارسی به شهرهای مرکزی و جنوبی ایران به‌ویژه شیراز انتقال یابد. در این دوره نیز واژه‌هایی از زبان مغولی به‌ویژه درزمینه امور لشکری و کشوری وارد زبان فارسی شد؛ هرچند که تعداد آن‌ها زیاد نبود.

از سوی دیگر، نفوذ زبان ترکی در آذربایجان- مرکز حکومت ترکمانان‌آق‌قویونلو(۸۸۱-۷۷۶خورشیدی/۱۵۰۲-۱۳۹۸ میلادی) تااندازه‌ای بود که صفویان که ایرانی‌تبار بودند ترک‌زبان شدند؛ حتی در زمان پادشاهان صفوی (۱۱۰۱-۸۸۰خورشیدی/۱۷۲۳-۱۵۰۱میلادی)زبان‌ترکی‌در آذربایجان چنان گسترش یافت که گویش آذری را که از گویش‌های کهن ایرانی بود به کنار نهاد. پس از دوره افشاریان (۱۱۷۴-۱۱۱۴خورشیدی/۱۷۹۵-۱۷۳۵میلادی) و زندیان (۱۱۷۳-۱۱۲۹خورشیدی/۱۷۵۰-۱۷۹۴میلادی) و روی کار آمدن سلسله قاجار (۱۳۰۲-۱۱۵۸خورشیدی/۱۹۲۴-۱۷۷۹ میلادی) تهران مرکز تجمع ادیبان، نویسندگان و صاحبان مناصب اداری و دولتی شد و به‌تدریج گویش تهرانی از زبان فارسی برگویش‌های دیگر غالب و زبان معیار شد.

۶-۳ زبان‌های غیر هندی - اروپایی

مهم‌ترین این زبان‌ها که در ایران رواج دارد، ترکی است. هرچند زبان‌های غیر هندی- اروپایی دیگری مانند زبان عربی، گرجی و سامی به‌طور پراکنده در نقاط مختلف ایران دیده می‌شود.

۶-۳-۱ زبان ترکی

زبان‌های ترکی رایج در ایران عبارت‌اند از: ترکی آذری یا آذربایجانی، ترکی افشاری، ترکی خراسانی، ترکمنی و خلجی که هر یک‌گونه‌های خاص خود را دارد. از این میان ترکی آذری، ترکی افشاری، ترکی خراسانی، ترکمنی به همراه ترکی آناتولیایی

۵ عضـو اصلی شاخه اوغوز (ترکی جنوب باختری) هسـتند. زبـان خلجـی را سـابقاً گویشـی از ترکی آذری می‌پنداشتند، اما این نظریه اکنون پذیرفتنی نیست.

هم‌اکنون ترکی آذری یا آذربایجانی رایج‌ترین زبان ترکی در ایران است و گونه‌هـای آن در اکثر استان‌های ایران، بخصوص در اسـتان‌هـای آذربایجـان خـاوری، آذربایجـان، اردبیل و زنجان رواج دارد. استفاده از زبان ترکی و ترکـی آذری در خـارج از مرزهـای ایران در بعضی کشورها مانند جمهوری آذربایجان، ترکیـه و ازبکسـتان بـه‌عنـوان زبـان رسمی و در بعضی کشورها مانند ارمنستان، گرجستان، عـراق، سـوریه و افغانسـتان نیـز دیده می‌شود.

۶-۳-۲ زبان عربی

زبان عربی خاص شبه‌جزیره عربستان است؛ اما چون زبان عربی زبـان دینـی مسـلمانان است، هزاران واژه از این زبان به زبان‌های ایرانی (فارسی، کردی، پشتو) ترکی، هندی و آفریقایی راه‌یافته است. اکثر عرب‌زبانان ایران، در استان خوزستان و کرانه خلیـج‌فـارس و گـاهی بـه شـکل طایفه‌های عرب‌زبان در برخی از نقاط دیگر ایران، ازجمله استان فارس نیز سکنی دارندکه در اصل ایرانی‌هایی عرب‌زبان هستند.

۶-۴ زبان ملی

زوال زبان فارسی یعنی زوال ملت ایران

علامه محمد قزوینی

مرزها دیگر اساس دوری ما نیستند
ای برادر! اصل ما نیک می دانی یکی ست
تاجکی یا فارسی یا خویش پنداری دری
این زبان پارسی را هرچه می خوانی، یکی ست!
رستم و شاهان ساسانی یکی ست
شوکت شهنامه و فرهنگ ایرانی یکی ست

نجیب بارور شاعر افغانستان

هرچند کشورهایی هستند که تقریباً یک‌زبان دارند اما اغلـب کشـورهایی کـه دارای یک فرهنگ غنی و یا سابقه کهن‌دارند؛ ضمن داشتن یک‌زمان ملی دارای زبان‌های دیگر هستند و جدا از زبان ملی، زبان‌های محلی یا قومی هم بسیار قابل‌احترام هستند؛ مثلاً در کشورهای هند و چین بااینکه زبان‌های متعددی وجود دارد ولی یک‌زبان ملـی دارنـد و در بسیاری از کشورها حتی زبان ملی دارای گویش‌ها و لهجه‌هـای متفـاوتی اسـت؛ امـا یک زبان نوشتاری دارند و این مهم است که زبان ملی یک رسم‌الخط دارد.

زبان ملی ایران زبان فارسی است که زبان ملـی کشـورهای دیگـر یعنـی تاجیکسـتان و افغانستان نیز است.

همه هم‌وطنان و ایران‌دوستان در هر نقطه‌ای که در کشور زندگی مـی‌کننـد و از هـر شهر و روستایی که به دنیا آمده و با هر گویش و زبانی متولدشـده‌انـد؛ ضـمن دوسـت داشتن شهر، روستا و زبان محلی خود باید کشور و زبان ملی خود یعنی زبان فارسـی و کشور ایران را دوست داشته باشند و این‌طور هم هست. همه ایرانیان چه تبریـزی، چـه تهرانی، چه مشهدی، چه کرمانشاهی، چـه کرمـانی، چـه شـیرازی و چـه اصـفهانی و... همان‌طور که ایران وطن خود را دوست می‌دارند و به آن افتخار می‌کنند؛ زبان فارسی را دوست دارند و باید این‌چنین باشد. همچنین همه ملت ایران هم هرکجا که باشند ضمن احترام به زبان فارسی و ملی باید به زبان‌های دیگر احترام بگذارنـد و آن‌هـا را دوسـت داشته باشند و بدانند غنای زبان‌های آن‌ها موجـب غنـای زبـان فارسـی اسـت. چنانکـه کلماتی از فارسی در زبان‌های ترکی و عربـی فـراوان اسـت و بـرعکس آن‌هـم فـراوان می‌باشد.

زبان‌های کردی و بلوچی، هـم‌ریشـه بـا زبـان فارسـی هسـتند و دارای شـیوه‌هـای نوشتاری مشترک هستند. هرچند در نوشته‌ها از زبـان‌هـای کـرد و بلـوچی زیـر عنـوان گویش یاد شد، اما خوب می‌دانیم که کردی و بلوچی خود زبان هستند و جزو زبان‌های ایرانی می‌باشند و با زبان فارسی هم‌ریشه هستند.

آیا کسی می‌تواند ادعا کند که از یـک کـرد در ایـران، ایرانـی‌تـر اسـت؟ آیـا کسـی می‌تواند ادعا کند از یک آذربایجانی ایرانـی‌تـر اسـت؟ چراکـه مـی‌دانـد آذرآبادگـان بـا آذربایگان و امروز آذربایجان چندین هزار سال است که اجداد، تاریخ، فرهنـگ و زبـان مشترک داشته و دارند.

کسی می‌تواند بگوید از یک بلوچ در شمال دریای چند هزارساله مکـران ایرانـی‌تـر است؟

آیا یک خراسانی می‌تواند بگوید فردوسی فقط از آن ماست؟ فقـط ایـن‌گونـه گفتـه می‌شود فردوسی بزرگ در حوزه فرهنگی ایران معنا پیدا می‌کند. آیا کسی می‌تواند بگوید بابک فقط افتخار آذربایجانی‌ها اسـت؟ یـا کسـی مـی‌توانـد بگویـد یعقوب لیث فقط استوره سیستانی‌ها است؟ و یا یـک شـیرازی بگویـد حـافظ و سعدی فقط شاعران استان فارس هستند؟ یا کسی بیان کند نظامی گنجوی کـه در شـهر گنجه

آرمیده است؛ فقط تعلق‌خاطر به شمال ارس دارد؟ البته که نه! کسی هم نیست کـه بگوید آریوبرزن و سردار اسد تنها به لرستان و بختیاری تعلق دارند...

این بزرگان افتخار و هویت فرهنگ ایران هستند و همه می‌دانیم که ایرانی هستند و متعلق به تمام مردمانی هستند که در حوزه فرهنگی ایران می‌زیستند و هم‌اکنون زنـدگی می‌کنند و در آینده به دنیا خواهند آمد.

البته باید این را هم بدانیم بااینکه یک‌زبان مشترک و ملی بـرای هویـت و حفـظ تمامیت ارضی و همچنین حسن تفاهم میان ملت لازم است و هیچ‌گاه نبایـد زبـان‌هـای محلی را نهی کرد. حتی اگر فقط یک روستا و یک شهر با آن سخن بگویند.

هم‌زیستی زبان ملی و عمومی و مشترک با زبان‌های محلی و قومی مانعی برای هـم نیستند؛ چنانکه غنا موسیقی ایران با غنا در موسیقی گیلانـی، مازنـدرانی، لـری، ترکی، بلوچی و... معنا دارد و همگی ریشه در تنوع زبان‌های و گویش‌های ایرانی دارد.

عمومیت یک‌زبان مشترک از ضروریات زندگی اجتماعی و سیاسی و حتی اقتصادی یک ملت زنده است. اگر ملت ایران یک روزی دست از پاسداری زبان مشـترک و ملـی خود بردارد و خدایی ناکرده توسط دشمنان تاریخی ایران خدشه‌ای به زبان فارسی وارد شود؛ حتماً و بدون شک اولین ضربه به زبان‌های دیگر که در کشور عزیـز ایـران رایـج است، خواهد خورد و بیشترین آسیب متوجه آن‌ها می‌شود. درنتیجه مـا ایرانیـان ضـمن بزرگداشت زبان ملی و مشترک فارسی و پاسداری از آن وظیفه همگان است که بـه نـام زبان‌ها و گویش‌های رایج در کشور احترام بگذاریم و آن‌ها را بزرگ بداریم.

آگاه باشیم زبان هدف نیست، بلکه وسیله‌ای برای بقای هدف اسـت کـه آن هـدف، وطن می‌باشد.

به قول شهریار شاعر بزرگزاده ایرانی زاده آذربایجان:

اختلاف لهجه ملیت نزاید بهر کس

ملتی با یک زبان کمتر به یاد آرد زمان

۶-۵ دبیره (خط) در ایران

پیدایش دبیره (خط) و نگارش را می‌توان یک انقلاب بزرگ در تاریخ تکـاملی بشـر در پیوند میان مردم و فرهنگ آن‌ها دانست.

بشر وقتی با شنیدن صدا و آواها در میان هم‌نوعان خود و نیـز صـدای جـانوران در دوران پارینه سنگی و میانه سنگی سخن و زبان را ساخت و در روندی تکاملی همراه با ابزارسازی و پیشرفت آن، سخن نیز راه تکامل خود را پیمود و بر حسب نیاز و طبیعت خود و اجتماعات کوچک که به وجود می‌آمد زبان هم بـه تـدریج پیچیـده‌تـر شـده و تکامل می‌یافت. به جایی رسید که بشر نیاز داشت جهـت ارتبـاط بـا دنیـای بزرگتـر از اجتماع خود و طایفه و گروه‌های دیگر وقایع به دست آمده را ثبت کند و انتقـال دهـد. شاید هم ترس از نابودی و مرگ و انتقال به آینده را به خوبی درک کرده بود. لـذا ایـن نیازها منجربه ایجاد نقاشی، تصویر و نقش‌ها شد که تکامل یافتـه‌ی امـروزی آن خـط و نگارش است. واقعیت این است زبان و نوشتار دو پدیده متمایز از هم هستند. زبان یـک پدیده آوایی است که توسط صـدا تولیـد مـی‌شـود و از طریـق گـوش و شـنیدن درک می‌شود. درحالی که نوشتار پدیده‌ای است که با دسـت تولیـد و از طریـق بینـایی قابـل درک است.

بشر نخستین، بر روی دیوار پناهگاه‌های خـود نقاشـی‌هـایی از جـانوران، گیاهـان و ابزارهای قدرتی مورد استفاده‌اش می‌کشید. کم کم این نقـش و نقاشـی‌هـا بـا گسترش تمدن توسعه یافت و باتوجه به نیازش، مقـدمات پیـدایش نخسـتین زبـان نوشـتاری را فراهم آورد. خطوط و نوشتارهای نخستین بصورت نقـش و تصـویر بـوده اسـت و بـه‌تدریج که نیازها بیشتر می‌شد و ابزارها و فاکتورهای مرتبط با زندگی افزایش می‌یافـت؛ تعداد تصویرها و فضای لازم برای ثبت نیز گسترش پیدا می‌کرد. بدین ترتیب استفاده از علائم و قراردادهای نوشتاری پیش آمد. در نهایت خطوط تصـویر و نقـش و نمایـه بـه الفبا تبدیل شد و تکامل آن‌ها خط‌های نوشتاری متفاوتی گردید که هم اکنون در جهـان است.

نخستین خطوط یا دبیره‌ها بدست آمده بشر از تمدن‌های جیرفت، عیلام، میان رودان و مصر باستان است. واقعیت این است که پیدایش و تکامل خط و نگارش مانند شرایط پیدایش تمدن‌ها به امکانات محلی و طبیعـت بسـتگی داشـته اسـت. چنانکـه نخسـتین تمدن‌ها در دشت‌های بزرگ و کنار رودخانه‌های روان در دشت‌ها یافت شده‌انـد. خـط نیز در میانرودان، عیلام (خوزستان پیشین)، جیرفت (کنار رود هلیل رود) که لوح‌هـای گلی در دسترس بود و یا در مصر که نیزارهای بزرگ و پهن بـرگ دارای شـیره خـاص (پاپیروس) وجود داشت رشد یافته و تکامل پیدا کرده است. البته باید به این نکته توجه کنیم که در حقیقت پیچیدگی زندگی و تکامل شهر نشینی و اجتماع باعـث خلـق دبیـره شد نه دبیره باعث پیچیدگی زندگی!

تاچندی پیش این تفکر وجود داشت که خط و الفبا ابتدا در میانرودان

و عیلام پیدا شده است و نخستین خطوط را عیلامی، فنیقی، آرامی و بابلی می‌دانستند ولی کشف لوح‌های گلی در تمدن جیرفت و فراوانی آن‌ها و قدمت بدست آمده از آن‌ها نشان داد که تمدن جیرفت و خط کشف شده از جیرفت از خطوط میانرودان و عیلام قدیمی‌تر است.

پیشتر در بخش سوم بیان شد که تمدن‌های پیشین قبل از مهاجرت و تلفیق مهاجران با تمدن‌های پیشین ایران همچون جیرفت، سیلک، کاسیان، ماناها، شهرسوخته، عیلام و... باهم ارتباط داشته‌اند و از طریق این‌ها با تمدن‌های غربی میانرودان و مصر و همچنین تمدن‌های خاوری یعنی بلخ مرتبط می‌شدند و در اصل تمدن‌های کوچک ولی پیشرفته داخل ایران کنونی باعث پیوند تمدن‌های پیشین از فرارودان تا میانرودان و مصر می‌شدند. توجه به این نکته لازم است که دبیره‌های مختلف بیشتر در نتیجه‌گسترش موازی و بازسازی تاریخ رخ دادند وممکن است روی هم تأثیر داشته باشند.

تاریخ پیدایش خط میخی برای نگارش زبان پارسی در عهد چیش پیش و جانشین او رخ داد. در عهد داریوش بزرگ گسترش یافته و خطرسمی ایران شد. نشانه‌های بارزی از خط در دولت مادها بدست نیامده است؛ اما از آنجا که دولت ماد خود تلفیق تمدن‌های پیشین در شمال‌غرب و تا حدود مرکز ایران و با تمدن‌های میانرودان در ارتباط بوده است و از سویی خود نیز دارای تمدن و دولت پیشرفته‌ای بودند به احتمال زیاد خط و نوشتار داشته‌اند اما ما اطلاعات چندانی از نوشتار آن‌ها نداریم.

بیان می‌شود که در ایران در ابتدای زمان هخامنشی از دو خط استفاده می‌کردند. یکی خط میخی که منشاء سومری داشته و دیگری خط آرامی که ریشه فنیقی داشته است. خط آرامی آن زمان از بیست و دو حرف تشکیل یافته است. در عهد هخامنشیان بود که خط میخی از خط اصوات بگونه خط حروف بیرون آمد و مرکب از سی وشش علامت گشت که در آن هر علامتی نماینده حرفی بود. واقعیت این است که خط میخی پارسی بنابر شواهد زیاد و بخصوص بنابر کتیبه بیستون ابداع خود هخامنشیان به‌خصوص داریوش اول است.

۱-۵-۶ دبیره (خط) در ایران پیش از اسلام

۱-۱-۵-۶ دبیره هندسی جیرفت

دبیره جیرفت، کهن‌ترین خط یا دبیره جهان است که حتی کهن‌تر از خط سومری نیز می‌باشد. این دبیره در سنگ نبشته‌های مربوط به شهرنشینی جیرفت کرمان یافت شده‌است. بر پایه کاوش‌هایی که در کاوشگاه باستانی جیرفت انجام شد، بر خلاف نگر پیشین که سومریان مخترعین خط دانسته می‌شدند، ثابت شد که مردمان تمدن جیرفت ایران نخستین پدیدآورندگان خط (دبیره) در جهان بوده‌اند. کارشناسان مختلف این خط را با نام‌های گوناگونی (شرقی، جیرفتی، هندسی، نیا ایرانی و)... نامیده‌اند.

به گفته ریچارد سی فولتز، به گمان پژوهشگران، دبیره عیلامی باستان نیا عیلامی از جیرفت سرچشمه گرفته است، جایی که سیستم نوشتاری ابتدا توسعه یافت و سپس در سراسر کشور گسترش یافته و حتی به میان‌رودان رفت.

فرانسوا دسه، محققی که دبیره عیلامی باستان را رمزگشایی کرده است؛ این دبیره را نیای دبیره عیلامی می‌داند و تاریخ به وجود آمدن این دبیره و تاریخ مکتوب ایران را به هزاره چهارم پیش از میلاد در حدود ۳۵۰۰ سال پیش از میلاد می‌رساند و این خط را یکی از کهن‌ترین خطوط جهان در کنار خطوط میخی سومری و هیروگلیف مصری می‌داند.

۲-۱-۵-۶ دبیره نیاعیلامی

کهن‌ترین دبیره عیلامی که نیاعیلامی یا آغازایرانی نام‌گرفته، نخستین بار به سال ۳۱۰۰ پیش از میلاد در شهر شوش، پایتخت ایلامیان، در جنوب غرب ایران بکار گرفته شد. بر طبق داده‌های سنی کربن ۱۴، قرص‌های نیا عیلامی به احتمال قریب به یقین ۳۰۰۰ تا۳۳۰۰ سال قبل از میلاد قدمت دارند. همچنین در تپه سیلک، تپه یحیی و

شکل ۵-۶. نمونه‌ای از یک سنگ نبشته با خط عیلامی در موزه لوور.

شکل ۶-۶ .تصویری با دبیره عیلامی، کول فرح، ایذه، خوزستان.

شکل ۷-۶. تصویری از دبیره عیلامی. منبع https://golvani.ir.

تل‌ملیان نیز دبیره‌های حامل این خط یافت شده است. باید توجه داشت که عیلام جز تمدن ایران است. این خط دارای ۱۰۰۰ نشانه بوده است.

۶-۵-۱-۳ دبیره خط عیلامی باستان

دبیره‌ای هجایی بود که از نیا عیلامی بدست آمده‌بود که در سراسر فلات ایران پیدا شده است از این رو به این دبیره ایرانی باستان نیز گفته می شود و در میان سال‌های ۲۳۰۰ تا ۲۲۲۰ پیش از میلاد به کار می‌رفت، هرچند که تاریخ اختراعش به پیش از آن بازمی‌گردد. ایلامی باستان تنها تا اندازه‌ای رمزگشایی شده‌است. بخش زیاد این رمز گشایی را (Walter Hinz) آلمانی و بخش‌های دیگر را (Francois) در سال‌های ۲۰۲۰ تا ۲۰۲۳ را انجام داده‌اند. به نظر می‌رسد که عیلامی باستان از ۸۰ نشانه ساخته شده‌باشد و بر ستون‌های عمودی، از بالا به پایین نوشته می‌شد که از چپ به راست می‌رفت. تا سال ۲۰۲۱ پیش از میلاد ۵۲ قطعه و نوشته عیلامی باستان در نقاط مختلف ایران کشف شده است.

شاهد باستانی اعتقاد دارد که امضا کردن سند اولین‌بار در عیلام پیدا شد. در عیلام ناخن دست را بصورت + در لوح گل فشار می‌دادند و زیر آن اسم فرد را می‌نوشتند. هرچند که با شواهد موجود تاکنون به‌نظر می‌رسد میانرودان در توسعه خط از عیلام پیشرفته‌تر بوده استو فرانسو دوسه اعتقاد دارد که دبیره خط عیلامی دبیره‌ای کاملاً آوانگارانه است.

۶-۵-۱-۴ دبیره میخی عیلامی

تاریخ دبیره میخی از حدود ۳۰۰۰ سال پیش از میلاد تا آخر دوره هخامنشی وجود دارد. متون دبیره میخی داریم که بیشتر به زبان‌های سومری و اکدی هستند. هرچند تعداد محدودی هم دبیره عیلامی داریم. علت آن است که از دوره هخامنشی به بعد نوشتار بیشتر روی چرم، پاپیروس و چیزی شبیه کاغذ بود که مقاومت و پایداری کمی در تحولات روزگار دارند؛ بنابراین از پایان دولت هخامنشی این لوح‌ها و سنگ‌نبشته‌های میخی کم می‌شوند.

دبیره میخی عیلامی از ۳۵۰۰ پ. م تا ۳۳۱ م به‌کار می‌رفته‌است. این خط از خط‌میخی اکدی به‌دست آمده است. دبیره میخی عیلامی از ۱۴۰ نشانه ساخته شده‌است. البته شواهد خیلی بارزی وجود ندارد که کدام خط عیلامی و یا اورک (جنوب میان رودان) قدیمی‌تر هستند؛ اما با توجه پیچیدگی اورک در مقابل شوش (از نظر جمعیت) شاید خط‌های میان رودان قدمت بیشتری نسبیت به دبیره عیلامی

بخصوص خط میخی دارد.

اصولاً در بین نظام نگارشی یک اصطلاحی است به‌نام «Revolution Uruk» به معنای گسترش فرهنگ جنوب میان‌رودان. عیلامیان وقتی که دبیره میخی سومری و اکدی را می‌گیرند؛ در آن تنوع ایجاد می‌کنند که این تحولات نشان می‌دهد که وقتی عیلامی‌ها نشانه‌های دبیره میخی میان‌رودان را می‌گیرند اولاً هجا آن را کم می‌کنند و دوم آن‌ها را تک ارزشی می‌کنند؛ زیرا در دبیره میان‌رودان هجاها چند ارزشی بودند.

به‌طور خلاصه عموم شواهد تاکنون براین منوال است که عیلامی‌ها دبیره سومری- اکدی را برای نوشتن به‌کار گرفتند و تغییراتی در آن ایجاد کردند. برپایه شواهد می‌توان چهار مرحله برای تحول خط عیلامی در نظر گرفت.

- عیلامی باستان ۲۶۰۰–۱۵۰۰ سال پیش از میلاد
- عیلامی میانه ۱۵۰۰–۱۰۰۰ سال پیش از میلاد
- عیلام نو حدود ۱۰۰۰–۵۵۰ سال پیش از میلاد
- عیلامی- هخامنشی ۵۵۰–۳۳۰ سال پیش از میلاد

نمونه‌هایی از خط عیلامی درشکل‌های (۵-۶، ۶-۶ و ۷-۶) آمده است.

۵ - ۱ -۵ -۶ دبیره خط در دوران هخامنشی

دبیره میخی هخامنشی که متشکل از ۵۰ علامت است، آخرین نوع خط میخی است که ابداع شده است (در سده ششم پیش از میلاد). این خط برای نوشتن کتیبه‌های هخامنشی به کار رفته است. خط میخی هخامنشی خطی نیمه الفبایی نیمه هجایی است به علاوه ۸ علامت که برای لغات پر استفاده مثل شاه، کشور و اهورامزدا به کار می‌روند. این خط از ساده‌ترین خطوط میخی است. تنها خط میخی اوگاریتی است که از آن ساده‌تر است و صد در صد الفبایی است. این خط نسبت به خط‌های میخی پیشین میان رودان دو ویژگی خاص دارد. از جمله:

- تعداد اندک نشانه
- سادگی خط

برخی اعتقاد دارند که این دبیره از دبیره همسایگان میان رودانی اقتباس شد؛ اما اغلب محققین زبان‌ها و دبیره‌های باستانی چنین اعتقادی ندارند. بخصوص که این دبیره فقط یک حرف مشترک با دیگر دبیره‌ها دارد؛ بنابراین ویژگی‌های ابداعی آن فراوان و ویژگی‌های اقتباسی آن کمیاب است. این خط به دلیل سادگی از جمله خط‌هایی بود که رمزگشایی شد. دکتر بدرالزمان قریب گرکانی اعتقاد دارد که خط میخی باستان هخامنشی خاص ایرانیان و ابداع آن‌هاست. گفته شده است که این خط در زمان چیش پیش و آریامنه نیز بوده است که گسترش آن در زمان داریوش بزرگ است. البته برخی هم گفته‌اند که سنگ نوشته‌های پیش از داریوش بعد از ابداع این خط نوشته شده‌اند که این هم یک نظر می‌باشد.

۶ - ۱ - ۵ - ۶ خط در دوره اشکانیان و ساسانیان

این خط‌ها گرچه اصل و ریشه‌ای یکسان و شباهت‌هایی با هم دارند؛ اما تفاوتشان به حدی است که جداگانه از آن ها یاد می شود. خود واژه پهلوی برگفته از پهلو است که خود صورتی از واژه پرتوه که صورت باستانی واژه پارت است. البته به این موضوع باید توجه کنیم که سنگ نبشته‌ها و لوح‌های گلی از زمان هخامنشی به بعد تعدادشان کم می شود. بطوریکه نوشته‌های یافت شده هخامنشی و پیش از آن‌ها چه سنگ نوشته‌ها و چه لوح‌های جهانی به بیش از یک میلیون قطع می‌رسد. در دوران اشکانیان و ساسانیان چون نوشتار روی چرم و سپس پاپیروس و به تدریج کاغذ انجام می‌شد؛ عموماً مقاومت ماندن نداشتند و در نتیجه حوادث روزگار از بین رفته‌اند و این به علت مقاومت کم در برابر آب، آتش و گذشت زمان است.

خط پهلوی اشکانی

نام یک دسته کلی از خط‌هایی است که برای نوشتن زبان‌های فارسی میانه شامل پهلوی اشکانی به کار می‌رفته‌اند و از راست به چپ نوشته می‌شده‌اند. خط رسمی دوران ساسانی، خط پهلوی بوده است. این خط از ویرایش خط پارتی ایجاد شده است. خط پهلوی از خط‌های دشوار محسوب می‌شود؛ زیرا برخی حرف‌های آن چندین صدا دارد. برای خط پهلوی اشکانی (۲۲-۱۹) چندیدن صدا را برشمرده‌اند. این اختلاف ناشی از اختلاف در جغرافیای آن زمان است؛ مثلاً بخش‌های شمال غرب ایران از ۲۲ حرف استفاده می‌کردند.

دین دبیره (خط اوستایی)

در دوره ساسانیان الفبایی از الفبای زبوری و پهلوی اختراع شد و اوستا بدان نوشته شد.

این الفبا را الفبای اوستایی یا دین دبیره نامیده‌اند. این الفبا برای هر یک از آواهای اوستایی یک نشانه دارد. حرف‌های (نویسه‌ها) الفبایی جدا از هم نوشته می‌شوند و در هرجای کلمه که بیایند یک صورت دارند. چنان که معلوم است، مؤبدان دورهٔ ساسانی، خط پهلوی اشکانی را در شأن کتاب اوستا ندیدند و بدین منظور خط اوستایی در میانه‌های سده سوم و پنجم میلادی برای نوشتن اوستا ابداع شد این خط که از خط پهلوی برگرفته شده از آن بسیار کامل‌تر و دارای ۵۳ حرف است (در مورد حروف الفبایی خط در منابع مختلف اعداد ۴۴، ۵۲، ۴۸ و ۱۴۲ آمده است) که از راست به چپ نوشته می‌شود. این خط نه مانند خط فارسی کنونی در نوشتن واج‌های صدادار بی‌تفاوت است و نه مانند خط لاتین برای نوشتن برخی از واج‌ها مانند خ=kh، چ=ch، ق=gh و ش=sh در انگلیسی یا ش=sch در آلمانی نیاز به کنارهم چینیِ چند نویسه دارد.

۲-۵-۶ خط فارسی پس از اسلام

ایرانیان در سده‌های نخستین اسلامی به خط‌های مانوی و پهلوی می‌نوشتند. در همین حال ایرانیان مسلمان نظیر یزید فارسی تلاش کردند شیوه نوشتن قرآن را که به خط نبطی بود و در آن ابهامات زیادی بود بهبود بخشند. خط نبطی از خط آرامی و آرامی خود از خط فنیقی منشاء گرفته است. ریشه خط فنیقی از خط هیروگلیف است (فرشاد، مهدی۱۳۷۶).

در خط سریانی حروف بدون نقطه نوشته می‌شدند و مصوت‌های کوتاه و برخی مصوت‌های بلند مانند «ا» نوشته نمی‌شد. از آن رو که قرآن به زبان عربی بود، عرب‌ها در خواندن آن مشکلی نداشتند، ولی ایرانیان نمی‌توانستند آن را بخوانند؛ از این رو ایرانیان با نیم‌نگاهی به خط پهلوی و خط اوستایی، نقش مهمی را در تکامل خط نوشتاری قرآن و در واقع خط عربی بازی کردند ایرانیان پس از اسلام در تکامل این خط و در تبدیل آن به هنر خوشنویسی نقش عمده‌ای داشته‌اند. ایجاد نقطه و إعراب در خط عربی به فردی به نام ابوالاسود دؤلی و در سده یکم هجری نسبت داده می‌شود که بیشتر برای جلوگیری از اشتباه خواندن قرآن توسط غیرعرب زبانان از جمله ایرانیان انجام شد. تازیان از همین رو نقطه‌گذاری را از آن زمان تا کنون إعجام می‌نامند زیرا این کار را به عجم برگرفته از واژه عجم که برای نامیدن ایرانیان به کار می‌رفت پیوند می‌دادند. ایرانیان، بر اساس نیازهای زبانی و باتوجه به خط‌های باستانی خود یعنی خط پهلوی اشکانی- ساسانی و خط اوستایی، الفبای فارسی امروزی را پدید آوردند. از سده سوم هجری به دلیل رواج نامه‌نگاری‌ها دیوانی، کم‌کم خط‌های مانوی و پهلوی، جای دادند که یک خط کاملاً ایرانی است که دلیل آن را خود را به الفبای فارسی امروزی خواهیم گفت.

مقایسه الفبای فارسی و الفبای عربی

قبل از انجام این مقایسه لازم به گفتن است که بسیاری از کلمات فارسی وارد عربی شده‌اند و معرب گردیده‌اند. با توجه به برخی نام‌های شهرهای ایران مانند جنابه (گناوه) زنجان (زنگان)، آذربایجان (آذربایگان) این موضوع را می‌توان تائید نمود. علاوه بر نام شهرها این موضوع را در نام ایرانیانی که اسیر شدند و نام آن‌ها به عربی وارد و معرب شدند.

همچنین کلمه‌های دیگری مانند آبریز که پس از معرب شدن به ابریق تغییر نموده است.

- حروف الفبا در زبان فارسی دارای ۳۲ حرف می‌باشد در صورتی که حروف الفبای زبان عربی ۲۸ حرف است.
- در زبان فارسی ۸ حرف از است. این حروف شامل (ث، ح، ص، ض، ط، ظ، ع، ق) می‌باشد. لذا در نوشتن کلمات فارسی که ریشه فارسی و ایرانی دارند تا حد ممکن نباید به‌کار گرفته شوند. برای مثال نباید واژههای تالقان و تارم را به شکل طالقان و طارم نوشت؛ زیرا این مکانها در خاک ایران هستند و بکار گرفتن ط عربی در آنها غلط است؛ مثلا تهران را در زمان قاجار طهران می‌نوشتند.
- ۴ حرف از حروف الفبای فارسی مخصوص به زبان فارسی می‌باشد و در زبان عربی این حروف موجود نمی‌باشند. این حروف شامل (پ، ژ، گ، چ) می‌باشد.
- شکل حروف عربی و فارسی به جز چند مورد، بسیار شبیه و نزدیک به یک دیگر هستند. به همین دلیل شوربختانه، بسیاری از افراد منشا خط فارسی را عربی گفته‌اند.
- در زبان عربی ۱۰ حرف وجود دارد که از لحاظ تلفظ با حروف الفبای زبان فارسی یکسان نیست. این حروف به ترتیب شامل (ح، ث، ص، ض، ط، ظ، ذ، ع، غ و) می‌باشد.
- حرف همزه از زبان عربی وام گرفته شده است و در زبان فارسی مورد استفاده قرار می‌گرفت و توصیه می‌شود که به‌کار گرفته نشود و همین باعث شده است الفبای زبان فارسی در همه‌جا با ۳۲ حرف معرفی شود.
- هر حرف در زبان عربی بسته به اینکه در (ابتدای جمله، در میان جمله، در انتهای جمله، به تنهایی) قرار گیرد، طرز نوشتن آن نیز تغییر پیدا می‌کند.
- زبان فارسی و زبان عربی هر دو از سمت چپ نوشته می‌شوند.
- در زبان عربی و فارسی، حروف کوچک و بزرگ وجود ندارد.
- ۲۸ حرف در زبان عربی حروف بی صدا هستند و حروف صدادار در الفبای زبان عربی وجود ندارند.

دیده می‌شود که بین زبان فارسی و عربی تفاوت‌ها و شباهت‌هایی وجود دارد که این موضوع به چند عامل مربوط می‌شود. زبان‌هایی که ریشه ایرانی دارند مانند عیلامی-جیرفتی و خط‌های آن‌ها با ریشه‌های خط‌های میان‌رودان اشتراک دارند و طبیعی‌است مشتقات آن‌ها هم شباهت‌ها و تفاوت‌هایی داشته باشند. همانطور که دیده شد ایرانیان در تدوین و تکامل زبان عربی نقش داشته‌اند؛ بنابراین این مسئله باعث شباهت‌های قبلی آن‌ها می‌شود. خط عربی که بعداز اسلام به‌عنوان خط قرآن مطرح شد؛ تأثیر فراوانی بر کشورهای مسلمان بخصوص ایران داشت؛ و از سوی دیگر ایرانیان بودند که باعث توسعه تمدن و فرهنگ اسلامی شدند؛ بنابراین زبان و خط عربی در خط و زبان فارسی و زبان و به خصوص خط فارسی در خط عربی تأثیر فراوان گذاشته است.

۶-۶ خط فارسی کنونی

این باور در بین خیلی هم وطنان و حتی تاجیک‌ها وافغان‌ها وجود دارد که دبیره امروزین ما که به آن می‌نویسیم، الفبای عربی است و شور بختانه در اغلب ادبیات مغرب زمین هم چنین آمده است البته وقتی ما فارسی زبان‌ها چنین باوری داشته باشیم؛ از بیگانه چه انتظاری

است؟ بسیاری بر این باورند که پس از سرنگونی پادشاهی ساسانیان و چیرگی اعراب بر ایران، دبیره و الفبای اعراب بر ایرانیان وادار (تحمیل) شد و دبیره پهلوی که الفبای گذشته ایرانیان بود فراموش گشت. در صورتی‌که مطلقاً چنین نیست!

برای روشن شدن این موضوع نگاهی به انگاره‌ها و نظریه‌های گوناگون و تاریخ دبیره و الفبا، در بین اعراب و سپس ایرانیان می‌اندازیم.

آیا اعراب حجاز، نه سامی نژادان میان رودان در سراسر تاریخ خود قبل از اسلام، خواندن و نوشتن و دبیره و آموزش و الفبا و سواد داشتند؟ واقعیت این است که تعداد افراد باسواد در پیش از اسلام در محدوده حجاز محدود بوده‌است و بنابر نظر برخی مورخان اسلامی که نامشان ذکر شد، تعداد افرادی که سواد داشتند غالباً کتابت نداشتند و فقط خواندن بلد بودند. فرآیندهایی که در خلق و تکامل خط نقش دارند را به ترتیب اهمیت می‌توان در سه مقوله زیر بررسی کرد.

شکل ۹-۶ .سکه عرب ساسانی- امیرالمونین خلیفه الله.

شکل ۸-۶ .سکه عبدالملک مروان اموی، عرب ساسانی. (۶۵ - ۸۶ ه. ق)

شکل ۱۰ - ۶. سکه عبدالملک مروان اموی، عرب ساسانی. (۶۵ - ۶۸ ه ق)

۱. **بازسازی تاریخی**

۲. **توسعه موازی (هر ملت و تمدنی برحسب نیاز خود می‌تواند ابداعاتی خلق کند).**

۳. **تأثیرپذیری**

در بازسازی تاریخی باید گفت در زمان استقرار هخامنش تقریباً پس از فتح بابل (۵۳۹ پیش از میلاد) و سقوط آشور به‌دست ماد قبل از آن سیطره میان‌رودان در دست فرهنگ و حاکمیت ایرانیان قرار می‌گیرند و از زمان اشکانیان تا آخر ساسانی پایتخت ایران تیسفون می‌شود که بغداد امروزی در کنار آن ساخته شد (به خرج مصالح تیسفون) از سوی دیگر می‌دانیم بخشی از مردم حجاز از سرزمین‌های یمنی قبل از اسلام به آن‌جا رفته‌اند و یا مگر طایفه عبدالشمسی که طایفه‌های قبل از ظهور اسلام از آئین ایرانی نداشت (ریشه در آئین مهر).

از سوی دیگر باید گفته شود که خط کوفی سال‌ها بعد از اسلام بوجود آمده است؛ زیرا شهر کوفه ابتدا یک پادگان نظامی بود که در زمان خلیفه دوم برای حمله به ایران ساخته شد و بعدها توسعه پیدا کرد و در زمان امام اول شیعیان، خلیفه چهارم، کوفه مرکز مرکز حکومت قرار داده شد.

بنابراین دیده می‌شود که چه رابطه تنگاتنگی بین فرهنگ ایران حتی قبل از اسلام با اعراب حتی اعراب حجاز وجود داشت. این رابطه در ظهورخط عربی (با قبول ریشه نبطی) می‌تواند نقشه‌ای بارز باشد.

به گواه تاریخ و یادگارهای تاریخی، دبیره‌ای با نام «خط عربی» در تمام دوره‌های تاریخی، وجود نداشته است. چرا که تا پیش از اسلام نشانی از وجود دبیره و الفبا و خط و دیوان و آموزش در میان عرب‌های حجاز دیده نشده است. تنها از عرب‌های شمالی حجاز (حیره و غسان که یکی زیر فرمان شاهنشاهی ایران و دیگری زیر فرمان امپراطوری روم بود) پنج گواهی و مدرک که کهنه‌ترین آنها به هزاروپانصد سال پیش باز می‌گردد، بدست آمده است.

از عرب‌های جنوب بیابان سینا نیز نشانه‌هایی بدست آمده است که پیوند با مردم یمن دارند و آنان نیز همانند مردم حیره زیر فرمان شاهنشاهی ایران بودند. دکتر همایون فرخ در کتاب «سهم ایرانیان در پیدایش و آفرینش خط در جهان» می‌گوید: مردم حجاز بخاطر بیابان‌نشینی از نوشتن و خط بی‌بهره بوده‌اند اما اندکی از آنها که کمی پیش از اسلام به حیره و غسان در عراق و شام که یکی زیر پرچم ایران و دیگری زیر پرچم روم بودند می‌رفتند نوشتن را از آنها آموختند و زبان عربی خود را با حروف الفبای نبطی و سریانی و عبرانی می‌نوشتند.

زیگموند فرنکل نیز درباره نبودن خط و دبیری و کتابت در میان اعراب می‌گوید: کمابیش تمام واژگانی که در زبان عربی با نگارش، پیوستگی دارند؛ از زبان‌های میانرودان و گاه آریایی گرفته شده‌اند.

از سوی دیگر ما می‌دانیم که در قرن‌های اولیه اسلامی حتی سکه‌ها که ضرب می‌شدند، عرب ساسانی بودند (شکل‌های ۸-۶ تا ۱۰-۶) و ایرانیان دیوان اداری برای خلفای عباسی را ایجاد کردند و اولین سکه عربی در زمان عبدالملک پنجمین خلیفه اموی ضرب شد (کتاب نگاهی به سکه‌های ایران، محمد هنرور۱۳۹۳).

که روی سکه تصویر خسرو پرویز کشیده شده و نام عبدالملک رحمان روبه‌روی آن نوشته شده است.

اکنون باید اندیشید این دبیره و الفبا که امروزه آن را خط عربی می‌خوانند چگونه دبیره‌ای بوده است که خود اعراب آن را نمی‌دانسته و نمی‌شناخته‌اند و نمی‌توانستند بدان بنویسند و بخوانند و از سویی دیگر، دبیران و دیوان‌سالاران ایرانی آن را به نیکی می‌شناختند و حتی در دوره‌ای نیز، با انجام دگرگونی در آن را بهبود بخشید. از تمام نوشتارهای پژوهشگران و پژوهش‌های باستان‌شناسان چنین برمی‌آید که اعراب حجاز نه دبیره و الفبایی داشتند و نه خواندن و نوشتن می‌دانستند، زیرا هیچ نوشته‌ای حتی یک نمونه بر روی خشت و گل و سنگ و استخوان و پوست و پاپیروس و...، در سرزمین آن‌ها یافت نشده و هیچ نشانه‌ای تا امروز از بودن دبیره و خط و سواد، از اعراب حجاز به دست نیامده است و تنها همانگونه که گفته شد از اعراب شمال عربستان که در نزدیکی فرهنگ ایرانی بوده‌اند و از اعراب یمن که زیر پرچم پادشاهی ایران زندگی می کردند، تنها چند نمونه یافت شده است؛ بنابراین، اشتباه بزرگی است که بیان شود خط فارسی همان خط عربی است.

روی سکه تصویرنیمرخ خسرو پرویز کشیده شده و نام خسرو دوم به خط پهلوی دوم نوشته شده است.

که روی سکه تصویر خسرو پرویز کشیده شده و نام عبدالملک رحمان روبه‌روی آن نوشته شده است.

رای و نظر خود اعراب در این باره چیست؟ اعراب خود بر این باور هستند که این دبیره از الفبای نبطی برگرفته شده است و الفبای نبطی نیز وامدار الفبای آرامی و آن نیزاز فنیقی‌ها برگرفته شده است و این هم مورد اتفاق بسیاری است.

واژه نبطی اشاره به قوم نبط دارد که از کم‌وبیش سدوپنجاه سال پیش از میلاد در نبطیه می‌زیسته‌اند و سامی‌نژاد بوده‌اند. نبطیان در اوج توانمندی و نیرومندی، از سوریه تا حجاز و از سوی دیگر از اردن تا بیابان سینا در حجاز گسترده بودند. از اندکی پیش از سال‌های آغازین پیدایش اسلام تنها دو نوشتهٔ بسیار کوتاه در دست است که در یکی از آن دو که سنگ‌نبشته «حرّان» نامیده می‌شود و به سال پانصدوشصت وهشت میلادی [هنگام

شاهنشاهی خسرو انوشیروان ساسانی] باز می‌گردد، دبیره و خط به کار رفته به الفبای امروزین ما و اعراب همانندی و شباهت‌هایی دارد. استاد ملک الشعرای بهار در دفتر یکم از کتاب سبک‌شناسی این دو نمونه سنگ نبشته را آورده است.

همانگونه که گفته شد خود اعراب بر این باور هستند که دبیره و خط خود دگرگون شده دبیره نبطی و الفبای نبطی نیز، برگرفته شده از دبیره و خط آرامی است و از این روی، دبیره آرامی را مادر الفبای عربی می خوانند. دو دبیره فارسی و عربی بعد از اسلام روی هم تأثیر گذاشته‌اند. بطوریکه دارای اشتراک فراوانی هم شده‌اند.

در واقع این پرسش‌ها مطرح است؛ پس باتوجه به اینکه سنگ نبشته‌هایی به زبان‌های خوزی، انشانی، پارسی، هندی، قبطی و حتی یونانی بسیاری یافته شده است که با این خط نوشته شده‌اند، پس چرا خط عربی را خط خوزی نمی‌خوانیم؟ آنچه خط آرامی گفته می‌شود آیا همان خط عیلامی نیست که زبان آرامی هم از آن استفاده می‌کرد؟ واقعیت چنین است که این خط‌ها همانطور که گفته شد شباهت و اشتراک فراوان دارند.

نیاز به یک پژوهش بزرگ

واقعیت این است که تمدن‌های بزرگ هخامنشی، نتیجه انسجام و یکپارچه کردن تمام تمدن‌های پیشین ایران، از بلخ تا عیلام و ازتمدن مادها تا تمدن میان رودان بود؛ و این تمدن‌های پیشین از جمله تمدن جیرفت و تمدن عیلام، خود دارای تاریخ، فرهنگ و خط بودند.

دولت پاسارگادیان در اصل تکامل یافته تمدن‌های پیشین جنوب ایران و حدود مرکزی ایران و دولت ماد حاصل تمرکز تمدن‌های شمال غرب و غرب ایران بود. کوروش هخامنشی دو دولت ماد و پارس را منسجم نمود و اقوام پارتی را با اقوام مادی و پارسی بهم پیوند و یک دولت یکپارچه آریایی تشکیل داد و سپس با افزودن تمدن‌های میان رودان و بعدی یک امپراتوری گسترده برای نخستین بار بوجود آورد.

داریوش بزرگ که خود از نیای هخامنشی بود، چندی بعد امپراتوری را در تمام ابعاد بصورت یک سیستم بزرگ و منظم و قانونمند درآورد. طبیعی است که در پی خط واحدی هم بود. چنانکه خط میخی پارسی را ایجاد نموده و گسترش داد که در کتیبه بیستون شاهد آن هستیم. این خط، خط میخی فارسی باستان را می‌توانیم آریایی بنامیم. این دبیره ریشه دبیره‌هایی شد که بعد از هخامنش در فارسی میانه در زمان اشکانیان و ساسانیان مرسوم گردید و تغییر و تحول آن بعد از اسلام همان خط فارسی کنونی است. باتوجه به اینکه از زمان مادها و بخصوص هخامنش تمام دولت‌ها و تمدن‌های میان رودان حذف شدند و تمدن عیلامی به شکل تمدن خوزی‌ها در دولت هخامنش ایفا گردید؛ لذا به سادگی می‌توان پذیرفت که ریشه زبان و خط فارسی هم ریشه گرفته از همان خط آریایی است. اگرچه می‌تواند از خط میان رودان هم یاری گرفته باشد؛ بنابراین باتوجه به وضعیت تمدن در حجاز پیش از اسلام و مسائل تاریخی مربوط به سنگ نوشته‌ها قطع رابطه تمام سرزمین‌های که نبطی گفته شدند و مردم حجاز قبل از اسلام. به نظر می‌رسد که خط عربی هم ممکن منشاء نبطی و آرامی نداشته باشد؛ بنابراین از نظر نگارنده این ایرانیان بودند که خط عربی را باتوجه به زبان قرآن (که همان زبان عربی است) توسعه دادند و شاید ایجاد کردند و توسعه دادند؛ بنابراین اگر بپذیریم که خط فارسی هم خط عربی است. این ظلم بزرگ به زبان و خط چندهزارساله عیلامی، جیرفتی، پهلوی اوستایی به گونه‌ای خط آریایی است.

چون جهان خیره به فرهنگ تو

گر به مهرش دل بندی ننگ توست

فردوسی

منابع:

۱. افشار، محمود.(۱۳۸۰) افغان‌نامه، ج۳، ناشر بنیاد موقوفات دکتر محمود افشار.

۲. آذرتاش، آذرنوش، کتابخانه دیجیتال دائرةالمعارف بزرگ اسلامی.

۳. باقری، مهری. (۱۳۹۲) کتاب تاریخ زبان فارسی. راهجیری، علی پیدایش خط و خوشنویسی اسلامی، انتشارات انجمن خوشنویسان ایران.

٤. رضایی باغ بیدی. (۱۳۹۰) ایران تاریخ، فرهنگ، هنر.

۵. رضائی باغ بیدی، حسن، واژه گزینی در عصر ساسانی و تأثیر آن در فارسی دری.

٦. صفا، ذبیح الله. (۱۳۴۷) سیری در تاریخ علوم و ادبیات ایرانی، انتشارات ابن سینا.

۷. صفا، ذبیح الله، سیری در تاریخ زبان‌ها و ادب ایرانی، شورای عالی فرهنگ و هنرمرکز مطالعات و هماهنگی فرهنگی.

۸. مایل هروی، نجیب (۱۳۷۱). تاریخ و زبان در افغانستان.

۹. ناتل خانلری، پرویز (۱۳۶۵). تاریخ زبان فارسی، ج ۱، نشرنو.

۱۰. نیچه، فردریش (۱۳۷۷). سودمندی و ناسودمندی تاریخ برای زندگی، ترجمه انگلیسی پیترپرویس و ترجمه فارسی ابتوراب سهراب- عباس کاشف، نشر فرزان روز.

۱۱. هدایت، شهرام، واژه‌های ایرانی در نوشته‌های باستانی (ابری، آرامی، کلدانی) همراه با اعلام ایرانی، انتشارات دانشگاه تهران.

۱۲. همایون فرخ، رکن الدین سهم ایرانیان در پیدایش و آفرینش خط در جهان، انتشارات اساطیر.

فصل هفتم

موسیقی در ایران

جایی که کلمات ناکام بمانند، موسیقی سخن می گوید

هانس کریستین اندرسن

گذشته از اینکه هر ملتی برای خود "موسیقی سنتی" دارد، یک امضا برای هر قوم وجود دارد که شاخه ای از این موسیقی سنتی را تشکیل می‌دهد. با توجه به دستگاه و مقام‌های موسیقایی هر قومیت می‌توان به پیشینه آن ملیت دست پیدا کرد. پس می‌توان نتیجه گرفت که برای هر ملودی که هارمونی خاصی دارد، پیشینه‌ای از درد و رنج و شادی و غم یک قشر وجود دارد که با تجربه‌های خود به خلق این آثار پرداخته‌اند. بر اساس فرهنگی که در یک جامعه وجود دارد می‌توان فهمید که موسیقی قابل قبول برای جامعه چه خواهد بود. جدای از اصالت فرهنگی، برای یک جامعه پذیرفته شدن آن فرهنگ (چه سینه به سینه منتقل شده، چه در اثر یک انقلاب فکری فرهنگی جدید ایجاد شده باشد) در اولویت خواهد بود. لذا مقبولیت فرهنگی و پذیرفتن اصالت فرهنگی یک موسیقی برای جامعه از اهمیت چشمگیری برخوردار است که در پی آن اصالت یک جامعه که فرهنگی را پذیرفته، اصالت اجتماعی را نیز به دنبال خواهد داشت.

۷-۱ مقدمه

هنر یکی از عوامل شکل‌دهنده فرهنگ است و از عناصر اصلی آن موسیقی است که در فرهنگِ دوران مختلف تاریخ ایران تأثیر بسزایی داشته است. در این بخش به تاریخچه موسیقی، معرفی انواع سازهای ایرانی و موسیقی اقوام می‌پردازیم. این اعتقاد وجود دارد که احتمالاً لالایی‌های مادرانه اولین ملودی‌هایی بوده که بشر زمزمه کرده است. در دوران کهن که بشر در میدانِ حیات و تنازع بقا ناچار به همکاری و زندگی با هم‌نوعانش شد، در کنارِ تنهایی کشنده و بی‌پایانی که احساس می‌کرد، این نوای موسیقی بود که به یاری‌اش آمد (Wallin et al. 2001).

براساس یافته‌های باستان، به‌کارگیری ساخت آلات موسیقی به دوره پارینه‌سنگی برمی‌گردد.

۷-۲ تاریخچه موسیقی در ایران

موسیقی ایران، مجموعه‌ای از نواها و آهنگ‌هایی است که در طول قرن‌ها، در این سرزمین به‌وجود آمده است. پا به پای سایر مظاهر زندگی مردم تحول و تکامل یافته، بازتابی از خصوصیات اخلاقی، وقایع سیاسی، اجتماعی و جغرافیایی ملتی است که تاریخش به زمان‌های بسیار دور می‌رسد. وجود نقوش و حجاری‌ها، نگارگری‌های به‌جای مانده در غارها، کتیبه‌ها و اماکن مسکونی نشان‌دهنده قدمت و علاقه و ذوق ایرانیان به هنر موسیقی است که سابقه آن حتی به دوران پیش از مادها برمی‌گردد. عیلامیان از جمله تمدن‌های عهد پیش از تاریخ هستند که دارای آثار و شواهد موسیقی بودند. البته بین موسیقی میان رودان (بابل، آشور و آسور) و عیلام شباهت‌هایی وجود دارد و این تمدن‌ها در تامل موسیقی کهن بشر روی هم تأثیر متقابل داشته‌اند. اولین مستند موسیقی عیلام به تاریخ ۳۵۰۰ سال پیش از میلاد برمی‌گردد. پس از اسلام، به‌دلیل مخالفت‌ها، موسیقی شکوفایی دوران پیشین خود را از دست داد. ولی طی سده‌های بعدی، موسیقی ایرانی از طریق انتقال سینه به سینه راهی برای ماندگاری خویش پیدا کرد (بیانی، ۱۳۲۰).

در این قسمت موسیقی از نظر تاریخی، به دو دوران موسیقی در دوره باستانی و موسیقی در دوره بعد از اسلام دسته‌بندی می‌شود.

۷-۲-۱ موسیقی در دوران باستان

تاریخ رسمی ایران را از شروع زمان مادها تا پایان ساسانیان، حدود ۱۳۵۱ سال می‌دانند. متأسفانه از موسیقی این دوره اطلاع زیادی در دست نیست، فقط بر اساس برخی اسناد می‌توان استنباط کرد که در زمان مادها موسیقی مرتبه شامخی داشته است. چنانچه هنگامی که دیاکو، نخستین پادشاه ماد، بر تخت سلطنت نشست شادی و سرور برپا شد و نواهای کوس و شاخ‌های شیپوری در فضای ایران به صدا در آمد (سید، ۱۳۹۲). قدیمی‌ترین آثار یافت شده در موسیقی ایران از منطقه چغامیش (در گویش لری به‌معنی تپه میش) دزفول متعلق به ۳۵۰۰ سال پیش از میلاد است. در نقش‌سنگ‌های یافت‌شده، گروهی از نوازندگان دیده می‌شوند که سازهای زهی، کوبه‌ای و بادی می‌نوازند (Golshani and Heydari, 2015). به گفته برخی محققان، این اثر قدیمی‌ترین شاهد گروه‌نوازی موسیقی است (شکل۱- ۷).

شکل ۱ - ۷ . تصویری از آثار سازهای موسیقی یافت شده در تپه چغامیش، دزفول (ویکی پدیا).

از مادها به‌علت از بین رفتن آثار تاریخی و مکتوب، سند چندانی در دست نیست و به‌نظر می‌رسد تنها نغمه‌های آن زمان نوای موسیقی گات‌ها بوده که با مراسم زرتشتی پیوند داشته است (Herodotus, 2013).

مورخان رومی و یونانی، برای یک دوره طولانی از زمانِ براندازی هخامنشیان تا ظهور ساسانیان به‌وجود برنامه‌های موسیقی در ایران اشاره کرده‌اند؛ اینها شامل موسیقی نظامی، خواندن اشعار رزمی و سرودها و آهنگ‌های ساده همراه با سازهای عود، چنگ، نوی، ارغنون، چغانوه و سازهای بادی مانند شیپور، کوس، دمامه، دُهُل، گاودم، جام، کرنا و سرنا بودند (Zonis, 1973).

در دوران ساسانیان، موسیقی ایران به حد اعلای خود می‌رسد (مصطفوی، ۱۳۳۸) به گونه‌ای که تعداد سازهایی که در دربار ایران نواخته می‌شد به حدود ۱۸ رسیده و خنیاگران از مزیت خاصی برخوردار شدند. موسیقی در زمان خسرو پرویز به نهایت درجه پیشرفت خود رسید و درنتیجه پشتیبانی‌های آن پادشاه از صاحبان ذوق و اعطای جایزه‌های زیاد، هنر موسیقی در آن زمان رواج کامل یافت. موسیقی‌دانان مشهوری مانند باربد و نکیسا ظهور کردند که در خنیاگری و رامشگری شهره آفاق شدند. در دوره این پادشاه، موسیقی به حدی از اهمیت رسید که خود در حال شکار نیز ساز به همراه خود می‌برد و با ساز آهنگ و آواز خود به شکار می‌پرداخت (بیانی، ۱۳۲۰). در این دوره نواهای موسیقی به ۷ خسروانی تقسیم شده بودند که اطلاع دقیقی از نحوه دسته‌بندی آوایی آنها وجود ندارد ولی قدر مسلم این است که اینها سروده‌های مجلس شاهان ساسانی یا مجلس خسرو پرویز بوده‌اند (بیانی، ۱۳۲۰)(شکل ۲- ۷).

از نواهایی که توسط منوچهری (۴۳۴-۳۴۹ خورشیدی) به دوره ساسانیان منتسب شده، می‌توان به آزادوار، پالیزبان، باخزر، سبزبهار، باروزنه، باغ سیاوشان، رامشخوار، راه‌گل، راهوی، زاغ، شادباد، شاورد، کاسه‌گری، جامه‌دران، مهرگان بزرگ، مهرگان خُرد، نهاوندی، نفهت و بادنوروز اشاره کرد (همان).

در رساله علم موسیقی تألیف یعقوب بن اسحاق کندی که در سده سوم خورشیدی تألیف شده است اسامی چندین نوای این دوره را با عنوان ششم و ابرین، اسفراین و بدار و نوروزی، مهرجانی و ماخور (ماهور) ذکر می‌کند. باربد سی تیون دیگر هرکدام برای روزی از ماه و سیصد و شصت لحن هرکدام برای روزی از سال ترکیب کرده است (صفوت، ۱۳۵۰). این نکته را باید یادآور شد که باربد این سی لحن را گِردآوری کرده و تمامی این لحن‌ها توسط ایشان ساخته نشده است (بیانی، ۱۳۲۰).

شکل ۲ – ۷. تصاویری از آثار موسیقی در دوران ساسانیان، شکل راست: نقش حکاکی شده بر جام فلزی دوره ساسانیان، نوازنده در حال نواختن بربت (قرن چهارم میلادی)، شکل میانی: تصویر بهرام پنجم در حالت نواختن بربت (قرن چهارم میلادی)، شکل چپ: گروه نوازندگان در حال نواختن سازهای بادی و زهی (قرن چهارم میلادی، طاق بستان، کرمانشاه).

از مشهورترین سازهای این دوره می‌توان بربت، چنگ، مشتاق، دمبک، وینکنار، تمبور، نآد و رسن نام برد (Lawergen, 2009).

۲-۲-۷ موسیقی در دوره بعد از اسلام

پس از هزیمت یزدگرد سوم و غلبه اعراب، ملت ایران تمدن و دین قوم غالب را اختیار کردند. اعراب اساس تمدن ماقبل اسلام ایران را از میان برداشتند و موسیقی هم مثل سایر آثار تمدن قبل از میان رفت. قسمت زیادی از شاهکارهای باربد و نکیسا و سایر اساتید موسیقی فراموش شد. به‌علاوه چون موسیقی به‌موجب قوانین شرع مقدس نهی شده بود، طبقات ممتاز دیگر به این هنر توجهی نکرده، آثار آن کم کم از خاطره‌ها محو شد ولی فرم‌ها و فرهنگ‌های غالب ادامه یافت. هنر و صنعت قدیمی پایه فرهنگ دنیای مسلمانان را تشکیل داد (آشتیانی، ۱۳۴۲).

دوران پس از اسلام موسیقی به‌دلیل مخالفت‌ها، شکوفایی دوران پیشین خود را از دست داد، ولی مراسم مذهبی و آیین صوفیان در میان آیین مسلمانان به حیات خود ادامه داد. موسیقی در دوره اسلامی دو ضربه شدید از نظر نزول سپری کرده که شامل دوره خلفای راشدین، دوران امویان و صفویان هستند. نزول شدید موسیقی در این دوره‌ها به‌دلیل حرام دانستن آن بوده است اما پس از مدتی فرهنگ و موسیقی غنی ایرانی تأثیر خود را بر اعراب مهاجم گذاشته، حتی توانست در مناسبت‌های حکومتی وارد شود. ابن خلدون (۱۴۰۶-۱۳۳۲ میلادی) راجع به چگونگی سرایت موسیقی در میان اعراب چنین می‌نویسد: اعراب پیش از اسلام قبل از اینکه به موسیقی و سایر هنرهای زیبا آشنایی پیدا کنند در سرودن شعر قطعات منظوم دست داشتند. هنگامی که هنوز چادرنشین بوده، از این سو به‌آن سو کوچ می‌کردند، موسیقی آنها محدود به آوازهایی بود که برای تهییج و راهنمایی شترها به‌کار می‌بردند. بعدها که شهرنشین شده، اسلام اختیار کردند، عادات و رسوم مخالف تعالیم قرآن را ترک گفته، آنچه را که بر طبق آن ممدوح بود نگهداری کردند. چون قرائت قرآن بسیار نیکو و پسندیده شمرده می‌شد، آوازهای بومی خود را با خواندن آن مطابقت دادند. بعدها با دستیابی به سایر ممالک، با دیدن هنرهای زیبا- به‌ویژه موسیقی در نهایت کمال ایران و یونان- ذوقشان تحریک شد و با اعتلای ظرافت طبع تا آنجا پیش رفتند که موسیقی‌دانان ممالک دیگر را جلب و تشویق می‌کردند (بیانی، ۱۳۲۰).

در زمان سامانیان (قرن‌های سوم و چهارم خورشیدی) موسیقی و زبان فارسی مورد توجه مجدد قرار گرفت و نوازندگان و شعرای مهمی از جمله رودکی ظهور پیدا کردند. آغاز موسیقی علمی ایران را از زمان فارابی (۳۳۹-۲۵۹ خورشیدی) می‌دانند و کتاب «الموسیقی الکبیر»، در مورد اصول و مبانی موسیقی و آهنگ‌سازی علمی و وزن، فواصل و الحان و عقاید فلاسفه در مورد موسیقی را اثرِ فارابی می‌دانند.

سلاطین غزنوی نیز در دوره خود به موسیقی اهمیت می‌دادند و شاهنامه فردوسی نیز در این زمان آفریده شد. موسیقی در این عصر شکوفا و مورد توجه قرار گرفت و افراد آن را شغل و پیشه خود قرار می‌دادند. موسیقی در این دوره ننگ نبود و هنر به‌حساب می‌آمد. در نتیجه هر کسی آرزو داشت با تبحر در موسیقی امتیازی بر دیگران داشته باشد. از مهم‌ترین کتاب‌های این دوره در باب موسیقی می‌توان به بخش سوم کتاب شفای پورسینا (۴۱۶ - ۳۵۹ خورشیدی) یکی از منابع تاریخی مهم موسیقی ایران و جهان، اشاره نمود. در دوره سلجوقیان نیز موسیقی اعتلا پیدا کرد و یک سازی بادی، به‌نام بوروپرنگ که به آلپ ارسلان نسبت داده می‌شود، ساخته شد (سید، ۱۳۹۲).

موسیقی در دوران مغولان رشد خاصی نداشت و از رونق افتاد. از بزرگان این دوره که فرهنگ و هنر ایرانی را ارتقا دادند می‌توان خواجه نصیرالدین طوسی (۶۷۲-۵۹۷ خورشیدی) خالق اثرِ «رساله‌ای در علم موسیقی» و خواجه رشیدالدین فضل‌الله (۷۱۸-۶۴۵ خورشیدی) و عطاملک جوینی را نام برد که در دستگاه مغول رخنه کردند و نفوذ بالایی داشتند. حافظ و مولوی از بزرگان عرصه شعر بودند که به اوزان موسیقی آشنایی کامل داشتند مولوی خود نوازنده چنگ بوده است (طباطبائی یزدی، ۱۳۸۰).

حافظ گاه چنان در اشعارش موسیقی و نقاشی را ماهرانه به‌کار می‌گیرد که موسیقی دانان و آوازخوانان دوره‌های بعد با اشعار او در نقاشی و موسیقی هنرآفرینی می‌کنند.(توجه شود به تعداد اشعار حافظ که در ۵۰ سال اخیر با توجه به اشعار حافظ خوانده شده است).

موسیقی تیموریان را می‌توان به سه بخش، دوره انتقال، دوره تکوین و دوره شکوفایی، تقسیم کرد. در دوره انتقال- منسوب به دوران حکومت تیمور بخشی از میراث موسیقایی مکتب نظمیهٔ دربارِ آل‌جایر، به سمرقند انتقال می‌یابد. در دوره دوم، زمان شاهرخ، هنجارهای موسیقایی دوران تیموریان به‌عنوان شاخه زبان مکتب منتظمیه به تدریج شکل گرفته، در هرات تثبیت می‌شود. در دوره سوم، دوران سلطان حسین بایقرا، علم و هنر موسیقی در قالب سبک هرات به اوج شکوفایی می‌رسد (اسعدی، ۱۳۸۰). سده نهم آخرین عصر موسیقی ایران است و موسیقی‌دانان این دوره عبدالقادر مراغه‌ای و خواجه الوفای خوارزمی هستند (سید، ۱۳۹۲).

از سده نهم به بعد، شروع دوره صفویه، دوران رکود در موسیقی ایران آغاز شده و به‌طور کلی جنبه علمی خود را از دست داد. این وضعیت تا چهار سده بعد، یعنی اواسط دوران سلطنت قاجار، ادامه یافت و به‌علت شرایط اجتماعی، پادشاهان صفوی مذهب شیعه را وسیله مقاصد خود قرار دادند و چون به غلط گمان می‌کردند در دین اسلام موسیقی ممنوع شمرده شده است بزرگ‌ترین ضربه را به موسیقی ایران زدند. البته شاه عباس اول تمایلاتی در زمینه موسیقی و هنر نشان داد (راهکانی، ۱۳۷۷). در این زمان موسیقی در میان مراسم اذان و مناجات، روضه‌خوانی، نوحه‌خوانی و تعزیه‌خوانی راهی برای بقا پیدا کرد.

اواسط دوره قاجاریه، همزمان با شروع انقلاب مشروطه، موسیقی تأثیر بسزایی در رشد و شکوفایی این هنر داشت. در این دوره کتاب ردیف آوازی موسیقی ایران به رشته تحریر درآمد. این کتاب بخشی عظیمی از دستگاه‌ها و نواهای موسیقی ایرانی را نت‌نویسی کرده است.

۷-۳ انواع سازهای ایرانی و خلاصه تاریخچه آن‌ها

۷-۳-۱ نی

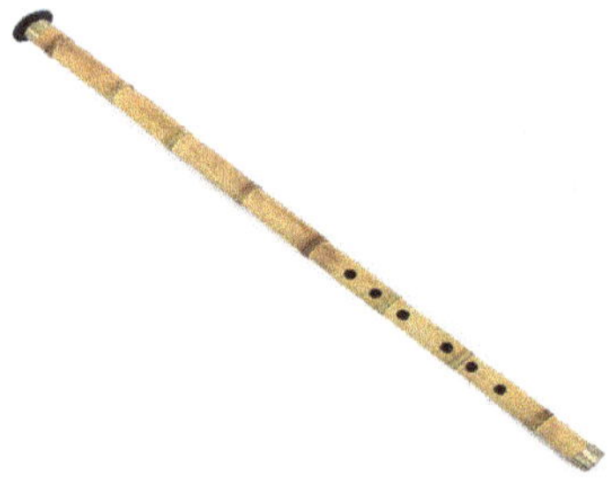

نی، از سازهای بادی کهن، از جنس گیاه نی است که طول آن از شش گره و هفت بند تشکیل شده و به‌همین دلیل نی هفت‌بند نام داده شد. هنگام نواختن، هوا از دهانه نی وارد می‌شود و با قرار دادن انگشتان بر سوراخ‌ها و با تغییر فشار هوا، صداهای مختلف به‌-وجود می‌آیند. نوازنده نی، آن را عمودی در دست گرفته، دهانه آن را بین دو دندان جلو و یا بین لب‌ها قرار می‌دهد و در آن می‌دمد. بخش زیادی از هوای دمیده شده، از سوراخ‌های باز نی خارج می‌شود و نوازنده با انگشتان‌هر دو دست، سوراخ‌ها را باز و بسته می‌کند. ممکن است نوازنده هنگام نواختن، دست راست را بالای دست چپ قرار دهد و برعکس. هنگام ساختن نی، روی گره‌ها را با نوار می‌پوشانند (افشارنیا، ۱۳۸۰).

هرچه قطر لولهٔ ساز باریک‌تر و اندازه آن کوتاه‌تر باشد صدای آن زیرتر است و برعکس. نی در اندازه‌های مختلف تهیه می‌شود و ساز تک‌نوازی است و نمی‌توان آن را کوک کرد. از آنجایی‌که بدنه اصلی این ساز در طبیعت رشد می‌کند، بعید است دو نی کاملاً یکسان از هر جهت به دست آید؛ به‌همین دلیل، با انتخاب طول و قطر نی، برای هر پرده‌ای از موسیقی می‌توان نی ساخت (اطرایی و درویشی، ۱۳۹۲).

بنابراین برای نواختن کلیه دستگاه‌ها و گوشه‌های موسیقی ایرانی لازم است که یک نوازنده چندین نی با کوک‌های مختلف داشته باشد. این ساز به‌نظر بسیار کهن است. ژوسوین از تاریخ‌نگاران رومی، ظهورِ ساز نای را به دوره امپراتوری اشکانیان نسبت می‌دهد (افشارنیا، ۱۳۸۰) و نامِ ساز نی به نگارش کنونی در آثار فارابی (موسیقی کبیر) و مولانا (مثنوی معنوی) ذکر شده است.

۷-۳-۲ بربت (عود)

نام این ساز در زبان عربی عود است و در اروپا به آن لوت (Lute) گفته می‌شود. از سازهای زخمه‌ای مقید است که در ساخت آن، چوب، زه یا نایلون و استخوان به‌کار رفته است. بربت یکی از مهم‌ترین و معمول‌ترین سازهای موسیقی ایران قدیم بوده که به‌شکل گلابی، با کاسه طنین بزرگ و دسته کوتاه به‌طول تقریبی ۸۵ سانتی‌متر ساخته می‌شود. این ساز در هنگام نواختن به‌صورت افقی روی ران یا پا، دسته در طرف چپ و کاسه طنین در طرف راست نوازنده، قرار می‌گیرد. در مورد منشأ نام این ساز برخی به «بَت» به‌معنی مرغابی اشاره می‌کنند که بربت از نظر شکل ظاهری شباهت زیادی به آن دارد و برخی دیگر این نام را به باربَد نوازنده دوره ساسانیان ارجاع می‌کنند (درویشی، ۱۳۸۰) که ریشه اولی محتمل‌تر است.

مستندترین سند مربوط به این ساز در حکاکی‌های فلزی دوره ساسانیان دیده می‌شود که قدمت آن را به حدود قرن چهارم میلادی بر می‌گرداند (مصطفوی، ۱۳۳۸)، هر چند متأسفانه این ساز به‌جای اینکه به‌نام ایران و فرهنگ ایرانی ثبت شود، اکنون به‌صورت گسترده‌ای به‌عنوان یک ساز عربی شناخته می‌شود. در سایت رسمی عود، نیز منشأ این ساز ایرانی و با قدمتی حدود ۳۵۰۰ قبل در تمدن ایران باستان نقل شده است (http://www.oud.gr/about_oud).

۷-۳-۳ قیچک

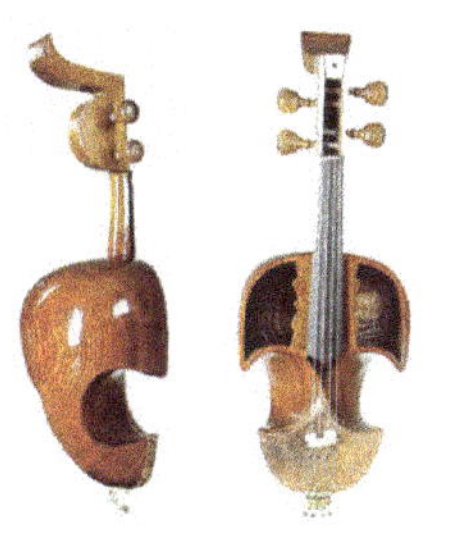

قِیچَک یا غیژک از سازهای زهی آرشه‌ای مقیَد است که در ساخت آن، چوب پوست و فلز به‌کار می‌روند. این ساز در موسیقی نواحی مختلف ایران استفاده می‌شود؛ طی نیم‌قرن گذشته با تغییراتی مختصر در گروه‌نوازی سازهای ملی نیز متداول شده است که آن را قیچک شهری می‌نامند. هنگام نوازندگی، قیچک را نشسته به‌صورت عمودی با دست چپ نگه می‌دارند و با دست راست آرشه را به‌صورت افقی، در حرکات رفت و برگشت، بر سیم‌های آن می‌کشند. طول این ساز حدود ۵۶ سانتی‌متر است و اجزای اصلی آن عبارت‌اند از کاسه، دسته و سرپنجه (اطرایی و درویشی، ۱۹۹۲).

این ساز بومی استان سیستان و بلوچستان است که در آنجا تحت عنوان سرود شناخته می‌شود. اکنون سه نوع غیژک باس، سوپرانو و آلتو توسط نوازندگان مورد استفاده قرار می‌گیرد. قدمت این ساز به پیش از میلاد مسیح و حداقل تمدن ساسانیان بر می‌گردد (منصوری، ۱۳۵۵).

۷-۳-۴ رُباب

رُباب یا رَباب از سازهای زهی مضرابی (زخمه‌ای) مقید است که در ساخت آن، چوب، پوست، زه یا نخ نایلون به کار می‌روند و یکی از قدیمی‌ترین سازهای نواحی ایران است که رد آن در ادبیات، حجاری‌ها و حکاکی بر روی ظروف از قدیم دیده شده است (اطرایی و درویشی، ۱۳۹۲).

رباب به‌صورتی که امروزه در گروه‌نوازی شهرها متداول است سازی است که غالباً از چوب گردو یا توت و چوب‌های سخت دیگر ساخته می‌شود؛ اجزای اصلی آن عبارت‌اند از: کاسه، سینه، دسته، سرپنجه و برخی اجزای کوچک‌تر. معمولاً تمام قسمت‌های رباب از چوب یک تکه ساخته می‌شوند. این ساز در مناطقی از خوزستان توسط کولی‌های عرب زبان نیز نواخته می‌شود که در آنجا تحت عنوان «ربابه» شناخته می‌شود (اطرایی و درویشی، ۱۳۹۲). این ساز قدمتی حداقل نزدیک به هزار سال دارد و حدود نیم قرن است در گروه نوازی‌های سازهای ملی مورد استفاده قرار می‌گیرد. رباب، سازی ایرانی و اسم پارسی آن رواده (دهخدا، ۱۹۳۱ م) است که منشأ آن به خراسان بزرگ (افغانستان کنونی) بر می‌گردد.

۷-۳-۵ دف، دایره، دایره زنگی

دف:

دف از سازهای کوبه‌ای است که در ساخت آن از چوب، پوست و فلز استفاده می‌شود. کمانه یا بدنه این ساز دایره‌ای شکل و قطر دهانه آن حدود ۶۰ سانتی‌متر است. در طول جدار داخلی کمانه، در فواصل معین، حلقه‌هایی فلزی نصب شده‌اند و بر یک طرف حلقهٔ چوبی، پوست کشیده شده است. این ساز را هنگام نواختن به‌طور عمودی، کمی مایل به‌سمت چپ بدن با دو دست می‌گیرند و با انگشت‌های هر دو دست به سطح پوست ضربه می‌زنند. دف علاوه بر استفاده در آیین‌های خاص عرفانی، امروزه در همراهی با سازهای دیگر و گروه‌نوازی نیز بسیار به‌کار می‌رود. بیشتر وزن دف بر روی دست چپ قرار می‌گیرد و با فشردن انگشت شست دست راست بر روی کمانه، سنگینی‌ساز را متعادل می‌سازند (حبیبی، ۱۳۹۰). این ساز بومی نواحی کردنشین است و در خانقاه‌ها همراه با سماع نواخته می‌شود. این ساز اولین‌بار در سال ۱۳۵۵ خورشیدی توسط استاد محمدرضا لطفی در گروه‌نوازی‌های موسیقی ملی ایران مورد استفاده قرار گرفت و به تدریج در موسیقی ایران به سازی کلیدی تبدیل شد. دف یا دپ (نام پهلوی) از سازهای باستانی ایرانی است که قدمت آن به دوره ساسانیان بر می‌گردد (حبیبی، ۱۳۹۰).

در شعر خیام شاعر و دانشمند قرن پنجم ساز دف ذکر شده:

طعنه بر ما مزن ای شیخ که خود معترفیم

دف زنان بر سر بازار به رسوایی خویش

دایره:

نوع کوچک‌تر و مجلسی دف را با همان ویژگی‌های ساخت و پوست و حلقه، دایره می‌گویند. قطر دایره حدود ۳۵ سانتی‌متر است. دایره در واقع نوع بزمی در مقابل نوع آیینی دف است.

دایره زنگی:

از کمانه چوبی دایره شکلی به قطر تقریبی ۲۵ سانتی‌متر و عرض تقریباً

۵ سانتی‌متر ساخته شده، بر یک طرف حلقه چوبی پوست طبیعی یا نوعی پوست پلاستیکی کشیده شده است. ممکن است دو طرف حلقه دایره زنگی باز و بدون پوست باشد. در طول جدار کمانه و در فواصل نزدیک، شکاف‌هایی ایجاد شده‌اند و داخل آنها سنج‌های مضاعف کوچکی شده‌اند که با میله‌ای باریک و فلزی که از سوراخ میان سنج‌ها عبور می‌کند به طرفین شکاف‌ها متصل هستند. صدای دایره زنگی از ضربه‌ای که با دست راست بر پوست وارد می‌شود و نیز از برخورد سنج‌ها به یکدیگر حاصل می‌شود. با تکان دادن این ساز نیز در مواقع معین می‌توان از صدای برخورد سنج‌ها استفاده کرد (منصوری، ۱۳۵۵).

۷-۳-۶ تمبک

تمبک یا دمبک از سازهای کوبه‌ای است و اصطلاحاً به آن ضرب هم گفته می‌شود. این ساز از چوب درخت گردو، افرا یا توت به‌صورت یک تکه، در دو قسمت «تنه» حجیم‌تر و «نفیر» باریک‌تر در اندازه‌های متفاوت ساخته می‌شود. طول تمبک از دهانه بزرگ تا دهانه کوچک معمولاً ۴۴ سانتی‌متر است. هنگام نوازندگی، تمبک را افقی به‌طوری‌که دهانه بزرگ‌تر رو به بیرون باشد، روی ران پای چپ می‌گذارند و با دو دست بر پوست ضربه می‌زنند. اغلب اندازه تمبکی که در ارکستر به‌کار می‌رود بزرگ‌تر و تمبک تک‌نوازی کوچک‌تر است (منصوری، ۱۳۵۵).

تمبک از جمله سازهای بسیار قدیمی ایرانی است که قدمت آن به حداقل ۳۵۰۰ سال قبل از میلاد بر می‌گردد، به‌طوری‌که در سنگ‌نقش‌های کشف شده از تپه چغامیش دیده شده است (دهخدا، ۱۳۳۱).

۷-۳-۷ سه‌تار

سه‌تار، از سازهای زهی مضرابی (زخمه‌ای) مقید است که در ساخت آن از چوب، فلز و زه یا نخ نایلون استفاده می‌شود. سه‌تار را از خانواده

تنبور دانسته‌اند و امروزه، در مقایسه، به تار نزدیک‌تر است و معمولاً نوازندگان تار با نواختن سه‌تار نیز آشنا هستند. این ساز را در حالت نشسته به‌صورت افقی روی ران پا قرار می‌دهند، به نحوی که دسته آن در طرف چپ و کاسه در طرف راست نوازنده قرار می‌گیرد. نوازنده سرانگشت‌های دست چپ را در طول دسته روی دستان‌ها حرکت می‌دهد و با ناخن انگشت سبابه دست راست به سیم‌ها زخمه می‌زند. سه‌تار را به‌علت سبُکی وزن، ایستاده هم می‌توان نواخت (منصوری، ۱۳۵۵).

وسعت این ساز نزدیک به سه اوکتاو است. این ساز به‌دلیل ویژگی خاص صوتی و شکل‌شناسی آن همواره مورد توجه صوفیان بوده است (Hammarlund et al. 2004).

حداقل قدمت این ساز به قرن چهارم هجری برمی‌گردد، هر چند این احتمال وجود دارد که در دوره ساسانیان نیز این ساز مورد استفاده قرار گرفته باشد (فارابی، ۱۳۹۲).

۷-۳-۸ کمانچه

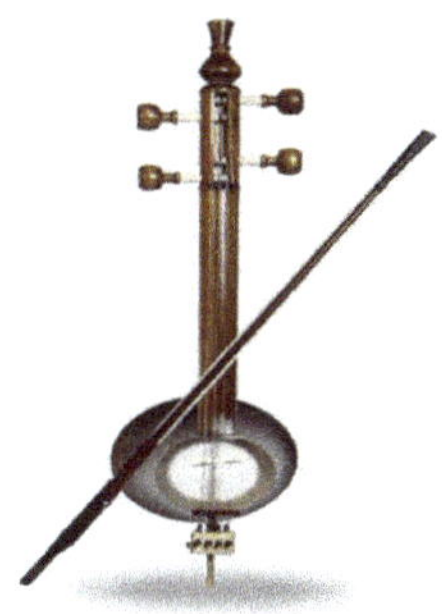

از سازهای زهی آرشه‌ای مقید است که در ساخت آن چوب، پوست، استخوان و فلز به‌کار رفته است. طول کمانچه حدود ۷۵ سانتی‌متر و در حالت نشسته نواخته می‌شود. به این صورت که ساز به طول عمودی در سمت چپ نوازنده قرار می‌گیرد و انگشت‌های همین دست در طول دسته حرکت می‌کنند و آرشه با دست راست به‌صورت افقی در حرکات رفت و برگشت، بر سیم‌ها کشیده می‌شود. این ساز را معمولاً از چوب کهنه و عمل آمده درختان گردو، توت و افرا می‌سازند. این ساز دارای ۴ سیم با ضخامت و کوک متفاوت است. وسعت صدای آن نیز نزدیک به سه اوکتاو است (اطرایی و درویشی، ۱۹۹۲).

با توجه به مطالب ارائه شده توسط فارابی در کتاب «موسیقی الکبیر» قدمت این ساز حداقل به قرن چهارم خورشیدی برمی‌گردد. البته با توجه به اینکه در آن‌ها به‌خاطر حاکمیت خلفای عباسی آنچنان به موسیقی بها داده نشده است. احتمال اینکه این ساز زمان ساسانیان نیز وجود داشته باشد، زیاد است.

۷-۳-۹ قانون

قانون، سازی است به شکل ذوزنقه قائم‌الزاویه و از سازهای زهی مضرابی (زخمه‌ای) مطلق است که در ساخت آن، چوب، پوست، فلز، استخوان و زه به‌کار رفته‌اند. نوازنده، این ساز را نشسته، درحالی‌که ضلع بزرگ‌تر آن روی میز یا پاها به‌سمت نوازنده قرار دارد، با دو انگشت سبابه دست راست و چپ مجهز به مضراب می‌نوازد. ساز قانون قدمتی طولانی دارد و معمولاً از چوب‌های کهنه شده و محکم گردو و نیز مانند دیگر سازهای ملی در اندازه‌های مختلف و با اختلافاتی در ساخت و اجزای تشکیل‌دهنده می‌سازند.

مستندترین کتابی که به شرح و بررسی این ساز پرداخته کتاب موسیقی الکبیر فارابی است (فارابی، ۱۳۹۲)، اما متأسفانه امروزه این ساز به‌عنوان یک ساز عربی شناخته می‌شود.

۷-۳-۱۰ تار

از سازهای زهی مضرابی (زخمه‌ای) مقیّد است که در ساخت آن از چوب، پوست، استخوان، زه و فلز استفاده می‌شود و طول کامل آن حدود ۹۵ سانتی‌متر است. اگرچه در گذشته‌های دور، نامی از آن نیست، ولی از حدود دویست سال پیش یکی از سازهای اصلی موسیقی ملی ایران بوده است. نوازنده تار ایرانی در حالت نشسته تار را به‌صورت افقی روی ران‌ها قرار می‌دهد، به‌طوری‌که دسته تار طرف چپ و کاسه طنینی طرف راست نوازنده قرار می‌گیرد. نوازنده سرانگشت‌های دست چپ را روی دستان‌هایی که در طول دسته تار بسته شده‌اند، حرکت می‌دهد و با مضرابی که در دست راست دارد به سیم‌ها زخمه می‌زند.

حداقل قدمت این ساز که در آن اتفاق نظر وجود دارد دوران صفویه است، به‌طوری‌که در کاخ هشت‌بهشت نقاشی‌هایی از این ساز به چشم می‌خورد (پیرنیا، ۱۳۸۳). با این وجود در شعر فرخی سیستانی (۴۲۹-۳۷۰ خورشیدی) به ساز تار به این صورت اشاره شده است:

هر روز یکی دولت و هر روز یکی غژ

هر روز یکی نزهت و هر روز یکی تار

تار با معماری کنونی بازماندهٔ دوران صفویه یا کمی قبل از آن است که الگویی از طرح‌ها و مینیاتور سده‌های اخیر را در آن می‌توان مشاهده کرد. این ساز در ابتدا پنج سیم داشته که اینک یک سیم دیگر به آن اضافه شده است.

۱۱-۳-۷ سنتور

سنتور، سازی به‌شکل ذوزنقه متساوی‌الساقین و از سازهای زهی زخمه‌ای است که در ساخت آن چوب و فلز به‌کار رفته است. این ساز را نِشَسته، درحالی که ضلع بزرگ‌تر آن به صورت افقی در مقابل نوازنده قرار دارد، با دو مضراب چوبی می‌نوازند. سنتور نیز مانند دیگر سازهای ملی و محلی در اندازه‌های مختلفی ساخته می‌شود. نوع سنتور رایج سنتور معمول و تثبیت شده ۹ خَرک سل کوک است. اجزای اصلی آن شامل جعبه اصلی، خرک، گوشی و سیم‌گیر است. برای ساخت سنتور از چوب‌های محکم مانند گردو، آزاد و فوفل استفاده می‌شود (اطرایی و درویشی، ۱۹۹۲).

در تکنونوازی‌ها و اجراهای گروهی ممکن است از چندین نوع سنتور از جمله سنتورهای معمولی، لاکوک، سنتور باس، کروماتیک و کروماتیک بم (باس) نیز استفاده شود.

نقاشی‌های موجود در کاخ هشت‌بهشت اصفهان، حداقل قدمت ساز سنتور با طراحی امروزی را حداقل به دوره صفویان برمی‌گرداند؛ هر چند اعتقاد بر این است که قدمت این ساز تا قبل از میلاد در منطقه میان‌رودان می‌رسد و جَدّ سازهای مختلف از جمله چنگ می‌رسد (Touma and Touma, 2003).

باقرخان رامشگردر حال نواختن کمانچه از نوازندگان سال ۱۲۵۵

شکل ۳- ۷. تصاویری از سازهای اصلی موسیقی نواحی ایران شامل: ۱. دیوان، ۲. تبنور، ۳. کمانچه، ۴. نی‌همبون، ۵. دَمّام، ۶. دهل خراسان، ۷. بالابان، ۸. سرنا، ۹. دوزله، ۱۰. نقّاره، ۱۱. تاس، ۱۲. کاسوره، ۱۳. دُهل کردستان.

شامل سرنا، قشه، دوتار، تمبوره، تمبورک، بینجو، ساز یا قوپوز، تار آذربایجانی، باغلاما یا دیوان، تمبیره نوبان، دهل، جوره، دهلک، دوتپله، نقاره، دهل نوبان، تاس، سنج، بالابان، تمپور، کاسوره، چَپووه، کَسِر، مرواس و دمّام هستند (شکل ۳-۷).

۷-۴ دستگاه‌های موسیقی ایران

در موسیقی ایرانی سیستم مدال نشان‌دهنده سطحی از سازمان‌یابی موسیقایی است که در آن تعدادی آوای ملودیک (گوشه) تحت یک حالت غالب مرتب شده‌اند (Farhat, 2004; During, 2012).

با هر دستگاه موسیقی ایرانی، توالی ویژه‌ای از نت‌ها و فرکانس‌های مختلف موسیقی ایرانی را می‌توان نواخت که انتخاب آن توالی حس و شور خاصی به شنونده انتقال می‌دهد (نوروزیان نیشابوری، ۱۳۹۰).

هر دستگاه موسیقی ایرانی از تعداد زیادی گوشه موسیقی تشکیل شده که می‌توان آنها را دستگاه فرعی نامید. آواز از نظر فاصله با دستگاه مورد نظر یکسان یا شبیه بوده و می‌تواند شاهد و یا لیست متفاوتی داشته باشد. به‌عنوان مثال آواز دشتی از متعلقات دستگاه شور و از درجه پنجم است.

گوشه‌ها که گاهی به آن مقام نیز گفته می‌شود، از اساسی‌ترین مؤلفه‌های موسیقی ایرانی است. گوشه‌ها قطعه‌های ثبت شده از موسیقی سنتی ایران هستند که در طول دو قرن اخیر توسط اساتید موسیقی گردآوری و تألیف شده‌اند. ردیف به مجموعه‌ای از قطعه‌های موسیقی ایرانی گفته می‌شود که برای اجرا و یاددهی و یادگیری و نشان دادن قابلیت‌های خاصی از موسیقی ایرانی انتخاب، منظم و مرتب شده است و هر یک از این قطعات گوشه نامیده می‌شود.

از نظر برخی محققان اَلحان و نغمه‌های موسیقی شهری ایرانی و ردیف به هفت دستگاه و پنج ردیف آوازی تقسیم می‌شود (کیانی‌نژاد، ۱۳۷۷)؛ اما برخی دیگر موسیقی ردیف را در ۱۲ دستگاه تقسیم کرده‌اند (Farhat, ۲۰۰۴; During, ۲۰۱۱). این دستگاه‌ها به‌ترتیب شامل شور، همایون، ابوعطا، دشتی، بیات ترک، افشاری، سه‌گاه، چهارگاه، بیات اصفهان، نوا، ماهور و راست پنجگاه هستند (.e.g Farhat, ۲۰۰۴). مطابق با نظرات محققان گروه اول چهار دستگاه افشاری، دشتی، ابوعطا و بیات ترک تحت عنوان آواز در دستگاه شور و بیات اصفهان به‌عنوان آوازی از دستگاه همایون طبقه‌بندی می‌شود (نوروزیان نیشابوری، ۱۳۹۰).

از بعدِ حمله اعراب تا اواسط سلسله قاجار، موسیقی ایرانی در چارچوب مقام طبقه‌بندی می‌شد، اما در دوره حکومت ناصرالدین شاه، موسیقی مورد توجه حکومت قرار گرفته، حتی در دارالفنون آموزش داده می‌شد؛ بنابراین شکل‌گیری طبقه‌بندی دستگاهی را می‌توان به این دوران نسبت داد (فخرالدینی، ۱۳۹۴). قابل ذکر است که واژه دستگاه از قرن ۱۱ هجری نیز مورد استفاده قرار گرفته ولی کاربرد وسیع آن در موسیقی به قرن ۱۲ برمی‌گردد (اسعدی، ۱۳۸۰).

کلمه دستگاه که در حقیقت جایگزین واژه «مقام» گردیده، خود از دو کلمه «دست» و «گاه» ترکیب یافته است. در موسیقی قدیم ایرانی، «گاه» به معنای پرده‌ساز بوده است؛ بنابراین دستگاه یعنی چگونگی قرار گرفتن انگشتان دست بر روی پرده‌های ساز که در هر مقامی شکل خاص خود را دارد (فخرالدینی، ۱۳۹۴).

۷-۵ پراکندگی سازها در اقوام و استان‌های ایران

۷-۵-۱ دوتار

امروزه این ساز در مناطقی چون خاور و شمال خراسان، منطقه ترکمن‌نشین و کتول در استان گلستان و نیز خاور مازندران متداول است می‌توان گفت حوزه رواج دوتار، شمال‌خاوری ایران است. تفاوت دوتار در مناطق مذکور در دستان‌بند و تا حدی کوک آن است.

۷-۵-۲ تنبور

تنبور، نام باستانی سازهای مضرابی خانواده دوتار و از سازهای قدیمی ایران و ساز آیینی و مذهبی یارسان است. حوزه اصلی رواج تنبور، استان کرمانشاه، به‌ویژه دو منطقه گوران و صحنه و بخش‌هایی از استان لرستان است. مهم‌ترین مورد استفاده تنبور، همراهی ذکرها و مقام‌های مذهبی در مجالس ذکر سلسله یارسان است. از تنبور در موقعیت‌های دیگری چون زیارتگاه‌های یارسان، مجالس سوگواری، مجالس اُنس و گاه مجالس شادمانی نیز استفاده می‌شود. امروزه گروه‌هایی متشکل از چند تنبور تشکیل شده‌اند. این ساز در ترکیب با بعضی سازهای ایرانی نیز استفاده می‌شود.

۷-۵-۳ تمبوره

تمبوره که نام و ساختمان آن ارتباطش را با تنبور به اثبات می‌رساند از سازهای منطقه تالش، در باختر استان گیلان است. این ساز نیز از خانواده سازهای زهی مضرابی است که هم با مضراب و هم با انگشتان دست نواخته می‌شود و در رده‌بندی سازها در گروه سازهای زهی مضرابی قرار می‌گیرد. این ساز همراهی‌کننده آوازها و مقام‌های تالشی است و معمولاً در مجالس عروسی و شادمانی و به‌صورت تنها نیز نواخته می‌شود. از این ساز که امروزه رو به فراموشی است در اجرای ترانه‌های تالشی همراه با دایره نیز استفاده می‌شود.

۷-۵-۴ تمبورک

این ساز برخلاف نام آن که بیانگر تمبور کوچک است، سازی است نسبتاً بزرگ که در سرتاسر بلوچستان متداول است. تمبورک نیز از خانواده سازهای زهی مضرابی است که غالباً با انگشتان دست و به ندرت با مضراب نواخته می‌شود و در رده‌بندی سازها در گروه زِه صداهای مضرابی قرار می‌گیرد.

۷-۵-۵ دیوان

دیوان، سازی کردی و ایرانی است که در سده اخیر با افزایش قدرت سیاسی ترکیه، این کشور آرا به اسم ترکیه و تحت عنوان «باغلاما» یعنی سازی ترکی طبقه‌بندی کرده‌اند. مردم کردستان ترکیه این ساز را تنبور می‌نامند. از نظر سازشناسان، ساز دیوان از انواع تکامل یافته ساز تنبور است (مسعودیه، ۱۳۸۳؛ Ghasem, ۲۰۰۶).

سازِ دیوان بومی مناطقی مانند کردستان ایران، عراق و ترکیه بوده و اخیراً در گروه‌نوازی‌های موسیقی ایرانی نیز وارد شده است. این ساز دارای ۷ سیم در سه ردیف است. دیوانِ رایج در مناطق کردنشینِ ایران دارای ۲۴ پرده و دسته بلند و در مناطق ترک‌نشین دارای ۱۷ پرده و دسته کوتاه است.

۷-۵-۶ دَمّام

دمّام، سازِ کوبه‌ای دوطرفه‌ای است که بدنه استوانه‌ای نسبتاً بلند دارد و با دست و یا چوب نواخته می‌شود. این ساز بومی مناطق جنوبی به‌ویژه بوشهر است. سه نوع دمام با اندازه‌های مختلف وجود دارد که شامل دمام معمولی، دمام غمبر و دمام اشکون هستند.

۷-۵-۷ نقاره

نقاره، سازی کوبه‌ای و باستانی است که دارای دو طبل تخم‌مرغی شکل است که به هم مرتبط هستند. این ساز با چوب نواخته می‌شوند. نقاره‌کوبی، آیینی باستانی است و چون آن را در اوقات معین و نوبت‌های متعددی می‌نواخته‌اند، به «نوبت‌نوازی» نیز مشهور بوده است. آئین نقاره‌کوبی قبل از اسلام در ایران رواج یافت و پس از اسلام نیز با تغییراتی به حیات خود ادامه داد. اعلام طلوع و غروب خورشید و وقوع حوادثی مانند جنگ، سیل، بیماری و نیز اعلام جشن‌ها، تشریفات از جمله فعالیت‌های نقاره‌خانه بود. این ساز بیشتر در نواحی شمالی، خاور و مرکز ایران رایج است و در مازندران تحت عنوان دِسرکوتن شناخته می‌شود.

۷-۵-۸ سنج

سنج، سازی است کوبه‌ای که تحت عنوان «خودصدا» طبقه‌بندی شده است. هر کدام از دو قطعه سنج در یک دست نوازنده قرار می‌گیرد که غالباً یکی ثابت است. این ساز در نواحی جنوبی ایران به‌ویژه بوشهر رایج است.

۷-۵-۹ تشتَک و کوزه

این ساز کوبه‌ای مرکب از یک تشتک فلزی با دو کوزه سفالی از قدیمی‌ترین سازهای بلوچستان محسوب می‌شود (منصوری، ۱۳۵۵). کوزه در حقیقت همان کوزه متداول است که برای حمل و نگهداری آب استفاده می‌شود. اخیراً گروه‌های مطرح موسیقی ایرانی از جمله گروه‌های دستان و رستاک در قطعات ریتمیک از کوزه استفاده می‌کنند.

سازهای فراوان دیگری در موسیقی نواحی ایران مورد استفاده قرار می‌گیرد که خارج از حوصله این نوشتار است. در ادامه صرفاً اسامی آنها ذکر می‌شود. برخی هم تلفظ محلی سازهائی هستند که توصیف شدند، مثلاً قاوال در زبان ترکی معادل همان دایره است.

سازهای زه‌صدا: بینجو (بلوچستان)، ساز عاشیقی (آذربایجان)، تار آذربایجانی، تمبیره نوبان، سروز.

سازهای خود صدا: قوپوز (قاووز)، زنبورک، قارقارک، تِرکی، زنگ، زنگوله، ناقوس، کَرب، چاک.

سازهای پوست‌صدا: قاوال، دیاره، داژه، اَرَبونه، دَس دائره، دَیَره، دَول.

۷-۶ پراکندگی دستگاه‌ها و شیوه‌های موسیقی اقوام و استان‌های ایران

در استان‌ها و میان اقوام ایرانی، به‌ویژه در موسیقی آذری و کردی، دستگاه‌های موسیقی تا حد زیادی مطرح نبوده‌اند و در این نوشتار هم شرح معادل‌های دستگاهی آنها مدنظر بوده است. در موسیقی آذری الحان و آوازها تحت عنوان «موغام» طبقه‌بندی می‌شوند. در موسیقی کردی علاوه بر طبقه‌بندی مقامی با توجه به ریتم و کاربردِ الحانِ ویژه، از دیرباز شیوه‌های خاصی وجود داشته است. به‌عنوان مثال در مراسم عرفانی شیوه‌ای از موسیقی تحت عنوان بیت‌خوانی اجرا می‌شود که عمدتاً آوازی و بدون‌ساز است. در ادامه شیوه‌های خاص موسیقی در نقاط اصلی ایران به اختصار ذکر می‌شود:

۷-۶-۱ موسیقی آذری

موسیقی آذری از دو شیوه اصلی با منشأ و حالت‌های موسیقایی مختلف تشکیل شده است. معمولاً نوع سازهای موسیقی آذری، خاستگاه و دوستداران اقسام موسیقی آذری با هم تا حدی متفاوت‌اند، هرچند بسیاری دوستدار هردو هستند. آثار هنری بزرگی در قالب اپراها، موسیقی سمفونیک و موسیقی برای باله در موسیقی آذری خلق شده است. از مهم‌ترین گونه‌های موسیقی آذربایجانی می‌توان به موسیقی میخانه‌ای، هنر اجرای آذربایجانی تار، بالابان، ناقارا، باغلاما و گارمان اشاره کرد. دو نوع شیوه در موسیقی آذری نمایان‌تر است که در ادامه توضیح داده می‌شوند.

موسیقی موغام: اگرچه موسیقی موغام آذربایجان به دستگاه‌های موسیقی ایرانی نزدیک است و در بعضی مواقع حتی یکی هستند، ولی اجرای این دو موسیقی ملی در انسان احساس بسیار متفاوتی ایجاد می‌کند. موسیقی آذربایجانی مملو از حس قهرمانی و جسارت است، درحالی که موسیقی ایرانی عارفانه است. درست

است که موسیقی آذربایجان نیز دارای مقام‌های حزین و غمگین و عارفانه است، ولی به هنگام شنیدن آن، امید و تحرک در آن احساس می‌شود. در این موسیقی حرکت و دینامیسم وجود دارد (رامز و علاء‌الدینی، ۱۳۷۸).

موسیقی فولکلوریک: این نوع موسیقی شامل موسیقی عاشیقی، بزمی و ایلی است. در موسیقی عاشیقی عاشیق‌ها اغلب در بداهه‌خوانی مهارت دارند و شعر و آهنگ تصنیف‌های خودشان را هم گاهی خود می‌سازند. نوازندگان و خوانندگان نظیرِ عاشیق‌های آذربایجان در میان سایرِ ترک زبانان، با نام‌های «عاشوق»، «عاشیق»، «بامسی»، «باکسی» بخشی و ... مشهورند و برخی اقوام و ملل غیر ترک نیز عاشیق‌هایی با همین مشخصات و گاه با همین نام و یا با نام‌های دیگر دارند. شایع‌ترین قالب‌های شعری عاشیق‌ها عبارت‌اند از گرایلی، قوشما و تجنیس (گرشهانقی، ۱۳۹۳).

۷-۶-۲ موسیقی کردی

موسیقی کردی تمام شاخصه‌های یک موسیقی کامل را داراست و غنی از ریتم‌های مختلف و انواع دستگاه و مقام‌های ایرانی است. به جز هفت دستگاه موسیقی ایرانی و آوازهای مختلف موسیقی ایرانی، موسیقی کردی شامل چندین شیوه و اجرای موسیقی است که کاربردهای مختلف دارند (کاظمی، ۱۳۹۰). این شیوه‌ها به شرح زیر است:

بالوره یا بیت‌خوانی: بالوره یا بیت‌خوانی از مهم‌ترین مقام‌های کلاسیک کردی است که در جنگ‌ها، وصفِ جوانمردی‌ها و خواندنِ حماسه‌ها به‌کار برده می‌شود و گاهی نیز در ستایش خدا و نیز پیامبر سروده می‌شود. بیت‌خوانی در مناطق موکریان به‌ویژه بوکان و مهاباد رایج‌تر است.

۱. **هوره:** از دیگر شیوه‌های رایج آواز کردی هوره است که بدون ریتم و ساز خوانده می‌شود. این نوع از موسیقی در مناطق اورامانات، ایلام و کرمانشاه رواج بیشتری دارد و بیشتر در مجالس عزا، سوگ و ماتم اجرا می‌شود.

۲. **سیاچمانه:** این نوع از آواز عمدتاً بدون ریتم و ساز خوانده شده، بیشتر در مناطق اورامانات رایج است. مضامین عرفانی، عاشقانه و در وصف طبیعت بیان می‌شود و به شکل ده هجایی و دو مصراعی به سبک و سیاق ایرانیان کهن سروده می‌شود.

۳. **حیران:** یکی دیگر از آوازهای کردی سبکِ حیران است که از دل بیت خوانی سر برآورده و اغلب از متنی عاشقانه و پرسوز و گداز، به‌ویژه در سال‌های اخیر از مصائبی که بر ملت کرد وارد آمده، نقل می‌کند. این آواز بیشتر در مناطق مکریان و مهاباد وجود دارد.

چمری: چمری نیز از آوازهای موسیقی کردی است که در تجلیل یک وجود با ارزش از دست رفته اجرا می‌شود. این شیوه آواز به‌معنای شیون، عزا و نهالِ قامت خم شده است. شیوه چمری همانند نوحه‌خوانی در فارسی و در مناطق مختلف ایلام، لرستان و کرمانشاه طرفداران زیادی دارد؛ اما موسیقی کردی وسیع‌تر از این است که بتوان آن را در قالب آوازها یا شیوه‌هایی محدود و مشخص توصیف کرد. به نوعی می‌شود گفت که موسیقی کردی یکی از اصیل‌ترین و کهن‌ترین نوع موسیقی ایرانی است.

هەڵپەڕین: این شیوه موسیقی به‌نام «هەڵپەرکی» یا «هەل پەرین» شهرت دارد که به‌معنی جست و خیز کردن است و همراه با رقص کردی اجرا می‌شود. این موسیقی قدمتی بسیار کهن دارد و از روزگار پرستش خدایان در دوران مهرپرستی به یادگار مانده است که در مهرابه‌ها اجرا می‌شد. مراسم «هەڵپەرکی» شاملِ هفت ریتم اصلی است که به‌ترتیب با ساز و همراهی اجرا کنندگان انجام می‌شود. ریتم آن از کند و آرام و گریان شروع می‌شود و با ریتم هیجانی (سجار) پایان می‌یابد. در میان آن ریتم‌های دیگری مانند سی پا، فتاحی، پشت پا، زنگی و خانومیری، فتاح پاشایی، گەریان، شەلان، چەپی، سقزی، کرماشانی و مریوانی دیده می‌شود. تاریخچه این نوع شیوه موسیقی و رقص به احتمال بسیار به هزاره اول یا دوم قبل از میلاد برمی‌گردد. مستندترین مطلب در مورد این شیوه را می‌توان در کتیبه سنگی در مریوان، واقع در قلعه «هەپیر»، دید که در آن تصویر نوازنده دهل و سرنا را می‌بینیم و کسانی را در حال رقص نشان می‌دهد.

۷-۶-۳ موسیقی لری

بر اساس کاوش‌های باستان‌شناسی در مناطق لرنشین، تصویری از یک صحنه رقص و پایکوبی بر قطعه‌ای سفالی به‌دست آمد که قدمت موسیقی را در این منطقه به هزاره چهارم پیش از میلاد مسیح می‌کشاند. همچنین از آثار و شواهد به‌دست آمده در این مناطق تصاویری از آلات موسیقی آن دوران، مانند شیپور و تنبور بر روی ظروف نقره، وجود دارد که حاکی از رواج موسیقی در میان این قوم در دوره ساسانیان است (بیانی، ۱۳۲۰). امروزه نیز برخی از نغمه‌های باستانی در قالب مقام‌های موسیقی قومی باقی‌مانده‌است. البته به هنگام اجرای رقص توالی و ترتیبی وجود دارد؛ مثلاً در صورت دیدن سواران، مقام‌های در حالِ اجرای موسیقی رقص قطع می‌شد و به اجرای مقام‌های سوارکاری (موسیقی رزمی) می‌پرداختند. مثلاً اگر مقام «هەڵپەرکی» در حال اجرا بود، با دیدن سواران مقام نقاره نواخته می‌شد که در ابتدای مقام‌های موسیقی سوارکاری رایج است. در مناطق لر نشین توالی و ترتیب موسیقی غنایی بدین‌گونه است: سنگین سما، دوپا، سه پا، شانه شکی، گاهی ضمن اجرای این مقام‌ها، مقام‌های دیگری مانند شیرین و خسرو و ساروخوانی نیز اجرا می‌شود. هم اکنون موسیقی لری در قالب ترانه به هفت

بخش تقسیم می‌شود که عبارت‌اند از:

۱. **موسیقی و ترانه‌های غنایی و عاشقانه:** شامل ترانه‌ها و آهنگ‌هایی است در وصال یا فراق معشوق، مانند ترانه‌های هی لو، بینا بینا، کیودار یا نغمه‌های شیرین و خسرو، ساری خوانی، میربگی (میرونه) و ده‌ها ترانه دیگر که در مقام‌های مختلف موسیقی لری اجرا می‌شوند.

۲. **موسیقی و ترانه‌های حماسه رزمی:** این سرودها بیانگر ارزش‌های حماسی و رزمی جنگاوران در میان ایل هستند؛ مانند جنگ لرو، دایه دایه یا مقام‌های موسیقی بدون کلام که در رزم‌گاه و مسابقه به‌کار رفته‌اند، مانند جنگه را، سوارهو و نقاره.

۳. **موسیقی و ترانه‌های سوگواری:** این موسیقی بیشتر جنبه آیینی داشته است و در مراسمِ سوگواری از روزگار کهن تا کنون کاربرد فراوانی دارد، مانند چمری یا سایر مقام‌ها، از جمله، سحری، پاکتلی، شیونی و ده‌ها مقام دیگر.

۴. **موسیقی و ترانه‌های فصول:** موسیقی و ترانه‌های ویژه فصول مختلف مانند برزه کوهی، ماله ژیری و کوچ بارو.

۵. **موسیقی و ترانه‌های کار:** به‌منظور آسان‌تر دیدن و سرعت بخشیدن به‌کار مردان و زنان ایلاتی، این ترانه‌ها به‌صورت فردی یا دسته جمعی خوانده می‌شود، مانند ترانه‌های گل‌درو (برزیگری)، هوله (خرمن کوبی)، مشک زنی، شیردوشی و چوپانی.

۶. **موسیقی و ترانه‌های طنز:** این ترانه‌ها و موسیقی اغلب به‌صورت فی‌البداهه در هجو شخص یا موضوع یا مکانی سروده شده، برخی اوقات نیز با حرکات نمایشی طنزآلود فرد یا افرادی همراه می‌شود.

۷. **سرودهای مذهبی:** بر اساس کلام‌های یارسان (از سروده‌های اهل حق) بوده، جنبه عرفانی و اعتقادی آن بسیار عمیق است؛ مانند ضامن آهو، سرای خاموشان (شهر بی‌صدا) و دوازده کلام یاری.

۴-۶-۷ موسیقی مازندران

موسیقی مازندرانی که بیشتر بر اساس حالت‌های خاص موسیقایی است به چهار شیوه اصیل تبری، گداری، خنیایی خاور مازندران و کجوری باختر مازندران تقسیم شده است:

۱. **موسیقی اصیل تبری:** مربوط به کوهستان‌ها و جلگه‌های مرکزی مازندران است. موسیقی از یک سو بر پایه دو مقام آوازی پراهمیت منطقه، یعنی تبری و کتولی و از سوی دیگر بر اساس ده‌ها قطعه و نغمه‌سازی و چوپانی منطقه بنا شده، گسترش یافته است. دو مقام تبری و کتولی به تدریج به موسیقی سازی منطقه راه یافته، بر غنا و تنوع آن افزوده‌اند. مقام تبری با استفاده از شعرهای منسوب به امیر پازواری، هم در بخشِ ساز و نیز آواز به «امیری» شهرت یافته است. کتولی نیز تحت‌تأثیر موسیقی سایر مناطق و اقوام، حالت‌های مختلفی یافته که اصلی‌ترین و کهن‌ترین آن‌ها کتولی رایج در مناطق مرکزی است؛ تعدادی دیگر با عنوان‌هایی چون «میون کتولی» و «دشتی» حال شناخته می‌شوند.

۲. **موسیقی گداری:** از ویژگی‌های موسیقی گداری، جایگزین کردن کمانچه به جای نی چوپانی مازندران (لَله‌وا) و استفاده از سازهای کوبه‌ای غیر مازندرانی مانند دایره‌های بزرگ و تمبک در اجرا و بیان ریزمقام‌ها است. گداری که در منابع تاریخی و شفاهی مردم مازندران با نام‌های متفاوتی هم چون گدر، گدار، گودار، چوله، خی‌کش و نام‌های دیگر خوانده می‌شده‌اند، در محاورات درون قومی، خود را چوله می‌نامند. این قوم تیره‌ای از خنیاگران‌اند که در مقاطع مختلف تاریخی همراه با آهنگران، بازیگران و نجاران از شبه قاره هند به سرزمین ما کوچانده شدند. تاریخ دقیق و چگونگی کوچ این قوم به ایران هم چون زندگی آنان در پرده‌ای از ابهام باقی مانده است و منابع تاریخی، دلایل، انگیزه‌ها و زمان‌های مختلفی را از مهاجرت آن‌ها در پیش روی ما می‌نهند. با این حال، شواهد و منابع موجود بر سه اصل، یعنی نژاد هندی، کوچ اجباری و خنیاگری آنان وحدت نظر دارند.[۱]

۳. **موسیقی خنیایی خاور مازندران:** مربوط به جلگه‌های خاور مازندران، از کردکوی تا میان دو رود ساری است. در یک نگاه کلی می‌توان گفت که بیشتر ریزمقام‌های این موسیقی، از موسیقی استرآبادی و مناطق مازندران مرکزی گرفته شده است. موضوع قابل توجه این است که در این موسیقی هیچ نشانی از آوازها و منظومه‌های مناطق مرکزی مازندران دیده نمی‌شود و فقط در برخی از روایات، مقام میمون کتولی و طالبا شنیده می‌شود؛ این شاید تنها نشانه از مقام‌ها و منظومه‌های تبری در موسیقی خاور مازندران باشد. نکته حائز اهمیت دیگر در این موسیقی، عدم حضور مقام‌ها با ریزمقام‌های مستقل از ساز و یا آواز است. تنها سازِ مورد استفاده در این موسیقی، دوتار است که پرده‌های آن با دوتارهای ترکمنی و کتولی تفاوت دارد (همان).

۴. **موسیقی کجوری باختر مازندران:** از دو سوی رودخانه چالوس تا دو سوی رودخانه نشتا موسیقی کجوری نواخته می‌شود. این موسیقی نیز مانند تمام موسیقی‌های مناطق مرزی، بین دو فرهنگ موسیقایی مازندرانی و گیلانی در نوسان است. توجه به آواها و نواهایی هم چون طالبا، امیری یا امیری خوانی، گهره سری، دوشان سری، خرمن سری یا خرمن شری، کجوری خونی، توم سری، آروس سری، دیلمی، عزیز و نگارخونی، کاکویی، سفوری، چارو‌داری، پیربابا‌خونی، رابچه خوانی، جینگا، شول، نوروزخوانی و تیرما سیزده خونی بیانگر آمیختگی فرهنگ‌های تبری، گیلی، دیلمانی، اشکوری و طالقانی در این منطقه است (همان).

---

۱. شریفی، آرام، http://l11.ir/5cw9.

۷-۶-۵ موسیقی خراسان

اصلی‌ترین ساز در موسیقی محلی شمال خراسان دوتار است، خراسان روزگاری محل استقرار اقوام سکایی، پارت‌ها و پیشینیان اشکانی بوده است. موسیقی خراسان حدود هفت مقام دارد. نوازندگان بر اساس جایگاه و مرتبه اجتماعی‌شان طبقه‌بندی می‌شوند.

۱. بخشی‌ها[1]: لقبی است که به برخی از نوازندگان دوتار در شمال خراسان و ترکمن‌صحرا داده می‌شود. بخشی‌ها نوازندگان دوتار، آوازخوان، داستان‌گو، سراینده و سازنده ساز دوتار هستند (جاوید، ۱۳۹۳). بخشی‌های خراسان بیشتر در مناطق شمالی این استان زندگی می‌کنند و شغل اصلی آنها کشاورزی است. در زمره اصیل‌ترین دوتار نوازانی هستند که به‌طور شفاهی و سینه‌به‌سینه انواع داستان‌ها و حماسه‌ها را برای مردم روایت می‌کنند. اصلی‌ترین مراکز بخشی‌ها قوچان، بجنورد و شیروان است (همان).

۲. موسیقی آوازی: موسیقی آوازی نواحی خراسان شمال بیشتر بر پایه وقایع تاریخی، آیینی و اساطیری استوار است که از این میان می‌توان به داستان‌های موجود در شاهنامه اشاره کرد که با آواز و همراهی ساز اجرا می‌شود. موسیقی آوازی این سرزمین بیشتر با پرش‌های ملودیک همراه است که بر روی فواصل خاصی پافشاری می‌کند و توأم با برگشت‌های پی‌درپی موسیقایی است؛ از این شیوه اجرا به‌عنوان ویژگی موسیقی آوازی نواحی خراسان شمالی یاد می‌شود (همان).

۳. موسیقی سازی: قسمت دیگر موسیقی نواحی خراسان شمالی را بخش موسیقی سازی تشکیل می‌دهد که در کنار کلام، نقش مهمی در ترسیم فرهنگ و هنر این سرزمین ایفا می‌کند.

۴. موسیقی عاشیق‌ها: این نوع موسیقی بیشتر در مراسم جشن‌ها از جمله عروسی‌ها اجرا می‌شود و نوع آن بزمی است.

۵. موسیقی لوطی‌ها: نوعی دیگر از موسیقی مردم خراسان است که با نقل مکان باعث انتقال و اشاعه موسیقی نواحی مختلف می‌شوند.

گویش مردمان هر منطقه سبب می‌شود موسیقی و الحان آوازی بر پایه کلام آن استوار باشد، زیرا نوع بیان کلام بر فراز و فرودهای ملودیک و شکست‌های ریتمیکِ موسیقی ارائه شده تأثیر مستقیم دارد. در بیشتر انواع موسیقی نواحی، مضمون اشعار و کلام نوع فواصل موسیقایی را مشخص می‌کند؛ موسیقی آوازی نواحی شمال خراسان نیز از این قاعده مهم مستثنی نیست که در اینجا می‌توان به مقام هرای اشاره کرد که از لحاظ مضمون فضایی حزن‌انگیز دارد و در فواصل آواز دشتی اجرا می‌شود (همان).

۷-۶-۶ موسیقی گیلان

موسیقی گیلان از قدیمی‌ترین انواع موسیقی ایرانی است موسیقی گیلان و دیلمان توسط مؤلفان بزرگی از جمله فارابی در کتاب «موسیقی الکبیر» و احمد ابن توکل در کتاب «الموسیقی العراقیه» نقل شده‌اند. فارابی می‌نویسد: «تنبور خراسانی دارای دو سیم است و گونه‌ای دیگر تنبور جیلی (گیلانی) است. شیوه کوک تنبور گیلانی از شیوه کوک خراسانیان جداست» (پورشعبان، ۱۳۹۵).

موسیقی در گیلان بسیار متنوع بوده و از نظر ملودی و ریتم از سبک‌های متفاوتی تشکیل شده است. این تفاوت به‌ویژه در میان موسیقی مردم تالش با موسیقی محلی مناطق دیلمان و اسپیلی و سایر نواحی گیلان بیشتر نمود پیدا می‌کند (پورشعبان، ۱۳۹۵). سازهای دوتار، دایره، دُمبک، سرنا، کرنا و نی و تنبور در این منطقه بیشتر به‌کار می‌رود. دستگاه‌ها و آوازهای شور و دشتی و مقام‌هایی از شوشتری و چهارگاه در گیلان رایج است. به‌طور کلی موسیقی گیلان را می‌توان به چند بخش تقسیم کرد (همان):

۱. موسیقی آوازی: موسیقی آوازی در اکثر نقاطِ گیلان، به‌ویژه نواحی کوهستانی ازجمله تالش، منجیل و رودبار رایج است. آوازهای عامیانه گیلان از نظر موضوع به چند طبقه مشخص تقسیم می‌شوند: ترانه‌های قهرمانی و حماسی، ترانه‌های مربوط به کار، ترانه‌های مخصوص تشریفات مختلف، توصیفی، ترانه‌های عاشقانه، لالایی، انواع مذهبی و نوروزخوانی. آوازهایی مانند گالشی، گیلکی، غربتی یا غریبی (دیلمانی)، غم‌انگیز، غم‌انگیزِ شکسته، امیرخوانی، چارواداری، آبکناری، دشت خوانی، شرف‌شاهی و گاره‌سری از آوازهای گیلی به‌شمار می‌آیند. موسیقی آوازی به بخشی تحت عنوان ریزمقام‌ها نیز قابل تقسیم است که شامل دو گروه منظومه‌ها و ترانه‌های تفکیک‌پذیر می‌شوند. نغمه‌هایی مانند زرنگیس، هیبته، شوکتی، حیدرخان، ولی خان، رعنا، صبوری و کاکویی درگروه منظومه‌ای بلند گیلانی قرار دارند. برخی دیگر از منظومه‌ها مانند عزیز و نگار و طالب طالبا (طالبک) با دگرگونی در مایگی و برخی حالات تحریرها و تزیینات نغمه، از موسیقی نواحی همجوار برداشت شده‌اند. بیشتر منظومه‌های قدیمی گیلی از جنبه‌های تراژیک و غنایی برخوردارند و منظومه‌های متأخر همچون حیدرخان و هیبتی مضامین حماسی دارند.

۲. موسیقی سازی: در این‌نوع موسیقی گیلان، علاوه بر برخی انواع موسیقی رایج در موسیقی آوازی، موسیقی سازی با ملودی و فولکورهای منحصر به فرد دیده می‌شود که شامل غم‌انگیز (دل‌ناله دیلمانی)، غربتی و گالشی توسط نی چوپانی است. بعضی آوازها نیز مانند شرف شاهی، آبکناری و غم‌انگیز هم با نیِ چوپانی (لُله وا) و هم با سرنا اجرا می‌شوند. به جز برخی آوازها که به موسیقیِ سازی راه یافتند، گروه زیادی از نغمه‌ها و قطعات فقط به موسیقی سازی تعلق دارند. این گروه نیز خود به دو بخش تقسیم می‌شوند. بخشی از قطعات مانند گوسن دخوان یا نرآبخور (گوسن دمال)، گوسن هگردان و ولگه سری به موسیقی چوپانی اختصاص دارند و با نی چوپانی در وصف حالات و خصوصیات زندگی چوپان‌ها

---

۱. موسیقی بخشی‌های خراسان که مجموعه‌ای از شعر، ادبیات، عرفان و اخلاق را در برمی‌گیرد به کوشش هوشنگ جاوید و مجتبی قیطاقی در تاریخ یکم تیرماه ۱۳۹۰ به‌عنوان میراث فرهنگی معنوی یونسکو به ثبت رسید.

نواخته می‌شوند. بخشی دیگر از نغمه‌های سازی، مانند کشتی مقام، جلویی عروس‌بران، رقص مقام، بُرُم دار متعلق به ساز سرنا هستند و در مراسم عروسی و جشن‌ها نواخته می‌شوند.

۷-۶-۷ موسیقی بوشهر

از شاخص‌های موسیقی بوشهر ریتمیک بودن آن است که علاقه‌مندان بسیاری را به خود جلب کرده است. به‌نظر می‌رسد که در گذشته با ارتباط‌های دریایی، مهاجران افریقایی با خود ریتم و با آن، طبل‌های خود را نیز می‌آورند؛ با این کار او علی‌رغم تنهایی رابطه‌اش را با زادگاه و گذشته‌اش حفظ کند؛ به‌علاوه کم کم در بطن فرهنگ محیط نفوذ می‌کند و تأثیر خود را آن‌چنان مشخص بر جای می‌گذارد که در هر بخشی از موسیقی بوشهر، چه موسیقی شاد و یا موسیقی مخصوص ایام عزاداری این نفوذ با ترکیبات ریتمیکی که در این ناحیه برجا گذاشته، نمایان است (مسعودیه، ۱۳۵۶).

موسیقی و نغمه‌های بوشهر به دو گروه تقسیم می‌شوند: گروهی که با فرم آزاد (متر آزاد)، اغلب موسوم به «شروه»؛ اجرا می‌شده‌اند. در این نوع موسیقی، ملودی که انحنای مشخصی را داراست ابتدا نقطه اوجی را در حرکت خود هدف قرار می‌دهد؛ این اوج نسبت به صدای پایانی و گاهی استثنا برای تشکیل یک اکتاو ساخته شده‌اند و تقریباً تمام پریودها از این شکل پیروی می‌کنند. گرچه گاهی اوقات در جزئیات نسبت به هم تفاوت دارند. «شروه»- یا دو بیتی‌های محلی که اکثرا با آوازی به فرم آزاد خوانده می‌شده‌اند- دارای قدمتی بس طولانی است و مناطق دشتی، دشتستان و تنگستان را موطن اصلی آن می‌دانند (همان). در متن اکثر ترانه‌های بوشهری و اطراف آن امروزه از اشعار دو شاعر معروف محلی به نام‌های زایر محمدعلی معروف به «فایز» و سید بهمنیار ملقب به مفتون استفاده می‌شود.

گروه دوم موسیقی بوشهری، موسیقی مذهبی- به‌ویژه موسیقی‌های مرسوم در ایام سوگواری، است که اهمیت بیشتری نسبت به موسیقی محلی دارد.

۸-۶-۷ موسیقی سیستان

موسیقی سیستان از جمله هنرهایی است که، به جهت شرایط خاص این استان، شاخص‌تر از دیگر استان‌ها رشد کرده است. در این منطقه شیوه‌های مختلفی از موسیقی رواج دارند که به شرح زیر است (آیتی، ۱۳۹۲):

۱. **موسیقی آوازی:** در سیستان موسیقی از تولد تا مرگ دخالت دارد. گوئی موسیقی با دل و جان این مردمان عجین شده و در گوشه گوشه زندگانی آنان نقش ایفا می‌کند. از همان ابتدای تولد، موسیقی همراه و همنوای گریه‌ها و خنده‌های کودک است، شبِ ششم تولد نوزاد (به اصطلاح محلی «شب خیر») همراه با ساز و آواز جشن گرفته می‌شود و روح و روان کودک با انواع ردیف‌ها و آوازهای سیستانی و بلوچستانی آشنا می‌شود. موسیقی آوازی در هر مرحله از مراسم عروسی و ازدواج آنان رایج است؛ مانند موسیقی آوازی پشت در خانه عروس، سینی‌گردانی، حنابندان، سرتراشک، حمام‌بری، لینگوته (لباس پوشیدن) و بازگرداندن.

۲. **ترانه‌های آیکه:** آیکه یک نوع لالایی‌های مادرانه است. مادر سیستانی با یک نوع غم درونی از حس مادرانه برخوردار است که در ایام دندان در آوردن کودک ترانه‌های محلی زیبایی برای نوزاد می‌خواند.

۳. **آوازهای مراسم سوگواری:** در مراسم سوگواری نیز سیستان آوازهای خاصِ خود را دارد. به سوگواری کردن «ارده کردن» یا «ارده کشیدن» می‌گویند که همان رباعی‌خوانی (روایی یا رباعی کردَ) است و معمولاً توسط زنان خوانده می‌شود.

۴. **آواز سیتک:** مهم‌ترین بخش موسیقی سیستان ترانه‌خوانی است که به آن «سیتک» می‌گویند. سیتک‌ها در قالب دو بیتی اجرا می‌شوند و بیشتر دارای چهار مصرع هم وزن هستند. قافیه‌ها الزامی به یک شکل بودن ندارند. می‌توان سیتک‌ها را به چند دسته تقسیم کرد: تمثیلی، برزگری، شبانی، توصیفی، کوچ، عاشقانه، کنایی، طنز، رزمی و مذهبی.

۵. **تصنیف‌ها و ترانه‌های قدیمی:** برخی از تصنیف‌ها و ترانه‌های قدیمی رایج عبارت‌اند از: لیلی جان، من به بازار می‌روم، سبزه گل، زلیخا، انار سیستانم، موکه مه کنجکه تونو و حنابندان (در بازکنید) و سرتراشک که در مراسم عروسی خوانده می‌شود.

۶. **آوازهای کار:** در سیستان هنگام درو و برداشت محصول آوازهای مخصوص، مانند آوازهای وزن گندم و آواز مشک‌زنی، خوانده می‌شوند. آئین‌ها و مراسم بسیاری در بین مردم سیستان رواج دارد که با موسیقی همراه است. از جمله اینها مراسم حشر - آئین کهن لای‌روبی بستر رودخانه هیرمند- است که در حال حاضر در سیستان نیز رواج دارد. در این مراسم هیچ سازی به‌کار گرفته نمی‌شود و جز صدای آنهائی که ضمن انجام کار ترانه‌هایی را با خود زمزمه می‌کنند، صدایی وجود ندارد.

۷. **آئین‌های ملی:** برای جشن عید نوروز و مراسمِ سیزده به در مردم به زیارت کوه خواجه می‌روند و به جشن و شادی می‌پردازند.

۸. **موسیقی مذهبی:** موسیقی مذهبی در سیستان شامل

سحرخوانی به‌همراه سازهای کوبه‌ای و آوازهای نیمه ماه رمضان است.

رمضونیکه: آوازهای مخصوص ماه رمضان، آوازهای شبیه‌خوانی و تعزیه‌خوانی است.

لوبتکه: نمایش ریتمیک بدون کلام با همراهی دایره و حرکات موزون (این نمایش در سیستان به فراموشی سپرده شده است).

الوکه: اشعاری است که در عروسی‌ها و جشن‌ها خوانده می‌شود. مضامین الوکه بیشتر از نوع مذهبی و عاشقانه است. این اشعار با دف و دایره و گاهی به‌همراه دهل و ساز اجرا می‌شود.

۷-۶-۹ موسیقی بلوچستان و مکران

منطقه بلوچستان و مکران- به‌سبب وسعت جغرافیایی، پیچیدگی زبانی و گویش‌های بلوچی و نیز آئین‌ها و آداب و رسوم متنوع- موسیقی و ادبیات شفاهی گسترده و پیچیده‌ای دارد. مهم‌ترین نوع موسیقی بلوچستان، یعنی «شائری» در ایرانشهر تا ساحل چابهار رایج است. سازهایی که صدایشان در این مناطق شنیده می‌شود عبارت‌اند از: سرود (قیچک)، تَمبورک و نَل (نِی).

آواز در موسیقی بلوچستان فرم‌ها و گونه‌های مختلفی دارد، از جمله: لیلو (لالایی)، موتُک (مرثیه)، اَمبا (آوازهای دریانوردان)، نازینُک (آواز زنان در مراسم شادی)، غزل‌خوانی دراویش صاحبان، ذکرهای گُواتی (مراسم موسیقی‌درمانی)، سَوْت (ترانه‌های شاد مراسم عروسی) و شِئر (روایت‌های حماسی مذهبی، تاریخی و عاشقانه) (درویشی، ۱۳۹۵).

باربد بنیانگذار موسیقی ایرانی

باربَد یا باربُد (ش. اواخر سده ششم تا اوایل سده هفتم میلادی) شاعر، خنیاگر، موسیقی‌دان، بربت‌نواز و ترانه‌سرای ایرانی بود که در دربار شاهنشاه خسرو پرویز (حک، ۶۲۸-۵۹۰) خدمت می‌کرد. او یکی از نامورترین افراد تاریخ موسیقی ایران است و برجسته‌ترین موسیقی‌دان زمان خود به‌شمار می‌رفت. از باربد بارها در آثار ادبیات فارسی به ویژه شاهنامه‌ی فردوسی یاد شده‌است. درون‌مایه و فراوانی این گونه ارجاعات، تأثیر منحصر به فرد او را بر موسیقی و فرهنگ زمان خود نشان می‌دهد، به طوری که برخی منابع او را «بنیانگذار موسیقی ایرانی» معرفی می‌کنند. گرچه دانسته‌ها دربارهٔ زندگی او اندک هستند، اصالت تاریخی باربد به‌طور کلی مورد تأیید است. باربد که زاده جهرم یا مرو بود، بیشتر دوران حرفه‌ای خود را در دربار خسرو به سر برد. پس از کشته شدن خسرو، در مورد سرنوشت باربد در میان منابع اختلاف است. باربد به‌طور تاریخی با اختراعات مختلف در موسیقی ایرانی شناخته می‌شود.

شکل۴-۷. باربد در حال نواختن بربت در دربار خسرو پرویز

تاریخ موسیقی ایران حداقل تا تصاویر چنگ‌های قوسی مربوط به سال‌های ۳۳۰۰ تا ۳۱۰۰ پیش از میلاد امتداد دارد، اما اطلاعات چندانی از آن تا دوره شاهنشاهی ساسانی در سال‌های ۲۲۴ تا ۶۵۱ میلادی در دست نیست. این فراوانی آثار ساسانی نشان‌دهنده فرهنگ برجسته موسیقی در امپراتوری، به ویژه در مناطق زرتشتی‌نشین است. بسیاری از شاهنشاهان ساسانی از جمله بنیانگذار آن اردشیر بابکان و بهرام گور از حامیان سرسخت موسیقی بودند. خسرو پرویز (حک.۶۲۸-۵۹۰) برجسته‌ترین حامی موسیقی بود و دوره فرمانروایی او به عنوان عصر طلایی موسیقی ایرانی تلقی می‌شود. نوازندگان دربار خسرو نکیسا، بامشاد، سرکش،[ب] رامتین، آزادوار چنگی، و باربد نام داشتند که باربد به مراتب مشهورتر از سایرین بود. این نوازندگان معمولاً به‌عنوان خنیاگر فعالیت می‌کردند، که در اصل نوازندگانی بودند که هم به عنوان شاعر و هم به عنوان موسیقی‌دان در دربار کار می‌کردند؛ چرا که در امپراتوری ساسانی تفاوت چندانی میان موسیقی و شعر وجود نداشت.

در میان نوازندگان قدیم کسانی بودند که هرگز یک ترانه را دو بار در حضور شاه ننواختند، باربد نیز چنین بود که در زمان [خسرو پرویز] می‌زیست، او مراقب بود که مخاطب خود را خوب بشناسد، به خلق و خوی شنوندگانش توجه می‌کرد و متناسب با موقعیت و مطابق با میل هر فرد، الفاظ و آهنگ مناسب را بداهه می‌گفت و آوازه‌اش در سراسر جهان پیچید و [خسرو] به این مباهات می‌کرد که نه پادشاهان گذشته و نه زمان او چنین هنرمندی را در اختیار داشتند.

قدیمی‌ترین سند موسیقی تاریخی ایران در تپه‌های باستانی چغامیش خوزستان

شکل ۵-۷. باربد (پایین سمت راست) در حال نوازندگی در دربار بهرام گور؛ نسخه خطی شاهنامه مربوط به سده هفدهم.

باربد به‌طور سنتی مخترع بخش‌های فراوانی از موسیقی ایرانی تلقی می‌شود. همه کسانی که به زندگی و احوال باربد پرداخته‌اند، مهم‌ترین فصیلت او را نواختن بربت دانسته‌اند.

باربد سازنده و مخترع بربت بوده‌است و پیش از او چنین سازی وجود نداشته‌است. این ساز در زمان او محبوب بود، اما از آن هیچ اثری باقی نماند و در نهایت عود جایگزین آن شد. موسیقی‌شناسان ژان دورینگ و ضیا میرعبدالباغی بر این باورند که علی‌رغم عدم استفاده تدریجی از این ساز، «اصطلاح «بربت» برای سده‌ها در شعر کلاسیک به عنوان نمادی از دوران طلایی موسیقی ایران که توسط هنرمندانی مانند باربد ایجاد شده بود، باقی ماند.

نکیسا چنگ نواز عهد ساسانی

نکیسا، موسیقی‌دان، رامشگر، چنگ‌نواز و خوانندهٔ عهد ساسانی است. او استاد چنگ‌نوازی بود و در دربار خسرو پرویز ترانه می‌سرود. نظامی گنجه‌ای در کتاب خسرو و شیرین، و به دنبال او، امیرخسرو دهلوی در کتاب شیرین و خسرو از او یاد کرده‌اند. نکیسا از نام پهلوی naxisk به معنای نغمه‌خوان می‌آید که آن نیز از واژه پهلوی naxak به معنای نغمه، مشتق شده است. با وجود اینکه نام نکیسا امروزه برای دختران نیز مورد استفاده قرار می گیرد ولی در اصل رامشگر دربار خسرو پرویز که نکیسا نام داشت، مَردی اهل تیسفون بود.

شکل ۶-۷. سنگ‌نگاره باربد در غار سنگ‌شکنان جهرم

نکیسا با باربد در ساخت قطعه هفت‌نوازی معروف سرود خسروانی همکاری کرده‌است. مضامین اصلی ترانه‌های او در ستایش خسرو پرویز بودند. وی همچنین سرود ملی آن زمان را ساخته بود.

حکایت نکیسا و نسیم

نسیم زنی از خطه سرسبز مازندران بود که حکایت او شنیدنی است و البته که همراه با افسانه می‌باشد. او زنی زیبا و البته پهلوان و درشت اندام بود. آنگونه که از پشت سر بدن پهلوانش چون مردان بود. او را عاشقی به نام آراز بود و چون راهی برای رسیدن به نسیم نداشت، سرگشته از عشق او ماند. حکایت عشق آراز چون به گوش نکیسا رسید، آهنگی را به چنگ در عشق آراز به نسیم سرود. براساس حکایت‌ها، گویا یک بار نکیسا ترانه‌ای سرود که شنوندگان چنان متأثر شدند که بیهوش شدند یا جامه‌های خود را دریدند.

موسیقی‌دانان بسیاری همانند رامتین، بامشاد، باربد، سرکش و نکیسا به استادان بزرگی در موسیقی تبدیل شدند. اثرگذاری‌های آن‌ها از زمانه خود فراتر رفت و هنوز نیز نام آنها با موسیقی ایرانی پیوند دارد. باربد و نکیسا دستگاه موسیقی ایرانی، خسروانی، را بسیار تحت تأثیر قرار دادند و به آن کمک کردند. نکیسا یکی از بزرگان موسیقی باستان ایران است که همزمان با باربد زندگی می‌کرد. با این وجود اطلاعات زیادی پیرامون او در دسترس نیست و برخلاف باربد کمتر شناخته شده است. بررسی موسیقی در ایران باستان با وجود گستردگی و فراوانی اسامی آواها و نغمه‌هایی که از طریق کتاب‌ها و نوشته‌ها از وجود آنها آگاهی داریم، بسیار دشوار و سخت است. این دشواری بیشتر به این خاطر است که بازماندگان هنر موسیقی در آن دوران در حد چند نام‌ساز، خنیاگر، لحن و نوا است.

متاسفانه اثر ثبت شده موسیقی از روزگار باستانی ایران وجود ندارد. از سوی دیگر ماهیت محافظه کار هنر به ویژه موسیقی، پژوهنده را به این باور وا می‌دارد که شاید آن چه که امروزه به نام موسیقی سنتی ایران موجود است، نباید دور از لحن‌ها و نواهای ایران باستان باشد. از موسیقی ایران افسانه‌هایی مانده که اکثرشان از دو آهنگساز به نام‌های باربد و نکیسا صحبت می کند. این دو متعلق به دوران سلطنت ساسانیان بودند.

موسیقی در دوران شاهنشاهی ساسانی بسیار شکوفا شد چرا که بسیاری از پادشاهان پشتیبان هنر و حتی برخی خود هنرمند بودند. در این دوران شعر، آوازخوانی، موسیقی، و هنر بسیار محبوب شدند و شاهانی همچون خسرو پرویز و اردشیر از نوازندگان پشتیبانی و حمایت کردند. موسیقی‌دانان بسیاری همانند رامتین، بامشاد، باربد، سرکش و نکیسا به استادان بزرگی در موسیقی تبدیل شدند و اثرگذاری‌های آن‌ها از زمانه خود فراتر رفت. باربد و نکیسا دستگاه موسیقی ایرانی، خسروانی، را بسیار تحت تأثیر قرار دادند و به آن کمک کردند.گفته شده که یک بار نکیسا ترانه‌ای سروده که شنوندگان چنان متأثر شدند که بیهوش شدند یا جامه‌های خود را دریدند (جامه‌دران).

رواج موسیقی در عصر ساسانی با نام اردشیر بابکان تداعی می‌شود. اردشیر بابکان طی سلطنت خود که کمتر از بیست سال بود (۲۴۱-۲۲۶ میلادی)، ایران را به مدارج بالایی از نظم و اعتبار جهانی رساند. با تشویق و حمایت دربار ساسانی از موسیقیدان ها، مردم نیز بتدریج علاقمند به موسیقی شدند، بطوریکه در این دوره موسیقیدانان از رفاه و احترام بسیاری برخوردار بودند. نام اولین موسیقیدان بزرگ ایرانی از قبیل باربد، نکیسا، بامشاد و رامتین نیز از همان زمان برای ما به یادگار مانده است. همچنین نام بسیاری از الحان سازنده موسیقی و سازهای آن زمان.

موقعیت ممتاز خنیاگران در دربار سلاطین ساسانی، دال بر اهمیت و توجه به امور خنیاگری و خنیاگران در ن روزگار می‌باشد. خنیاگری نه تنها در دربار سلاطین ساسانی پر رونق بود، بلکه در بین توده مردم نیز خواهان فراوانی داشته است. تعیین نظام طبقاتی مردم و همچنین موسیقیدان‌ها از ابتکارهای او بود. در این زمان خنیاگران و رامشگران که از دیرباز جزو طبقات متوسط و گاهی حتی پست جامعه بودند، به سطح درباریان ترقی داده شدند. او درباریان را به هفت طبقه تقسیم کرده بود که موسیقیدانان در طبقه پنجم محسوب می‌شدند. علم موسیقی به علت اهمیتی که در دوره ساسانی یافت، توانست به حد اعلای خود برسد، به گونه‌ای که کشیشان و روحانیان بزرگ مسیحی از امپراتوری رم شرقی برای فراگرفتن آهنگ‌های موسیقی ایرانی به پایتخت ایران می‌آمدند.

منابع:

۱. اسعدی، هومان «حیات موسیقی در دوران تیموریان: از سمرقند تا هرات». فصلنامه موسیقی ماهور، شماره ۴،(۱۳۸۰)، تهران.

۲. اطرایی، ارفع و درویشی، محمدرضا(۱۳۹۲). ساز شناسی ایرانی. متون درسی رشته‌های موسیقی، تهران، وزارت علوم، ص۱۹۳.

۳. افشار نیا، عبدالنقی (۱۳۸۰). آموزش نی، جلد اول. تهران، ویستار.

٤. آشتیانی، اقبال « شعر و موسیقی در ایران». تهران: چاپ انتشارات وزارت فرهنگ و هنر، شماره ۱۳، (۱۳۴۲).

۵. پورشعبان، فریدون (۱۳۹۵). موسیقی فولکلوریک گیلان. تهران، فرهنگ ایلیا.

٦. جاوید، هوشنگ (۱۳۹۳). نمایش گوشه‌هایی از موسیقی نواحی شمال خراسان. تهران، سازمان میراث فرهنگی ایران(بروشور).

۷. حبیبی، مسعود (۱۳۹۰). شیوه نوین دف نوازی. تهران، انتشارات چنگ.

۸. درویشی، محمدرضا (۱۳۸۰). دائره المعارف سازهای ایرانی. تهران، موسسه فرهنگی هنری ماهور.

۹. درویشی، محمدرضا(۱۳۹۵). موسسه. تهران، موسسه فرهنگی هنری ماهور.

۱۰. راهکانی، روح انگیز(۱۳۷۷). تاریخ موسیقی ایران. تهران، انتشارات پیشرو.

۱۱. سید، محمدرضا «سیر تاریخی موسیقی ایران از عهد باستان تا ظهور صفوی». پژوهشنامه تاریخ، سال هشتم، شماره سی و دوم، (۱۳۹۲)

۱۲. صفوت، داریوش(۱۳۵۰). استادان موسیقی ایران و الحان موسیقی ایرانی. تهران، نشر فرهنگ وهنر.

۱۳. طباطبایی یزدی، محمد(۱۳۸۰). یادنامه مولوی و موسیقی. تهران، مجله موسیقی، شماره۱۲۸.

۱٤. فخرالدینی، فرهاد(۱۳۹۴). تجزیه و تحلیل و شرح ردیف موسیقی ایران. تهران، نشر معین.

۱۵. کاظمی، بهمن(۱۳۸۹). موسیقی قوم کرد. تهران، انتشارات تالیف.

۱٦. کیانی نژاد، محمدعلی (۱۳۷۷). شیوه نی نوازی. تهران، نشر.

۱۷. مسعودیه، محمدتقی (۱۳۸۳). سازشناسی. تهران، انتشارات سروش.

۱۸. مسعودیه، محمدتقی و کوکورتز، یوزوف(۱۳۵۶) موسیقی بوشهر. انتشارات توس.

۱۹. منصوری، پرویز(۱۳۵۵). سازشناسی. تهران، اداره کل آموزش هنری وزارت فرهنگ و هنر.

۲۰. نوروزیان نیشابوری، علی(۱۳۹۰). موسیقی سنتی ایران. تهران، انتشارات سروش.

۲۱. Herodotus(2013). *The History, translated by David Grene.* University of Chicago Press.

۲۲. Golshani, k.& Heydary, S.(2015). *The entrance of tcshmal`s musicians in the ancient Iran time and their traces in the Bakhtiyarian`s tribe.* Journal of scientific reserch and develoment,2(3),148-150.

۲۳. Zonis,E.(1973). *Classical Persian music: an introduction.* Harvard Univ Pr.

۲۴. Farhat,H.(2004). *The Dastgah concept in persian music.* Cambridge University Prees.

فصل هشتم

جشن‌های ملی ایران‌زمین

«ایرانیان به خاطر اشتیاق زیادی که به جشن‌ها و مناسبت‌ها دارند شناخته می‌شوند، و غربی‌ها ممکن است از تعداد زیاد مناسبت‌هایی که ایرانیان برای جشن گرفتن دارند، شگفت‌زده شوند.»

Elton L. Daniel

۱–۸ مقدمه

آنچه در این فصل تحت عنوان جشن‌های ایرانی آورده می‌شود جشن‌های ملی هستند که شواهد آن تقریباً در تمام سرزمین‌های ایران فرهنگی وجود دارد. برخی در ایران امروزی، برخی خارج از مرزهای آن در سرزمین‌هایی که از آنها تحت «ایران فرهنگی» یاد می‌شود، رواج دارند. برخی از مراسم رایج در ایران امروزی و نیز کشورهای اسلامی که تحت عنوان عید (عید قربان، فطر و غدیر) جشن گرفته می‌شوند ریشه‌های دینی و مذهبی دارند که در این نوشتار مطرح نمی‌شوند. هدف این فصل معرفی جشن‌های ملی ایران باستان است که برخی هم اینک نیز برگزار می‌شوند. این مراسم محدود به دین یا مذهب خاصی نیست و از آنها با عنوان «جشن‌های ایرانی» یاد می‌شود.

۲–۸ ویژگی‌های جشن‌های ایرانی

جشن‌های ایرانی چند ویژگی مشترک دارند:

اغلب با ویژگی‌های طبیعی، اقلیمی و جغرافیایی ایران پیوند دارند.

زمان برگزاری آنها با تقویم طبیعی ایران هماهنگ است.

تقریباً همگی غیردینی هستند و بدون دستورات دینی، با عنوان جشن‌های ملی یا جشن‌های ایرانی برپا می‌شوند، هرچند ادیان باستانی با ریشه ایرانی به این جشن‌ها نزدیک‌اند و گاهی پیروان این ادیان این جشن‌ها را جزء آیین خود می‌دانند. برخی از جشن‌های ایرانی که هم اکنون کمتر برگزار می‌شوند در آیین زرتشت یا آئین‌های کهن‌تر ایران ریشه دارند. آن بخش از تعالیم زرتشت که انسان را به شادی و خرمی فرا می‌خواند و گیتی را آکنده از شادی و منزه از پلیدی و زشتی می‌خواهد گوئی با این جشن‌ها گره می‌خورند.

- تمام جشن‌های ایرانی با شادی و سرور همراه‌اند و اشک، اندوه و زاری در آنها جایگاهی ندارد.
- برخی از جشن‌ها برای پاسداشت پدیده‌های طبیعی است و ارج نهادن به محیط زیست در آنها آشکار است.
- برخی از جشن‌ها به‌نوعی با افروختن آتش و نورافشانی همراه‌اند که ریشه در پاسداری از روشنایی و نور دارد.
- ویژگی مهم جشن‌های ایرانی این است که در آنها سوگیری نژادی، قومی و زبانی به چشم نمی‌خورد.

در هیچ جشن بزرگی در ایران مناسبت مرگ دیده نمی‌شود بلکه اغلب نشانه‌هایی از پاسداشت طبیعت و رویدادهای طبیعی، یادآوری نیکی‌ها و جلوه‌های آفرینش در آنها پدیدار است.

۳–۸ گاه‌شماری جشن‌ها و مناسبت‌های ملی ایران

گاه‌شماری جشن‌های ملی ایران مبتنی بر تغییرات مبدأ و مناسبت‌های سال خورشیدی است و هرساله بدون هیچ‌گونه تغییری با روزهای یکسانی مطابقت دارد. در ایران مانند بیشتر کشورها هر سال ۳۶۵ روز و هر چهار سال یک‌بار ۳۶۶ روز (سال کبیسه) دارد. هر سال ۱۲ ماه است. در تقویم سالانه ۳۶۵ یا ۳۶۶ روزه، شش ماه اول سال (فروردین، اردیبهشت، خرداد، تیر، مرداد، شهریور) ۳۱ روزه‌اند و در شش ماهه دوم سال، پنج ماه (مهر، آبان، آذر، دی، بهمن) ۳۰ روزه و ماه آخر (اسفند) ۲۹ روزه است. در سال کبیسه ماه آخر نیز ۳۰ روزه است. همچنین در گاه‌شماری ایرانی هر یک از روزها در طول هر ماه نامی برگزیده دارد. در هر دوازده ماهِ سال یکی از روزها نام آن ماه هم است و هر روزی که در طول ماه با نام همان ماه یکی بود آن روز جشن گرفته می‌شود؛ بنابراین به جزء جشن‌های بزرگ ملی، در تقویم ایرانی ۱۲ جشن دیگر در طول سال وجود دارد که اختصاص به یکسان شدن نام روز و ماه در همان ماه دارد. به‌طور مثال جشن تیرگان که در روز تیر در ماه تیر است (جدول۱–۸).

جدول ۱–۸. نام ویژه هریک از روزهای ماه بسته به ترتیب روزها

شماره روز	نام ویژه	شماره روز	نام ویژه	شماره روز	نام ویژه
اول	اورمزد	یازدهم	خور	بیست و یکم	رام
دوم	بهمن	دوازدهم	ماه	بیست و دوم	باد
سوم	اردیبهشت	سیزدهم	تیر	بیست و سوم	دی به دین
چهارم	شهریور	چهاردهم	گوش	بیست و چهارم	دین
پنجم	سپندارمذ	پانزدهم	دی به مهر	بیست و پنجم	ارد
ششم	خرداد	شانزدهم	مهر	بیست و ششم	اشتاد
هفتم	امرداد	هفدهم	سروش	بیست و هفتم	آسمان
هشتم	دی به آذر	هجدهم	رشن	بیست و هشتم	زامیاد
نهم	آذر	نوزدهم	فروردین	بیست و نهم	مانتره سپند
دهم	آبان	بیستم	ورهرام	سی‌ام	انا رام
				سی و یکم	اَ ورداد

۴–۸ جشن‌های بزرگ

جشن‌های بزرگ ایرانی عبارت‌اند از نوروز، یلدا، مهرگان، سده، تیرگان، چهارشنبه سوری و سیزده به در و... که در اینجا توصیف می‌شوند.

۱-۴-۸ نوروز

نوروز بزرگ‌ترین جشن ملی ایرانی است. این جشن سابقه هزاران ساله دارد و کسی تاریخ شروع دقیق آن را نمی‌داند، اما گاهی به جمشید نسبت داده می‌شود. داستان آن از این قرار است که پادشاه پیشدادیان، جمشیدشاه بعد از یک سلسله اصلاحات اجتماعی بر تخت زرین نشست و فاصله بین دماوند تا بابل را یک روزه پیمود و آن روز، روز نخست فروردین ماه بود. چون مردم این شگفتی را از او دیدند جشن گرفتند و آن روز را نوروز نامیدند.

نوروز بزرگ‌ترین جشن بشری محسوب می‌شود. این جشن خاص ایران فرهنگی است و در تمام سرزمین‌های ایران باستان جشن گرفته می‌شود. این همان جشن آغاز سال، آغاز اعتدال روزگار، شروع زایش و نو شدن

است. به‌همین علت به انتخاب سازمان ملل نیز سال کره زمین نامیده می‌شود.

جشن نوروز دارای آیین و مراسم متفاوت و شادی است که از آن‌جمله می‌توان سفره هفت سین، روشن نگاه داشتن چراغ در شب عید، نور افشانی، دور ساختن کهنگی، نظافت و تمیز کردن منازل قبل از نوروز، سبزه انداختن و ... را نام برد.

این مراسم زیبا، شاد و دوست داشتنی در عین اشتراک در زمان، شادی و سرور در تمام سرزمین‌های ایران فرهنگی، تفاوت‌هایی نیز دارد که هریک از این تفاوت‌ها ریشه در طبیعت آن ناحیه دارد.

امروزه شاهد برگزاری جشن نوروز در تمامی سرزمین‌های ایران باستان از سمرقند تا سنندج، از باکو تا ماکو، از بلخ تا بردسیر، از بخارا تا برازجان، از اردبیل تا اربیل، از هرات تا همدان، از کرمان تا کرمانشاه، از خوراسان تا خوزستان، از سلطانیه تا سلیمانیه، از سیستان تا سمنان، از چهارمحال تا چهارزبر، از یاسوج تا تسوج، از بوشهر تا بهشهر، از سمنگان تا سمنان، از پنجاب تا پنج‌شیر و از تخار تا تالقان، از عشق‌آباد تا نوش‌آباد و از خجند تا بیرجند... هستیم و این‌ها همگی نوروز را جشن می‌گیرند و پاس می‌دارند.

سفره هفت‌سین در جشن نوروز

این سفره معمولاً پیش از زمان تحویل سال نو آماده و اغلب در سطحی بلندتر از سطح زمین چیده می‌شد. این خوان نوروزی بر پایه عدد هفت بنا شده است. توران شهریاری، سخنگوی جامعه زرتشتیان می‌گوید: «تقدس عدد هفت از آیین مهر یا میترایی سرچشمه می‌گیرد و قدمت آن به سال‌های دور می‌رسد. در این آیین برای رسیدن به مقام عالی و آسمانی هفت مرحله وجود دارد. پس عدد هفت پیش از زرتشت نیز برای ایرانیان ارج داشته، در آیین‌های مختلف و با عبارات و نمادهای گوناگون بدان اشاره شده است، مانند هفت آسمان، هفت دریا، هفت گیاه و ...». عدد هفت در فرهنگ‌های دیگر مهم و مقدس شمرده می‌شود؛ مانند هفت سیاره یا هفت مرد فرزانه در یونان باستان. روزهای هفته، هفت پیکرنظامی یا هفت دفتر شاهنامه نیز نشانه‌هائی از نماد عدد هفت دارند. از سوی دیگر هفت آسمان شاید به هفت ستاره و با سیاره‌ای که در گذشته دور برای زمینی‌ها شناخته شده‌اند از جمله خورشید، عطارد، زهره، ماه، مریخ چنان که روزهای هفته هم به نوعی برای اشاره به این ستاره‌ها است. تقسیم جهان به هفت اقلیم، هفت طبقه زمین، هفت طبقه آسمان، هفت طبقه بهشت و دوزخ هم نشانی از اهمیت عدد هفت دارند. وجود هفت دستگاه در موسیقی ایرانی و یونانی، هفت نت موسیقی و هفت ساز بادی نیز در عدد نمادین هفت اشتراک دارند. هفت در قصه‌ها، داستان‌ها و دوره‌های تاریخی تصوف و عرفان ... سیر و سلوک‌ها نیز وارد شده است، چنانکه در سیر و سلوک عطار «هفت شهر عشق» و در داستان‌های شاهنامه «هفت خوان» رستم شهرت دارند (شکل ۱-۸).

در برخی از منابع تاریخی آمده است که «هفت سین» در ابتدا «هفت شین» بوده و بعدها به این نام تغییر یافته است. شمع، شراب، شیرینی، شیر، شمشاد، شربت و شقایق یا شاخه نبات، اجزای تشکیل‌دهنده سفره هفت شین بودند. برخی دیگر به وجود «هفت چین» در ایران باستان استناد می‌کنند. برخی در میان زرتشتیان معتقدند که در دوره هخامنشیان در نوروز بر روی هفت ظرف چینی، موسوم به هفت چین یا هفت چیدنی، غذا می‌گذاشتند. در زمان ساسانیان نیز هفت شین رسم متداول مردم ایران شد و شمشاد در کنار بقیه شین‌های نوروزی، به نشانه سبزی و جاودانگی بر سر سفره قرار گرفت. با سقوط ساسانیان و در دوران حاکمیت اسلام، برای حفظ سنت‌ها و آیین‌های باستانی- چون در دین اسلام «شراب» حرام اعلام شده بود- ایرانیان همزاد شراب، سرکه را جایگزین کردند و نهایتاً با تغییر شین به سین، رسم هفت سین جانشین هفت شین شد. البته در این‌باره تعابیر مختلفی وجود دارد. چنان‌چه در برخی منابع آمده است: در روزگار ساسانیان، ظرف‌های زیبای منقوش و گرانبها از جنس چینی، از چین به ایران وارد می‌شد.[1] یکی از کالاهای مهم بازرگانی چین و ایران همین ظرف‌هایی بود که به‌نام کشوری که از آن آمده بودند «چینی» نام‌گذاری شد. در زبان عربی که حرف «چ» وجود ندارد «سینی» که معرب آن است به‌کار گرفته شد.

شکل ۱-۸. سفره هفت‌سین در جشن باستانی نوروز.

در نهایت خوراکی‌های خاصی که از همان ایام بر سفره هفت سین می‌نشیند عبارت‌اند از: سیب، سرکه، سمنو، سماق، سیر، سنجد و سبزی (سبزه). این خوراکی‌ها نمادی از باورها و نیات گوناگون است که در زیر معرفی می‌شوند:

- **سمنو:** نماد زایش و باروری گیاهان، از جوانه‌های تازه رسیده گندم تهیه می‌شود
- **سیب:** سیب هم نماد باروری و زایش است. در گذشته سیب را در خمره‌های ویژه‌ای نگهداری می‌کردند و قبل از نوروز به همدیگر هدیه می‌دادند. تناول این میوه نزد ایرانیان مهم بود و روز جشن عروسی، داماد در مسیر عروس به خانه جدید برای خوش آمدگویی به سوی او سیب پرتاب می‌کرد. آورده‌اند که سیب با زایش نسبت دارد و از این رو اغلب درویشی با دونیم کردن یک سیب، نیمی از

۱. نام ظرف چینی که خاک اصلی پخت آن کائولن است از نام کوهی در چین گرفته شده است.

آن را به زن و نیم دیگر را به شوهر می‌داد تا مرد از عقیمی و زن از نازایی در امان باشد.

- **سنجد:** نماد عشق و دلدادگی و از مقدمات اصلی تولد و زایندگی است. این باور وجود داشت که بوی برگ و شکوفه درخت سنجد محرک عشق است.
- **سبزه:** نماد شادابی و سرسبزی، نشانگر زندگی بشر و پیوند او با طبیعت است. در گذشته سبزه‌ها را به تعداد هفت یا دوازده، عدد مقدس برج‌های ماه، در قاب‌های گرانبها سبز می‌کردند. در عهد باستان در کاخ پادشاهان، ۲۰ روز پیش از نوروز، دوازده ستون را از خشت خام برمی‌آوردند و بر هریک از آن‌ها یکی از غلات را می‌کاشتند. رویش خوب هریک را به فال نیک می‌گرفتند و بر آن بودند که محصول آن دانه در آن سال پربار خواهد بود. در روز ششم فروردین آن‌ها را می‌چیدند و به نشانه برکت و باروری در تالارها پخش می‌کردند.
- **سماق و سیر:** هم نماد و چاشنی شادی در زندگی به‌شمار می‌رود.

اما غیر از این گیاهان و میوه‌های سفره‌نشین، خوان نوروزی اجزای دیگری هم دارد: در این میان «**تخم‌مرغ**» نماد زایش و آفرینش و نشانه‌ای از نطفه و نژاد است. «**آیینه**» نماد روشنایی است و حتماً باید در بالای سفره جای بگیرد. «**آب و ماهی**» نشانه برکت در زندگی‌اند. ماهی به‌عنوان نشانه ماه اسفند بر سفره گذاشته می‌شود.

«**سکه**» به‌عنوان نماد برکت و درآمد زیاد انتخاب شده است. کتاب مقدس هم یکی از اجزاء اصلی خوان نوروزی است. در نتیجه هر خانواده‌ای بسته به اعتقاد، کتاب مقدس دین خود را در سفره می‌نهد؛ بنابراین، مسلمانان قرآن، زرتشتیان اوستا و کلیمیان تورات را در سفره هفت سین جای می‌دهند. برخی از ایرانیان دیوان حافظ و یا شاهنامه فردوسی را نیز به‌عنوان کتابی گرانبها در این سفره جای می‌دهند. در سفره زرتشتیان در کنار اسپند و سنجد، «**آویشن**» هم دیده می‌شود که فیروزگری موبد زرتشتی می‌گوید این گیاه به‌خاطر خاصیت ضدعفونی کننده و دارویی، یا به نیت سلامتی و به نشانه تبریک در سفره هفت سین افزوده شده است.

مراسم نوروز

همانطور که گفتیم نوروز مجموعه‌ای از جشن‌ها می‌باشد، هرچند که مرکزیت آن جشن نوروز است که اولین روز فروردین و اولین روز بهار است. جشن نوروز چند روز پیش از نوروز در ایران حتی دو هفته قبل از آن شروع می‌شود و به قول برخی از مردم از چند روز پیش از نوروز بوی نوروز می‌آید.

برخی از مراسم مرتبط با نوروز عبارتند از:

- خانه تکانی و تمیز کردن اسباب و اثاثیه خانه و فرش‌ها، تکاندن فرش و گلیم در تاجیکستان، ازبکستان مراسمی خاص دارد.
- خریدن لباس‌های نو، این مسئله در تمام مردمان با هر پایه اقتصادی مشهود و بارز است. حتی اگر خانواده‌ای نتواند به طور کامل خرید نو کند حداقل یک کفش یا کلاه و یا یک پیراهن نو می‌خرد. البته در بین مردمان سرزمین‌های نوروز یک همدلی ومهربانی وجود دارد که کسانی که توان اقتصادی خوبی دارند سعی می‌کنند در خرید لباس برای خانواده‌های کم درآمد کمک کنند. چند سال پیش در کشور خودمان در مدرسه‌ها یک مراسم خوبی اجرا می‌شود با نام بیایید شادیهایمان را تقسیم کنیم. در این مراسم خانواده‌ها به فرزندان بی بضاعت کمک‌هایی می‌کردند که از طریق مدرسه به آنها داده می‌شد و سعی می‌شد که کمک کننده‌ها و یاری شدگان مخفی بمانند.
- از دیگر مراسم پیش از نوروز گرفتن جشن چهارشنبه سوری و پریدن از روی آتش است
- همچنین در پیش از نوروز در اغلب روستاها که خود نان تهیه

مراسم نوروز در تاجیکستان «به هر پهلو خدا می‌گه، بهار نو مبارک»

می‌کنند (این موضوع کم رنگ شده است) برای نوروز نان‌های مخصوص مثل کلوچه، تافتان، فطیر و دیگر نان‌ها با ترکیبی از دانه‌های غلات، شیر وتخم‌مرغ، شیره انگور، شکر و ... می‌پزند.

- در مراسم جشن نوروز پختن غذاهای مختلف بخصوص در شب جشن نوروز مثل پختن پلوماهی در ایران و آش پلو در ازبکستان و تاجیکستان است.
- از مهمترین مراسم جشن نوروز، جشن هفت سین و یا هفت شین و یا هفت چین است که در تمام ایران و در هر شهر و روستایی نمود دارد. در کشورهای حوزه نوروز هم با تغییراتی این جشن وجود دارد. مثلاً در کابل‌ستان (افغانستان) هفت میوه رواج یافته است.
- از دیگر مراسم وجود سبزه در کنار سفره هفت سین و در کنار سبزه شیرینی و میوه است و حتما یک میز یا سفره در هر خانه‌ای برای جشن نورز تدارک دیده می‌شود.
- در شب عید نوروز در اغلب خانه‌ها چراغ و یا شمعی تا صبح روشن نگه داشته می‌شود و حتی در برخی از مناطق برای دام‌ها (در محل نگهداری آن‌ها) در شب جشن نوروز یک چراغ هرچند کم نور روشن می‌گذارند.
- از مراسم بسیار پسندیده نوروز این است که اگر دو نفر یا چند نفر با یکدیگر کدورت دارند در مراسم جشن نوروز با یکدیگر آشتی می‌کنند و معمولاً کوچکترها برای آشتی نزد بزرگترها می‌روند یا بزرگان که به این موضوع آگاهی دارند مراسم روبوسی و آشتی‌کنان را فراهم می‌کنند. البته هر دو طرف در خود این آمادگی را پیدا می‌کنند و این مانند آن است که نوروز قلب آنها را مهربانتر کرده است. این موضوع در تمام سرزمین‌های نوروز دیده می‌شود.

برگزاری مراسم نوروز در تمام کشور ایران به صورت یکسان نیست و در برخی از مناطق تفاوت‌های با هم دارند. مثلاً در غرب کشور در شب جشن نوروز بر پشت بام منزل آتش روشن می‌کنند و در روستاها از خانه‌های که از پشت بام به هم در ارتباط هستند کیسه‌ای به خانه‌های دیگران پرتاب می‌شود و تحفه‌ای را می‌طلبند. این موضوع در تاجیکستان با آواز خوانی پسران و رفتن به خانه‌های نزدیک و همسایگان صورت می‌گیرد و تحفه دریافت می‌کنند.

در کشور تاجیکستان بخصوص بانوان جوان به خانه عروس (کسی که سال اولش است که خانه داری و زندگی مشترک را شروع کرده است) می‌روند و آرزو می‌کنند که در سال جدید آنها هم عروس شوند. البته عروسان (سال اول) در یک بلندی هنرهایی را که دارند به نمایش می‌گذارند و کسی که بهترین هنرنمایی را کند جایزه می‌گیرد.

در ایران خانواده‌ها برای دختران خود که عروس شده‌اند قبل از فرا رسیدن شب عید نورز، عیدی می‌برند و این مراسم در سال اول بسیار پررنگ‌تر و باشکوه‌تر است.

جشن نوروز دارای چندین ویژگی خاص می‌باشد:

۱. این جشن مختص به قوم، گویش و زبان خاصی نیست بلکه مخصوص یک جغرافیایی بزرگ است که حتی از مرزهای میان رودان - فرارودان فراتر می‌رود. در بین تمام سرزمین‌های میان رودان تا فرارودان جشن گرفته می‌شود. برگزاری این جشن از گذشته بسیار دورتا کنون ادامه دارد.

۲. جشن نوروز تنها یک جشن نیست بلکه مجموعه‌ای از جشن‌ها است که به هم وابسته هستند که از چهارشنبه سوری شروع و تا سیزده بدر ادامه دارد.

۳. در تمام سرزمین‌های میان رودان تا فرارودان این جشن برگزار می‌شود. در برخی از سرزمین‌ها این جشن در سراسر کشور و در برخی از کشورهای دیگر این جشن در بخش‌های از آن کشور جشن گرفته می‌شود. مثلا در شرق ترکیه، اقلیم کردستان در عراق، بخش‌هایی از هند، بخش‌های بزرگی از پاکستان و در برخی از کشورهای خلیج فارس مانند امارات که ایرانی‌های زیادی در آنجا سکونت دارند.

زمان برگزاری جشن نوروز در تمام کشورهای برگزار کننده این جشن یکسان و همزمان است. یعنی آغاز فروردین و اولین روز بهار. هرچند که مراسم آن همانطور که گفته شد از چند روز قبل از فروردین شروع و تا چندین روز بعد از شروع فروردین نیز ادامه دارد.

۴. جشن نوروز به شکل بسیار ساده و در عین حال محکم و ریشه‌دار با طبیعت و جغرافیای میان رودان - فرارودان یا همان سرزمین‌های ایران فرهنگی گره خورده است بدین شکل که:

- در جغرافیا و اقلیمی که جشن نوروز در آنها برگزار می‌شود تغییر فصل کاملاً بارز است و این تغییر و دگرگونی در زندگی مردمان این جغرافیا و اقلیم نیز از نظر اقتصادی، سیاسی و اجتماعی تاثیر داشته و هنوز هم این تاثیرات وجود دارند هرچند که این تاثیرات کم رنگتر شده‌اند.
- در اقلیم و جغرافیایی که جشن نوروز در آنها برگزار می‌شود حداقل از ۵۰۰۰ سال پیش مردمان با پدیده‌های نجومی سرکار داشته‌اند. از چند روز مانده به نوروز مردم به آسمان نگاه می‌کردند و به دنبال گرم شدن روزها و کمتر شدن ابرهای سیاه، کم شدن بارش برف و یخبندان (در بیشتر سرزمین‌هایی که نوروز در آنها جشن گرفته می‌شود مانند تاجیکستان، افغانستان، ترکمنستان، ... ایران، اقلیم کردستان، عراق و ترکیه مناطق سرد و برفگیر وجود دارد).بودند. همچنین این مردمان نگاهی هم به زمین می‌کردند تا رویدن گل‌ها و گیاهان بخصوص گل سیاه گوش یا باپچک‌چک (در افغانستان، تاجیکستان و ازبکستان) و گل پامچال و گل همیشه بهار در ایران که نوید دهنده فرا رسیدن نوروز هستند را ببینند.

وقتی می‌گوییم نگاه نجومی به نوروز دیده می‌شود دلیل آن این است که

فستیوال‌ها و جشنواره‌های متنوع عید نوروز در تاجیکستان

عمده رصدخانه‌های جهان و قویترین آنها در جغرافیایی سرزمین‌های نوروز قرار داشته است. از جمله اولین رصدخانه جهان در شهر سوخته، رصدخانه‌های اصفهان، مراغه، نقش رستم، در شیراز و برج رادکان در شهر چناران خراسان.

از سوی دیگر هر چند سابقه تاریخی جشن نوروز نامشخص است اما این جشن مربوط به یک شهر کوچک یا بزرگ نیست، بلکه ریشه در مناطق کوچک از جمله روستاها در دل کوه و دشت دارد تا شهرهای اولیه و اکنون شهرهای بزرگ. بنابراین دیده می‌شود که نوروز جشن طبیعت و مردمان است. جشن زندگی، زندگی دوباره‌ای که طبیعت پس از یک خواب زمستانی آغاز می‌کند. بخصوص در جغرافیای میان رودان تا فرارودان.

۸-۴-۲ سیزده‌به‌در

سیزده به در جشنی است که در سیزدهم فروردین، سیزده روز پس از شروع سال نو، برگزار می‌شود. از این جشن با نام جشن طبیعت نیز یاد می‌کنند. البته منبع آن هم جشن سیزده‌بدر است چون جشن طبیعت در همه روزهای سال ممکن است و امکان برگزاری دارد درصورتی که این جشن جنبه فرهنگی دارد. در نتیجه بهتر است همان سیزده بدر نامیده شود. پس بهتر است همان سیزده‌بدر نامیده می‌شود.

انگیزه برگزاری این جشن هرچه که باشد در همه شهرها و روستاها و عشیره‌های ایران، رسم است که روز سیزدهم فروردین باید بیرون از خانه، به طبیعت روی کرد و روزی را در باغ و کشتزاری به جشن و شادی به سر برد. خانواده‌های ایرانی در این روز به‌شکل دسته جمعی و گاهی چندین خانواده باهم، غذای ظهر را آماده کرده، با انواع آجیل و خوراکی روز سیزدهم فروردین را در دامان صحرا و طبیعت سر می‌کنند. آنها به رسم مالوف سبزه هفت سین را به همراه برده، در آب روان رها می‌کنند. علاوه بر سپری کردن روز سیزده در دامن طبیعت، شوخی و بازی، دویدن، تاب خوردن و دور بودن از زندگی روزمره خانگی از ویژگی‌های این جشن است. گره‌زدن سبزه به نیت باز شدن گره از دشواری‌های زندگی، برآورده شدن آرزوها، نیت همسرخواهی و ازدواج است. (شکل ۳-۸) در فرهنگ اساطیر برای مراسم و اعمال مرسوم در این روز معانی تمثیلی آورده شده است. ابراز شادی و خنده در این روز به‌معنی فروریختن اندیشه‌های تیره و پلیدی، روبوسی نماد

شکل ۲-۸. به آب دادن سبزه هفت سین از رسوم سیزده بدر

شکل ۳-۸. گره زدن سبزه برای رسیدن به آرزو مخصوصاً رسیدن به همسر و عشق مورد علاقه برای جوانان از رسوم سیزده بدر

شکل۴-۸ مراسم سیزده بدر در ونکوور کانادا

شکل ۵-۸. جشن سیزده‌به‌در ایران

آشتی و به منزله تزکیه، خوردن غذا در دشت نشانه فدیه گوسفند بریان، به آب افکندن سبزه‌های تازه‌رسته نشانه‌ی دادن هدیه به ایزد آب یا آناهید، گره‌زدن سبزه تمثیلی برای پیوند زدن زن و مرد برای تسلسل نسل‌ها، به‌جا آوردنِ رسم مسابقات، به‌ویژه اسب‌دوانی، یادآور کشمکش ایزد باران و دیو خشکسالی است. این باور همگانی چنان است که امروزه، با توجه به محدودیت‌های معمولِ جامعه شهری، اگر خانواده‌ای نتواند تمام روز را در باغ و صحرا سپری کند، برای پاس داشتن روز طبیعت- به اعتقادی برای گریز از نحسی روز سیزدهم- تلاش می‌کند حداقل چند ساعتی از این روز را در پارک و یا گردشگاه عمومی سر کند (شکل ۴-۸ تا ۵-۸).

اسطوره‌ای برای گره‌زدن سبزه‌ها

گفته‌های حمزه اصفهانی در کتاب سنی ملوک الارض و انبیاً و گفته‌های مسعودی در کتاب مروج‌الذهب جلد دوم و بیرونی در کتاب آثارالباقیه در این مورد بر پایه همان آگاهی است که در منابع پهلوی وجود دارد. مشیه و مشیانه که پسر و دختر دوقلوی کیومرث بودند روز سیزدهم فروردین برای اولین‌بار در جهان با هم ازدواج نمودند. در آن زمان چون عقد و نکاحی شناخته شده نبود آن دو به وسیله گره‌زدن دو شاخه پایه ازدواج خود را بنا نهادند. شرح دقیق‌تر اسطوره این است: ماشیا/ ماسیا و ماشیانا/ ماسیاناک، دوقلوهای مشترکی که پس از مرگ او از گیاهی رشد یافته از

گوناد/ تخم کیومرث بیرون آمدند، برای اولین‌بار در سیزدهم فروردین ماه در این سیاره ازدواج کردند. طبق این افسانه، آنها تفاوت جنسی مشخصی نداشتند.[1] در آن زمان، چون ازدواج عرفی وجود نداشت، این دو با گره زدن دو شاخه گیاه (ریواس) که روییده بودند، اساس ازدواج خود را بنا نهادند.

امروزه دختران و پسران برای بستن پیمان زناشویی نیت می‌کنند و سبزه گره می‌زنند. این رسم از زمان کیانیان تقریباً متروک شد ولی در زمان هخامنشیان دوباره آغاز شده و تا امروز باقی مانده است. در کتاب مجمل‌التواریخ چنین آمده است: «اول مردی که به زمین ظاهر شد پارسیان او را کل شاه گویند. پسر و دختری از او ماند که میشه و مشیانه نام گرفتند و روز سیزدهم فروردین با هم ازدواج کردند».

افسانه‌ای درباره گره زدن سبزه

در کتاب «شناخت اساطیر ایران»- نوشته‌ی جان هینلز- داستان تولد مشی و مشیانه چنین آمده است:

«چون گیومرث درگذشت، نطفه‌ی او بر زمین فرو رفت. از تن او که از فلز بود، انواع مختلف فلزات به زمین رسید و از نطفه او مشیه و مشیانه (مشی و مشیانه) که نخستین زوج بشر بودند، از زمین روییدند.»

«نخستین زوج بشر از نطفه‌ی گیومرث که در زمین ریخته بود، بیرون آمدند. نخست به شکل گیاهی پیوسته به هم روییدند به طوری که نمی‌شد تشخیص داد کدام مرد بود و کدام زن. این دو با هم درختی را تشکیل می‌دادند که حاصل آن ده نژاد بشر بود. سرانجام وقتی به صورت انسان درآمدند، اورمزد مسئولیت‌های‌شان را به آنان آموخت: شما تخمه‌ی بشر هستید. شما نیای جهان هستید. به شما بهترین اخلاص را بخشیده‌ام. نیک بیندیشید. نیک بگویید و کار نیک کنید، و دیوان را نستایید.

مشیه و مشیانه که روز سیزده فروردین برای اولین بار در جهان با هم ازدواج نمودند. در آن زمان چون عقد و نکاحی شناخته شده نبود آن دو به وسیله گره زدن دو شاخه پایهٔ ازدواج خود را بنا نهادند. این مراسم را بویژه دختران و پسران دم بخت انجام می‌دادند این رسم از زمان کیانیان تقریباً متروک شد ولی در زمان هخامنشیان دوباره شروع شده و تا امروز باقی مانده است.

۸-۴-۳ چهارشنبه سوری

آتش بیفروز تا گرم کند دل‌های سرد و خسته را... تا بسوزاند تزویر و ریا را... آتشی بیفروز آتشی سرخ که گونه‌های زردت را گلگون کند و گرم

شکل ۸-۶. گره زدن سبزه در سیزده بدر

کند را از عشق و امید...

چهارشنبه سوری، به تقویم خورشیدی ایرانی، به‌نام آخرین چهارشنبه سال استناد دارد که شب آن با رسوم و آیین‌های ویژه، خصوصاً پریدن از روی آتش جشن گرفته می‌شود. برخی ایران‌شناسان وجه تسمیه آن را از واژه (سوری) یا (سور) (میهمانی، جشن) و برخی دیگر سور را گونه‌ای دیگر از واژه سرخ می‌پندارند (مانند گل سوری یا گل سرخ) که از پریدن از روی شعله آتش برگرفته شده است.

یکی دو روز پیش از شب چهارشنبه سوری مردم برای آتش افروختن در خارج شهر و بیابان‌ها به چیدن بوته‌های گوناگون، خارشتر، گون، یا ساقه برنج (در گیلان) می‌پردازند. روز جشن بوته‌ها را در شهرها در حیاط خانه (اگر جادار باشد)، یا در میدان روستا، یا در خیابان‌های شهر به‌شکل کُپه در یک، سه، پنج، یا هفت (همیشه عدد فرد) دسته، با چند پا فاصله از یکدیگر، قرار می‌دهند. در غروب آفتاب یا اندکی بعد،

شکل ۸-۷. جشن چهارشنبه سوری - رسم پریدن از روی آتش

بوته‌ها، یا دسته‌های چوب و خاشاک سوزانده می‌شوند و هنگامی که آتش در تاریکی زبانه می‌کشد، مردان و زنان از روی آن می‌پرند و چنین می‌خوانند: «سرخی تو از من، زردی من از تو». مردم بر این باورند که با این آیین آنان برای همه سال در برابر ناخوشی‌هایی که انسان را رنگ

---

۱. این قسمت از اسطوره ما را به یاد موجودات هرمافرودیت (دوجنسی) می‌اندازد که آناتومی و ویژگی‌های هر دو جنس را دارند. هیچ نمونه‌ای از هرمافرودیتیسم واقعی در پستانداران وجود ندارد، هرچند که در برخی از ناهنجاری‌های اندام جنسی- یکی از نادرترین انواع اختلالات تمایز جنسی در انسان - قبلاً از این اصطلاح برای استناد به این ناهنجاری‌ها استفاده می‌شد. در نوشته‌های امروزه زیست‌شناسی و پزشکی برای توصیف این وضعیت، بسته به مورد، از اصطلاح بین جنسی(intersex) یا برگشت جنسی (sex reversal) استفاده می‌کنند. جانوران هرمافرودیتی- عمدتاً بی‌مهرگانی مانند کرم‌ها، بریوزوئرها (حیوانات خزه‌ای شکل)، کرم‌های پهن، حلزون‌ها، و کشتی چسب‌ها (barnacles) معمولاً انگلی هستند که آهسته حرکت می‌کنند یا به‌طور دائم به حیوان یا گیاه دیگری متصل هستند.

پریده و ضعیف می‌کند، ایمن می‌شوند. در برخی از مناطق، آتش را بر پشت‌بام می‌افروزند و در برخی مناطق دیگر این آیین برفراز تپه‌ها انجام می‌شود. آیین چهارشنبه سوری در همه نقاط ایران مرسوم و معمول است (شکل ۷-۸ تا ۹-۸).

هرچند امروزه افروختن آتش از حالت سنتی خارج شده، اغلب با انفجار و صدای ترقه و آتش زدن مواد شیمیایی همراه شده است- و شوربختانه از حوادث دلخراش مصون نیست- اما اصالت این جشن همان برافروختن آتش، همراه با جشن و شادی و پریدن از روی آتش بوده است.

شکل ۸-۸. جشن چهارشنبه سوری

قاشق‌زنی در چهارشنبه سوری

قاشق زنی از رسوم ایرانی است که در شب چهارشنبه‌سوری برپا می‌شده‌است. حاصل نهایی قاشق‌زنی، پخت و توزیع آش ابودردا بوده‌است.

قاشق‌زنی رسمی عمومی است. زنان و مردان چادری بر سر انداخته و گاه نقابی بر چهره می‌زدند تا ناشناس بمانند. آنگاه با قاشق بر کاسه یا قابلمه یا بر در خانه می‌کوبیدند و اهل خانه را از آمدن خویش آگاه می‌کردند. اهل خانه کاسه خالی را گرفته و مشتی آذوقه خشک از قبیل بنشن در آن ریخته و بازمی‌گرداندند. گاه بجای آذوقه پول نقد به قاشق زن پرداخت می‌شده‌است. مهمترین شرط در قاشق زدن ناشناس ماندن قاشق‌زن بوده‌است؛ لذا نه

شکل۹-۸. رسم قاشق زنی - در چهارشنبه سوری

قاشق‌زن و نه صاحب منزل، در هنگام مواجهه سخن نمی‌گفته‌اند.

آیین قاشق‌زنی احتمالاً نشات گرفته از این عقیده است که ارواح نیک درگذشتگان در رستاخیزی به شکل افرادی که رویشان پوشیده است به خانه بازماندگان سر می‌زنند و زندگان برای یادبود و برکت به آنان هدیه‌ای می‌دهند. در زند اوستا آمده است که پنج روز آخر سال تا روز پنجم فروردین اورمزد دوزخ را خالی می‌کند و ارواح رها می‌شوند. اخیراً این جشن در شب چهارشنبه سوری انجام می‌شود.

۴-۴-۸ جشن یلدا

جشن شب یلدا از ۷۰۰۰ سال پیش در میان ایرانیان، در بیشتر سرزمین‌های ایران فرهنگی و تمام سرزمین ایران امروزی با اشتیاق در آخرین شب پاییز برگزار می‌شود. در حقیقت این جشن توسط ایرانیان از آن رو برگزار می‌شد که آخرین شب پاییز، مرز بین دو فصل پاییز و زمستان، طولانی‌ترین شب سال است که بعد با آغاز زمستان روزها، با اختلاف زمانی اندک، به‌تدریج طولانی‌تر می‌شوند.

ایرانیان این شب را با مراسم ویژه‌ای جشن می‌گرفتند و در انتظار می‌ماندند تا خورشید در اولین روز زمستان طلوع کند. شاید این شب زنده داری تمثیلی از آن باشد که شب هرچه طولانی، با تابیدن نور خورشید با روزی نو دنبال می‌شود. در این شب آنها با روشن نگه داشتن چراغ و افروختن آتش، شب را تا برآمدن خورشید روشن نگه داشته و تا سپیده صبح بیدار می‌ماندند. امروزه جشن شب یلدا با خوردن شیرینی‌های مخصوصِ این شب و میوه‌هایی چون هندوانه، انار و ... با

شکل ۱۰-۸. بعضی از خوراکی‌های جشن شب چله

شکل ۱۱-۸. لحاف کرسی و سفره شب چله و یا شب یلدا

خواندن دیوان حافظ و شاهنامه‌خوانی با شادی و شکوه برگزار می‌شود (شکل ۱۰-۸ و شکل ۱۱-۸).

۸-۴-۵ جشن سده

نام سده را برگرفته از عدد صد می‌دانند. ابوریحان بیرونی می‌نویسد: «سده گویند یعنی صد و آن یادگار اردشیر بابکان است». در مناسبت این جشن گفته‌اند که با شمارش جداگانه روزها و شب‌ها (۵۰ روز و ۵۰ شب مانده به سال نو)، مجموع آن تا پایان سال عدد صد می‌شود. نقل دیگر این است که در این روز شمار زادگان کیومرث، پدر نخستین، درست به صد تن رسید و این صد تن یکی را از میان خود پادشاه همه نامیدند.

زنده‌یاد استاد مهرداد بهار بر این باور است که واژه سده از فارسی کهن به‌معنی پیدایش و آشکار شدن آمده و جشن سده برگزاری مراسمی به مناسبت چهلمین روز تولد خورشید (یلدا) است. او می‌نویسد: «جشن سده با سپری شدن چهل روز از زمستان، دقیقاً در پایان چله بزرگ قرار می‌گیرد. اگر نخستین روز زمستان را پس از شب یلدا تولد دیگری برای خورشید بدانیم می‌توان آن‌را هماهنگ با جشن گرفتن در دهمین و چهلمین روز تولد، آیین کهن و زنده ایرانی دانست». در همه استان‌های کشور و سرزمین‌های ایرانی‌نشین، روزهای دهم و چهلم بعد از تولد کودک را جشن می‌گیرند و واژه Sada اسم مؤنثی است که به‌معنی پیدایی و آشکار شدن است. این واژه در ایران باستان Sadok و در فارسی میانه Sadag بوده است.

در بسیاری از مناطق ایران در فصل زمستان دو رسم چله وجود دارد که به چله بزرگ و چله کوچک معروف است. چله بزرگ چهل روز اول زمستان (اول دی ماه تا دهم بهمن) را می‌گویند و چله کوچک هرچند اسم آن چله است اما فقط ۲۰ روز (۱۰ تا ۳۰ بهمن) است. چهار روزِ آخر چله بزرگ و چهار روزِ اول چله کوچک را «چهار- چهار» می‌گویند. چهار- چهار را سردترین ایام سال می‌دانند و روز وسط چهار- چهار، یعنی آخرین روزِ چله بزرگ سردترین روز سال به‌حساب می‌آید که پس از آن از شدت سرما کاسته می‌شود. جشن سده که در ۱۰ بهمن برگزار می‌شود می‌تواند سردترین روز سال تعریف شود و برگزاری جشن سده از آن روست که از روز بعدِ آن با کاسته شدن شدت هوا دوباره گرم می‌شود که شاید دلیلی برای این جشن باشد.

۸-۴-۶ جشن مهرگان

نوروز به از مهرگان اگر چه اگر چه هر دو دو زمانند اعتدالی

ناصر خسرو

زمان برگزاری جشن مهرگان در روز مهر (روز شانزدهم مهرماه) در ماه مهر است. این جشن در گذشته در آغاز مهرماه و اول پاییز برگزار می‌شده است. در دوران هخامنشیان و اشکانیان نیز همین‌طور بوده است. آمده است که در دوره هخامنشیان، آغاز سال نو در پاییز و اول مهرماه بوده است. در دوران باستان بخصوص در دوره ساسانیان جشن مهرگان جشنی با شکوه و مهم به‌شمار می‌رفته است. در دوران بعد از اسلام نیز در آغاز مهرماه صحبت از جشن مهرگان می‌شد. امروزه نیز در برخی نواحی ایران و کشورهای همسایه روز مهر با جشن مهرگان همراه می‌شود.

جشن مهرگان در حقیقت جشن نیایش به پیشگاه مهر ایزدی، ایزد روشنایی و نمادی از پیمان دوستی و محبت ایزد همه ایرانیان در تمام سرزمین‌های ایران باستان بوده است. مردمان در این روز ضمن شادمانی با جام ارغوانی گرد هم می‌آمدند، با دادن هدیه به هم شاد باش می‌گفتند. هدیه شاد باش را با بوی خوش همراه ساخته و در لفاف زیبا می‌پیچیدند.

در جشن مهرگان از میوه‌های سرخ‌رنگ پاییزی، نان مخصوص با استفاده از آرد هفت نوع غله، شکر و شیرینی، نوشیدنی‌ها و خوراکی‌های محلی اعلا درست می‌کردند. از عصاره گیاهان مخصوص، گلاب و بوئیدنی‌ها می‌ساختند. از جامع آتش یا نوکچه، مشابه شمع امروزی، در جشن استفاده می‌شده است.

مردمان آن دوره بعد از پذیرایی و خوردن خوراکی‌ها و نوشیدنی‌ها و بهره‌مندی از گیاهان خوش‌بو همچون اسپند، زعفران و عنبر به موسیقی و پایکوبی گروهی می‌پرداختند.

رقص سماع، مورد علاقه مولانا که امروزه مراسم آن در شهر قونیه ترکیه برپا می‌شود، می‌تواند ریشه در جشن مهرگان ایران داشته باشد.

۸-۴-۷ جشن تیرگان

روز سیزدهم تیرماه در گاه‌شماری ایرانی که روز و نام ماه یکی می‌شود، جشن تیرگان نام گرفته است. جشن تیرگان از بزرگترین جشن‌های ایران باستان در ستایش و گرامیداشت «تیشتَر» (فرشته باران) بوده است. تیشتر فرشته باران، نشانه خوبی و صفا، بوده است که در جبهه مقابل اپوش (دیو خشکسالی) قرار دارد. تیشتَر با اپوش وارد نبرد می‌شود که در مرحله اول شکست می‌خورد و خشکسالی پیروز می‌شود که شاید نمادی از خشکی هوا در تیر ماه باشد؛ اما در نبرد بعدی فرشته باران (تیشتَر) سوار بر اسبی زیبا و سفید، به یاری اهورا اپوش را که سوار بر اسبی سیاه و زشت به نبرد آمده است شکست می‌دهد، دوره خشکی به‌تدریج به سر می‌رسد و تیرگان نیز گوئی جشن شادی برای رهایی از چنگ خشکسالی است.

ابوریحان بیرونی در آثارالباقیه می‌آورد که در این روز از نویسندگان قدردانی می‌شده است[1]. روز قلم امروزه چهاردهم تیرماه اعلام شده است که یک روز با روز این جشن فاصله دارد و شاید بهتر باشد که این مناسبت را با روز موسوم به جشن تیرگان یکی کرد.

رویداد مهم دیگر جشن تیرگان آن است که آرش کمانگیر، یکی از مردان اساطیری ایران، در همین روز به‌دنبال شکست منوچهر از سپاه طبق توافق میان شاه ایران و توران با پرتاب تیر از قله دماوند به‌سمت خاور مرز

---

۱. روزی که هوشنگ پادشاه، با فراخواندن نویسندگان از آنها تجلیل می‌کرد.

ایران‌زمین و توران مرز این دو قلمرو فرمانروائی را مشخص کرد. تیری که او از کمان رها کرد از بامداد تا نیمروز در آسمان در حرکت بود تا در سواحل جیحون بر درخت گردویی که تنومندتر از آن در جهان نبود فرونشست. آرش کمانگیر با پرتاب این تیر گوئی جان خویش را نیز با این تیر از تن رها کرد و مرز ایران را تا دوردست‌ترین نقطه ممکن وسعت بخشید.

ایرانیان و تورانیان سال‌ها در جنگ و ستیز بودند و سپاه ایران روز اول تیر در زمان منوچهر شاه ایران شکست سختی می‌خورد که در گذشته این روز برای ایرانیان عزای ملی بود؛ و برخی از زرتشتیان همچنان در سوگ می‌نشینند. به‌دنبال شکست ایرانیان در این روز، دو دشمن دیرین توافق می‌کنند که با پرتاب تیری از سوی ایرانیان مرز دو کشور تعیین شود تا هر دو کشور حد و مرز خود را بشناسند. فرشته زمین اسفندیارمذ پدیدار شده و تیر و کمان می‌خواهد و آن را به بزرگترین کماندار دوران، آرش کمانگیر می‌سپرد. آرش می‌دانست که گستره ایران آینده به نیروی بازو و پرش تیر او بسته است. پس برهنه شد و بدن خود را به شاه و سپاهیان نمود و گفت: می‌بینید که من تندرستم و کژی در وجودم نیست ولی با رها کردن تیر جانم هم با آن از تن رها خواهد شد. آنگاه آرش با تیر و کمانش راهی کوه دماوند شد و در آنجا کمان برکشید و تیرش را رها کرد و خود بی جان نقش بر زمین شد. این داستان مناسبت دیگری است که ایرانیان آن را جشن گرفته و نام تیرگان بر آن نهادند.

۸-۴-۸ دیگر جشن‌های ایرانی

فزون بر جشن‌های بزرگ نوروز، سده، چهارشنبه سوری، سیزده به در یلدا یا شب چله و جشن‌هایی که به مناسبت یکی شدن نام ماه و روز (جشن‌های دوازده‌گانه در هر سال)، جشن‌های دیگری در ایران زمین رواج داشته که امروزه نیز به‌شکل پراکنده در برخی نواحی و کشورها برگزار می‌شود؛ مانند جشن نیلوفر، جشن خام‌خواری (۱۵ تیرماه)، جشن چهلم تابستان (۱۰ مردادماه)، جشن چهلم نوروز (۱۰ اردیبهشت)، جشن آب‌پاشان یا آب‌ریزان (روز دهم تیرماه)، جشن آغاز تابستان و جشن‌های بزرگ و کوچک دیگر که جای توصیف همه آنها در این مختصر نیست ولی به شرح برخی پرداخته شده است.

۸-۴-۸-۱ جشن فروردینگان

جشن فروردینگان در روز فروردین (روز نوزدهم هر ماه) و در ماه فروردین جشن گرفته می‌شود. نخستین جشن ماهانه (برابر شدن نام روز با ماه) در سال «جشن فروردینگان» یا «فرودگ» نام دارد.

این جشن به «فرَ وَ هَر های» پاک درگذشتگان و نیاکان مربوط است، به‌همین دلیل ایرانیان برای شادی روان درگذشتگان خود به آرامگاه آنان می‌روند. در فرهنگ ایران باستان گریه و زاری جایی نداشت و با اینکه برای درگذشتگان بسیار احترام قائل بودند در این روز با حضور در آرامگاه آنها جشن گرفته و برایشان دعا می‌خواندند. در مراسم جشن فروردینگان، هر کس میوه یا لُرک یا آش و بقیه خوارکی‌ها را با خود آورده و در مراسم صرف می‌کردند. موبدان با لباس سپید ویژه‌ی اجرای مراسم مذهبی، به‌صورت گروهی آفرینگان خوانی می‌کنند. شرکت‌کنندگان نیز با نیایش خود، بر روان و فروهر درگذشتگان درود می‌فرستند و برای خشنودی روان آنها عود و کندر آتش می‌زنند.

۸-۴-۸-۲ جشن اردیبهشتگان

اَردی‌بهشت از واژه اوستایی «اَشه و هیشته» و واژه پهلوی «ارت و هیشت» به‌معنی بهترین راستی و نام یکی از امشاسپندان (جاودانان مقدس) گرفته شده است.

ایرانیان در این روز با به تن کردن لباس سپید، نماد پاکی و با سرهای پوشیده با کلاه یا روسری سپید، به آذُریان (آتشکده اصلی هر شهر) می‌روند و نیایش اهورا مزدا به‌جا می‌آورند. اردیبهشت همچنین نگاهبان آتش است؛ چرا که آتش بهترین جلوه‌گاه راستی و پاکی به‌شمار می‌رفته است. چنان که همه امشاسپندان دارای دو روی مینوی و زمینی هستند. این امشاسپند، در جهان مینوی نماینده پاکی و راستی و نظم و قانون اهورایی و در زمین نگاهبانی آتش را بر عهده دارند.

در بخشی از اوستا می‌بینیم که با ظهور زرتشت اهریمن می‌گریزد و با این فریاد که: زرتشت مرا با اشه و هیشته سوزانید و از زمین براند[1]. اینکه خلف تبریزی در «برهان قاطع» می‌گوید: «این واژه به‌معنای آتش است» از همین روست. اما ابوریحان بیرونی معنی نزدیک‌تری به اصل را آورده است: این معنی که: «راستی بهتر است». برخی گفته‌اند که اردیبهشت غایت خیر و ایزد یا ملک آتش و نور است که هردو با او سنخیت دارند. خداوند او را به این خیر موکل کرده که می‌تواند علل امراض را به یاری ادویه و اغذیه از بین ببرد و راستی را از دروغ آشکار کند و محق را از مبطل به سوگندهایی که گفته‌اند در اوستا مبین است تمیز دهد.

باز خلف تبریزی آورده است که: «در این روز نیک است به معبد و آتشکده رفتن و از پادشاهان حاجت خواستن و به جنگ و کارزار شدن؛ معنی ترکیبی این لغت مانند بهشت میباشد است، چه ارد به معنی شبیه و مانند آمده است و چون این ماه در میانه فصل بهار است و نباتات در غایت نشو و نما و گل‌ها و ریاحین

---

۱. چون اهریمن نماینده بی‌نظمی، آشوب و ناپاکی است از آتش راستی و پاکی و داد و قانون گریزان است.

تمام شکفته و هوا در نهایت اعتدال، آن را اردیبهشت خوانند.» از این روی کوشیار گیلی در «زیج جامع» از آن با نام «گلستان جشن» یاد کرده است.

مطالبی که بیرونی راجع به اعمال اردیبهشت ایزد در مورد درمان و درمان‌گری و تمیز میان راستی و دروغ و حق و باطل بودن اشاره کرده، در بخش یشت‌ها در اردیبهشت یشت آمده است.

۸-۴-۸-۳ جشن آغاز تابستان

روز نخست تیر ماه، آغاز تابستان، انقلاب تابستانی، رسیدن خورشید به بالاترین جایگاه و آغاز سال نو در گاه‌شماری گاهنبار است. در آخر خرداد ماه طول روز به بیشترین حد خود می‌رسد و از اول تیر به‌تدریج در برهه شش ماهه طول روز کم می‌شود تا به حداقل خود در آخر آذر ماه برسد. آغاز تابستان در اصل شروع این انقلاب تابستانی، در ایران باستان با جشن همراه بوده است. برگزاری این جشن، همراه با آب‌پاشی و شادی بوده و هنوز در برخی مناطق ایران دیده می‌شود. در برخی نواحی نیز این جشن همراه با گردهمایی‌ها و مراسم مشابه در صحرا برگزار می‌شود و چه زیباست که بزرگداشت این جشن، عمومی شود.

۸-۴-۸-۴ جشن شهریورگان

شهریور روز (نام روز چهارم هر ماه ایرانی) که در چهارم شهریورماه با نام ماه یکی می‌شود و روز جشن شهریورگان شمرده می‌شود. از آیین‌ها و مراسم مربوط به این جشن آگاهی زیادی در دست نیست. برگزار نشدن آیین‌های این جشن شهریورگان طی دوره‌ای طولانی، موجب فراموشی جزئیات آن شده است. نام شهریور در متون اوستایی به‌گونه «خشثره وئیریه» آمده که به‌معنای شهریاری مطلوب و شایسته است.

بر اساس متون ایرانی، جشن شهریورگان، با روز زایش و مرگ دو نفر از تأثیرگذارترین شخصیت‌های تاریخ ایران هم‌زمان است: زایش دار و مرگ مانی دارد. در برخی نوشته‌های عصر کوروش آمده است که اغلب نوشته‌ها به داریوش برمی‌گردد.

در متون مانوی از این روز به‌عنوان روز جان باختن مانی یاد کرده می‌شود: «(مانی) با شادی بزرگ و با خدایان روشنی‌ها و با نوای چنگ و سرود شادی پرواز کرد... و جاودان بماند به نزد خداوند اهورامزدا...».

آن‌گونه که از متون مانوی بر می‌آید، روز مرگ مانی در نزد مانویان یکی از بزرگترین جشن‌ها به‌شمار می‌آمده و به‌هنگام مرگ مانی این روز ظاهراً برابر با جشن «بما/بموام» نیز بوده است. در کتاب مواعظ، از منابع کشف شده قبطی مصر به سال ۱۹۲۰، به سوگواری پیروان مانی اشاره شده است. البته خود مانی و پیروان او عقیده داشتند مرگ مانی با ورود وی به سرزمین روشنایی مقارن است و بنابراین مرگ او می‌تواند با شادی پیروانش همراه باشد.

به این ترتیب، چهارم شهریور ماه، نه تنها روز جشن شهریورگان، بلکه هم‌زمان با جشن زادروز داراب (داریوش) و نیز جشن درگذشت یا جان باختگی مانی نیز هست. هم‌زمانی این دو رویداد از نگرشی دیگر نیز توجه برانگیز است: یعنی هم‌زمانی زایش پادشاهی بلندآوازه و کوشش‌گر و آرمانی ایران با روز مرگ مانی، پیامبری که با آیین زرتشت زاویه داشت که می‌تواند توجیه کننده شادمانی زرتشتیان باشد که پیروان دین غالب بودند.

۸-۴-۸-۵ سپندارمذگان (جشن روز عشق)

پنجمین روز هر ماه، اسپند یا اسفند نام دارد. در ایران باستان، روزی موسوم به روز عشق بوده است. این روز با عنوان «سپندارمذگان یا اسفندارمذگان» در پنجم اسفند ماه جشن گرفته می‌شود. در کتاب آثارالباقیه که در سال ۳۷۹ خورشیدی تألیف شد، در میان توصیف جشن‌های ایران، از این جشن که در روز اسپندارمذ (پنجم اسفندماه) برگزار می‌شد نام برده شده است. اسپندارمذ روز فراغت زنان (در اصل روز تعطیل به‌حساب می‌آمد) و به‌ویژه دختران دم بخت بود که به همسرگزینی تشویق می‌شدند و از این رو این جشن را مرد گیران نیز نامیده‌اند. این روایت با فرهنگ ایران باستان که زنان در گزینش همسر آزادی داشته‌اند هم‌خوانی دارد. این وضع در داستان خسرو و شیرین نظامی گنجوی و نیز کتاب دو زن سعیدی سیرجانی توصیف شده است.

قدمت برگزاری این جشن در ایران باستان طبق برخی منابع (جشن‌های ایرانی، مرادی قیاس آبادی، ۱۳۸۴) به بیست قرن پیش از میلاد برمی‌گردد. قدمت آنچه به‌نام روز ولنتاین در فرهنگ غربی جشن گرفته می‌شود به قرن سوم میلادی در اروپا و روم باستان می‌رسد و روز آن نیز ۱۴ فوریه (۲۴ بهمن) است. برگزاری جشن‌ها و مناسبات و رواج برخی عقاید ایران باستان در میان رومیان و نیز جابجا شدن روز مناسبت‌ها منحصر به روز اسپندارمذ نیست، چنان‌که برخی از آیین‌های میترائیسم نیز در میان مسیحیان دیده می‌شود.) اصولاً مناسبت‌هایی در آئین مسیحیت وجود دارد که از میترائیسم منشأ گرفته است. از طرف دیگر، پنجم اسفند مناسبت جشن بیداری زمین از خواب زمستانه نیز هست، چراکه با افزایش دمای هوا گیاهان می‌توانند رشد و شکوفه دادن را آغاز کنند، یعنی روز پایان گرفتن سرما و آغاز بهار. با همین نگاه روز پنجم اسفند روز زمین نامیده شده است. همراهی سه عنصر زن، زمین و زمستان در این مناسبت می‌تواند با مفاهیمی مرتبط باشند. زمین نماد فروتنی، تواضع و بار دادن و زن به‌معنای زندگی و زمستان که فصل سرماست و پایان آن در پنجم اسفند نوید شروع گرمی و گرمای زندگی است.

بنابراین روز اسپندارمذ روز عشق، کاهش سرما، ایجاد نشاط و حرکت، بیداری و باروری زمین و روز جشن زن و زندگی است. این جشن عشق به‌معنای واقعی و نماینده فرهنگ، سبک زندگی، خلق و خوی، فلسفه حیات و غنای جهان‌بینی ایران باستان است.

نماد فروهر از لحاظ شکل ظاهری تشکیل شده از یک پیکره انسان، تاج پادشاهی، حلقه پیمان، جامه بلند فرمانروایی، بال و دم یک پرنده است. عده‌ای از باستان شناسان بنام نماد فروهر را مرتبط با دین و آیین زرتشت می‌دانند.

حک کردن نماد فروهر روی سنگ‌ها به این دلیل است که شاهان هخامنشی می‌خواستند این طرح برای همیشه جاودان بماند و آیندگان همواره از آن یاد کنند.

۶-۸-۴-۸ جشن نیلوفر

جشن نیلوفر در خرداد روز تیر ماه یعنی ششم تیر، برگزار می‌شده است. جشن نیلوفر امروزه بسیار ناشناخته است. مناسبت این جشن می‌تواند شکوفا شدن گل‌های نیلوفر در اوایل تابستان باشد. در تالاب‌های ایران، بخصوص تالاب‌های کرمانشاه، مانند تالاب خضر زنده و سراب نیلوفر که نام سراب نیلوفر، از گل‌های نیلوفر زیادی که در این مکان می‌رویند گرفته شده است. ابوریحان بیرونی از آن به‌عنوان «جشنی تازه» نام برده است. گل نیلوفر نماد شهر کرمانشاه است. نسبت دادن این نماد به کرمانشاه شاید به‌دلیل سراب‌ها و تالاب‌های زیاد پیرامون کرمانشاه باشد که در آنها گل‌های نیلوفر می‌روید. در کند و کارهای طاق‌بستان و تخت‌جمشید نیز رویش گل‌های نیلوفر دیده شده است. گل نیلوفر نماد پاکی و متعلق به ایزد بانوی آناهیتا است. نیلوفر همیشه در میان تالاب‌ها و مرداب می‌روید و رشد می‌کند. با آنکه آب تالاب‌ها و مرداب‌هایی غیر قابل شرب می‌باشد و ظاهراً تمیز نیست گل نیلوفر نماد پاکی و تمیزی به‌شمار می‌آید و شاید با همین نگاه به‌عنوان نماد الهه آب، آناهیتا، گرفته شده است (شکل ۱۲-۸).

شکل ۱۲-۸. برگ نیلوفر در تالاب نزدیک شهر بابل

۷-۸-۴-۸ جشن خام‌خواری

جشن خام‌خواری یا به روایت ابوریحان بیرونی در آثارالباقیه «عمس (غفس) خواره»، در سُغد باستان و دوری گزیدن از خوراک حیوانی و پختنی‌هاست. در تقویم سُغدی برابر با پانزدهمین روز ماه تیر است (روز دعا به مهر از تیرماه).

منابع:

۱. آذرگشسب، اردشیر (۱۳۵۱). مراسم مذهبی و آداب زرتشتیان.

۲. ابن ندیم، محمدبن اسحاق(۱۲۵۰). الفهرست به کوشش رضا تجدد، تهران.

۳. اصفهانی، حمزه، تاریخ سنی ملوک الارض بیروت.

۴. بیرونی، ابوریحان(۱۹۲۳). الآثارالباقیه به کوشش لاپیزیک.

۵. تذهیبی، روزبه و ربانی، نسترن(۱۳۸۹). جشن‌های ایرانی، موسسه فرهنگی پژوهشی چاپ و نشر نظر تهران .

۶. تقی‌زاده، حسن(۱۳۱۶). گاه‌شماری در ایران قدیم، تهران .

۷. رجبی، پرویز(۱۳۹۱). چ ۵، جشن‌های ایرانی، انتشارات آرتامیس، تهران.

۸. سالمی‌فیه، کیوان، جشن‌های ایرانی، انتشارات زرین مهر تهران.

۹. مرادی غیاث آبادی، رضا (۱۳۸۴). راهنمای زمان جشن‌ها و گردهم‌آیی‌های ایران باستان، نشر پژوهش‌های ایرانی.

۱۰. مرادی،سید احمد(۱۳۸۹). فرهنگ و هنر ایرانی در سمرقند و بخارا، نشر فرهنگ سبز.

۱۱. مینوی، مجتبی، تاریخ و فرهنگ، انتشارات خوارزمی.

فصل نهم

هنرها و صنایع دستی
در ایران زمین

زکتان و ابریشم و موی قز
قصب کرد پرمایه دیبا و خز
بیاموختشان رشتن و تافتن
به تار اندرون پود را بافتن
چو شد بافته شستن و دوختن
گرفتند ازاو یک سر آموختن

فردوسی بزرگ

۱- ۹ مقدمه

صنایع دستی هر قوم، ملت و مردم نمایانگر ذوق هنری، خلاقیت، سلیقه و نگاه به زندگی آنان است. به عبارت دیگر صنایع دستی نشانه به ثمر رساندن ذوق هنری از داشته‌ها، مواد محلی و محیطی مردم یک منطقه است. البته نیاز و دیدگاه اقتصادی در خلق این صنایع نقش عمده دارد؛ بنابراین زیبایی، ذوق، خلاقیت، وجود منابع اولیه محلی، صنعت و برآوردنِ نیاز اقتصادی در تولید صنایع‌دستی با هم درآمیخته‌اند. صنایع دستی در کشور ما دو ویژگی قابل توجه دارد:

- اول این که با قدمت تاریخی چند هزار ساله، ریشه در تمدن ایران دارد و با تمدن این سرزمین در هم آمیخته است.
- دوم تنوع گسترده آن است. در این مورد با قاطعیت می‌توان گفت در هیچ کشوری، جز ایران، این همه تنوع صنایع دستی و هنرهای وابسته را نمی‌توان یافت.

برخی از این صنایع‌دستی عبارت‌اند از: سفالگری، فرش‌بافی، گلیم و جاجیم‌بافی، سوزن‌دوزی، سنگ‌تراشی، میناکاری، خاتم‌کاری، شیشه‌گری، فلزکاری، قلم‌زنی، منبت‌کاری، حصیربافی، نمدبافی و ... . جالب این که هر یک از این صنایع‌دستی، خود انواع مختلفی در مناطق ایران دارند که ممکن است حتی برای برخی از متخصصین ناشناخته باشد. مثلاً کسانی که فرش‌شناس هستند کمتر می‌توانند فرش‌های مناطق مختلف ایران را از یکدیگر تمیز دهند. یکی فرش‌های تبریز را خوب می‌شناسد و دیگری ممکن است در فرش‌های افشار و بیجار تخصص داشته باشد و یکی در زمینه فرش‌های کرمان و نایین متخصص باشد. به عنوان مثالی دیگر صنعت گلیم بافی آن قدر متنوع است که فقط افراد کمی می‌توان پیدا کرد که بتوانند تمام گلیم‌هایی را که در مناطق مختلف کشور بافته می‌شوند تشخیص دهند.

در معرفی جاذبه‌های گردش در مجموعه ده جلدی از نگارنده تا حدودی صنایع‌دستی هر استان معرفی شود که برای اطلاعات بیشتر می‌توان به آن رجوع کرد. هرچند که در سال‌های اخیر تولید صنایع‌دستی دچار افت تدریجی یا رکود شده است ولی برخی رونق بهتری یافته‌اند. نگارنده اعتقاد دارد با رشد و توسعه گردشگری که در دنیا و در ایران نیز آغاز شده است، برخی از این صنایع‌دستی دوباره شکوفا خواهد شد . در ادامه برخی از این صنایع‌دستی که در ایران رونق بیشتری دارند معرفی می‌شوند. قابل توجه است صنایع دستی در کشورهای حوزه ایران مانند تاجیکستان، افغانستان و ازبکستان بخصوص بخارا و سمرقند هم چشمگیر هستند.

۲- ۹ سفالگری

صنعت سفالگری به دوران پیش از تاریخ برمی‌گردد. البته مشخص نیست که سفالگری نخست در کدام سرزمین و توسط کدام قوم شروع شده، اما یافته‌های باستان‌شناسی نشان می‌دهد که سفالگری در ایران تاریخ چند هزارساله دارد. بنابر نظر برخی از محققین تاریخ کاربرد سفال در ایران به بیش از ده هزار سال می‌رسد (سمسار، ۱۳۹۰ قربانی، م ۱۴۰۱). البته کار رنگ آمیزی و لعاب روی سفال و زیباسازی آن خیلی دیرتر آغاز شد. ساخت سفال بدون لعاب و لعاب‌دار از گذشته خیلی دور تا به امروز متداول است و هم اکنون در بسیاری از شهرهای ایران که خاک رُس مناسب دارند صنایع سفال رواج دارد، که شهر لالجین

شکل ۱-۹ .تصویری از سفال‌های لاجین همراه با نقاشی روی سفال (معاصر).

در استان همدان به عنوان شهر جهانی سفال شناخته شده‌است (شکل ۱-۹).

در مورد سفالگری در ایران می توان به دو نکته مهم اشاره کرد:

- همراه با تکامل دوره‌های تاریخی، سفالگری نیز روند تکامل تدریجی خود را طی کرد. این روند تکاملی در به کارگیری نوع خاک، پرداخت گِل، کیفیت سفال، نقوش روی آن، رنگ آمیزی، اندازه و شکل قابل مشاهده است.
- صنایع سفالگری به جغرافیای خاصی در کشور محدود شده است. این جغرافیای خاص با ترکیب خاک‌شناسی آن منطقه مرتبط است. ترکیب خاک‌شناسی هر منطقه با ترکیب سنگ بستر و کوه‌های مشرف به دشت‌ها در آن نواحی و اقلیم مرتبط است. در استان‌های زاگرس‌نشین همچون جنوب کرمانشاه، ایلام، جنوب لرستان، شمال خوزستان، کهگیلویه و بویراحمد، بوشهر و اکثر نواحی استان فارس و هرمزگان- به دلیل وجود زمین‌های گچی همراه با خاک‌های غنی از کانی‌های کربناته-خاک مناسب برای سفالگری وجود ندارد، از این رو سفالگری هم در این مناطق چندان رایج نیست؛ اما در مناطقی همچون همدان (دشت لالجین)، کرمان ، گیلان، سیستان، نطنز، یزد و قم به دلیل وجود خاک رسی مناسب بدون گچ و فقیر از کانی‌های کربناتی، سفالگری در این مناطق از گذشته دور رونق داشته است. شهر لالجین در کوه پایه الوند می‌تواند یک قطب سفالگری در جهان تبدیل شود. همین استعداد در پیرامون شهرهایی چون نطنز، یزد، ملایر، نیشابور، مشهد، اراک، ده بید فارس، گرگان، کاشان، ری و... می‌تواند وجود داشته باشد.

هنر سفالگری در طول تاریخ چندهزار ساله ایران در تمدن‌های مختلف قابل پیگیری است. آثار سفال در دوره عیلام قدیم، شهر سوخته، تمدن

شکل ۲-۹. ظروف سفالی، پنج هزار سال پیش، شهر سوخته. (موزه جنوب شرق ایران، زاهدان)

بنابر نظر برخی از محققین تاریخ کاربرد سفال در ایران به بیش از ده هزار سال می‌رسد

جیرفت، سیلک و ... در تمام دوران کهن در اشکال گوناگون دیده می‌شود، برخی از آثار کشف سفالی حاصل از اکتشافات شهر سوخته مربوط به پنج هزار سال پیش در شکل ۲-۹ نشان داده شده است.از دوره هخامنشیان تا دوره ساسانیان لعاب یکرنگ کاربرد داشت. در دوره ساسانیان ساخت ظروف زرین فام آغاز شد. این ظروف که در رنگ‌آمیزی آن‌ها رنگ‌های طلایی به کار رفته است در شهر کاشان ساخته می‌شد. برخی از پژوهشگران این ظروف را به ری یا گرگان نسبت داده‌اند. هنر سفالگری در ایران در دوره بعد از اسلام پس از یک وقفه نسبتا طولانی دوباره با بهره‌گیری از هنرهای باستانی پیش از اسلام آغاز شده است و راه تکاملی خود را طی نموده، بخصوص در دوره سلجوقیان با گسترش و تنوع و کاربرد همراه شد (شکل ۳-۹).در دوران سامانیان و صفاریان استفاده از لعاب گِلی با رنگ‌های گوناگون رونق گرفت. این لعاب گِلی که بیشتر از رنگ‌های سفید و شیری بود، برای تزیین

شکل ۳- ۹. تصویر الف) کوزه سفالی دوره اشکانی، محل پیدایش: شوش؛ تصویر ب) کاسه سفالی - منقوش دوره شوشان جدید (۴۴۰۰ - ۴۷۰۰ سال پیش از میلاد) محل پیدایش: تپه چغادوسر؛ تصویر ج) ظروف سفالی دوره ایلام میانه، محل پیدایش: شوش، هفت تپه؛ تصویر د) قمقمه‌های سفالی دوره اشکانی، محل پیدایش: شوش

گل‌ها و کتیبه‌ها، از جمله خط کوفی استفاده می‌شد. این رنگ‌ها بیشتر در مناطق خاوری ایران گسترش یافت و نیشابور از بزرگ‌ترین مراکز ساخت این ظروف با لعاب گِلی به شمار می‌آمد. این دوره با آشنایی سفالگران ایرانی با خاک چینی (کائولن) همراه شد. خاک چینی تکامل بیشتری به سفالینه‌های قدیمی داد و بدنه ظروف نازک‌تر، ظریف‌تر و سبک‌تر شدند. پس از آن (دوره سلجوقیان) تولید لعاب شفاف رواج پیدا کرد و سبب شد نقش‌هایی بر روی سفال‌ها به تصویر کشیده شود. با ثبت اولین نقش‌های گل و گیاه، جانوران خاص، نقش‌های حماسه‌ای و ادبی، مجالس بزم و رزم و غیره بر روی سفال‌ها، هنری نو وارد بازار شد. ظروف زرین فام در این دوره گسترش بیشتری یافت و کاشان مرکز عمده ساخت آن‌ها بود.

در دوره اتابکان ساخت سفالینه‌هایی به نام‌های مینایی، هفت‌رنگ و نقاشی روی لعاب شهرت یافت. در آن دوره رنگ‌هایی چون آبی، لاجوردی، سبز، **سفید، فیروزه‌ای، قهوه‌ای، قرمز، سیاه و زرد به کار رده می‌شد.**[1]

در این دوره سفالینه‌ها نقوشی هندسی را تجلی می داد و سفال مینایی گسترش بسیاری یافت. به اعتقاد پژوهشگران سفالینه‌های مینایی در

۱. وجود معادن مس و کانی آزوریت (کانی با رنگی مشابه با لاجورد) قمصر کاشان (معدن مس نزدیکی قمصر) و به کارگیری آن در صنایع لعاب‌سازی باعث رونق صنایع کاشی، سفال رنگین و زیبا در دوره سلجوقیان تا اواخر دوره صفویان در این ناحیه شد.

شهرهای کاشان، ساوه، نطنز، سلطان آباد، اراک و گرگان ساخته می‌شد.

ساخت سفالینه‌های مینایی تا پایان حمله مغول ادامه یافت ولی از آن به بعد نوعی دیگر از سفال و ساده‌تر از مینایی رونق یافت. این نوع سفال نوپا به سفالینه لاجوردی شهرت گرفت. در این روش نقش‌ها و رنگ‌های فیروزه‌ای، سفید، طلایی و اخرایی بر روی پوششی از لعاب لاجوردی طراحی می‌شد و به دو شکل ساده و برجسته بود.

در دوران تیموریان شیوه تزیین سفالینه‌ها با دو رنگ آب ی و سفید رونق گرفت. اگرچه این روش در دوره‌های گذشته به شکلی در ایران رواج داشت ولی در دوره تیموریان به دلیل روابط خوب آنها با چین گسترش بیشتری یافت.

در دوران صفویان ساخت ظروف آبی و سفید توسعه یافت. شهرهای کرمان، اصفهان و مشهد مراکز ساخت این نوع سفال‌ها بودند. در شهر کرمان ظرف‌هایی به تقلید از کشور چین می‌ساختند که طرح‌های اصلی و آرایه‌های آن بیشتر سبک ایرانی داشت.

در اواخر دوره افشاریان و زندیه و شروع دوره قاجاریه خط پایانی بر هنر دیرپا و پربار سفالگری ایران کشیده شد. هرچند که سفالگری هنوز در ایران رواج دارد اما رونق و کیفیت دوره‌های گذشته را ندارد. احتمالاً رونق ظروف چینی، شیشه‌ای و فلزی (آلومینیومی) باعث کم رونق شدن ظروف سفال و افت این صنعت شده است.

شکل ۵-۹. نمونه پارچه‌ازسازی شده از لباس بانوان هخامنشیان (رضائیان، ۱۳۸۶)

۳ - ۹ هنر بافتن (پارچه، فرش و ...)

طبیعی است که ایرانیان قبل از روی آوردن به بافتن فرش و گلیم، ابتدا پارچه‌بافی داشته‌اند و در زمان هخامنشیان به اوج می‌رسد. وجود بافتنی‌های نقش و گل‌دار لباس بانوان در آثار بازمانده از شهر سوخته تائیدی است بر این موضوع است. (شکل ۵-۹ و ۴-۹).

تندیس‌ها و نقوش ثبت‌شده روی ظروف در دوره ایلامیان از نحوه پوشش زنان تصویر سمت راست و لباس مردان تصویر سمت چپ است.

شکل۴-۹. تصویری از پوشش زنان شهر سوخته بر اساس یافته‌های باستان‌شناسی، شهر سوخته.

شکل ۷-۹ تصویری از فرش اصفهان (معاصر).

۱-۳-۹ فرش بافی

اگر جامعه هنری جهان سنگ‌تراشی، سفالگری و شیشه‌گری را به نواحی دیگری نسبت می‌دهند اما شروع و تکامل هنر فرش‌بافی را مختص ایران می‌دانند. تاریخ فرش و گلیم‌بافی در ایران به زمان پیش از تاریخ برمی‌گردد. فردوسی بزرگ آن را به سلسله پیشدادیان نسبت می‌دهد.

هنر فرش بافی، گلیم بافی، سوزن دوزی و زربافی به هر حال بعد از بافندگی پارچه و نمد شروع شده است. نمد نوعی زیرانداز است که از پشم ساخته می‌شود.

در دوره هخامنشیان، اشکانیان و ساسانیان فرش بافی توسعه می‌یابد و همچنان در ایران ادامه دارد. هرچند در چند دهه اخیر صنعت فرش‌بافی سنتی دچار چالش‌های جدی شده و فرش دست‌بافت ایرانی در جهان رقیبانی پیدا کرده است، اما هنوز هنر فرش‌بافی ایران با توجه به هوش هنری، ریزبینی، مهارت در شیوه بافت، استفاده هوشبرانه در ترسیم دقیق خطوط، تفکر هنگام بافت و نقش، آداب و رسوم در ایران، شیوه زندگی و ویژگی‌های اقتصادی و عوامل اقلیمی، فرش دست بافت ایرانی با فاصله‌ای قابل توجه از رقبای خارجی بالاتر است (شکل ۶- ۹ تا شکل۱۱-۹).

شکل ۶-۹. تصویری از نمد شهرکرد (معاصر)

دانش فرش‌شناسی جدید توسط اروپاییان با نگاه به فرش خاوری بخصوص فرش ایرانی آغاز شد و اولین کتاب علمی در باب فرش‌شناسی، توسط یولیوس لسینگ رئیس موزه منسوجات برلین در سال ۱۸۷۷ میلادی نگاشته شده است. مؤلف کتاب توضیح می‌دهد که چگونه در طی پژوهش‌های انجام شده به این نتیجه می‌رسد که نقاشی‌های برخی از تابلوهای باختری (اروپائیان) متعلق به قرون ۱۵ و ۱۶ میلادی از فرش‌های ایرانی الهام گرفته‌اند (ژوله تورج، ۱۳۹۲).

در فرش ایرانی نکات ظریف و هوشمندانه‌ای نهفته است که به جز متخصصان و اهالی فن، بسیاری از مردم عادی از آن بی‌اطلاع هستند.

طبیعی است که این نکات ظریف باعث نِمود جذابیت آنها می‌شود. برخی از این نکات ظریف عبارت‌اند: از نوع گره، شیوه پودکشی، رنگ پود، مواد به کار رفته، سلیقه و مهارت بافت.

بر اساس اطلاعات موجود سه سبک مستقل عشایری، روستایی و شهری در هنر فرش‌بافی ایران وجود دارد (ژوله تورج، ۱۳۹۲).

واقعیت این است که هنر، تاریخ و گونه‌های مختلف فرش‌بافی باید در کشور نگاهی به موزه فرش ایران در تهران انداخته شود. به عنوان یک رشته دانشگاهی ایجاد گردد.

شکل ۸-۹ . تصاویری از فرش تبریز (معاصر).

شکل ۹-۹ طرح فرش ماری گل - شکل سمت چپ نقوش اولیه و طرح سمت راست تغییر یافته همان طرح برای معاصر است.

ترکمن‌ها قبیله‌ای ترک هستند که به دنبال مسائل کوچ و مسائل سیاسی دوران‌های مختلف، علاوه بر شمال ایران در سطح جهان، در سرزمین‌های ذیل ساکن شده‌اند: ترکمنستان، سوریه، ازبکستان، تاجیکستان، قرقیزستان وقسمت مرکزی اوکراین ومسکو، چین، افغانستان، عراق، ترکیه، سوریه.

این قوم بیش از هر کالایی به فرش‌های خود علاقمند بوده و آنها را به شکل‌ها و اندازه‌های گوناگون می‌بافته‌اند تا نیازهای متنوع زندگی کوچ نشینی و نیمه کوچ نشینی را بر آورد، نمادهای آن نوع زندگی را یادآوری می کند و مایه‌ی شادی زندگی کوچ نشینی می‌باشد. با توجه به آنکه ترکمن‌ها قومی هستند که از آسیای مرکزی به ایران مهاجرت کرده‌اند، باید در ابتدا به تاریخ قالی بافی در آسیای مرکزی اشاره شود:

قالی بافی یکی از پرکارترین صنایع‌دستی در آسیای مرکزی است. نمونه‌های قالی‌های بافته‌شده‌ای که باستان شناسان کشف کرده‌اند قدمتی در حدود نخستین سده‌های پیش از میلاد مسیح دارند.

الگوی کلی قالی ترکمن نشان از تحولات شدید ندارد، زیرا به صورت نقش‌های تکراری باقی مانده است. این نقش‌ها در ایران بیش از ششصد سال سابقه دارند و در بسیاری از مینیاتورهای قرن هفتم هجری به بعد منعکس شده‌اند. از آنجا که کهن‌ترین قالی به دست آمده‌ی جهان نیز دارای نقش‌های تکراری است، باید پذیرفت که نقش‌های ترکمنی در یک مرحله‌ی ابتدایی باقی مانده‌اند. کهنه‌ترین این نمونه‌ها از قرن دوازدهم هجری (هجدهم میلادی) عقب‌تر نمی‌رود، و به همین دلیل، تاریخ قالی ترکمن اساساً روشن نیست.

ترکان از آنجا که سرزمین اصلی خود را رها کرده و به سرزمین‌های متمدن وسابقه داری مهاجرت کرده‌اند، بیش از اقوام دیگر تحت تأثیر خلق‌های مجاور قرار گرفته‌اند. در بافندگی آنان اثر فنون شمال ایران و نیز نقش‌های اصیل ایرانی با نام‌های اصیل فارسی را ملاحظه خواهیم کرد.

مؤلفان کهن یونانی، رومی و متعاقباً عرب و ایرانی بر وجود صنعت پیشرفته قالی بافی در آسیای مرکزی از سدهٔ دوم پیش از میلاد گواهی داده‌اند. تجسمش از فرش‌های بافته شده آسیای مرکزی رامی‌توان از روی تصاویر این فرش‌ها در نقاشی‌های بناهای قرون وسطایی و همچنین در مینیاتور شرقی به دست آورد.

شکل ۱۰-۹. طرح سمت راست قفصه گل می‌باشد که نشان دهند یک لانه پرنده است و پرنده ای در این لانه روی ۱۰ جوجه خود خوابیده است و لنگرها نشانه از محل سکونت قالی‌بافان در کنار دریا را دارد. شکل سمت چپ درنق گل نام دارد که گروهی اعتقاد دارند از شانه موی زنان الهام گرفته شده و گروهی اعتقاد دارند درنق که به معنای ناخن است، منظور حمله و دفاغ شخصی است.

شکل ۱۱-۹. فرش ترکمن

شکل ۱۲-۹. فرش نهاوند (معاصر)

فرش نهاوند

شهر نهاوند یک شهر تاریخی است و فرش‌هایی که در این شهر تولید می‌شوند جذابیت و زیبایی خاصی دارند.

برای بافت فرش نهاوند همانطور که در شکل ۱۲-۹ مشخص است، از طرح‌ها و رنگ‌های بسیار جذابی استفاده است. بافت فرش نهاوند معمولاً به صورت تخت بافت و گاهی نیز نیم لول است و گره‌های این فرش هم فارسی و هم ترکی بافته می‌شوند. معمولاً پرزهای این فرش‌ها بلند و گوشتدار در نظر گرفته شده‌اند.

از جمله جذاب‌ترین طرح‌هایی که در بافت فرش نهاوند به کار می‌رود می‌توان به لچک ترنج، درختی و عشوند اشاره کرد. امروزه طرح عشوند توانسته مورد استقبال دکوراتورها و مردم قرار بگیرد و بسیار محبوب واقع شود.

فرش کاشان

هر فرش دستبافی مطابق با ویژگی‌های فرهنگی، بومی، دانش و محیط خاستگاه خود، از خصوصیات خاصی برخوردار است. فرش دستباف کاشان از خصوصیات مهمی مانند ظرافت، ثبات رنگی، تنوع، تراکم بالا و نرمی خامه‌ها برخوردار است.

فن بافت قالی دستباف کاشان باعث شده است که این قالی‌ها به یکی از ظریف‌ترین فرش‌ها در سطح دنیا تبدیل بشوند. فرش‌های کاشان در طرح‌ها و نقش و نگار گوناگونی در بازار موجود هستند. اما از مشهورترین آن‌ها می‌توانیم به طرح‌های تلفیقی ترنجی لوزی و ترنج گرد اشاره کنیم. علاوه بر این طرح‌ها نمادهای مینیاتوری نیز در فرش دستباف کاشان از محبوبیت بالایی برخور دارند. استفاده از ابریشم و پشم باکیفیت، همچنین پنبه جزء عوامل تاثیرگذار در افزایش ظرافت و تراکم بالای این فرش‌ها شده است. گره‌زنی در فرش‌های این منطقه به صورت فارسی و متقارن در بین بافندگان رواج بسیاری دارد. این نوع گره باعث شده است که این فرش‌ها از نظر قطر، ظرافت بسیار بیشتری در میان سایر فرش‌های دستباف داشته باشند. اکثر کارشناسان رنگ شناسی، کاشان را به عنوان مهد رنگرزی دنیا می‌شناسند. دانش رنگرزی در کاشان بر روی فرش‌های دستباف این استان تأثیر بسیار مثبتی گذاشته است. همواره فرش‌های این منطقه جزء خوش‌رنگ‌ترین و ماندگارترین رنگ‌ها در میان فرش‌های دستباف ایرانی هستند. رنگ‌های قرمز لاکی، کرم، سرمه‌ای، سبز برگ‌گردویی، فیروزه‌ای جزء پر استفاده‌ترین طیف‌های رنگی در نقش و نگار قالی‌های کاشانی است.

شکل ۱۳-۹.فرش کاشان (معاصر)

فرش قم:

فرش قم قدمت زیادی مانند فرش کاشان و ترکمن ندارد. نقش‌های پر استفاده در قالی قم عبارتند از لچک و ترنج، شکارگاه، خشتی، اسلیمی، درختی، محرابی، محرمات، شاه عباسی و ... با اینکه منبع طرح و نقش شکارگاه اصفهان است اما در خیلی از طرح‌های ابریشمی قم به کار برده‌اند که قابل تعریف و تحسین است.

در ابتدا کیفیت نخ‌های بکار برده و همینطور رنگ بندی فرش‌های قم، محدود بود و ۴ تا ۶ رنگ استفاده می‌کردند. اما با گذشت زمان هم کیفیت فرش‌ها بسیار بهتر شد و هم تعداد رنگ‌ها زیاد شد و شانزده رنگ شد و در حال حاضر گوناگونی بسیار زیادی تا چهل رنگ در فرش‌های زیبای قم پیدا می‌شود. فرش‌های قم با رنگ طبیعی مانند برگ مو، پوست انار، روناس و غیره رنگ‌آمیزی می‌شود.

شکل ۱۴-۹.نمونه‌هایی از فرش‌های قم

فرش تبریز:

شهر تبریز یک قطب تجاری در صنعت فرش است. بافت فرش در تبریز به دوران صفویه بازمی‌گردد. در این میان، اوج هنر فرش‌بافی در تبریز مربوط به قرن دوازده تا قرن شانزدهم معرفی می‌شود.

فرش دستباف تبریز با رج شمار بالا بافته می‌شود. ظرافت و ریز بافی جزو ویژگی‌های بارز این فرش‌هاست. فرش‌های تبریز با گره ترکی بافته می‌شوند. در بافت آن از الیاف طبیعی مرغوب استفاده می‌شود. فرش تبریز با نقش و طرح‌های متنوع مانند طرح ماهی، هریس، علیا، سالاری، نامی و ... بافته می‌شوند. تنوع رنگ، به خصوص رنگ‌های زنده و شاد در فرش‌های دستباف تبریز بسیار بالاست.

معمولاً ارتفاع نخ خاب یا پرز در فرش تبریز کوتاه است. ضخامت فرش‌ها نیز زیاد نیست. جنس نخ تار فرش از پنبه و پود آن از پشم است.

شکل ۱۶-۹. نمونه‌ای از فرش تبریز

تحول در رنگ‌آمیزی فرش تبریز

- نمایش عمق: از جلوه‌های جدید در رنگ فرش معاصر تبریز به کارگیری عمق و بعد یا پرسپکتیو در این طرح دو بعدی است که شناسه‌ای خاص به فرش تبریز داده است.
- استفاده از رنگ برای فضا بندی: تحولی دیگر در ابداعات فرش تبریز، استفاده از رنگ برای پر کردن فضاهای خالی به جای نقش است که با به کارگیری رنگ‌های دارای هارمونی و هماهنگی با طرح فضاهایی خاص قرابتی زیبا بین طرح و رنگ ایجاد می‌شود. چنین فنی را در طرح‌های زیر خاکی جدید می‌بینیم.
- به کارگیری سایه روشن: نوآوری دیگر در فرش تبریز، به کارگیری سایه با استفاده از رنگ است. استفاده نامحدود از رنگ‌های هم خانواده و ایجاد سایه روشن باعث القای عمق می‌شود. از ویژگی‌های دیگر تعادی بین رنگ‌های سرد و گرم بوده است که وجود این سایه و روشن‌ها در گل‌ها و متن حالتی برجسته به نقوش می‌دهد. این روش توانسته گل‌ها را طبیعی‌تر کرده و به سبک رئال (واقع‌گرایانه) نزدیک‌تر نماید.
- دورگیری: به‌کارگیری ابریشم سفید و رنگی به منظور دورگیری گل‌ها و برگ‌ها از دیگر ویژگی‌های فرش تبریز بوده است

۴-۹ گلیم و جاجیم بافی

گرچه ای‌ن دو از نظر بافت به هم نزدیک هستند، اما کاربردهای متفاوت دارند. گلیم برای کف خانه به کار برده می‌شود و امروزه نقش تزیینی هم پیدا کرده است. جاجیم در گذشته بیشتر نقش پتو، رواندازو روکش را داشته که امروزه این نقش درآن کمتر شده و بیشتر ماهیت تزیینی پیدا کرده است.

گلیم‌ها و جاجیم‌های ایران را بر حسب منطقه بافت و شیوه بافت می‌توان به انواع گوناگونی تقسیم کرد. اینک گلیم‌هایی که در کشور تولید می‌شوند عبارت‌اند از گلیم‌های استان اردبیل که توسط شاهسون‌ها در دشت مغان و مناطق پیرامون تولید می‌شوند؛ گلیم‌های بیجار، تکاب، ایلام و گلیم‌های

شکل ۱۷-۹. نمونه گلیم سیرجان

شکل ۱۸-۹. تصویری از گلیم‌های برجسته ایلام (معاصر)

ناحیه فارس که بیشتر به ایل قشقایی متعلق‌اند و در فیروزآباد و پیرامون آن تولید می‌شوند. گلیم‌های ناحیه کرمان که بیشتر به عشایر سیرجان تعلق دارند و گلیم‌های ترکمنی که در استان گلستان و گلیم‌هایی که در بلوچستان و خوزستان و سایر استان‌های ایران تولید می‌شوند (شکل ۱۷-۹ تا شکل ۱۸-۹).

۵-۹ سوزن‌دوزی

سوزن‌دوزی از هنرهای بسیار کهن خانگی در ایران است و خیلی از اقوام ایرانی با این هنر آشنایی دارند. سوزن‌دوزی‌های بلوچستان از بهترین نمونه‌های این هنر دستی محسوب می‌شوند. در این استان این هنر بسیار فعال است.

هنر سوزن‌دوزی بیشتر در لباس زنان به کار گرفته می‌شود و امروزه بر روی آویزها، گوشواره‌ها و دستبندها نیز رواج یافته است. هنر سوزن‌دوزی در نزد خیلی از اقوام و شهرهای کوچک ایران دیده می‌شود و در اقتصاد خانواده‌های دور از مرکز هنوز نقش دارد. جهانگردان از سوزن‌دوزی‌های زمان صفویه در سفرنامه‌های خود زیاد یاد کرده‌اند.

سوزن دوزی، گل دوزی، خوس دوزی، پته دوزی و هنرهای نزدیک به آن در کرمان، آذربایجان (نزد شاهسون‌ها)، اصفهان، فارس بخصوص جنوب استان فارس، بندرعباس و خیلی دیگر از نقاط ایران از گذشته تاکنون دیده می‌شود (شکل ۱۹-۹ تا شکل۲۲-۹).

شکل ۱۹-۹. تصویری از سوزن‌دوزی با نخ پنبه (موزه عباسی، تهران).

شکل ۲۰-۹. تصویری از سوزن‌دوزی بلوچستان (معاصر).

شکل ۲۱-۹. تصویری از سوزن‌دوزی و زری‌دوزی سفره قند، دوره قاجاریه (موزه عباسی، تهران)

شکل۲۲-۹. تصویری از خوس‌دوزی زری سفره قند، دوره قاجاریه (موزه عباسی، تهران)

شکل ۲۳-۹. تصویری از پته‌دوزی کرمان (معاصر).

۶-۹ سنگ‌تراشی

هنر سنگ‌تراشی در ایران به زمان پیش از تاریخ برمی‌گردد، به طوری که در حفاری‌های انجام شده در تپه یحیی، شهداد و تپه سیلک ظروف سنگی‌دارای نقش‌های زیبا به دست آمده است. این ظروف با دقتی خاص تراشیده شده و بر روی آنها نقوش برجسته همچون پیکر حیوانات حجاری شده است. ترکیب سنگ‌شناسی سنگ‌های به دست آمده در این سنگ‌تراشی‌ها، سرپانتین می‌باشد. سرپانتین سنگی نسبتاً نرم است که وقتی در هوای آزاد و بخصوص در مجاورت حرارت قرار می‌گیرد محکم‌تر می‌شود (شکل ۲۴-۹). امروزه از این نوع ظروف سنگی (دیگ‌های سنگی) در مشهد تولید می‌شود و تولید آنها با استفاده از دستگاه‌های مکانیکی و برقی انجام می‌شود (شکل ۲۵-۹).

شکل۲۴-۹. تصاویر بالا: ظروف سنگ صابون جیرفت، اواسط هزاره سوم قبل از میلاد (موزه عباسی، تهران). تصویر پایین راست: پلاک لاجوردی با نقش گاو، دوره هخامنشیان (موزه عباسی، تهران)، تصویر پایین چپ: ظروف سنگ صابون جیرفت، اواسط هزاره سوم قبل از میلاد (موزه عباسی، تهران)

شکل ۲۵-۹. دیگ سنگی مشهد (معاصر).

علاوه بر ساخت ظروف و مجسمه‌های سنگی که از دوره عیلامی به فراوانی آن را می‌بینیم، سنگ تراشی در دوره باستان در تمام سطوح دیده می‌شود. سنگ‌تراشی در گذشته در تهیه جواهرات و بسیاری از اشیای زینتی و ساختمانی دیگر رونق داشته است. برای شناخت سنگ‌تراشی تزیینی می‌توان به نقش و نگارها در ساختارهای سنگی به کار رفته در تخت جمشید و یا کاخ داریوش در شوش توجه کرد. (شکل ۲۶ - ۹)

امروزه هنر سنگ تراشی با استفاده از دستگاه‌های مکانیکی و برقی (C.N.C) نیز در جریان است. با این حال ایرانیان، با وجود قدمت تاریخی و تمدن خود در این زمینه پیشرفت زیادی نداشته‌اند. در حالی که در کشور ما منابع سنگ‌های تزیینی و نما بسیار زیاد و نیز از تنوع بی‌نظیری برخوردار است.

اگر هنر سنگ تراشی در ایران تشویق شود؛ با توجه به دو ویژگی زیر می‌توان گفت این هنر می‌تواند نقش قابل توجه در صنایع دستی و اقتصادی برخی خانواده‌ها داشته باشد.

۱. دقت، تزئین و هنر نمایی ایرانی در این صنعت
۲. تنوع انواع سنگ‌های تزئینی و به خصوص سنگ‌های نرم که هنرنمایی روی آن‌ها آسان است.

شکل ۲۶-۹. نمایی از سنگ تراشی قدیمی در تخت جمشید، دوره هخامنشیان.

۷–۹ میناکاری

هنر میناکاری و خاتم‌کاری در ایران امروز رواج دارد. هرچند که این دو هنر سابقه‌ای طولانی در تاریخ دارند اما اوج آنها به دوران صفویه برمی‌گردد. البته هنر میناکاری در دوره سلجوقیان نیز هنری شاخص بوده است. میناکاری هنری است که در آن طرح‌های متفاوتی بر روی ظروف مسی، نقره‌ای، طلایی، سفال و شیشه نقش می‌بندند. رنگ زمینه‌ای زیر نقوش معمولاً آبی، سبز و گاهی قرمز است و بیشترین رنگ به کار گرفته شده در میناکاری رنگ آبی است. اگر با دید هنری به داخل ظروف منقوش میناکاری بنگریم یادآور پهنای زیبای آبی آسمان است. شاید به همین علت است که اسم این هنر را میناکاری نامیده‌اند. البته امروزه هنر میناکاری به همین رنگ‌ها ختم نمی‌شود و انواع رنگ‌ها در میناکاری به کار گرفته می‌شوند.

آثار هنر میناکاری ایرانی در بسیاری از موزه‌های مشهور جهان دیده می‌شود و بسیاری از جهانگردانی که از ایران دیدن کرده‌اند این هنر را ستوده‌اند. از جمله شاردن فرانسوی و آرتور پوپ آمریکایی. پروفسور آرتور پوپ در مورد این هنر می‌نویسد:

«میناکاری هنر درخشان آتش و خاک است، با رنگ‌های پخته و درخشان که سابقه آن به ۱۵۰۰ سال پیش از میلاد می‌رسد و ظهور آن بر روی فلز در طول سده ششم تا چهارم پیش از میلاد مشاهده می‌شود. هنر میناکاری در ایران بیش از نقاط دیگر جهان تجلی داشته است.»

هنر میناکاری به لحاظ روش تولید به دو دسته مینای خانه‌بندی و مینای نقاشی تقسیم می‌شود:

- **مینای خانه‌بندی:** شیوه‌ای قدیمی است که به «مینای سیمی» نیز معروف است. در این نوع میناکاری از مفتول‌های بسیار نازک استفاده می‌شود. مفتول‌ها را به شکل دلخواه در می‌آورند و با چسب روی قطعه کار قرار داده، با یک لعاب شیشه‌ای روی آن را می‌پوشانند. سپس آن را در داخل کوره‌ای با حدود ۱۰۰۰ درجه سانتی گراد حرارت قرار می‌دهند و مفتول‌ها را به قطعه کار جوش می‌دهند. در مرحله بعد رنگ‌های مخصوص میناکاری را که به شکل پودرند بر روی سطح کار پر می‌کنند. بعد از آنکه سطح کار یکسان و هموار شد آن را به مدت ۳ دقیقه در داخل کوره‌ای با حرارتی حدود ۱۰۰۰ درجه سانتی گراد قرار می‌دهند. مفتول‌های برنجی بعد از قرار گرفتن در کوره سیاه می‌شوند و با اسیدکاری رنگشان به حالت نخست باز می‌گردد.

- **مینای نقاشی:** روش مرسوم امروزه در اصفهان مینای نقاشی است. در این روش ابتدا نقش‌های مینا توسط استادکار بر روی لعابی شفاف نقش می‌بندند و سپس مسگر یا دواتگر شئ مورد نظر را بر اساس طرح می‌سازد. سپس استاد میناکار روی آن را با لعاب سفید رنگ می‌دهد. مرحله لعاب دهی سه یا چهار بار انجام می‌گیرد و هر بار با قرار گرفتن در کوره با ۷۰۰ درجه سانتی‌گراد گرما رنگ لعاب را ثابت می‌کنند. سپس نقاشی روی این جسم سفیدرنگ انجام می‌شود و دوباره شئ به کوره می‌رود تا در درجه ای در حدود ۴۰۰ تا ۵۰۰ درجه سانتی‌گراد پخته شده، رنگ‌ها به شکل دلخواه در آیند. هم اکنون از رنگ‌های شیمیایی در نقاشی میناکاری استفاده می‌شود حال آنکه در گذشته رنگ‌های به کار گرفته شده گیاهی یا معدنی بودند. شفافیت رنگ ظروف میناکاری نیز به دلیل وجود اکسید قلع است. منشأ رنگ‌های به کار رفته در هنر میناکاری بیشتر گیاهی، طبیعی و معدنی است.

هنرمندان میناکار آثار و محصولات متفاوتی را بر حسب نیاز تولید یا خلق می‌کنند. برخی از رایج‌ترین اینها عبارت‌اند از: بشقاب، گلدان، کاسه و قدح؛ تابلوهای مینا با ترکیب مواد دیگر مانند طلاکاری؛ قاب عکس، درب‌ها، پنجره‌ها و ضریح‌های میناکاری شده در مکان‌های مذهبی (نظیر استان امامان)، خانه‌های اعیانی، کاخ‌های‌پادشاهی (نظیر کاخ گلستان)؛ و اشیأ تزیینی شامل جعبه‌های آرایش زنانه، آیینه، قلیان، گلاب‌پاش، قلمدان، حباب‌های میناکاری و همچنین زیورآلات مانند گوشواره، سینه‌ریز، گلوبند، مدال و غیره (شکل ۲۷-۹ تا شکل ۲۸-۹).

شکل۲۷-۹. تصویری از محصولات میناکاری اصفهان (معاصر).

شکل ۲۸-۹. تصاویری از میناکاری اصفهان (معاصر).

۸-۹ خاتم‌کاری

خاتم‌کاری در دانشنامه فارسی با عنوان هنر آراستن سطح اشیأ به صورت موزاییک، با مثلث‌های کوچک تعریف شده است. طرح‌های گوناگون خاتم‌کاری همواره به صورت اشکال منظم هندسی بوده است. این اشکال هندسی را با قراردادن مثلث‌های کوچک در کنار هم نقش‌بندی می‌کنند. مثلث‌ها را از انواع چوب، فلز و استخوان می‌سازند. هرچه مثلث‌ها ریزتر و ظریف‌تر باشند، خاتم مرغوب‌تر است. در یک طرح خاتم، برای ساختن کوچک‌ترین واحد هندسی، حداقل سه مثلث و برای بزرگ‌ترین آن، حداکثر چهارصد مثلث به کار می‌رود (شکل ۲۹-۹ و شکل ۳۰-۹).

شکل ۲۹ -۹. تصویری از خاتم کاری روی چوب (معاصر)

این هنر به شیوه امروزی قبل از دوران صفویان و در عهد استیلای ایلخانان مغول بر ایران و به دنبال پیدایش رابطه مستقیم بین ایران و چین، به ایران راه یافته است؛ اما ریشه آن در ایران وجود داشته است. برخی دیگر از محققان نیز معتقدند که خاتم‌کاری در دوره دیلمیان در ایران و در شهر شیراز پایه‌گذاری شده و در دوران صفویان به اوج شکوفایی رسید؛ زیرا از طرفی حمایت حکومت از هنرمندان و از سوی دیگر، ایجاد روابط بازرگانی با کشورهای دور و نزدیک به گسترش هنر خاتم‌کاری کمک کرد. در ایران پیش از ظهور اسلام گونه‌ای خاتم‌کاری رواج داشته است. شیوه کار آن چنین بوده که از چوب تک رنگ مکعب‌هایی به اضلاع چهار میلی‌متر می‌بریدند و با طرح‌های گوناگون روی صفحه‌ای نصب و میخکوب می‌کردند. این شیوه تا چند قرن پس از اسلام هم متداول بوده است.

از آثار برجسته و نمونه‌های تاریخی این هنر می‌توان از سقف ایوان اصلی مسجد جامع عتیق شیراز، مربوط به سده هشتم هجری (سده چهاردهم میلادی)، دروازه‌های قصر رویایی تیمور گرکانی به نام دلگشا و درب‌های آرامگاه او در سمرقند سال ۸۰۷ هجری (۱۴۰۵ میلادی) نام برد.

شکل ۳۰ -۹.خاتم‌کاری روی مس اصفهان معاصر.

۹- ۹ شیشه گری

تاریخ ساخت شیشه به درستی مشخص نیست. ساخت شیشه را گاهی به سومریان و گاهی به فنیقی‌ها و یا به مردم مصر نسبت می‌دهند؛ اما یافته مهم در تاریخ صنایع شیشه ایران این است که در عیلام قدیم شیشه و تزیین‌های شیشه‌ای به فراوانی وجود داشته است. در حفاری‌های چغازنبیل مربوط به دوره پیش از تاریخ، بطری‌های شیشه‌ای یافت شده است که شاید با آنها مایعات را به پرستشگاه اهدا می‌کرده‌اند. به هرحال خیلی پیش‌تر از این‌ها، شیشه در همسایگی عیلام یعنی در سومر پیدا شده است. افسانه‌ها اختراع تصادفی شیشه را به دریانوردان فنیقی نسبت می‌دهند. فن ساخت شیشه در سومر، مصر، ایلام، تپه مارلیک و نزد یهودیان تبعیدی بابل پیش از سه هزار سال پیش وجود داشته است. به کارگیری شیشه در ایران باستان در زمان‌های هخامنشیان، اشکانیان و ساسانیان رایج بوده و برای تولید ظروف، تزیینات، شیشه پنجره و مهره‌های تزیینی استفاده می‌شده است.

شیشه دوره ساسانیان در چین ارج بسیار داشت به ویژه شیشه‌های لاجوردی را گران‌بها می‌شمردند. شیشه‌های دوره ساسانیان در گنجینه‌های سلطنتی چین، کره و ژاپن وجود دارد. مطالعات، پژوهش‌ها و کشفیات کنونی نشان می‌دهد که ایران در دوره ساسانیان سیستمی جامع، پیشرفته و کامل در حوزه تولید، فروش و توزیع محصولات شیشه‌ای داشته است. جذاب‌ترین شیشه‌های دوره ساسانیان ظروف شیشه‌ای هستند که آنها را با چرخ تراش داده‌اند. فراوان‌ترین نوع آن‌ها کاسه‌های نیمه‌کروی است که سطح آن‌ها را با فرورفتگی‌های چندگوش، شکل لانه زنبوری تزیین کرده‌اند (شکل ۳۱-۹).

بر پایه برداشت‌های موجود از موزه‌های ایران و جهان، شیشه‌سازی در دوران تاریخی بعد از اسلام ایران نیز پس از مدتی (دو سه قرن) رونق گرفت. در دوره سلجوقیان و تا زمان هجوم مغول ظروف شیشه‌ای و اشیأ بسیار زیبای شیشه‌ای تولید می‌شد (شکل ۳۲-۹). هرچند از زمان حمله مغول تا زمان صفویه در صنعت شیشه رونق بیشتری دیده نمی‌شود اما در زمان صفویه دوباره هنر شیشه سازی رونق می‌گیرد. در این دوره از شیشه نه تنها در تولید انواع ظروف تزیینی، بلکه از شیشه‌های رنگین برای تزیین اماکن زیارتی و تزیین درب‌ها و پنجره‌های خانه‌های اعیانی و کاخ‌های حکومتی استفاده می‌کرده‌اند. این روند تا کنون ادامه داشته است هرچند که ایران علی زغم سابقه درخشان خود در این صنعت، نتوانست در تکامل صنعت شیشه‌گری در دنیا خوب ظاهر شود. ولی باید پذیرفت که ایرانیان در هنر شیشه‌سازی همچنان حرف زیادی برای گفتن دارند و تزیین‌کاری با شیشه در برخی از مکان‌ها همچون اماکن زیارتی از جمله حرم امام رضا (ع) مشهد، شاه چراغ شیراز و غیره چشم هر بیننده‌ای را خیره می‌کند و بازدیدکنندگان را به حیرت وا می‌دارد. توصیه می‌شود برای آشنایی با صنعت شیشه‌های رنگین نگاهی شود به مسجد نصیرالملوک شیراز (شکل ۳۳-۹).

شکل ۳۱-۹ .پیاله شیشه‌ای ساسانی (سمت چپ) و دوره معاصر (سمت راست) (رضائیان، ۱۳۸۶)

تراش شیشه

قدیمی ترین کار تکمیلی و بر روی شیشه تراش آن است که به دو دسته تقسیم می شود:

الف) حکاکی فیزیکی شیشه با الماسه (فرز): با استفاده از نوعی فرزهای دستی که عموما نوک آن ها از جنس فولاد الماسه است که در یک نگهدارنده مهار شده است مورد استفاده می باشد. ظاهری شبیه به قلم و یا مداد دارد و برخی از هنرمندان و صنعتگران تراش قلمه الماسه‌ای که نوک آن از کاربید تنگستن می‌باشد را ترجیح می‌دهند.

شکل نوک الماسه هرمی با چهار و شش وجه است و هنگامی که نوک این هرم شیشه را خراش دهد یا بکند عمل رسم و طراحی نقوش انجام شده است. در حقیقت خراش‌ها یک سری تراش‌های ریز و ظریف هستند که مسلماً درجه سختی شیشه در بافت حکاکی شده تأثیرگذار است.

ب) حکاکی فیزیکی با چرخ مسی: حکاکی با چرخ نوعی از تزئین است که از زمان مصریان و رومی‌ها به کار می‌رفته است. این تراش امروزه با استفاده از الکتروموتورهای کوچک که دیسکی را به چرخش وامی دارد انجام می شود و صنعتگران به کمک سنگ‌های مخصوصی که درجه سختی آن‌ها بیش از سختی شیشه است به خط انداختن بر روی شیشه می‌پردازند. سرعت چرخ‌های تراش و دیسک تراش کاری در ارتباط مستقیم با نوع تراش است و هرچه میزان عمق تراش مورد نظر بیشتر باشد، به همان نسبت چرخ تراش می بایست سرعت بیشتری داشته باشد.

شکل ۳۲-۹. تصویر راست: ظرف شیشه‌ای مورد استفاده در کیمیاگری، دوره سلجوقیان (موزه جنوب شرق ایران، زاهدان) تصویر چپ: ظروف شیشه‌ای قرون میانی اسلام (موزه مردان نمکی، زنجان).

شکل ۳۳ - ۹. تصویری از تزیینات مسجد نصیرالملک شیراز که با استفاده از شیشه‌های رنگی تزیین شده است، دوره قاجاریه.

۹-۱۰ فلزکاری

هنر فلزکارا تاریخی در مرحله نخست به توانایی استحصال و استخراج فلزات از معادن هر کشور و تبحر مردم آن کشور در این صنعت متکی است. هنر فلزکارا (به کارگیری فلزات به غیر از مصرف رایج آنها) در ایران سابقه چند هزار ساله دارد. هر چند این هنر در تمدن‌های قدیمی دیگر کشورها بسیار دیده می‌شود، اما کشور ایران را به دلایل زیر می‌توان از نخستین کشورهای پیشگام در این صنعت دانست.

- قدمت تاریخی و تمدن که تاریخ ایران گویای چنین مطلبی است.
- پتانسیل و فراوانی کانه‌های فلزی در سرزمین امروزی ایران به خوبی گویای چنین پتانسیلی است. (رجوع شود به کتاب کانسارهای ایران، قربانی، ۱۳۸۷).
- شواهد معدن‌کاری و متالورژی تاریخی که طبق مطالعات نگارنده، برپایه نقشه‌برداری مکان‌های قدیمی معدنکاری و معادن قدیمی گواه خوبی برای این موضوع است (شکل ۳۴-۹).

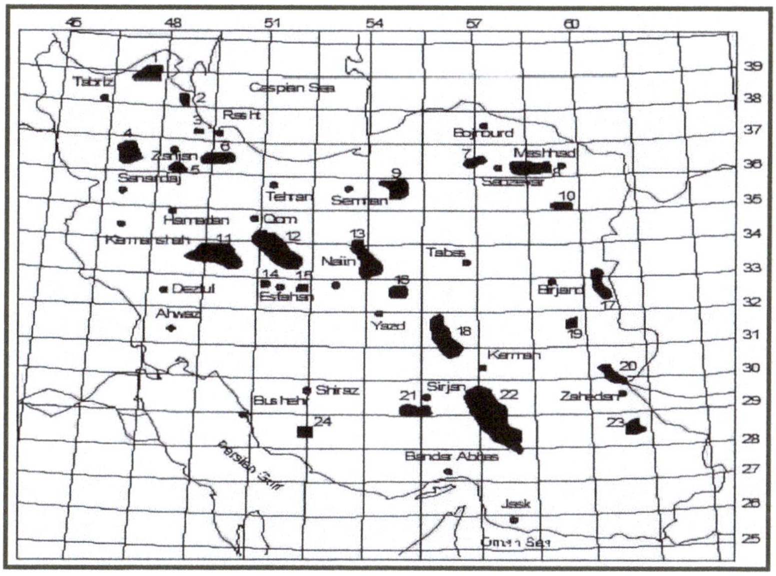

1- Ahar area (Cu, Au, Fe), -2 Ardabil area (Cu), 3- Masooleh area (Fe), 4- Takab area (Shiz) (Au, As, Ag),5- Zanjan area (Fe, Au), 6- Tarom area (Cu, Au, Pb), 7- Abbas Abad area (Cu), 8- Neyshabour area (Tr, Au), 9- West of Damghah (Au. Cu, Tr), 10- Torbat areas (Au, As), 11- Ahangaran-Shamsabad (North area of Lorestan) (Pb, Au, Ag, Fe, Sn), 12- Qom -Kashan area (Cu, Au, Fe), 13- Anarak area (Cu, Pb, Ag, Au), 14- Daran – Najaf Abad (Pb, Zn), 15- Esfahan area (Zn, Pb), 16- Zarin area (Ardakan) (Au), -17 Ahangaran area (Cu, Fe, Pb, Ag), 18- Bafq – Kuh Banan (Zn, Pb), 19- GhalehZari area (Cu), 20- Lar – Asagi area (Cu, Au), 21- Neyriz area (Fe),22- Kerman area (Cu, Au, Tr), 23- Kharestan area (Pb, Ag, Au), 24- Kuh Sormeh area (Pb, Zn).

شکل ۲۹-۹. نقشه مناطق معدنکاری در ایران قدیم.

فلزاتی که در ایران قدیم برای هنر فلزکاری کاربرد داشتند شامل مس، طلا، نقره و آلیاژهایی چون مفرغ و برنز هستند که نمونه‌های زیادی از آن‌ها در موزه‌های ایران وجود دارد (شکل ۳۵-۹ و شکل ۳۶-۹).

شکل ۳۵ - ۹. تصویری از ماکت برنزی، سده هشتم و نهم قبل از میلاد (موزه عباسی، تهران).

شکل ۳۶ - ۹. شکل راست راست: فلزکاری مفرغین به شکل شیر (موزه عباسی، تهران)، شکل چپ: جام سیمین فلزی با نقش اسب تک شاخ، گیلان، هزاره اول قبل از میلاد (موزه عباسی، تهران).

نوعی از هنر فلزکاری امروز ملیله (منیله) کاری است که از کناره هم قرار گرفتن تعداد زیادی مفتول نقره چون اشک، جغه، برگ، پیچک، ترمه و غنچه به دست می‌آید. ملیله‌کاری در اصفهان و زنجان رواج دارد (شکل۳۷-۹).

شکل ۳۷ - ۹. ملیله‌کاری اصفهان (معاصر)

۱۱- ۹ قلم‌زنی

هنر قلم‌زنی عبارت است از تزیین و کندن نقوش بر روی اشیای فلزی به ویژه مس، طلا، نقره، برنج و یا به عبارت دیگر ایجاد خطوط و نقوش به وسیله قلم با ضربه چکش بر روی اجسام فلزی.

قلم‌زنی هنری والا و ارزشمند در فرهنگ سنتی و هنر معنوی ایرانیان است و خود جایگاه ویژه‌ای در میان هنرهای تاریخی ایران دارد . به کمک ذوق و اندیشه هنرمند ایرانی- با تأثیر از آداب، سنن، فرهنگ، مذهب - آرا و عقاید ایرانیان به زیباترین وجهی بر روی اشیأ فلزی نقش بسته، در طول تاریخ با پشت سر گذاشتن رویدادها و تحولات گوناگون آن را حفظ و به نسل‌های بعد منتقل کرده است. هنر قلم‌زنی و کنده‌کاری روی فلز از آن رو بیشتر مورد توجه هنرمندان است که از دوام و بقای بیشتری نسبت به سایر اشیا برخوردار است (حمزه لو، ۱۳۸۳). قلم‌زنی در تاریخ ایران ریشه در صنعت فلز و متالورژی دارد. نقش و نگارهایی که توسط هنرمندان ایرانی روی فلز انجام شده است بسیارند. بخشی از این آثار تقریباً در اغلب موزه‌های داخلی و موزه‌های مشهور جهان یافت می‌شوند. آثار خلق شده در تاریخ قلم زنی ایران، بخصوص نمونه‌های باقی مانده از هزاره‌های پیش از تاریخ و تاریخ باستان ایران، هنوز باعث

اعجاب هنر دوستان است. به احتمال زیاد اولین نقوش کنده‌کاری بر روی فلز به منظور نشان یا علایم مالکیت یا تجاری انجام گرفته و منشأ پیدایش ایجاد نقوش روی فلز شده است (دایسون، ۱۳۵۱).

اشیای به دست آمده از تپه‌های سیلک، حصار، شهداد، تَل ابلیس، شوش، گیان، حسنلو، تل باکون و سایر نقاط فلات مرکزی ایران، حاکی از مهارت فلزکاران در هزاره سوم پیش از میلاد است. کشف پرچم فلزی نفیس و دو بشقاب بزرگ مفرغی منقوش با نقوش ماهی و غزال و تبرهای مسی زیبا به شکل جانور در شهداد، نشان دهنده پیشرفت فلزکاری در هزاره سوم پیش از میلاد است. در اواخر هزاره دوم و هزاره اول پیش از میلاد هنر و صنعت قلم زنی در نقاط گوناگون ایران به ویژه در شمال باختر ایران، باختر ایران (لرستان) و حاشیه جنوبی دریایی مازندران، همچون جام طلای حسنلو و جام مارلیک، شکوفایی کَمّی و کیفی چشم‌گیری می‌یابد (نمونه‌هایی از این آثار خلق شده در شکل ۳۸ -۹ تا شکل ۴۱-۹ مشاهده می‌شود).

شکل۳۸ -۹. جام طلای کلاردشت (موزه ملی ایران)

شکل ۳۹ - ۹. جام مارلیک (موزه ملی ایران)

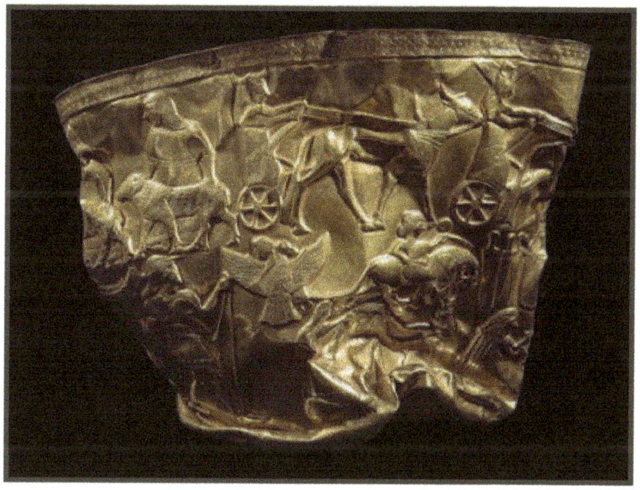

شکل ۴۰ - ۹. جام حسنلو (موزه ملی ایران)

شکل ۴۱ - ۹. پلاک مفرغی با نقش گاو بالدار دوره هخامنشیان (موزه ملی ایران).

شکل ۴۲ - ۹. تصویری از ریتون طلای دوره هخامنشیان به دست آمده از همدان به شکل شیر بالدار (موزه ملی ایران).

هنر قلم‌زنی عبارت است از تزئین و کندن نقش‌ها روی اشیای فلزی، به ویژه مس، طلا، برنج و نقره. به عبارت دیگر، هنرمند به وسیله قلم و با ضربه چکش، خط‌ها و نقش‌هایی روی جسم‌های فلزی ایجاد می‌کند. استفاده از مس، به سبب نرمی و شکل‌پذیری، در هنر قلم‌زنی متداول‌تر از دیگر فلزات است.

هنر قلم‌زنی که ریشه در تاریخ هنری ایران دارد هنوز در بسیاری از شهرهای ایران فعال است؛ نمونه بارز قلم زنی را در اصفهان، شیراز و به طور پراکنده در زنجان، طبس و کرمان می‌توان دید (شکل ۴۱- ۹).

شکل۴۳ -۹. تصویری از قلم زنی بر روی مس (معاصر).

شکل ۴۴ - ۹. قلم زنی بر روی مس در اصفهان (معاصر)،

شکل۴۵ -۹. قلم زنی بر روی سینی مسی در خوزستان (معاصر).

۱۲- ۹ منبت‌کاری

هنر منبت کاری، یکی دیگر از صنایع دستی ایران، حکاکی و کنده‌کاری روی چوب است. تاریخچه منبت‌کاری چندان روشن نیست و به درستی نمی‌توان گفت این هنر از چه زمانی ابداع شده و رواج پیدا کرده است؛ اما مسلم است چوب، به عنوان فراوان‌ترین ماده اولیه موجود در طبیعت، از نخستین منابعی به شمار می‌رود که توجه بشر را به خود جلب کرده است. طبق اسناد و مدارک موجود، منبت‌کاری در ایران سابقه‌ای بیش از ۱۵۰۰ سال دارد. بنابر نظر برخی از محققان، هنر منبت‌کاری قبل از ظهور ساسانیان در ایران رواج داشته است، هرچند هیچ آثار بازمانده تاریخی برای اثبات این ادعا وجود ندارد. تاریخ قدیمی‌ترین اثر منبت‌کاری موجود، به نیمه اول قرن سوم خورشیدی می رسد. این اثر یک لنگه در چوبی است که متعلق به مسجد جامع عتیق شیراز است و در دوره عمروبن لیث صفاری ساخته شده است.

بعدازظهور اسلام و با توجه به شیوع روحیه ساخت مراکز و مساجد اسلامی، هنرمندان ایرانی جزء اولین کسانی بودند که تمامی توان و استعداد خویش را صرف تزئین مساجد کردند. در دوره صفویه منبت‌کاری نیز مانند خاتم‌کاری راه پیشرفت و ترقی را به سرعت طی کرد. به دنبال حمله افغان به ایران، پس از درگیری‌های سیاسی که عرصه را بر هر نوع فعالیت سازنده‌ای محدود کرد، هنرمندان و صنعتگران منبت کار به تدریج پراکنده شدند. در این ایام گلپایگان و آباده تنها مراکز منبت‌کاری ایران محسوب می‌شدند. در دوره قاجاریه به علت بی‌توجهی به هنر و هنرمندان، منبت‌کاری نیز روبه فراموشی سپرده شد. با ظهور سلسله پهلوی هنر منبت‌کاری نیز مانند سایر صنایع خوشبختانه مورد توجه رضا شاه قرار گرفت و دوباره رواج پیدا کرد.

هنر منبت‌کاری و کنده‌کاری چوب هم اینک در بسیاری از شهرهای ایران رایج است، ولی مهم‌ترین شهرهایی که از قدیم به این هنر پرداختند، شهرهای ملایر و تویسرکان در استان همدان، گلپایگان در استان اصفهان و آباده در استان فارس است (شکل ۴۶-۹ و شکل ۴۷-۹).

شکل ۴۶ - ۹. تصاویری از منبت آباده (معاصر).

شکل ۴۷ - ۹. تصویری از منبت، ملایر (معاصر).

۱۳- ۹ حصیربافی

در مناطقی از ایران که درختان خرما و یا نی زار فراوان است، از ساقه نی و برگ درختان خرما در جهت حصیربافی استفاده می‌شود. حصیر را عموماً برای محافظت در برابر نور خورشید، ساختن جایگاه‌های موقت، وسایل، ظروف و یا زیلو به کار می‌برند. امروزه این صنعت در شهرهای ساحلی شمالی و جنوبی ایران گسترش دارد (شکل ۴۸-۹ و شکل ۴۹-۹).

شکل ۴۸ - ۹. تصویری از حصیر خوزستان (معاصر).

شکل۴۹ - ۹. تصویری از حصیربافی گیلان (معاصر).

منابع:

۱. تشکرزاده، نسرین (۱۳۹۵). گذری بر فرهنگ و هنر ایران، انتشارات ایران جم.

۲. حمزه‌لو، منوچهر (۱۳۸۳). هنر قلمزنی در ایران. تهران، دفتر پژوهشی‌های فرهنگی.

۳. زمانی، عباس (۱۳۵۵). تأثیر هنر ساسانی در هنر اسلامی.

۴. ژوله، تورج (۱۳۹۲). شناخت فرش (برخی مبانی نظری و زیرساخت فکری). تهران، انتشارات یساولی.

۵. سمسار، محمدحسن (۱۳۹۰). ایران- تاریخ، فرهنگ، هنر (هنر پیش از اسلام و دوره اسلامی). زیر نظر کاظم موسوی بجنوردی، چ ۲، تهران، مرکز دائره المعارف اسلامی.

۶. فیزایی، بهمن (۱۳۹۳). جلوه‌های هنر بر مکتب شیراز (سده‌های هفتم تا انتهای نهم هجری قمری)، ناشر مرکز نشر دانشگاه شیراز.

۷. کریمی، فاطمه و کیانی، محمد یوسف، هنر سفالگری دوره اسلامی ایران.

۸. گلاک، جی (۱۲۵۵). سیری در صنایع دستی ایران، ترجمه سازمان صنایع دستی ایران، تهران انتشارات بانک ملی ایران.

۹. گیرشمن. رمان هنر ایران در دوران ماد و هخامنشی، ترجمه عیسی بهنام (۱۳۴۶) تهران.

۱۰. گیرشمن. رمان هنر ایران در دوران پارتی و ساسانی، ترجمه بهرام فره‌وشی، نشر شرکت انتشارات علمی و فرهنگی.

۱۱. یاوری، حسین (۱۴۰۲). شناخت صنایع دستی ایران، چاپ یازدهم، انتشارات مهکامه.

فصل دهم

اماکن، بناهای تاریخی عمومی و خصوصی در ایران

(کاروانسراها، قلعه‌ها، خانه‌های سنتی و اعیانی، آب انبارها و کاریزها)

بناها،سازه‌ها و اختراعات گوناگون که آدمی طی قرن‌ها با آن‌ها محیط را بازسازی کرد، خود نوعی تکامل است. اما این نوع تکامل، تکامل زیستی نیست بلکه تکامل فرهنگی است. تکامل فرهنگی با سرعت ده بار بیشتر از تکامل زیستی در زندگی بشر رخ داده است. تکامل فرهنگی نشانه عروج انسان است. برای شناخت تکامل فرهنگی یک ملت شناخت حال کافی نیست؛ بلکه باید به آثار باقی مانده وسازه‌هایی که در اختیار داشتند و چگونگی زندگی آن‌ها درگذشته پرداخت.

۱۰-۱ مقدمه

انسان از دوران میانه سنگی تا دوران شهر نشینی و تکامل آن همواره در تلاش برای ساخت پناهگاه و اسکان‌های امن بوده، این اسکان‌ها در طول دوره زندگی انسان بخصوص زندگی یکجانشینی و سکونت دائم راه تکامل خود را طی کرد. در این راستا ذوق و زیباپسندی بیشتر ساخته‌های دست بشرچه شخصی و چه عمومی دیده می‌شود. بسیاری از میراث فرهنگی ملت‌ها همین ساخته‌های دست‌ساز بشر می‌باشد که برای زندگی خود ایجاد کرده و در آن‌ها هنرآفرینی نموده است.

در سرزمین ایران، در ساخت ساختمان‌های مسکونی یک روند تکامل در بهره‌برداری از منابع زمین مشاهده می‌شود. این بهره‌برداری و نوع مصالح مورد استفاده از منابع زمینی که بر سطح آن زندگی می‌کرده از دوران باستان تا کنون با دانش وقت و شناخت منابع نزدیک محل زندگی هم‌خوانی نشان می‌دهد. در یک روند تکاملی استفاده از زمین‌های نرم برای کندن پناگاه و استفاده از سنگ، سپس گل، خشت، چوب و بکارگیری آجر و آهن و به تدریج تلفیق آن‌ها دیده می‌شود.

۱۰-۲ کاروانسراها

نظر به اینکه در ایران خیلی از بناهای قدیمی، بخصوص بناهای بین شهری تاریخی باعنوان کاروانسرا یاد می‌شود، در این فصل به خلاصه‌ای از تاریخچه توسعه و نیز اهداف ایجاد آن‌ها می‌پردازیم. این خلاصه حاصل مشاهدات شخصی نگارنده و تألیف بلال شانواز و راضیه «کاروانسراهای ایران زمین» همچنین بهره‌گیری از کتاب خاقانی، ۱۳۹۴ است.

در بعضی از منابع برای محل‌هایی موسوم به کاروانسرا نام‌های دیگری چون رباط، خان و منزل‌گاه به کار رفته است، اما با توجه به اهداف قدیم احداث کاروانسراها که شاید همچنان به قوت خود باقی باشد و با توجه به ریشه تاریخی آن‌ها، بهترین و شایسته‌ترین نام همان کاروانسرا است. رباط کلمه‌ای عربی است که مفهوم کاروانسرا را ندارد و بیشتر به محلی یا کاربرد نظامی دلالت دارد . هرچند کاروانسراهای ایرانی در ایام گذشته، علاوه بر کاربرد اصلی خود کاربرد نظامی اندکی هم داشته‌اند.

در واقع بناهایی که در شهرها و روستاها کاربرد نظامی داشته و با اهداف دفاعی ساخته شده‌اند قلعه نام دارند که در بسیاری از شهرها و روستاهای کهن آثار آن‌ها همچنان باقی است. در مورد قلعه‌ها در ادامه صحبت خواهد شد.

قلعه‌ها عموماً در بالای تپه‌ها و کوه‌ها در داخل شهرها و یا در مجاورت شهرها ساخته می‌شدند (شکل۱-۱۰)، اما کاروانسراها در فاصله بین شهرها (شکل ۲-۱۰) و یا در داخل شهرها (شکل۳-۱۰) بنا می‌شدند.

شکل ۱-۱۰. نمایی از قلعه دختر در کرمان که نمایانگر ساخت قلعه‌ها در دامنه و بالای کوه‌های مشرف بر شهر که بیشتر از منابع سنگی استفاده شده است.

شکل ۱-۱-۱۰. نمایی از قلعه دختر در کرمان که نمایانگر ساخت قلعه‌ها در دامنه و بالای کوه‌های مشرف بر شهر که بیشتر از منابع سنگی استفاده شده است.

شکل ۲-۱۰. نمایی از کاروانسرایی معروف به رباط کلمرد (خان).

شکل ۳-۱۰. نمایی از کاروانسرا و مدرسه گنجعلی خان کرمان.

اهداف ساخت کاروانسراها را در طول تاریخ می توان به شرح زیر برشمرد:

اسکان و اقامتگاه مسافران و کاروان‌ها. به همین دلیل کاروانسراها عموماً بین شهرها و یا در کنار جاده‌های بین‌شهری و معدودی نیز داخل شهر ساخته می‌شدند.

برخی از کاروانسراها کاربرد تجاری داشتند و در نتیجه این‌ها عموماً در داخل یا جوار شهرها بنا می‌شدند.

تعداد اندکی از کاروانسراها، علاوه بر دو کاربرد یاد شده، کاربرد نظامی نیز داشته‌اند که خود برای تأمین امنیت کاروان‌ها و مسافران ساخته می‌شدند.

۱ - ۲ - ۱۰ مروری بر تاریخچه کاروانسراها

ابتکار ساخت و ایجاد این بناها از نظر تاریخی مختص ایرانیان بوده است. اقلیم و ویژگی سرزمین ایران در زمان‌های طولانی نیازهایی را ایجاب می‌کرد که یکی از اینها در ذوق ایرانی برای احداث کاروانسراهای بین شهری و سپس شهری تجلی یافت.

تاریخ کاروانسراها به زمان هخامنشیان برمی‌گردد. گستردگی قلمرو ایران در زمان هخامنشیان و نیز نیاز آن ها به ارتباط کارگزاران و ساتراپ‌ها (استان‌ها و ایالت‌های هخامنشی) از انگیزه‌های اصلی ساخت کاروانسراها بوده است؛ بنابراین برای اولین‌بار در تاریخ جهان سیستم ارتباطی شاهراه‌های اصلی و طولانی را ایرانیان سامان داده‌اند. این سیستم بعدها، به عنوان یکی از دستاوردهای تمدن ایرانی، توسط یونانی‌ها، رومی‌ها، اعراب و ترک‌ها اقتباس شد و با توجه به کاربرد مؤثر آن، در دوره اسلامی در مصر، سوریه و ترکیه عثمانی، در ابعاد اقتصادی، تجاری، دینی و سیاسی به کار گرفته شد. اماکنی که امروزه به عنوان کاروانسرا نامیده می‌شود در اصل ایستگاه‌های پُستی هخامنشی و منزل‌گاه‌های تجاری و بازرگانی اشکانیان و ساسانیان است که در مسیر جاده بین‌المللی ابریشم بنا شده‌اند . نوع معماری و کارکرد این بناها بخصوص ایستگاه‌های تجاری نه تنها الگوی توسعه کاروانسراها در دوره اسلامی شدند بلکه در طراحی خانه‌ها، مساجد و مدارس نیز مؤثر واقع شدند (شکل۴-۱۰).

شکل ۴-۱۰. شکل زیر مدرسه علیا در شهر قدیمیتون (فردوس)

۲-۲-۱۰ عوامل ایجاد کاروانسراها

علل متعددی را می‌توان در مکان‌یابی، احداث، توسعه و گسترش کاروانسراها مطرح کرد. ساده‌ترین علت نیاز مبرم کاروانیان به آسایش و حفاظت در مقابل راهزنان و موانع طبیعی بود. موقعیت اقلیمی و طبیعی نیز در پیدایش این بناها سهم بسزایی داشته‌اند. به ویژه وضعیت اقلیمی و آب و هوای نسبتاً خشک و دشوار ایران زمین که باعث دوری فاصله بین شهرها و آبادی‌ها از یکدیگر می‌شدند. مسافت طولانی و دور بودن شهرها و مراکز تجاری از یکدیگر احداث محلی برای آسایش و حفاظت از کاروانیان را در بین راه‌ها، بخصوص در شاهراه‌های اصلی، ضروری می کرد (شکل ۵-۱۰) که نمایی از یک کاروانسرای بین‌شهری را نشان می‌دهد.

شکل ۵-۱۰. نمایی از کاروانسرای نزدیک راور در کنار جاده راور به طبس و دیهوک.

آندره‌گُدار[1] باستان‌شناس با اشاره به اهمیت کاروانسرا در تمدن ایرانی می‌نویسد:

«احداث کاروانسرا در ایران، پیروزی بزرگ معماری ایران است و در هیچ جای دنیا کارکرد و ویژگی‌های خاص معماری آن را نمی‌توان دید. از ایستگاه‌های پستی هخامنشیان و مراکز تجاری اشکانیان و ساسانیان که بیشتر در مسیر جاده ابریشم قرار داشته‌اند تا توسعه کاروانسراها در دوره اسلامی همچون کاروانسراهای سلجوقی و تحول آن‌ها در زمان صفویان همگی دال بر اهمیت و ارزش این بناهای بین راهی در تمدن ایرانی و ابتکار و سلیقه هنر ایرانیان در سیستم ارتباطات می‌باشد». به سخن هیلن برند[2] «کاروانسرا در تمدن ایران بنای کوچکی بود که نظم بیرونی و عمومی شهرها و آبادی‌های دور از هم را با مسافت‌های طولانی بازتاب می‌داد؛ بنابراین در سایه بازتاب امنیت و شبکه منظم راه‌ها و شکوفایی تجارت بود که ایران به یکی از کانون‌های مهم فرهنگ و تمدن جهانی تبدیل شد».

۳- ۲-۱۰ عملکرد کاروانسراها در دور تاریخ باستانی و دوره اسلامی

هخامنشیان: شاهان هخامنشی برای اداره نخستین امپراتوری جهانی خود، با توجه به موقعیت اقلیمی و طبیعی کشور ناگزیر به ایجاد چاپارخانه‌هایی شدند که در واقع نخستین الگوی احداث کاروانسرا در ادوار بعدی گشت. چاپارخانه‌ها بیشتر کاربرد سیاسی و خدمات پستی داشتند و کمتر تجاری بودند. هرودت مورخ یونانی از حدود ۱۱۱ چاپارخانه نام می‌بَرَد که در فاصله ۲۵۰۰ کیلومتری بین مراکز هخامنشیان و بابل ساخته شده بود و کاروان‌ها آن را سه ماهه طی می‌کردند (ملایی، ۱۳۸۶).

اشکانیان: در این دوره با مشهور شدن جاده ابریشم، ایجاد کاروانسراها در این مسیر به شدت افزایش یافت. بازبینی کاوش‌های باستان‌شناسی

1- André Godard
2 - Robert Hillenbrand

گویای رشد و توسعه شبکه کاروانسرایی، در ارتباط با مبادلات تجاری و بازرگانی این دوره است. در این دوره طراحی و کارکرد کاروانسراها با الهام از خانه‌های اعیان و کاخ‌های پارتی گسترش زیادی یافت. این گونه بناها دارای حیاط، اتاق و اسطبل‌هایی است که در سازه آن‌ها خشت، سنگ و آجر وجود دارد.

ساسانیان: تداوم و پیشرفت کاروانسراها در دوره ساسانیان نیز به خاطر اقتصاد وسیع و گستردگی ارتباطات داخلی و خارجی اهمیت بسیاری یافت. از این رو برای امنیت کاروانیان، کاروانسراهای بسیاری در مسیر جاده‌ها و شاهراه‌های اصلی بنا شد.

کاروانسرای دیرگچین در جاده تهران- قم (شکل۶-۱۰)، کاروانسرای ساسانی با بافت سنگی (شکل ۷-۱۰) در کنار کاروانسرای شاه عباسی با بافت آجری (شکل۸-۱۰) در بین سمنان و دامغان از جمله آثار باقی مانده از این دوره هستند. کارایی این بناها، بیشتر سیاسی، اقتصادی و تجاری بوده است. همچنین طرح این بناها به تأسی از اعتقاد ایرانیان به عناصر طبیعت (آب، خاک، باد و آتش) عموماً به صورت چهار ایوانی بود و در ساخت آن‌ها از مصالح بومی استفاده شده است.

شکل ۶-۱۰ .نمایی از کاروانسرای دیر گچین (عکس از ایلنا).

شکل ۷-۱۰. کاروانسرای ساسانی در مسیر جاده سمنان دامغان در کنار کاروانسرای آجری صفوی .

شکل ۸-۱۰. نمایی از کاروانسرای شاه عباسی، در مسیر جاده سمنان دامغان.

دوره اسلامی: با اسلامی شدن ایران و قلمروهای همسایه، کارکرد مذهبی کاروانسراها افزایش یافت و کاروانسراها اهمیت جهانی یافتند. مکه کانون اصلی حج و نماد وحدت مسلمین شد و زائران زیادی را از مراکز مهم اسلامی همچون مصر، دمشق، کوفه و ایران به سوی خود کشاند. در آن دوران مسافرت زائران بیش از یک ماه به طول می‌انجامید؛ بنابراین حاکمان و والیان اسلام، جهت تأمین آسایش و امنیت زائران، با الگوبرداری از طرح کاروانسرای ایرانی پیش از اسلام به احداث کاروانسراها اقدام کردند. این بناها در پایداری ثبات سیاسی و تثبیت مرزهای اسلامی نقش داشتند که به آن‌ها رباط می‌گفتند؛ یعنی همانند یک اردوگاه نظامی بودند که در کنار سامان دادن به نیازهای زائران جهت کنترل شهرها و ولایات تازه مسلمان شده نیز به کار می رفتند.

شکل ۹-۱۰ .کاروانسرای بازسازی شده داد در استان یزد (رضاییان)

عملکرد کاروانسراها تا دوره صفویان به جز دوره سلجوقیان، بیشتر در پیرامون مسائل نظامی و سیاسی خلاصه می‌شد. به همین دلیل در این دوره‌ها به جای کاروانسرا از آن‌ها بیشتر به عنوان رباط (اردوگاه نظامی) یاد می‌شد؛ اما از قرن نهم خورشیدی به بعد، در واقع در دوره صفویان، واژه کاروانسرا با مفهوم اصلی مکانی چند منظوره‌ای و مشخصاً با هدف تجارت، بازرگانی و مذهبی رایج شد.

بدون تردید عوامل گسترش، رونق و توسعه کاروانسراها در دوره صفویان در اثر مجموعه عواملی همچون اقتدار و ثبات سیاسی، تجارت و بازرگانی، اقتصاد شکوفا، تشویق و ترغیب شاهان، ایجاد شبکه منظم راه‌ها، باورهای مذهبی شیعه و انتظام امور بود. کاروانسرای بازسازی شده گرافیکی داد در استان یزد (رضاییان)(شکل ۹-۱۰).

۳-۱۰ قلعه‌ها و دژها

سرزمین ایران کشوری با حداقل ۵۰۰۰ سال سابقه تمدن و فرمانروایی است که از زمان مادها تا کنون ۱۴۴۰ جنگ را تجربه کرده است. در تعدادی از جنگ‌ها شکست خورده و مورد اشغال قرار گرفته و در تعداد بیشتری از آن ها پیروز میدان بوده است. در برخی از جنگ‌ها هم نه پیروز و نه بازنده بوده است؛ اما آنچه مهم است در طول تاریخ ایران همواره توانسته هویت خود را حفظ کند.

عوامل بسیاری از جمله عوامل فرهنگی و فیزیکی باعث بقای این هویت و این مرز و بوم شد. یکی از عوامل فیزیکی که باعث حفظ و مقاومت در برابر دشمنان در طول تاریخ ایران شد، ساخت قلعه‌ها و دژها و شهرهای زیرزمینی بوده است. برخی از این بناها تا امروز باقی مانده و یا آثاری از آن‌ها در سراسر کشور قابل مشاهده است که جزء مکان‌های دیدنی در بسیاری از نقاط کشور هستند.

تاریخ احداث قلعه‌ها و پناهگاه‌ها به آغاز زندگی بشر برمی‌گردد که آن‌ها را به عنوان پناهگاهی برای در امان ماندن از حمله جانوران می‌ساختند. این هدف قبل از احداث قلعه‌ها وجود داشت و به تدریج این بناها برای محافظت از انسان‌هایی که در یک منطقه زندگی می‌کردند به قلعه و دژ نظامی بدل شدند. شکل اولیه ایجاد این پناهگاه‌ها در صخره‌های دیوار مانندی بوده است که در خیلی از نقاط ایران آثار آن‌ها هنوز باقی است. (شکل ۲-۳ تا ۵-۳) ساختن این بناها در دل صخره شاید برای در امان ماندن از حیوانات درنده بوده، اما آرام آرام با تشکیل زندگی روستایی و سپس شهری ساخت قلعه کاربردهای دیگری نیز یافت. در مرحله اول تشکیل سکونت شهری، اغلب شهرها کوچک بودند و به صورت قلعه ساخته می‌شدند که قابل دفاع باشند. مراحل تکامل زندگی بشر از شکار به کشاورزی و از روستا به شهر خود به تدریج عامل تغییر سیستم دفاعی را سبب شد (شکل ۶-۳).

پناهگاه‌های اولیه به صورت دژها، قلعه‌ها و یا ارگ بوده‌اند که ما از آن‌ها تحت عنوان قلعه یاد می‌کنیم. همان‌طور که در قبل بیان شد با توجه به گذشته تاریخی، نظام‌های حکومتی منسجم و پهناور از یک سو و از سوی دیگر هجوم دشمنان، قلعه ها از عوامل ایجاد این سیستم و بنای دفاعی قدرتمند شدند.

مهم‌ترین بناهای جنگی و نظامی قلعه‌ها بودند. عموماً این قلعه‌ها را در مرتفع‌ترین نقاط ده یا شهر بنا می‌کردند تا به سبب وجود شیب‌های تند کوه دستیابی به آن‌ها دشوار باشد و مدافعان نیز در بالا قرار گیرند تا از لحاظ دید مسلط باشند. ضمن آنکه از خطر نقب زدن مهاجمان نیز محفوظ بمانند. با چنین تدبیری حمل ادوات جنگی و محاصره‌ای به پای دیوار قلعه ها نیز مشکل بود. قلعه‌ها در گوشه و یا مرکز شهرها و مکان‌های سکونتی بنا می‌شدند و عموماً در بالای تپه و کوه مشرف بر شهر بوده‌اند. اگر شهر یا روستا با کوه فاصله داشت یک برج دیدبانی در بالای کوه ساخته می‌شد که با قلعه درون روستا یا شهر مشرف باشد، مانند قلعه ایراج (روستایی در خور و بیابانک) و برج دیدبانی آن، مرتبط باشد (شکل ۱۰-۱۰).

شکل ۱۰-۱۰. نمایی از قلعه ایراج

شکل ۱۰-۱۰. نمایی از برج دیدبانی نزدیک قلعه

قلعه‌های ایران به دو نوع جلگه‌ای و کوهستانی تقسیم می‌شوند. مصالح ساختمانی این دو نیز متفاوت‌اند. طرح اصلی قلعه‌های جلگه‌ای مربع شکل و یا مربع مستطیل است که در چهار گوشه آن برج‌های مدور برای دفاع ساخته شده‌اند. مصالح این قلعه‌ها سنگ، خشت و گل است و به ندرت در ساخت آن‌ها از آجر و گچ استفاده شده است.

البته در روند تکاملی دیده می‌شود که قلعه‌ها از سنگی به ترکیب خشتی، گلی، سنگی و سپس آجری- خشتی و نهایتاً به آجر می‌رسند و در همه آن‌ها از گل رس استفاده می‌شده است. دیوار این قلعه‌ها، موسوم به دیوارهای چینه‌ای با گل رس پرورده یا به اصطلاح ورزیده شده (گلی که چند روز روی آن کار انجام شده است) یا با خشت‌های قطور ساخته شده است. برای استحکام آن ضخامت بعضی از دیوار قلعه ها به چهار متر هم می‌رسید.

اطراف برخی از این قلعه‌ها خندق حفر می‌کردند و برای رسیدن به قلعه از پل‌های متحرک بهره می‌گرفتند (شکل ۱۱-۱۰).

داخل قلعه‌ها، کوچه‌های پر پیچ و خمی وجود داشت. برج‌های قلعه چند مسیر داشته، معمولاً این مسیرها طوری طراحی می‌شدند که تنها یک نفر بتواند از آن گذر کند. (شکل۱۲-۱۰ و شکل ۱۳-۱۰) همه کوچه‌ها به گذر اصلی قلعه، منتهی به درب قلعه راه داشتند. خانه‌های درون قلعه‌ها دو طبقه بودند و از طبقه زیرین برای نگهداری دام و یا انبار مواد غذایی و آشپزخانه استفاده می‌کردند و اتاق‌های نشیمن در طبقه دوم قرار داشتند. بعضی از قلعه‌ها مانند ارگ بم، ارگ نایین، قلعه جندق و ... تمام امکانات شهری را داشتند (شکل۱۴-۱۰).

شکل ۱۱-۱۰. آثار باقی مانده از قلعه بیاضه.

شکل ۱۲-۱۰ .نمایی از کوچه‌ها و بافت پرتراکم ارگ راین، کرمان.

شکل ۱۳-۱۰. نمایی از برج‌های ارگ گوگد، گلپایگان.

معمولاً مصالح قلعه‌های کوهستانی را از سنگ‌های بدون تراش نظیر سنگ‌های کوه یا رودخانه همراه با گچ غربال شده فراهم می‌کردند. در پایین قلعه‌های کوهستانی پرتگاه‌های عمیقی تعبیه می‌کردند. در قسمت‌های انتهایی برج‌ها و بعضی مواقع کنگره‌هایی در باروها ساخته می‌شد که مخصوص کمانداران بوده است تا بتوانند از شکاف کنگره‌های دشمن را هدف قرار دهند (شکل ۱۵-۱۰).

در بعضی از دژها و قلعه‌ها مانند قلعه الموت قزوین پایین قلعه محل سکونت روستاییان بوده است و از قلعه به هنگام جنگ‌ها استفاده می‌شده و تا زمانی که بیم حمله دشمن وجود داشت مردم در درون قلعه می‌ماندند. در درون قلعه معمولاً برای چند ماه آذوقه زندگی را نگهداری می‌کردند و برای محافظت از ساختمان و استحکامات و قسمت‌های مختلف قلعه در آن بارو ساخته می‌شد.

شکل ۱۵-۱۰. نمایی از قلعه تاریخی دوره ساسانی واقع در شهر ایج، استان فارس

۱۰-۳-۱ شهر زیرزمینی

شهرهای زیرزمینی گونه‌ای دیگر از مکان‌های دفاعی برای محسون ماندن از جنگ‌ها می‌باشند. که در کنار شهر اصلی محل سکونت و زیرزمین احداث می‌شدند و از لحاظ شهرسازی تمام اصول یک شهر مسکونی به طور ویژه در حالت دفاعی در خود جای دارد. به نظر می‌رسد اغلب این شهرهای زیرزمینی در زمان‌های گذشته که شهرها و یا روستاهای بزرگ رونق داشته‌اند؛ ساخته شدند. این شهرها برای محسون ماندن و استفاده بسیار ضروری برای تمام ساکنان شهر یا روستای بزرگ بود . محل و درب آن برای اغلب مردم مخفی می‌ماند و افراد خاصی از آن آگاهی داشتند و نسل به نسل خصوصیات آن به بزرگان شهر یا شهربان منتقل می‌شد. لذا بسیاری از آن‌ها هم اکنون یا خراب شده و یا کشف نشده‌اند. یکی از آن ها شهر زیرزمینی نوش آباد در نزدیکی کاشان است و یکی دیگر شهر زیرزمینی سامن در نزدیکی ملایر است (شکل۱۶-۱۰).

شکل ۱۶-۱۰ نمایی از شهر زیرزمینی نوش آباد، کاشان.

۴-۱۰ خانه‌های سنتی و اعیانی

در طول تاریخ ایران، خانه‌های بزرگان ثروتمندان که اغلب یا مالک زمین بودند یا تاجر و بازرگان منازل با شکوه زیبا و بزرگ می‌ساختند این افراد عموماً درآمدی بیشتر از متوسط اجتماع داشتند و در میان شهر خود سرشناس و نامه بودند همچنین خصوصیات این افراد با توجه به خصوصیات فرهنگی ایران عموماً مهمان‌نواز و در منازل آن‌ها رفت و آمد فراوان وجود داشت. روحیه مهمان‌نوازی و فراهم آوردن شرایط آسایش برای خود، خانواده و مهمان‌نوازی از یک سو و از سویی دیگر ذوق هنری و زیباپسندی که در روحیه مردم ایران وجود داشته و دارد باعث ساخت خانه‌های تجملی و هنری در طول تاریخ ایران شده است این خانه‌ها اغلب در طول تاریخ ویران شده‌اند اما تقریباً از اواخر صفویه و دوره قاجار و پهلوی حفظ شدند و بسیاری از آن‌ها بازسازی شدند و امروزه محل بازدید گردشگران قرار دارند و یا به هتل و رستوران و گاه به موزه تبدیل شدند در اینجا تعدادی از آن‌ها را توصیف همراه با تصویر آن‌ها را می‌آوریم (در اینجا منظور خانه‌های خصوصی یا وابسته به دستگاه دولتی است نه اماکن دولتی).

۱-۴-۱۰ باغ شاهزاده

این باغ در فاصله ۳۲ کیلومتری جنوب خاوری شهر کرمان در شهر ماهان و در حدود فاصله ۲ کیلومتری شهر ماهان واقع شده است. باغ شاهزاده در حقیقت یک مجموعه هنری و طبیعی در دامنه کوه‌های جوپار و شمال دشت ماهان در یک منطقه خوش آب و هوا واقع شده است. هرچند در تابستان پیرامون باغ گرم و خشک است، اما خود باغ به دلیل درختان تنومند چنار و کاج و آب زیاد که در باغ جاری است خنک و معتدل است. مساحت باغ شاهزاده ۷۵۰۰۰ مترمربع است و در سال ۱۲۵۷ خورشیدی به دستور عبدالحمید میرزا فرمان‌فرما ناصرالدوله شاهزاده قاجار ساخته شد. این باغ شامل عمارت سردر، عمارت شاه نشین، آب نما و حوض می‌باشد. آب این باغ از کوه‌های ماهان سرچشمه می‌گیرد. باغ شاهزاده در سال ۱۳۵۴ خورشیدی در فهرست آثار ملی ایران ثبت شد. بنای باغ و آب با دبی بالا از ویژگی‌هایی باغ شاهزاده است که بر جاذبه گردشگری این باغ می‌افزاید (شکل ۱۷-۱۰).

شکل ۱۷-۱۰ . نمایی از باغ شاهزاده، کرمان.

۲-۴-۱۰ باغ فتح آباد

این باغ در شهرستان کرمان و در فاصله حدود ۱۰ کیلومتری شمال باختری شهر کرمان واقع شده است. باغ فتح آباد در دوره قاجاریه بنا شده است و از یادگارهای فضل علی خان بیگلربیگی است که توسط نوه ایشان در سال ۱۳۴۶ خورشیدی وقف شد. نمای این باغ شبیه نمای باغ شاهزاده ماهان است. سردر بنا دارای گچ‌بری‌های چشم نواز است و در مقابل عمارت استخر بزرگی قرار گرفته است. نورپردازی عمارت فتح آباد آن را به مکانی بی‌نظیر در شب تبدیل کرده است (شکل ۱۸-۱۰).

شکل ۱۸-۱۰ . نمایی از باغ فت حآباد، کرمان.

۳-۴-۱۰ خانه حاج آقاعلی قاسمیه

این خانه در روستای قاسم آباد و در فاصله ۵ کیلومتری شمال خاوری شهر رفسنجان قرار گرفته است. این خانه در مجموعه‌ای که شامل بازار، آب انبار، مسجد، کاروانسرا، حمام، یخدان و حسینیه است، قرار گرفته است. خانه حاج آقا علی قاسمیه به وسعت ۱۴ هزار مترمربع و ۷۰۰۰ مترمربع زیربنا بزرگ ترین خانه خشتی استان کرمان می‌باشد. قدمت آن به اوایل دوره قاجاریه می‌رسد. این خانه شامل تالار شاه‌نشین، تالار پاییزی، تالار زمستانی، آشپزخانه، انبار و حوض خانه است. این خانه امروزه در حال بازسازی و تبدیل به هتل برای بازدیدکنندگان می‌باشد (شکل ۱۹-۱۰).

شکل ۱۹-۱۰ . نماهای مختلف از خانه خشتی گلی حاج علی قاسمیه، رفسنجان

۴-۴-۱۰ خانه طباطبایی

شکل ۲۰-۱۰. نماهایی از خانه طباطبایی.

۵-۴-۱۰ خانه تاریخی عباسیان

شکل ۲۱-۱۰. نمایی از خانه تاریخی عباسیان در کاشان.

مجموعه تاریخی عباسیان بین سال‌های ۱۲۴۵ تا ۱۲۴۸ هجری قمری همزمان با دوره قاجار به درخواست حاج محمد ابراهیم تاجر کاشی، پدربزرگ آیت‌الله سید محمد علوی بروجردی معروف به «سید باغ»، که از تاجران معروف چینی و بلور در کاشان بود ساخته شد. متاسفانه هیچ اطلاعاتی از معمار این مجموعه در دسترس نیست اما شواهد نشان می‌دهند که ساخت این بنا ۲۰ سال به طول انجامیده است. این مجموعه وسعتی بالغ بر ۵۰۰۰ متر مربع و زیربنایی در حدود ۷۰۰۰ متر مربع دارد و شامل ۵ طبقه و ۵ حیاط می‌شود. جلوه‌هایی از معماری اصیل ایرانی- اسلامی در طرح‌های بدیع و نقش‌های گچ‌بری و انواع تزیینات این خانه، دیده می‌شود.

کاربرد معماری محجبه (نقاب‌دار)، مثل آنچه که در سایر بناهای دوره قاجار وجود دارد، در ساخت بنا به‌خوبی مشاهده می‌شود. از تقسیم بنا به دو بخش اندرونی و بیرونی گرفته تا وجود اتاق‌های تودرتو و متعدد، جدایی محل سکونت آقایان و خانم‌ها در تالارها، وجود دیوار حجاب در اطراف فضای بام برای گرفتن دید همسایه به داخل بنا و موارد دیگر همه نشان از این نوع معماری دارد. بر روی در این خانه هم مثل خانه‌های قدیم دو کوبه با صداهایی متفاوت نصب شده است تا اهالی خانه از روی صدای کوبه‌ها تشخیص دهند که مهمان آن‌ها آقاست یا خانم.

۶- ۴- ۱۰ خانه آقازاده

خانه آقازاده در میدان شهر ابرکوه واقع شده است. این بنا متعلق به یکی از بزرگان ابرکوه در زمان خود به نام حاج میرزا محمدحسین ابرقویی است که در دوره قاجاریه به مساحت ۸۵۱ مترمربع از خشت، گل و چوب ساخته شده است.

این خانه دارای بادگیر دو طبقه است که ارتفاع بادگیر ۱۸ متر و مساحت آن نیز ۱۸ مترمربع می‌باشد. در دهانه بادگیر ۱۹ عدد دریچه تنظیم هوا وجود دارد که با بادگیر دومی هماهنگ و در ارتباط است و می‌تواند تنظیمات هوا را حتی زمانی که هیچ بادی در کویر نمی‌وزد انجام دهد. در کنار آن یک کلاه‌فرنگی با تزیینات مقرنس کاری بسیار زیبا وجود دارد. بادگیر و کلاه فرنگی به ترتیب نقش خنک کردن و نوررسانی فضای زیرین خانه و تالارخانه را انجام می‌دهند. این خانه در سه وجه ساخته شده که با توجه به اقلیم هوایی مختلف هر فصل یکی از وجوه آن قابل استفاده باشد. (شکل ۲۲-۱۰)

تصویر بادگیر این خانه که نشانگر معماری اصیل، هنر و سنت ایرانی است بر روی اسکناس دوهزار تومانی نقش بسته است.

شکل۲۲-۱۰. نماهایی از خانه آقازاده ابرکوه یزد.

۷-۴-۱۰ خانه و حسینیه امینی‌ها

خانه و حسینیه امینی‌ها در خیابان مولوی شهر قزوین قرار دارد. این بنا در سال ۱۲۳۷خورشیدی در دو طبقه توسط محمدرضا امینی از تجار و اعیان قزوین در غرب رودخانه دیزج ساخته شد که در دوران پهلوی اول رودخانه پر شد و خیابان مولوی به جای آن احداث گردید.

در این مجموعه سه تالار ساخته شده که امتداد آن ها به موازات هم دیگر از سمت خاور به باختر می‌باشد. این تالارها میان دو حیاط شمالی و جنوبی قرار گرفته‌اند.

تالارها دارای ارسی‌هایی است که در هنگام روضه خوانی با بلند کردن آن ها، هر سه تالار یکی می‌گردند و محوطه سر پوشیده بزرگ و آینه‌کاری زیبایی تشکیل می‌دهند. در وسط تالار بزرگ چلچراغ آویخته شده و فرش‌های تالار یک تخته هستند. ز یر تالارها سرداب، زیرزمین، شربت‌خانه و انبار ساخته شده است. این بنا دارای تزیینات گچ‌بری، نقاشی روی چوب، آینه‌کاری، سردابه، آشپزخانه، انبار، شربت خانه و پنج‌دری‌های مشبک و متحرک می‌باشد (شکل۲۳-۱۰).

شکل ۲۳-۱۰. بخشی‌هایی از خانه و حسینیه‌ها امینی‌ها در قزوین.

۵-۱۰ آب‌انبارها

هر سه بنای آب انبار، برکه و کاریز ساختارهایی هستند که توسط بشر جهت تأمین آب شرب و کشاورزی ساخته شده‌اند. البته آب انبار و برکه صرفاً برای تأمین آب شرب و کاریز برای تمام مصارف مورد نظر بوده است.

هرچند که آب انبار و برکه را یکی در نظر می‌گیرند اما این دو تعاریف و ساختار متفاوتی دارند. آب انبار در اصل محل جمع‌آوری آب‌های سطحی به هنگام بارش و هدایت آن به یک مخزن برای نگهداری در فصل‌های خشک و بی‌باران سال است. اما برکه یک رمپ و یا ساختاری است که با شیب معینی در زمین احداث می‌شده که به آب زیرزمینی برسد و یا در مسیر کاریزی احداث می‌شده که از زیر شهر یا روستا و محل مورد نیاز عبور می‌کرده است (شکل ۲۵-۱۰).

شکل۲۴-۱۰. نمایی از ساختمان روی زمین آب انبار نائین.

شکل ۲۵-۱۰. نمایی از ساختمان روی زمین برکه قنبرعلی بیگ لار.

در اصل سیستم آب انبار و برکه خاص سرزمین‌های مرکزی و جنوبی ایران است که میزان بارندگی کمی دارند. این نوع بهره‌گیری از آب یک نوع بهینه‌سازی سنتی است.

ساخت کاریز (قنات) ابداع ایرانیان است اما در مورد آب‌انبار و برکه نمی‌توان چنین قضاوتی را داشت چون در بسیاری از کشورهایی که مانند ایران اقلیم خشک و نیمه خشک دارند برکه و آب انبار وجود داشته و دارد.

آب انبارها در ایران نقش بزرگی در تأمین آب شرب مردم داشته‌اند. آب شرب بسیاری از مناطق ایران بخصوص مناطق خشک مانند مناطق مرکزی، جنوب و جنوب خاور ایران در فصول خشک و تابستان و گاهی در تمام طول سال از آب انبارها تأمین می‌شده است. در برخی از مناطق کویری و بیابانی ایران که داری کاریز بودند به علت شوری آب برخی از آن‌ها، آب کاریز صرفا مصرف کشاورزی داشته و آب آشامیدنی از آب انبارها تأمین می‌شده است.

ساختار کلی آب انبارها در مکان‌هایی طراحی می‌شده که بتواند آب باران را هنگام جاری شدن به محل آب انبار هدایت و در آن‌ها ذخیره کند. آب انبارها در داخل شهرها، حاشیه شهرها، اغلب روستاها و بین راه‌ها وجود داشته است. امروزه با توجه به گسترش سیستم آبرسانی از راه لوله‌کشی آب انبارها دیگر کارایی خود را از دست داده‌اند؛ اما ساختمان بسیاری از آن‌ها هنوز حفظ شده و به مکان‌های گردشگری و بازدید عموم تبدیل شده است. آب‌انبارها دارای معماری خاصی هستند که معمولاً از سبک معماری محلی الگو گرفته‌اند؛ اما در اغلب نقاط ایران آن‌ها ساختمان‌های نسبتاً مشابه دارند.

هر آب انبار معمولاً از دو بخش جداگانه تشکیل شده است. یک بخش ساختمان خود آب انبار که به عنوان مخزن اصلی نگهداری آب مورد استفاده بوده است و بخش دیگر ساختمانی دارای رمپ گاهی موسوم به دم شیر است. دم شیر در حقیقت برای برداشت آب از آب‌انبار ساخته می‌شده است، به طوری که بتوان از کف آب انبار آب برداشت کرد (شکل ۲۶-۱۰).

شکل ۲۶-۱۰. نمایی از مسیر دسترسی به دم شیرآب انبار قنبر علی بیگ لار در تصویر راست و حاج علی رضا بیک بیرجند در تصویر چپ.

ساختمان دم شیر معمولاً در آب‌انبارهای همه جای ایران شیبی تند دارد. این بخش از آب‌انبار دارای پله‌های زیاد با ارتفاع نسبتاً زیاد بود. این پله‌ها باعث دشواری رفت و آمد بخصوص برای سالخوردگان بوده است. از این رو در دو طرف بخش دم شیر آب انبارها سکوهای سنگ فرشی برای نشستن وجود داشته است که بدان پیرنشین می‌گفتند. ما ایرانیان در گذشته برای بزرگان و پیران احترام خاصی قائل بوده‌ایم. پیران در این سکوها می‌نشستند و افراد جوان‌تر ظروف آن‌ها را پر آب می‌کردند و در دم شیر به دست آن‌ها می‌دادند. برخی آب‌انبارها دم شیر نداشتند و با سطل و طنابی که در مدخل آب انبار ثابت بود از آب‌انبار آب برداشت می‌شده است.

هنگام ساخت آب انبار نکاتی همچون حجم آب مورد نیاز، فشار آب در کف و دیوارهای جانبی، تهویه و جلوگیری از آلودگی مسیر، بادها و مسیر آب جاری ناشی از بارندگی مورد توجه قرار می‌گرفته است. همچنین در کف و دیوار آب انبارها از ملات‌های خاص کاهگلی با ورزیده خوب و عمل آمده و یا برای عدم نفوذپذیری حتی از ساروج استفاده می‌شده است. آب‌انبارها مانند ساخت مکان‌های مقدس جدا از اینکه به دست عموم مردم هر روستا و شهر ساخته می‌شد، افراد خیر با هزینه شخصی نیز آب انبار می‌ساختند. احداث آب انبار عموماً جزء کارهای نیک تلقی می‌شده است. آب‌انبارها گاه حالت خصوصی داشتند که در کنار ساختمان و حیاط‌های بزرگ خانه‌ها و یا در داخل و یا کنار کاروانسراها ساخته می‌شده‌اند.

مخزن آب انبارها معمولاً مخروطی شکل بوده و سقف آن‌ها هم مخروطی شکل ساخته می‌شد. هرچند گاهی انبار آن‌ها به شکل مکعب مستطیل نیز ساخته می‌شد اما سقف آن‌ها استوانه‌ای بود (شکل ۲۷-۱۰)(شکل ۲۸-۱۰).

شکل ۲۷-۱۰. نمایی از سقف گنبدی شکل مخزن آب انبار حاج علی رضا بیک بیرجند.

شکل ۲۸-۱۰. مخزن آب انبار محسن‌زاده با مقطع مستطیلی و سقف نیمه استوانه‌ای در بیرجند.

۶-۱۰ کاریز (قنات)

۱-۶-۱۰ تاریخچه کاریز در ایران

با پیشرفت تمدن در ایران باستان و گسترش سکونت در روستاها و شهرها و توسعه کشاورزی در زمین‌های مستعد، نیاز مردم به آب و منابع آبی بیشتر شد. دیگر چاه‌ها، آب انبارهای معمولی، چشمه‌های طبیعی و جریانات دائمی آب ظرفیت رفع احتیاجات روزافزون مردم را نداشتند. از این رو ایرانیان در چندین هزار سال قبل دست به ابتکار کاملاً نوینی زده‌اند؛ بدین ترتیب که با روش ساختمانی خاص آب‌های زیرزمینی را جمع آوری کرده و تحت نیروی ثقل به سطح زمین هدایت می‌کردند.

ایرانیان نخستین کسانی بودند که برای دستیابی به آب زیرزمینی، احداث کاریز را ابداع کردند. هرچند ممکن است اولین کاریزها در مرکز و خاور ایران (خراسان جنوبی، سمنان، یزد) احداث نشده باشد اما توسعه کاریز در این مناطق رخ داده است.

اختراع یا ابتکار فنی احداث قنات یا کاریز در نوع خود در جهان بی‌نظیر بوده است. کاریز مانند چشمه‌های طبیعی در تمام ایام سال آب‌های سالم و گوارا را از درون زمین جمع‌آوری می‌کند و به سطح زمین می‌رساند.

با وجود آنکه چندین هزار سال از اختراع کاریز می‌گذرد هنوز هم این روش آب‌یابی و آبیاری در ایران معمول و متداول است و بخش قابل توجهی از روستاها و آبادی‌های کشور ایران از این راه آب مورد نیاز کشت و شرب خود را تأمین می‌کنند. از جمله شهرهای فردوس در خراسان و اردستان استان اصفهان و وجود سه قنات در روستای نَنَج ملایر است.

تصور می‌شود که ایرانیان برای حفر کاریز از چشمه‌های طبیعی - که اولین رگه‌های زندگی برای سکنه این فلات بوده‌اند - الهام گرفته باشند. مقنیان (کومشان) ماهر و شجاع ایرانی هزاران سال پیش به این اندیشه و آرزو جامه عمل پوشانیده‌اند. به احتمال قوی می‌توان ادعا کرد که آنان منابع آب‌های زیرزمینی را حتی قبل از این تاریخ (پیش از حکومت‌های ماد و هخامنشیان) می‌شناخته‌اند و برای شرب و کشت و زراعت از آن ها بهره‌برداری می‌کرده‌اند. این اختراع که امروزه شهرت جهانی دارد، بعدها از ایران به قاره‌های دیگر راه یافته و مورد استفاده دیگر مردم قرار گرفته است (شکل۲۹-۱۰).بدون مبالغه شاید بتوان مدعی شد که این اولین اختراع فنی در رشته آبیاری است که پس از گذشت چندین هزار سال هنوز هم مانند گذشته مورد استفاده قرار می‌گیرد و حتی یکی از ارکان اصلی کشت و زرع در سرزمین‌های خشک فلات ایران را تشکیل می‌دهد.

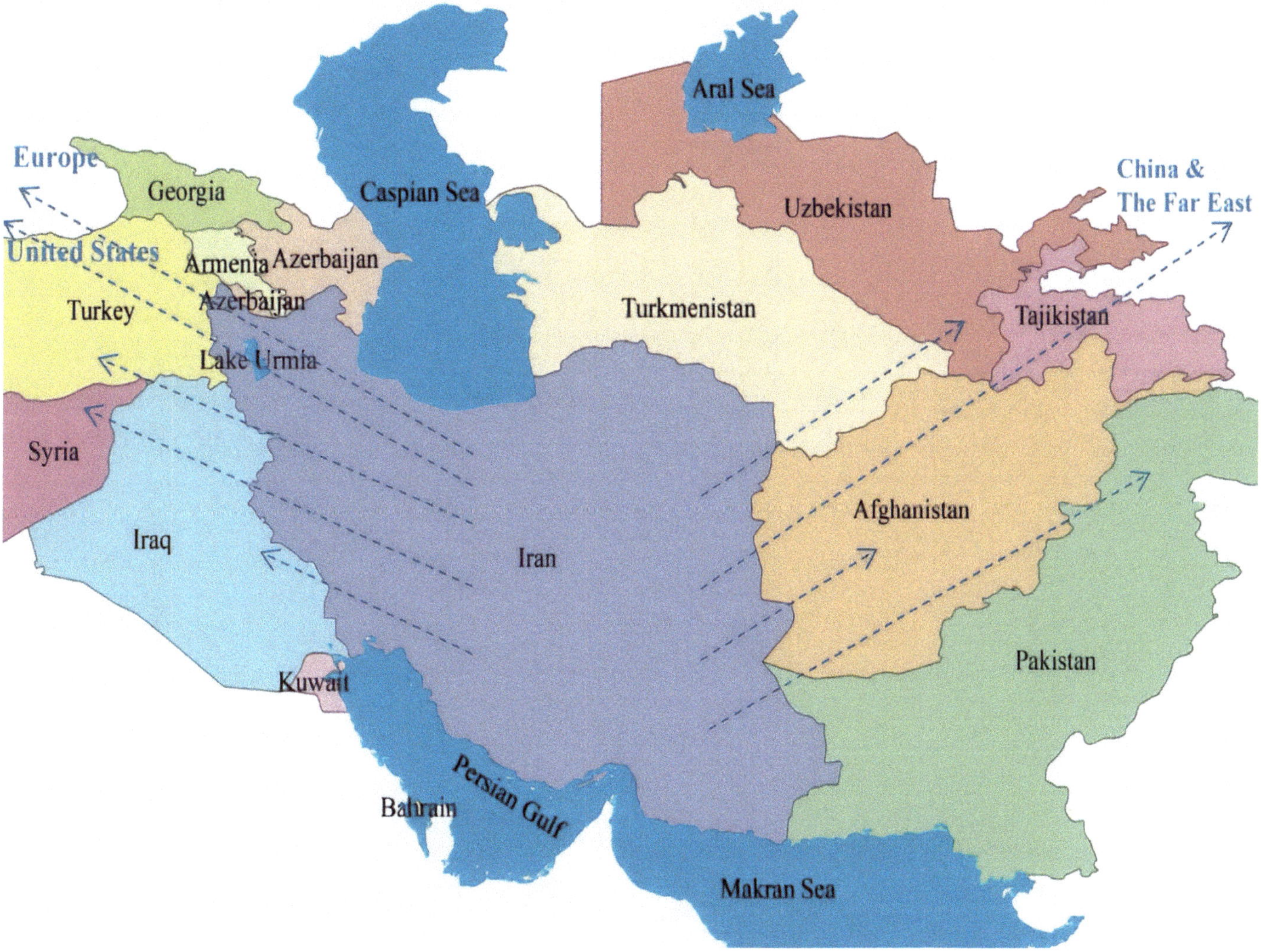

شکل ۲۹-۱۰. گسترش تاریخی قنات از ایران به سایر مناطق جهان.

تقریباً در کلیه زبان‌های زنده درباره قنات و کاریز کتاب‌ها و گزارش‌هایی موجود است و گروه زیادی از گردشگران برای آشنائی و دیدن این شیوه قدیمی آبیاری به ایران آمده یا می‌آیند. هانری گوبلو[1] محقق، مهندس و باستان‌شناس فرانسوی اولین کارشناس آب است که به دعوت دولت ایران در سال ۱۳۱۹ خورشیدی برای تنظیم برنامه بهره‌برداری از منابع آب زیرزمینی به کشور آمد. او در آغاز ورود خود از کاریزهای ایران بازدید می‌کند و در ملاقات با مسئولان امور آب آن وقت کشور، سیستم استفاده از آب‌های زیرزمینی به وسیله کاریز را به ریشخند می‌گیرد و با گسترش این شیوه بهره برداری از آب‌های زیرزمینی مخالفت می‌کند. اقامت گوبلو در ایران بیست سال طول می‌کشد. او در این مدت به بررسی و مطالعه جدی و عمیق فناوری کاریز می‌پردازد و به اهمیت و نقش آن پی می‌برد و شیفته این سیستم بهره‌برداری از آب‌های زیرزمینی می‌شود. گوبلو پس از بازنشستگی و بازگشت به کشورش به توصیه ژان اوبن[2] ایران‌شناس و استاد تاریخ دانشگاه سوربن (از نویسندگان تاریخ ایران کمبریج و دانشنامه بریتانیکا)، رساله‌ای را زیر نظر استاد جغرافیای «گزاویه دوپلانول»[3] این دانشگاه آغاز می‌کند. او در این رساله چگونگی کشف فناوری کاریز را بیان می‌کند. وی معتقد است که سیستم کاریز ابتدا توسط معدنچیان برای خارج کردن آب‌های زاید موجود در معادن به کار گرفته شد و بعدها کشاورزان برای آبیاری مزارع از آن استفاده کردند. گوبلو سفرهای بسیاری به مناطق گوناگون جهان کرد. او توانست خاستگاه کاریز و نحوه گسترش آن را به طور دقیق مشخص کند. در حقیقت امپراتوری بزرگ هخامنشیان مدیون دانش آب شناسی ایرانیان بود. مردمان آن روزگار با کندن کاریزهای دراز و ژرف، آب را به روستاها و شهرهای خود می‌رساندند. به گفته گوبلو طول این مجموعه کاریزها بیش از ۴۰۰ هزار کیلومتر می‌رسیده است. او عظمت کاریزهای ایران را با دیوار چین برابر می داند.

با وجود آنکه اکثر تمدن‌های باستانی در کنار رودهای بزرگ همچون نیل، دجله، فرات، یمی، هوانگ هو و یانگ تسه شکل گرفت، اما ایران تنها شوری بود که به دور از هر گونه رودخانه عظیم به امپراتوری جهانی تبدیل شد. یکی از عوامل جهش چشم‌گیر امپراتوری ایران مدیون کاریز بود.

1. Henri Goblot
2. Aubin, Jean
3 . Xavier de Planhol

البته درکنار فن ابداع کاریز و گسترش آن باید از وجود منابع فلزات که در ایران فراوان بود را نیز در این راس تا نام برد . در زمان هخامنشیان اگر کسی زمین بایری را با احداث کاریز آبیاری می‌کرد، پنج سال از پرداخت مالیات معاف بود. کوروش کبیر این فناوری را به مردمان هند و لیدی آموخت.

اسکیلاس هخامنشی، دریاسالار پارسی، هنگام اقامت در مصر فنون احداث کاریز را به هزاردستان در شرح مصریان آموزش داد. در زمان ساسانیان نیز رساله «مدگیمان» ساخت و لای روبی کاریز و استفاده از آن تألیف شد که رونوشت‌هایی از آن به سراسر جهان رفت. نخستین کتاب آب‌های زیرزمینی و روش علمی احداث کاریز در اوایل قرن یازده میلادی توسط ابوبکر محمد کرجی نوشته است.

تمدن ایرانی در طول تاریخ بدون کاریز حال و هوای دیگری داشت. بدون کاریز شهرهای بزرگی چون ری، نیشابور، مشهد، طوس، یزد، نائین و کاشان به وجود نمی‌آمدند.

کاریز را می‌توان یک چاه حفاری شده افقی یا به اصطلاح نقب دانست، که در زیر زمین است و توسط چاه‌های عمودی احداث شده است (شکل ۳۰-۱۰).

مهم‌ترین شرایط برای حفر کاریز، وجود آب‌های دائمی زیرزمینی، شیب زمین و بالا قرار گرفتن طبقات آبده از مظهر کاریز است. بدین ترتیب با حفر نقب افقی زیرزمینی از مظهر کاریز و ادامه آن می‌شود به طبقات آبده رسید. بدون آنکه کاریز و سوراخ دیگری در سر راه آن وجود داشته باشد این نقب باید از انتها به طرف مظهر کاریز شیب ملایمی (معمولاً

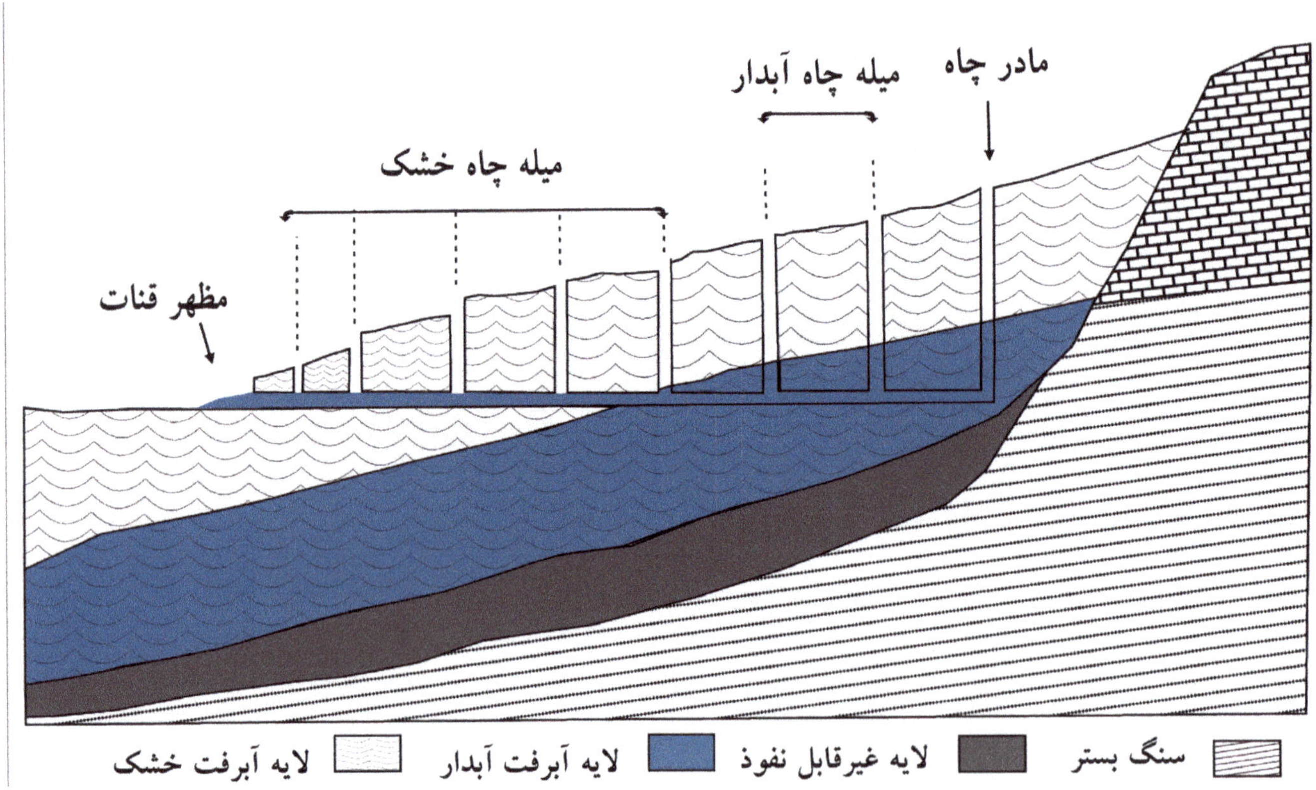

شکل ۳۰-۱۰. شماتیکی از نیمرخ کاریز.

۱:۱۰۰۰) داشته باشد تا آب بتواند تحت نیروی ثقل در آن جاری شود. در گذشته راه حل مشکل حفر نقب یا تونل زیرزمینی را این طور یافته بودند که در مسیر کاریز باید در فواصل معین، چاه‌های عمودی موسوم به میله حفر کرد. بدین ترتیب ضمن آنکه خاک‌های نقب را-که به آن پیشکار نیز گفته می‌شود-بدون طی مسافت زیاد به خارج کاریز منتقل می‌کنند، مشکل هوادهی و تعمیرات بعدی را نیز برطرف می‌سازند. این خاک‌ها معمولاً در اطراف دهانه چاه‌ها انباشته می‌شود. همین توده کردن خاک پیرامون دهانه هر چاه، اگرچه در ابتدای امر کاری ساده به نظر می‌آید، اما در حقیقت بهترین وسیله‌ای است که از نفوذ آب‌های سطحی به داخل کاریز جلوگیری و از خرابی میله و سطح داخلی کاریز پیشگیری می‌کند.

حفر کاریز توسط مقنیان (کومشان) انجام می‌شود. مقنیان ابتدا با حفر چاه‌های گمانه در قسمت‌های آبده از وجود آب اطمینان حاصل می‌کنند و سپس با آبکشی به وسیله دلو و وسایل ساده، درباره آبدهی زمین اطمینان حاصل می‌کنند. پس از یافتن اطمینان کافی استادکار با وسایل مساحی به تعیین شیب زمین و فاصله چاه‌های گمانه تا محل مظهر کاریز می‌پردازد.

اصولاً حفر کاریز از مظهر شروع و به منابع آبده ختم می‌شود. برای این کار ابتدا دو میله مجاور را حفر می‌کنند و بعد حفر مجرا را از چاه پایین دستی شروع می کنند تا به چاه بالادست برسانند. بدین ترتیب و بدون هیچ مشکلی کار از مظهر کاریز تا قسمت‌های خشک پیش می‌رود. به

محض ورود به منطقه آبده آب از کف و دیوارها و سقف نقب شروع به ریزش می‌کند و آب آن در مجرای کنده شده پشت سر کارگر به سمت خارج جاری می‌شود. بنابراین نقطه آبده کاریز از این محل آغاز و تا انتهای آن ادامه می‌یابد.

عمق میله‌های یک رشته کاریز از صفر که مخرج آن است شروع می‌شود و معمولاً در مادرچاه که در طبقات آبده قرار گرفته به حداکثر می‌رسد. عمیق‌ترین مادرچاه‌های حفاری شده در ایران طبق مشاهدات مردم روستایی در حدود ۴۰۰ متر عمق دارند. حمدا... مستوفی قزوینی گزارش می‌دهد که در اطراف گناباد کاریزهای عمیق وجود دارد و یکی از آن ها ۷۰۰ گز عمق و چهار فرسنگ درازا دارد.

فاصله بین میله‌ها معمولاً بین ۱۵-۲۰ متر است. در بعضی موارد، به طور مثال در زمان عبور از مسیر رودخانه‌ها یا تپه‌ها ممکن است فواصل بین میله‌ها به ۲۰۰ متر هم برسد و ابعاد مجرا متغیر و در حدودی است که مقنی آزادی عمل داشته باشد. قطر میله در حدود ۸۰ تا ۹۰ سانتی متر است. ابعاد مجرا را معمولاً به حداقل می‌رسانند تا مقدار خاک‌برداری حتی المقدور کم شود (متوسط ۸۰ x ۶۰ سانتی متر).

طول یک رشته کاریز نسبت به شرایط طبیعی مسیر آن متغیر است، این شرایط شیب زمین و عمق مادرچاه بستگی دارد. طویل‌ترین کاریز حفر شده در ایران با ۱۰۰ کیلومتر طول در استان یزد قرار گرفته است و پس از آن قنات گناباد با طول ۷۰ کیلومتر است.

در ارتباط با کاریز به چهار موضوع باید توجه نمود.

۱. ابداع و ساخت کاریز اولین بار در ایران انجام گرفت.
۲. رابطه مستقیم بین اقلیم و تمدن قدیمی ایران مطرح است یعنی گسترش و تداوم تمدن‌های مرکزی ایران به کمک کاریز بود؛ نه رودخانه‌های دائمی.
۳. صنعت کاریز از ایران به سرزمین‌های دیگر رفته است.
۴. نخستین کتاب درباره آب‌های زیرزمینی (آب‌های پنهان) توسط ابوبکر محمد حسن کرجی نوشته شده است که هنوز هم بهترین منبع برای توضیح آب‌های زیرزمینی محسوب می‌شود.

تا چندی پیش تعداد کاریزهای دایر ایران را تقریباً بالغ بر ۵۰۰۰۰ عدد می‌دانستند گرچه تعداد آن ها در اثر حفر چاه‌های عمیق به مرور کاهش یافته است و در دو و یا سه دهه اخیر بسیار اندک شده‌اند.

هنوز هم تعداد قابل ملاحظه‌ای کاریز در سراسر کشور وجود دارد که برای آبیاری مورد استفاده قرار می‌گیرند. نگارنده بیم آن دارد که کاریزهای باقی مانده هم نابود شوند و این اختراع بزرگ ایرانی به طور کامل از بین رود. در مظهر برخی از قنات‌ها (کهریزها) کاروانسراهای کوچک دایر بوده است، که نمونه جدید آن در کهریز جدید جندق دیده می‌شود (شکل ۳۱-۱۰).

شکل ۳۱-۱۰. نمایی از مظهر کاریز جندق که به استخر و رستوران تبدیل شده است.

منابع:

۱. پیرنیا، محمدکریم (۱۳۸۳). سبک‌شناسی معماری ایران، تدوین غلام‌حسین معماریان، تهران نشر معمار.

۲. حمزه لو، منوچهر (۱۳۸۳). هنر قلمزنی در ایران، تهران دفتر پژوهش‌های فرهنگی.

۳. فرشاد، مهدی (۱۳۶۵). تاریخ علم در ایران، ج ۲ و ۱، موسسه انتشارات امیرکبیر.

۴. فرشاد، مهدی (۱۳۷۶). تاریخ مهندسی در ایران، ج ۳، تهران نشر بلخ وابسته به بنیاد نیشابور.

۵. قربانی، منصور (۱۴۰۱). چکیده تاریخ: معدن، آب، نفت و مصالح ساختمانی از عهد باستان تا امروز در ایران، تهران انتشارات آرین زمین.

۶. قربانی، منصور و صالحی یزدی، مژگان (۱۳۹۷). مجموعه ده جلدی ایران شناسی، تهران انتشارات آرین زمین.

۷. کرجی، ابوبکر محمد حسین (۱۳۴۵). استخراج آب‌های پنهان، ترجمه حسن خدیوجم، بنیاد فرهنگ ایران.

۸. ملایی، معصومه (۱۳۷۶). انواع کاروانسراهای ایران، شماره ۵۰ سازمان نظام مهندسی استان گیلان.

عمارت شاپوری یکی از زیباترین خانه‌های تاریخی شیراز در خیابان انوری این شهر است. قدمت این بنای تاریخی به اوایل دوره حکومت پهلوی می‌رسد و آجر، آهن و گچ عناصر اصلی ساخت این بنا بوده‌اند. تزیینات عمارت شاپوری را نیز با گچکاری و کاشی‌کاری انجام داده‌اند.

فصل یازدهم

معرفی برخی از چهره‌های تاریخی تأثیرگذار علمی و فرهنگی ایران

با مطالعه و درک جایگاه مهم خاور نزدیک است؛ که دینی را که ما به این بنیانگذاران واقعی تمدن، در آمریکا و اروپا داریم و مدت‌هاست به تأخیر افتاده را ادا می‌کنیم.

ویل دورانت

در اصل عزت و بقای ماندگار یک ملت و کشور، در کنار جان‌فشانی سربازان و فرماندارن شجاع، و حاکمان دانا و باکفایت، مدیون بزرگان علم، اندیشه، فرهنگ و هنر است.

۱-۱۱ مقدمه

در این فصل مروری بر زندگی و آثار شماری از بزرگان تاثیرگذار در علم و فرهنگ ایران خواهیم داشت. اوضاع تاریخی روزگار آن‌ها و فضائی که این بزرگان در آن زندگی کرده، آثار ماندگار خویش را پدید آورده‌اند نیز به‌طور خلاصه مرور شده است. کشور امروزی ایران بخشی از سرزمین بزرگی است که زمانی امپراتوری قدرتمندی بر آن حکمرانی داشته است. چهره‌های شاخصی که در این فصل بدان پرداخته‌ایم از افتخارات تاریخ و تمدن این سرزمین بزرگ بوده‌اند که اینک به کشورهای متعددی تقسیم‌شده است. در این کتاب ما از این مجموعه کشورها با عنوان ایران فرهنگی یاد می‌کنیم که هرکدام به سهم خود میراث دار فرهنگی آن قلمرو باستانی‌اند.

تاریخ تمدن و فرهنگ ایران از زمان کهن، دوره‌های باستانی تا دوران معاصر رویدادهای تلخ و شیرین بسیاری شاهد بوده است. این کشور بارها تا لبه‌های پرتگاه پیش رفته، اما گوئی دوباره با حیاتی دیگر به زندگی ادامه داده است. در دوره‌هایی که نه کوتاه‌مدت و نه کم بوده‌اند، ایران با جایگاه بلندش در تمدن، فرهنگ و سازندگی الهام‌بخش جامعه بشری بوده است.

بنیادها و آثار فرهنگ، علم، خرد و اندیشه ایران و ایرانیان را در بسیاری از فرهنگ‌ها و تمدن‌ها و موزه‌های جهان می‌توان دید. در طول تاریخ چند هزار سال خود، قلمرو تمدن ایران فرهنگی- از میان‌رودان تا فرارودان- دانشمندان، اندیشمندان، فیلسوفان، شاعران و حکمای زیادی را در دامن خود پرورانده است.

طی تاریخ چند هزارساله، هر زمان که نظامیان و دلاوران این مرزوبوم در عرصه دفاع از مهاجمان بیگانه، غارتگران و وحشیان دچار شکست شده‌اند، این بزرگان آگاه و شجاع عرصه فرهنگ، سیاست و اندیشه ایران بوده‌اند که به شکلی در حفظ و بازجستن هویت ایرانیان نقش‌آفرین بوده‌اند. پیداست که در این حوزه فرهنگی مشترک چندپاره در کشورهای امروزی، هر بزرگ و تأثیرگذاری بادانش و اندیشه خویش در هرکجای این جغرافیا زاده یا آرام‌گرفته باشد نماینده اندیشه ایران فرهنگی است که گستره آن میان‌رودان تا فرارودان را شامل می‌شود. «پورسینا» که زاده بخاراست در همدان خفته است؛ «ابوریحان بیرونی» زاده خوارزم در غزنین درگذشت؛ «خواجه نصیر توسی» در توس زاده شد، در میان‌رودان آرام گرفت؛ «یعقوب لیث» زاده سیستان در خوزستان درگذشت؛ «مولوی» زاده بلخ در قونیه آرام گرفت و از بلخ تا قونیه و سرزمین‌های پیرامون افتخار نام او را دارند؛ «نظامی» در تفرش زاده شد در گنجه آرمید؛ زادگاه «رودکی» بخاراست، «سعدی» و «حافظ» شیرازی‌اند و «فردوسی» بزرگ زاده توس است. تمام این بزرگان -که افتخار علم، دانش و شاعران، حماسه‌سرایان و غزل‌سرایان ایران و جهان‌اند- جان‌مایه مشترک فرهنگ ایرانی دارند.

در این فصل با مروری کوتاه، تعدادی از بزرگان نامی ایران معرفی می‌شوند که جز دو مورد- زرتشت و کورش- در دوران تاریخ ایران بعد از اسلام می‌زیستند. در مورد این معرفی به سه نکته باید توجه داشت:

۱. بزرگان برگزیده برای معرفی ازجمله پرآوازه‌ترین اندیشمندان ایران‌اند که از میان صدها اندیشمند و شاعر و چهره‌های فرهنگی انتخاب‌شده‌اند. با توجه به شواهد تاریخی موجود، این جمع برگزیده- جز در مورد زرتشت و کورش- به دوران بعد از اسلام تعلق دارند.

۲. تا قبل از انقلاب صنعتی در اروپا کل دانش‌های علمی و فرهنگی و فلسفی درهم‌آمیخته بود و بیشتر اندیشمندان در اغلب شاخه‌های علمی، فلسفی صاحب‌نظر بودند. مثلاً «ابوریحان»، فیلسوف، ستاره‌شناس، کانی‌شناس، مورخ و مردم‌شناس بود، «پور سینا» هم پزشک، فیلسوف و موسیقی‌شناس .... و یا «خواجه نصیر» مهندس، ستاره‌شناس، حکیم و پزشک بود.

۳. چون در دوران پس از اسلام تا قرن‌ها زبان رسمی و نوشتاری حوزه فرهنگی ایران عربی بود اغلب آثار این دانشمندان به این زبان نوشته می‌شد. درنتیجه اغلب اندیشمندان این دوره قلمرو ایران در میان غربی‌ها و آثار مکتوب ایشان عرب معرفی‌شده‌اند که این استنادها به‌نوعی ستمی است که ناخواسته بر علم، اندیشه و هنر حوزه ایران فرهنگی و سرزمین‌های میان‌رودان تا فرارودان سایه افکنده است. در این باب استادادن بزرگی چون فردوسی تمام تلاششان بر این بود که فرهنگ غنی ایرانی را زنده کنند. براین پایه آیا بزرگانی چون فردوسی را می‌توان عرب دانست؟ که در این راستا ایشان می‌گوید:

جهان کرده‌ام از سخن چون بهشت
ازین بیش تخم سخن کس نکشت
بناهای آباد گردد خراب
ز باران و از تابش آفتاب
پی افکندم از نظم، کاخی بلند
که از باد و باران نیابد گزند
نمیرم، ازین پس، که من زنده‌ام
که تخم سخن را پراکنده ام

شکل ۱-۱۱.
تصویر زردشت
پیامبر ایران
باستان

" بیش از سه هزار پس از زرتشت چه کسی صلاحیت بیشتری در تعبیر، تفسیر و شرح باورها و آموزه‌های زرتشت را دارد؟

پژوهشگران و دانشمندانی که بر صندلی‌های خود نشسته و بر سر جزئیات دستوری گات‌ها، نیایش‌ها و دیگر ادبیات دینی زرتشت قلم‌فرسایی می‌کنند یا آن کشاورز غبار بر تن زرتشتی که در کوه‌ها و بیابان‌های خشک یزد و کرمان بیل می‌زند و کار می‌کند و عرق می‌ریزد و نیایش‌های آیین زرتشت را زمزمه می‌کند و از سنت‌ها و آیین‌های آبا و اجدادی خویش نگهبانی می‌کند؟"

آیین زرتشت کهن روزگار و قدرت ماندگارش، نوشته مری بویس

۱۱-۲ زرتشت

زرتشت نخستین پیامبری است که آیین وی بر پایه یکتاپرستی، اخلاق، آزادی و انتخاب بناشده است. این پیامبر به قلمرو ایران فرهنگی تعلق دارد و در منابع مختلف از چندین ناحیه مثل آذربایجان، سیستان، ری، بلخ و... به‌عنوان زادگاه وی اسم برده‌اند. آیین زرتشت تکمیل‌کننده آیین‌های ایرانی است و هرگاه صحبت از آیینی آریایی و ایرانی به میان آید نام زرتشت با آن همراه می‌شود.

زرتشت یکی از نوادر اندیشمندان جهان است. زرتشت یک فیلسوف، انسان‌شناس و شاعر است. زرتشت نخستین کسی است که در دوران کهن (دوره پیش‌ازتاریخ ایران) به خدای یگانه باور داشت و یکتاپرستی را رواج می‌داد. آموزش‌ها، جهان‌بینی و فلسفه زرتشت از دوران کهن تاکنون موردتوجه دانشمندان، اندیشمندان و فلاسفه بزرگ جهان بوده و هست. افلاطون، فیثاغورث، ارسطو و به‌طورکلی اندیشمندان دنیای باستان، بزرگانی چون گوته، فردوسی، حافظ، سعدی، مولانا، اندیشمندان و شاعران دوران بعد از اسلام، ایران و جهان و اندیشمندان معاصری چون هاشم رضی، مهدی اخوان ثالث، فریدون مشیری و نیچه - همه از اندیشمندان اهل تفکر، فلسفه و قلم- به شکلی از زرتشت یادکرده، اندیشه‌های بلند او را ستوده‌اند.

۱۱-۲-۱ تاریخ زاد روز زرتشت

در مورد تاریخ تولد زرتشت، روایت‌ها بسیار متفاوت‌اند. ازآنچه معلوم است تاریخ کیش زرتشت به قبل از دوران هخامنشی و حکومت مادها می‌رسد و در این مورد اتفاق‌نظر وجود دارد و شواهد تاریخی هم آن را تأیید می‌کنند. رویدادهای طبیعی و انسانی پیش از مادها از ۶۰۰ تا ۱۵۰۰ سال پیش از میلاد ثبت و گزارش‌شده‌اند؛ اما از واقعیت‌های تاریخی و آنچه از کیش زرتشت و گفته‌های او در گاته‌ها (گاتاها) چنین برمی‌آید که ظهور زرتشت باید حداقل ۱۰۰۰ سال پیش از میلاد مسیحی باشد. زرتشتیان ایران تاریخ تولد زرتشت را ششم نوروز ۱۷۶۸ پیش از میلاد و درگذشت وی را پنجم دی‌ماه ۱۶۹۱ پیش از میلاد می‌دانند.

۱۱-۲-۲ زندگی زرتشت

درباره شخصیت‌های بزرگان، به‌ویژه اگر وجهه الهی و روحانی داشته باشند و خاصه اگر اهل دوران کهن باشند، روایات زیادی نقل می‌شود که پاره‌ای هم‌شکل افسانه پیدا می‌کنند. زرتشت هم از این قاعده مستثنا نیست، چراکه هم به دوران کهن تعلق دارد و هم کتاب و آئین پیامبری دارد. درنتیجه در مورد ویژگی‌های فلسفی و اندیشه‌های زرتشت روایات و کندوکاوهای زیادی وجود دارد. آنچه عمومیت دارد این است که همگان، چه پیروان کیش‌های ایران، چه پیروان کیش‌های سامی و بخصوص همه اندیشمندان جهان از او به نیکی یادکرده‌اند.

در مورد تولد و زایش زرتشت هم روایات الوهیتی و معنوی وجود دارد. ازجمله اینکه او را کسی می‌دانند که پیش از تولد جسمانی وجود داشته است. روایت دیگر اینکه چون اهورامزدا اراده کرد که برگزیده‌ای برای راهنمایی مردمان بیافریند فره ایزدی را از سپهر ششمین- مرکز روشنایی بیکران و جایی که فره نخستین وجود داشت- گرفت و به ماه و ستارگان منتقل ساخت. سپس فره ایزدی به خاندان فراهیم (پدر مادری زرتشت) منتقل شد. از همسر فراهیم، دختری به دنیا آمد که دغدو نام گرفت و فره ایزدی در او ظاهر شد. در وجود دغدو، به هنگام حرکت فره ایزدی تجلی‌یافته بود. چون فَرّه ایزدی همراه او بود هنگام شب همچون چراغی با پرتوی درخشان می‌درخشید. دیوان و همراهان نیروهای اهریمنی که می‌دانستند با تولد زرتشت زندگی‌شان تباه می‌شود، فراهیم را برانگیختند که دخترش با سر و جادو پیوند دارد. فراهیم چون به دام وسوسه دیوان گرفتار شد دختر را از خانه و طایفه خود بیرون کرد؛ و دغدو که سرگردان شد به قبیله سپیتمان[1] پناه برد. سَروَر این قبیله چون آثار نجابت و بزرگی در چهره آن دختر جوان دید او را به گرمی در خانه خود پذیرفت. در پس ایجاد محبت و علاقه بین دغدو و پوروسسپ[2] (پسر سرور قبیله) آن‌ها باهم پیوند زناشویی بستند. از این پیوند زرتشت زاده شد و فره ایزدی از مادر به زرتشت انتقال یافت.

هرچند که این روایت به اسطوره می‌ماند اما چند واقعیت نهفته دارد:

۱. نقش مادر در انتقال فره ایزدی به فرزند و ارزش دادن به مادر و زن در کیش زرتشت و فرهنگ کهن ایرانی

۲. ظهور یک شخصیت سرنوشت‌ساز به یک خاندان نجیب و بزرگ منتسب می‌شود و همیشه ایرانیان به ریشه و اجداد انسان‌ها در هر گزینشی برای خود توجه داشته‌اند.

۳. فزون بر طرفداران کیش زرتشت، همه‌ی اندیشمندان پژوهنده درباره زرتشت این باور را قبول دارند که زرتشت به هنگام تولد به‌جای گریه، خندیده است. این موضوع از نظر زیست‌شناسی و با توجه به اثر بیولوژیکی گریه در هنگام تولد نیز درست است.

در مورد زادگاه زرتشت مانند تاریخ تولدش روایات متفاوت است. گروهی او را زاده آذربایجان امروز در نزدیکی دریاچه ارومیه (چیچست)، در شهر باستانی تخت سلیمان امروزی یا شیز به نقل از اعراب و گنجه ساسانی یا اردبیل می‌دانند، البته باید توجه داشت که تخت سلیمان حداقل ۲۰۰ کیلومتر از ارومیه فاصله دارد. در برخی منابع زادگاه زرتشت را ناحیه ری امروزی در جنوب تهران امروز و پاره‌ای هم زادگاه وی را در شرق ایران و «بلخ» در شمال افغانستان و یا «سغد» در تاجیکستان دانسته‌اند. همچنین به «عشق‌آباد» ترکمنستان و حتی سیستان نیز به‌عنوان زادگاه وی اشاره‌شده است. از بین مناطق یادشده در آذربایجان دو ناحیه موردبحث است که اولین آن تخت سلیمان امروزی و به واقعیت نزدیک‌تر است؛ اما از شواهد تاریخی تخت سلیمان امروزی برمی‌آید که در شهر تخت سلیمان (آتشکده آذر کشسب) شواهد تمدن‌های هخامنشی، اشکانی و ساسانی در زیر سنگ‌های تراورتن در حال تشکیل نهفته است؛ اما شواهد ساکنان پیرامون زندان سلیمان، در ۵ کیلومتری تخت سلیمان،

1 - SPITMAN
2 - PORUSASP

مربوط به اقوام ماناها است که زرتشت از آن اقوام نبوده است اما شواهد تاریخی حکایت از این دارد که ماناها دارای کیش مهر بوده‌اند. دومین مکان در آذربایجان را می‌توان در محل شهر کنونی اردبیل دانست که نام اردبیل«آرتاویل» به نام جایگاه مقدس اقوام کهن ایرانی بوده است. در مورد ری و شمال شرق ایران بلخ و پیرامون سغد هم احتمال زیاد است زیرا که این نواحی محل ظهور و گسترش آیین زرتشتی بوده و شواهد دین زرتشت در این مکان‌ها نیز زیاد است. البته در ناحیه عشق‌آباد که به بلخ و سغد هم نزدیک است، دور از واقعیت نیست.

اما عده‌ای هم اعتقاد بر این داشتند که زرتشت زاده غرب ایران است (ری-آذربایجان) ولی به شرق ایران مهاجرت کرده و آیین زرتشت در شرق ایران در نواحی بلخ و سغد گسترش‌یافته است. به‌هرحال نکته مشترک همه این سرزمین‌ها این است که همگی بخش‌هایی از ایران‌ویچ بوده است؛ یعنی زادگاه زرتشت ایران است و طبعاً او یک پیامبر ایرانی و آیین او چنانکه خود می‌گوید برای جهانیان است.

آنچه از گفته زرتشت در گاته‌ها برمی‌آید این است که زرتشت دنیای زمان خودش را یعنی تمدن‌های پراکنده پیش‌ازتاریخ سرزمین‌های غرب ایران مانند آشور، بابل و سومریان را خوب می‌شناخته است. ولی کیش او به‌احتمال‌زیاد در شرق ایران گسترش‌یافته است. از شواهد تاریخی چنین برمی‌آید که اقوام غربی (آشوریاسومریان و بابلیان) ایران با کیش او مبارزه کرده و باعث آزار او شده‌اند. زرتشت برای گسترش کیش خویش به شرق ایران (بلخ) رفت و کیش زرتشت با کمک گشتاسب در شرق ایران گسترش می‌یابد و در ادامه به سراسر ایران می‌رسد.

۱۱-۲-۳ دوران حیات زرتشت

تاریخ ایران را می‌توان به سه دوران پیش‌ازتاریخ، دوران باستان- از زمان هخامنشیان تا ساسانیان- و دوران بعد از اسلام- سقوط ساسانیان تاکنون- تقسیم کرد. زرتشت در دوران پیش‌ازتاریخ و قبل از حکومت مادها می‌زیسته است.

در دوران پیش از تاریخ، در سرزمین‌های میان‌رودان تا فرارودان، تمدن‌های پراکنده ولی پیشرفته وجود داشته است و درعین‌حال اغلب باهم در ارتباط فرهنگی-تجاری و صنعتی بودند. در بین این تمدن‌ها دو تمدن بزرگ‌تر و نیرومندتر بودند:

۱. تمدن‌های غربی، شامل آشور، بابل و سومری که اغلب با هجوم به سرزمین‌های داخل ایران به غارت آن‌ها پرداخته، زندگی چادرنشینی و غیرمتمرکز تا متمرکز یا اقتصاد کشاورزی داشته‌اند.
۲. تمدن بزرگ دیگر تمدن مردم «باختریا» یا همان تمدن «بلخ» باستان با پادشاهانی عادل بود که عموماً کشاورزی و صنعت فلز در میان آن‌ها رونق داشت.

به نظر می‌رسد آنچه در آیین زرتشت از دیوان و بدکاران یاد می‌شود همه تمدن‌های سرزمین‌های میان‌رودان باشد که در آیین زرتشت کارهای آن‌ها را به‌عنوان کارهای موردنظر اهریمنی یاد می‌کنند؛ زیرا که شواهد تاریخی وجود دارد که مردمان این سرزمین‌های غربی به مرکز ایران هجوم می‌آوردند و ضمن قتل و غارت حیوانات را هم قربانی می‌کردند اما مردم شرق و مرکز ایران یعنی بلخ، سغد، ری تا خراسان عموماً زندگی کشاورزی داشته‌اند که فلزات و متالوژی را آموخت و خود صاحب آن‌ها بودند. به‌تدریج کیش زرتشت را پذیرفتند. این کیش سرانجام به غرب و شمال غرب ایران هم گسترش یافت.

۱۱-۲-۴ خلاصه‌ای از سیر و سلوک آیین زرتشت

در روایت‌ها چنین آمده است که زرتشت از هفت‌سالگی تا پانزده‌سالگی نزد خردمندان پارسا و بزرگ زمان خود به نام «برزین» به فراگرفتن اصول دینی و روش‌های کشاورزی و درمان‌بخشی و شفای بیماران پرداخت. چون پس از تحصیل نزد قوم خود وارد شد و به‌عنوان مردان بالغ پذیرفته شد و کمربندی که نشانه این مقام بود بر کمرش بستند. چندی بعد تورانیان به ایران حمله کردند. زرتشت جوان برای دفاع از میهن جنگ‌افزار برگرفت و به نبرد پرداخت. در این زمان وقتی دید کسانی زخمی بودند و نیاز به درمان داشتند، به درمان آن‌ها پرداخت و از صف جنگجویان خارج شد و به مداوای مجروحان پرداخت. وقتی پس از جنگ خشک‌سالی پیش آمد، زرتشت که از مشکلات مردم آگاه می‌شد، رنج می‌برد و می‌اندیشید که چگونه در جهت خوشحالی مردم برآید و نیز چگونه بر پلیدی‌هایی که می‌دید و می‌شنید که از غرب ایران تا شرق ایران می‌شد مبارزه کند. وقتی بی‌توجهی دیگران بر مشکلات مردم را دید که این مشکلات فقط مربوط به پیرامون او نمی‌شد به همین خاطر به همسرش پیشنهاد کرد که می‌خواهم گوشه‌نشینی را برگزینم و مدت‌زمانی درباره راست‌کاری‌ها و زشتی‌ها اندیشه کنم تا سرچشمه شوربختی انسان‌ها را دریابم و آن‌ها را بخشکانم و آن‌ها را به سعادت برسانم. به همین خاطر خانواده و کسان را رها کرد و به کوه رفت. در این زمان او بیست سال داشت. به مدت ده سال در کوه به تفکر و اندیشه پرداخت در این مدت کمتر غذا می‌خورد و کمتر می‌خوابید. در این ده سال به اندیشیدن درباره هرچه دیده، شنیده بود و یا خوانده بود پرداخت. سرانجام زمان دعوت فرارسید و از کوه به زیر آمد و پس از ده سال به میان مردم رفت. نیچه[1] فیلسوف و شاعر بزرگ این واقعه (فرود از کوه) و آغاز رسالت را چنین سروده است:

«ای اختر بزرگ: اگر بر آن‌ها که نور نثار می‌کنی، نمی‌تابیدی، خوشبختی تو کی می‌بود؟

ده سال است که تو اوج گرفته و بر غار من تابیده‌ای اگر به خاطر من و عقاب من و مار من نبود، تو تاکنون از نور خود و از این کوره‌راه به تنگ آمده بودی.

ولی هر بامداد ما انتظار قدوم تو را داشتیم و از نور تو تا آخرین حد استفاده نموده، بر تو درود می‌فرستادیم. فغان که من از دانش خویش به تنگ آمده‌ام و چون زنبورعسلی که بیش‌ازحد گردآورده باشد نیازمند آنم که دست‌هایی به سویم دراز شود تا قسمتی از آن را بر آنان نثار کنم.

1- Friedrich Wilhelm Nietzsche

من آنچه گردآورده‌ام، با رغبت تقدیم و تقسیم خواهم کرد...».

باری، زرتشت به میان مردمان بازگشت و ندا سر داد که اهورامزدا مرا برای راهنمایی بر این جهان برانگیخت و من برای رسالت خویش از منش پاک آموزش‌یافته‌ام. خود زرتشت در گاتها در یست ۴۳ بر این موضوع اشاره دارد و می‌گویید اهورامزدا مرا انتخاب کرد تا بر روی کره زمین دین زرتشتی را تبلیغ و افراد را به سمت یکتاپرستی دعوت کنم. در آن زمان دور و گم، در ایران‌زمین دو گروه مردم زندگی می‌کردند. دسته‌ای به زندگی شهری پرداخته و به زراعت و پرورش ستوران و احشام رغبت داشتند، زرتشت از این گروه بود. اینان طبیعت را تقدیس می‌کردند: ماه و خورشید را، زمین و باران را و آتش آن عنصر والا را و آب یا سرچشمه زندگی را اینان محترم می‌داشتند و از بسیاری عادات دوران صحراگردی و بیابان‌گردی و چادرنشینی دست‌شسته بودند؛ اما گروهی دیگر، راحت و آسایش خود را در همان روش پیشین جست‌وجو می‌کردند، چادرنشین بودند و صحراگرد. احشام را بسیار برای خدایان قربانی می‌کردند. خدایان فراوان قدیم، یا گروه دیوان را پرستش می‌کردند و به چپاول و غارت اموال دیگران که زندگی زراعی و سکونت در ده و شهر را برگزیده بودند می‌پرداختند و زرتشت این گروه را پیرامون دروغ و راه ناراستی می‌خواند؛ اما همواره دعوتشان می‌کرد تا در صف راستان وارد شوند.

شواهد تاریخی نشان می‌دهد که مناطق میانرودان یعنی اقوام آشوری، سومریان و بابلیان در مقایسه با سرزمین‌های شرق ایران یعنی تمدن بلخ و سغد بیشتر جنگ‌طلب و به سرزمین‌های مجاور هجوم می‌بردند و به قتل و غارت می‌پرداختند.

در پی تبلیغ آیین یکتاپرستی، زرتشت با مخالفان بسیار، به‌ویژه پیشگویان و روحانیان مبلغ حاکمان وقت، روبرو بود. ازاین‌رو زرتشت از غرب ایران به نواحی شرقی یعنی خراسان و ایالت بلخ مهاجرت می‌کند. در آنجا گشتاسب شاه (ویشتاسب) به آیین زرتشت درمی‌آید و در تبلیغ کیش زرتشت کمک می‌کند. او با گسیل سواران و دلیران به مناطق دیگر برای تبلیغ، به گسترش آیین زرتشت یاری می‌رساند. این امر باعث شد که گروه‌گروه مردمان به کیش زرتشت بپیوندند. گشتاسب به سفارش زرتشت گنبدی در شهر بلخ می‌سازد و در کنار آن آتش روشن می‌کند. در کنار این گنبد درخت کاجی کاشته می‌شود که زرتشت آن را کاج کشمر می‌نامد.

زرتشت برای نگهداری آتش موبدانی را در کنار گنبد می‌گمارد و درخت کشمر نیز ظرف مدتی به یک درخت تنومند تبدیل می‌شود و جزء نمادهای کیش زرتشتی درمی‌آید (البته درخت کاج از نمادهای آیین میتراییسم نیز هست).

به سوی گنبد آذر آرید روی — به فرمان پیامبر راست گوی

کنون جمله این پند من بشنوید — پیاده سوی کشمر روید

آیین زرتشتی در دولت ماد همراه با آیین میتراییسم گسترش داشت. این روند در دوره هخامنشیان نیز ادامه یافت و بخصوص در زمان داریوش بزرگ آیین زرتشت دین تقریباً غالب ایران بود ولی هیچ‌گاه دین حکومتی نبود.

در زمان اشکانیان دین در حکومت نقشی ندارد. هم‌زمان با حکومت اشکانیان مسیحیت در اروپا (روم) شکل می‌گیرد و مبلغان مسیحی این دین را در ایران نیز تبلیغ می‌کردند. این کار باعث شد تا بخشی از ساکنان ایران، بخصوص ساکنان نواحی غربی، به کیش مسیح درآیند. باگذشت زمان پادشاهان اشکانی متوجه می‌شوند که در جنگ‌هایی که بین ایران و روم رخ می‌دهد مسیحیان ایران جانب دولت روم را می‌گیرند. لذا اشکانیان به‌اشتباه خود پی بردند و به احیای دین زرتشت و جمع‌آوری اوستا روی آوردند. آموزه‌های اوستا در زمان هخامنشیان به دست اسکندر نابودشده بود بنابراین جمع‌آوری و انسجام دوباره کیش زرتشت به‌سادگی امکان‌پذیر نبود. جمع‌آوری اوستا و احیای دوباره کیش زرتشت که از اواخر حکومت اشکانیان شروع شد تا اوایل دوره ساسانی تکمیل شد. بخصوص در دوره شاهپور دوم همراه با اوستا تمام آیین‌های ایران باستان نیز گردآوری می‌شود.

در زمان ساسانیان دین و دولت یکی می‌شود و سرزمین‌های ایران‌ویچ، ایرانشهر ساسانی نامیده می‌شود. این مسئله باعث تکامل ملت و دولت در ایران می‌شود؛ اما رسمی شدن دین زرتشتی باعث نفوذ بیش‌ازاندازه موبدان در سیاست و دربار می‌شود که همین امر در ادامه به آیین زرتشت آسیب می‌رساند.

فرازهایی از آیینی که زرتشت آورده و سفارش کرد در زیر خلاصه می‌شود:

یکتاپرستی اخلاقی مهم‌ترین آموزه و سفارش زرتشت به پیروان خود بود. زرتشت به‌روشنی و قانع‌کننده به اراده و اختیار آدمی در توحید و یگانه‌پرستی تأکید می‌کند. او نخستین پیامبر یکتاپرستی در جهان است. در کیش زرتشت، خدای یکتا اهورامزداست که آدمی را باخرد و قدرت تشخیص خوب و بد و دارای اختیار آفریده است. درنتیجه هر کس خود مسئول اصلی رفتار خویش است. زرتشت به پیروان خود می‌آموخت که اهورامزدای یکتا باید پرستش شود و این پرستش با پیشه کردن پاکی، راستی و درستی و پیروی از نظام الهی و نظم جهانی میسر است. اهورامزدا ذات خیر، دانش و نیکی و جوهر زیبایی و نیکی و درخشان‌ترین نورهاست.

در دین زرتشت و در ساختار فکری او، انسان مقامی ارجمند دارد. زرتشت در آرزوی صلح و دوری از جنگ برای همه انسان‌هاست. در آیین زرتشت، روشنایی و نور و آتش نماد اهورامزدا و نشانه دانش و معرفت الهی و راهی به‌سوی عرفان و پاکی معرفی می‌شود که در آن به شادی و نشاط سفارش بسیار شده است. زنان در آیین زرتشت با مردان حقوق برابر دارند و زن در جامعه همانند مرد می‌تواند منشأ اثر باشد.

اساس و پایه دین زرتشت همانا پندار نیک، گفتار نیکوکردار نیک است. آنچه از او به‌اختصار گفته شد در اوستا به‌خصوص در بخش مربوط به سخنان خود زرتشت آمده است. ایزد در اوستا یَزَتَه است به معنی هر چه

شایسته ستایش باشد. در آیین زرتشت هر آنچه در زندگی مادی و مینوی این جهان سودمند و نیک باشد شایسته ستایش است. واژه یزدان برگرفته از ریشه یزنه است و در فارسی امروزه معادل خداوند است.

۵-۲-۱۱ اوستا

اوستا- عنوان مجموعه کهن‌ترین نوشتار و سروده‌های زرتشتیان است که در روزگار باستان بیست‌ویک نسک یا فصل داشته است. اینک دارای پنج بخش، دربرگیرنده سخنان زرتشت و دستورات وی- به همراه شرح و دستور تمام آیین‌های ایران باستان- است که عبارت‌اند از:

یَسنا Yasna، نخستین بخش اوستا، شامل هفتادودو هات (hat) (به معنی بخش یا فصل) است؛ این فصول همه در ستایش ایزدان و پاره‌های نیک طبیعت‌اند.

ویسپرَد Vesprad، دارای ۲۴ کرده (باز به معنی فصل) است. این بخش در خود اوستا به شکل vsīpe ratavŌ، مترادف vispa ratu به معنای «همه‌ردان، همه سروران»، آمده است. بخش نخست آن (vispa) به معنای همه و بخش دوم آن (ratu) در پهلوی به‌صورت rad به معنای «سرور، برگزیده» آمده است. موضوع ویسپرد ستایش ردهاست هریک از انواع آفریدگان گونه گزیده موسوم به «رد» دارد. در جهان مینوی اهورامزدا و در جهان مادی زردشت «رد» است. از «ردها»ی دیگر گاو سیاه موی زردزانو، رد گاوان و گندم رد غلات به شمار می‌آید.

خرده اوستا Xortak.Avistak، شامل دعاها و نمازهایی برای پیروان زرتشت است که در گرامی داشت جشن‌ها و کواکب یا نیایش و ادعیه‌هایی برای گاه‌های شبانه‌روز و یا در مراسم ازدواج و مرگ و سوگواری خوانده می‌شوند. خرده اوستا هرچند مستقل به نظر می‌رسد ولی دربردارنده برداشت‌هایی از سایر بخش‌های اوستاست که به شکل دعا و نیایش تدوین‌شده است.

وَندیداد Vi.daevo.data، دارای بیست‌ودو فرگرد (به معنی فصل) است. وندیدادها نوزدهمین نَسک از بیست‌ویک نَسک اوستای زمان ساسانیان است. این تنها و بزرگ‌ترین بخش از این مجموعه است که به نظر تا امروز دست‌نخورده باقی‌مانده است. این بخش ازنظر محتوی با بقیه موضوعات اوستا تفاوت آشکار دارد که شامل احکام و شریعت‌های مغان و مزدیسنان زرتشتی است. تعدادی از فرگردهای آن درباره جغرافیای قدیم‌ترین عهدهای ایرانی، آداب دفن و تطهیر مردگان و فهرستی از نام دیوان و ددانی است که باید از آن‌ها دوری جُست.

شکل ۲-۱۱. تندیس زرتشت برفراز ساختمان دادگاه عالی نیویورک

۳-۱۱ کوروش کبیر

کوروش کبیر بنیان‌گذار پادشاهی هخامنشی است که در ۵۵۰ پیش از میلاد پایه‌گزاری شد و بیش از دو سده (۵۵۰ تا ۳۳۰ پیش از میلاد) بخش عظیمی از جهان و مردم آن را یکپارچه کرد. این شاهنشاهی، بزرگ‌ترین امپراتوری جهان باستان تا آن زمان به‌حساب می‌آید. گسترش آن در زمان خشایار شاه دوم، ۴۸۰ قبل از میلاد، با بیش از هشت میلیون کیلومترمربع وسعت و طبق روایات ۴۴ درصد مردم آن روز دنیا، به اوج می‌رسد.

شکل ۳-۱۱. کوروش بزرگ.

۱-۳-۱۱ تشکیل پادشاهی کوروش و شخصیت او

با مهاجرت اقوام آریایی به سرزمین ایران، درآمیختن و انسجام تدریجی آن‌ها با مردم فلات ایران، تمدن‌های جدیدی ظهور می‌یابند که یکی از آن‌ها تمدن پارسیان بود که در ایران مرکزی، جنوب ایران، فارس، کرمان، بندرعباس تا سواحل بوشهر و پیرامون اصفهان سکنی داشتند. یکی از خانواده‌های بزرگ پارسی، خاندان پاسارگادیان بودند که بنیان‌گذار آن فردی به نام هخامنش بود. هخامنش در منطقه فارس تا خوزستان (مرودشت امروزی)، حکومتی دایر کرد که قدیمی‌تر از حکومت ماد ولی ابتدا گستره‌ای محلی داشت و به‌تدریج گسترش پیدا کرد.

پس از هخامنش، پسر وی به نام جیش‌پیش جانشین پدر شد. جیش‌پیش دو پسر داشت، یکی آریامنه جد داریوش بزرگ و دیگری کوروش، جد کوروش کبیر، است. با فوت جیش‌پیش، جد کوروش بزرگ جانشین او شده، سپس پسرش کمبوجیه به قدرت می‌رسد. کمبوجیه با غلبه بر تقریباً تمام اقوام مرکز و جنوب ایران، اقوام پارسی را متحد کرده، دولت یکپارچه‌تری را تأسیس می‌کند. او با مادها ارتباط بسیار خوبی برقرار می‌کند و دختر آخرین پادشاه ماد را به همسری برمی‌گزیند. کوروش پسر کمبوجیه، نبیره هخامنش و پسر ماندانا دختر آستیاگ پادشاه ماد است.

درباره زندگی و تولد کوروش داستان‌های زیادی نقل‌شده که بیشتر به افسانه می‌مانند؛ چنین داستان‌ها و افسانه‌هایی، مانند داستان سیمرغ و زال، در سرزمین ایران سابقه دارد. داستان زندگی کورش حکایت از این دارد که وی به‌طور معجزه‌آسایی در کودکی از مرگ می‌گریزد تا روزی نقش بزرگی در جهان ایفا کند.

پس از فوت کمبوجیه، در سال ۵۵۹ پیش از میلاد، کوروش کبیر پادشاه قوم پارس می‌شود. وی با درایتی که داشت اقوام پارسی و تمام اقوام ساکن در مرکز ایران، به‌خصوص پارس تا خوزستان را منسجم کرده، یک پادشاهی قوی به وجود می‌آورد. سرانجام در دوران آخرین پادشاه ماد، استیاگ که پدر مادری کوروش هم بوده است در منطقه پاسارگاد امروزی جنگی میان مادها و پارس‌ها درمی‌گیرد که تقریباً بدون خونریزی به نفع کوروش پایان می‌یابد. پس از جنگ، بزرگان ماد آستیاگ را رها کرده، به کوروش پیوستند. بدین ترتیب آخرین پادشاه ماد، تسلیم نوه خود شده، تمام سربازان ماد به سپاه کوروش می‌پیوندند. کوروش از اتحاد دو قوم پارس و ماد، شاهنشاهی بزرگ هخامنشیان را بنا می‌گذارد.

کوروش با درایت، مهربانی و بزرگ‌مردی و ارج نهادن به تمام آیین‌ها، گویش‌ها و عقاید، بدون آزار جدی دیگران بزرگ‌ترین امپراتوری عهد

باستان را برپا می‌کند. به‌تدریج باگذشت زمان و بالا گرفتن قدرت کوروش، دولت‌های غربی آن زمان ازجمله دولت مقتدر لیدی که قلمرو آن شامل ترکیه مرکزی و غربی امروزی بود به خاطر ترس از عظمت کوروش، به دولت‌های اسپارت (از دولت‌های بزرگ تابع یونان آن زمان)، بابل و مصر القا می‌کند که کوروش پارسی احتمالاً قصد براندازی حکومت آن‌ها را دارد. کوروش با آگاهی از این دسیسه‌ها (ظاهراً به کمک یک پناهنده سیاسی لیدی) پیش‌دستی کرده، با حمله به لیدی پادشاهی آن را سرنگون می‌کند. با استیلای کورش بر پایتخت مرکزی لیدی و فتح سایر سرزمین‌های لیدی نواحی سرتاسر سرزمین لیدی یک‌به‌یک به دولت کوروش می‌پیوندند، بسیاری از مردمان و نیروهای آن‌ها فرمانروایی کوروش را می‌پذیرند. بزرگان و سربازان لیدی با دیدن خوش‌رفتاری و آزادمنشی کوروش پس از پیروزی که در میان فاتحان تا آن زمان سابقه نداشت، به عظمت وی پی می‌برند.

پس‌ازاین پیروزی، کوروش مدت شش سال به ایران شرقی می‌پردازد. در شرق ایران اقوام مهاجر همراه با حکومت‌های محلی، قوم پارت را تشکیل داده بودند. در حقیقت کوروش طی این مدت در آنجا شهرهایی بنیاد می‌کند تا مردمان آسیای مرکزی آسیبی به شرق ایران نرسانند. یکی از این شهرهای ساخته‌شده توسط کوروش در ۲۵ کیلومتری خجند به نام شهر کوروش بود که توسط اسکندر ویران می‌شود. روستای موسوم به کُرکَت باقی‌مانده شهر کوروش است. نهایتاً کوروش با ادغام اقوام پارت، پارس و ماد- سه قوم بزرگ ایرانی تشکیل‌دهنده حکومت‌های پیشین و مقتدر محلی که همراه با مهاجرین مجموعاً آریایی نامیده می‌شدند- دولت ملت یکپارچه هخامنشی را بنیان گذاشت. پادشاهی هخامنشی بزرگ‌ترین و نخستین دولت فراگیر، متمدن و متمرکز دنیای باستان به‌حساب می‌آید.

پس از تشکیل دولت- ملت هخامنشی، کوروش به دلیل ظلم و ستمی که دولت بابل به مردمان خود و اسیران زندانی روا می‌داشت و نیز مزاحمت‌ها و هجوم‌های گاه‌وبیگاه به غرب ایران، به آنجا لشکرکشی می‌کند. در این لشکرکشی باآنکه دولت بابل استحکامات گسترده و نیز سربازان نیرومندی داشت، بابل به‌راحتی تسلیم کوروش می‌شود. در اصل، مردم بابل ازیک‌طرف به خاطر آوازه بزرگ‌منشی و آزادگی کوروش و از طرف دیگر با به تنگ آمدن از پادشاه خود، نبونید، از وی حمایت نکردند و کوروش بدون خونریزی در میان خوشحالی مردم در ۷ آبان ۵۳۹ پیش از میلاد وارد بابل شد. کوروش به مردم و تمام دین و آئین آن‌ها و همچنین به کاهن بزرگ بابلیان یعنی مردوک احترام می‌گذارد، مناطق مخروبه را بازسازی می‌کند، اقوام اسیر را آزاد می‌کند (نقل است که حدود هفتاد هزار کلیمی اسیر دولت بابل توسط کوروش آزاد می‌شوند). پس از فتح بابل، کشور بزرگ ایران آن زمان شامل ترکیه امروزی، میان‌رودان تا فرارودان تحت حکومت هخامنشیان درآمده بود.

پس از فتح بابل و تشکیل پادشاهی کوروش در مرکز ایران و باختر آن کوروش به سمت شرق می‌رود و برای امنیت و یکپارچه‌سازی خاور ایران به خاور می‌روند و با ساکاها وارد جنگ می‌شود. سرانجام کورش در جنگ با ساکاها در شرق ایران آن زمان کشته می‌شود. پیکر وی پس از انتقال به پاسارگاد در آرامگاه ساده و پیرایه خودساخته‌اش به خاک سپرده می‌شود.

بدین‌سان داستان کورش- که دشمنانش، ازجمله یونانیان، هم به بزرگی از وی یاد می‌کنند- به پایان می‌رسد. یونانیان با یاد نیک از کورش سعی می‌کردند افکار، روش و منش او را سرلوحه فعالیت‌های خود قرار دهند.

برای نمایاندن بزرگ‌منشی کوروش همین بس که سیره او را با فاتحان آن زمان مقایسه کنیم. جنگ‌ها و حمله‌هایی که قبل از کوروش یا حتی هزاران سال بعد به سرزمین‌های دیگران شد به‌خوبی بزرگی او را نشان می‌دهد. در کتیبه نبوکد نصر پادشاه بابل آمده که «فرمان دادم هزاران چشم درآوردند و هزاران ساق پا بشکنند...» و یا آشور بانیپال پس از تصرف شوش می‌گوید: «دستور دادم زیگورات را خراب کنند، شوش را به آتش بکشند و.»؛ و یا حمله اسکندر که تخت جمشید را آتش زد و یا حمله اعراب به سرزمین‌های فتح‌شده و حمله مغول به ایران و رفتار آن‌ها با مردم بخارا و نیشابور. شاید حکومت طالبان وداعش در زمان حاضر، با کشتار مردم بی‌گناه پیرو آئین‌های دیگر و تخریب آثار فرهنگی در عراق، افغانستان و سوریه یادآور حاکمان ستمگر دوران پیشین باشد.

این است که رفتار و سلوک کوروش با مردم سرزمین‌هایی که فتح می‌کرد موردستایش دوست و دشمن بوده است. در پی فتح و پیروزی، گزارشی از مردم‌آزاری و غارت و به آتش کشیدن توسط سپاهیان ایرانی تحت فرمان کورش کبیر دیده نمی‌شود. عقاید، رسوم، آئین و زبان مادری سرزمین‌های فتح‌شده مورداحترام بود، رسمی که اگر همه فاتحان جنگ‌ها آن را به‌جا می‌آوردند دنیا چهره دیگری پیدا می‌کرد و شاید اصولاً جنگی پدید نمی‌آمد. پادشاهی هخامنشیان از دوران باشکوه کشورداری و فرهنگ ایران‌زمین است. جا دارد که بنیان‌گذار آن، کورش بزرگ که گاهی به لقب پدر ایرانا‌ز وی یاد می‌شود به‌پاس جوانمردی و برپائی حکومت مردم مدار به‌اندازه‌ای که شایسته نامش بود بزرگ شمرده شود. تعیین یک روز به نام وی در تقویم ایرانیان و نمام کشورهایی که میراث دار تاریخ و جغرافیای ایران باستان هستند شاید حداقل تلاش برای به خاطر سپردن نام کورش و نخستین امپراتوری خوش‌نام جهان باشد. شاخص‌ترین یادگار کورش برای جهان و جهانیانی که همچنان در برپائی یک جامعه بشری برخوردار از حقوق انسانی شایسته برای تک‌تک مردم ناتوان مانده‌اند همانا منشور حقوق بشر وی است.

استوانه منشور کورش کبیر

استوانه (منشور) کورش به دنبال کاوش‌های‌گروه انگلیسی در شهر باستانی بابل، در سال (۱۲۸۵ خورشیدی، ۱۸۷۹م) توسط باستان‌شناسی کلدانی به نام هرمزد رسام در تپه موسوم به عَمران پیدا شد. این استوانه لوحی گِلی است که نوشته‌هایی به خط و زبان بابلی نو بر آن نقش بسته است. پس از ترجمه مشخص شد این استوانه به‌فرمان کورش هخامنشی در سال ۵۳۹-۵۳۸ پیش از میلاد و مدتی پس از فتح بابل به زبان اَکَدی، خط میخی نوشته‌شده است. با ترجمه این منشور و اطلاع

از مضمون آن، موجي از تحسین در میان متفکران حقـوق بشـر پدید آمد و برخی این نوشته را به‌عنوان اولین «منشور حقوق بشر» نامیدند. استوانه کورش موزه باستانی لندن نگهداری می‌شود. استوانه کورش، به‌رسم کهن در نوشتن کتیبه‌های ساختمانی سلطنتی پادشاهان آشوری و بابلی، برای یادمان فعالیت‌های آنان، توسط کاهنان مردوک و دبیران بابلی نوشته‌شده است. دوتکه جداگانه شکسته استوانه در ۴۵ سطر نوشته‌شده است که اولی در موزه بریتانیا و دومی در مجموعه دانشگاه ییل نگهداری می‌شد. تکه دانشگاه ییل بعدها در اختیار موزه بریتانیا فراداده شد. در سطور نیمه اول منشور که با گفتاری از مردوک خدای بابل شروع می‌شود از جنایات نبونید، آخرین پادشاه کلدانی، سخن رفته و در ادامه روایتی از مردم برای یافتن پادشاهی شایسته و اشاراتی مبنی بر فتح بابل و حکمرانی کورش آمده است. در بخش دوم که کمی طولانی‌تر است به‌طور مستقیم از زبان کورش به صیغه شخص اول ابتدا با اشاره به اصل و نسب خویش و سپس فتح بدون خونریزی بابل، بر رحمت مردوک بر او و پسرش کمبوجیه سخن رانده است.

مضمون عالی منشور کورش در احترام به حقوق انسانی همه ابنای بشر از هر رنگ و قوم و نژادی که باشند، آزاداندیشی و مدیریت یک جامعه با تنوع قومی و فرهنگی، عدم کشتار و حفظ حقوق یک ملت شکست‌خورده به دست حاکمان جدید و احترام به میراث فرهنگی و بازسازی خرابی‌های آن‌ها موجب شده است تا مضامین آن توسط توماس جفرسون - با مراجعه به تاریخ گزنفون - در نوشتن اعلامیه استقلال و قانون اساسی آمریکا و نیز توسط سازمان ملل (۱۹۴۸ م) در اعلامیه جهانی حقوق بشر این سازمان گنجانیده شود. در ۱۹۷۱ سازمان ملل متحد آن را به شش زبان رسمی سازمان ملل منتشر کند. برپائی بناهای یادبود کورش، نصب تندیس‌ها و نقش یا منشور کورش در بسیاری از شهرها در کشورهای گوناگون ازجمله بریتانیا، استرالیا، امریکا، فرانسه و آلمان از افتخارات این دوره باستانی ایران به شمار می‌رود.

بخش‌هایی از منشور کورش

- منم کوروش، شاه جهان، شاه بزرگ، شاه دادگر، شاه بابل، شاه سومر و اَکَد، شاه چهارگوشه جهان هستی
- پسر کمبوجیه، شاه بزرگ، شاه انشان، نوه کوروش، شاه بزرگ، ... از دودمانی که همیشه شاه بوده‌اند
- ... آنگاه‌که بدون جنگ و پیکار وارد بابل شدم، همه مردم مَقدَم مرا با شادمانی گرامی داشتند. در بارگاه پادشاهان بابل بر تخت شهریاری نشستم. مردوک خدای بزرگ‌دل‌های مردم بابل را به‌سوی من گرداند.
- آشوروشوشمن شهرهای «آگاده»، اشنونا، زمبان، متورنو، دیر، سرزمین گوتیان و همچنین شهرهای ویران‌شده آن‌سوی دجله را از نو ساختم.
- فرمان دادم تمام نیایشگاه‌های بسته را بگشایند. همه خدایان این نیایشگاه‌ها را به‌جاهای خود بازگرداندم
- همه مردمان پراکنده و آواره را به جایگاه‌های خود برگرداندم و خانه‌های ویرانشان را آباد کردم.
- همچنین پیکره خدایان سومر و اکد را که «نبونید»، بدون هراس از خدای بزرگ، به بابل آورده بود، به خشنودی مردوک «خدای بزرگ» و به شادی و خرمی به نیایشگاه‌های خودشان بازگرداندم. باشد که دل‌ها شاد گردد.
- اینک که به یاری «مزدا» تاج سلطنت ایران و بابل و کشورهای چهارگوشه جهان را به سر گذاشته‌ام اعلام می‌کنم که تا روزی که زنده هستم و مزدا توفیق سلطنت را به من می‌دهد دین و آئین و رسوم ملت‌هایی را که من پادشاه آن‌ها هستم محترم خواهم شمرد و نخواهم گذاشت حکام و زیردستانم دین و آئین و رسوم ملت‌هایی که پادشاهشان هستم یا ملت‌های دیگر را کوچک شمارند یا به آن‌ها توهین کنند
- از امروز که تاج سلطنت را به سرنهاده‌ام تا روزی که زنده هستم و مزدا توفیق سلطنت را به من می‌دهد هرگز سلطنت خود را بر هیچ ملتی تحمیل نخواهم کرد و هر ملتی آزاد است که مرا به سلطنت خود قبول کند یا نکند و هرگاه نخواهد مرا پادشاه خود بداند من برای ادامه سلطنت آن ملت به جنگ روی نخواهم کرد.
- تا روزی که پادشاه ایران هستم نخواهم گذاشت کسی به دیگری ظلم روا دارد و حق مظلوم از ظالم بستانم و ستمگر را مجازات کنم.
- تا روزی که پادشاه هستم نخواهم گذاشت مال غیرمنقول یا منقول دیگری به‌زور یا به طریق دیگر بدون پرداخت بهای آن و جلب رضایت صاحب‌مال، تصرف شود
- تا روزی که زنده هستم نخواهم گذاشت که شخصی دیگری را به بیگاری بگیرد و بدون پرداخت مزد وی را به کار وادارد
- اعلام می‌کنم هرکسی آزاد است که هر دینی را که میل دارد بپذیرد و هر آنجا که میل دارد سکونت کند مشروط بر اینکه در آنجا حق کسی را غصب نکند و هر شغلی را که میل دارد پیش بگیرد و مال خود را به هر نحو که مایل است به مصرف برساند مشروط بر اینکه لطمه به حقوق دیگران نزند.
- هیچ‌کس را نباید به مناسبت تقصیر خویشاوندانش مجازات کرد.
- من برده‌داری را برانداخته، به بدبختی‌های آنان پایان بخشیدم.
- از مزدا می خواهانم که مرا در اجرای تعهداتم نسبت به ملت‌های ایران، بابل و ملل چهارگوشه جهان موفق گرداند.

منشور کوروش در ایران اولین‌بار توسط پروفسور عبدالمجید ارفعی (شکل ۴-۱۱)، استاد زبان‌شناسی، پژوهشگر و متخصص زبان‌های باستانی اکدی و ایلامی و آخرین مترجم خط میخی ایلامی در جهان،

شکل ۴-۱۱. پروفسور عبدالمجید ارفعی استاد زبان شناسی زبان‌های اکدی و ایلامی.
www.kojaro.com

ترجمه شد. او که از طرف بنیاد فرهنگ ایران به انگلستان رفته بود تا از متن استوانه کوروش در موزه بریتانیا عکس بگیرد، یک نسخه کپی نیز از استوانه تهیه و هنگام بازگشت به ایران، اولین برگردان فارسی دقیق از متن منشور را چاپ کرد و سپس ترجمه منشور را با مقدمه و یادداشتی‌های کامل همراه دو نوشته بابلی درباره نحوه به قدرت رسیدن کوروش در چاپ دوم منتشر نمود.

«شاهنامه در طول عمر هزارساله‌اش دمساز جاویدان ایران و شریک غم و شادی‌های هم وطنان ما در این دوره پرفراز و نشیب بوده است. ایرانیان شاهنامه را شاهکار حماسی، قباله حیثیت و سند افتخار ملی خود دانسته‌اند و در هر صنف، به وسع فهم و اقتضای حالش آن را در مرکز توجه جامعه کشانده است و به یاد هم وطنان خود می‌آورد. شاهنامه گاه از یک سو نهیب رجزهای پهلوانی خون شرف و حمیت در عروق جوانان وطنی جوشانده است و از سوی دیگر قیام کاوه در ظلمات ستم نور امیدی به دل‌های افسرده پاشانده و گاهی اندرزهای خردمندانه‌اش مددکار ذهن پندآمیز پیران گشته است. پیام و مقصود فردوسی در زمانی که فرهنگ، هویت، زبان و تاریخ ایرانی از همه سو سال‌ها، بیش از ۳ قرن، مورد هجوم قرار گرفته است. این بزرگ مرد ایران زمین، یک تنه مقصودش زنده کردن هویت ایران، دوباره آفریدن زبان اجدادی و هویت ملی، هچنین شناساندن گذشته درخشان و رهنمود به آینده در همه عصرها و برای هم نسل‌ها بوده است».

شکل ۵-۱۱. حکیم ابوالقاسم فردوسی (۳۹۷-۳۱۹ خورشیدی)

بناکردم از نظم کاخی بلند　　　که از باد و باران نیابد گزند

۴-۱۱ حکیم ابوالقاسم فردوسی- میراثدار هویت ملی ایران

فردوسی یک‌نفر به اندازه همه فرمانروایان ایران‌دوست، همه سربازان فدایی وطن، همه پهلوانان و به اندازه همه دانشمندان، از فرهنگ و هویت ایرانی و زبان فارسی پاسبانی کرد. در شاهنامه ۱۷۰۰ بار نام ایران و ایرانی برده شده است. همه این‌ها نشان از آن دارد که فردوسی آگاهانه پای در این راه گذاشته و از عاقبت خوب و بد آن آگاه بوده‌است. بی‌مناسبت نیست که پس از نوشتن شاهنامه چه در زمان حیات فردوسی و چه پس از مرگش تهمت‌هایی بر او روا داشتند؛ از جمله:

نویسنده داستان مغان

بزرگ دیده فر ایرانیان

۱-۴-۱۱ زندگی‌نامه فردوسی

فردوسی نامدارترین شاعر حماسه‌سرای ایران، زنده نگاه‌دارنده زبان پارسی، سراینده بهترین شاهکار ادبی جهان یعنی شاهنامه است. شاهنامه درواقع سرگذشت قوم ایرانی در برهه‌های حساس تاریخ است که با اتکا بر مآخذ و منابع مکتوب و شفاهی ایران باستان، زیر فشار ناسازگاری‌های فرهنگی و اجتماعی زمانه در قرن چهارم خورشیدی به شکلی حماسی سروده شده است. شاهنامه منظومه‌ای باشکوه و هنرمندانه از چندین سده از رویدادهای تلخ شیرین قوم ایرانی است. فردوسی در جای‌جای شاهنامه با اشاره به راویان کهن، شاهکار خود را به نظم درمی‌آورد. به نظر می‌رسد حکیم توس از سال‌ها پیش از به نظم درآوردن شاهنامه، در مآخذ و روایات افسانه‌های کهن پژوهش و ژرف اندیشی کرده است. فردوسی نیک می‌دانسته که معاندان بسیاری در پیرامون او به کمین نشسته‌اند تا ببینند گوشه‌ای از منظومه‌اش با روایات و منابع کهن همخوانی ندارد تا بر او خرده‌گیرند و کارش را بی‌اعتبار جلوه دهند. دیگر آنکه دهقانانی بودند که به‌عنوان راویان خاطره‌ها و گردآورندگان سرگذشت خاندان‌های خود، نمی‌توانستند قلب روایات را تاب آورند. حکیم فردوسی در سال ۳۱۹ خورشیدی در روستای پاژ (فاز امروزی) از توابع تیران (طیران) از شهرستان توس خراسان به دنیا آمد. در همان سال تولد فردوسی، رودکی پدر شعر فارسی جان به جان‌آفرین سپرد.

دوران کودکی فردوسی با دوران سلطنت سامانیان همراه بود. نام مادرش فاطمه‌بانو از شاهزادگان محلی مازندران (از تیره و خانواده اسپهبدان طبرستان) و نام پدر مولانا فخرالدین احمد، مردی خردمند و در آن زمان در دولت سامانی مسئول مالیات خراسان بود. فردوسی در دوران کودکی آموزش را از مکتب‌خانه پاژ شروع کرد. در این زمان همچنین از آموزش‌های پدرش که مردی فاضل بود برخوردار می‌شد و در حقیقت می‌توان گفت پدر اولین معلم او در آموزش بود.

پس از آموزش در روستا زادگاهش برای آموزش بیشتر به شهر توس رفت. فردوسی با توجه به اینکه از خاندان بزرگ و خردمندی بود از تمام امکانات آموزش توس برخوردار بود. پدر فردوسی از خاندان دهقان و جز زمین‌داران خراسان بود. (اصولاً دهقانان در زمان ساسانیان یکی از طبقات مرفه و شاخص جامعه به‌حساب می‌آمدند).

طبقه دهقان در زمان ساسانیان معمولاً در امور نظامی و سیاسی دخالت نمی‌کردند اما بعد از اسلام این طبقه تقریباً سالم مانده بود. هرچند آسیب‌هایی دیده بودند. در این زمان طبقه دهقان در حقیقت پاسدار فرهنگ و تاریخ گذشته و کهن بودند. این طبقه سعی می‌کردند فرهنگ کهن ایران را سینه به سینه نقل و منتقل کنند و یا اگر می‌توانستند آن را به نوشتار تبدیل می‌کردند.

فردوسی هم از کودکی علاقه فراوانی به فرهنگ و تاریخ ایران باستان؛ به‌خصوص داستان‌های کهن فارسی، زبان ایرانیان باستان داشت. سال‌ها پیش از فردوسی شاهنامه‌ای به‌نام شاهنامه ابومنصوری موجود بود. هدف شاهنامه ابومنصوری این بود که آئین کهن ایران را زنده نگه‌دارد و داستان‌ها، رسم و عادات ایران کهن را در خود داشته باشد؛ اما این شاهنامه هم تکمیل نبود، نسخه‌های معدودی داشت و در دسترس همگان نبود. تعدادی از داستان‌های شاهنامه ابومنصوری به دست فردوسی رسید. فردوسی از خواندن این داستان‌ها بسیار لذت می‌برد و به آن‌ها به شدت علاقه‌مند شده بود. او تصمیم گرفت تمام این داستان‌ها را بخواند و همچنین قصد داشت این شاهنامه را تکمیل کند و آن را به نظم بکشد. علاوه‌بر شاهنامه ابومنصور، دقیقی هم قبل از فردوسی قصد داشت که شاهنامه ابومنصوری به نظم درآورد که مقدار کمی از آن توسط دقیقی انجام شده بود. فردوسی به نسخه دقیقی که تکمیل هم نبود دست یافت. اصل و کل شاهنامه ابومنصوری در توس نبود و فردوسی شنیده بود که کل این شاهنامه در دربار و کتابخانه دولتی سامانیان وجود دارد؛ اما دسترسی به آن برای فردوسی ممکن نبود. از این رو بر آن شد که برای بدست آوردن نسخه‌های دیگر آن به مکان‌های دیگر خراسان سفر کند و این کار را هم کرد. فردوسی در این سفر به شهرهای زیادی از خراسان رفت و در هر شهری که اطراق می‌کرد با بزرگان و عالمان آن شهر به گفت‌وگو می‌نشست. حاصل این نشست‌ها و گفت‌وگوها اطلاعات بسیار با ارزشی بود که درباره دانسته‌ها و تاریخ و فرهنگ ایران باستان به دست آورد. فردوسی از تمام شنیده‌ها و گفت‌وگوها را یادداشت تهیه می‌کرد و پس از این سفر گنجینه‌ای بزرگ از دانسته‌ها و تاریخ ایران باستان را در یک‌جا جمع کرد و تصمیم گرفت آنچه در این سفرها جمع‌آوری کرده است را همراه دانسته‌ها و منابع پیشین باهم بنگارد.

فردوسی تمام وقت خود را برای نوشتن آنچه که درنهایت تبدیل به شاهنامه فردوسی گردید؛ نهاد و سایر کارها را تعطیل کرد. در این راستا همسرش رودابه و دخترش منیژه همراه و مشوق او بودند در صورتی که به نظر می‌رسد پسرش هوشنگ در این راستا خیلی با او همکاری نمی‌کرد.

در همین زمان که فردوسی آغاز به نوشتن کرد، یکی از دوستانش که در دربار سامانیان کار می‌کردند؛ با فردوسی دیداری داشت. او شنیده بود که فردوسی چقدر دنبال شاهنامه ابومنصوری است و با توجه به نفوذی که در

دربار سامانی داشت توانست با اجازه شخص شاه، شاهنامه ابومنصوری را به دست فردوسی برساند. وقتی شاهنامه ابومنصوری به‌دست فردوسی رسید؛ بسیار خرسند شد و در پوست خود نمی‌گنجید. انگیزه و اشتیاق فردوسی با خواندن کامل این شاهنامه و یافته‌های خودش برای نوشتن شاهنامه چندین برابر شد. فردوسی در این زمان چند منبع بزرگ در اختیار داشت که یکی یافته‌های خودش از بزرگان توس، گفت‌وگو با افراد مطرح خراسان بزرگ و جمع آوری تمام شنیده‌ها در خراسان بزرگ و دوم شاهنامه ابومنصوری بود و سوم کتاب خداینامه که احتمالا ترجمه عربی آن در دسترس و البته منبع اصلی شاهنامه ابومنصوری هم خداینامه بوده است.

فردوسی مشاهده کرده بود که شاهنامه ابومنصوری انعکاس دهنده تمام واقعیات نیست و برخی از گفته‌های آن با یافته‌های خودش مطابقت ندارد؛ بنابراین آنچه فردوسی سعی در آفرینش آن کرد جمع یافته‌های خودش و نوشته‌های پیشین مانند شاهنامه ابومنصوری و منبع اصلی آن یعنی خداینامه بود. البته نقل است بیش از ۱۴۰ نوشته کتاب و رساله از زمان ساسانیان به دوره اسلامی راه یافته است و از قرن چهارم به بعد خورشیدی این منابع از بین رفته‌اند. احتمالاً فردوسی به برخی از این منابع دست یافته است.

فردوسی در سال ۳۵۹ خورشیدی یعنی در ۴۱ سالگی آغاز به سرودن شاهنامه کرد و در سال ۳۸۴ خورشیدی در سن ۵۵ نخستین ویرایش اولیه شاهنامه را انجام داد. این زمان سه سال قبل از روی کار آمدن سلطان محمود غزنوی است.

پسر فردوسی دوستی به نام ابودلف داشت که علاقه زیادی به اشعار فردوسی پیدا کرده بود و اشعار فردوسی در محافل آموزشی، تفریحی و گاه نزد بزرگان توس به‌طور بسیار زیبا و حماسی می‌خواند و این مسئله باعث تبلیغ و توزیع اشعار فردوسی در توس شد و باعث آگاهی بزرگان توس از نگارش شاهنامه فردوسی شد. در حقیقت ابودلف را در تاریخ باید اولین نقال اشعار فردوسی از زمان شروع نگارش شاهنامه دانست. فردوسی در این چند سال با زحمت زیادی که کشید به هدف خود که سرودن تاریخ، فرهنگ و داستان‌های ایران باستان در غالب شعر حماسی بود؛ نزدیک شد و در این زمان بود که یکی از امیران توس به‌نام امیرحسین قطب که اشعار فردوسی را از طریق قطب شنیده بود تصمیم می‌گیرد با یاران نزدیکش به دیدار فردوسی برود. وقتی امیر توس با فردوسی دیدار کرد و آشنایی بیشتر با شاهنامه نگارش شده تا آن زمان پیدا کرد؛ دریافت که چه اثر مفید و جاودانی در حال خلق شدن است. او گفت که فردوسی از سرمایه‌های بزرگ شهرماست و دستور داد که فردوسی از تمام مالیات زمین‌های پدری‌اش معاف شود و هدایای قابل توجهی هم به فردوسی داد. فردوسی از این رویداد بسیار خرسند شد زیرا که تا این مدت فردوسی تقریباً تمام سرمایه زندگی‌اش را صرف نوشتن شاهنامه کرده بود و این مسئله باعث شد که فردوسی در هدف خودش و تکمیل شاهنامه بسیار جدی‌تر شود.

فردوسی با تمام همت به نگارش و تکمیل شاهنامه می‌پرداخت و نگران بود که با توجه به افزایش سنش نتواند آنچه در نظر دارد را کامل کند. از این رو تلاش خود را بیشتر کرد. پس از چندی چرخه روزگار دگرگون شد و اوضاع سیاسی خراسان تغییر کرد. شرایط ناامنی در خراسان پیش آمد که این موضوع مربوط به اواخر حکومت سامانیان است که در این زمان در دولت سامانیان محمود غزنوی فرزند سبکتکین حاکم خراسان شد و پس از چندی سامانیان را کنار زد و حاکم کل خراسان بزرگ گردید. سلطان محمود در اولین سال‌های حکومتش نسبت به تغییر امیران محلی اقدام کرد. کنار زدن امیرحسین قطب که در جنگ‌های اولیه سلطان محمود کمکی به روی کار آمدن سلطان محمود نکرده بود جزو اولین تغییرات وی می‌باشد. به همین دلیل امیرحسین قطب برکنار و زندانی شد و سلطان محمود شخصی به‌نام ارسلان جاذب را به‌جای امیر حسین قطب گماشت. ارسلان جاذب رابطه خوبی با شعر و شاعری، فرهنگ ایران و احتمالاً با شخص فردوسی نداشت و از بد روزگار به سراغ فردوسی می‌رود و قانون معاف از مالیات را برای فردوسی لغو می‌کند و می‌گوید مالیات سال‌های گذشته هم که معاف بودی باید بپردازی. همین مسئله باعث شدکه فردوسی در اواخر عمر دارایی و زمین‌هایش را برای پرداخت مالیات سال‌های پیش بفروشد؛ و خانواده‌ای مرفه به خانواده‌ای تهی‌دست تبدیل شود. در همین زمان است که شاهنامه نگاشته شده و گرد پیری بر چهره بزرگ توس نشسته و به ۷۰ سالگی رسیده بود. در همین زمان هوشنگ پسر فردوسی در ۳۵ سالگی از دنیا رفت و بر درد حکیم توس افزود.

سلطان محمود، وزیری به نام احمد اسفراینی داشت که به درخواست سلطان محمود به شهرهای خراسان سفر می‌کند تا از شرایط آن‌ها برای سلطان محمود گزارش تهیه کند و پیام سلطان محمود را هم به امیران محلی برساند. یکی از این شهرها که وزیر به آن سفر می‌کند؛ توس است. احمد اسفراینی در توس در یک ظیافت شام که در خدمت ارسلان جاذب امیر توس است؛ صحبت‌هایی راجع به شاهنامه فردوسی می‌شنود و تصمیم می‌گیرد که به خدمت استاد توس برود. هنگامی که به منزل فردوسی می‌رسد و خود از زبان فردوسی شاهنامه را می‌شنود و از نوشته‌هایش آگاه می‌شود، پیشنهاد می‌دهد که فردوسی به غزنین برود و می‌گوید سلطان محمود دوستار شعر است و افراد زیادی در دربارش شعر می‌سرایند و جایزه می‌گیرند. فردوسی پیشنهاد اسفراینی را نمی‌پذیرد ولی پس از اینکه یک‌سال از این وضعیت می‌گذرد، تصمیم می‌گیرد به غزنین سفر کند. در این سفر ابودلف دوست قدیمی پسرش و چند نفر از یارانش با او همراه می‌شوند. در آن زمان عنصری که از شاعران دربار سلطان محمود بود که از آمدن فردوسی نا خوشنود می‌شود. او تصور می‌کرد که فردوسی جای او را می‌گیرد به همین دلیل سعی می‌کرد که فردوسی را از طریق حاکم هرات از این سفر منصرف کند؛ اما سرانجام فردوسی وارد غزنین می‌شود او سعی داشت که شخصاً شاهنامه را به دربار سلطان محمود برساند (به نظر نگارنده انگیزه فردوسی از این کار حفظ شاهنامه و ثبت آن در دیوان دولتی بوده است نه هیچ انگیزه

مالی). فردوسی این را دیده بود که از شاهنامه ابوالموید بلخی که از اسطوره‌های ایران گفته بود اثری باقی‌نمانده است و مشاهده کرده بود که آفرین‌نامه ابوشکور بلخی دست ایرانیان از بین رفته بود؛ اما در این زمان سلطان محمود در پایتخت نبود. فردوسی وقتی وارد غزنین می‌شود مورد استقبال عنصری قرار می‌گیرد و برای مدتی در یکی از باغ‌های عنصری مهمان بود. زمانی که عنصری اشعار شاهنامه را از زبان فردوسی می‌شنود متوجه می‌شود که چه گوهری توسط استاد توس خلق شده است. در این مدت فردوسی متوجه شد که بزرگان غزنین تقریباً با شاهنامه آشنا هستند و علت این بود که قسمت‌هایی از شاهنامه در توس نسخه‌برداری می‌شد و به شهرهای دیگر خراسان از جمله غزنین هم رسیده است. فردوسی مدتی هم در منزل یکی از دوستانش به‌نام شرف‌الدین ماهک مهمان شد. شرف‌الدین مردی کهنسال از نزدیکان پدر سلطان محمود بود و از همین نظر این پیرمرد نزد سلطان محمود محترم بود.

هنگامی که سلطان محمود از سفر به دربار بازگشت، شرف‌الدین ماهک ترتیب حضور فردوسی به دربار را داد و فردوسی به حضور سلطان محمود رسید. سلطان محمود درباره چگونگی ویژگی‌های شاهنامه، چگونگی سرودن آن و نیز وضعیت حال و گذشته از فردوسی سوالاتی نمود. سلطان محمود دریافت که هدف ایشان از سرودن شاهنامه زنده‌کردن زبان پارسی و آئین کهن ایران باستان است نه گرفتن سیم و زر!

سلطان محمود از وزیرخود، احمدبن حسن میمندی، می‌پرسد شاهنامه را چگونه دیدی؟ وزیر پاسخ می‌دهد موزون و روان بود و بسیار دلنشین و از همه مهم‌تر تعمل برانگیر بی‌نظیر استادانه. پس از گفت‌وگو فردوسی با سلطان محمود، فردوسی ادای احترام کرد و از دربار خارج شد. سلطان محمود هم از وزیرش درخواست کرد درباره شاهنامه بیشتر جست‌وجو کند و نیاز کتابخانه دربار را به آن بگوید. پس از چند روز که ادیبان دربار از شاهنامه اطلاع حاصل کردند، متوجه بی‌نظیر بودن این کتاب شدند و این مسئله را به سلطان محمود گوشزد نمودند و گفتند این کتاب مورد نیاز دربار ما می‌باشد و غنیمتی است که به دربار رسیده است (در اینجا فردوسی به هدفش که حفظ شاهنامه بود می‌رسد).

نقل است که سلطان محمود دستور می‌دهد پنجاه هزار سکه در اختیار فردوسی بگذارند؛ اما وزیران و نزدیکان مخالفت می‌کنند ولی سلطان همان را دستور می‌دهد. وزیر بدون اطلاع به سلطان محمود تعداد بیست‌هزار سکه را از خزانه خارج کرد و سه نفر را مأمور کرد که این بیست‌هزار سکه را برای فردوسی ببرند. سه نفر هم تصمیم می‌گیرند این سکه‌ها را بین خود تقسیم کنند و به فردوسی ندهند. گویا آنها سکه‌ها را بین خود تقسیم می‌کنند و بخشی را به فردوسی می‌رسانند و فردوسی قبول نمی‌کند. فردوسی هم غزنین را ترک می‌کند. این سه نفر لو می‌روند و در بازجویی می‌گویند که فردوسی از قبول این جوایز از سلطان سرباز زد و این خبر به سلطان محمود می‌رسد. او از اینکه فردوسی از پذیرفتن جایزه سلطان محمود سرباز زده خشمگین می‌شود و دستور می‌دهد فردوسی را بازداشت کنند. فردوسی در این هنگام غزنین را ترک کرده بود و به توس بازگشت. دراصل فردوسی هم از این سفر پشیمان شده بود. سلطان محمود در آخر کار متوجه اشتباه خود می‌شود و یا از قضایای پیش آمده مطلع می‌شود و جایزه‌ای برای فردوسی به توس می‌فرستد. هنگامی که جایزه به توس می‌رسد فردوسی جان به جان آفرین می‌سپارد.

۲-۴-۱۱ منابع شاهنامه فردوسی

هرچند برخی موارد این قسمت قبلاً نیز گفته شده است؛ اما برای تکمیل توصیفات بیشتر درباره منابع شاهنامه لازم بود که آورده شود.

قبل از به نظم کشیدن شاهنامه فردوسی چند شاهنامه وجود داشت. ازجمله شاهنامه ابومنصور، شاهنامه ابوعلی محمدبن احمدبلخی و شاهنامه ابوالموید که از نخستین شاعران دوره سامانی است که در قرن چهارم هجری قمری به زبان پارسی نوشته شده‌است. تمامی این شاهنامه‌ها از ترجمه عربی کتاب خداینامه المقفع بنام سیرالملوک الفرس گرفته شده که مهمترین آن‌ها شاهنامه ابومنصوری است.

شاهنامه ابومنصوری از ترجمه سیرالملوک ابن المقفع که خود ترجمه خداینامه می‌باشد به زبان فارسی نوشته شده است. شاهنامه ابومنصور به فرمان ابومنصور المعمری توسط چهارتن از زرتشتیان هرات، سیستان، شاهپور و طوس برای ابومنصور عبدالرزاق فرمانروای طوس به نثر نوشته شده است. به همین خاطر آن را شاهنامه منصوری نامیده‌اند. دقیقی توانست ۱۰۰۰ بیت از این شاهنامه را که مربوط می‌شود به سلطنت گشتاسب و ظهور زرتشت از روی این شاهنامه به رشته نظم دربیاورد ولی اجل مهلتش نداد و به دست یک غلام کشته شد؛ بنابراین تمام این شاهنامه در اصل از کتاب خداینامه اقتباس شده است که چون در آن زمان خداینامه در دسترس نبود از ترجمه عربی آن که اولین بار توسط المقفع از پهلوی به عربی و فارسی برگردانده شد، استفاده شده است. خداینامه کتابی است که: پرفسور آلمانی، تئودور نلدکه (Theodore Noldeke) می‌نویسید که «در خداینامه تاریخ ایران را از آغاز آفرینش تا پایان ساسانیان در برداشته و در آن کتاب، داستان‌های اساطیری و روایات تاریخی به‌هم آمیخته بوده است».

اصولاً درگذشته و پیش از اسلام از کلمه خدا برای پادشاه هم استفاده می‌شد و خداینامه هم براین منوال است و به معنای شاهنامه است.

منابع خداینامه هم بر اساس منابع ساسانی، روایت‌های تاریخی بخصوص که در زمان هخامنشیان و ساسانیان سالنامه‌نگاری معمول بوده‌است و همچنین داستان‌های اساطیر که بر اساس روایات اوستایی بوده است و بخصوص که در ایران باستان خاندان‌های

بزرگ وجود داشت که قرن‌ها پی در پی در حاکمیت نقش داشته‌اند و شجره‌نامه و گاه تاریخ مدون داشته‌اند؛ بنابراین به حق می‌توان خداینامه را کتابی نامید که فرهنگ و تاریخ ایران باستان را جاویدان کرده است. خداینامه خود در زمان ساسانیان بخصوص انوشیروان و خسرو پرویز مدون و در زمان یزگرد به روز شده است. پس از سقوط یزگرد سوم موبدان وقایع مربوط به یزگرد را هم بدان افزودند.

خداینامه به زبان پهلوی بوده است که در قرن‌های اول دوره اسلامی سالم و به شکل خوبی حفظ شده و توسط بزرگانی همچون عبداللهبن المنقفع (روزبه نام ایرانی اوست) و دیگران ترجمه شده است که منبع اصلی باقی مانده همین کتاب المقفع است و بنام سیرالملوک الفرسی است که در زمان ترجمه به سرعت مورد آشنایی مسلمانان شد و زنده ماندن فرهنگ ایران و شیوه حکومت داری که بعدا حاکمان مسلمان از آن استفاده کردند به کمک این کتاب موثر افتاد.

بنابرآنچه گفته شد می‌دانیم که منابع شاهنامه فردوسی بیشتر در شاهنامه ابومنصوری اقتباس شد؛ خود در خداینامه ریشه دارد و همانطورکه بیان شد فردوسی قبل از نوشتن و به نظم کشیدن شاهنامه به دنبال اصل شاهنامه ابومنصوری گشت و گذارهای زیادی در خراسان بزرگ نمود و خود نیز اطلاعات گسترده‌ای از بزرگان و نوشته‌های پیشین بدست آورد. گفته شده که کتاب‌ها و رساله‌های به زبان پهلوی از دوران ساسانی باقی مانده بود که تعداد به ۱۴۰ عدد هم می‌رسید. این کتاب در اوایل قرون اسلامی توسط بزرگان ایرانی خوانده می‌شد و در سینه حفظ می‌شد و فردوسی فزون بر شاهنامه‌های پیش از خود و ترجمه خداینامه از این منابع نیز سود برده است.

شاهنامه در یک نگاه

فردوسی در عمر هفتادوهشت‌ساله‌اش (۳۹۷-۳۱۹ خورشیدی) بیش از سی‌وپنج سال را صرف نظم شاهنامه کرد و بیش از دو دهه روی تصحیح و منابع آن کار کرد و یا به اصطلاح امروز آن را ویرایش نمود. دیده می‌شود که فردوسی تمام عمر گرانمایه را صرف شاهنامه می‌کند و کار نظم این اثر بزرگ بی‌مانند را تا جایی پیش برده بود که سلطان محمود غزنوی هنوز به سلطنت نرسیده بود و نقل اینکه شاهنامه به توصیه دربار غزنه و درازای دریافت صله سروده شده است بی‌پایه بوده و این روایات کوچک‌ترین اعتبار تاریخی ندارد. آنچه هدف فردوسی در این اثر بود زنده کردن هویت ملی ایران بوده است. فردوسی می‌دانست که در چه راه بزرگ و پرخطری پا می‌گذارد. او می‌دانست که در غذای بنیانگذار شاهنامه ابومنصوری زهر ریختند و او را کشتند. فردوسی خوب می‌دانست که با دانشمندان و اندیشمندان بزرگی چون ابن مقفع، وزیر ایران‌دوستی چون ابوعباس اسفراینی، بابک، مازیار و رازی چه کردند.

دوران زندگی فردوسی، روزگار سخت چیرگی تازیان و ترکان‌بر ایران بون ایام موافق و مقرب آن‌هایی بودند که به تازی نوشته و می‌سرودند و سخن می‌گفتند یا کارشان گرامی‌داشت و ستایش ترکان بود (اصولاً ترکانی که از شمال سیحون خود را به خلیفه نزدیک کرده بودند و بیشتر پست‌های نظامی را در اختیار داشتند و در دفاع از اسلام نزد خلیف و نزدیکانش خود را از پاپ پاپتر نشان می‌دادند)، درحالی‌که شاهنامه به‌روشنی در وصف برتری فرهنگ و ادب ایران و ایرانی و نکوهش یکه‌تازی تازیان و ترکان بود؛ بنابراین، فردوسی شاهنامه را نه به اندیشه جاه و مال درباری، بلکه درست برخلاف گفته برخی یاوه‌سرایان، با عشق به زنده نگاه‌داشتن فرهنگ باستانی پرمایه ایران و ایرانیان و مبارزه با ستیزه‌جوئی و تسلط اعراب مهاجم به نظم آورده است.

راز زیبایی تصویر نبردهای بزرگ و حماسه‌آفرین شاهنامه آنجاست که فردوسی در توصیف جنگ، ستاینده داد است و گویی در پی آن است که خواننده بیدار را در این دادخواهی با خود همراه سازد. در برابر توصیف‌های برانگیزنده فردوسی خواننده نمی‌تواند بی‌اعتنا بماند و همواره جانب داد را می‌گیرد؛ پیروزی داد همراه با آزادگی، لبریز از بهترین و پاک‌ترین احساسات انسانی است، خواننده شاهنامه را همواره با مضامین عالی داستان همدل می‌سازد. نبردی سخت و دشوار که پیروزی داد در آن آسان نیست، ولی فردوسی با توانائی شگرف بیان، استواری منطق و پاکی اندیشه میدان را چنان می‌آراید که خواننده پرکشش همراه با داد به جنگ بیداد می‌رود. نمونه بارز و چشمگیر چنین نبردی در داستان رستم و اسفندیار آمده است. فردوسی با بازآفرینی شخصیت رستم، قهرمانی جدید آفرید و این قهرمان را در همه جنگ‌ها و تنگناهای زندگی سربلند و شکست‌ناپذیر تصویر کرد.

هدف فردوسی از این «رنج چندین دهه» در به نظم کشیدن شاهنامه این بود که پیوند ماندگار ایرانیان را با گذشته درخشان و فرهنگ پربارشان استوار سازد و از فرهنگ و اندیشه والای انسانی کاخی بلند در برابر جهل و ستیز دشمنان بیگانه بنا کند.

زنده‌یاد مجتبی مینوی می‌نویسد: «... ایامی که سراسر ایران را مردم نالایق گرفته بودند، زمانی که بعضی از وزرا و رجال نامدار ایران‌نژاد عرب را بر نژاد ایرانی ترجیح می‌دادند و برتر می‌نهادند، در ایامی که ناله برخی از دانشمندان از نقص و کوتاهی زبان فارسی بلند بود، فردوسی شاعر از خیال خویش جهانی را ترسیم می‌سازد که در آنجا همه بزرگان و نامداران و گردنکشان ایران وطن‌پرست و ملت‌خواه و دلیر و مردانه و دشمن‌شکن بودند. جمال و جلال و کمال را می‌پرستیدند و از ننگ و زشتی و بدکاری می‌گریختند. در آن عالم هر

چه غیر ایرانی بود، خواه تازی و خواه رومی و خواه ترک، همگی فرومایه و حقیر و زبون بودند. داستان آن بزرگان و نامداران در دفاتر ثبت بود. فردوسی بنای شاهنامه را بر آن دفاتر نهاده بود، اما عالمی که او می‌دید و وصف می‌کرد فقط در خیال او موجود بود و به قوه شاعری او به بیان درمی‌آمد و اشعار فصیح و بلیغ و بلندی به زبان شیرین و نیرومند فارسی توصیف می‌شد، آنچه او در کتب می‌خواند غیرازآن چیزی بود که خود به قلم می‌آورد. می‌خواست که بی‌مدد فیض روح‌القدس همان بکند که مسیحا می‌کرد، مردگان را زنده کند، دلیران و شاهان و بزرگان پیشین را چنان توصیف نماید که خوانندگان و شنوندگان آنان را با دید باطن بتوانند دید، شاید از دیدن آن‌ها عبرت بگیرند، رگ غیرتشان بجنبد و کاری بنا نهند که شایسته فرزندان چنان بزرگوارانی باشد.»

شاهنامه، به‌طورکلی مجموعه بی‌نظیری از «اساطیر ایرانی»، «حماسه پهلوانی»، «روایات تاریخی»، «افسانه‌ها» و داستان‌های مستقل بلند و کوتاه حماسی و غنائی و روانی است که با تعادل و توازن بیش‌ازاندازه و دقیق در چارچوب سرگذشت و تاریخ سنتی و داستانی قوم ایرانی از آغاز آفرینش تا شکست قادسیه بابیان شاعرانه و نبوغ آمیز و منحصربه‌فردی که شایسته تخلید و تثبیت چنین سند ملی گران‌قدری است، به رشته نظم کشیده شده است. با نکاتی که گفته شد، شاید جامع‌ترین عنوان برای شاهنامه همان «حماسه ملی ایران» باشد که «نُلدکه» و «هانری‌ماسه» و «برتکس» و دیگران پذیرفته‌اند و موردقبول جامعه فرهنگی ایران و همه محافل ایران‌شناسی قرارگرفته است. (احتشامی، ۱۳۷۹)

تصاویر ۶-۱۱ تا ۷-۱۱ بخش‌هایی از شاهنامه بایسنقری را در از آرامگاه فردوسی را نشان می‌دهد.

شکل ۶-۱۱ . شاهنامه بایسنقری در آرامگاه فردوسی، توس، مشهد.

انوری ابیوردی در مورد فردوسی این‌گونه می‌گوید:

آفرین بر روان فردوسی — آن همایون نهاد فرخنده

او نه استاد بود و ما شاگرد — او خداوند بود و ما بنده

شکل۷-۱۱. نمایی از آرامگاه فردوسی، توس، مشهد.

۵-۱۱ ابونصر محمدبن محمد فارابی

شکل ۸-۱۱. فارابی (۳۲۸-۲۵۰ خورشیدی)

ابونصر محمد بن طرخان بن اوزلُغ، ملقب به فارابی، از بزرگ‌ترین فلاسفه و دانشمندان حوزه ایران فرهنگی است. فارابی در فلسفه، منطق، علوم پایه، جامعه‌شناسی، پزشکی و موسیقی صاحب‌نظر بود. بیشترین آثار او درزمینه فلسفه، منطق، جامعه‌شناسی و همچنین دانشنامه‌نویسی بود. وی نخستین فیلسوف صاحب‌نام در تاریخ فلسفه اسلامی است و ازاین‌رو او را «استاد الفلاسفه» می‌نامند. فارابی به مکتب نوافلاطونی تعلق داشت که سعی داشتند تفکرات یونانی ارسطو را با الهیات توحیدی هماهنگ کنند و در فلسفه اسلامی نیز ازجمله اندیشمندان ارسطویی یا مشایی محسوب می‌شود. فارابی شرح‌های ارزشمندی بر آثار ارسطو (معلم اول) نگاشته و ازاین‌رو وی را معلم ثانی خوانده‌اند. در قرون‌وسطی و پس‌ازآن آثاری چند از او به زبان لاتین برگردانده شده‌اند و ازنظر فلسفه نیز در غرب شهرت یافته است.

۱-۵-۱۱ زندگی

محمد فارابی، در سال ۲۵۰ خورشیدی/ ۸۷۱ میلادی در دهکده «وسیج» از ناحیه فاریاب خراسان در شمال افغانستان کنونی متولد شد. پدر وی «محمد بن اوزلغ» یکی از سرداران سپاه سامانی بود. به نظر می‌رسد فارابی تحصیلات اولیه خود را در فاریاب به پایان رسانده و مدتی نیز به شغل قضاوت مشغول بوده است. برخی پژوهشگران معاصر و تعلیم او از شهر مرو (در ترکمنستان امروزی) آغاز می‌شود؛ مرو در آن زمان مرکز درس و بحث فلسفی بود و اساتید مشهوری در آن تدریس می‌کردند. فارابی در جوانی به بغداد رفت و نزد متی بن یونس به فراگرفتن منطق و فلسفه پرداخت. سپس به حران سفر کرد و به شاگردی یوحنا بن حیلان درآمد. فارابی بیشتر عمر خود را در بغداد یا پایتخت (دارالخلیفه) خلفای عباسی گذراند.

فارابی خیلی زود به‌عنوان فیلسوف و دانشمند شهرت یافت و در بغداد گروهی از شاگردان گرد او فراهم آمدند. یحیی بن عدی، فیلسوف مسیحی، یکی از آنان بود.

در ۳۲۰ خورشیدی/۹۴۱ میلادی به دمشق رفت و به دربار «سیف الدوله حمدانی» حاکم حلب پیوست. فارابی در سال ۳۲۸ خورشیدی/۹۵۰ میلادی در سن هفتادوهشت‌سالگی در دمشق وفات یافت.

فارابی در انواع علوم زمان خویش بی‌همتا بود و درباره مسائل گوناگون علمی، دینی و فلسفی آثاری پدید آورد. هرچند قبل از فارابی، کندی نخستین فیلسوف دنیای اسلام به شمار می‌رود ولی نتوانست یک مکتب فلسفی بنا گذارد و یا میان مسائل مطرح روز وحدتی ایجاد کند. درصورتی‌که فارابی با شناختی که از فلسفه ارسطو داشت توانست آن را -که در زمان مأمون به دنیای اسلام واردشده بود- با باورهای اسلامی پیوند بزند و با رعایت اصول اسلامی، فلسفه ارسطویی را بافرهنگ اسلامی عجین سازد.

پورسینا او را استاد خود می‌شمرد و ابن رشد و دیگر حکمای دنیای اسلام، برایش احترام زیادی قائل بودند. نقل نکته‌ای از ابن‌سینا، اوج منزلت علمی فارابی را نشان می‌دهد. او می‌گوید بعد از چهل بار مطالعه کتاب مابعدالطبیعه نتوانسته بود از اغراض مؤلف آن آگاهی پیدا کند تا اینکه در بازار به کتابی از ابونصر فارابی برخورد می‌کند که شرحی بر کتاب مابعدالطبیعه بود. ابن‌سینا می‌گوید بعد از مطالعه شرح فارابی توانستم مطالب مابعدالطبیعه را دریابم و بسیار مسرور شدم.

۱۱-۵-۲ فلسفه فارابی

از عصر فارابی تا عصر سبزواری، یعنی از سده نهم تا نوزدهم میلادی، مبحث خلق جهان و حدوث و قدیم عالم مهم‌ترین بحث در تفکر اسلامی بود. فارابی به پیروی از ارسطو معتقد بود که جهان «قدیم» است. فارابی سعی کرد بین عقیده ارسطو و مسئله خلق جهان در اندیشه‌های اسلامی راهی بیابد.

فلسفه فارابی آمیزه‌ای است از حکمت ارسطویی و نوافلاطونی که رنگ اسلامی به‌خصوص شیعی دارد. فارابی در منطق و طبیعیات به ارسطو، در اخلاق و فلسفه سیاسی به افلاطون و در مابعدالطبیعه به فلوطین گرایش دارد. در اصل به نظر می‌رسد فلسفه افلاطونی در دوره‌های باستان از ایران به غرب رفته، توسط ارسطو تغییراتی در آن واردشده است و دوباره فارابی در زمان خلفای عباسی تلاش کرده است تا با تغییراتی آن را به‌عنوان فلسفه ارسطویی عرضه کند.

فارابی از کسانی است که می‌خواهند آراء مختلف را باهم وفق دهند. او در این راه بر همه گذشتگان خود نیز سبقت گرفت. او در این راه تا آنجا پیش رفت که گفت: فلسفه، یکی بیشتر نیست و حقیقت فلسفی_ هرچند مکاتب فلسفی متعدد باشند_ متعدد نیست. فارابی به وحدت فلسفه سخت معتقد بود و برای اثبات آن براهین و ادله بسیاری ذکر کرد و رسایل متعدد نوشت که از آن جمله، کتاب «الجمع بین رایی الحکیمین افلاطون الالهی و ارسطو» به دست ما رسیده است. وی معتقد بود که اگر حقیقت فلسفی واحد است، باید بتوان در میان افکار فلاسفه بزرگ به‌ویژه افلاطون و ارسطو توافقی پدید آورد. اساساً وقتی غایت و هدف این دو حکیم بزرگ، بحث درباره حقیقتی یکتا بوده است، چگونه ممکن است در آراء و افکار باهم اختلاف داشته باشند؟ به همین خاطر فارابی سعی کرد مسائل مورد اختلاف مبانی فلسفی افلاطون و ارسطو را هماهنگ سازد و در این راه موفق هم بود.

فارابی با درآمیختن دیدگاه‌های ارسطو و عقاید اسلامی، فلسفه ارسطو را جزء سرچشمه‌ها و اصول فلسفه اسلامی درآورد؛ اما در قرن ششم هجری، شهاب‌الدین سهروردی فلسفه اشراق را در برابر فلسفه ارسطویی مطرح کرد. هرچند نقل است که فلسفه اشراق پیش از فلسفه ارسطویی، همگام با باورهای مزدایی در ایران پدید آمده، در زمان هخامنشیان از ایران به یونان رفت و آنجا توسط افلاطون و پیروانش گسترش یافت. با ظهور و رونق فلسفه ارسطویی فلسفه اشراق کم‌رنگ شد و دانش فلسفه در قلمرو فیلسوفان مشایی یا ارسطویی قرار گرفت.

۱۱-۵-۳ شاهکار فارابی

رده‌بندی دانسته‌ها و اطلاعات پراکنده بشر که از زمان ارسطو در یونان آغازشده بود توانست در تمدن اسلامی راه تکامل بپیماید و شاخه‌هایی از نیز در آن جای‌گیرند. یکی از جالب‌ترین رده‌بندی‌ها توسط فارابی صورت گرفته است. وی در کتاب احصاءالعلوم دانش‌های بشری را به پنج دسته تقسیم کرده است:

۱. علم زبان و بخش‌های آن. ازنظر فارابی دانش زبان‌شناسی دو هدف دارد: یادگیری لغات و واژگان و اصول صرف و نحو. او در مورد ارکان زبان‌شناسی شامل شعر، سبک درست نگارش و خواندن نیز با ذکر مثال‌هایی از زبان تازی به اصول و قواعد کلی حاکم بر زبان‌های مختلف سخن می‌راند.

۲. منطق و بخش‌های آن که از قسمت‌های مفصل‌تر و پربار کتاب به شمار می‌رود. فارابی در این بخش به دلایل نیازمندی انسان به منطق در تفکر و کار پژوهشی می‌پردازد. او موضوع منطق را چنین معرفی می‌کند: «صناعتی که با آموختن آن به نیرویی می‌رسیم که در سایه آن می‌توان حق را به‌یقین درک کرد و باطل را به‌حق بازشناخت». فارابی منطق را «رئیس علوم» و حکم منطق را در همه علوم نافذ می‌داند. او به مقولات منطق ازنظر ارسطو، چون قیاس، برهان، مواضع جدلی، سفسطه، خطابه و شعر می‌پردازد و دانستن آن‌ها را برای کسانی که کارشان تعلیم است مهم و ضروری می‌شمارد.

۳. علم تعالیم (ریاضیات) و بخش‌های آن، شامل حساب، هندسه، نجوم و موسیقی. علم حیل (به‌کارگیری ریاضی در مکانیک و کاربردهای صنعتی مانند معماری و اسلحه‌سازی)، علم اثقال (دانش مربوط به نحوه محاسبه وزن اشیاء و شیوه‌های جابه‌جایی

اجسام سنگین).

از دید فارابی علم نجوم ازیک‌طرف شامل احکام نجوم با دلالت‌های ستارگان بر رویدادهای آینده و از طرف دیگر بحث در اشکال و حرکات اجرام فلکی به شکلی است که دیده می‌شوند. در این رده‌بندی فارابی برای نخستین بار در توصیف نجوم توأماً به اشکال و حرکات اجرام فلکی اشاره می‌کند.

در علم نجوم تعلیمی درباره اجسام آسمانی و کره زمین از سه جهت بحث می‌کند: **اول:** از شکل و مرتبه آن‌ها در عالم و از مکان آن‌ها نسبت به‌کل عالم، اندازه اجرام آن‌ها، نسبت برخی از این اجرام با برخی دیگر، مقدار فاصله برخی از برخی دیگر، از جابه‌جایی و از حرکت خود زمین (حرکات انتقالی و وضعی) بحث می‌کند. دوم از حرکات اجسام آسمانی، اینکه تمام حرکاتشان کروی است و اینکه چه حرکت‌هایی است که شامل تمام اجرام آسمانی، ستارگان و غیره و چه حرکاتی خاص ستارگان است.

همچنین از علم دست‌یابی به مکان هر یک از ستارگان در هر یک از درجات برج‌ها- جمیع اجسام آسمانی و اینکه هر یک از آن‌ها در برج‌ها چه حرکات, ویژه‌ای دارند- صحبت می‌کند. ازنظر فارابی نجوم از لوازم حرکت- که بدون دخالت وضع جرم فلکی نسبت به زمین حادث می‌شود- مانند کسوف خورشید و نیز نتیجه وضع قرار گرفتن زمین در مکان آن در عالم، مانند رویداد خسوف ماه و نیز از این احوال، شمار آن‌ها، کیفیت اوقات و انواع و مدت آن‌ها بحث می‌کند. سوم از کره زمین _از آباد و نا آبادش_ سخن می‌گوید و آشکار می‌کند که چه اندازه آن آباد است. آنگاه به شمارش قسمت‌هایی مسکوت زمین می‌پردازد و موضع هر یک و ترتیب آن‌ها را نسبت به عالم تعیین می‌کند. او همچنین در مورد آنچه ناگزیر به هر یک از اقلیم‌ها و نقاط مسکونی زمین مربوط می‌شود، مانند گردش کلی عالم که در همه اجزای آسمانی دیده می‌شود و گردش شبانه‌روز پژوهش می‌کند تا وضع زمین را نسبت به مکان موجود آن، وضع مشرق و مغرب، کوتاهی و درازی شب و روز و نظایر آن‌ها را معلوم دارد. بدین ترتیب فارابی مانند ارسطو به تمام علوم می‌پردازد و گاهی هم از گستردگی و هم محتوای بیان و نزدیکی با آرای علمی امروزی شاید از ارسطو پیشی می‌گیرد.

۴. علوم طبیعی (فیزیکی) که در مورد اجسام طبیعی است و علم الهی (متافیزیک) که به پیروی از کتاب مابعد الطبیه ارسطو نوشته‌شده است. در این بخش کتاب، اجسام به دو قسم صناعی و طبیعی تقسیم‌شده‌اند. درحالی‌که در قسم اول وجودشان به صنعت و اراده انسان بستگی دارد، اجسام طبیعی مانند آسمان و زمین - و آنچه در میان آن‌ها قرار دارد و گیاه و حیوان- وجودشان مستقل از وابستگی به انسان است.

فارابی در این اثر خود، علوم طبیعی را در هشت بخش جداگانه بزرگ بحث می‌کند که عبارت‌اند از: بحث در مشترکات اجسام طبیعی؛ اجسام بسیط و مرکب؛ پیدایش و نابودی اجسام طبیعی؛ اعراض و فعل‌وانفعالات عناصر؛ اجسام مرکب از عناصر؛ بررسی اجسام معدنی، گیاهان و جانوران.

فارابی در احصاءالعلوم درباره معادن می‌گوید: «... و آن بررسی چیزهایی است که در آن‌ها اجسام مرکب - و اجسام با اجزای متشابه که خود جزء اجسام با اجزای مختلف مشترک، یعنی اجسام معدنی هستند- انواع سنگ و انواع دیگر چیزهای معدنی و آنچه به هر نوع از آن‌ها اختصاص دارد.»

۵. علوم مدنی، شامل علم فقه و علم کلام، اخلاق و سیاست.

فارابی می‌گوید در این تقسیم‌بندی از نوشته‌های افلاطون و ارسطو، به ترتیب در کتاب‌های جمهوریت و سیاست، بهره گرفته است. بخشی از علوم مدنی به تعریف سعادت حقیقی و بخش دیگر به توصیف مدینه فاضله می‌پردازد. درحالی‌که فارابی رسیدن به سعادت حقیقی را فقط در سرای جاویدان ممکن می‌بیند، تحقق مدینه فاضله را در این جهان درگرو رواج افعال نیک و سنن پسندیده توسط حکومت در میان عموم مردم می‌داند. او پیدایش چنین حکومتی را نیز با نیروی خدمت و فضیلتی میسرمی داند که موردپذیرش مردم باشد. در مورد فقه هم می‌گوید دانشی است که صاحب آن می‌تواند حدود و احکام چیزی فاقد صراحت در شریعت را با مقایسه با آنچه میزان و حکم آشکاری در شریعت دارد تشخیص دهد؛ یعنی استخراج و استنباط فروع از اصول. در پایان فارابی علم کلام را از علوم عملی می‌شمارد که صاحب آن، متکلم، به مدد سخنرانی و بلاغتی که دارد فقط از اصول شریعت جانب‌داری می‌کند، بدون اینکه چیزی را از اصول و احکام احصاء کند.

۴-۵-۱۱ فارابی و موسیقی

فارابی موسیقی‌دان برجسته‌ای بود که علاوه بر چیرگی در نوازندگی عود، صدای دل‌نشینی داشته است. فارابی بیشتر به جنبه نظری موسیقی پرداخته است. موسیقی‌دانان پیش از وی در جستجوی قواعد ارتباط اصوات و الحان نبودند، به‌عنوان مثال باربد که مشهورترین نوازنده و سراینده دوره ساسانی به شمار می‌رود نغمه‌هایش بیشتر صورت کاربردی داشته است تا نظری. فارابی در کتاب احصاء العلوم در تعریف موسیقی می‌گوید: «علم موسیقی به‌طورکلی، از شناختن انواع الحان و آنچه الحان از آن‌ها تألیف می‌شود بحث می‌کند و روشن می‌سازد که الحان برای چه غرض‌هایی تألیف می‌شوند و راه تألیف باید چگونه و بر چه حالی باشد تا تأثیر آن‌ها بیشتر و دل‌نشین‌تر شود.»

کتاب الموسیقی الکبیر شاهکار فارابی در علم موسیقی است که توسط دکتر آذرتاش آذرنوش (در سال ۱۳۷۵) و دکتر مهدی برکشلی (در سال ۱۳۹۲) به فارسی ترجمه‌شده است. فارابی خود می‌گوید این کتاب را بدان جهت نوشته که در نوشته‌های یونانیان درباره موسیقی یا دست‌کم آن‌طور که از ترجمه‌های عربی برمی‌آید لکنت‌ها و سردرگمی‌های بسیار یافته است. فارابی در این کتاب سعی کرده است که آرای پیشینیان در مورد موسیقی را جمع‌آوری کند. او در موسیقی کبیر از مباحثی از موسیقی سخن می‌راند که بیانگر وجود علم تئوری در موسیقی ایرانی از

قرن‌های قبل بوده و اینکه بحث صداشناسی، ایقاع یا وزن، ضرب‌های پیچیده و ساده در موسیقی وجود داشته است. او در موسیقی کبیر بحث سازشناسی را آغاز کرده، به‌تفصیل از عود و تنبور و مزمار و رباب، همچنین از دو نوع تنبور بغدادی و خراسانی، سخن گفته است. او همچنین از ساز شاهرود و شکل آن سخن می‌گوید. فارابی زمانی که شاهرود را توضیح می‌دهد از فاصله پنجم (پرده پنجم) نیز سخن گفته است. به گفته دکتر عبدالامیر سلیم این کتاب عظیم‌ترین کار دوره اسلامی درزمینه موسیقی است. کارادیوو بیان می‌دارد که نغمه‌ها و نواها و آهنگ‌های باستانی را که دراویش مولوی با خواندن اشعار مولانا همواره زمزمه می‌کردند همگی منتسب به فارابی است. فارابی نخستین کسی است که نام باربد، خنیاگر معروف دربار خسرو پرویز، را به‌درستی پهلبذ ضبط کرده است.

فارابی سه نوع موسیقی را از هم متمایز می‌کند: **موسیقی نشاط‌انگیز** که برای رفع خستگی و آرامش خیال نواخته می‌شود و دلپذیر و آرام‌بخش است؛ **موسیقی تخیلی** که خیال و تخیل انسان را پرورش می‌دهد و می‌توان آن را احساس انگیز نیز خواند؛ **موسیقی خیال‌انگیز** که قوه تصور انسان را برمی‌انگیزد و در همراهی با گفتار و حکایت منظوم قدرت تحریکش تشدید می‌شود. وی درباره هنر آهنگسازی می‌گوید: زمانی که موسیقیدان به درجه‌ای از توانایی درونی و اکتسابی رسیده باشد که بتواند آهنگ خوب را از بد، ملایم و غیرملایم را تشخیص داده، نت‌های موسیقی را چنان ترکیب کند که صدای دل‌نشینی برخیزد آنگاه او به هنر آهنگسازی دست‌یافته است و رسیدن به این مرحله نیازمند گوش دقیق و حساس و قدرت درک کافی است.

بداهه‌نوازی در موسیقی، تشابه میان ترکیب حروف در گفتار و ترکیب نغمه‌ها (تن‌ها) در موسیقی، رابطه موسیقی و واژگان کلام، رابطه صوت موسیقی و حالات روانی انسان از مباحث دیگر در کتاب موسیقی کبیر فارابی است. دستگاه‌های دوازده‌گانه فارابی عبارت‌اند از: عشاق، نوا، بوسلیک، راست، عراق، اصفهان، زیرافکنده، بزرگ، زنگوله، رهاوی، حسینی، حجازی که موسیقی‌دانان ترک و عرب این دستگاه‌ها را بنیاد موسیقی خود می‌دانند.

۱۱-۵-۵ فارابی و آرمان‌شهر دینی-اجتماعی

فارابی یکی از نخستین فیلسوفان اسلامی بود که درباره مفهوم آزادی تأملات فلسفی دارد. او در کتاب آراء اهل المدینه الفاضله[1] در جست‌وجوی یک دین جهانی فلسفه-بنیاد و اخلاق محور (آرمان‌شهر/ مدینه فاضله) بود که در سایه آن فضایل نظری، با کمک به تحقق فضایل اخلاقی جامعه‌ای آراسته به فضائل نیک اخلاقی را پدید آورد. در آرمان‌شهر فارابی، انسان‌ها نه بر پایه عقل بلکه برپایه شور، احساسات و عواطف پاک ازجمله عشق زندگی می‌کنند. آن‌ها باید آزاد باشند تا بتوانند به خدا، همنوعان و حتی سایر موجودات عشق بورزند. فارابی بر آن است که دین با کارکرد درست می‌تواند انسجام‌بخشی جامعه باشد و با آشتی بخشیدن میان دین و فلسفه، باید مانع افتادن دین در ورطه خرافات شد.

آشتی دین و علم نیز از ظرفیت‌های قابل‌توجه تفکر دینی-سیاسی فارابی و همزیستی مسالمت‌آمیزِ تفکر آزاد و اعتقادات دینی برای رسیدن به سعادت است. البته فارابی متوجه شد که تحقق چنین آرمان‌شهری بسیار سخت است. او جوامع «رذیلت‌محور» را که از جامعه «فضیلت‌محور» ایده‌ال وی فاصله پیدا می‌کنند، به سه دسته جاهل، شریر و خطاکار تقسیم می‌کند که قادر به درک هدف وجودی انسان نیستند و به‌جای تلاش برای خوشبختی انسان، با دنبال کردن اهداف دونِ کسب ثروت، ارضای نفسانی یا قدرت مانع پیشرفت جامعه به‌سوی غایات عالی می‌شوند. این دیدگاه آرمان‌شهری فارابی بی‌شک در دنیای پر از آشوب و سرگشتگی امروزی جوامع اسلامی بسیار می‌تواند آموزنده باشد. اندیشه‌های جامع نگرانه و یکپارچه او در سده سوم هجری، با تلاش برای وحدت بخشیدن بین آرای ارسطو و افلاطون، آرای دینی و فلسفی یا تلفیق فلسفه و تصوف، می‌تواند الگوی الهام بخشی برای صلح و همزیستی مسالمت‌آمیز و مدارا در میان جوامع و صاحبان تفکرات و مکاتب گوناگون باشد.

۱۱-۶ ابوریحان بیرونی

جورج سارتون ، بنیان‌گذار رشته تاریخ علم، بیرونی را به‌عنوان «یکی از بزرگ‌ترین دانشمندان جهان اسلام دانشمندان تمام دوران» تعریف می‌کند و اضافه می‌کند که او یک نابغه جهانی است که هزار سال پیش در آسیای مرکزی می‌زیست. بوبوجان غفوروف در مقاله‌ای تحت عنوان ابوریحان، محمدبن‌احمد بیرونی: هزار سال پیش، مردی جهانی در آسیا در مجله پیام یونسکو چنین نوشت:«بسیار جلوتر از زمان خود بود که درخشان‌ترین اکتشافات او برای اکثر دانشمندان روزگارش غیرقابل درک به نظر می‌رسید». استاد ذبیح اله صفا گفته است «بیرونی از هیچ بحثی تا به استقصا نرساندن آن دست برنداشته و ازاین‌رو اغلب آثار وی در شمار بهترین آثار است».

۱۱-۶-۱ زندگی

ابوریحان محمد بن احمد بیرونی در حومه (ازاین‌رو بیرون) شهر کاث، مرکز امارت آل افریغ خوارزم - ازبکستان کنونی واقع در جنوب رودخانه جیحون- از سرزمین‌های ایران آن روزگار به دنیا آمد. در خوارزم دو خانواده، یکی مأمونیان در گُرگانج یا جُرجانیه و دیگری آل عراق (آل عراق نام خاندانی است که جنوب خوارزم مدتی حاکم بودند.) در بخش جنوبی حکومت داشتند. ابوریحان در قلمرو حکومتی آل عراق و در خدمت حاکمان خوارزم زندگی می‌کرد. با چیرگی مأمونیان بر آل عراق او به دربار شمس‌المعالی قابوس بن وشمگیر از آل زیار در گرگان رفت و حدود پنج سال آنجا زیست. در این ایام کتاب آثارالباقیه را تألیف کرد که به فرهنگ‌های باستانی ایران، هند، یونان، یهود، مسیحی، بودائی و خوارزمی و سُغدی می‌پردازد. سپس با بازگشت آرامش به خوارزم بدان جا بازمی‌گردد و در مدرسه مامونیه خوارزم، جایی که ابوعلی‌سینا نیز در آنجا روزگار می‌گذرانید، به فعالیت می‌پردازد. او پس از فتح خوارزم توسط

---

۱. این کتاب با عنوان فارسی اندیشه‌های اهل مدینه فاضله توسط جعفر سجادی به فارسی ترجمه و حاشیه نویسی شده است.

محمود غزنوی، به غزنی کوچ کرد و مدت سه دهه در دربار غزنویان، سلطان محمود، سپس پسرش سلطان مسعود و بعد سلطان مودود سپری کرد. غزنی، واقع در افغانستان امروزی، در آن زمان پایتخت غزنویان بوده است. باآنکه سلطان محمود از دانائی بیش‌ازاندازه بیرونی ناخوشنود بود همیشه می‌خواست او را همراه داشته باشد. این است که در بیشتر جنگ‌های محمود در هندوستان با وی همراه بود. او چند سال مقیم آن کشور شد. باآنکه هندیان از قساوت، قتل و غارت سلطان محمود از اسلام و مسلمانان رمیده بودند بیرونی توانست با رنج و زحمت، حسن خلق، فروتنی با برهمنان هندی دوستی و آشنایی نزدیک برقرار کند. در این کشور زبان سانسکریت را آموخت و با آشنایی و همراهی دانشمندان و حکیمان هند به آداب‌ورسوم، فرهنگ و ادیان آنان آشنایی یافت. کتاب ماللهند و ترجمه آثار متعدد از زبان سانسکریت یادگار همین ایام است. بیرونی را نخستین دانشمند انسان‌شناسی و پدر هندشناسی نامیده‌اند. او در گزارش و توصیف باورهای مردم، نویسنده‌ای آزاداندیش و بدون سوگیری بود (Boilet, ۱۹۸۶). او را پیشگام مطالعات مردم‌شناسی، مطالعات میان فرهنگی و دین‌شناسی تطبیقی می‌دانند.

شکل ۹-۱۱. ابوریحان بیرونی

۲-۶-۱۱ فعالیت‌های علمی و آثار

بیرونی اخترشناس، ریاضیدان، زمین‌شناس، کانی‌شناس و در رشته فیزیک و علوم طبیعی نیز تدبر کرده، در آن‌ها صاحب‌نظر بود. درواقع، او در مجموعه کارهای علمی خودتقریباً به تمام علوم‌می‌پردازد (Sharlakidis, 2011). بیرونی یک دانشمند بزرگ زمانه با نظریاتی چنان دقیق بود که از جهات بسیار تجربیات و دیدگاه‌هایش به نظرات دانشمندان سده بیستم نزدیک است نگاه شود به نظر بیرونی درباره کائنات (Ahmad, 2010). بروکلمان[1] او را دانشمندترین فرد زمان خود دانسته است. بیرونی خیلی پیش‌تر از داروین از تکامل گفته است و پیش از نقشه مرکاتور[2] از تسطیح استوائی، پیش‌تر از کپرنیک و کپلر و گالیله از اخترشناسی و گردش وضعی زمین سخن رانده است.

بیرونی با پیشنهاد اینکه پاره‌هایی از پوسته زمین جابجا و مختصات جغرافیائی شهرها تغییر می‌کند، قریب هزار سال پیش اولین کسی بود که دیدگاهی از "زمین‌ساخت ورقه‌ای[3]" را ارائه کرد که دانشمندان زمین‌شناسی در دهه ۱۹۶۰ بدان پی بردند. بعلاوه با عبارات دقیقی از تغییرات در سنگینی سوهای مختلف زمین، افزایش برآمدگی‌ها، ژرف شدن دره‌ها، بروز ناگهانی دگرگونی‌ها، با ژرف‌بینی به‌نوعی به دلایل کوهزایی و زمین‌لرزه اشارات درستی داشت (بربریان، ۱۳۶۹).

همچنین او توانست فرمول ساده‌ای برای اندازه‌گیری شعاع زمین پیشنهاد کند. بیرونی شعاع زمین را با روش ریاضی و فیزیک به‌وسیله اسطرلاب و با استفاده از قوانین مثلثات و محاسبات مرسوم در اندازه‌گیری ارتفاع کوه در خاور ایران ۶۳۴۰ کیلومتر تعیین کرد که به‌اندازه دقیق امروزی آن، ۶۳۷۱ کیلومتر، بسیار نزدیک است. بیرونی با استفاده از قانون مثلثات و ابزارهای فیزیکی و با استفاده از بلندای کوه H و شعاع زمین R به کمک فرمول زیر شعاع و قطر زمین را دقیق اندازه‌گیری کرد (علی پور، ۱۳۷۰).

$$R=H\frac{\cos\alpha}{2\sin^{\alpha}/_{2}} \quad \text{و} \quad = \frac{R}{H+R}\cos\alpha$$

علاوه بر این، او فکر کرد که زمین به دور خورشید می‌چرخد و این ایده را توسعه داد که دوره‌های زمین‌شناسی به دنبال یکدیگر می‌آیند (Gafurov, 1974). بیرونی نخستین کسی بود که به کُرَویت و حرکت زمین پی برد (تحدید نهایات الاماکن لتصحیح مسافات المساکن، ترجمه احمد آرام، ۱۳۵۲). بیرونی در زمین‌شناسی بخصوص رسوب‌شناسی صاحب‌نظر زمان خود بود. وی فرایند پیشروی و پسروی دریاها و تغییرات مسیر رودخانه‌ها را به‌خوبی می‌دانست و نظرات قابل‌توجهی در این زمینه داشته است. ازجمله در تحدید نهایات الاماکن لتصحیح مسافات المساکن (ترجمه احمد آرام، ۱۳۵۲) چنین آمده است که به‌مرورزمان دریا به خشکی و خشکی به دریا تبدیل می‌شود. یا در همین اثر آورده است که بیابان عربستان دریایی بوده که با انباشت رسوبات پرشده است و نشانه‌ها و دلایل آن را برمی‌شمارد.

او در تعیین چگالی فلزات به روش‌های فیزیک تجربی دقیق توانست وزن مخصوص تعدادی از فلزات ازجمله طلا، جیوه، آهن و مس را بسیار نزدیک به‌اندازه‌های محاسبه‌شده امروزی آن‌ها تعیین کند. وسیله ابداعی او آلتی مخروطی با سوراخی بود که آب از آن خارج می‌شد. با غوطه‌ور کردن جسمی که قصد اندازه‌گیری وزن مخصوص آن را داشت در این ظرف، هم‌حجم آن آب از سوراخ خارج می‌شد. با اندازه‌گیری نسبت وزن جسم با وزن آب هم‌حجم خارج‌شده از ظرف، وزن مخصوص آن جسم معلوم می‌شد.

بیرونی در مورد جهان به‌عنوان یک کل، دیدگاهی مشابه نظرات انیشتین و دیگر دانشمندان مدرن داشت. او مثل ایشان زمین را در بیرونی‌ترین سطح، یک کره محدود می‌دانست. بعلاوه بیرونی معتقد است حرکت قسمتی از یک جرم در حال سکون از جایی به‌جای دیگر در یک خط مستقیم است، اما حرکت آن به دور جسم دیگرِ در حالت سکون، ماهیتی دایره‌ای دارد که نشان‌دهنده آن است که حرکت به دور یک نقطه ثابت مانند مرکز زمین انجام می‌شود؛ بنابراین دیدگاه او بسیار با نظریه اینشتین موافق است که معتقد بود انحنای فضا–زمان در همسایگی خورشید باعث می‌شود سیارات خسوف‌ها را توجیه کنند؛ درحالی‌که حذف بی‌نهایت همه جرم‌ها خطوط مستقیم را توجیه می‌کنند. اعتبار بیرونی در این است که ایده‌های او در مورد جهان بسیار جلوتر از دانشمندان مدرن اروپایی بود، اما حیف که بیشتر آثار منسوب به بیرونی تا حال پیدا نشده است.

بیرونی اصول و ضوابطی برای ترسیم نقشه‌های جغرافیای تدوین و نقشه زمین را بر سطح مستوی ترسیم کرد. او با رسم مدارات و نصف‌النهارات، محل واقعی و فاصله شهرها و آبادی‌ها را با طول و عرض جغرافیائی بر روی این نقشه نشان داده، قلمرو کشورها را به‌رنگ‌های مختلف بر روی این نقشه مشخص کرد. بزرگ‌ترین دست آورد بیرونی در جغرافیا حدس وجود سرزمینی واقع در محدوده میان اقیانوس آتلانتیک و آرام، یعنی به‌نوعی کشف قاره امریکا، بر اساس داده‌های نجومی بود.

1- Carl Brokleman
2- Gerard Cremer Mercator
3- Plate tectonic

ابوریحان در ستاره‌شناسی استاد بی‌مانند زمانه بود و رصد کسوف ماه، سال ۱۰۰۴م را برای تصحیح حرکات وسطی و تقویم قمر در جرجانیه (گرگان امروزی) انجام داد. در سال ۱۰۱۶ میل کلی انحراف محور زمین را رصد و محاسبه کرد. علمای قدیم آن را به نام میل اعظم می‌شناختند. ابوریحان نیم‌کره و شاقول قائمی اختراع کرده بود که به‌وسیلهٔ آن می‌توانست علاوه بر عرض جغرافیایی شهرها، ارتفاع و درجهٔ میل خورشید را هم محاسبه کند. او باور رایج آن زمان، مبنی بر تفاوت عناصر اجرام سماوی با عناصر سازنده زمین و اینکه آن‌ها باثبات و بی‌زوال‌اند را نمی‌پذیرد و باور داشت که زمین و تمام افلاک می‌توانند ساختار مشابه داشته و هردو دستخوش دگرگونی‌اند.

ابوریحان یک گوهرشناس، کانی‌شناس و شیمیدان معدنی بود، به‌طوری‌که در کتاب نزهه النفوس و الافکار فی خواص ... و نیز کتاب الجماهر فی الجواهر به گوهرها و فلزات (حدود ۵۰ کانی) زمان خود اشاره می‌کند و خواص فیزیکی آن‌ها را برمی‌شمارد. همچنین او چگالی تعدادی از کانی‌ها و فلزات را با دو رقم اعشار به دست آورد.

ازجمله کارهای بی‌بدیل وی در آثارالباقیه (با عنوان کامل آثارالباقیه و عن القرون خالیه) ذکر تاریخ، ایام و اعیاد مشهور اقوام گوناگون مانند ایرانیان، یهود، اعراب، یونانیان رومی‌ها، قبطیان و سغدیان و غیره است. وی درباره مبادی این تاریخ‌ها، ازجمله تاریخ اسکندری، فیلیپوس، تاریخ هجری، مجوسی، یزدگردی، خوارزمی و ترکی و نحوه پیدایش آن‌ها می‌پردازد و با ترسیم جدول‌های تطبیقی کیفیت استخراج این تواریخ از یکدیگر و قواعد مربوطه را توصیف می‌کند. او با ارجاع به منابع فَرسی، تاریخ ایران و ایرانیان را- از دوران کیومرث تا ساسانیان- شرح می‌دهد.

یکی از مهم‌ترین آثار بیرونی قانون مسعودی است. این اثر توسط بیرونی در سال ۴۰۸ خورشیدی/۱۰۳۰م آغاز شد و پس از حدود شش سال تکمیل شد که شامل مروری بر آثار تمام نویسندگان یونانی، هندی، ایرانی، اسپانیایی و مصری بود. قانون مسعودی، در حقیقت، نه‌تنها خلاصه تقریباً همه آثار اوست، بلکه می‌توان گفت تمام دستاوردهای علمی درزمینه نجوم و ریاضیات قبل از زمان بیرونی را هم خلاصه می‌کند. او در قدردانی از دستاوردهای دانشمندان دیگر بسیار سخاوتمند است. بدین ترتیب القانون یک دایره المعارف به‌روز درزمینه نجوم است که جایگزین تمام آثار قبلی شده است. فصل‌های زیادی از این اثر به‌یادماندنی به نظریه کیهان، کیهان‌شناسی، نظریه زمین مرکزی، تقویم و گاه‌شماری، مثلثات، انحراف دایره‌البروج، پیش‌بینی او در مورد وجود قاره‌های آمریکا فراتر از دریاهای غربی اختصاص‌یافته است. ازجمله شامل اندازه‌گیری‌های زمین، جداول طول و عرض جغرافیایی، نقشه هند، افغانستان و پاکستان با نمایش فواصل بین شهرهای مختلف مانند غزنه، کابل، لمغان، پیشاور، جهلوم، نندنا، لاهور، مولتان، سیالکوت، سومنات، قانوج، بمبئی، دایبال (محل نزدیک کراچی مدرن)، الله‌آباد است. او برای اندازه‌گیری از فرسنگ معادل ۳٫۷۵ مایل بریتانیا استفاده می‌کرد. موارد دیگری که در قانون به آن اشاره‌شده عبارت‌اند از: حرکت خورشید، طول سال خورشیدی، طول سال قمری، ماهیت فیزیکی خورشید، ستارگان ثابت، حرکت ستارگان، انواع ستارگان، فاصله خورشید از زمین و... .

مناظرات و پرسش و پاسخ‌های بیرونی و ابن‌سینا یکی دیگر از آثار ماندگار درزمینه مباحث علوم طبیعی و تجربی قدیم است. بیرونی باآنکه ابن سینا را در فلسفه برتر از خود می‌داند و به اقامه پرسش‌هایی از وی می‌پردازد، این برتر شمردن مانع این نیست که پاسخ‌های ابن‌سینا را به چالش نکشد. به تائید بسیاری نقطه مثبت و کارساز بیرونی در این مناظرات و شاید در تمام دیدگاه‌های وی تلفیق اصول روش تجربی و عقلی است. شاید بیشتر اشتباهات بینشی در مورد مسائل طبیعی و علوم تجربی از جداسازی مطلق و در برابر نهادن این دو روش منشأ می‌گیرد. بیرونی این دو را در برابر هم نمی‌نهد و بهره‌مندی از هردو، او را در هر مباحثه‌ای در مورد طبیعت و جهان تواناتر می‌سازد. بیرونی هر دو برهان ریاضی و روش تجربی را در پرداختن به مسائل به کار می‌گیرد. او در عین حفظ باور دینی، خود را از جزم‌اندیشی دورنگه می‌دارد و آن را به هر شکل و توسط هرکسی مردود می‌شمارد.

برای تدقیق این نگرش به یکی دو مثال از کارهای وی که در آثارش آمده است می‌پردازیم. در میان آثار دوره اسلامی و حتی در میان آثار خود بیرونی، کمتر کتابی می‌توان یافت که در آن به‌اندازه الجماهرفی الجواهر بر نقش آزمایش و تجربه تأکید شده باشد. او در الجماهر با تکیه‌بر آزمایش‌هایی مبتنی بر روش علمی، دو باور عامیانه را رد می‌کند. نخست ادعای سمی بودن الماس را با خوراندن آن به سگی می‌آزماید و معلوم می‌سازد که نه فوراً و نه بعداً نشانی از مسمومیت در این سگ دیده نشد. دوم درباره روایتی بسیار شایع که در برخی منابع به ارسطو منسوب است به آزمایش می‌پردازد. روایت این بود که اگر مار به زمرد بنگرد چشمانش ضعیف یا کور خواهد شد؛ بیرونی می‌گوید: «در سنجش این روایت، از آویختن گردنبند زمرد نشان بر گردن مار گرفته تا حرکت دادن رشته‌ای از دانه‌های زمرد در برابر چشمان آن ... چندان کوشیدم که کسی را یارای فراتر رفتن از آن نیست؛ این کار را نُه ماه تمام در سرما و گرما آزمودم و تنها مانده بود که زمرد را چون کحل بر چشمانش بکشم! اما این کارها، اگر تیزچشمی آن مار را بیشتر نکرده باشد، چیزی از بینایی‌اش کم نکرد.» بیرونی از پذیرفتن ایده‌هایی که آزمون آن‌ها در شرایط عادی دشوار و یا ناممکن است خودداری می‌کند؛ به‌طور مثال در مورد حجر البَرَد که بنا بر باور عامه، دفع‌کننده تگرگ (بَرَد) است، می‌گوید: این نیرنگی آسان است زیرا که آزمودن راستی یا ناراستی این سخن بس دشوار است.

بیرونی در داستان‌سرائی نیز دست داشته است. علاوه از داستان وامق و عذرا داستان‌هایی از زبان‌های یونانی، هندی و سریانی ترجمه و نقل کرده است. متأسفانه بیشتر این آثار از بین رفته است و تنها رساله پاتانجلی از او باقی است که نشانی از تلاش وی درباز نمایاندن و معرفی بخشی از ادبیات عرفانی هندوان است. او این اثر را از زبان سانسکریت به تازی برگردانده است.

به‌عنوان محقق بزرگ علاوه بر پرداختن به تمام دانش روز در موضوعات گوناگون، به کارهای دیگر، ازجمله تأسیس آزمایشگاه‌هایی در تعدادی از مکان‌های خوارزم، غزنه، کابل، ناندانا (Nandana در پاکستان کنونی) و جاهای یگر در کشورهای کنونی ایران، پاکستان، افغانستان، ازبکستان و ترکمنستان کمک کرد؛ بنابراین بیرونی به‌راستی‌که میراث مشترک مردم این کشورها و آسیای مرکزی و جنوبی، موسوم به قلمرو ایران فرهنگی است. بیرونی که در سن ۷۷ سالگی جهان فانی را وداع کرد بیش از ۱۵۰ اثر از خود به‌جا گذاشت. این آثار شامل ۷۰ اثر در ستاره‌شناسی و نجوم و ۲۰ نوشتار در ریاضی و ۱۸ اثر ادبی بوده‌اند که تنها ۲۷ اثر از او باقی‌مانده است (بربریان، ۱۳۷۶).

شرح زندگی و عظمت این دانشمند بزرگ و بی‌بدیل ایرانی را به ذکر دقایق آخر عمر او در اینجا به پایان می‌بریم، ولی بی‌تردید باوجود نوشته‌های بسیار در مورد وی هنوز باید در مورد علم و اخلاق و کردار او پژوهید و نوشت. شاید مرور زندگی و آثار او برخی از دانشمندان امروز را به تفکر اندازد تا با مقایسه عمق و وسعت کارهای خود -در دنیایی که به مدد فنّاوری مرزی برای گسترش علم نمی‌شناسند- با دستاوردهای تماماً مبتنی بر تفکر ابوریحان به عظمت وی بیش‌ازپیش پی ببرند و در برقراری راه و رسم او برای پیشرفت خود و جامعه بشری بکوشند.

سال ۴۲۷ خورشیدی فرارسیده‌است. مردی که به‌جز در نوروز و مهرگان دست از کار نمی‌کشید اینک در بستر بیماری افتاده است. نفس‌های آخر بزرگ مرد علم و حکمت فرار سیده است. در این حال علی بن عیسی الولواجی به دیدن او آمده است.

ابوریحان به یاد مسئله‌ای می‌افتد: ای شیخ! حساب جدات ثمانیه را که وقتی به من گفتی بازگوی که چگونه بود؟! شیخ گفت: ای حکیم بزرگوار. اکنون چه جای این سؤال است؟ ابوریحان می‌گوید: کدام‌یک از این دو امر بهتر است؟ بدانم و بمیرم یا ندانم و نادان درگذرم؟

شیخ مسئله را بازگفت و از حضور ابوریحان مرخص شد. چندان دور نشده بود که صدای زاری از خانه او برخاست. ابوریحان بیرونی، مردی که ذاتی سرشار از اندیشه و پژوهش داشت چشمش را از جهانی که آن‌همه در فهم آن اندیشیده بود فروبست.

شکل ۱۰-۱۱. پورسینا (۴۱۶ -۳۵۹ خورشیدی)

۷-۱۱ پورسینا

حسین‌بن‌عبدالله‌بن‌حسن بن‌علی‌بن‌سینا، مشهور به پورسینا یا ابوعلی سینا، دانشمند، پزشک و فیلسوف بزرگ ایران و جهان در اواخر قرن دهم و اوایل قرن یازدهم میلادی است. پور سینا یکی از نوابغ جهان است که نظیرش در طول تاریخ اندیشه بشر انگشت‌شمار است. پورسینا زاده خراسان بزرگ و دانش‌آموخته حوزه ایران فرهنگی همچون خورشیدی در آغاز قرن یازدهم میلادی درخشید. نوشته‌های او قرن‌ها پس از وفاتش همچنان پرتو روشنی‌بخش دنیای پزشکی بود و هنوز هم هست. جورج سارتون مؤلف کتاب تاریخ علم، پورسینا را بزرگ‌ترین اندیشمند و دانشمند پزشکی می‌داند و او را در زمره بزرگ‌ترین فیلسوفان جهان قرار می‌دهد. او درزمینه‌هایی متنوعی چون طب، زیست‌شناسی، منطق و فلسفه از سرآمدان تاریخ علوم زمان خود و عصرها بعدی به‌حساب می‌آید. شگفت اینکه پورسینا در همان روزگار نوجوانی در علوم یادشده و حتی ادبیات و موسیقی تسلط و دانائی بالائی کسب کرد. در اواخر سده چهارم هجری، در دربار حاکم همدان شمس‌الدوله دیلمی مقام و مرتبتی یافت و با حسادت درباریان آنجا نیز مدتی را هم در قلعه‌ای بین همدان و اصفهان در زندان بود (فراهان). سپس برای مداوای شمس الدوله از زندان رها و با شفا دادن وی دوباره موردتوجه قرارگرفته و چند

سالی هم در دستگاه شمس الدوله مقام وزارت یافت. پور سینا در فلسفه، ابتدا پیرو ارسطو و فارابی ولی بعداً به فلسفه افلاطونی گرایش پیدا کرد. لازم به ذکر است که فلسفه افلاطونی ریشه در فلسفه دوران باستان ایران دارد.

۱-۷-۱۱ زندگی

پورسینا در اول شهریورماه سال ۳۵۹ خورشیدی در روستایی به نام خرمیثن از توابع بخارا، مرکز حکومت وقت سامانیان، به دنیا آمد و در سال ۴۱۶ خورشیدی در شهر همدان چشم از جهان فروبست. (شکل۱۱-۱۱)

شکل ۱۱-۱۱. آرامگاه پورسینا، شهر همدان

پدر پور سینا، عبدالله، از مردمان بلخ و مادرش، ستاره زاده روستای افشنه از روستاهای بخارا بود. پور سینا در بخارا آموختن را شروع کرد. وی حافظه و هوش خارق‌العاده‌ای داشت و به آموزش علاقه شایانی داشت. به گیاهان و جانوران علاقه خاصی داشت و اوقات خود را صرف جستجو و مطالعه آن‌ها می‌کرد. در مکتب سرآمد هم‌مکتبیان خود بود به‌طوری‌که از همان کودکی پرسش‌هایش آموزگاران را شگفت‌زده می‌ساخت. پدرش عبدالله به تعلیم و تربیت او اهمیت زیادی می‌داد و خانه‌اش محل آمدوشد دانشمندان دور و نزدیک بود و از پنج‌سالگی هم خود در تعلیم حساب و ریاضیات وی اهتمام داشت. پدرش در زمان نوح دوم سامانی، زمانی که ابن‌سینا ۱۲ ساله بود به بخارا آمد و در روستای خرمثین به امور دیوانی (کارمند دارایی) گماشته شد. پدر و برادر پور سینا گرایش اسماعیلی پیدا کردند، ولی پور سینا چنین گرایشی نداشت. در چنین فضایی پور سینا تا ده‌سالگی تمام قرآن و صرف و نحو را آموخت و سپس به فراگرفتن منطق و ریاضیات پرداخت. استاد وی در علم ریاضیات «ابوعبدالله ناتلی» بود. پور سینا منطق و هندسه را از ناتلی آموخت؛ اما برخی از علوم، ازجمله علوم طبیعی را بامطالعه و مشاهدات شخصی می‌آموخت؛ اما در طبیعیات و مابعدالطبیعه و علم طب استادش ابوسهیل مسیحی بود. در حدود هجده‌سالگی گویا دیگر به خواندن علومی که از کودکی منابع آن‌ها را مطالعه می‌کرد دیگر نیازی نداشت و بیشتر باید دانش خود را عمیق‌تر می‌کرد و دریافت‌های خود را می‌نوشت و آموزش می‌داد.

شاگرد بوعلی از قول خود وی نقل می‌کند که منطق و هندسه را از ابوعبدالله ناتلی فراگرفته در منطق از او چنان پیشی می‌گیرد که استاد اذعان می‌کند دیگر چیزی برای آموختن وی ندارد. می‌گوید با عزیمت ناتلی از بخارا به مطالعه طب و طبیعیات پرداختم و چون طب را آسان یافتم در کوتاه‌ترین زمان تمام آثار آن را خواندم و در طبابت موفقیت‌هایی به دست آوردم و شاگردانی برای آموزش طب به من رجوع کردند. پور سینا در ادامه تأکید می‌کند همچنان از علوم دیگر غافل نبوده، باز به مطالعه منطق و فلسفه روی آورده به فلسفه بیشتر پرداختم. در طول یک

سال و نیم که صرف این کار شد کمتر شبی را بدون بیداری گذراندم و کمتر روزی جز به مطالعه گذشت. سپس به مطالعه الهیات کشیده شدم و تنها مشکل در این سعی و تلاش عجزم در فهم کتاب مابعد الطبیعه ارسطو بود که آن را چهل بار خوانده ولی بدون فهم معنی بر تک‌تک جزئیات نوشته آگاه بودم. تا اینکه اتفاقی روزی به اصرار کتاب‌فروش دوره‌گردی رساله‌ای از فارابی با عنوان اغراض ما بعد الطبیعه در توصیف نوشته ارسطو را از وی خریدم. به منزل رسیده همین‌که آن را خواندم به حقیقت رساله مابعدالطبیعه ارسطو پی بردم. از این توفیق بسی شادمان شدم و برای سپاس فردای آن صدقه بسیار به درماندگان دادم.

با تغییر شرایط بخارا و خوارزم، به دنبال سقوط دولت سامانی به دست خاندان ترکان غزنوی، پورسینا به‌ناچار خوارزم را ترک کرد و در سختی ایام جنگ‌زده از طریق خراسان خود را به گرگان رساند (۳۹۱ خورشیدی). پس از چندی، پور سینا گرگان را به‌قصد ری ترک کرد. حاکمیت ری با خاندان آل‌بویه و در آن زمان در دست مجدالدوله دیلمی بود که بیمار بود. پور سینا به مداوای او پرداخت، ولی چون احتمال می‌داد که محمود غزنوی به ری هجوم بیاورد از طریق قزوین به همدان رفت. در همدان مورد احترام شمس‌الدوله دیلمی قرار گرفت و چندی وزیر او گردید. در این زمان پورسینا کتاب قانون (مهم‌ترین اثرِ پزشکی زمان) را نوشت و نوشتن کتاب شفا را نیز در همین ایام آغاز کرد.

۲-۷-۱۱ آثار پور سینا

پورسینا از همان دوره جوانی نوشتن آثار پُرمایه خود را آغاز کرد و در زندگی کوتاه خود (۵۷ سال) آثار زیادی در زمینه‌های گوناگون علمی و عملی، فلسفه، پزشکی نوشت. شمار آثار وی شامل کتاب، مقاله و رسالات به بیش از ۴۵۰ عنوان می‌رسد. علاوه بر پزشکی، فلسفه و علوم طبیعی در دانش زمین، سنگ‌ها و علم کیمیا (شیمی امروزی) نظریاتی داشته است. در مورد هریک از عناصر اربعه (آتش، هوا، آب‌وخاک) اثری دارد. مثلاً در مورد هوا به طبقات هوا و ترکیب آن‌ها اشاره کرده است. پور سینا درباره سنگ‌ها، کانی‌ها و سنگواره‌ها (فسیل‌ها) و کوه‌ها و چگونگی تشکیل آن‌ها اظهارنظر کرده است. به همین دلیل در علم کانی‌شناسی یک کانی به‌افتخار پورسینا (اوسینیت TL۲O۳) نام‌گذاری شده است. علاوه بر مباحث علوم زمین پور سینا در ستاره‌شناسی هم نظریاتی دارد. وی در اصفهان رصدخانه‌ای بنا نهاد و ثابت کرد که نقطه اوج و ذره خورشید ثابت نیست. گفته‌شده که پورسینا در ۴ می ۱۰۳۲ میلادی پدیده نادر گذر ستاره زهره از میان قرص خورشید را با چشم مشاهده کرده است (بربریان ۱۳۷۰). این پدیده در اروپا نخستین بار در سال میلادی ۱۶۳۹ به‌وسیله ستاره‌شناس انگلیسی جرامیان هراکسی رصد شد (ورجاوند ۱۳۶۶). وی همچنین علاقه‌مند به تأثیرات اندیشه بر جسم بود و آثاری نیز در باب روان‌شناسی دارد. به نظر می‌رسد تقریبا تمام آثار ابن‌سینا باقی‌مانده و بسیاری از آن‌ها به چاپ رسیده باشد.

شکل ۱-۱۱-۱۱. آرامگاه پور سینا، همدان، عکس از عبدالحرمان رفیعی

مشهورترین آثار ابن‌سینا کتاب‌های **شفا** (یک دانشنامه علمی و فلسفی جامع) و **القانون فی الطب**، اثری مهم در پزشکی، بوده است.

لشفا (شفا) مفصل‌ترین اثر ابن‌سینا در مباحث کلی فلسفی و در مورد برخی از نظریات ارسطو است که در چهار باب منطق، ریاضی، طبیعیات و الهیات نوشته‌شده است. بنا بر گفته ابوعبدالله جوزجانی که از شاگردانش است، پور سینا در زندان (او به دستور سماءالدوله ابوالحسن، حاکم وقت همدان، چهار ماه در قلعه‌ای در نزدیکی همدان زندانی بود) فهرست عناوین اصلی مطالب این اثر را دوروزه، بدون دسترسی به منابع این موضوعات آماده ساخت.

سپس تمام مطالب مربوط به طبیعیات و الهیات (جز کتاب حیوان و نبات) و بخشی از منطق را نوشت. الشفا (شفا) مفصل‌ترین اثر ابن‌سینا در مباحث کلی فلسفی و در مورد برخی از نظریات ارسطو است که در چهار باب منطق، ریاضی، طبیعیات و الهیات نوشته‌شده است. بنا بر گفته ابوعبدالله جوزجانی که از شاگردانش است، پور سینا در زندان (او به دستور سماءالدوله ابوالحسن، حاکم وقت همدان، چهار ماه در قلعه‌ای در نزدیکی همدان زندانی بود) فهرست عناوین اصلی مطالب این اثر را دوروزه، بدون دسترسی به منابع این موضوعات آماده ساخت. سپس تمام مطالب مربوط به طبیعیات و الهیات (جز کتاب حیوان و نبات) و بخشی از منطق را نوشت. بعداً در اصفهان (سال ۳۹۱ خوررشیدی) با نگارش مباحث منطق و ریاضیات آن را تکمیل کرد. کتاب شفای پور سینا از گذشته بسیار دور به زبان‌های زنده جهان (آلمانی، فرانسوی، لاتین) ترجمه‌شده است.قانون یک دائرةالمعارف پزشکی، شامل مباحث طب سنتی، تشریح بدن، نشانه‌شناسی و داروشناسی و نسخه‌نویسی است. ترجمه فارسی (شرفکندی) قانون در سال ۱۳۶۰ توسط انتشارات سروش منتشر شد. گفته می‌شود پس از انجیل، قانون ابن‌سینا از پر چاپ‌ترین آثار به زبان انگلیسی بوده است. ابن‌سینا به اندام‌های سه‌گانه، دل و کبد و مغز که توسط افلاطون اعضای اصلی یا رئیسه بدن نامیده بود دستگاه تولیدمثل را- به جهت نقش مهم آن در بقای نسل- اضافه می‌کند و بدین ترتیب مربع ابن‌سینا[1] جای مثلث افلاطون[2] را در طب قدیم می‌گیرد.

برخی آثار مهم دیگر پور سینا عبارت‌اند از:
الاشارات و التنبیهات فی المنطق والحکمه این اثر یادگار اواخر حیات و پخته‌ترین اثر او درزمینه فلسفه و شامل چهار بخش منطق، طبیعیات، الهیات و عرفان است.

- التعلیقات شامل حواشی و توضیحات پور سینا بر آثار فلسفی پیشینیان یا آثار خود و نیز پاسخ‌های وی به پرسش‌هاست. در این کتاب درباره موضوعات منطق، طبیعت، الهیات و گاهی ریاضی بحث شده است.
- دانش‌نامه علایی که به درخواست و برای علاء الدوله کاکویه نوشته‌شده و گویا نخستین کتاب فلسفی است که پس از دوران تأسیس فلسفه اسلامی در زمان فارابی به فارسی نگاشته شده است. این اثر چهار بخش شامل منطق، طبیعیات، ریاضیات و الهیات دارد.
- النجاة که تلخیصی از الشفاء شامل مباحث منطق، ریاضی، طبیعیات و الهیات است.

آثار فارسی پور سینا

پورسینا غیر از دانشنامه علائی آثار دیگری، قریب ۲۰ اثر، نیز به فارسی دارد که از تسلط و علاقه وی به زبان فارسی نشان دارد. ازجمله می‌توان به رساله نبض، رساله عشق، رساله نفس، رساله در منطق، علل تسلسل موجودات، رساله اکسیر، رساله در اقسام نفوس، رساله در معرفت سموم اشاره کرد.

پور سینا و موسیقی

پور سینا نیز مثل فارابی دیدگاه‌های درزمینه موسیقی دارد. او و فارابی را از بنیادگذاران نخستین پایه‌های دانش هارمونی در موسیقی نام‌برده‌اند. اشارات و دیدگاه‌های موسیقایی پور سینا در آثار دیگر وی شامل شفا نجات، اقسام العلوم، و در دو اثر وی با تیتر موسیقی شامل المدخل الی صناعه الموسیقی و جوامع علم موسیقی آمده است.

توصیف چند درمان از پور سینا

تسلط ابن‌سینا بر طب و درمان بیماری‌ها از همان ایام جوانی معلوم بود و نقل تجربیات وی در درمان بیماران که به افسانه می‌مانند، بسیار قابل‌توجه است. چهارمقاله نظامی عروضی سمرقندی از قدیمی‌ترین آثار (۵۵۳ خورشیدی) است که از درمان‌های روایاتی دارد.

ازجمله اینکه در سال ۳۶۷ خورشیدی، در دوران حکومت نوح دوم بر بخارا، پور سینای هجده‌ساله را برای مداوای امیر به دربار فرامی‌خوانند. او با پرسش از پزشک مخصوص دربار ابن خالد درمی‌یابد که امیر مدتی است دچار درد و سوزش شدید معده و حالت تهوع بوده و نیز بخشی از بدنش لمس گشته است. از عوارض بیماری و بررسی ظروف خوراک امیر بیماری وی را مسمومیت از سرب اعلام و وی را مداوا کرد. در مقابل برای پاداش به تقاضای شخصی، به استفاده از کتابخانه سلطنتی نوح بن منصور که فقط درباریان اجازه ورود و استفاده از آن داشتند، دست‌یافت.

حکایت دیگر به بیماری یکی از نزدیکان **قابوس وشمگیر**، پادشاه گرگان، مربوط می‌شود که اطبا از درمان وی عاجز شده بودند. قابوس به اشاره برخی که به شهرت پور سینا در شفای بیماران آگاه بودند دستور حضور وی را می‌دهد. ابن‌سینا با دیدن رخساره جوان نبض او را گرفت و ادرارش را دید. سپس گفت کسی آشنا به محلات گرگان را بیاورند. با دست نهادن بر نبض بیمار باز از مرد آشنای کوی و برزن شهر خواست یک‌به‌یک نام محلات را برشمرد تا رسید به محله‌ای که نبض بیمار جوان حرکتی غریب کرد. سپس کار را بانام بردن کوی‌ها تا دیدن حرکت غریب نبض مطابق با یکی از نام‌ها و سپس پیگیری همین روش تا رسیدن به نام سرایی در کویی معین و نام دختری در آن سرا ادامه می‌دهد. بدین ترتیب پور سینا ناخوشی جوان را از عشق بدان دختر و درمان را نیز در وصال آن دو می‌داند. دیدن حال جوان با شنیدن نام آن دختر و با استعلام آشکار می‌شود که تشخیص ابن‌سینا درست است. قابوس شگفت‌زده از این معالجه می‌گوید که این دو جوان از خواهرزادگان او هستند و با فراهم ساختن پیوند آنان جوان باحال روبه‌مرگ مداوا می‌شود.

فضل‌الله صبحی مهتدی نیز در کتابی تحت عنوان افسانه‌ای بوعلی سینا (۱۳۳۳ خورشیدی) به یازده افسانه و حکایت از درمان‌های بوعلی اشاره‌کرده است.

1. Avicenna/ Avecena's quadrangle
2. Plato's tripod

شکل ۱۲-۱۱. زکریای رازی (۳۰۴-۲۴۴ خورشیدی)

۸-۱۱ محمدبن‌زکریای رازی

ابوبکر محمد بن زکریای رازی نخستین شیمی‌دانِ تاریخ پس از اسلام ایران و یکی از بزرگ‌ترین پزشکان جهان شرق در نیمه قرن سوم و اوایل قرن چهارم خورشیدی است. از رازی به‌عنوان محقق پایه‌گذار آزمایشگاه علوم شیمی یاد می‌شود. رازی بعد از چهل‌سالگی به آموزش پزشکی روی آورد و بزرگ‌ترین استاد در علم طب و یکی از پزشکان ماهر دوره خود بود. کتاب‌های پزشکی او سال‌ها در دانشگاه‌های جهان تدریس می‌شد و کتاب طب المنصور وی که در قرون‌وسطی به لاتین ترجمه شد، به دنبال اختراع ماشین چاپ جزء اولین کتاب‌هایی بود که چاپ شد.

رازی با بهره‌گیری از مجموعه دانش جهان آن روز، نظریه‌ی جالینوس را با حکمت بقراطی همراه ساخت. رازی در فلسفه مادی بزرگ‌ترین اندیشمندی است که ۱۹۰۰ سال پس از ارسطو، جهان به خود دیده است و نخستین دانشمند ایرانی است که بی‌پروا اندیشه فکری خود را ابراز می‌کند که خود موجب آزار بسیار وی شد و بیشتر آثارش هم در زمان خود وی نابود شد.

۱-۸-۱۱ زندگی

رازی در سال ۲۴۳ خورشیدی در شهرری به دنیا آمد. رازی در کودکی و نوجوانی به حرفه‌ی پدری و خانوادگی خود یعنی زرگری و صرافی مشغول بود و با توجه به علاقه‌ای که به علم و اسرار طبیعت داشت ابتدا به علم کیمیا روی آورد. از گذشته دور اهل علم کیمیا دیده بودند که گذاشتن یک قطعه فلز مثلاً میخ آهنی در یک محلول کات‌کبود دور آن فلز مس می‌نشیند و سطح آن مسی می‌شود؛ اما از واقعیت واکنش و قانون الکترولیز اطلاعی نداشتند. (واکنش به خاطر Cu^{2+} محلول باقدرت الکترونگاتیوی بیش از آهن است که جانشین Fe^{2+} می‌شود). ازاین‌رو کیمیاگران می‌خواستند فلزات کم‌بها مثل مس را به فلزات باارزش مانند طلا تبدیل کنند. در آن زمان از رفتار محلول‌های نمکی و جانشینی آن‌ها اطلاعاتی در دست نبود و با جانشینی یک فلز به‌جای دیگری تصور می‌شد فلزی به فلز دیگر تبدیل می‌شود.

رازی هم به دنبال اکسیری بود برای تبدیل مس به طلا بود و در این راه بسیار تلاش کرد؛ اما می‌دانیم چنین تغییری غیرممکن است، چون یک فلز وابسته به ترکیب ذرات اتمی، بخصوص پروتون‌هاست و بدون تغییر هسته هیچ عنصری نمی‌تواند تغییر کند. رازی با این مطالعات و آزمایش‌ها دیگر در مورد مواد، یک شیمیدان برجسته شد و به کشفیات بسیاری، ازجمله تولید الکل از شراب و تولید آمونیاک (NH^3) از نشادر (NH^4CL) دست یافت.

رازی سال‌های جوانی را به آموختن و آزمایش‌های شیمی پرداخت و درنتیجه استفاده از مواد شیمیایی چشمانش آسیب دید. چشم‌پزشک برای درمان وی ۵۰۰ دینار طلا خواست. این ماجرا تلویحاً رازی را به تأمل واداشت که کیمیا کار پزشک است، نه دنبال کردن تبدیل آنی مس به طلا! رازی به آموختن علم پزشکی روی آورد و برای تعلیم پزشکی عزم بغداد، پایتخت عباسیان، کرد. بغداد دارای مرکز بزرگ علمی و کتابخانه‌های بزرگ انباشته از کتاب‌هایی به زبان عربی، پهلوی، یونانی و سریانی بود و همچنین استادان برجسته‌ای داشت.

رازی که اینک ۴۰ ساله بود آموزش پزشکی را آغاز کرد و طی چند سال پزشکی برجسته شد. او به ریاست بیمارستان بزرگ بغداد رسید و شهرتش جهانی و برای درمان از سوی امیران و حاکمان دعوت می‌شود. رازی پس از چند سال اقامت و طبابت از بغداد به زادگاه خود ری برمی‌گردد و باقی عمرش را با ریاست بیمارستان ری و آموزش و درمان بیماران همان‌جا سپری می‌کند تا در ۳۰۴ خورشیدی در زادگاهش چشم از جهان فرومی‌بندد.

شکل ۱- ۱۲- ۱۱ . تصویری طراحی شده از رازی در حال مطالعه و آزمایش برای یافتن اکسیر تبدیل مس به طلا

۲-۸-۱۱ اوضاع تاریخی و سیاسی زمان رازی

رازی متولد شهری یا رگای باستانی است. شهری زمانی مرکز جبال یا مرکز استان کوهستان (شهرها و روستاهای کوچک واقع در دامنه جنوبی البرز با مرکزیت ری موسوم به منطقه جبال - به زبان عربی- یا کوهستان) بود. ری در زمان باستان از شهرهای پرجمعیت و آباد بود. ری در حمله اعراب تقریباً سالم باقی ماند و بعد از اسلام، بخصوص در زمان رازی، محل تلاقی فرهنگ‌های مختلف و فرقه‌های اسلامی و کیش‌های ایرانی بود. از سوی دیگر ری مانگاه (باقیمانده) آیین‌های ایرانی زرتشتی، زروانی و میترایی و پایگاه دعوت اسماعیلیه و نیز مسلمانان و پیروان پنج امامی و دوازده‌امامی و اهل سنت بود. در این زمان (دوره زندگی رازی) اوج دوره بازگشت فرهنگ ایران و شروع انحطاط خلفای عباسی بود درست زمانی‌که در اوج قدرت به سر می‌بردند.

رازی با سران و بزرگان این مذاهب و گرایش‌ها گفتمان داشت و در دوره‌ای که قابل قیاس با قرون‌وسطی- و رنسانس- اروپاست به‌نوعی نماینده خردپیشگان زمان خویش است. او که در علم شیمی و پزشکی زبانزد عالم بود و ریاست بزرگ‌ترین بیمارستان بغداد را بر عهده داشت تصمیم می‌گیرد به شهر خود بازگردد. او علاوه از اینکه دانشمندی بزرگ بود، اندیشه‌ای آزاد داشت و در کنار گسترش علم و دانش از خردگرایی می‌گفت و می‌نوشت.

۱۱-۸-۳ شخصیت انسانی- اجتماعی رازی

گرچه رازی به‌عنوان یک پزشک و شیمیدان و صاحب کشف الکل و کیمیاگری شناخته می‌شود، ولی او را پیش از گالیله باید بنیان‌گذار علم آزمایشگاهی نیز نامید. او نیز مثل بسیاری از همگنان خود، به زمان خود تعلق نداشت و در گرایش‌های سیاسی و اجتماعی نیز بسی فراتر از زمان خود می‌اندیشید. در فلسفه به معرفت تجربی باور داشت و هرگونه متافیزیسم و علت غایی را در طبیعت نفی می‌کرد. می‌خواست جهان را در چارچوب حکمت طبیعی توصیف کند. رازی به جبر طبیعی یا علمی باور داشت و اختیار آدمی از نگاه او بیشتر از نوع اورمزدی بود و فلسفه دانایی‌اش در مقابله با جبر اهریمنی و نادانی. از نگاه رازی انسان کامل محور و مرکز وجود است و اندیشه‌اش نیز انسانگرایانه است. رازی برای خود گرایی و عقل چنان احترامی قائل است که آن را برای زندگی نیک بشر کافی می‌داند.

رازی به تلفیق دین و فلسفه باور نداشت و مخالف فلسفه ارسطویی بود. افکار رازی، به‌ویژه در برابر باورهای فرقه اسماعیلیه که یک تشکیلات سیاسی- نظامی - مذهبی بودند، فلسفه بنیادی آن‌ها را برنمی‌تابد. او دیدگاه و تفکر عقلی - فلسفی خود را برتر از نگاه فلسفه ارسطویی می‌دانست. فلسفه رازی با تغییرات آن به‌نوعی یادآور همان آیین باستانی ایران است. اندیشه ذکریای رازی با پویائی که دارد با جمودیت بیگانه است.

جهان‌شناسی رازی منشأ جهان موردنظر است و می‌گوید در جهان ما خیر بر شر چیره خواهد شد. چنانکه در این مورد با بسیاری از فیلسوفان بعد و قبل از خود وجه اشتراک دارد. تفکر اقتصادی رازی بدون آنکه کاملاً شبیه آن باشد گویی از مزدک است. همچنین مدینه فاضله رازی بر پایه اقتصاد بر زراعت (روستا)، صنعت و مراودات به فرهنگ شهرنشینی نزدیک است.

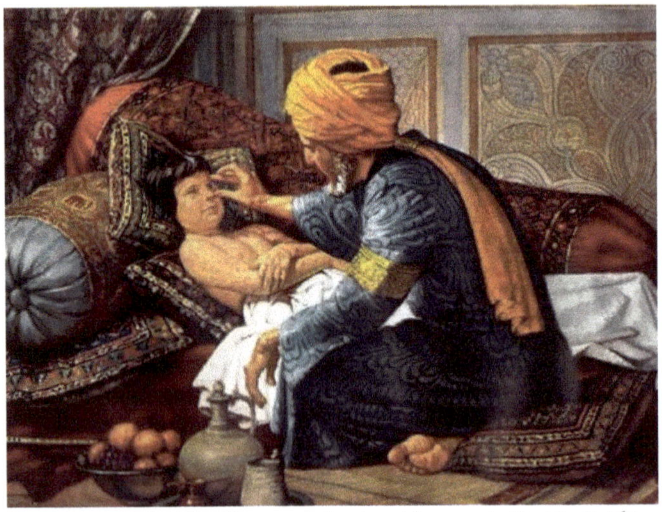

شکل ۲- ۱۲- ۱۱ . تصویری طراحی شده از رازی در حال معاینه. رازی مردی خیرخواه بود و افرادی که توان پرداخت هزینه درمان نداشتند را به صورت رایگان مداوا می‌کرد.

خلاصه آنکه در تفکر رازی آیین‌های ایران باستان موج می‌زنند و او با بهترین گزینش نگرش‌های خود را با آن‌ها درمی‌آمیزد و برخی را هم کنار می‌گذارد. او دیدگاهی پیشرو وتوام با خوش‌بینی به آینده بشر دارد. رازی علاوه از آثاری که در پزشکی و کیمیاگری دارد، چندین کتاب و رساله در باب مسائل علوم انسانی و رد بر تحریم مکاسب نوشته است که بسیاری از آن‌ها به دلیل تعصبات خشک‌مغزان از بین رفته است.

منطق او علم توأم با خردگرایی و با نگرش به اختیار عقیده برای بشر است. رازی به اندیشمندی می‌ماند که اندیشه‌هایش به‌نوعی می‌توانست در جامعه امروز هم کارساز باشد. جامعه مدنی و آرمانی رازی آرمان‌شهری (مدینه عاقله) مانند دولت‌شهر آرمانی ارسطویی است که مردم و رهبر آن بر اساس فلسفه خردمندانه زندگی می‌کنند که بر عوامل سیاسی- اقتصادی و اجتماعی تأثیرگذار جامع واقف‌اند. در اصل مدینه فاضله (داناشهر) فارابی متأثر از فلسفه ارسطویی است اما دانا شهر رازی متأثر از آیین‌های باستانی ایران است.

۱۱-۸-۴ آثار رازی

آثار زیادی از ذکریای رازی شامل کتاب‌ها و مقالات به‌جامانده است. خود او از تألیفاتش فهرستی داشته که ابن الندیم آن را در الفهرست نقل کرده است. ابوریحان بیرونی نیز کتابی درباره آثار و تألیفات دارد که به بیش از ۱۸۰ اثر راضی اشاره دارد.

دکتر محمود نجم‌آبادی استاد دانشگاه تهران در کتابی با عنوان تألیفات و تصنیفات ابوبکر محمد بن زکریای رازی با مراجعه به نوشته‌های دیگران درباره آثار رازی مجموعاً ۲۷۱ اثر را برای وی برشمرده است. به دلیل عظمت آثار پزشکی رازی، از او در غرب عمدتاً به‌عنوان یک پزشک یاد می‌شود. درحالی‌که او در فلسفه، درباره کیمیا و علم شیمی و فلسفه، منطق و ریاضیات نوشته‌های زیادی دارد. درواقع نیمی از آثار رازی متون غیرپزشکی مانند ریاضیات، نجوم ، فیزیک و اپتیک بوده است که همه آن‌ها در دسترس نیستند. از آثار اصلی وی حدود چهل نسخه خطی در موزه‌ها و کتابخانه‌های ایران، پاریس و انگلستان نگهداری می‌شوند.

او از تخمیر مواد شیرین الکل تولید کرد و کاشف جوهر گوگرد (اسیدسولفوریک) و نفت سفید معرفی‌شده است. در ساختن برخی از ظروف و وسایل آزمایشگاهی مانند هاون، فلاسک پیشگام بوده است.

مهم‌ترین آثار وی عبارت‌اند از:

الجامع‌الکبیر یا الحاوی فی الطب یا مختصر آن الحاوی بزرگ‌ترین و مهم‌ترین اثر رازی در علم طب است که ۱۵ سال از عمرش صرف نوشتن آن کرده است. ترجمه لاتین آن شامل ۱۵ جلد در کنار قانون پورسینا مهم‌ترین مرجع علمی پزشکی تا سده پیش بوده است. این اثر مجموعه‌ای از همه یادداشت‌های روزانه وی درباره معالجه هزاران بیمار است. کتاب الجدری و الحصبه که اثر برجسته دیگر وی باز در علم پزشکی است.

رازی کتابی به نام **مَن لایَحضَرُه‌الطَّبیب** دارد که برای کسانی نوشته که به طبیب دسترسی ندارند و درواقع راهنمای پزشکی برای عموم مردم، فقرا و مسافران نوشته‌شده است. این کتاب با اشاره به امراض قابل‌درمان و علل بروزشان، داروهایی را معرفی می‌کند که معمولاً همه‌جا یافت می‌شود. این نشانه بزرگی او در درک جامعه و نیازهای فرودستان آن است. بنا بر روایات این سیره زندگی او در برخورد با مردم عادی در طول زندگی‌اش بوده است.

کتاب الاسرار وی نخستین سنگ بنای علم شیمی جدید به‌حساب می‌آید.

در کتاب علم الاهی رازی مطالب فلسفی درباز آفرینش جهان دارد و به‌نوعی از مبانی فیزیک و شیمی-فیزیک به شمار می‌روند.

کتاب **طب روحانی رازی** درباره روان‌شناسی و اصلاح نفس است و مکمل دیدگاه‌های پزشکی وی در طب جسمانی و حفظ سلامت بدن در برابر بیماری‌هاست. او در این اثر بر موضوع سلامت نفس و اخلاق تکیه دارد و راه رسیدن به آن را پیروی از عقل و دوری از هوی و هوس می‌داند. او در ۲۰ فصل این کتاب با ستایش عقل، فیلسوفان را خردمندان واقعی می‌شمارد. او با نقد دیدگاه پیشینیان و بابیانی ساده در این کتاب به رذایل اخلاقی و راه‌های دوری جستن از آن‌ها می‌پردازد.

از کتاب‌های دیگر می‌توان به **سمع الکیان** (سماع طبیعی) در علوم طبیعی، المدخل الی‌المنطقدرباره منطق، فی‌الهیئه در ریاضیات، النفس‌الصغیر در باب متافیزیک، طب روحانی در الهیات و طب‌الحجر در موضوع کیمیا اشاره کرد.

کتاب موردتوجه دیگری تحت عنوان **السیره الفلسفیه** یا سیرت فلسفی که برخی آن را مرامنامه ذکریای رازی خوانده‌اند به راه و رسم دانشمندان و فلاسفه در برابر ارباب قدرت و ثروت می‌پردازد. درواقع کتاب شرح راه و روش و سیرت زندگی شخصی خود رازی در پاسخ به ایرادات منتقدانش نیز هست. او که در آخر عمر نابینا گشته در همین کتاب قید می‌کند باآنکه در عالم پزشکی بیش از ۲۰۰۰۰ صفحه نوشته دارد نیروی نوشتن و خواندن را ازدست‌داده، به چشم و دست دیگران می‌خواند و می‌نویسد.

اگله از رفتارهایی که با وی می شده است می‌گوید: «من می‌توانستم به مخالفانم امتیاز بدهم و به برخی کاستی‌ها اعتراف کنم، اما بیشتر کنجکاو هستم که آن‌ها در مورد دستاورد علمی من چه می‌گویند. اگر رویکرد مرا نادرست بدانند، می‌توانند دیدگاه‌های خود را مطرح کنند و به‌صراحت نظرشان را بیان کنند تا من آن‌ها را مطالعه کنم و اگر نظرشان درست بود به آن اعتراف کنم. اگر چنین نیست و آن‌ها صرفاً با رویکرد و شیوه زندگی من مخالف هستند، خوشحال می‌شوم که فقط از دانش مکتوب من استفاده کنند و از دخالت در رفتار من بپرهیزند».

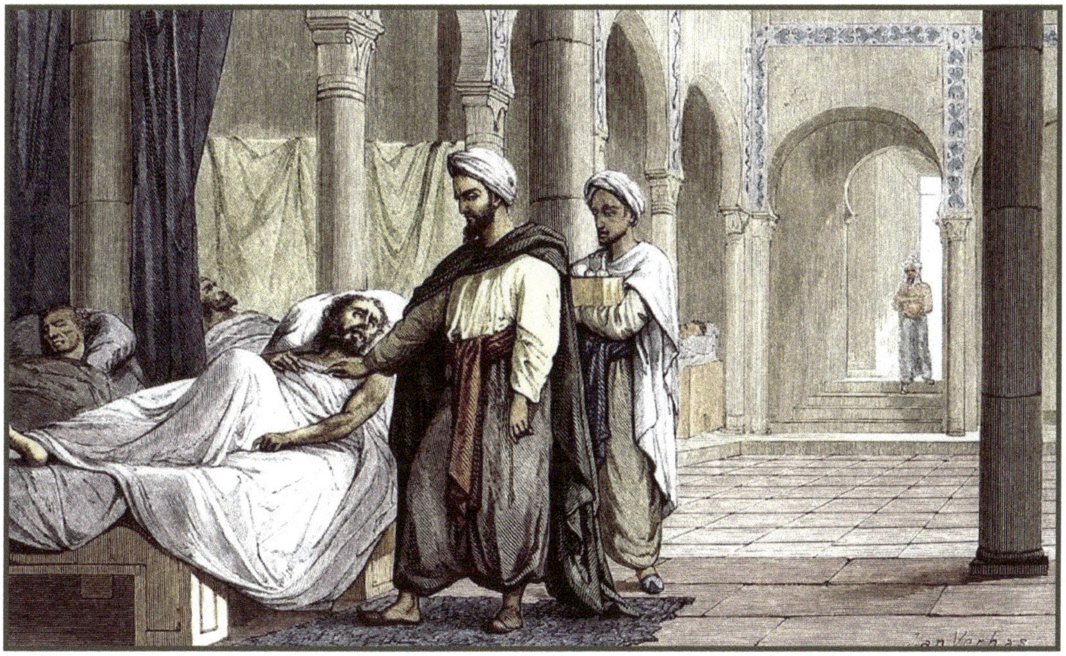

شکل ۳-۱۲-۱۱. تصویری طراحی شده از رازی در بیمارستان ری. زکریای رازی در زمان سلطنت منصور بن اسحاق بن احمد بن اسد سامانی به ریاست بیمارستان ری منصوب شد.

شکل ۱۳-۱۱. خیام نیشابوری (۵۰۱-۴۱۴ خورشیدی)

۹-۱۱ حکیم عمر خیام نیشابوری

عمر خیام نیشابوری، ستاره‌ای است که در قرن پنجم و ششم خورشیدی در ایران درخشید. خیام دانشمندی بزرگ در علوم طبیعی (نجوم، فیزیک، شیمی، زیست‌شناسی و زمین‌شناسی) و علوم انسانی بود. او ریاضی‌دان، ستاره‌شناس، فیلسوف، ادیب و شاعر بود و ازاین‌رو به وی نیز مثل ابوریحان لقب همه‌چیزدان» داده‌اند. او باهوش خارق‌العاده و نبوغی عالی در علم و حکمت، حکیمی بی‌نظیر است. هرچند زمینه اصلی کارهای خیام ریاضی و نجوم بوده است اما شهرت وی بیشتر به اشعار رباعی وی برمی‌گردد، چراکه در این اشعار نگرش‌هایی با مضامین و اهداف زندگی بشری و جهان‌بینی خاص خیام نهفته است. بااین‌حال فروغی[۱] بر آن است که این شهرت خیام، به‌ویژه در میان ایرانیان، نماینده شخصیت بزرگ وی و حتی نشانه فهم درست از رباعیات وی نیست. ازیک‌طرف خشک‌مقدسان دین، رباعیات وی را کفرآمیز می‌دانند و از طرف دیگر عامه مردم به اشعار وی از جهت ترغیب به می‌نوشی و مستی نگریسته‌اند و جماعتی هم با دیدن ظاهر رباعیات و فرض بی‌دینی خیام هواخواه او شده‌اند. درحالی‌که شخصیت خیام ورای این برداشت‌هاست چراکه اصولاً کار وی شعر و شاعری نبوده است. مهم‌تر اینکه در رباعیاتی که به اطمینان از خود وی است در عین بلاغت و سلاست در تمام آن‌ها معنی و حکمت عالی موج می‌زند و به نظر می‌رسد که این‌ها نه به‌قصد شعر و شاعری، بلکه برای بیان نکات فلسفی، اجتماعی و روش زندگی در قالب شعر سروده شده‌اند.

۱-۹-۱۱ زندگی

خیام احتمالاً در ۲۸ اردیبهشت سال ۴۱۴ خورشیدی در نیشابور، از شهرهای بزرگ خراسان آن زمان، به دنیا آمد و در ۱۲ آذر ۵۰۱ خورشیدی درگذشت. هرچند در مورد تاریخ دقیق تولد و مرگ وی اطلاعی نداریم و برآوردها بیشتر مبتنی بر شواهد هم‌زمانی حیات وی با برخی رویدادهای تاریخی است. در دوره خیام سلجوقیان در ایران حکومت می‌کردند و حکومت آن‌ها یکی از دوره‌های درخشان تمدن ایران بعد از اسلام محسوب می‌شود، به‌خصوص که زمان خیام مصادف است با وزارت خواجه نظام‌الملک و پادشاهی جلال‌الدین پادشاه سلجوقی که درخشان‌ترین دوره حکومت سلجوقیان ایران است. گویند خواجه نظام الملک در زمان وزارت خود به دلیل فعالیت‌های علمی به‌خصوص تکمیل گاه‌شمار جلالی یک حقوق ماهیانه قابل‌قبول در آن زمان برای خیام تعیین کرده که به او پرداخت می‌شد.

خیام بیشتر عمر خود را در نیشابور گذراند و فقط جهت ساخت رصدخانه اصفهان و تدوین گاه‌شمار جلالی به دعوت ملک شاه چند سالی در اصفهان به سر بُرد. سفرهای کوتاهی نیز به ری، بخارا، بلخ، مرو و سمرقند داشته است.

خیام در سنین نوجوانی اصول فقه را نزد امام موفق نیشابوری گذراند و سپس حکمت، فلسفه و نجوم را نزد استادان دیگر آموخت. خیام بر سه زبان فارسی، عربی و یونانی تسلط داشت (گفته می‌شود خیام فلسفه را مستقیماً از زبان یونانی آموخته است). زبان فارسی‌زبان مادری او بود ولی تألیفات او به هر دو زبان عربی و فارسی است.

---

۱. مقالات فروغی جلد دوم. انتشارات توس

۱۱-۹-۲ شرایط تاریخی زمان خیام

سقوط آل‌بویه توسط سلجوقیان، جنگ‌های صلیبی و ظهور باطنیان رویدادهای تاریخی عمده دوران زندگی خیام به شمار می‌روند. در زمان خیام، قلمرو حکومت سلجوقیان از خراسان تا آناتولی (روم شرق) و کشورهای عربی آن زمان گسترش داشت. پادشاهان سلجوقی ترک‌تبار تابع خلیفه عباسی با تعصبات مذهبی سخت، خود را مقید به تبعیت از این خلفا می‌دانستند. بحث‌های پیرامون علوم فقه و الهیات در این ایام بین رافضی‌ها و اشعریان بسیار رواج داشت. حنفی‌ها و شافعی‌ها نیز پیوسته در منازعه بودند و در این میان ازجمله اشاعره مانع آزادی فکری بودند. به نظر می‌رسد که این اوضاع چندان با طبع عمر خیام جور نبوده است؛ حکیمِ مسلط به علوم زمانه که در ادب و قران نیز دستی دارد، ریاضی و طب و نجوم می‌داند، در آثار پور سینا غور کرده و اندیشه‌های بزرگی در سر دارد با دوری از این بحث‌وجدل‌ها و خلوت‌گزینی، به کارهای اصیل خود اهتمام می‌ورزد.

در زمان خیام بین دنیای اسلام (خلفای عباسی) و اروپاییان جنگ‌های صلیبی در جریان بود که از طولانی‌ترین جنگ‌های بشری محسوب می‌شد. در این دوره، حکومت آل‌بویه توسط سلجوقیان ساقط می‌شود اما ایران شرقی از این منازعات دور بود و درنتیجه در خراسان دانشمندان، ازجمله خیام با فراغ بیشتری به فعالیت‌های علمی می‌پرداختند.

خیام با خواجه نظام الملک، صدراعظم و مدیر توانا و هوشیار ملک شاه سلجوقی، رابطه خوبی داشت و گفته می‌شود از دوران کودکی با یکدیگر هم‌کلاس بودند و به‌اصطلاح همراه با حسن صباح سه یار دبستانی معروف هستند. هرچند به خاطر تفاوت‌های سنی و بُعد مسافت میان محل زادگاه این سه (نیشابور، توس، قم) ادعای گردآمدن آن‌ها در سنین کودکی در یک مدرسه منطقی به نظر نمی‌رسد.

در سال ۱۰۷۳ میلادی خیام برای ساخت رصدخانه به اصفهان دعوت شد و در سال ۱۰۷۴ ساختمان رصدخانه پایان یافت. باکار این رصدخانه بود که گاه‌شمار جلالی در سال ۱۰۷۹ تکمیل شد و در این سال کتاب مورداستفاده برای محاسبه موقعیت سیارات توسط خیام منتشر شد. قرار بود رصدخانه برای ۳۰ سال مورداستفاده قرار گیرد (معادل مدت چرخش یک‌بار سیاره زحل به دور خورشید) اما پس از ۱۸ سال با مرگ ملک شاه سلجوقی و کمبود منابع مالی، رصدخانه تعطیل شد. پس‌ازاین دوره خیام به نیشابور برگشت و تا آخر عمر (۵۰۱ خورشیدی) در نیشابور به سر بُرد و در همان شهر درگذشت.

۱۱-۹-۳ فعالیت‌های علمی خیام

خیام از بزرگ‌ترین دانشمندان مشهور زمان خود، در اوج تمدن ایران بعد از اسلام (تمدن ایرانی- اسلامی) در دوره سلجوقیان به‌حساب می‌آید. درحالی‌که جو غالب این دوران بیشتر پیرامون مباحث فقهی بود خیام انگیزه‌های دیگری داشت. او تألیفات زیادی در ریاضیات، نجوم، فلسفه، تاریخ و ادب دارد که زبانزد آن روزگار و دوره‌های پس‌ازآن بوده است. فعالیت‌های علمی خیام را می‌توان در فعالیت‌های تاریخی- فرهنگی، ریاضیات- نجوم، شعر- ادبیات خلاصه کرد:

تاریخ، فرهنگ و فلسفه

نوروز نامه (تألیف ۴۸۰ خورشیدی) که بابیانی ساده و شیوا نوروز و جشن‌های کهن ایران و روش‌های موردتوجه ایرانیان باستان و چگونگی پادشاهی ساسانیان را توصیف می‌کند. این کتاب با اندیشه‌های خیام هماهنگی دارد. مجتبی مینوی استاد بزرگ ادبیات و تاریخ دانشگاه تهران این موضوع را تائید می‌کند. خیام در نیشابور علوم و فلسفه یونان را برای شاگردانی که نزد او می‌رفتند تدریس می‌کرد. از خیام پنج رساله فلسفی در دست است که جز یکی از آن‌ها، علم کلیات وجود یا سلسله الترتیب که فارسی است بقیه به زبان عربی‌اند.

ریاضیات

نبوغ اصلی خیام در علوم ریاضی بوده است و در این قلمرو استادی می‌کرده، چند کتاب و رسال باقی است. ازجمله رساله یا کتاب‌هایی در مورد جبر و هندسه اقلیدسی- تدوین کرده است. خیام را بزرگ‌ترین ریاضی‌دان قرون‌وسطی و نخستین کسی می‌دانند که به تحقیق در معادله‌های درجه اول، دوم و سوم پرداخته است. او نخستین کسی بود که نشان داد معادله درجه سوم ممکن است بیش از یک پاسخ و یا اصلاً پاسخی نداشته باشند. در سده‌های ۱۱ و ۱۲ میلادی و شاید در تمام سده‌های میانه نظریات خیام نقش عمده‌ای در پیشرفت ریاضیات و هندسه اروپا داشته است. گفته می‌شود خیام در سفر به سمرقند و بخارا کتابی درباره معادلات درجه سوم نوشت و همچنین در مورد هندسه اقلیدسی مطالبی نوشته که در ریاضیات باقی است. نخستین بار این خیام بود که در کتاب رساله فی شرح ما اشکل من مصادرات اقلیدس، با تردید در اصول هندسه اقلیدسی، هندسه غیراقلیدسی را بنا نهاد. هفتصد سال بعد از وی، روش کار خیام مبنای کار لباچفسکی (۱۸۵۶-۱۷۹۲) برای معرفی هندسه نااقلیدسی قرار گرفت.

مثلث پاسکال و بسط دوجمله‌ای نیوتن نیز پیش‌ازاین دو دانشمند غربی، سده‌ها قبل توسط خیام ریاضی‌دان کشف و بیان‌شده بودند. امروزه در برخی کتاب‌های مرجع و دانشگاهی با توجه به پیشگامی

کشف خیام بر نیوتن، این دوجمله‌ای‌ها را دوجمله‌ای خیام-نیوتن و مثلث پاسکال را مثلث خیام می‌خوانند.

ستاره‌شناسی و نجوم

خیام با توجه به علم ستاره‌شناسی و رفتار سیارات و ستارگان و حرکات آن‌ها به تدوین گاه‌شمار معروف به جلالی پرداخت. گاه‌شمار جلالی ایران در زمان ملک شاه سلجوقی (۴۵۸ خورشیدی) درنتیجه کار گروهی از دانشمندان که برترین آن‌ها خیام بود، طی چند سال اصلاح و تکمیل شد. تقویم جلالی همچنان از دقیق‌ترین گاه‌شمارها در ایران و جهان است. قبل از گاه‌شمار جلالی گاه‌شمارهای دیگری در ایران و جهان تدوین‌شده بودند که همگی ایراداتی داشته، ونیز با یکدیگر مغایرت داشتند. در گاه‌شمار جلالی زمان گردش زمین به دور خورشید تا ۱۶ رقم اعشار محاسبه‌شده است. در این گاه‌شمار هرسال ۳۶۵ روز و ۵ ساعت و ۶۴ ثانیه است و برای این زمان بیش از ۳۶۵ روز بنا گذاشته شد که هر ۴ سال (سال کبیسه) یک روز بر تعداد روزهای سال اضافه می‌شود. خیام در علوم نجوم هم چند رساله تدوین کرده است.

شعر و ادبیات

بااینکه خیام در زمان زندگی خود به‌عنوان ادیب و شاعر مطرح نبود، اما اشعار او چند دهه پس از فوت وی به‌تدریج شناخته‌شده و رواج یافت. خیام زندگی‌اش را به‌عنوان ریاضیدان و فیلسوفی شهیر سپری کرد، درحالی‌که معاصرانش از رباعیاتی که امروز مایه شهرت و افتخار او هستند بی‌خبر بودند. معاصران خیام نظیر نظامی عروضی یا ابوالحسن بیهقی از شاعری خیام یادی نکرده‌اند. قدیمی‌ترین کتابی که در آن از خیام شاعر یادی شده است، کتاب خریدة القصر از عمادالدین اصفهانی است. این کتاب به زبان عربی و در سال ۵۵۵ خورشیدی یعنی حدود ۵۰ سال پس از مرگ خیام نوشته‌شده است. صادق هدایت دراین‌باره می‌گوید:

«گویا ترانه‌های خیام در زمان حیاتش به‌واسطه تعصب مردم مخفی بوده و تدوین‌نشده و تنها بین یک دسته از دوستان همرنگ و صمیمی او وجود داشته است.»

اشعار خیام که به شکل رباعیات ساده و بی‌آلایش، شاید حرف دل ابنای انسانی، بسیار موردتوجه قرارگرفته است. در بین شاعران و نام‌آوران ایرانی هیچ‌کس به‌اندازه خیام نزد جهانیان به‌خصوص اروپاییان شناخته‌شده نیست و شناخت رباعیات دل‌نشین، علاوه بر ساده و جذاب بودن و ژرفای معنا، مدیون ترجمه شیوای رباعیات وی توسط فیتزجرالد انگلیسی است. خودِ ادوارد فیتزجرالد خیام را هم‌تراز چهار شاعر بزرگ جهان یعنی هومر، شکسپیر، دانته و گوته دانسته است.

رباعیات خیام اصولاً در مقابله باقدرت طلبی، مال‌اندوزی، حرص و طمع و پشت پا زدن به امور مادی و دنیوی است.

خیام می‌گوید زندگی بر روی زمین یک فرصت خداداد تکرارناشدنی است؛ بنابراین فلسفه وجودی انسان ایجاب می‌کند ضمن اینکه به هیچ انسان و موجود دیگری آسیب نرساند، دم را غنیمت شمارد و خوش باشد.

درباره شاد زیستن چنین سروده است:

می خوردن و شاد بودن آیین من است
فارغ بودن ز کفر و دین، دین من است

گفتم به عروس دهر کابین تو چیست؟
گفتا دل خرم تو کابین من است

همچنین در معنای بی‌نیازی نیز چنین گفته است:

یک نان به دو روز اگر بود حاصل مرد
از کوزه شکسته‌ای دمی آبی سرد

مأمور کم از خودی چرا باید بود
یا خدمت چون خودی چرا باید کرد

خواندن رباعیات خیام در محافل خصوصی و جمعی و فردی برای اغلب مردمان باعث نشاط، صمیمیت، امید و ساده گرفتن دنیا می‌شود و شاید این راز جهانی‌شدن خیام باشد.

صادق هدایت در کتاب ترانه‌های خیام یک دسته‌بندی کلی از مضامین رباعیات خیام را ارائه می‌دهد که برخی از آن‌ها عبارت‌اند از:

«راز آفرینش، گردش دوران، دم را دریابیم، درد زندگی، از ازل نوشته، هر چه بادا باد»

برخی فارسی‌شناسان بر این باورند که رباعیات خیام تازیانه‌ای بر افکار زاهدان ریاکار است. عبدالرضا مدرس زاده، قائم‌مقام انجمن بین‌المللی ترویج زبان و ادبیات فارسی، اعتقاد دارد خیام در اشعارش بی‌اعتباری دنیا و ناپایداری هستی انسان را در زندگی به تصویر می‌کشاند. زبان تندوتیز خیام در رباعیات، تازیانه‌ای بر زاهدان دروغین و ریاکار است. بعضی او را به‌عنوان یک شاعر حکیم عارف منش و بعضی دیگر او را به‌عنوان یک شاعر بی‌دین معرفی کرده‌اند. آنچه مسلم است تعداد رباعیات خیام محدود بوده، درحالی‌که در منابع مختلف از قدیم و جدید بین ۵۷ تا ۷۰۰ رباعی و گاهی بیشتر را به وی نسبت داده‌اند. افراد زیادی در پی پالایش رباعیات خیامی/غیر خیامی برآمده‌اند که آشناترین آنان در میان ایرانیان صادق هدایت و محمدعلی فروغی‌اند. البته دانشمندان غیر ایرانی زیادی نیز در این زمینه تلاش و تدبر کرده‌اند. نخستین فردی که در ایران به فکر تعیین و تفکیک رباعیات اصیل خیام افتاد غلامرضا رشید یاسمی بود. او در نسخه خود که در سال ۱۳۰۳ منتشر کرد، از بین ۳۴۰ رباعی منتسب به خیام، ۲۴۰ رباعی را قابل‌قبول دانست. پس‌ازآن صادق هدایت نیز در سال ۱۳۱۳ نسخه‌ای از رباعیات خیام را منتشر کرد. نسخه هدایت با عنوان ترانه‌های خیام شامل ۱۱۹ رباعی بود. سپس در سال ۱۳۲۰ محمدعلی فروغی با استفاده از منابع قدیمی، جُنگ‌ها و سفینه‌های کتابخانه‌های ایران و ترکیه، نسخه‌ای از رباعیات خیام را که شامل ۱۷۸ رباعی منسوب به خیام بود تهیه کرد. در سال ۱۳۳۶ احمد شاملو هم نسخه‌ای از رباعیات خیام با ۱۲۵ رباعی را در کتابی به نام ترانه‌ها ارائه کرد. علی دشتی نیز در سال ۱۳۴۴ در کتاب خود دمی با خیام ۸۱ رباعی را رباعیات واقعی خیام می‌داند و ۲۰ رباعی دیگر را خیامانه می‌خواند. در سال ۱۳۸۵ نیز کتاب دایره سپهر شامل متن کامل رباعیات خیام به تصحیح جاوید مقدس صدقیانی را به چاپ رسید.

آثار و نام‌گذاری‌های بین‌المللی برای بزرگداشت خیام:

- یکی از حفره‌های ماه به‌افتخار خیام «عمر خیام» نامیده شده است؛
- در سال ۱۹۸۰ سیارکی (سیارک ۳۰۹۵) به نام وی نام‌گذاری شد؛
- در تونس هتلی به نام خیام ساخته‌شده است؛
- در فرانسه و مصر نوشیدنی‌هایی به نام خیام تولید می‌شود؛

گروهی از دانشمندان و ادیبان و روزنامه‌داران در سال ۱۸۹۲ میلادی «انجمن خیام» را در لندن بنیان نهادند. این انجمن تا سال ۱۸۹۳ سه مراسم بزرگداشت برای خیام برگزار کرد. همچنین دو عدد بوته گل سرخ بر مزار ادوارد فیتزجرالد مترجم رباعیات عمر خیام قرار داده شد که بر سرلوحه آن این‌طور نوشته‌شده بود: این بوته گل سرخ در باغ کیو پرورده شده و تخم آن را سیمپسون از مزار عمر خیام در نیشابور آورده است.

- تندیسی از خیام در بخارست، پایتخت رومانی، نصب‌شده است.
- مجسمه‌ای از وی به همراه سه فیلسوف و عالم بزرگ ایرانی دیگر، ابوریحان بیرونی، پور سینا و ذکریای رازی، از سال ۱۳۸۸ در محوطه بیرونی سازمان ملل در نیویورک قرار دارد.

دمی با خیام

ماییم و می و مطرب و این کنج خراب
جان و دل و جام و جامه در رهن شراب
فارغ ز امید رحمت و بیم عذاب
آزاد ز خاک و باد و از آتش و آب

بر چهره گل نسیم نوروز خوش است
در صحن چمن روی دل‌فروز خوش است
از دی که گذشت هر چه گویی خوش نیست
خوش باش و ز دی مگو که امروز خوش است

من هیچ ندانم که مرا آنکه سرشت
از اهل بهشت کرد یا دوزخ زشت
جامی و بتی و بربطی بر لب کشت
این هر سه مرا نقد و ترا نسیه بهشت

می نوش که عمر جاودانی این است
خود حاصلت از دور جوانی این است
هنگام گل و باده و یاران سرمست
خوش باش دمی که زندگانی این است

هر سبزه که برکنار جویی رسته است
گوئی ز لب فرشته خوئی رسته است
پا بر سر سبزه تا بخواری ننهی
کان سبزه ز خاک لاله روئی رسته است

ای بس که نباشیم و جهان خواهد بود
نی نام ز ما و نی نشان خواهد بود
زین پیش نبودیم و نبود هیچ خلل
زین پس چو نباشیم همان خواهد بود

در دهر هر آنکه نیم نانی دارد
از بهر نشست آشیانی دارد
نه خادم کس بود نه مخدوم کسی
گو شاد بزی که خوش جهانی دارد

یک جام شراب صد دل و دین ارزد
یک جرعه می مملکت چین ارزد
جز باده لعل نیست در روی زمین
تلخی که هزار جان شیرین ارزد

ای دل غم این جهان فرسوده نخور
بیهوده نئی غمان بیهوده مخور
چون بوده گذشت و نیست نابوده پدید
خوش باش غم بوده و نابوده مخور

گر باده خوری تو با خردمندان خور
یا با صنمی لاله رخی خندان خور
بسیار مخور و رد مکن فاش مساز
اندک خور و گه گاه خور و پنهان خور

خیام اگر ز باده مستی خوش باش   با ماهرخی اگر نشستی خوش باش
چون عاقبت کار جهان نیستی است   انگار که نیستی چو هستی خوش باش

از دی که گذشت هیچ ازو یاد مکن   فردا که نیامدست فریاد مکن
بر نامده و گذشته بنیاد مکن   حالی خوش باش و عمر بر باد مکن

خوش باش که پخته اند سودای تو دی   فارغ شده اند از تمنای تو دی
قصه چه کنم که بی تقاضای تو دی   دادند قرار کار فردای تو دی

جهان بینی خیام و مزاح با معشوق

ترکیب پیاله ای که در هم پیوست   بشکستن آن روا نمی داند مست
چندین سر و پای نازنین از سر دست   از مهر که پیوست و به کین که شکست

دارنده چو ترکیب طبایع آراست   از بهر چه او فکندش اندر کم و کاست
گر نیک آمد شکستن از بهر چه بود   ور نیک نیامد این صور عیب کراست

جامی است که عقل آفرین می زندش   صد بوسه ز مهر بر جبین می زندش
این کوزه گر دهر چنین جام لطیف   می سازد و باز بر زمین می زندش

در کارگه کوزه گری رفتم دوش   دیدم دو هزار کوزه گویا و خموش
ناگه یکی کوزه برآورد خروش   کو کوزه گر و کوزه خر و کوزه فروش

نگرش خیام درباره حال و آینده جهان

بر مفرش خاک خفتگان می‌بینم
در زیر زمین نهفتگان می‌بینم
چندان که به صحرای عدم می‌نگرم
ناآمدگان و رفتگان می‌بینم

قومی متفکرند در مذهب و دین
قومی به گمان فتاده در راه یقین
می‌ترسم از آنکه بانگ آید روزی
کای بیخبران راه نه آنست و نه این

ای کاش که جای آرمیدن بودی
یا این ره دور را رسیدن بودی
کاش از پی صدهزار سال از دل خاک
چون سبزه امید بردمیدن بودی

گر بر فلکم دست بدی چون یزدان
برداشتمی من این فلک را ز میان
از نو فلکی دگر چنان ساختمی
کازاده به کام دل رسیدی آسان

از جمله رفتگان این راه دراز
باز آمده کیست تا به ما گوید باز
پس بر سر این دوراهه آز و نیاز
تا هیچ نمانی که نمی‌آیی باز

در دایره‌ای که آمد و رفتن ماست
او را نه بدایت نه نهایت پیداست
کس می‌نزند دمی در این معنی راست
کاین آمدن از کجا و رفتن به کجاست

از آمدنم نبود گردون را سود
وز رفتن من جلال و جاهش نفزود
وز هیچ کسی نیز دو گوشم نشنود
کاین آمدن و رفتنم از بهر چه بود

یکچند بکودکی به استاد شدیم یکچند به استادی خود شاد شدیم
پایان سخن شنو که ما را چه رسید از خاک درآمدیم و بر باد شدیم

شکل ۱۴-۱۱. شهاب الدین سهروردی(۵۶۹-۵۳۴ خورشیدی)

«نمی‌دانید که این جوان به چه آتشی می‌سوزد و با چه شعله‌ای می‌درخشد. در عمر خود کسی را که همانند آن باشد ندیده‌ام.
اما از افراط ِشور او و از بی‌احتیاطی او در حفظ زبان خود، نسبت به او بیمناک هستم.
از آن می‌ترسم که این افراط و بی‌احتیاطی به بهای جانش تمام شود.»

فخرالدین ماردینی

۱۱-۱۰ شهاب‌الدین سهروردی

از رویدادهای فلسفی مهم سده ششم خورشیدی رخ‌نمایی و بازگشت فلسفه ایران باستان/ فلسفه اشراق در برابر حاکمیت فلسفه ارسطویی است که فرشگرد آن شهاب‌الدین سهروردی است. این سده را با حضور سهروردی یکی از دوران مهم تاریخ حکمت و فلسفه می‌دانند. در سایه اندیشه سهروردی، فلسفه ایران توسط این نابغه بلندپایه و کم‌نظیر تجدید حیات یافت و عرفان و اوج اندیشه‌های ژرف فرهنگ کهن ایران درباره متافیزیک و فیزیک دوباره موردتوجه قرار گرفت. این بازگشت، نچندان آشکار، در آثار بزرگان علم و ادب و علوم انسانی تجلی یافت. سهروردی خود فلسفه‌اش را حکمت اشراق نامید که به معنای درخشندگی و برآمدن آفتاب است.

ادبیات عرفانی ایران، ازجمله عرفان حافظ، ریشه در فلسفه اشراق دارد. گسترش فلسفه اشراق در قرن هفتم و هشتم در آثار شاعران بزرگ پارسی گوی چون سعدی، حافظ، مولانا، نظامی گنجوی دیده می‌شود. در قرن نهم و دهم خورشیدی ظهور صفویان مانع درخشش فلسفه اشراق شد. به همین خاطر ملاصدرای پیرو فلسفه اشراقی از اصفهان به یک روستا (کهک) تبعید می‌شود. نظایر اندیشمندان، انسان شناسان و ادیبانی که در قرن هفتم و هشتم درخشیدند از قرن نهم به بعد دیده نمی‌شوند و می‌توان گفت تجلی‌گاه فلسفه و اندیشه متأثر از صفویه مشابه اندیشه‌ای که در حبیب السیروجود دارد.

۱۱-۱۰-۱ زندگی

سهروردی در سال ۱۱۵۴ میلادی (۵۳۱ خورشیدی) در سهرورد نزدیک زنجان- با توصیفی که در منابع از آن آمده، طارم امروزی است- به دنیا آمد. او فقه و حکمت را نزد استادان زمان خویش در مراغه و اصفهان آموخت و به‌زودی سرآمد متفکران زمان خویش شد. سهروردی با بینشی که نتیجه مطالعات ژرف و حافظه خارق‌العاده‌اش بود، در مباحثاتی که پیش می‌آمد کفایت بسیاری از دانسته‌های حکیمان زمان خویش را زیر سؤال می‌برد. او که در کنار عقل به کشف و شهود درون اعتقاد داشت و از درآمیختن فلسفه و عرفان حکمت اشراق را بنا گذاشته بود با آماج تکفیر متعصبان روبرو بود.

سهروردی پس از فراگیری قران و ادبیات در سهرورد در سیزده‌سالگی به مراغه عزیمت کرد و به یادگیری حکمت و اصول فقه پرداخت. سپس در بیست‌سالگی برای ادامه و تکمیل علوم حوزوی به اصفهان می‌رود. از حدود سی‌سالگی به سفرهای طولانی به ترکیه، عراق و سوریه (مهد علم زمان سلجوقیان) روی آورد. در شهر حلب ملک ظاهر پسر فرمانده بزرگ نظامیان اسلام در جنگ‌های صلیبی یعنی صلاح‌الدین ایوبی سخت مجذوب حکیم جوان شد و از او خواست که در حلب بماند. حکیم سهروردی قبول کرد؛ اما بیانات بی‌پرده او درباره فلسفه اشراق و دفاع آشکار از فلسفه و عقاید ایران باستان و نیز به دلیل دانش پرمایه و زبان گویا و ذهن روشن، چون همواره در بحث‌های فلسفی و علمی پیروز میدان بود دشمنان بسیاری از میان قشریون مقرب دربار حاکمان پیدا کرد؛ و با تکفیر وی صلاح‌الدین ایوبی را واداشتند که او را از بین ببرد. با این تحریکات سهروردی به زندان افتاد و محروم از خوراک نهایتاً در سی‌وهشت‌سالگی در حبس جان باخت و شهید راه حکمت اشراق خود شد.

۱۱-۱۰-۲ روزگار سهروردی

قرن پنج و شش هجری قمری، اوج حکومت عباسیان بود. ایران نیز تحت حاکمیت سلجوقیان، طرفدار خلفای عباسی و درواقع نماینده حکومت اعراب در ایران بود. در دوره سلجوقیان که از تبار ایران نبودند مشابه حکومت طاهریان در خراسان (در قرن سوم) در مدارس دینی و نظامیه‌هایی که خواجه نظام الملک بنیاد گذاشته بود فلسفه ارسطویی و مذهب اشعری و ضدیت با آزاداندیشی رواج داشت. استاد سهروردی در چنین عصری برخاست و اوست که عرفان را به قلمرو فلسفه کشانید و استدلال و برهان عقلی‌ای جستجوی حقیقت کافی نمی‌دانست و کشف و شهود درونی وارد حکمت اسلامی کرد.

۱۱-۱۰-۳ اشاره‌ای به نظرات و آثار سهروردی

سهروردی با غور در تاریخ حکمت و فلسفه، از آیین‌های ایران باستان، فلسفه ارسطویی و افلاطون شناخت کامل داشت. همچنین به کم‌رنگ شدن فلسفه افلاطون در سایه اندیشه ارسطویی واقف بود. فلسفه افلاطون، ارسطو و آیین‌ها و حکمت ایران زمان هخامنشی و قبل از آن ازجمله زرتشت در حکمت اشراق سهروردی درهم‌آمیخته است. اشراق یعنی تابش نور پگاه در تاریکی، نوری که شب را به پایان می‌رساند. فلسفه اشراق یعنی فلسفه روشنایی و نور در مقابل تاریکی. سهروردی دل‌بستگی خود به آیین‌های ایران باستان و نیز فلسفه و عرفان زرتشتی را کتمان نمی‌کرد. حکمت اشراق ایشان با حکمت خسروانی که نوعی فلسفه و عرفان باستانی ایران است در اصالت دادن به نور باهم اشتراک دارند. می‌دانیم که نور و روشنایی نماد آیین میترا و زرتشتی نیز هست. به عقیده او هر نوری از نور پیش از خود به‌قاعده علت و معلول به وجود می‌آید نوری که از نورالانوار بر موجودات می‌تابد همان فَرّه است که ایرانیان باستان تعلق آن را به شخص، باعث پیروزی و کام روایی، نیرومندی و دانایی می‌دانستند.

به نظر سهروردی، در برابر انوار معنوی، ماده و هیولا قرار دارد که از آن‌ها به برزخ تعبیر می‌کند. آتشی زمینی که نور معنوی دارد طلسم اَمشاسْپَند اردیبهشت است و زمین طلسم سپندارمذ و نخستین بهره‌ور از سرچشمه نورالانوار بهمنی (وهمن)، یکی از امشاسپندان مزدیسناست؛ بنابراین موجودات به دودسته «عالم انوار یا جهان معنوی» و «عالم برزخ یا جهان مادی» تقسیم می‌شوند. سهروردی رویدادهای طبیعت را با دید علمی متأثر از فلسفه اشراق می‌نگرد و تفسیر می‌کند. مثلاً وی در کتاب «حکمت الاشراق» در ضمن تجدیدعهد با «پارسیان» و عقاید ایران باستان، از پدیده‌های جوی و زمین نیز سخن می‌گوید. درباره نور اسپهبدی زمین که «اسفندارمذ» نامیده می‌شود می‌گوید: «چون بر ترکیبات ارضی و موالید عنصری ماده زمینی غلبه دارد زیرا موالید نیازمند

نگهداری اشکال و قوای خود می‌باشند، ازاین‌رو اسفندارمذ که رب‌النوع زمین است در نزد حکمای پارس نوری دیده می‌شود که فلسفه اشراق چگونه با واقعیت‌های جهان مادی برخورد دارد و چنانچه از موضوع برمی‌آید مسائل علمی در فلسفه اشراق و ایران باستان تجلی بیشتر دارد.
سهروردی در مدت کوتاه عمر خود چهل‌ونه اثر به شکل کتاب و رساله به‌جای گذاشته است که بخشی به زبان عربی و تعدادی به فارسی نوشته‌شده‌اند. اغلب رساله‌های کوچک به زبان فارسی ساده ولی پر محتوا هستند که مهم‌ترین آن‌ها همان «حکمت الاشراق» است. رساله‌های دیگر چون صفیر سیمرغ، عقل سرخ، روزی با جماعت صوفیان، آواز پر جبرئیل، لغت موران همه نثری روان و ساده، ولی اغلب به راز، دارند.

داستان‌هایی چون رستم و اسفندیار، تفسیر عرفانی، عناصر اساطیری ایران سهروردی حکایت و دل‌بستگی و عشق سهروردی به ایران باستان و فرهنگ غنی آن می‌باشد.

شکل ۱۵-۱۱. سعدی (۶۶۹-۵۸۹ خورشیدی)

زبان در دهان ای خردمند چیست
کلید در گنج صاحب هنر

استاد سعدی

۱۱-۱۱ سعدی شیرازی

سعدی نه تنها یکی از ارجمندترین شاعران و نویسندگان، بلکه از بزرگ‌ترین سخن‌سرایان جهان است. در میان پارسی‌زبانان یکی دو تن بیش نیستند که بتوان با او برابر کرد و از سخن‌سرایان قدیم و جدید ملل دیگر هم کسانی که با سعدی همسری کنند بسیار معدودند. در ایران شهرت وی کم‌نظیر است و خاص و عام با او آشنایند، بیرون از ایران هم عموم اگر با وی آشنا نیستند، خواص از بزرگی قدر او آگاه‌اند. آثار سعدی پیش از همه شعرای دیگر ایرانی در اروپا ترجمه‌شده و خواننده داشته است. گلستان در سال ۱۶۵۱ به لاتین برگردانده شده، ولتر و سایر متفکرین آن را ستوده‌اند.

امرسون نویسنده آمریکائی در قرن نوزدهم سعدی را سخن‌دانی برمی‌شمارد که به زبان همه ملل و اقوام دنیا سخن می‌گوید و گفته‌هایش را همچون نوشته‌های هومر و شکسپیر همیشه تازه می‌داند. امرسون گلستان را از زمره کتب مقدسی بادیانت جهانی برمی‌شمارد و دستورهای اخلاقی آن را شایسته قوانین عمومی و جهانی می‌داند. شاید با همین آشنایی به عظمت گفتار سعدی است که بیت مشهور بنی‌آدم اعضای یک پیکرند بر سردر سازمان ملل متحد نقش می‌بندند. البته در مورد صحت این موضوع هنوز اتفاق نظر نظری بین همگان نیست.

به روایت علی دشتی "یکی از گویندگانی که مستند و معیار زبان فارسی امروزی است بدون شک سعدی است". او در انتهای سیر زمانی تحول زبان فارسی (سده هفتم) قرار می‌گیرد و ضابطه زبانی است که ما بدان تکلم می‌کنیم. پس از سعدی نیز تحول چشمگیری که آن را برتر سازد در زبان فارسی رخ نداده است.

۱-۱۱-۱۱ زندگی

با تمام بزرگی سعدی، از تاریخ تولد دقیق وزندگی او اطلاعات کاملی در دست نیست (تولد وی را بین سال‌های ۵۵۸ تا ۵۷۳ خورشیدی نوشته‌اند). اصولاً ایرانیان در ثبت‌احوال بزرگان خود سهل‌انگاری ورزیده‌اند چنان‌که کمتر کسی از بزرگان ما جزئیات زندگانی‌اش معلوم است؛ درباره استاد سعدی، نوشته بسیار اما تحقیق کم بوده است و تصدیق آن بجاست که خود سعدی نیز برای شناساندن خویش به مردم اهتمامی نداشته است و این رسم بسیاری از بزرگان است که چندان به شخص خود نمی‌پردازند مگر به تلویحاتی که در گفتار و اشعارشان می‌توان یافت. ازجمله این بیت از خود سعدی:

اگر مشک خالص نداری مگوی   ورت هست خود فاش گردد به بوی

سعدی تخلص شعری استاد است و بعضی نام او را مشرف‌الدین و برخی مصلح‌الدین نوشته و جماعتی یکی از این دو کلمه را لقب او دانسته‌اند و گاه مصلح‌الدین ابوعبدالله را پدر سعدی دانسته‌اند. به‌هرحال سعدی در اوایل قرن سیزدهم ۵۸۱ خورشیدی ۱۲۰۳ میلادی به دنیا آمد و در سال ۶۶۹ خورشیدی ۱۲۹۱ میلادی از دنیا رفته است. سعدی در نوجوانی به کشورهای عراق، شام، حجاز، لبنان سفر کرد و برخی به سفرهای وی به هند و کاشغر نیز اشاره‌کرده‌اند.

بیشتر اعضای خانواده استاد سعدی عالمان دین و دانش بوده‌اند. در سال‌های آخر سده ششم خورشیدی در شیراز متولدشده و در عنفوان جوانی به بغداد رفته در مدرسه نظامیه و حوزه‌های گوناگون درس و بحث به تکمیل علوم دینی و ادبی پرداخته و از محضر استادانی چون شهاب‌الدین سهروردی بهره برده است. در عراق و شام و حجاز مسافرت کرده، حج گزارده و در اواسط سده هفتم، در دوران فرمانروائی ابوبکر بن سعد بن زنگی از اتابکان سلغری در فارس به شیراز برگشته است. پدرش در خردسالی او وفات کرد و بعلاوه او شاهد جوانمرگی پسرش هم بوده است. از اشعارش برمی‌آید در سال ۶۵۵ هجری بوستان را به نظم کشیده، در سال بعد نیز گلستان را به نثر درآورده است. تخلص نام خود را از پسر ابوبکر که سعد نام داشته برگزیده است.

۲-۱۱-۱۱ شرایط تاریخی اجتماعی ایران در زمان سعدی

آغاز کودکی سعدی تقریباً هم‌عصر حمله وحشیانه مغولان به خراسان است که پس از یک انقطاع زمانی، با حمله دوباره مغول، این بار به رهبری هلاکوخان به تمام ایران دنبال س شود. البته در این ایام فارس از هجوم مستقیم مغول در امان می‌ماند. اتابکان فارس که کارگزار و حکام محلی فارس در زمان سلجوقیان و خراج گذار آن‌ها بودند با استفاده از ضعف آن‌ها تقریباً مستقل شدند. در زمان خوارزمشاهیان نیز اطاعت آن‌ها را پذیرفتند و پس از حمله هلاکوخان مغول، ازاو و جانشینانش اطاعت کردند. درنتیجه فارس مورد هجوم مستقیم این بیابان‌گردان وحشی قرار نگرفت. در نتیجه فارس از اواخر حکومت سلجوقیان تا حمله تیمور یعنی حدود ۲۴۰ سال در حکمرانی خاندان اتابکان فارس (سلقریان)، خاندان اینجو و آل مظفر قرار داشت که گاهی بین آن‌ها جنگ‌های داخلی پیش می‌آمد. این‌ها برای تصرف مناطق هم‌جوار چون کرمان و یزد (حاکمان یزد و کرمان برای تصرف فارس) باهم می‌جنگیدند. توصیف این دوران در بخش مربوط به حافظ به‌تفصیل آمده است.

در خصوص سیر و سلوک سعدی باید گفت او بخش زیادی از عمرش را در نواحی غرب ایران به‌خصوص عراق، شام، لبنان و حجاز گذرانیده است. روزگار و احوال بسیاری از مردمان را دیده و با توجه به شرایط آن روزگار، داستان‌های شنیده و مشاهداتش در آثار او مستتر است. در برخی منابع آمده که او به هندوستان، غزنین، ترکستان، آسیای صغیر، بیت‌المقدس، یمن و آفریقای شمالی هم‌سفر کرده است. البته چون اکثر این مطالب از نوشته‌های استاد استنباط شده‌اند نمی‌توان کاملاً به‌درستی آن‌ها اطمینان کرد. همچنین باکسان و بزرگان بسیاری هم‌نشین و هم‌صحبتی داشته است. ازجمله دوستی محکم او با دو برادر مشهور به صاحب‌دیوانی یعنی شمس‌الدین محمد و علاءالدین عطا ملک جوینی وزرای دانشمند مغول اشاره شده است از کلمات استاد پیداست که به تصوّف و عرفان اعتقاد /گرایش و شاید رسماً هم در سلسله صوفیان شرکت داشته است. نقل است محل آرامگاه امروزی وی که زیارتگاه اهل‌دل است خانقاهش بوده است.

۳-۱۱-۱۱ نظم و نثر سعدی

کلام سعدی در نظم و نثر پخته و بس شیرین است. او را از فصیح‌ترین و بلیغ‌ترین نویسندگان می‌دانند. گفتن اینکه کلامش از روشنی و روانی سهل و ممتنع است امری است که از گذشته و حال همه آن را تائید می‌کنند. درباره حسن سخن استاد، خاصه در شعر باید گفت نه‌تنها بیانش بلکه ادراکش نیز دشوار است. چون آب زلالی که در آبگینه شفاف هست از غایت پاکی وجودش، چشم از ادراک آن ناتوان

می‌ماند؛ ملایمت و همراهی آن با خاطر مانند ملازمت هوا با تنفس است در شرایط معمول کسی متوجه ضرورت و روح‌افزا بودن آن نیست و در توصیف آن جز اینکه بگوییم روح‌بخش و جان‌بخش است عبارتی نمی‌یابیم؛ ازاین‌رو هرچند اکثر مردم شعر سعدی را شنیده و برخی آن را از بر می‌خوانند کمتر به‌خوبی و راستی آن را درک کرده‌اند و ستایشی که از سعدی می‌کنند اغلب تقلیدی است و به تبعیت از اعجابی است که اهل‌فن بر او روا داشته‌اند. درک مقام استاد به‌شرط بهره‌مندی از ذوق سلیم و تتبع در کلام فصحا، پس از مطالعه و تأمل فراوان میسر می‌شود. هرچند تلاش عامه مردم در به خاطر سپردن اشعار و گفته‌های سعدی خود نشانه تعلق‌خاطر به مضامین عالی و آموزنده آن‌هاست.

سعدی سلطان مسلّم ملک سخن و کلام در دست او مانند موم است. هر معنایی را به عبارتی می‌آراید که گوئی بهتر و زیباتر و موجزتر از آن ممکن نمی‌بود. سخن سعدی حشو و زوائد ندارد و خود سرمشق سخن‌دانی است. پیش از سعدی نیز شعرای ایرانی باذوق سرشار در شعر شیوه بیان در شعر را به نهایت زیبایی رسانیده بودند؛ استاد سعدی باذوقی عالی در شیوه بیان شعری نه‌تنها در نظم بلکه در نثر نیز سرآمد دوران است، چنان‌که نثرش طعم و چاشنی شعر دارد و شعرش روانی نثر از جمله عبارات زیر را در نظر بگیرید:

فراش باد صبا را گفته تا فرش زمردین بگسترد و دایه‌ی ابر بهاری را فرموده تا بنات نبات در مهد زمین بپرورد

درختان را به خلعت نوروزی قبای سبز ورق در بر گرفته و اطفال شاخ را به قدوم موسم ربیع کلاه شکوفه بر سر نهاده....

در گلستان نثر فارسی قالب شایسته‌ای پیداکرده است و هر شعری هم که سلامت و روانی شعر سعدی را الگو کند در ترکیب مانند نثر خواهد بود گویی از برکت وجود سعدی زبان شعر و زبان نثر فارسی از دوگانگی درآمده و یک‌زبان شده است. گاهی اهل ذوق اظهار شگفتی می‌کنند که سعدی ۷۵۰ سال پیش به زبان امروزی ما سخن گفته است، اما واقعیت این است که ما بیش از هفت سده به زبان آموخته از سعدی سخن می‌گوییم چراکه او شیوه نثر فارسی را چنان دل‌نشین ساخته که زبان فارسی رایج انگار یادگار سعدی شیرازی است و به فرموده خود او"حد همین است سخن‌دانی و زیبایی را". نویسنده‌ای چون ابوالقاسم قائم‌مقام، از نویسندگان شیرین‌بیان معاصر که زبان رسمی و روزنامه‌نگاری از زمان او شروع می‌شود اعتراف می‌کند که در نویسندگی هرچه دارد از استادسعدی است. متن زیر که از اوست نشان می‌دهد قائم‌مقام چه قدر از آثار سعدی وام گرفته است و گاه از شعرهای سعدی در متن کلام خویش بهره برده است:

مخدوم مهربان من از آن زمان که رشته مراودت حضوری گسسته و شیشه شکیبایی از سنگ تفرقه و دوری شکسته، اکنون مدت دو سال افزون است که نه از آن طرف بریدی و

سلامی و نه از این جانب قاصدی و پیامی

طایر مکاتبات را پر بسته و کلیه مراودات را در بسته

تو بگفتی که بجا آرم، گفتم که نیازی — *عهد و پیمان وفاداری و دلداری و یاری*

الحمدالله فراغتی داری، نه حضری و نه سفری، نه زحمتی و نه خوابی، نه برهم خوردگی و نه اضطراب

مقدری که بگل نکهت و بگل جان داد

به هرکه هرچه سزا دید حکمتش آن داد

شما را طرب داد، ما را تعب

قسمت شما حضر شد و نصیب ما سفر

ما را چشم بر در است و شما را شوخ چشمی در بر

فرق است میان آن که یارش در برست یا چشمش بر در

مخلصان را امشب بزمی نهاده و اسباب عیشی ترتیب داده

دلم پیاله، مطربم ناله، اشکم شراب، جگرم کباب

اگر شما را هوس چنین بزمی و یاد تماشای بی دلان عزمی است، بی تکلفانه بکلبه ام گذری و بچشم یاری بشهیدان کویت نظری

مائیم و نوای بی نوائی — *بسم الله اگر حریف مائی*

باری ستایش شایسته سخن سعدی میسر نیست و برای درک زیبایی آن جز احاله به ذوق نتوان کرد. کلمات قصارش را همه در یاد دارند. در عبارات تعامل کنید و ببینید آیا در قوه بشر است که از این محکم‌تر و کم‌لفظ‌تر و پر معنی‌تر و زیباتر سخن بگوید؟ می‌فرماید«طایفه دزدان عرب بر سر کوهی نشسته بودند و منفذ کاروان بسته و رعیت بُلدان از مکاید ایشان مرعوب و لشکر سلطان مغلوب به حکم آنکه ملاذی منیع از قله کوهی به دست آورده بودند و ملجأ و مأوای خود کرده» و

باز می‌فرماید:«یکی از پادشاهان پیشین در رعایت مملکت سستی کردی و لشکر به سختی داشتی لاجرم دشمنی صعب روی نمود همه پشت بدادند...». یا می‌فرماید:«پادشاهی به دیده حقارت در طایفه درویشان نظر کردی یکی از آن میان به فراست دریافت و گفت ای ملک ما در این دنیا به جیش از تو کمتریم و به عیش از تو خوش‌تر و به مرگ برابر و به قیامت بهتر»؛ یا می‌فرماید: «ابلهی را دیدم سمین خلعتی ثمین در بر و مرکبی تازی در زیر و قصبی مصری بر سر کسی گفت سعدی چگونه همی بینی این دیبای مُعلم بر این حیوان لایعلم گفتم خطی زشت است که به آب زر نبشته‌ست»؛ یا می‌فرماید: «ای پدر فواید سفر بسیار است از ادم نزهت خاطر و جرّ منافع و دیدن عجایب و شنیدن غرائب و تفرج بُلدان و مجاورت خلّان و تحصیل جاه و ادب و مزید مال و مکتسب است و معرفت یاران و تجربت روزگاران...».

بااین‌همه اعجاب که در حسن نوشته‌های سعدی می‌کنیم لطف معانیش اگر از آن بیش نباشد کم نیست و درباره او از روی اطمینان می‌توان گفت از معدودی از سخن‌سرایان است که به‌هیچ‌وجه لفاظی و فضل فروشی در نظر نگرفته و سخن نگفته است مگر برای اظهار افکار و معانی که در دل داشته است.

۴-۱۱-۱۱ جامعه‌شناسی و انسان‌شناسی گرایش سعدی

گلستان و بوستان سعدی یک دوره کامل از حکمت عملی است. جوهر علم سیاست و اخلاق و تدبیر منزل را در این دو کتاب به دلکش‌ترین عبارات ترسیم کرده است. محتوی این‌ها در عین سنگینی و متانت تمام، از مزاح و مهر خالی نیست و چنان‌که خود می‌فرماید داروی تلخ نصیحت به شهد ظرافت برآمیخته تا طبع ملول از دولتِ قبول محروم نماند؛ و انصاف این است که بوستان و گلستان را هرچه مکرر بخوانند اگر اندکی ذوق باشد ملالت دست نمی‌دهد. هیچ‌کس به‌اندازه سعدی پادشاهان و صاحبان اقتدار را به حسن سیاست و دادگری و رعیت‌پروری دعوت نکرده و کمتر کسی چون او این ضروریات را بر قدرتمندان روشن و مبرهن ساخته است. سعدی از سایر نکات کشورداری نیز غفلت نکرده، مردم دیگر را هم از هر صنف و طبقه از امیر و وزیر، لشکری و کشوری و زبردست و زیردست و توانا و ناتوان، درویش و دین‌پرور، زاهد و عارف، کاسب و تاجر، عاشق و رند و مست، آخرت دوست و دنیاپرست همه را به وظایف خودشان آگاه نموده، از آشکار ساختن هیچ مصلحت و مفسده‌ای فروگذاری نکرده است.

از خصایص شگفت‌انگیز سعدی دلیری و صراحت وی در حقیقت‌گویی است. در دوران ترک‌تازی مغول و جبّاران دست‌نشانده ایشان که از امارت و ریاست جز کام و هوسرانی تصوّری نداشتند و چیزی مانع و رادع اجرای هوای نفسانی‌شان نبود و به قول مولانا جلال‌الدین در آن روزگار «حق نشاید گفت جز زیر لحاف» استاد سعدی، فقیر گوشه‌نشین حقایق را به نظم و نثر بی‌پرده و آشکار چنان فریاد کرده که در هیچ عصر و زمان کسی به این صراحت سخن نگفته است. عجب‌تر اینکه در همان زمان تنها به صاحبان اقتدار دنیا نپرداخته بلکه از تشریح احوال زاهدان و عابدان ریائی و قاضی فاسد و صوفی دنیادار و پوچ بودن عبادت و ریاضت تهی از صدق و صفا و بی‌توجه به خیر خلق کوتاهی نکرده است و عجب بصیرتی به احوال مردم و طبایع و افکار ایشان و اوضاع جهان و جریان کار روزگار داشته، و با چه زبردستی در این امور نکته‌سنجی و دقیقه‌یابی می‌کند و چگونه در هر باب رأی صواب را می‌یابد و گوئی شخص او مصداق همان هنرمند خردپیشه است که به قول خود او در این روزگار دو بار عمر کرده و تجربه آموخته و اینک تجربه را به کار می‌برد.

استاد سعدی از برخی بزرگان عصر خود مدّاحی کرده است اما مدیحه‌سرائی وی هیچ شباهتی به ستایش‌های گویندگان دیگر ندارد. او نه تملّق می‌گوید نه مبالغه می‌کند؛ بلکه سراسر گفتارش موعظه و اندرز است و متملّقان و گزافه‌گویان را سرزنش می‌کند. ممدوحان خود را به داد و دهش و مهربانی و دلجویی از فقرا و ضُعفا و ترس از خدا و تهیه توشه آخرت و تحصیل نام نیک ترغیب و تحریض می‌کند.

۵-۱۱-۱۱ شخصیت سعدی

سعدی متدین و مذهبی بلکه متعصّب است اما تعصب و تدین را هیچ‌گاه دست‌آویز آزار مخالفان دین و مذهب خود نمی‌سازد و جفاکاری با ایشان را روا نمی‌داند. سراپا مهر و محبت است و خویش و بیگانه و دوست و دشمن را مورد رأفت و انصاف و مروّت می‌دارد. به‌راستی انسان‌دوست و انسانیت پرست است. درواقع اعتقاد قلبی وی است که «بنی آم اعضای یکدیگرند» و حس همدردی او با ابناء نوع بشر به نهایت است. جز با کسان مردم‌آزار و ظالمان با همه مهربان است تا آنجا که سزای بدی را هم نیکی می‌خواهد. رقّت قلب و دلسوزی او جانوران را نیز شامل می‌شود. باکمال تقیّدی که به حفظ اصول و فروع دین و مذهب دارد به زهد خشک و آراستگی ظاهر اهمیت نمی‌دهد، معنی حقیقت را می‌خواهد، صورت هر چه باشد.

همه این مزایای برشمرده برای سعدی اگر در یک کفه ترازو قرار گیرد کفه هم‌وزن دیگر جنبه عاشقی اوست. وجود سعدی را از عشق و محبت سرشته‌اند. همه‌ی مطالب را به بهترین وجه ادا می‌کند اما چون به عشق می‌رسد شوری دیگر می‌یابد. هیچ‌کس عالم عشق را نه مانند سعدی درک کرده و نه به بیان آورده است.

عشق سعدی بازیچه و هوا (هوی) و هوس نیست، امری بسیار جدی است. عشق پاک و عشق تمامی است که آنکه عاشق است وجودش را وقف محبوب می‌کند و خود را برای او می‌خواهد نه او را برای خود. عشق او از مخلوق آغاز می‌کند اما سرانجام به خالق می‌رسد و ازاین‌روست که می‌فرماید: «عشق را آغاز هست انجام نیست». در گلستان و بوستان از عشق بیاناتی داشته است اما آنجا که داد سخن داده در غزلیات است. وجود به عشق سرشته سعدی است که احساسات او را به نهایت لطافت می‌کشاند. هر قسم زیبایی ا، صوری یا معنوی را به‌شدت حس می‌کند و دوست دارد.

سّر رقت قلب و مهربانی او نیز همین است و ازاین‌رو هرکه با سعدی مأنوس می‌شود ناچار به محبت او می‌گِرود. اندرزی که استاد شیراز، به هم‌وطنان خود می‌دهد این است که سعدی را باید سرمشق سخن گوئی دانست، اما نیازی به تقلید نیست که مقلدان سعدی همه شکست‌خورده‌اند. سخن را البته باید از سعدی آموخت اما هر نویسنده

باید به روش خود برود و داستان زاغ و کبک را تجدید نکند.

برای دوری از درازی کلام فقط به این اشاره کفایت می‌کنیم که سعدی نیز همانند فردوسی، مولوی و حافظ نمونه انسان کامل مترقی حقیقی است که هر کس باید رفتار و گفتار او را سرمشق قرار دهد؛ اگر نوع بشر روح خود را به تربیت این رادمردان پرورش می‌داد، جهنم زندگی امروزه دنیا بهشت برین می‌شد.

ازآنچه نقل کرده و از کلیه کلماتش برمی‌آید که اهل منبر و وعظ و خطابه هم بوده است، چنان‌که کتاب بوستان و بسیاری از قصائد و غزلیات او بهترین مواعظ به شمار می‌روند اما در چگونگی توانائی بیان استاد سعدی حق این است که به اشارتی از او بسنده کنیم که:

من در همه قول‌ها فصیحم　　　در وصف شمایل تو اخرس

بوستان به انتخاب نشریه گاردین جزو ۱۰۰ کتاب برتر تاریخ بشریت برگزیده‌شده است.

شکل ۱۶-۱۱. آرامگاه استاد سخن سعدی، شیراز

۱۱-۱۲ جلال‌الدین محمد بلخی

شکل ۱۷-۱۱. مولانا (۶۵۲-۵۸۶ خورشیدی)

جلال‌الدین محمد بلخی در ۱۵ مهرماه ۵۸۶ خورشیدی در ولایت بلخ (در افغانستان امروزی) پا به عرصه هستی نهاد. وی در گستردگی پهنهٔ خیال، آزاداندیشی، استقلال فکر و صداقت زبان، خلق‌وخوی عالی، ژرف‌نگری و پشت کردن به قیود دنیوی یکتا و بی‌رقیب ماند و در طول زمان چنان شهرتی یافت که پیش از او نظیرش را ندیده‌ایم. بعد از وی نیز کسی از همگنان به مرتبه و منزلت او نرسیده است. در دوران حیاتش القابی چون «جلال‌الدین» و «خداوندگار» و «مولانا خداوندگار» داشت و از سده‌ها بعد (ظاهراً از سده نهم) با القابی چون «مولوی»، «مولانا» و «مولای رومی» از او یادشده و می‌شود.

پدر او محمد بن حسین خطیبی معروف به بهاءالدین ولد، ملقب به «سلطان العلماء»، از بزرگان و دانشمندان دنیای اسلام و صوفیه و مردی عارف بود. بهاءالدین در خراسان بزرگ نامی آشنا و مرتبه‌ای بالا داشت که به مراکز علمی و عرفانی دعوت می‌شد. وی در عرفان و سلوک سابقه‌ای دیرین داشت و

چون اهل بحث و جدال نبود دانش و معرفت حقیقی را در سلوک باطنی می‌دانست نه در مباحثات و مناقشات کلامی و لفظی و ازاین‌رو پرچم‌داران کلام و جدال با او مخالفت کردند و او نیز با اهل حکومت خراسان رابطه خوبی نداشت. درنتیجه، برخی از نزدیکان و درباریان ازجمله فخرالدین رازی، استاد سلطان محمد خوارزمشاه، بیش از دیگران شاه را علیه او برمی‌انگیخت. سرانجام، حدود سال ۵۹۲ خورشیدی، هم‌زمان با هجوم چنگیز خان، سلطان العلما از بلخ کوچ کرد و سوگند یادکرد که تا زمانی که تخت شاهی در اختیار محمد خوارزمشاه است، به این شهر بازنگردد. وی به‌قصد حج، به بغداد و مکه و پس از انجام مناسک حج به شام رفت. در همان ایام علاءالدین کیقباد (از سلجوقیان آناتولی) که عالمان و عارفان بسیاری را از سراسر دنیاگرد خود جمع کرده بود، بهاءالدین ولد را نیز به آناتولی فراخواند. در حوالی سال ۱۲۲۰ میلادی بهاءالدین ولد و خانواده‌اش که جلال‌الدین نیز در میان آنان بود به آناتولی مرکزی، مشهور به روم شرقی آن زمان رسیدند. لقب رومی برای جلال‌الدین ازاینجا منشأ می‌گیرد. آنان مدتی در لارنده/ کرمن کنونی به سر بردند. کرمن، پایتخت سلجوقیان روم، در حدود یک‌صد کیلومتری جنوب خاوری قونیه واقع است. بهاءالدین ولد و خانواده‌اش پس از هفت سال اقامت در لارنده در سال ۱۲۲۸ میلادی به قونیه رفتند و تقریباً تا آخر عمر در آنجا زیستند. جلال‌الدین در پایتخت سلجوقیان آناتولی در سن ۱۹ سالگی با گوهر خاتون زنی از تبار بزرگان سمرقند ازدواج می‌کند. حاصل این ازدواج، دو پسر به نام‌های بهاءالدین و علاءالدین بود.

بیشتر آثار مولوی به زبان فارسی سروده شده است، اما به‌ندرت در اشعارش از ترکی، عربی و یونانی نیز استفاده کرده است. آثار او، به‌ویژه مثنوی و دیوان شمس، به‌طور گسترده در سراسر ایران و همچنین تمام کشورهای قلمرو بزرگ موسوم به ایران فرهنگی خوانده می‌شود. ترجمه آثار او به زبان‌های دیگر ازجمله در ترکیه، آذربایجان، ایالات‌متحده، اروپا و جنوب آسیا بسیار پرطرفدار و محبوب هستند.

۱-۱۲-۱۱ شرحی بر سیر و سلوک مولانا

در قرون پنجم، ششم و آغاز قرن هفتم، خراسان بزرگ مهد علوم پایه، علوم اجتماعی، فلسفه، الهیات و به‌طورکلی مهد علوم انسانی و علوم طبیعی بود. در این دوره زمانی، دانشمندان بزرگی، ازجمله ابوریحان بیرونی، فارابی، عمر خیام، پور سینا و بزرگان اهل طریقت چون عطار، سلطان‌العلما و مولانا، از سرزمین خراسان برخاستند. این‌ها به دلیل دوری جغرافیائی از قلمرو خلفای عرب، استقلال عمل بیشتری داشتند. متأسفانه در اوایل سده هفتم خورشیدی به دلیل حمله مغول، این جایگاه علمی ناگزیر بیشتر به سمت غرب ایران، سرزمین‌های آناتولی و شامات و عراق کشیده شد.

آناتولی از گذشته دور مرکز برخورد و تبادل فرهنگ‌های یونانی، رومی و ایرانی بود. زبان یونانی و فارسی با تشکیل سلجوقیان آناتولی اهمیت بیشتری یافت، به‌ویژه اینکه فارسی‌زبان اداری و رسمی سلجوقیان (هرچند که آن‌ها ترک‌تبار بودند) به‌حساب می‌آمد.

آسیای صغیر بعد از حمله مغول، مکانی نسبتاً آرام بود که ساکنانش با مشاغل و پیشه‌های مختلف و افکار و عقاید متفاوت و زبان‌ها و فرهنگ‌های متعدد و متنوع در کنار یکدیگر می‌زیستند. این تنوع فرهنگ‌ها در پرورش، باروری و وسعت بخشیدن به دامنه اندیشه‌های مولانا تأثیر فراوان داشت. گروهی از عالمان و فقیهان و صوفیان نامدار مانند فخرالدین عراقی، شیخ نجم‌الدین دایه، اوحدالدین کرمانی، قانعی طوسی شاعر، سراج‌الدین ارموی، قطب‌الدین شیرازی در قونیه و دیگر شهرهای این منطقه می‌زیستند.

در قرن‌های ششم و هفتم خورشیدی، مقارن سده‌های ۱۲ و ۱۳ میلادی (قرون‌وسطای اروپا) مولانا در چنین روزگاری سیر و سلوک خویش را آغاز می‌کند. بین شش تا دوازده‌سالگی همراه پدر دانشمند خود به مجالس بحث و گفتگو، و گاه با دعوت پدرش به شهرهای خراسان با او هم‌سفر می‌شود و از نزدیک با دیدگاه‌ها و آیین و رسوم مردم ونیز آرای بزرگان آشنا می‌شود. زمانی که از بلخ همراه پدر عازم عراق و شام و مکه گردید در عنفوان نوجوانی حین دیدن طبیعت‌های مختلف با نحوه زندگی مردم، از خراسان بزرگ تا غرب، ایران، عراق و شامات آشنا شد و همراه با پدر در نشست‌های بزرگان که برایش بهره فراوان داشت شرکت می‌کرد. نقل است درراه کوچیدن از بلخ در نیشابور به دیدار عطار نائل می‌شود. عطار «اسرارنامه» را به مولانا هدیه می‌کند و به بهاءالدین ولد می‌گوید زود باشد که پسرش آتشی در سوختگان عالم زند. البته فرانکلین لوئیس [1] این روایت را درست نمی‌داند.

مولانا در قلمرو عباسیان و مرکز امپراتوری اسلامی آن روزگار - با کتابخانه‌های بزرگ آشنا شده و در اینجا همراه پدر به نشست با بزرگان، ازجمله شیخ شهاب‌الدین سهروردی نائل می‌شود. در شامات به دیدن حلب موفق می‌شود که شهر دانشگاهی آن روزگار است. با دیدن چهره‌های علمی و شنیدن دیدگاه‌های حکیمانه آن‌ها در دل آرزو می‌کند در آینده چون یکی از آنان باشد.

پدر مولوی در قونیه به‌عنوان عالم عالمان و خطیب خطیبان و عارف بزرگ در این شهر تدریس و سخنرانی و مجالس بحث در علوم انسانی-اسلامی برگزار می‌کرد. در سال ۶۰۸ خورشیدی ۱۲۳۰ میلادی سلطان العلما وفات یافت و مولوی ۲۴ ساله به تقاضای بزرگان، جانشین پدر شد.

در همین ایام سید برهان‌الدین محقق تِرمِذی یکی از بزرگان تعلیم‌یافته در مکتب پدرش جهت زیارت سلطان العلما به قونیه می‌آید که در می‌یابد وی از دنیا رفته است. به سبب دِینی که به استاد (پدر مولانا) دارد و از سوی دیگر با دیدن عطش مولانا برای دانستن، او را تشویق به آموزش و ارتقای دانش و عزیمت به حلب (شهر دانشگاهی وقت) می‌کند. درواقع این دومین بار استادی برهان‌الدین بر مولوی است که در زمان کودکی بعد از بهاء اولد نخستین مربی او به‌حساب می‌آید.

1-Franklin D. Lewis, «Rumi: Past and Present, East and West: The life, Teaching and poetry of Jalal. Al-Din Rumi», One world Publication Limited, 2008

مولانا به اشارت محقق ترمذی به حلب و دمشق رفت و بعد از چند سال تحصیل علوم متداول، به قونیه بازگشت. باز به سفارش سید به ریاضت و چله‌نشینی پرداخت و به مرتبه‌ای رسید که سید برهان‌الدین «سر به سجده شکر نهاد و حضرت مولانا را در کنار گرفت و بر روی مبارک او بوسه‌ها افشان کرد... و گفت در جمیع علوم عقلی و نقلی و کشفی و کسبی بی‌نظیر عالمیان بودی» و اکنون «در اسرار باطن و سِرِّ سیر اهل حقایق و مکاشفات روحانیان و دیدارهای پنهانی انگشت نمای انبیا و اولیا شدی.»

سید برهان‌الدین ترمذی پس‌ازاین از قونیه هجرت کرد و در سال ۶۱۸ خورشیدی دیده از جهان فروبست. مولانا، یاران و مریدان ترمذی با تجلیل از مقام محقق ترمذی او را در زمره بزرگان عصر قلمداد کردند.

۱۱-۱۲-۲ مولانا و تدریس و ارشاد

پس از درگذشت استاد ترمذی، مولانا مدت پنج سال در کار ارشاد و موعظه و تدریس بود و جمعی کثیر از محضر او کسب فیض می‌کردند. در این ایام مردمان، شاگردان و مریدان او را یک دانشمند و صوفی بی‌همتا می‌شناختند و همه‌جا نام و یاد او بود. در این مدت مولانا چه اندیشه‌هایی در سر داشته نمی‌دانیم ولی حوادث بعدی نشان می‌دهد که او مرد دل‌بسته زندگی دانشمندانه و یا آسوده زیستن در میان پیروان و مریدان، آنچه اغلب فقیهان و متشرعان دنبال می‌کنند، نیست. گویی زندگی معمول و متعارف به او «کام» نمی‌داده است.، باید در انتظار مربی جسور و بی‌پروایی بوده باشد که از جلال‌الدین محمد دانشمند و فقیه، متفکری بلندآوازه بسازد که مانند آفتابی بی غروب، قرن‌ها بتابد و نورافشانی کند. مقدر چنین بود که او قهرمان داستان‌ها شود، مگر نه اینکه از دوران کودکی گزارش‌های جذاب و پرماجرای زندگی حلاج، بایزید، عطار، ابوسعید ابوالخیر و این قبیل افراد زبده و استثنائی را شنیده بود؟ مگر نه اینکه سخن اینان از همان ابتدا برای او پرجاذبه و شوق‌انگیز بود؟ مگر نه پدر او و مربی‌اش از ظاهربینان بیزار بودند؟ علاوه بر همهٔ این‌ها وگرنه «سیدِ سِردان» مرشد و مربی وی آمدن کسی را به او مژده داده بود؟ گویا او برای به دوش کشیدن رسالتی عالی آماده می‌شد. انتظار به سررسید و شمس تبریزی در آسمان زندگی او طلوع کرد و راه و روش زندگی او را تغییر داد.

۱۱-۱۲-۳ شمس تبریزی

شمس‌الدین محمد بن علی بن ملک داد تبریزی در شهر تبریز به دنیا آمد. از همان دوران کودکی، نهاد و رفتار ناآرام وی موجب اضطراب پدر می‌شد، ولی در پاسخ پدر می‌گفت: ما از دو جنس متفاوتیم؛ و مثال می‌آورد که تخم مرغابی را چون زیر مرغ خانگی نهند جوجه‌اش بزرگ و بزرگ‌تر شده به‌حکم طبیعت به آب می‌زند و مادر که شنا نمی‌داند در کناره‌جوی مانده از غرق جوجگان خود به هراس می‌افتد و متوحش می‌شود، نه می‌تواند مانند جوجه‌ها در آب رود، نه دلش آرام دارد که آن‌ها را در آب بیند، حال من و تو بر این منوال است: «اگر تو از منی یا من از توأم درآ در این دریا و اگرنه برو بَرِ مرغان خانگی.»

این سخنان را شمس، خود گفته است و گویی از همان کودکی، کاملاً از همسالان خود متمایز بوده است.

شمس از اوان کودکی و نوجوانی طبع پارسایی داشته است. در نوجوانی با این خلق‌وخوی به درویشی می‌گراید. در طریقت و درویشی مریدی و شاگردی شیخ ابوبکر زنبیل‌باف تبریزی را می‌پذیرد اما ازلحاظ روحی و باطنی افزون‌طلب و تعالی جوی است، در یک مرحله متوقف نمی‌شود و به مصاحبت با یک شیخ بسنده نمی‌کند؛ به‌قصد کمال یابی به ملاقات کاملان و آموختن راز و رمز طریقت به سفرمی‌پردازد. در دمشق و جبل صالح - که از مراکز مهم ریاضت و سیر و سلوک آن روزگار و ازنظر اهل معنی مکانی مقدس و بااعتبار است- به ریاضت‌های فراوان تن در می‌دهد؛ با مشایخ نامدار همچون محیی الدین ابن عربی هم‌صحبت می‌شود ولی دیر انتخاب است، زود و راحت دل نمی‌بازد و هر مرادی را نمی‌پسندد، بسیاری را دیده و محک زده و رها کرده است. به مقام و منزلت خویش اعتماد دارد و قدر خویش می‌داند. قامتی بلند، اندامی تکیده و لاغر و مزاجی عصبی دارد. «بیشتر در خود زندگی می‌کند تا در بیرون از خویشتن. به تک‌روی و گوشه‌گیری گرایش بیشتری دارد تا به همزیستی وزندگی در میان جمع».

یکی از جلوه‌های مطبوع و زیبای معلمی شمس آن است که جواب را مطابق سؤال، سنجیده و دقیق و فشرده می‌دهد. در شنیدن سخن دیگران نیز نکته‌گیر و موشکاف است و سخن او در عین سادگی ژرفا دارد. او در جست‌وجوی سنگ صبور است. می‌خواهد صندوقچه اسرار خود را به کسی سپارد و درِ دلِ خویش را به روی کسی گشاید که درخور قبله شدن باشد، سخن او را بفهمد و کلام او را برتابد و تحمل مصاحبت و صحبتِ چون اویی را داشته باشد. مختصر و روشن، جویای فردی است که آئینه‌ای بشود تا او خود را در وی بیند: سخن با خود توانم گفتن، با هر که خود را دیدم در او، با او سخن توانم گفتن «به روشنی آشکار است که مرد، آیینه‌ای می‌جوید تا خود را در آن بنگرد. آیینه صیقلی در آن دوران تباهی و «قحط‌سال» مردمی گوهری است که نایاب به نظر می‌رسد. به همین سبب به دنبال گوهر مقصود سفر می‌کند و بسیار و پی‌درپی سفر می‌کند و به همین جهت او را «شمس پرنده» می‌خوانند. یکی از مشایخ زمان رکن‌الدین که شیخی هوشیار و آشنا به خُلقیات شمس است به وی توصیه می‌کند: «ترا می‌باید رفت به روم، سوخته ایست که آتش در نهاد او می‌باید زد.»

نکته اینکه اگر شمس در آن سفرها دنبال وجودی زبده است مولانا نیز به زندگی معمول و متعارف فقیهانه و «دانشمندانه» و مسندنشینی و فقاهت و چنین احوالی قانع نیست. در آرزوی عالمی فراتر از جهان محدود دنیاداران است، گم‌کرده‌ای دارد که او را می‌جوید. در یک‌سو مولاناست با آن سابقه خانوادگی، آمادگی ذهنی، سیروسلوک قبلی، مستعد دگرگونی و انقلاب و اشتیاق رسیدن به انسانی کامل. در سوی دیگر ناآرامی و آرزومندی شمس است به یافتن هم‌صحبتی یگانه و شایسته و بی‌مانند. کوتاه‌سخن آنکه اگر مولانا منتظر و مشتاق است شمس هم در تکاپو و جستجوست.

هیچ عاشق خود نباشد وصل‌جو / که نه معشوقش بود جویای او

چون در این دل برق مهر دوست جست / اندر آن دل، دوستی میدان که هست

تشنه می نالد که کو آب گوار؟ / آب هم نالد که کو آن آب خوار؟

سرانجام جستجو به ثمر می‌رسد: شمس که اینک شصت‌ساله است بعد از گذرها و نظرهای بسیار در دسامبر سال ۱۲۴۴ میلادی (۶۲۳ خورشیدی) به قونیه می‌رسد و آن «هم‌صحبت» را - که اینک حدود چهل سال دارد- یافته و با آنچه آموختنی است وی را منقلب می‌سازد. از آن آموختنی‌ها که جان‌های هشیار به یکدیگر می‌سپارند و در قید کتابت و دفتر نیستند، زیرا که راه‌کار همین است و چنین کسانی رازها را سینه‌به‌سینه منتقل می‌سازند.

۴-۱۲-۱۱ اولین دیدار شمس و مولانا و کشیدن جرقه

روزی مولانا، خرسند و بی‌خیال در عالم خویش، از بازار راهی خانه بود که ناگاه مردی ناشناس به هیبت تاجران ورشکسته از میان جمعیت خود را به مولانا می‌رساند و با گرفتن عنان فقیه و عالم پرشکوه و جلال شهر با بانگ بلند می‌پرسد که: «صراف عالم معنی، محمد برتر بود یا بایزید بسطامی؟» مولانا با لحنی آکنده از خشم جواب داد: «محمد (ص) سر حلقه انبیاست، بایزید بسطام را با او چه نسبت؟» درویش بانگ برداشت: «پس چرا آن یک سبحانک ما عرفانک گفت و این‌یک سبحانی ما اعظم شأنی به زبان راند؟» مولانا فروماند و گفت: «درویش تو خود به گوی.» گفت: اختلاف در ظرفیت است که محمد را گنجایش بیکران بود، هرچه از شراب معرفت در جامش می‌ریختند، همچنان خمار جامی دیگر طلب می‌کرد، اما بایزید به جامی مست شد و نعره برآورد:

شگفتا که مرا چه مقام و منزلتی است!

سبحانی ما اعظم شأنی!

و این دیدار، آغاز آشنایی آن‌ها بود.

شمس و مولانا در خلوت

مولانا بعد از ملاقات شمس، از محراب و منبر بُرید و مریدان و درس و شاگردان، همه را وداع گفت و «درِ خلوت به روی غیر» ببست. از سخنانی که این دو در خلوت گفته‌اند و شنیده‌اند کسی آگاهی ندارد و آنچه را هم که به‌تقریب دریافته‌ایم بازگو کردنش ممکن نیست. در آثار مولانا - به‌خصوص مثنوی و دیوان شمس- بخش‌هایی با طرح و رنگ بوی این گفتگوها را می‌توان دید ولی از جزئیات نهان آن ما را خبری نیست. لیکن از شیفتگی و دگرگونی بی‌سابقه مولانا و «از همه بازآمدن» و با شمس نشستن و توجه و تأکید بر اینکه «هین سخن تازه بگو تا دوجهان تازه شود» معلوم است که سخنان شمس از جنس سخنان متداول و پیش‌پاافتاده نبوده است. سلطان ولد (فرزند بزرگ مولانا) گوید شمس، مولانا را به دنیای عجبی راهبر شد که هیچ‌کس به خواب هم ندیده بود و مولانا دوباره به آموختن پرداخت و آنچه فراگرفت «علم نو» و «سخن تازه» بود.

جان روی به عالم همایون آورد / وز چون و چگونه دل به بی‌چون آورد

آن راز که تاکنون همی بود نهان / از زیر هزار پرده بیرون آورد

عشق و اشراق

در داستان ملاقات شیخ رئیس بوعلی سینا با شیخ ابوسعید ابوالخیر آمده است که این دو تن سه شبانه‌روز به خلوت سخن گفتند... بعدِ سه شبانه‌روز خواجه بوعلی سینا برفت، شاگردان او سؤال کردند که شیخ را چگونه یافتی؟ گفت هر چه من می‌دانم او می‌بیند؛ مریدان ابوسعید از شیخ سؤال کردند که‌ای شیخ بوعلی را چگونه یافتی؟ گفت هر چه ما می‌بینیم او می‌داند.

راز دگرگونی

مولانا بعد از همدمی و هم‌صحبتی طولانی خود با شمس چنان مسحور و دگرگون می‌شود که حیرت همگان را برمی‌انگیزد. آنچه دربارهٔ ملاقات و گفتگوهای راز آمیز آنان نوشته‌اند همه بر پایهٔ حدس و گمان مریدان افسانه‌پرداز است. فقط می‌دانیم که مولانا، دیگر آن مفتی و دانشمند و مدرس پیشین نمی‌ماند و چنان پشت پا بر بساط وعظ و تدریس می‌زند که موجب رشک و اعتراض و خشم و حیرت مریدان می‌شود. او به‌تمامی وجود و حواس خود دل‌بسته و مجذوب شمس شده پروای احدی ندارد.

مرده بودم، زنده شدم، گریه بودم، خنده شدم

دولت عشق آمد و من دولت پاینده شدم

حادثه دگرگونی و سرزدگی این مرد امری ساده نیست. باورپذیر نیست که پیشوایی دینی با آن شهرت و سابقه به بانگ رباب سماع کند و منبر و محراب و منبر و مریدان را ترک گوید. اگر مولانا تغییر سلوک نداشت و همان مولانای آرام قبلی می‌ماند و شمس هم مایه غوغا نمی‌شد چنین هیاهویی هم برنمی‌خاست؛ بسیاری از آثار بی‌همتای مولانا، مانند دیوان شمس پدید نمی‌آمد و مثنوی هم اگر می‌بود شاید چنین محتوایی نمی‌داشت و حداکثر آثار مولانا در حد فیه ما فیه بود. مریدان با مشاهده این رفتار غریب از استاد، شمس را مسبب آن می‌دانند و به‌طعنه زدن و آزار وی می‌پردازند، درنتیجه شمس قصد عزیمت کرده، شهر را ترک می‌کند.

با غیبت شمس، مولانا چون سیاره‌ای است که خورشیدش غروب کرده، در فضا سرگردان است. مریدانِ گُم و گیج می‌مانند، با جسمی بی‌جان که از آنان نیز روی برمی‌تابد. مریدان پاک‌دل هم درنمی‌یابند که عالم میان آن دو، چه عالمی است. مولانا پیوسته در پی مقام و محل محبوب سرانجام او را در شام می‌یابد. نامه‌های منظوم می‌فرستد با مضامینی پرسوزوگداز و منقلب کننده. اصحاب چون حال مولانا را در فراقِ شمس بسی خراب می‌بینند از در توبه و جبران درمی‌آیند و بر آن می‌شوند تا شمس را برگردانند.

نامه‌های منظوم مولانا نیز مؤثر می‌افتد و دل شمس نرم می‌شود و وعده بازگشت می‌دهد. سلطان ولد آن فرزند خوب و گوش‌به‌فرمان مولانا به همراه بیست تن به شام می‌روند تا شمس را به قونیه بازگردانند. کاروان محبوب راهی می‌شود و سلطان ولد و همراهان تمامی راه را یک ماه پیاده در رکاب شمس می‌پیماید و شمس به قونیه بازمی‌گردد و مولوی شاد و سرمست در استقبال او چنین می‌سراید:

آب زنید راه را هین که نگار می‌رسد — مژده دهید باغ را بوی بهار می‌رسد

راه دهید یار را آن مه ده چهار را — کز رخ نور بخش او، نور و نثار می‌رسد

باغ سلام می‌کند، سرو قیام می‌کند — سبزه پیاده می‌رود، غنچه سوار می‌رسد

مریدان که امید داشتند این دو راه و روش خود را تعدیل کنند از رفتارشان مأیوس شدند. مخالفان و معاندان نیز از دیدن بی‌اعتنایی شمس و مولانا به دنیا و هر آنچه دنیایی است برانگیخته شدند چراکه سیروسلوک آن‌ها صراحتاً برخلاف مصلحت و عقیده مسندنشینان و نیز مخالف خواست و انتظار مریدان بود. آزار و اذیت دوباره ایشان موجب آزردگی و عزیمت شمس و غیبت ابدی وی شد. مولانا دیگر شمس راندید ولی خود را در شمس می‌دید.

گویی اینک شمس در هرلحظه زندگی مولانا حضور دارد، سایه‌وار با او زندگی می‌کند. فکر و ذکر و شعر و نثر او همه و همه «شمس» و جلوه‌های گوناگون او می‌شود. بیایید از زبان خود مولانا بشنویم:

در آتش خویش چون دمی جوش کنم

خواهم که ترا دمی فراموش کنم

گیرم جامی که عاقلی بیهوش کند

در جام درآئی و ترا نوش کنم

این شور و شوق و هیجانی که در این دوبیتی نهفته است در بیشتر غزل‌ها و رباعی‌های مولانا موج می‌زند. او چنان در «شمس» محوشده است که جدا ساختن وی از آن مربی و مراد ممکن نمی‌نماید. این نوع رابطه انسانی با همه اِعجاب آن، دست‌یافتنی است و در صورت همدلی واقعی می‌تواند پدید آید و آثار شگفت خود را تجلی دهد، چیزی که در اعصار و زمان‌های گوناگون به شکل‌های گوناگون اسطوره و داستان دارد. خود مولانا، شمس تبریزی را که همچنان قدر ناشناخته مانده، در حقیقت مسیحا نفسی می‌داند که مرده را زنده کرده است:

مرده بدم، زنده شدم؛ گریه بدم خنده شدم

دولت عشق آمد و من دولت پاینده شدم

گفت که تو کشته نئی در طرب آغشته نئی

پیش رخ زنده کنش کشته و افکنده شدم

تابش جان یافت دلم، واشد و بشکافت دلم

اطلس نو بافت دلم، دشمن این ژنده شدم

در شکل ۱۸-۱۱ و ۱۹-۱۱ به ترتیب آرامگاه مولوی در شهر قونیه کشور ترکیه و آرامگاه شمس تبریزی در شهر خوی ایران نشان داده شده است.

شکل ۱۸-۱۱. نمایی از آرامگاه مولانا، قونیه در کشور ترکیه.

شکل ۱۹-۱۱. نمایی از آرامگاه شمس، خوی.

۱۳-۱۱ حافظ شیرازی

شکل ۲۰-۱۱. حافظ شیرازی (۷۶۸-۷۰۵ خورشیدی)

به شعر حافظ شیرازی می رقصند و می نازند
سیه چشمان کشمیری و ترکان سمرقندی

«ناگهان خود را غرق در رایحه بهشتی و نسیم روح‌بخش جاودانه‌ای یافتم که از دشت‌های بارور فارس و دیگر سرزمین‌های ایران زمین می‌وزید».

وهان ولفگانگ گوته

خواجه شمس‌الدین محمد حافظ شیرازی از بزرگ‌ترین عارفان و شعرای غنایی و غزل‌سرای ایران و جهان در همه عصرها و برای تمام نسل‌هاست. در سنت ایران او را «لسان‌الغیب» و «ترجمان الاسرار» یعنی زبان غیب و مُفَسر رازها می‌دانند. حافظ رازدار دل‌های دردمند و در قبض است و همراه روح‌های شادمان در بسط است و با همین تعلق‌خاطر است که ایرانیان و کشورهای حوزه فرهنگی ایران با دیوان او فال می‌گیرند و با او مشورت می‌کنند. شعر او در کمال پختگی و معناست درنهایت اختصار و سختی الفاظ. دیوان حافظ چکیده و عصاره روح و تمدن و فرهنگ تاریخ ایران از دو برهه باستانی و بعد از اسلام است. اشعار حافظ همه اعتقادات و آیین‌های ایرانی و سامی را در خود جمع دارد و از بین آن‌ها بهترین را برگزیده و به اوج رسانده است. اشعار حافظ تعادل خردمندی در صورت و معناست. استفاده درست و دقیق از ابراز و صناعات، اعجاز چشمگیر در بیان اندیشه‌های خلاقانه است. پیوند و پیوستگی از نمادهای رنگارنگ تفکرات جهانی است. شعر حافظ معجزه ادب فارسی و عصاره فرهنگ چند هزارساله شرقی است.

۱-۱۳-۱۱ زندگی

بااینکه شهرت حافظ در زمان خودش از مرزهای ایران بیرون می‌رود اما تاریخ زادروز حافظ دقیقاً مشخص نیست. او شاعر نابغه قرن هشتم خورشیدی ایران است. تاریخ زادروز حافظ را ۷۰۴ تا ۷۱۱ خورشیدی گزارش کرده‌اند ولی سال درگذشت او را به‌اتفاق سال ۷۶۸ خورشیدی می‌دانند.

نقل است که پدر حافظ، بهاءالدین محمد، زاده اصفهان و بنا بر برخی منابع محل امروزی تویسرکان از استان همدان بوده است که سپس به شیراز کوچ می‌کند. مادرش اهل کازرون فارس بود. گفته می‌شود حافظ در خانواده‌ای متوسط ازنظر اقتصادی و در شیراز به دنیا آمده است. خود در نوجوانی کار می‌کرد. مدتی هم در نانوایی مشغول کار بود که به هنگام توزیع نان عاشق دختری به نام نسرین می‌شود که بعداً با او ازدواج می‌کند. حافظ از او به‌عنوان شاخه نبات یاد می‌کند. حافظ یک‌بار ازدواج می‌کند و حاصل آن‌یک فرزند است. هم همسر و هم پسرش، همسرش در جوانی و پسرش در نوجوانی و در زمان حیات حافظ فوت می‌کنند.

حافظ از کودکی به مکتبی که کنار نانوایی بود می‌رود و به یادگیری علوم زمان خویش می‌پردازد. سپس نزد استادان بزرگ شیرازی از جمله قوام الدین عبدالله، مولانا بهاءالدین، عبدالصمد حجر آبادی، علامه گرگانی شاگردی می‌کند و بر دانش‌های زمان خود تسلط می‌یابد. رضا قلی هدایت گفته است که حافظ مدتی در مدرسه استاد خود، قوام‌الدین، تدریس کرد.

در دوران شاه ابواسحاق از خاندان اینجوی به دیوان اداری راه یافت و آنجا مشغول به کار شد. در زمان آل مظفر هم حافظ در دیوان اداری کار می‌کرده است. حافظ عمده عمر خود را در شیراز گذراند و چنان‌که از محتوای شعرش برمی‌آید دوستدار شهر خود بود و چند سفری هم به اصفهان و یزد داشته است. نوشته‌هایی هم درباره سفر حافظ به هند وجود دارد که منبع درستی درباره در دسترس نیست.

۲-۱۳-۱۱ اوضاع سیاسی- تاریخی شیراز در زمان حافظ

قرن هفتم و هشتم زمان یورش مغولان و استقرار آن‌ها (ایلخانان مغول) در ایران است. در این زمان فارس از هجوم مغولان تقریباً در امان ماند و حاکمان محلی فارس با کنار آمدن با مغول‌ها توانستند با ادامه حاکمیت خود حکومت‌های محلی تشکیل بدهند، هرچند که نزاع بر سر قدرت از اوایل قرن هفتم تا اواخر قرن هشتم در استان‌های فارس، اصفهان، کرمان و یزد برای به دست گرفتن قدرت بین سه خاندان، اتابکان فارس و خاندان اینجو و آل مظفر فارس و کرمان ادامه داشت. این دوران، در نگاهی کلی دوره انحطاط تاریخ ایران به‌حساب می‌آید.

اتابکان یک طایفه از ترکستان (ترکان اوغوز)، معروف به سلقریان و از حاکمان محلی زیر نظر دولت سلجوقی، هنگام از ضعف سلجوقیان که حاکمیت فارس را داشتند و پیش از حمله مغول خراج گذار سلجوقیان بودند. پس از حمله مغول خراج گذار اینان شدند که خود مانع از کشتار و غارت فارس و حمله مغول به این ناحیه شد.

یکی از حاکمان اتابکان فارس سعد بن زنگی (۶۰۹- ۵۸۱ خورشیدی) است که حاکمی باتدبیر بود و در آبادی شیراز نقش داشت. سعدی در زمان او می‌زیست و لقب خود را از نام پسر او یعنی ابوبکر بن سعد گرفته است.

در اواخر سلسله ایلخانان درنتیجه ضعف این حاکمان، به‌خصوص سلطان ابوسعید ایلخان، خاندان آل اینجوی در فارس اعلام استقلال کردند. با قتل محمود اینجوی در زمان ابوسعید، مسعود و ابواسحاق توانستند حکومت فارس را به دست‌گیرند. حافظ در نوجوانی و جوانی هم‌عصر این حاکمان بوده است.

مسعود و ابواسحاق جنگ‌های متعددی با خاندان آل مظفر (حاکمان بعدی فارس) داشتند که کرمان و یزد را از تصرف آن‌ها درآورند اما موفق نمی‌شوند. سرانجام امیر مبارزالدین در سال ۷۳۰ خورشیدی شیراز را محاصره کرد و بعد از ۹ ماه توانست به شهر وارد شود (۷۳۱ خورشیدی – دوم نوامبر ۱۳۵۳ میلادی) و حاکم فارس شد. او شاه اسحاق را که به اصفهان گریخته بود به شیراز برگرداند و در همان‌جا او را به اعدام سپرد. (۷۳۵ خورشیدی- ۱۵ ماه می ۱۳۵۷)

امیر مبارزالدین مردِ متعصب و مذهبی ریاکاری بود که خود را موظف به اجرای شریعت می‌دانست. او با بیعت به خلیفه عباسی مصر (بقایای خلفای عباسی بغداد) برای اخذ مجوز شرعی و هوس حاکمیت بر کل ایران بود اما به خاطر تعصب مذهبی و تندروی و ریاکاری بیش‌ازحد سرانجام توسط خانواده خود (شاه شجاع مظفری) و شاه منصور و خواهرزاده و دامادش شاه سلطان اسیر و کور شد و در سال ۷۴۲ خورشیدی از دنیا رفت و شاه شجاع جانشین او شد.

شاه شجاع که از پادشاهان آل مظفر با ریشه ایرانی بود در سال ۷۶۲ خورشیدی با درگیری در جنگ‌های جانشینی نهایتاً کشته شد. در همین ایام تیمور به ایران هجوم آورد. شاه منصور که قصد داشت با کمک آل مظفر و حمایت سلاطین عثمانی با ایستادگی در مقابل تیمور حکومت آل مظفر را احیا کند، توسط تیمور کشته شد و بدین ترتیب دوران حکومت آل مظفر در ایران پایان یافت.

آن‌طور که پیداست شیراز در دوران حافظ و پیش از او بااینکه از حمله مغول‌ها و جانشینان آن‌ها مصون مانده بود مرتباً درگیر جنگ‌های محلی و جانشینی آل اینجو و آل مظفر و پس از آن‌ها اسیر هجوم تیموریان بوده است.

زندگی حافظ در زمان چند پادشاه ازجمله شاه اسحاق، امیر مبارزالدین، شاه شجاع و شاه منصور می‌گذرد.

رند شیراز خوب توانست در این دوران پرآشوب دیوان شعرش را بیافریند که در آن جسته‌گریخته، بدون مبالغه، به رفتار این حاکمان اشاره‌شده است. ازجمله این اشارات عبارت‌اند از:

در ستایش شاه اسحاق

جمال چهره اسلام شیخ ابوالاسحاق
که ملک در قدمش زیب بوستان گردد

راستی خاتم فیروزه بوالاسحاقی خوش درخشید ولی دولت مستعجل بود.

در نکوهش امیر مبارزالدین

در میخانه ببستند خدایا مپسند
که در خانه تزویر و ریا بگشایند

ناموس عشق و رونق عشاق می‌برند
منع جوان و سرزنش پیری کنند

در ستایش شاه شجاع و رفتن امیر مبارز

سحر ز هاتف غیبم رسید مژده به گوش
که دور شاه شجاع است می دلیر بنوش

در ستایش شاه منصور

بیا که رایت منصور پادشاه رسید
نوید فتح و بشارت به مهر و ماه رسید

حافظ در دوره انحطاط تاریخ ایران می‌زیسته است، حال‌آنکه معمولاً آثار بزرگ در دوران شکوفایی تاریخی پرورده می‌شوند. او در دوره انحطاط، در گوشه‌ای از فارس، در میان خاندانی گمنام که به لطف او شناخته‌شده‌اند یکی از بزرگ‌ترین آثار ادبی جهان را آفرید.

۳-۱۳-۱۱ دیوان حافظ

در اینجا سعی می‌شود خلاصه‌ای از ظاهر و باطن دیوان حافظ را ترسیم سازیم.

با نگاهی به دیوان حافظ متوجه می‌شویم که دیوان حافظ صورت و سیرت متمایزی دارد. درصورتی‌که ظاهری دیوانی با حدود ۵۰۰ غزل است و ازاین‌جهت کتاب خیلی بزرگی به‌حساب نمی‌آید اما با توجه به معانی و نگرشی که در بطن اشعار این دیوان نهفته است در برابرمان دنیایی از اِعجاب و شگفتی گشوده می‌شود که انتهایی ندارد. درواقع دیوان حافظ کتابی کم‌حجم، ولی سرشار از معانی و بدایع است. حافظ توانست با صنعت ایهام، ایجاز، ابهام و ظرافت، به‌نوعی گوشه‌هایی از تاریخ و رفتار مردم ایران را در غزل‌هایش بگنجاند. بطن و سیرت اشعار حافظ از چنان غنائی برخوردار است که هیچ تصویر و تذهیبی یارای به تصویر کشیدن آن‌ها نیست.

کتابت و نگارگری در نشر دیوان حافظ

پس از درگذشت حافظ، به خاطر عشق و علاقه به عظمت مضامین و محتوای اشعار بی‌بدیل دیوان وی، بسیاری از خوش نویسان و خط‌نگاران و نگارگران از ابتدای قرن نهم خورشیدی بر آن شدند که هنر خطاطی و نگارگری خود را در بازنویسی اشعار حافظ به کار گرفته، آن را به تماشای عموم گذارند. الحق بسیاری در این مورد با خطاطی‌های خوب دیوان‌های زیبایی از شعر حافظ خلق کرده‌اند که زینت هر منزل عاشق فرهنگ این مرزوبوم‌اند. ازجمله این‌ها می‌توان به دیوان‌های آراسته به خط و تذهیب نامبردگان زیر اشاره کرد: میرعلی مروی در ۸۹۹ خورشیدی، شاه محمود نیشابوری در ۹۰۲ خورشیدی، سید علی حسنی شیرازی به سال ۱۲۲۱ خورشیدی، محمدمهدی کاتب السلطان فراهانی در ۱۲۲۵ خورشیدی، محمدباقر حاجی بن علی تاجر قزوینی در ۱۲۱۹ خورشیدی (نسخه خطی آن در کتابخانه برلین نگهداری می‌شود)، کیخسرو خروش در ۱۳۶۲ و ۱۳۸۷ خورشیدی، مرتضی عبدالرسولی(نسخه یونسکو) در ۱۳۶۷ خورشیدی ، غلامحسین امیرخانی به سال ۱۳۶۸ خورشیدی، عباس خنوین به سال ۱۳۸۰ و محمد احصایی (انتشارات نگار در ۱۳۸۹ خورشیدی) و بسیاری دیگر.

نسخه‌های خطی دست‌نویس دیوان حافظ، قریب ۶۰۰ مورد گزارش‌شده‌اند. برخی تک‌نسخه بوده، و تعدادی هم در خارج از ایران نگهداری می‌شوند. جدا از ۶۰۰ نسخه دست‌نویس دیوان حافظ برخی هم تعدادی از بیت‌ها و یا تک‌بیت‌هایی را نگارش کرده‌اند، البته شماری از آن‌ها بیشتر به نگارگری مربوط می‌شود.

تلاش نگارگران یا برای افزایش زیبایی و آراستن حواشی نوشتار، یا در فکر نمایش مضمون شعر به زبان تصویر بوده‌اند، که دومی در مورد شعر حافظ با توجه به راز و رموز بیان حافظ کاری بس دشوار و اغلب غیر ممکن است. ازاین‌رو این وجه از هنر نگارگری در دیوان حافظ منحصر به یک یا چند بیت و گاه منحصر به یک مصرع بوده است. نگاره نگاری برای دیوان حافظ کمی بعد از شروع کتابت آن، یعنی نیمه دوم قرن نهم خورشیدی، آغاز شد. در مورد نگاره‌های معاصر می‌توان به تلاش افرادی چون میرزا آقای امامی و محمود فرشچیان و نیز نظارت آیدین آغداشلو بر دیوان کتابت محمد احصائی از انتشارات نگار (۱۳۸۹) اشاره کرد که بی‌شک کار بزرگی انجام داده‌اند. تصحیح دیوان حافظ هم پس از کتابت دیوان حافظ از همان نوشته‌های قدیمی شروع می‌شود که معروف‌ترین آن‌ها تصحیح محمد قزوینی(۱۳۲۰) با ۵۷۶ غزل و نسخه تصحیح عبدالرحیم خلخالی (به سال ۱۳۰۵ خورشیدی) با ۴۹۵ غزل است که خود توسط استاد بهاءالدین خرمشاهی چندین مرتبه تصحیح‌شده است.

در کنار کتابت اشعار و نگارگری و هنرنمایی‌های دیگر بر اشعار حافظ می‌توان ازجمله به نوشتن شعر حافظ بر روی قالی و تزئین فرش‌های ایران، تابلوها و یا ظروف و وسایل فلزی عموماً گران‌قیمت مانند مس، نقره و طلا اشاره کرد.

شعر و موسیقی در ایران گذشته‌ای دوروردراز دارد. اشعار حافظ به دلیل بار موسیقی‌ای آن‌ها جایگاه ویژه‌ای در عرصه موسیقی ایران داشته و دارند که در دستگاه‌های مختلف موسیقی ایرانی خوانده و اجراشده‌اند. استاد شجریان سلطان آواز ایران نیز ازجمله مریدان حافظ است که تعدادی از اشعار حافظ را با صدای به‌یادماندنی خویش به آواز درآورده است.

۴-۱۳-۱۱ ژرفا و سیرت دیوان حافظ

حافظ در غزلیات خود- فیلسوفانه، موشکافانه و رندانه- بر زندگی، خلق‌وخو و رفتار انسان می‌نگرد. هر گوشه‌ای از زندگی معنوی، اجتماعی و فرقه‌های انسانی توسط حافظ به شعر کشیده شده، سعی می‌شود پاسخی بر معماهای وجود یافته، بر زبان آرد. البته پاسخ‌ها و راه‌حل‌های حافظ دارای «زبان غیب» اند که ساده و بسیط نیست. آن‌ها معمای وجود وزندگی بشر را گوئی با موسیقی و ایجاز و ایهام طوری ترسیم می‌سازند که برای خواننده و شنونده دلپذیر و خوش باشند.

از نوشته و غزلیات حافظ برمی‌آید که تاریخ و آئین‌های باستانی ایران را خوب می‌شناسد و برگذشته درخشان آن و نیز مصائب و مشکلات رفته بر جامعه ایران آگاه است. با ابراز رنجشی که دارد از اینکه کسی درراه بازگشت به خویشتن خویش و اصلاح برنمی‌آید شکوه می‌کند:

شهر یاران بود و خاک مهربانان این دیار

مهربانی کی سر آمد شهریاران را چه شد؟

گوی توفیق و کرامت در میان افکنده اند

کس به میدان در نمی آید سواران را چه شد؟

صد هزاران گل شکفت و بانگ بر نخاست مرغی

عندلیبان را چه پیش آمد؟ هزاران را چه شد؟

اشعار حافظ این قدرت را دارد که در زمان‌های سخت و مشکلات به

اسرار الهی اشاره کند و از امید به زندگی بازنمی‌ایستد. اشعار حافظ علاوه بر توجه به مسائل جامعه و دنیای واقعی، به دنیای فرازمینی نیز اشاره دارند.

۵-۱۳-۱۱ نگرش حافظ بر دنیا و آخرت

آنچه حافظ دربی آن است نشان دادن این است که میان امور مجازی و حقیقی، زمینی و آسمانی، مادی و معنوی تضاد و تعارضی نیست و از اولی همچون پلی می‌توان برای رسیدن به دومی بهره بُرد. او زیبایی‌های حسی و مانده‌های زمینی را به افسون سخن خویش تبدیل میکند و خواننده را به ضیافت‌هایی خیالی و الهی می‌برد که عرصه فرشتگان و ساقیان مست عشق‌اند. حافظ ضمن نگاهی که به عالم دیگر دارد انسان را وجودی آگاه، آزاداندیش و مختار می‌داند و آزادی و اختیار از دیدگاه او خاص انسان است که امانتی بزرگ است و بار آن را فقط انسان می‌تواند بر دوش کشد.

آسمان بار امانت نتوانست کشید — قرعه فال به نام من دیوانه زدند

قرعه فال به دوش کشیدنِ (آزادی و اختیار)، اشاره بار امانتی است که گوئی از همان آغاز به بشر سپرده‌شده است ، بار امانتی که آسمان خود را یارای به دوش کشیدن آن نمی‌داند و این تنها آدمی بوده است که به قول حافظ از سر دیوانگی عهده‌دار تکلیفی شده که همه عالم از آن سرباز زده‌اند.

این است که گویی شاعر در عین زندگی در این جهان، سرگشته عالمی دیگر است. انگار آمدوشد میان دومرتبه هستی، یکی بهرهمند از مجال پرواز آزادانه در گلشن قدس و دیگری توأم باغم غریبی و اسارت و یا محصور در محیط اجتماعی و سیاسی گرفتار در آن ، هستی واقعی وی را رقم می‌زند.

ما بدین در؛ نه پی حشمت و جاه آمده‌ایم — از بد حادثه این جا به پناه آمده‌ایم

شاعر میان دو شیوه درک امور معلق است: پایی در آن عالم دارد و پایی در این. با نظر به غایت بودن عالم آخرت است که راز دنیا در چشم او آشکار می‌شود. یعنی زمان حال شاعر، غرق میان ازل و ابد است، در هر شرایطی کمال به‌سوی ازل را نظر دارد و آن را غیرممکن نمی‌داند هرچند شرایط اجتماعی، مادی و سیاسی فراهم نباشد.

از کران تا به کران لشکر ظلم است

ولی از ازل تا به ابد فرصت درویشانست

حافظ ضمن اینکه در سوی کمال یا خدایی شدن است اما درعین‌حال از زیبایی‌ها، نعمات و سرخوشی‌های زندگی نیز غافل نیست و آن‌ها را درراه کمال می‌بیند.

می دوساله و محبوب چهارده ساله

همین بس است مرا صحبت صغیر و کبیر

موقعیت عجیب او دقیقاً ناشی از برخورد این دو زمان است که یکی روسوی ابد دارد و دایره وجود را تکمیل می‌کند و دیگری افق صیرورت بر خط مستقیم را ترسیم می‌سازد. دام و سراب بودن عالم با نظر به همین جنبه افقی و خطی زمان است. حافظ ضمن به‌کارگیری دنیا و زیبایی‌هایش مراقب است که دربند آن‌ها نیافتد. به‌منظور تأکید بر همین زرق‌وبرق و رنگ و لعاب پوچ است که حافظ تعبیر عروس را به کار می‌برد:

خوش عروسی است جهان از ره صورت لیکن

هر که پیوست بدو عمر خودش کاوین داد

هرچه شاعر ژرفای جهان را بیشتر می‌شناسد، بیشتر در آتش اشتیاق رهایی از آن می‌سوزد و در طلب بازگشت به موطن اصلی تشنه‌تر می‌شود:

مژده وصل تو کو کز سر جان برخیزم

طایر قدسم و از دام جهان برخیزم

این شوق به تعالی گاهی چنان شدید است که حافظ نه‌فقط درصدد شکستن محبس دنیاست بلکه به آنجا می‌رسد که می‌خواهد پا از مرزهای قیامت هم فراتر نهد و چرخ را برهم زند و فلک را سقف بشکافد تا «طرحی نو دراندازد.»

بیا تا گل برافشانیم و می در ساغر اندازیم

فلک را سقف بشکافیم و طرحی نو دراندازیم

۶-۱۳-۱۱ فال حافظ

استاد حافظ‌شناس علی ندوشن در تبیین تفائل به دیوان حافظ می‌گوید: به دلیل هاله عجیب موجود در پس اشعار حافظ و موسیقی کلماتی که به کار می‌گیرد او را لسان‌الغیب نام داده‌اند و به همین جهت می‌توان با دیوان او فال گرفت. در اشعار او چیزی وجود دارد که خواننده را قانع می‌کند که مطابق با نیت اوست. حافظ غیب‌گو نیست اما با لمس و بیان گوشه زوایای زندگی، گفتارش هاله ابهامی پیدا می‌کند که شخص را قانع می‌سازد که از دیوان او پاسخ گرفته است. در آثار بزرگ دیگر زبان فارسی با تمام اهمیتی که دارند، این خاصیت چندپهلو بودن و ابهام دیده نمی‌شود. درنتیجه چون فهم شنوندگان از اشعار حافظ، بسته به تفاوت سطح معرفت و فضل و حساسیت و ذوقشان متفاوت است، هر کس به‌قدر فهم خویش از آن‌ها بهره می‌برد و کسی هم‌دست خالی بازنمی‌گردد! حظ خواندن دیوان حافظ، ، بیشتر معنوی است تا عقلی. با نغمه‌های او که بیوقفه بر نهانخانه جان مینشیند احوال مختلف روح یگانه

می‌شود و بدین ترتیب جان پذیرای شنونده و مفهوم رمزآمیز شعر در قرانی سعد هماهنگ شده، این هماهنگی به هیئت عارفانه حالی درست به نظر می‌رسد.

پیر مغان در اشعار حافظ

استاد علی ندوشن در تکرار «پیر مغان» در اشعار حافظ گفت است: «پیر مغان هیچ فرد خاصی نبوده و هیچ شخصی در دوران حافظ وجود نداشته که بتوان به او عنوان پیر مغان داد. او یک فرد فرضی است. پیر مغان قبل از حافظ در اشعار عطار و سنایی هم آمده است، اما هیچ‌کس مانند حافظ تا این حد به تکرار این ترکیب نپرداخته است. پیر مغان نماینده کل فرزانگی ایران کهن‌سال است که از آغاز آنچه ما درباره اندیشه ایرانی می‌دانیم، پیش‌آمده و در فردی فرضی، تجسم پیداکرده است که آن را پیر مغان نامیده‌اند. پیر بودن یعنی تمام تجربیات جهانی را در خود جمع کرده و منبع یک سلسله تجربه است و دیگر اینکه وابسته به مغان است یعنی کهن‌ترین دوران ایران. بنابراین وقتی حافظ تمام سرنوشت دانستگی‌هایش را به‌پیر مغان نسبت می‌دهد، می‌خواهد بگوید که کل این دانستگی‌ها را مدیون فردی هستم که تمام تجربه عمر دراز ایران را در خود جمع کرده است. البته او نامی از ایران نیاورده، بلکه مقصود او کل میراث این کشور و زبان فارسی است.»

رند و نظربازی حافظ

به قول استاد خرمشاهی «رند حافظ همان حافظ رند است».

رند به معنایی که حافظ مراد می‌کند خلاصه خصلت‌های پیچیده و منحصربه‌فرد ایرانیان است. رند حافظ هم رساترین نشانه غموض وصف‌ناپذیر خصال ایرانیان است. این غموض اغلب نه‌فقط غربیان که حتی خودِ شرقیان را نیز سردرگم می‌سازد. به سبب غنا و چندگانگی معنایی اصطلاح رند، متناسب با سطوح متفاوت، تعابیر مختلفی از آن هست و اغلب در تعارض و تناقض با یکدیگر. این امر عمدتاً به علت جنبه منفی این تعبیر است؛ اما این تعارضات را با عنایت به منظومه اولیه‌ای که همه این معانی ناشی از آن است می‌توان رفع کرد.

در بطن اصطلاح رند حالات مختلف خصال ایرانیان را می‌توان دید: انعطاف‌پذیری و استعداد کنار آمدن با اوضاع که البته لزوماً دال بر فرصت‌طلبی نیست بلکه هنر هماهنگ شدن و کف نفس است. هرچند این واژه، بی‌توجه به معنای اصلی رند، ممکن است فرصت‌طلبی را افاده کند. این اصطلاح همچنین بر روشنی ضمیر دلالت دارد و متضمن نحوه تادیب نفس است و هشیارانه در وضعیت رضا بودن و حزم در بیان و گفتار که نه دغل‌بازی است و نه ریاکاری و نه ظاهرسازی؛ اگرچه خارج از سیاق اصلی، این ممکن است درست به همان امور بدل شود. گاهی به موذیانه رنگ عوض کردن تقلیل یابد و چه‌بسا حتی به مخفی‌کاری و شیادی بدل شود. برای استفاده یا سوءاستفاده کوته‌فکران فرصت بسیار باشد. به‌علاوه این واژه بر حریت و آزادگی دلالت می‌کند، یعنی دل نبستن به دنیا و آزادی از رنگ تعلق. درواقع رندی مستلزم وارستگی است.

افزون بر این‌ها رندی مستلزم استفاده از زبان اشاره و کنایی است که در معنای اصیلش گفتاری سربسته و رعایت نحوه تقیه. در معنایی دیگر وقتی افکار بزرگ داری ولی امکان ارائه و اجرای آن را نداری با خلق اندیشه‌ای با راز و رمز و کلمات چندمعنایی آن را چنان بگویی و طلب کنی، هرچند در زمان خود قابل‌اجرا نباشد ولی در اندیشه تحقق آن باشی، می‌توان گفت به‌اجبار زیستن برای حضور و تحقق در آینده.

این نحوه نگریستن بی‌غرضانه به عالم را که نگرشی است خدایی حافظ نظربازی می‌نامد. واژه‌ای که همانند رند نمی‌توان به‌درستی به زبان دیگری ترجمه‌اش کرد. حافظ در توضیح بینش خویش می‌گوید:

عاشق و رند و نظربازم و میگویم فاش
تا بدانی که به چندین هنر آراستهام

بهره مشترک این «چندین هنر» بهره‌مندی از بینش جهانی در حد کمال است، اما هر یک از این هنرها خود جنبه‌ای از منشور حقیقت را آشکار می‌کند. از منظر سلوک عاشقانه، هنر عاشق طلب وصال و یگانگی با معشوق است، از منظر اخلاقی هنرِ رندی نفس همرنگی با جماعتی است که خود را «عاقل» می‌دانند که البته تنگ‌نظران و خشک‌مغزان را خوش نمی‌آید؛ از منظر «علم نظر» هم این هنر فن ساحرانه «صاحب‌نظر» بودن است:

نظربازی: نظربازی در اینجا به معنای شناخت واقعیت و حقیقت است.

وجه خدا اگر شودت منظر نظر
زین پس شکی نماند که صاحب نظر شوی

نظربازی آن است که عالم را شیء نبینیم و اندیشه هم نپنداریم بلکه خود به درجه‌ای از بینش رسیده‌ایم که بسیاری از واقعیت‌ها را می‌دانیم و واقعیت‌های جهان هستی را درک می‌کنیم که اصولاً معنای حقیقت را می‌دهد. عالم را شیء ندیدن به این معنی است که عالم به مثابه چیزی بیرون از ما در برابر ما مُتَمَثّل و منعکس نشود بلکه چونان غنچه‌ای درون ما بشکفد.

فاش می گویم و از گفته خود دلشادم
بنده عشقم و از هر دو جهان آزادم

منابع:

۱. ابن حوقل. (۱۳۵۲). تحدید نهایات الاماکن لتصحیح مسافات المساکن. ترجمه احمد آرام.
۲. ابن سینا، حسین بن عبدالله (۱۳۸۳)، رساله منطق دانشنامه علایی/تصنیف بوعلی سینا، مقدمه و تصحیح محمد معین و محمد مشکوه، انجمن آثار و مفاخر فرهنگی.
۳. احمدی، محمد امین، انسان‌گرایی و ابوریحان بیرونی.
۴. ارسطو (۱۳۸۸). اصول حکومت آتن، ترجمه باستانی پاریزی،شرکت سهامی کتاب‌های جیبی تهران.۵
۱. اذکائی، پرویز (۱۳۸۴). حکیم رازی، انتشارات طرح نو.
۲. اسلامی ندوشن، محمدعلی (۱۳۸۸). تامل در حافظ، انتشارات نشر یزدان، تهران.
۳. افلاطون (۱۳۸۲). شاهکارهای افلاطون در حکمت سقراط، ترجمه محمدعلی فروغی، نشر جامی تهران.
۴. آقایانی چاوشی، جعفر، ابوریحان بیرونی و علوم طبیعی، پژوهشگاه علوم انسانی و مطالعات فرهنگی.
۵. آلتهایم، فرانتس (۱۳۸۲). زرتشت و اسکندر، ترجمه علی نوزاد، نشر سمیر.۹
۶. بربریان، مانوئل (۱۳۷۶). جستاری در پیشینه دانش کیهان و زمین در ایرانویج، نشر بلخ، تهران.
۷. بربریان، مانوئل، ابوریحان بیرونی خوارزمی: دانشمندی با اندیشه سده بیستمی در یک‌هزارسال پیش.
۸. بیرونی، ابوریحان محمدبن احمد (۱۳۵۲). تحدید نهایات الاماکن لتصحیح مسافت الامساکن، ترجمه احمد آرام، انتشارات دانشگاه تهران.
۹. بیرونی، ابوریحان محمدبن احمد (۱۳۶۲). التفهیم لاوائل صناعه التنجیم، به کوشش استاد جلال‌الدین همایی، انتشارات بابک، تهران.
۱۰. بیرونی، ابوریحان محمدبن احمد (۱۳۶۳). آثار الباقیه، ترجمه احمد داناسرشت، انتشارات امیرکبیر، تهران.
۱۱. بیرونی، ابوریحان (۱۳۶۲). تحقیق ماللهند، ج۱، ترجمه منوچهر صدوقی سها، موسسه مطالعات و تحقیقات فرهنگی.
۱۲. بیرونی، ابوریحان (۱۳۸۳). آثارالباقیه، ترجمه اکبر دانا سرشت، موسسه انتشارات امیرکبیر تهران، مرکز تحقیقات کامپیوتری علوم اسلامی.
۱۳. پایمرد، منصور (۱۳۹۹). زندگی حافظ شیراز، انتشارات نشر خاموش.
۱۴. پرویز ورجاوند (۱۳۸۵). کاوش رصدخانه مراغه: نگاهی به پیشینه دانش ستاره‌شناسی در ایران، امیرکبیر.
۱۵. پزشکزاد، ایرج (۱۳۸۳). حافظ ناشنیده پند، تهران نشر قطره.
۱۶. تمیم داری، احمد. (۱۳۹۰). ابوریحان بیرونی؛ ریاضی‌دان و فیلسوف. پژوهشگاه علوم انسانی و مطالعات فرهنگی.
۱۷. جوشن‌لو، فرامرز (۱۳۸۱). فرهنگ واژه‌های شاهنامه، سرای دانای توس.
۱۸. حلبی، علی اصغر (۱۳۸۱). تاریخ فلاسفه ایرانی از آغاز اسلام تا امروز، انتشارات زوار.
۱۹. حمیدیان، سعید (۱۳۸۹). شرح شوق: شرح و تحلیل بر اشعار حافظ، ج۱، نشر قطره.
۲۰. حمیدیان، سعید، درآمدی بر اندیشه و هنر فردوسی، انتشارات ناهید.
۲۱. خرمشاهی، بهاالدین (۱۴۰۱). حافظ، انتشارات ناهید.
۲۲. خدیو جم، حسین (۱۳۸۱). دیباچه و سخن مترجم، ترجمه احصاء العلوم فارابی (۴۰-۱). شرکت انتشارات علمی و فرهنگی.
۲۳. خواجه نظام الملک، ابوعلی حسن بن علی، سیاست‌نامه، تصحیح علامه محمد قزوینی، انتشارات کتاب فروشی محمد زوار.
۲۴. دشتی،علی، دمی با خیام، انتشارات اساطیر.
۲۵. دشتی،علی، سیری در دیوان شمس،چ۴، بنیاد فرهنگ ایران.
۲۶. دشتی، علی، قلمرو سعدی، چ۵، موسسه انتشارات امیرکبیر تهران.
۲۷. رحیمی،غلامحسین، پرسش‌های ابوریحان بیرونی و پاسخ‌های ابوعلی سینا، پژوهشگاه علوم انسانی و مطالعات فرهنگی.
۲۸. رضی، هاشم (۱۳۸۰). زرتشت پیامبر ایران باستان، انتشارات بهجت.
۲۹. سعدی، مصلح الدین، کلیات سعدی، تصحیح محمدعلی فروغی، انتشارات هرمس.
۳۰. سهروردی، شیخ شهاب الدین، آواز پرجبرئیل، انتشارات مولی.
۳۱. سهروردی، شیخ شهاب الدین، عقل سرخ، چ۱، انتشارات مولی.
۳۲. شاپور شهبازی، علیرضا، جستاری درباره یک نماد هخامنشی: فروهر، اهورمزدا، یا خورنه، نشر شیرازه.
۳۳. شاپور شهبازی، علیرضا، شاهنشاهان و سنت‌های ایرانیان، انتشارات وزارت فرهنگ و هنراداره کل نگارش.
۳۴. شاهپور شهبازی، علیرضا (۱۴۰۰). زندگی‌نامه تحلیلی فردوسی، ترجمه هایده مشایخ، انتشارات هرمس تهران.
۳۵. شهریاری، پرویز، ابوریحان بیرونی، پژوهشگاه علوم انسانی و مطالعات فرهنگی.
۳۶. صالحی، سیدعلی (۱۳۸۲). منم کوروش شهریار روشنایی‌ها، نشر ابتکارنو.
۳۷. صفا، ضبیح الله، ابوریحان بیرونی دانشمندی ژرفنگر، پژوهشگاه علوم انسانی و مطالعات فرهنگی.
۳۸. صفا، ضبیح الله، دو اثر از استاد الرئیس ابوریحان بیرونی، پژوهشگاه علوم انسانی و مطالعات فرهنگی.
۳۹. طباطبائی، محیط، آثار و شخصیت ابوریحان بیرونی، پژوهشگاه علوم انسانی و مطالعات فرهنگی.
۴۰. علی‌پور، کرامت ا... زمین‌شناسی ایران، تاریخ دانش زمین‌شناسی و معدن در ایران، سازمان زمین‌شناسی کشور، ۱۳۷۰.

۴۱. پارسا نیا، حمید، & بادامچی، محمد حسین. (۱۳۹۲). فارابی در روایت سید جواد طباطبایی: سه تفسیر، سه استنتاج. نشریه نظریه‌های اجتماعی متفکران مسلمان، ۲(پاییز و زمستان ۱۳۹۲)، ۴۵-۶۵.

۴۲. فروغی، محمدعلی. (۱۳۵۴). رباعیات خیام. موسسه انتشارات امیرکبیر.

۴۳. قائم‌پناه، یدالله. (تاریخ انتشار). دانای در حصار: نگاهی به جایگاه و منزلت ابوریحان بیرونی در عرصه ادب فارسی.

۴۴. قربانی، ابوالقاسم (۱۳۵۰). ریاضیدانان ایرانی از خوارزمی تا ابن سینا.

۴۵. کریستین‌سن، آرتورامانوئل (۱۳۹۵). مزدا پرستی در ایران قدیم، ترجمه ذبیح الله صفا، انتشارات هیرمند.

۴۶. کیان‌پور، محمدحسین (۱۳۸۵). داستان‌های شاهنامه ۱، نشر طرح آینده.

۴۷. کیان‌پور، محمدحسین (۱۳۸۶). داستان‌های شاهنامه ۲ هفت خوان رستم، نشر طرح آینده.

۴۸. کیان‌پور، محمدحسین (۱۳۸۶). داستان‌های شاهنامه ۳ رستم و شغاد (مرگ رستم)، نشر طرح آینده.

۴۹. گنجینه نام، نام‌های زنان، پاسداران فرهنگ ایران.

۵۰. گنجینه نام، نام‌های مردان، پاسداران فرهنگ ایران.

۵۱. گواردینی، رومانو، مرگ سقراط(تفسیر چهار رساله افلاطون)، ترجمه محمدحسن لطفی، انتشارات طرح نو.

۵۲. گوپیارلی، عبدالباقی، مولانا جلال الدین زندگانی، فلسفه، آثار و گزیده‌ای از آنها، ترجمه توفیق سبحانی، پژوهشگاه علوم انسانی و مطالعات فرهنگی.

۵۳. متواضع، مسعود (۱۳۹۷)، زرتشت کوروش و حقوق بشر، انتشارات کاکتوس تهران.

۵۴. محمدحسین بادامچی و حمید پارسانیا (۱۳۹۲). فارابی در روایت سید جواد طباطبایی: سه تفسیر، سه استنتاج. فصلنامه نظریه‌های اجتماعی متفکران مسلمان/ دوره ۳، شماره ۲.

۵۵. مرسلوند، حسن (۱۳۶۹). زندگی‌نامه رجال و مشاهیر ایران(۲)، چ۱، نشر الهام.

۵۶. مرسلوند، حسن (۱۳۷۶). زندگی‌نامه رجال و مشاهیر ایران(۲)، چ۲، نشر الهام.

۵۷. مرسلوند، حسن (۱۳۸۵). زندگی‌نامه رجال و مشاهیر ایران(۳)، نشر چ۱، الهام.

۵۸. مری بویس (۱۳۹۳). آیین زرتشت کهن روزگار و قدرت ماندگارش، ترجمه ابوالحسن تهامی. انتشارات نگاه.

۵۹. مسکوب، شاهرخ (۱۳۹۳). شاهنامه دردو بازخوانی، انتشارات فرهنگ نشر نو.

۶۰. مشکور، محمدجواد (۱۳۵۶). خداینامه، انتشارات تاریخ ما.

۶۱. معتمدی، اسفندیار (۱۳۸۳). پرسش و پاسخ‌های ابوریحان و ابن سینا، انتشارات نغمه زندگی.

۶۲. مینوی، مجتبی (۱۳۵۴).فردوسی و شعر او چاپ دوم انتشارات دانشگاه تهران .

۶۳. نیچه، فردریش، چنین گفت زرتشت، ترجمع مسعود انصاری، انتشارات جامی.

۶۴. ویکی فقه. مدخل ابونصر فارابی.

۶۵. ویکی فقه، مدخل محمد بن زکریای رازی.

۶۶. ویکی‌پدیا. مدخل فارابی.

۶۷. ویکی‌پدیا. مدخل های زرتشت، ویسپرد.

۶۸. Ahmad, R. (2010). Al-Biruni: A great Muslim scientist, philosopher, and historian (973–1050 AD). Journal of Pakistan Vision, 10(1), 167-179.

۶۹. Ahmed, A. S. (1984). Al-Beruni: The first anthropologist. RAIN, 60.

۷۰. Boilet, D. J. (1986). Al-Biruni. In H. A. R. Gibb, J. H. Kramers, E. Levi-Provencal, & J. Schacht (Eds.), The Encyclopaedia of Islam (Vol. I). Brill.

۷۱. Ead, H. A. (n.d.). History of Islamic science 6. Retrieved from http://www.levity.com/alchemy/islam17.html.Akbar S. Ahmed (1984), *«Al-Beruni: The First Anthropologist»*

۷۲. Gafurov, B. (1974). Al-Biruni, a universal genius who lived in Central Asia a thousand years ago. The UNESCO Courier, 4-9.

۷۳. Skarlakidis, H. (2011). Holy fire: The miracle of Holy Saturday at the Tomb of Christ, forty-five historical accounts (9th–16th c.).

۷۴. Tsibukidis, D. (2000). Graeco-Hellenistic philosophical thought in the writings of Abu Raikhan Biruni. Graeco-Arabica, 7-8, 524-533.

۷۵. Sarton, G. (1927). Introduction to the history of science. Carnegie Institution of Washington.

منابعی برای مطالعه بیشتر

۱. آیین زرتشت. مری بویس، ترجمه ابوالحسن تهامی. انتشارات نگاه (۱۳۹۰)

۲. گاه‌شماری جشن‌های زردشتی، مری بویس. ترجمه محسن میرزائی. انتشارات آوای خاور (۱۴۰۰)

۳. زردشتیان، باورها و آداب دینی آن ها، مری بویس. ترجمه بهرامی عسکر. انتشارات ققنوس (۱۳۸۸).

رود سیروان
استان کرمانشاه
عکس از علی ثقفی

آثار دیگر از این نویسنده:

انتشارات آرین‌زمین با همکاری انتشارات کیدزوکادو بخشی از فعالیت‌های خود را به انتشار کتاب‌های درباره طبیعت: تاریخ و فرهنگ و مکان‌های دیدنی ایران اختصاص داده است که کتاب حاصل یکی از این مجموعه‌هاست.

از دیگر کتاب‌های این مجموعه، کتاب‌های ۳۳ جلدی است. که به صورت خلاصه به محتوا و اهداف آن در زیر اشاره می‌شود.

مجموعه سی و سه جلدی ایران‌شناسی:

روزگار بس درازی است که طبیعت، فرهنگ، تمدن، هنر و زندگی مردم ایران‌زمین به مانند رنگین‌کمان تجلی‌بخشی با یک هویت مشخصی به نام هویت ایرانی برای جهانیان شناخته شده است. این هویت ملی با ریشه گرفتن از دانش و بینش، فرهنگ و هنر و اثرپذیری از طبیعت، اقلیم و تاریخ و تمدن در هم پیوند خورده و ویژگی‌های مشترک یافته است و در طول بیش از ۵۰۰۰ سال بر غنای این هویت افزوده‌شده و نقش‌ها آفریده است.

چشم فروبستن بر عظمت ایران و تنوع طبیعت و فرهنگ و تمدن آن و آموختن و آشنایی با آن از سخن دیگران کاری است نه در خور ملت و اقوام بزرگ آن و نه در خور فرزانگان و دانشمندان و یا هم‌وطنانی که از ایران دور شده و در دیگر کشورهای جهان سکنی گزیده‌اند.

شوربختانه اندوهی جانکاه، همواره انسان اندیشمند و آگاه ایرانی را آزار می‌دهد وقتی که می‌بیند نسل‌های جوان اعم از تحصیل کرده، دانشجویان، دانش‌آموزان و برنامه‌ریزان و دست‌اندرکاران آن‌چنان آگاهی کمی از جغرافیا، تاریخ، تمدن، هنر، طبیعت و پتانسیل‌های ایران دارند که گویی هزاران کیلومتر دورتر از ایران زندگی می‌کنند و هیچ خبری از ایران نمی‌گیرند. گاه جهانیان آن‌قدر از طبیعت ایران بی‌اطلاع هستند که تمام ایران را کشوری با اقلیمی خشک و کویری تصور می‌کنند. جالب است بدانیم که گاه سرسبزی و زیبایی شمال ایران هم ناشناخته ماند چه رسد به مناطق زیبا و دیدنی پراکنده در دیگر نقاط ایران زمین از جمله جنگل‌های ارسباران و زاگرس و سرسبزی‌های آن‌ها و هزاران دره ژرف، از کوه‌های زاگرس، البرز، بحرآسمان، هَزار، شاهو و... یا باغ‌های میناب و رودان و نخلستان‌های دالکی و برازجان، روستاهای فاریاب، تنگ‌زرد اهرم و زیبایی‌های کم نظیر کوهرنگ، آبشارهای بیشه، مارون و ...، غارهای علی‌صدر، قوری‌قلعه، نخجیر، کتله‌خور و... . دریاپه‌های میان‌کوهی تالاب‌ها،کوه‌ها، غارهای نمکی و عظمت کویرها و هزاران مورد از این زیبایی‌های طبیعی و بی‌نظیر.

بی‌شك دو عامل زیر در هویت ایرانی نقش بسزایی داشته است که در تدوین مجموعه ایران‌شناسی به کار گرفته شده است.

۱. جغرافیا و مورفولوژی سرزمین ایران، به عبارتی فراگیر، طبیعت ایران‌زمین و موقعیت جغرافیایی آن.

۲. پیشینه تاریخی و ظهور تمدن‌های بزرگ و حاکمیت با ثبات و فراگیر در دنیای باستان و مبارزات هویت‌طلبی در دوران گذشته و نقش آن‌ها در خلق تمدن دوران بعد از اسلام.

اهدافی که در تدوین این مجموعه مدنظر بوده است عبارت‌اند از:

- آشنایی هم‌وطنان از طبیعت، کلیات تاریخی و جغرافیایی ایران، جایگاه و فرهنگ و هنر کشور و تاریخ و تمدن هر استان و نیز جبران خلأ و کمبود اطلاعات فراگیر در این راستا به‌طور مصور و به‌روز که بتواند پاسخ‌گوی بخشی از نیازهای مخاطبان باشد.
- تأمین بخشی از نیازهای جهان امروز و ایران عزیز در عرصه ایران‌شناسی از دیدگاه گردشگری، در یک مجموعه بزرگ و فراگیر جهت آشنایی ایرانیان و جهانیان بخصوص جهانگردان و گردشگران هم‌وطن و خارجی از زیبایی‌های طبیعی و تاریخی و فرهنگی ایران.

خلاصه کلام برای عموم که ایران کجاست؟ چه دارد؟ چگونه کشوری است و از تاریخ و فرهنگ آن چه می‌دانیم؟

این مجموعه با عنوان ایران‌شناسی جدا از توجه به کلیات طبیعت، تاریخ و فرهنگ نگرشی بر گردشگری شهری، طبیعت‌گردی و زمین‌گردشگری دارد تا بتواند نمایانگر تمدن، هنر، فرهنگ، طبیعت و جغرافیای ایران برای هم‌وطنان، جهانیان و بخصوص گردشگران ایرانی و خارجی باشد که اگر بخواهند از طبیعت، تمدن، جغرافیا، هنر و فرهنگ این سرزمین دیدن نمایند و آگاهی کسب کنند.

مجموعه ایران‌شناسی که تمدن، هنر، فرهنگ، تاریخ و جغرافیای طبیعی ایران‌زمین را با دیدگاه گردشگری به‌صورت یک دائره‌المعارف نشان می‌دهد در ۳۳ جلد چاپ و منتشر گردیده و می‌گردد. طبیعی است که تمدن، فرهنگ و هنر و طبیعت ایران آن‌قدر بزرگ و متنوع است که نمی‌توان با یک مجموعه ۳۳ جلدی تمام تاریخ، طبیعت و فرهنگ همچنین دیدنی‌های گردشگری آن را معرفی کرد. این مجموعه آینه‌ای است که نمای کلی از آنچه گفته شد را می‌نمایاند.

جلد اول این مجموعه کلیات طبیعت، تاریخ و فرهنگ ایران را به‌طور اجمالی بیان می‌کند. جلد دوم همان جلد اول است که به زبان انگلیسی منتشر می‌شود.

جلد سوم تا سی‌وسوم برای هر استان یک کتاب تدوین شده است؛ در کتاب‌های استانی هر کتاب در پنج فصل به شکل زیر توصیف شده است:

- فصل اول: جغرافیا، طبیعت، اقلیم، پوشش گیاهی و جانوری و

منابع طبیعی

- فصل دوم: تاریخ استان و شهرهای آن
- فصل سوم: مردم‌شناسی، فرهنگ و میراث فرهنگ
- فصل چهارم: شهرها، روستاها و جاذبه‌های دیدنی آن‌ها
- فصل پنجم: طبیعت و زمین‌گردشگری آن‌ها

بنابراین در این کتاب‌ها فزون بر تاریخ و طبیعت استان‌ها مکان‌های دیدنی، تاریخی و باستانی، طبیعت (کوه‌ها، رودخانه‌ها، چشمه‌ها، غارها، آبشارها و ...)، جاده‌ها و پدیده‌های زمین‌شناسی که برای همگان تحسین‌برانگیز است را معرفی می‌کند. در این مجموعه نام‌گذاری شهرها و وجه‌تسمیه مکان‌ها را ریشه‌یابی کرده است. بنابراین در این مجموعه هر خواننده و یا گردشگری و جوینده‌ای در ابتدا متوجه جغرافیا، طبیعت و تاریخچه آن سرزمین و سپس دیدنی‌های شهری و طبیعت آن دیار شود.

نگارنده در نظر دارد در چاپ‌های بعدی برای هر استان یک فصل(فصل ششم) زیر عنوان توان اقتصادی استان شامل: پتانسیل‌های طبیعی و انسانی صنعتی هر استان را نیز به آن بیفزاید.

کتاب‌های استانی که به ترتیب حروف الفبا ردیف شده‌اند، در اصل هریک به منطقه‌ای از ایران اشاره دارد که به شرح زیر می‌باشد:

- ایران‌شناسی - استان آذربایجان شرقی
- ایران‌شناسی - استان آذربایجان غربی
- ایران‌شناسی - استان اردبیل
- ایران‌شناسی - استان اصفهان
- ایران‌شناسی - استان البرز
- ایران‌شناسی - استان ایلام
- ایران‌شناسی - استان بوشهر
- ایران‌شناسی - استان تهران
- ایران‌شناسی - استان چهارمحال بختیاری
- ایران‌شناسی - استان خراسان جنوبی
- ایران‌شناسی - استان خراسان رضوی
- ایران‌شناسی - استان خراسان شمالی
- ایران‌شناسی - استان خوزستان
- ایران‌شناسی - استان زنجان
- ایران‌شناسی - استان سمنان
- ایران‌شناسی- استان سیستان و بلوچستان
- ایران‌شناسی - استان فارس
- ایران‌شناسی- استان قزوین
- سران شناسی - استان قم
- ایران‌شناسی- استان کردستان
- ایران‌شناسی- استان کمان
- ایران‌شناسی- استان کرمانشاه
- ایران‌شناسی- استان کهگیلویه و بویر احمد
- ایران‌شناسی- یزد
- ایران‌شناسی- استان گیلان
- ایران‌شناسی- استان لرستان
- ایران‌شناسی- مازندران
- ایران‌شناسی- مرکزی
- ایران‌شناسی- هرمزگان
- ایران‌شناسی- همدان

در این مجموعه در همه مطالب به منابع استفاده شده اشاره گردیده است، به جزء اطلاعاتی که از سایت‌ها، بروشورها و تابلوهای سازمان میراث فرهنگی، صنایع‌دستی و گردشگری استان‌ها، سایت‌های استانداری استان‌ها و شهرداری‌ها مورد بهره‌برداری قرار گرفته است که دسترسی آن‌ها برای عموم آزاد است. جمعیت شهرها و استان‌ها از مرکز آمار ایران که برپایه آخرین سرشماری سال (۱۴۰۰-۱۳۹۵) اقتباس شده است. همان‌طور که پیش‌تر گفته شد تمامی عکس‌هایی که در این مجموعه آورده شده‌اند توسط همکاران مرکز پژوهشی زمین‌شناسی پارس آرین‌زمین به همراه نگارنده تهیه شده و هر عکسی که خارج از آرشیو مرکز آورده شده است همراه با منبع ذکر شده است.

دکتر منصور قربانی

درباره دکتر منصور قربانی

در اردیبهشت‌ماه سال ۱۳۴۰ در روستای ننج ملایر به‌دنیا آمد. تحصیلات ابتدایی خود را در همین روستا و دوره راهنمایي و دبیرستان را در شهرستان ملایر پشت‌سر گذاشت. وی تحصیلات عالی را در سال ۱۳۶۲ در رشته زمین‌شناسی در دانشگاه شهیدبهشتی شروع و در سال ۱۳۶۷ دوره کارشناسی زمین‌شناسی را به پایان رساند. منصور قربانی اولین فارغ‌التحصیل دوره کارشناسی ارشد (سال ۱۳۷۰) در رشته زمین‌شناسی از دانشگاه شهید بهشتی تهران است و در سال ۱۳۷۸ مدرک دکتری در شاخه پترولوژی و متالوژنی را از همین دانشگاه دریافت کرد. از همان سال به عضویت هیأت علمی دانشگاه شهید بهشتی تهران درآمد و تا امروز که مرتبه استاد تمامی دارند در دوره‌های کارشناسی، کارشناسی ارشد و دکتری فعالیت آموزشی مستمر داشته‌اند؛ قربانی بعلاوه از زمره پژوهشگران نمونه دانشگاه شهید بهشتی بوده، رساله بیش از یک‌صد دانشجوی کارشناسی ارشد و دکتر را راهنمایی کرده‌اند.

طی فعالیت‌هایی پژوهشی علمی و میدانی چشمگیر در سراسر ایران، در تمام نقاط ایران کاوش‌های گسترده‌ای در علوم زمین و جغرافیای طبیعی و مردم‌شناسی داشته‌اند؛ حاصل پژوهش‌های ایشان در علوم زمین و منابع طبیعی ایران و ایران‌شناسی، در بیش از ۵۰ اثر علمی، شامل کتاب (ازجمله سه کتاب با انتشار از سوی اشپرینگر)، نقشه (ازجمله نقشه متالوژنی خاورمیانه)، اطلس و بیش از ۱۵۰ مقاله در سطح ملی و بین‌المللی منتشرشده است. همچنین در چندین همایش ملی و یک همایش بین‌المللی، سابقه دبیر علمی و اجرایی را در کارنامه خود دارد. او اندیشمندی است که ایران‌شناسی را در چهار قالب طبیعت، تاریخ، فرهنگ و منابع طبیعی آن آموخته و در هم‌پیوسته است.

پیمایش‌های صحرایی و بازدیدهای سالیان وی از منابع طبیعی (معدنی، انرژی، آب‌ها) زمین‌شناسی، بازدید شهرها و طبیعت ایران، علاقه‌اش به تاریخ و تمدن ایران و مطالعه پیوسته وی در این قلمروها دستاوردهای دیگری داشته است؛ این‌ها شامل شناخت بیشتر فرهنگ اقوام ایرانی و نقش محیط طبیعي بر ویژگی‌های فرهنگی، اجتماعی تاریخی و اقتصادی و همچنین آشنایی هرچه بیشتر با منابع طبیعي و ویژگی‌های اقلیمی و تاریخی شهرها و سرزمین‌های ایران است. حاصل مطالعات ایران‌شناسی دکتر قربانی قبلاً در یک دوره ۱۰ جلدی (ایران‌شناسی با نگرشی گردشگری شهری، طبیعت و زمین) انتشار یافته، و کتاب حاضر (ایران‌شناسی، طبیعت، تاریخ و فرهنگ ایران‌زمین) مقدمه انتشار یک مجموعه ۳۳ جلدی ایران‌شناسی با نگرش جدید است.

تأسیس مرکز پژوهشي زمین‌شناسي پارس آرین زمین و انتشارات آرین زمین در سال ۱۳۸۱ و نیز تلاش در زمینه انتشار مجله سرزمین‌های پارس آرین از سال ۱۴۰۲ در تحقق اهداف یادشده نقش اصلی را داشته‌اند. هر سه این‌ها اینک کانونی برای فعالیت دانشمندان، کارشناسان با تجربه و افراد علاقه‌مند به فعالیت‌هاي پژوهشی در زمینه‌های مرتبط هستند. در این میان اقبال هم با مرکز پژوهشی زمین‌شناسی پارس آرین‌زمین و انتشارات آرین زمین همراه بوده، این مرکز با انتشار کتاب‌ها و نقشه‌های بسیار، فعالیت‌های مؤثری در زمینه منابع طبیعی ایران و ایران‌شناسی داشته است (مراجعه شود به سایت آرین‌زمین Arianzamin.com).

انتشارات آرین زمین

انتشارات آرین زمین با مجوز وزارت فرهنگ و ارشاد ایران در سال ۱۳۸۱ با مدیرمسئولی منصور قربانی تأسیس شد و همراه و تقریباً هم‌زمان با مرکز پژوهشی زمین‌شناسی پارس آرین زمین،دارای مجوز رسمی از وزارت علوم ایران، کار خود را شروع کرد. هدف این انتشارات گسترش نشر و چاپ کتاب، نقشه و اطلس‌های زمین و منابع طبیعی ایران و همسایگانش در سطح ملی و بین‌المللی است. قلمرو اصلی فعالیت انتشارات آرین زمین، نشر مطالب علمی پیرامون علوم زمین، ایران‌شناسی، جغرافیای طبیعی و محیطزیست ایران و کشورهای همسایه و نیز آثار مرتبط با فرهنگ مشترک کشورهای حوزه فرهنگی ایران، سرزمین‌های میان‌رودان تا فرارودان، است.

انتشارات آرین زمین تاکنون بیش از ۶۰ کتاب، چندین اطلس و نقشه در زمینه‌های یاد شده منتشر کرده است؛ برخی از این آثار در همایش‌های ملی به عنوان کتاب برگزیده انتخاب شده، تعدادی نیز از جمله برگزیدگان کتاب سال و کتاب فصل از سوی وزارت فرهنگ و ارشاد بوده است.

افزوده اخیر در کارنامه فرهنگی انتشارات آرین زمین، انتشار مجله سرزمین‌های پارس آرین است که با همکاری دانشمندانی چند از کشورهای همسایه (به‌عنوان عضو تحریریه) منتشر می‌شود. انتشارات آرین زمین و این مجله تفاهم‌نامه مشترک همکاری در زمینه‌ی نشر الکترونیک دارند و اخبار فعالیت‌های این‌ها از طریق سایت آرین نیوز اعلام می‌شود.

وبسایت آرین زمین:

https://arianzamin.com

ایمیل:

info@arianzamin.com

تلفکس:

۰۲۱-۲۲۹۲۵۶۳

آرین زمین (اولین مرکز پژوهشی زمین‌شناسی و زیست‌محیطی خصوصی در ایران) با بیش از ۲۰ سال سابقه کار در پروژه‌های پژوهشی و اجرائی در زمینه‌های گوناگون علوم زمین، و با بهره‌گیری از دانش علمی و فنی بیش از ۴۵ متخصص، آماده ارائه خدمات زمین‌شناسی، معدنی و زیست‌محیطی اعم از مشاوره و اجرا در داخل و خارج از کشور می‌باشد.

انتشارات آرین زمین

Kidsocado International Publishing

Kidsocado International Publishing is the first official Persian language publishing house outside of Iran that publishes Persian books, and books that is written by persian authors and distribute them all over the world.

Reading books in their mother tongue has always been a dream for many Farsi speakers living outside of Iran.

Iranians have always been powerful writers, and recently many valuable books have been published in Iran.

Kidsocado International Publishing is proud to make some powerful books from reliable authors available to the Persian outside of Iran on book distribution websites. This publishing house has started its work and professional activity in December ۲۰۱۹ with the cooperation of a few famous authors, and its main goal is to make thousands Persian book titles available to Persian speakers living outside of Iran.

The mission of Kidsocado Publishing House is to convey the message of Iranian writers to the world. The Published books are not limited to a specific subject. From educational books to fictions, music, self-help and poetry, and of course, as shown in the name, children's books.

If you want to see our book collection, you can visit our website.

www.kidsocado.com

انتشارات کیدزوکادو

انتشارات بین‌المللی کیدزوکادو اولین انتشارات رسمی فارسی زبان در خارج از ایران است که کتاب‌های نویسندگان فارسی زبان، ایرانیان و کتاب های زبان فارسی را منتشر و در سراسر دنیا پخش می‌کند.

خواندن کتاب به زبان مادری همیشه برای بسیاری فارسی زبانان مقیم خارج از ایران آرزو بوده و هست، و لذت بسیاری دارد. ایرانیان همواره نویسندگان قدرتمندی بودند و اخیراً کتاب‌های پربار و با ارزش بسیاری در ایران منتشر شده است.

انتشارات کیدزوکادو افتخار دارد که کتاب‌های بسیار ناب و توانمند ساز از نویسندگان بسیار معتبر را در وبسایت‌های پخش کتاب مانند آمازون در دسترس عموم فارسی زبانان خارج از ایران قرار بدهد. این انتشارات با همکاری بسیار صمیمانه با نویسندگان خوب کشورمان آغاز کار و فعالیت حرفه ای خود را از دسامبر ۲۰۱۹ آغاز کرده است و هدف اصلی آن در دسترس قرار دادن ۱۰۰۰ عنوان کتاب فارسی تا سال ۲۰۲۵ برای فارسی زبانان مقیم خارج از ایران است.

در این راه حمایت شما نویسندگان و هموطنان مقیم خارج از ایران این هدف را کمک خواهد کرد.

رسالت انتشارات کیدزکادو رساندن پیام نویسندگان ایرانی به دنیاست. کتاب‌های مجموعه انتشارات کیدزوکادو به موضوع خاصی محدود نیست. از کتاب‌های آموزشی گرفته، تا داستانی، موسیقی، خودشناسی و شعر و البته همانطور که از اسمش پیداست کتاب کودک.

در صورتی که مایل هستید مجموعه کتاب‌های ما را ببنید می‌توانید به وبسایت ما مراجعه کنید.

www.kidsocado.com

www.ingramcontent.com/pod-product-compliance
Lightning Source LLC
LaVergne TN
LVHW070755051026
849558LV00013B/362
* 9 7 8 1 7 7 8 9 2 0 8 5 1 *